普通高等教育"十二五"规划教材

U0288894

建筑设备安装技术

主　编　张金和
副主编　赵淑敏　张明明　王　鹏
主　审　刁乃仁

中国电力出版社
CHINA ELECTRIC POWER PRESS

内 容 提 要

本书为普通高等教育"十二五"规划教材，是为高等学校建筑环境与设备工程专业编写的教材。

本书按照建筑环境与设备工程专业教学指导委员会制定的教学大纲进行编写，除介绍传统的安装技术、安装工艺外，还结合当前的工程实际，参照行业内最新标准，介绍行业领域内最先进的生产工艺和安装技术。本书较全面地介绍了管材、管件、附件及常用材料，管道安装基本操作技术，室内供暖系统安装，室外供热管道安装，民用锅炉及附属设备安装，建筑给排水系统安装，通风空调系统安装，制冷系统安装，燃气管道安装，管道的防腐与绝热等内容。

本书可作为高校建筑环境与设备工程、供热通风与空调工程等专业的教材，也可供工程设计、施工、安装、监理、设备运行及管理等方面技术人员的参考。

图书在版编目（CIP）数据

建筑设备安装技术/张金和主编. —北京：中国电力出版社，2012.11（2020.11 重印）

普通高等教育"十二五"规划教材
ISBN 978-7-5123-3864-7

Ⅰ.①建… Ⅱ.①张… Ⅲ.①房屋建筑设备－建筑安装－高等学校－教材 Ⅳ.①TU8

中国版本图书馆 CIP 数据核字（2012）第 304083 号

中国电力出版社出版、发行
（北京市东城区北京站西街 19 号　100005　http：//www.cepp.sgcc.com.cn）
北京传奇佳彩数码印刷有限公司
各地新华书店经售

*

2012 年 12 月第一版　2020 年 11 月北京第四次印刷
787 毫米×1092 毫米　16 开本　31.25 印张　772 千字
定价 **54.00** 元

前 言

建筑设备安装技术是建筑环境与设备工程专业的一门实践性较强的专业课。通过该课程的学习，学生可获得对安装工程常用材料的认知，初步掌握安装工程生产工艺流程、安装工程的基本技术、基本工艺和施工质量验收等知识。

本书按照建筑环境与设备工程专业教学指导委员会制定的教学大纲进行编写，除介绍传统的安装技术、安装工艺外，还结合当前的工程实际，参照行业内最新标准，介绍行业领域内最先进的生产工艺和安装技术。

本书的主要内容有管材、管件、附件及常用材料，管道安装基本操作技术，室内供暖系统安装，室外供热管道安装，民用锅炉及附属设备安装，建筑给排水系统安装，通风空调系统安装，制冷系统安装，燃气管道安装，管道的防腐与绝热等，通过上述内容的讲述，使学生巩固所学专业知识，完成理论学习与工程应用技术的初步对接。

本书第一章、第二章、第九章及第十章第一节由山东建筑大学张金和编写，第三章由王志涛编写，第四章、第五章由济南热电有限公司张明明编写，第六章由山东广播电视大学王鹏编写，第七章、第八章由山东建筑大学赵淑敏编写，第十章第二节由内蒙古科技大学研究生王俊峰结合自己的研究课题撰写，全书由张金和主编并统稿，由山东建筑大学刁乃仁教授主审。

本书在编写过程中，得到了可再生能源建筑利用技术省部共建教育部重点实验室和山东建筑节能技术重点实验室的资助与支持，在此一并表示感谢。

由于编者水平有限，书中疏漏之处、不当之处在所难免，恳请读者批评指正。

编 者

2012 年 9 月

目　录

第一章 管材、管件、附件及常用材料

第一节 管道元件通用标准

一、管道元件的通用标准

1. 公称直径（DN）

管道工程中，管子、管件、附件种类繁多，为使管道系统元件具有通用性和互换性，必须对管子、管件和管路附件实行标准化，而公称直径又是管道工程标准化的重要内容。所谓公称直径就是各种管道元件的通用口径，又称公称尺寸（现在国际上普遍使用公称尺寸这一称谓，与国际标准接轨后，应逐步采用公称尺寸这一国际通用术语）、公称通径、公称口径，用符号 DN 表示，DN 是用于管道系统元件的字母和数字组合的尺寸标识。公称直径由字母 DN 和后跟无因次的整数数字组成。这个数字与端部连接件的孔径或外径（用 mm 表示）等特征尺寸直接相关。现行管道元件的公称直径列于表 1-1 中。

表 1-1　　　　　　　　　　　　　管道元件的公称直径

DN6	DN40	DN200	DN600	DN1400	DN2600	DN4000
DN8	DN50	DN250	DN700	DN1500	DN2800	—
DN10	DN65	DN300	DN800	DN1600	DN3000	—
DN15	DN80	DN350	DN900	DN1800	DN3200	—
DN20	DN100	DN400	DN1000	DN2000	DN3400	—
DN25	DN125	DN450	DN1100	DN2200	DN3600	—
DN32	DN150	DN500	DN1200	DN2400	DN3800	—

注　1. 除在相关标准中另有规定，字母 DN 后面的数字不代表测量值，也不能用于计算目的。

　　2. 采用 DN 标识系统的标准，应给出 DN 与管道元件尺寸的关系，例如 DN/OD 或 DN/ID。

2. 公称压力（PN）

公称压力（见表 1-2）是与管道系统元件的力学性能和尺寸特性相关、用于参考的字母和数字组合的标识，数值上等于基准温度下最大允许工作压力，见表 1-3。它由字母 PN 和后跟无因次的数字组成。

表 1-2　　　　　　　　　　　　　管道元件的公称压力

DIN 系列	PN2.5	PN6	PN10	PN16	PN25	PN40	PN63	PN100
ANSI 系列	PN20	PN50	PN110	PN150	PN260	PN420	—	—

注　1. 必要时允许选用其他 PN 值。

　　2. 字母 PN 后面的数字不代表测量值，不应用于计算目的，除非在有关标准中另有规定。

　　3. 除与相关的管道元件标准有关联外，术语 PN 不具有意义。

　　4. 管道元件许用压力取决于元件 PN 的数值、材料和设计以及允许工作温度等，许用压力在相应标准的压力—温度等级表中给出。

　　5. 具有同样 PN 和 DN 数值的所有管道元件同与其相配的法兰应具有相同的配合尺寸。

表 1 - 3　　　　　　　公称压力（PN）对应于基准温度下的最大允许工作压力

PN		2.5	6	10	16	20	25	40	50	63	100	110	150	260	420
$P_{\max}$	MPa	0.25	0.6	1	1.6	2	2.5	4	5	6.3	10	11	15	26	42
	bar	2.5	6	10	16	20	25	40	50	63	100	110	150	260	420

二、热塑性塑料管材公称外径、公称压力、通用壁厚

塑料加热后软化具有可塑性，可制成多种形状的制品，冷却后又结硬，可多次加热，反复成型，这类塑料是热塑性塑料。常用的热塑性塑料有聚氯乙烯、聚酰胺、聚四氟乙烯、有机玻璃等。用热塑性塑料制成的管子是热塑性塑料管。常用的热塑性塑料管有硬聚氯乙烯塑料管、聚乙烯管、聚丙烯管、聚丁烯管、丙烯腈—丁二烯—苯乙烯（ABS）塑料管等。

1. 流体输送用热塑性塑料管材公称外径、公称压力

（1）术语。

1）公称外径 d_n。公称外径是指管材或管件插口外径的规定数值，单位为 mm，在热塑性塑料管材系统中，它适用于除法兰和用螺纹尺寸表示的部件外的所有热塑性塑料管道系统部件。为便于参考采用整数值。公称外径是管材产品标准中规定的最小平均外径 $d_{em,min}$。

2）外径 d_e。

①平均外径 d_{em}。管材或管件插口端任意横断面的外圆周长除以 π，并向大圆整到 0.1mm 得到的数值。

②最小平均外径 $d_{em,min}$。在管材产品标准中规定的平均外径的最小允许值，数值上等于公称外径 d_n。

3）压力。

①公称压力 PN。公称压力 PN 是与管道系统部件的力学性能相关、用于参考的标识，是指管材在温度为 20℃ 时，最大的允许工作压力。

②最大允许工作压力 P_{PMS}。考虑总体使用（设计）系数 C 后确定的管材允许压力，单位为 MPa。

③工作压力。指系统设计输送介质的压力。

4）置信下限 σ_{LCL}。置信下限 σ_{LCL} 是一个用于评价材料性能的应力值，指该材料制造的管材在 20℃、50 年的内水压下，置信度为 97.5% 时，预测的长期强度的置信下限，单位为 MPa。

5）最小要求强度 MRS。最小要求强度 MRS 是将 20℃、50 年置信下限 σ_{LCL} 的值按 GB/T 321—2005《优先数和优先数系》规定的 R10 或 R20 系列向下圆整到最接近的一个优先数得到的应力值，单位为 MPa。当 $\sigma_{LCL} < 10MPa$ 时，按 R10 系列圆整，当 $\sigma_{LCL} \geqslant 10MPa$ 时，按 R20 系列圆整。MRS 是单位为 MPa 的环应力值。

6）总体使用（设计）系数 C。总体使用（设计）系数 C 是一个大于 1 的数值，它的大小考虑了使用条件和管路其他附件的特性对管系的影响，是在置信下限所包含因素之外考虑的管系的安全裕度。

7）温度。

①设计温度 t_D。水输送系统温度的设计值，单位为 ℃。

②最高设计温度 t_{max}。仅在短期内出现的设计温度 t_D 的最高值。

③故障温度 t_{mal}。当控制系统出现异常时，可能出现的超过控制极限的最高温度。

（2）公称外径 d_n、公称压力 PN、最小要求强度 MRS 的选定。

1）公称外径 d_n。公称外径 d_n 应从表 1-4 中选定。

2）公称压力 PN。公称压力 PN 应从表 1-5 中选定。

3）最小要求强度 MRS。最小要求强度 MRS 应从表 1-6 中选定。

表 1-4　　　　　　　　　　公称外径 d_n 的允许值　　　　　　　　　mm

2.5	10	40	125	250	500	1000
3	12	50	140	280	560	1200
4	16	63	160	315	630	1400
5	20	75	180	355	710	1600
6	25	90	200	400	800	1800
8	32	110	225	450	900	2000

表 1-5　　　　　　　公称压力 PN 级别（对应最大允许工作压力 P_{PMS}）

PN		1	2.5	3.2	4	5	6	6.3	8	10	12.5	16	20
P_{PMS}	MPa	0.1	0.25	0.32	0.4	0.5	0.6	0.63	0.8	1.0	1.25	1.6	2.0
	bar	1	2.5	3.2	4	5	6	6.3	8	10	12.5	16	20

注　如要求更高的公称压力，应从 GB/T 321—2005 中的 R5 系列或 R10 系列中选取。

表 1-6　　　　　　　　　　最小要求强度允许值 MRS　　　　　　　　MPa

1	2.5	6.3	12.5	20	31.5
1.25	3.15	8	14	22.4	35.5
1.5	4	10	16	25	40
2	5	11.2	18	28	

注　从 1 到 10 的各个值选自 GB/T 321—2005 中的 R10 系列（增量 25%），大于 10 的值选自 GB/T 321—2005 中的 R20 系列（增量 12%）。

2. 热塑性塑料管材通用壁厚

（1）术语。

1）壁厚。

①公称壁厚 e_n。用于表示管材壁厚的一个数值，单位为 mm，它等于任一点最小允许壁厚 $e_{y,min}$ 经圆整后的数值。

②任意一点壁厚 e_y。管材或管件上任意一点测得的壁厚。

③最小壁厚 e_{min}。管材或管件圆周上任意一点壁厚的规定最小值。

④最大壁厚 e_{max}。管材或管件圆周上任意一点壁厚的规定最大值。

2）设计应力 σ_s。在规定条件下的允许应力，等于最小要求强度（单位为 MPa）除以总

体使用系数 C，即

$$\sigma_s = \frac{\text{MRS}}{C} \tag{1-1}$$

3）标准尺寸比 SDR。管材的公称外径与公称壁厚的比值，按公式 $\text{SDR} = d_n/e_n$ 计算并按一定规则圆整。SDR 由式（1-2）或式（1-3）计算，即

$$\text{SDR} = \frac{2\text{MRS}}{CP_{\text{PMS}}} + 1 \tag{1-2}$$

或

$$\text{SDR} = \frac{2\sigma_s}{P_{\text{PMS}}} + 1 \tag{1-3}$$

给定 SDR 的值，用产品标准中规定的 MRS 和 C 可以按式（1-4）、式（1-5）计算出最大允许工作压力 P_{PMS}，即

$$P_{\text{PMS}} = \frac{2\text{MRS}}{C(\text{SDR} - 1)} \tag{1-4}$$

或

$$P_{\text{PMS}} = \frac{2\sigma_s}{\text{SDR} - 1} \tag{1-5}$$

4）管材系列数 S。管材系列数简称管系列数，用 S 表示，是一个与公称外径和公称壁厚有关的无量纲数值，按式（1-6）计算，即

$$S = \frac{\text{SDR} - 1}{2} = \frac{d_n - e_n}{2e_n} \tag{1-6}$$

对于压力管系列数 S 可表达为

$$S = \frac{\sigma}{P} \tag{1-7}$$

式中　σ——诱导应力，MPa；

　　　P——管道静液压力，MPa。

5）静液压应力 σ。指管材充满有压液体时，管壁所受到的应力，单位为 MPa，它与压力、壁厚和外径的关系为

$$\sigma = P\frac{d_e - e}{2e} \tag{1-8}$$

式中　P——管道静液压力，MPa；

　　　d_e——管材的外径，mm；

　　　e——管材的壁厚，mm。

（2）壁厚值的计算。热塑性塑料压力管由式（1-9）或式（1-10）计算，即

$$e_n = \frac{Pd_n}{2\sigma + P} \tag{1-9}$$

或

$$e_n = \frac{d_n}{2S + 1} \tag{1-10}$$

式（1-9）、式（1-10）也适用于表达最大允许压力 P_{PMS} 以及设计应力 σ_s 间的关系，即

$$e_n = \frac{P_{\text{PMS}}d_n}{2\sigma_s + P} \tag{1-11}$$

3. 热塑性塑料管材及管件的使用级别

热塑性塑料管材及管件的使用条件分为 5 个级别，见表 1-7，每个级别均对应一个 50 年的设计寿命下的使用条件。在一些地区因特殊的气候条件，也可以使用其他分级级别。

表 1-7 使 用 条 件 级 别

使用条件级别	工作温度 t_o（℃）	在 t_o 下的使用时间[1]（年）	最高设计温度 t_{max}（℃）	在 t_{max} 下使用的时间（年）	故障温度 t_{mal}（℃）	在 t_{mal} 下的使用时间（h）	应用举例
1	60	49	80	1	95	100	供热水（60℃）
2	70	49	80	1	95	100	供热水（70℃）
3[2]	30 40	20 25	50	4.5	65	100	地板下的低温供热
4	40 60	20 25	70	2.5	100	100	地板下供热和低温暖气
5[3]	60 80	25 10	90	1	100	100	较高温暖气

[1] 当时间和相关温度不止一个时，应当叠加处理。由于系统在设计时间内不总是连续运行，因此对于 50 年的使用寿命来讲，实际操作时间并未累计到达 50 年，其他时间按 20℃ 考虑。

[2] 仅在故障温度不超过 65℃ 适用。

[3] 本标准仅适用于 t_o、t_{max} 和 t_{mal} 的值都不超过表 1-7 中第 5 级的闭式系统。

第二节 钢 管 与 铸 铁 管

一、无缝钢管

习惯上把输送流体用无缝钢管简称无缝钢管。而专用无缝钢管需另外附加专用名称，如锅炉用无缝钢管、化肥用无缝钢管、石油裂化用无缝钢管等。

无缝钢管是按照 GB/T 8163—2008《输送流体用无缝钢管》用 10、20、Q295、Q345、Q390、Q420 和 Q460 牌号的钢制造的，适用于输送冷水、热水、蒸汽、燃气等流体，是用量最大、应用最广的无缝钢管。

1. 尺寸、外形和质量

（1）外径和壁厚。无缝钢管可分为热轧管和冷拔（轧）管，其外径和壁厚应符合 GB/T 17395—2008《无缝钢管尺寸、外形、重量及允许偏差》的规定。常用无缝钢管的规格、尺寸及质量见表 1-8。

（2）外径和壁厚的允许偏差。钢管外径允许偏差见表 1-9；热轧（挤压、扩）钢管壁厚允许偏差应符合表 1-10 的规定，冷拔（轧）钢管壁厚允许偏差应符合表 1-11 的规定。

表 1-8　　　　　　　常用无缝钢管的规格、尺寸及质量

外径 (mm) 系列1	系列2	系列3	壁厚 (mm) 单位长度理论质量 (kg/m) 0.25	0.30	0.40	0.50	0.60	0.80	1.0	1.2	1.4	1.5	1.6	1.8	2.0	2.2 (2.3)	2.5 (2.6)	2.8
	12		0.072	0.087	0.114	0.142	0.169	0.221	0.271	0.320	0.366	0.388	0.410	0.453	0.493	0.532	0.586	0.635
		13	0.079	0.094	0.124	0.154	0.183	0.241	0.296	0.349	0.401	0.425	0.450	0.497	0.543	0.586	0.647	0.704
13.5			0.082	0.098	0.129	0.160	0.191	0.251	0.308	0.364	0.418	0.444	0.470	0.519	0.567	0.613	0.678	0.739
		14	0.085	0.101	0.134	0.166	0.198	0.260	0.321	0.379	0.435	0.462	0.489	0.542	0.592	0.640	0.709	0.773
	16		0.097	0.116	0.154	0.191	0.228	0.300	0.370	0.438	0.504	0.536	0.568	0.630	0.691	0.749	0.832	0.911
17			0.103	0.124	0.164	0.203	0.243	0.320	0.395	0.468	0.539	0.573	0.608	0.675	0.740	0.803	0.894	0.981
		18	0.109	0.131	0.174	0.216	0.257	0.339	0.419	0.497	0.573	0.610	0.647	0.719	0.789	0.857	0.956	1.05
	19		0.116	0.138	0.183	0.228	0.272	0.359	0.444	0.527	0.608	0.647	0.687	0.764	0.838	0.911	1.02	1.12
	20		0.122	0.146	0.193	0.240	0.287	0.379	0.469	0.556	0.642	0.684	0.726	0.808	0.888	0.966	1.08	1.19
21					0.203	0.253	0.302	0.399	0.493	0.586	0.677	0.721	0.765	0.852	0.937	1.02	1.14	1.26
		22			0.213	0.265	0.317	0.418	0.518	0.616	0.711	0.758	0.805	0.897	0.986	1.07	1.20	1.33
	25				0.243	0.302	0.361	0.477	0.592	0.704	0.815	0.869	0.923	1.03	1.13	1.24	1.39	1.53
		25.4			0.247	0.307	0.367	0.485	0.602	0.716	0.829	0.884	0.939	1.05	1.15	1.26	1.41	1.56
27					0.262	0.327	0.391	0.517	0.641	0.764	0.884	0.943	1.00	1.12	1.23	1.35	1.51	1.67
	28				0.272	0.339	0.405	0.537	0.666	0.793	0.918	0.98	1.04	1.16	1.28	1.40	1.57	1.74
		30			0.292	0.364	0.435	0.576	0.715	0.852	0.987	1.05	1.12	1.25	1.38	1.51	1.70	1.88
	32				0.312	0.388	0.465	0.616	0.765	0.911	1.06	1.13	1.20	1.34	1.48	1.62	1.82	2.02
34					0.331	0.413	0.494	0.655	0.814	0.971	1.13	1.20	1.28	1.43	1.58	1.73	1.94	2.15
		35			0.341	0.425	0.509	0.675	0.838	1.000	1.160	1.24	1.32	1.47	1.63	1.78	2.00	2.22
	38				0.371	0.462	0.553	0.734	0.912	1.09	1.26	1.35	1.44	1.61	1.78	1.94	2.19	2.43
	40				0.391	0.487	0.583	0.773	0.962	1.15	1.33	1.42	1.52	1.70	1.87	2.05	2.31	2.57
42									1.01	1.21	1.40	1.50	1.59	1.78	1.97	2.16	2.44	2.71
	45								1.09	1.30	1.51	1.61	1.71	1.92	2.12	2.32	2.62	2.91
48									1.16	1.38	1.61	1.72	1.83	2.05	2.27	2.48	2.81	3.12
	51								1.23	1.47	1.71	1.83	1.95	2.18	2.42	2.65	2.99	3.33
		54							1.31	1.56	1.82	1.94	2.07	2.32	2.56	2.81	3.18	3.54
	57								1.38	1.65	1.92	2.05	2.19	2.45	2.71	2.97	3.36	3.74
60									1.46	1.74	2.02	2.16	2.30	2.58	2.86	3.14	3.55	3.95
	63								1.53	1.83	2.13	2.28	2.42	2.72	3.01	3.30	3.73	4.16
	65								1.58	1.89	2.20	2.35	2.50	2.81	3.11	3.41	3.85	4.30
	68								1.65	1.98	2.30	2.46	2.62	2.94	3.26	3.57	4.04	4.50
	70								1.70	2.04	2.37	2.53	2.70	3.03	3.35	3.68	4.16	4.64
		73							1.78	2.12	2.47	2.64	2.82	3.16	3.50	3.84	4.35	4.85
76									1.85	2.21	2.58	2.76	2.94	3.29	3.65	4.00	4.53	5.05
	77										2.61	2.79	2.98	3.34	3.70	4.06	4.59	5.12
	80										2.71	2.90	3.09	3.47	3.85	4.22	4.78	5.33

续表

外 径 (mm)			壁 厚 (mm)															
系列1	系列2	系列3	(2.9) 3.0	3.2	3.5 (3.6)	4.0	4.5	5.0	(5.4) 5.5	6.0	(6.3) 6.5	7.0 (7.1)	7.5	8.0	8.5	(8.8) 9.0	9.5	10
			单 位 长 度 理 论 质 量 (kg/m)															
		30	2.00	2.11	2.29	2.56	2.83	3.08	3.32	3.55	3.77	3.97	4.16	4.34				
	32		2.15	2.27	2.46	2.76	3.05	3.33	3.59	3.85	4.09	4.32	4.53	4.74				
34			2.29	2.43	2.63	2.96	3.27	3.58	3.87	4.14	4.41	4.66	4.90	5.13				
	35		2.37	2.51	2.72	3.06	3.38	3.70	4.00	4.29	4.57	4.83	5.09	5.33	5.56	5.77		
	38		2.59	2.75	2.98	3.35	3.72	4.07	4.41	4.74	5.05	5.35	5.64	5.92	6.18	6.44	6.68	6.91
	40		2.74	2.90	3.15	3.55	3.94	4.32	4.68	5.03	5.37	5.70	6.01	6.31	6.60	6.88	7.15	7.40
42			2.89	3.06	3.32	3.75	4.16	4.56	4.95	5.33	5.69	6.04	6.38	6.71	7.02	7.32	7.61	7.89
	45		3.11	3.30	3.58	4.04	4.49	4.93	5.36	5.77	6.17	6.56	6.94	7.30	7.65	7.99	8.32	8.63
48			3.33	3.54	3.84	4.34	4.83	5.30	5.76	6.21	6.65	7.08	7.49	7.89	8.28	8.66	9.02	9.37
	51		3.55	3.77	4.10	4.64	5.16	5.67	6.17	6.66	7.13	7.60	8.05	8.48	8.91	9.32	9.72	10.11
		54	3.77	4.01	4.36	4.93	5.49	6.04	6.58	7.10	7.61	8.11	8.60	9.08	9.54	9.99	10.43	10.85
	57		4.00	4.25	4.62	5.23	5.83	6.41	6.99	7.55	8.10	8.63	9.16	9.67	10.17	10.65	11.13	11.59
60			4.22	4.48	4.88	5.52	6.16	6.78	7.39	7.99	8.58	9.15	9.71	10.26	10.80	11.32	11.83	12.33
	63		4.44	4.72	5.14	5.82	6.49	7.15	7.80	8.43	9.06	9.67	10.27	10.85	11.42	11.99	12.53	13.07
	65		4.59	4.88	5.31	6.02	6.71	7.40	8.07	8.73	9.38	10.01	10.64	11.25	11.84	12.43	13.00	13.56
	68		4.81	5.11	5.57	6.31	7.05	7.77	8.48	9.17	9.86	10.53	11.19	11.84	12.47	13.10	13.71	14.30
	70		4.96	5.27	5.74	6.51	7.27	8.02	8.75	9.47	10.18	10.88	11.56	12.23	12.89	13.54	14.17	14.80
		73	5.18	5.51	6.00	6.81	7.60	8.38	9.16	9.91	10.66	11.39	12.11	12.82	13.52	14.21	14.88	15.54
76			5.40	5.75	6.26	7.10	7.93	8.75	9.56	10.36	11.14	11.91	12.67	13.42	14.15	14.87	15.58	16.28
	77		5.47	5.82	6.34	7.20	8.05	8.88	9.70	10.51	11.30	12.08	12.85	13.61	14.36	15.09	15.81	16.52
	80		5.70	6.06	6.60	7.50	8.38	9.25	10.10	10.95	11.78	12.60	13.41	14.21	14.99	15.76	16.52	17.26
		83	5.92	6.30	6.86	7.79	8.71	9.62	10.51	11.39	12.26	13.12	13.96	14.80	15.62	16.42	17.22	18.00
	85		6.07	6.46	7.04	7.99	8.93	9.86	10.78	11.69	12.58	13.47	14.33	15.19	16.04	16.87	17.69	18.50
89			6.36	6.77	7.38	8.38	9.38	10.36	11.33	12.28	13.22	14.16	15.07	15.98	16.87	17.76	18.63	19.48
	95		6.81	7.24	7.90	8.98	10.04	11.10	12.14	13.17	14.19	15.19	16.18	17.16	18.13	19.09	20.03	20.96
	102		7.32	7.80	8.50	9.67	10.82	11.96	13.09	14.21	15.31	16.40	17.48	18.55	19.60	20.64	21.67	22.69
		108	7.77	8.27	9.02	10.26	11.49	12.70	13.90	15.09	16.27	17.44	18.59	19.73	20.86	21.97	23.08	24.17
114			8.21	8.74	9.54	10.85	12.15	13.44	14.72	15.98	17.23	18.47	19.70	20.91	22.12	23.31	24.48	25.65
	121		8.73	9.30	10.14	11.54	12.93	14.30	15.67	17.02	18.35	19.68	20.99	22.29	23.58	24.86	26.12	27.37
	127		9.17	9.77	10.66	12.13	13.59	15.04	16.48	17.90	19.32	20.72	22.10	23.48	24.84	26.19	27.53	28.85
	133		9.62	10.24	11.18	12.73	14.26	15.78	17.29	18.79	20.28	21.75	23.21	24.66	26.10	27.52	28.93	30.33
140			10.14	10.80	11.78	13.42	15.04	16.65	18.24	19.83	21.40	22.96	24.51	26.04	27.57	29.08	30.57	32.06
		142	10.28	10.95	11.95	13.61	15.26	16.89	18.51	20.12	21.72	23.31	24.88	26.44	27.98	29.52	31.04	32.55

外 径 (mm)			壁　　厚（mm）															
			(2.9) 3.0	3.2	3.5 (3.6)	4.0	4.5	5.0	(5.4) 5.5	6.0	(6.3) 6.5	7.0 (7.1)	7.5	8.0	8.5	(8.8) 9.0	9.5	10
系列1	系列2	系列3	单位长度理论质量（kg/m）															
		146	10.58	11.27	12.30	14.01	15.70	17.39	19.06	20.72	22.36	24.00	25.62	27.23	28.82	30.41	31.98	33.54
		152	11.02	11.74	12.82	14.60	16.37	18.13	19.87	21.60	23.32	25.03	26.73	28.41	30.08	31.74	33.39	35.02
		159			13.42	15.29	17.15	18.99	20.82	22.64	24.45	26.24	28.02	29.79	31.55	33.29	35.03	36.75
168					14.20	16.18	18.14	20.10	22.04	23.97	25.89	27.79	29.69	31.57	33.43	35.29	37.13	38.97
		180			15.23	17.36	19.48	21.58	23.67	25.75	27.81	29.87	31.91	33.93	35.95	37.95	39.95	41.92
		194			16.44	18.74	21.03	23.31	25.57	27.82	30.06	32.28	34.50	36.70	38.89	41.06	43.23	45.38
	203				17.22	19.63	22.03	24.41	26.79	29.15	31.50	33.84	36.16	38.47	40.77	43.06	45.33	47.60
219									31.52	34.06	36.60	39.12	41.63	44.13	46.61	49.08	51.54
		232							33.44	36.15	38.84	41.52	44.19	46.85	49.50	52.13	54.75
		245							35.36	38.23	41.09	43.93	46.76	49.58	52.38	55.17	57.95
		267							38.62	41.76	44.88	48.00	51.10	54.19	57.26	60.33	63.38

外 径 (mm)			壁　　厚（mm）												
			3.5 (3.6)	4.0	4.5	5.0	(5.4) 5.5	6.0	(6.3) 6.5	7.0 (7.1)	7.5	8.0	8.5	(8.8) 9.0	9.5	10	11
系列1	系列2	系列3	单位长度理论质量（kg/m）												
273										42.72	45.92	49.11	52.28	55.45	58.60	61.73	64.86	71.07
	299									53.92	57.41	60.90	64.37	67.83	71.27	78.13
		302								54.47	58.00	61.52	65.03	68.53	72.01	78.94
		318.5								57.52	61.26	64.98	68.69	72.39	76.08	83.42
325										58.73	62.54	66.35	70.14	73.92	77.68	85.18
	340									66.50	69.49	73.47	77.43	81.38	89.25
	351									67.67	71.80	75.91	80.01	84.10	92.23
356										77.02	81.18	85.33	93.59
		368								79.68	83.99	88.29	96.85
	377									81.68	86.10	90.51	99.29
	402									87.23	91.96	96.67	106.07
406										88.12	92.89	97.66	107.15
		419								91.00	95.94	100.87	110.68
	426									92.55	97.58	102.59	112.58
	450									97.88	103.20	108.51	119.09
457										99.44	104.84	110.24	120.99
	473									102.99	108.59	114.18	125.33
	480									104.54	110.23	115.91	127.23
	500									108.98	114.92	120.84	132.65

续表

外径(mm)			壁厚(mm)															
系列1	系列2	系列3	11	12(12.5)	13	14(14.2)	15	16	17(17.5)	18	19	20	22(22.2)	24	25	26	28	30
			单位长度理论质量(kg/m)															
		83	19.53	21.01	22.44	23.82	25.15	26.44	27.67	28.85	29.99	31.07	33.10					
	85		20.07	21.60	23.08	24.51	25.89	27.23	28.51	29.74	30.93	32.06	34.18					
89			21.16	22.79	24.37	25.89	27.37	28.80	30.19	31.52	32.80	34.03	36.35	38.47				
	95		22.79	24.56	26.29	27.97	29.59	31.17	32.70	34.18	35.61	36.99	39.61	42.02				
	102		24.69	26.63	28.53	30.38	32.18	33.93	35.64	37.29	38.89	40.44	43.40	46.17	47.47	48.73	51.10	
		108	26.31	28.41	30.46	32.45	34.40	36.30	38.15	39.95	41.70	43.40	46.66	49.71	51.17	52.58	55.24	57.71
114			27.94	30.19	32.38	34.53	36.62	38.67	40.67	42.62	44.51	46.36	49.91	53.27	54.87	56.43	59.39	62.15
	121		29.84	32.26	34.62	36.94	39.21	41.43	43.60	45.72	47.79	49.82	53.71	57.41	59.19	60.91	64.22	67.33
	127		31.47	34.03	36.55	39.01	41.43	43.80	46.12	48.39	50.61	52.78	56.97	60.96	62.89	64.76	68.36	71.77
	133		33.10	35.81	38.47	41.09	43.65	46.17	48.63	51.05	53.42	55.74	60.22	64.51	66.59	68.61	72.50	76.20
140			34.99	37.88	40.72	43.50	46.24	48.93	51.57	54.16	56.70	59.19	64.02	68.66	70.90	73.10	77.34	81.38
	142		35.54	38.47	41.36	44.19	46.98	49.72	52.41	55.04	57.63	60.17	65.11	69.84	72.14	74.38	78.72	82.86
	146		36.62	39.66	42.64	45.57	48.46	51.30	54.08	56.82	59.51	62.15	67.28	72.21	74.60	76.94	81.48	85.82
		152	38.25	41.43	44.56	47.65	50.68	53.66	56.60	59.48	62.32	65.11	70.53	75.76	78.30	80.79	85.62	90.26
		159	40.15	43.50	46.81	50.06	53.27	56.43	59.53	62.59	65.60	68.56	74.33	79.90	82.62	85.28	90.46	95.44
168			42.59	46.17	49.69	53.17	56.60	59.98	63.31	66.59	69.82	73.00	79.21	85.23	88.17	91.05	96.67	102.10
	180		45.85	49.72	53.54	57.31	61.04	64.71	68.34	71.91	75.44	78.92	85.72	92.33	95.56	98.74	104.96	110.98
		194	49.64	53.86	58.03	62.15	66.22	70.24	74.21	78.13	82.00	85.82	93.32	100.62	104.20	107.72	114.63	121.33
	203		52.08	56.52	60.91	65.25	69.55	73.79	77.98	82.13	86.22	90.26	98.20	105.95	109.74	113.49	120.84	127.99
219			56.43	61.26	66.04	70.78	75.46	80.10	84.69	89.23	93.71	98.15	106.88	115.42	119.61	123.75	131.89	139.83
	232		59.95	65.11	70.21	75.27	80.27	85.23	90.14	95.00	99.81	104.57	113.94	123.11	127.62	132.09	140.87	149.45
	245		63.48	68.95	74.38	79.76	85.08	90.36	95.59	100.77	105.90	110.98	120.99	130.80	135.64	140.42	149.84	159.07
	267		69.45	75.46	81.43	87.35	93.22	99.04	104.81	110.53	116.21	121.83	132.93	143.83	149.20	154.53	165.04	175.34
273				77.24	83.36	89.42	95.44	101.41	107.33	113.20	119.02	124.79	136.18	147.38	152.90	158.38	169.18	179.78
	299			84.93	91.69	98.40	105.06	111.67	118.23	124.74	131.20	137.61	150.28	162.77	168.93	175.05	187.13	199.02
325				92.63	100.03	107.38	114.68	121.93	129.13	136.28	143.38	150.44	164.39	178.16	184.96	191.72	205.09	218.25
	340			97.07	104.84	112.56	120.23	127.85	135.42	142.94	150.41	157.83	172.53	187.03	194.21	201.34	215.44	229.35
	351			100.32	108.36	116.35	124.29	132.19	140.03	147.82	155.57	163.26	178.50	193.54	200.99	208.39	223.04	237.49
356				101.80	109.97	118.08	126.14	134.16	142.12	150.04	157.91	165.73	181.21	196.50	204.07	211.60	226.49	241.19
	377			108.02	116.70	125.33	133.91	142.45	150.93	159.36	167.75	176.08	192.61	208.93	217.02	225.06	240.99	256.73
	402			115.42	124.71	133.96	143.16	152.31	161.41	170.46	179.46	188.41	206.17	223.73	232.44	241.09	258.26	275.22
406				116.60	126.00	135.34	144.64	153.89	163.09	172.24	181.34	190.39	208.34	226.10	234.90	243.66	261.02	278.18
	426			122.52	132.41	142.26	152.04	161.78	171.47	181.11	190.71	200.25	219.19	237.93	247.23	256.48	274.83	292.98
	450			129.62	140.10	150.53	160.92	171.25	181.53	191.77	201.95	212.09	232.21	252.14	262.03	271.87	291.40	310.74
457				131.69	142.35	152.95	163.51	174.01	184.47	194.88	205.23	215.54	236.01	256.28	266.34	276.36	296.23	315.91
	473			136.43	147.48	158.48	169.42	180.33	191.18	201.98	212.73	223.43	244.69	265.75	276.21	286.62	307.28	327.75
	480			138.50	149.72	160.89	172.01	183.09	194.11	205.09	216.01	226.89	248.49	269.90	280.53	291.11	312.12	332.93
	500			144.42	156.13	167.80	179.41	190.98	202.50	213.96	225.38	236.75	259.34	281.73	292.86	303.93	325.93	347.93

注　系列1是标准化钢管,系列2为非标准化钢管,系列3为特殊用途钢管。

表 1 - 9　　　　　　　　　　　钢 管 外 径 允 许 偏 差　　　　　　　　　　　　mm

钢 管 种 类	允 许 偏 差
热轧（挤压、扩）钢管	±1%D 或±0.50，取其中较大者
冷拔（轧）钢管	±1%D 或±0.30，取其中较大者

表 1 - 10　　　　　　　　热轧（挤压、扩）钢管壁厚允许偏差　　　　　　　　mm

钢管种类	钢管公称外径	δ/D	允 许 偏 差
热轧（挤压、扩）钢管	≤102		±12.5%δ 或±0.40，取其中较大者
	>102	≤0.05	±15%δ 或±0.40，取其中较大者
		0.05～0.10	±12.5%δ 或±0.40，取其中较大者
		>0.10	+12.5%δ −10%δ
热扩钢管	—		±15%δ

表 1 - 11　　　　　　　　　　冷拔（轧）钢管壁厚允许偏差　　　　　　　　　mm

钢管种类	钢管公称壁厚	允 许 偏 差
冷拔（轧）钢管	≤3	+15%δ 或±0.15，取其中较大者 −10%δ
	>3	+12.5%δ −10%δ

（3）长度。钢管的通常长度：热轧钢管为 3000～12 500mm。

（4）弯曲度。钢管的弯曲度规定：①壁厚 $\delta \leqslant 15$mm，弯曲度为 1.5mm/m；②壁厚 15mm$<\delta \leqslant 30$mm，弯曲度为 2.0mm/m；③$\delta >30$mm 或外径 $D \geqslant 351$mm，弯曲度为 3.0mm/m。

（5）端头外形。钢管的两端端面应与钢管轴线垂直，切口毛刺应予以清除。外径不大于 60mm 的钢管，管端切斜应不超过 1.5mm；外径大于 60mm 的钢管，管端切斜应不超过钢管外径的 2.5%，但最大不应超过 6mm。

2. 技术要求

（1）钢的牌号和化学成分。钢管由 10、20、Q295、Q345、Q390、Q420、Q460 牌号的钢制造。牌号为 10、20 钢的化学成分（熔炼分析）应符合 GB/T 699—1999《优质碳素结构钢》的规定；Q295、Q345、Q390、Q420、Q460 牌号的钢的化学成分（熔炼分析）应符合 GB/T 1591—2008《低合金高强度结构钢》的规定，其中质量等级为 A、B、C 级钢的磷、硫含量均应不大于 0.03%。

（2）力学性能。钢管的纵向力学性能应符合表 1 - 12 的规定。

（3）工艺试验。

1）压扁试验。22mm$\leqslant D \leqslant 400$mm，并且壁厚与外径比值不大于 10% 的 10、20、Q295、Q345 牌号的钢管应进行压扁试验，其平板间距 H 应按式（1 - 12）确定，即

$$H = \frac{(1+\alpha)\delta}{\alpha + \delta/D} \qquad (1 - 12)$$

式中 H——压扁试验的平板间距，mm；

$\quad\quad\delta$——钢管的公称壁厚，mm；

$\quad\quad D$——钢管的外径，mm；

$\quad\quad\alpha$——单位长度的变形系数，10 号钢为 0.09，20 号钢为 0.07，Q295、Q345 钢为 0.06。

压扁试验后，试样应无裂缝或裂口。

表 1-12　　　　　　　　　　　　钢管的纵向力学性能

牌号	质量等级	拉 伸 性 能				断后伸长率 A (%)	冲击试验	
		抗拉强度 R_m (MPa)	屈服强度 R_{el} (MPa)				温度 (℃)	吸收能量 (J)
			壁厚 (mm)					
			$\delta\leqslant16$	$16<\delta\leqslant30$	$\delta>30$			
			不小于					不小于
10	—	335～475	205	195	185	24	—	—
20	—	410～530	245	235	225	20	—	—
Q295	A	390～570	295	275	255	22	—	—
	B		295	275	255	22	+20	34
Q345	A	470～630	345	325	295	20	—	—
	B						+20	34
	C					21	0	
	D						−20	
	E						−40	27
Q390	A	490～650	390	370	350	18	—	—
	B						+20	34
	C					19	0	
	D						−20	
	E						−40	27
Q420	A	520～680	420	400	380	18	—	—
	B						+20	34
	C					19	0	
	D						−20	
	E						−40	27
Q460	C	550～720	460	440	420	17	0	34
	D						−20	
	E						−40	27

2）扩口试验。根据需求，经供需双方协商，并在合同中注明，对于壁厚不大于 8mm 的 10、20、Q295、Q345 牌号的钢管可做扩口试验，扩口试验顶心锥度为 30°、45°或 60°，扩口后试样不得出现裂缝或裂口。扩口试样外径的扩口率应符合表 1-13 的规定。

表 1-13 　　　　　　　　　　　　　钢管外径扩口率

钢　　种	钢管外径扩口率（%）		
	内径/外径		
	≤0.6	>0.6~0.8	>0.8
10、20	10	12	17
Q295、Q345	8	10	15

3）弯曲试验。根据需方要求，经供需双方协商，在合同中注明，外径不大于 22mm 的钢管可做弯曲试验，弯曲角度为 90°，弯曲半径为钢管外径的 6 倍，弯曲处不得出现裂缝或裂口。

4）液压试验。钢管应逐根进行液压试验，试验压力按式（1-13）确定，最高压力不超过 19MPa，即

$$P = \frac{2\delta R}{D} \qquad\qquad (1-13)$$

式中　P——试验压力，MPa；

　　　δ——钢管的公称壁厚，mm；

　　　D——钢管的公称外径，mm；

　　　R——允许应力，MPa，取规定屈服强度的 60%。

在试验压力下，应保证试压时间不少于 5s，钢管不得出现渗漏现象。

供方可用涡流探伤、漏磁探伤或超声波探伤代替液压试验。用涡流探伤时，应采用 GB/T 7735—2004《钢管涡流探伤检验方法》中的验收等级 A；用漏磁探伤时，应采用 GB/T 12606—1999《钢管漏磁探伤方法》中的验收等级 L4；用超声波探伤时，人工缺陷尺寸应采用 GB/T 5777—2008《无缝钢管超声波探伤检验方法》中 L4（C12）。

（4）表面质量。钢管的内外表面不得有裂纹、折叠、轧折、离层和结疤等缺陷。这些缺陷必须消除，其清除深度应不超过公称壁厚的负偏差，清理处的实际壁厚应不小于壁厚偏差所允许的最小值。

二、焊接钢管

低压流体输送用焊接钢管简称焊接钢管，适用于水、空气、采暖蒸汽、燃气等低压流体的输送，包括直缝高频电阻焊（ERA）钢管、直缝埋弧焊（SAWL）钢管和螺旋缝埋弧焊（SAWH）钢管。

1. 尺寸、外形和质量

（1）尺寸。

1）外径和壁厚。钢管的外径 D 和壁厚 δ 应符合 GB/T 21835—2008《焊接钢管尺寸及单位长度重量》的规定，其中管端采用螺纹连接和沟槽连接的钢管尺寸见表 1-14。

2）外径和壁厚的允许偏差。钢管外径、壁厚的允许偏差应符合表 1-15 的规定。

（2）长度。

1）通常长度。钢管的通常长度为 3000~12 000mm。

2）定尺长度。钢管的定尺长度应在通常长度的范围内，直缝高频电阻焊钢管的定尺长度允许偏差为 $^{+20}_{0}$mm，螺旋缝埋弧焊钢管的定尺长度允许偏差为 $^{+50}_{0}$mm。

表 1-14　　　　　　　管端采用螺纹连接和沟槽连接的钢管尺寸

公称直径 DN	公称外径 (mm)	普 通 钢 管		加 厚 钢 管	
		公称壁厚 (mm)	理论质量 (kg/m)	公称壁厚 (mm)	理论质量 (kg/m)
6	10.2	2.0	0.40	2.5	0.47
8	13.5	2.5	0.68	2.8	0.74
10	17.2	2.5	0.91	2.8	0.99
15	21.3	2.8	1.28	3.5	1.54
20	26.9	2.8	1.66	3.5	2.02
25	33.7	3.2	2.41	4.0	2.93
32	42.4	3.5	3.36	4.0	3.79
40	48.3	3.5	3.87	4.5	4.86
50	60.3	3.8	5.29	4.5	6.19
65	76.1	4.0	7.11	4.5	7.95
80	88.9	4.0	8.38	5.0	10.35
100	114.3	4.0	10.88	5.0	13.48
125	139.7	4.0	13.39	5.5	18.20
150	168.3	4.5	18.18	6.0	24.02

表 1-15　　　　　　　钢管外径、壁厚的允许偏差　　　　　　　　　mm

外 径 D	外 径 允 许 偏 差		壁厚允许偏差
	管 体	管端（距管端100mm 范围内）	
$D \leqslant 48.3$	±0.5	—	±10%δ
$48.3 < D \leqslant 273.1$	±1.0%D	—	
$273.1 < D \leqslant 508$	±0.75%D	$^{+2.4}_{-0.8}$	
$D > 508$	±1%D 或±10.0，两者取较小值	$^{+3.2}_{-0.8}$	

3）倍尺长度。钢管的倍尺总长度应在通常长度范围内。直缝高频电阻焊钢管的倍尺总长度允许偏差为$^{+20}_{0}$mm，螺旋缝埋弧焊钢管的倍尺总长度允许偏差为$^{+50}_{0}$mm，每个倍尺长度应留 5~15mm 的切口余量。

（3）弯曲度。外径小于 114.3mm 的钢管，应具有不影响使用的弯曲度。外径大于或等于 114.3mm 的钢管，全长弯曲度应不大于钢管长度的 0.2%。

（4）不圆度。外径不大于 508mm 的钢管，不圆度（同一截面最大外径与最小外径之差）应在外径公差范围内。外径大于或等于 508mm 的钢管，不圆度应不超过外径公差的 80%。

（5）管端。钢管的两端面应与钢管轴线垂直，且不应有切口毛刺，其切口斜度不应大于 3mm。根据需方需求，经供需双方协议，壁厚大于 4mm 的钢管管端可加工坡口，坡口角度为 30°，坡口钝边为 (1.6±0.8) mm。

（6）质量。未镀锌钢管按实际质量交货，也可按理论质量交货。未镀锌钢管每米理论质量按式（1-14）计算（钢的密度为 $\rho = 7.85$kg/dm³），即

$$m = 0.024\ 661\ 5(D-\delta)\delta \qquad (1-14)$$

式中　　m——钢管的每米理论质量，kg/m；

　　　　D——钢管的外径，mm；

　　　　δ——钢管的壁厚，mm。

镀锌钢管以实际质量交货，也可按理论质量交货。镀锌钢管的每米理论质量按式（1-15）计算（钢的密度为 $\rho=7.85kg/dm^3$），即

$$m' = cm = c[0.024\ 661\ 5(D-\delta)\delta] \tag{1-15}$$

式中　　m'——镀锌钢管的每米理论质量，kg/m；

　　　　c——镀锌钢管比非镀锌钢管增加的质量系数，见表1-16。

表1-16　　　　　　　　　　　　镀锌钢管的质量系数

壁厚 δ（mm）	0.5	0.6	0.8	1.0	1.2	1.4	1.6	1.8	2.0	2.3
系数 c	1.255	1.112	1.159	1.127	1.106	1.091	1.080	1.071	1.064	1.055
壁厚 δ（mm）	2.6	2.9	3.2	3.6	4.0	4.5	5.0	5.4	5.6	6.3
系数 c	1.049	1.044	1.040	1.035	1.032	1.028	1.025	1.024	1.023	1.020
壁厚 δ（mm）	7.1	8.0	8.8	10	11	12.5	14.2	16	17.5	20
系数 c	1.018	1.016	1.014	1.013	1.012	1.010	1.009	1.008	1.009	1.006

　　2. 技术要求

（1）钢的牌号和化学成分。

低压流体输送用焊接钢管所用钢的牌号和化学成分（熔炼分析）应符合 GB/T 700—2006《碳素结构钢》和 GB/T 1591—2008 的规定。

（2）力学性能。钢管的力学性能应符合表1-17的规定。

表1-17　　　　　　　　　　　　钢 管 的 力 学 性 能

牌　号	下屈服强度 R_{eL}（MPa）不小于		抗拉强度 R_m（MPa）不小于	断后伸长率 A（％）不小于	
	$\delta \leqslant 16mm$	$\delta > 16mm$		$D \leqslant 168.3mm$	$D > 168.3mm$
Q195	195	185	315	15	20
Q215A、Q215B	215	205	335		
Q235A、Q235B	235	225	370		
Q295A、Q295B	295	275	390	13	18
Q345A、Q345B	345	325	470		

（3）工艺性能。

1）弯曲试验。外径不大于 60.3mm 的电阻焊钢管应进行弯曲试验。试验时，试样应不带填充物，弯曲半径为钢管外径的 6 倍，弯曲角度为 90°，焊缝位于弯曲方向的外侧面。试验后，试样上不允许出现裂纹。

2）压扁试验。外径大于 60.3mm 的电阻焊钢管应进行压扁试验。压扁试样的长度应不小于 64mm，两个试样的焊缝应分别位于与施力方向成 90°和 0°位置。试样时，当两平板间距离为钢管外径的 2/3 时，焊缝处不允许出现裂缝或裂口；当两平板间距离为钢管外径的 1/3 时，焊缝以外的其他部位不允许出现裂缝或裂口；继续压扁直至相对管壁贴合为止，整

个压扁过程中，不允许出现分层或金属过烧现象。

（4）液压试验。钢管应逐根进行液压试验，试验压力按式（1-13）确定，修约到最邻近的 0.1MPa，但最大压力不超过 5MPa，试验压力下保持的时间为 5s。在试验过程中，钢管不应出现渗漏现象。

（5）表面质量。

1）电阻焊钢管的焊缝毛刺高度。钢管焊缝的外毛刺应清除，其剩余高度不应大于 0.5mm。根据需方要求，并经供需双方协议，焊缝内毛刺可清除，清除后其剩余高度不应大于 1.5mm，当壁厚小于或等于 4mm 时，清除毛刺后刮槽深度不应大于 0.2mm；当壁厚大于 4mm 时，刮槽深度不应大于 0.4mm。

2）埋弧焊钢管的内外焊缝余高。当钢管壁厚小于或等于 12.5mm 时，超过钢管原始表面轮廓的焊缝余高不应大于 3.2mm；当钢管壁厚大于 12.5mm 时，超过钢管原始表面轮廓的焊缝余高不应大于 3.5mm。焊缝余高部分应允许修磨。

3）错边。对电阻焊钢管，焊缝处钢带边缘的径向错边不允许使两侧的剩余厚度小于钢管壁厚的 90％。对于壁厚小于或等于 12.5mm 的埋弧焊钢管，焊缝处钢带边缘的径向错位（错边）不应大于 1.6mm；壁厚大于 12.5mm 的钢管，焊缝处钢带边缘的径向错位（错边）不应大于公称壁厚的 0.125 倍。

4）钢带对接焊缝。螺旋缝埋弧焊钢管允许有钢带对接焊缝，但钢带对接焊缝与螺旋缝的连接点距管端的距离应大于 150mm。当钢带对接焊缝位于管端时，与相应管端的螺旋焊缝之间至少应有 150mm 的环向间隔。

5）表面缺陷。钢管内外应光滑，不允许有折叠、裂缝、分层、搭焊等缺陷存在，但允许有不超过壁厚负偏差的其他缺陷存在。

6）焊缝缺陷的修补。公称外径小于或等于 114.3mm 的钢管不允许补焊。公称外径大于 114.3mm 的钢管，可对母材和焊缝处的缺陷进行修补。补焊前应将补焊处清理干净，使之符合焊接要求。补焊焊缝最短长度不应小于 50mm。电阻焊钢管补焊焊缝最大长度不应大于 150mm，每根钢管的修补不应超过 3 处。在距离管端 200mm 以内不允许补焊。补焊焊道应修磨，修磨后的剩余高度应与原焊缝一致。修补后的钢管应按规定进行液压试验。

三、砂型离心铸铁管

砂型离心铸铁管按其壁厚可分为 P 级和 G 级。砂型离心承、插直管尺寸如图 1-1 所示。

砂型离心铸铁管为灰铸铁管，主要用于给水工程，可根据工作压力和埋设深度选用。其试验压力、力学性能、规格尺寸、壁厚和质量见表 1-18~表 1-20。

表 1-18　　　　　　　　　　砂型离心铸铁管试验压力与力学性能

管子级别	水 压 试 验		管环抗弯强度	
	公称直径	试验压力 P_S（MPa）	公称直径	管环抗弯强度（MPa）
P	≤DN450	2.0	≤DN300	≥340
	≥DN500	1.5	DN350~DN700	≥280
G	≤DN450	2.5	≥DN800	≥240
	≥DN500	2.0		

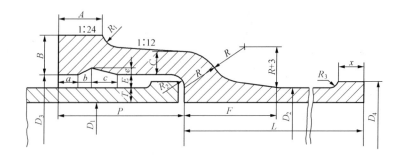

公称直径	各部尺寸 (mm)			
	a	b	c	e
DN75～DN450	15	10	20	6
DN500 以上	18	12	25	7

注　$R=C+E$　$R_1=C$　$R_2=E$。

图 1-1　砂型离心承、插直管尺寸

表 1-19　　　　　　　砂型离心铸铁管承、插口规格尺寸　　　　　　　　　　mm

公称直径	承　口							插　口			
	D_3	A	B	C	P	E	F	R	D_4	R_3	x
DN200	240.0	38	30	15	100	10	71	25	230.0	5	15
DN250	293.6	38	32	15	105	11	73	26	281.6	5	20
DN300	344.8	38	33	16	105	11	75	27	332.8	5	20
DN350	396.0	40	34	17	110	11	77	28	384.0	5	20
DN400	447.6	40	36	18	110	11	78	29	435.0	5	25
DN450	498.8	40	37	19	115	11	80	30	486.8	5	25
DN500	552.9	40	38	19	115	12	82	31	540.0	6	25
DN600	654.8	42	41	20	120	12	84	32	642.8	6	25
DN700	757.0	42	43	21	125	12	86	33	745.0	6	25
DN800	860.0	45	46	23	130	12	89	35	848.0	6	25
DN900	963.0	45	50	25	135	12	92	37	951.0	6	25
DN1000	1067.0	50	54	27	140	13	98	40	1053	6	25

表 1-20　　　　　　　　　　砂型离心铸铁管的壁厚与质量

公称直径	壁厚 T (mm)		内径 D_1 (mm)		外径 (mm)	有效长度（mm）				承口凸部质量	插口凸部质量	直部 1m 质量 (kg)	
						5000		6000					
						总质量（kg）							
	P 级	G 级	P 级	G 级	D_2	P 级	G 级	P 级	G 级	kg	kg	P 级	G 级
DN200	8.8	10.0	202.4	200	220.0	227.0	254.0			16.30	0.382	42.0	47.5
DN250	9.5	10.8	252.6	250	271.6	303.0	340.0			21.30	0.626	56.3	63.7
DN300	10.0	11.4	302.8	300	322.8	381.0	428.0	452.0	509.0	26.10	0.741	70.8	80.3
DN350	10.8	12.0	352.4	350	374.0			566.0	623.0	32.60	0.857	88.7	98.3

续表

公称直径	壁厚 T (mm)		内径 D_1 (mm)		外径 (mm)	有效长度（mm）				承口凸部质量	插口凸部质量	直部 1m 质量 (kg)	
						5000		6000					
						总质量（kg）							
	P 级	G 级	P 级	G 级	D_2	P 级	G 级	P 级	G 级	kg	kg	P 级	G 级
DN400	11.5	12.8	402.6	400	452.6			687.0	757.0	39.00	1.460	107.7	119.5
DN450	12.0	13.4	452.4	450	476.8			806.0	892.0	46.90	1.640	126.2	140.5
DN500	12.8	14.0	502.4	500	528.0			950.0	1030.0	52.70	1.810	149.2	162.8
DN600	14.2	15.6	602.4	599.6	630.8			1260.0	1370.0	68.80	2.160	198.0	217.1
DN700	15.5	17.1	702.0	698.8	733.0			1600.0	1750.0	86.00	2.510	251.6	276.9
DN800	16.8	18.5	802.6	799.0	836.0			1980.0	2160.0	109.00	2.86	311.3	342.1
DN900	18.2	20.0	902.6	899.0	939.0			2410.0	2630.0	136.00	3.21	379.1	415.7
DN1000	20.5	22.6	1000.0	955.8	1041.0			3020.0	3300.0	173.00	3.55	473.2	520.6

四、连续铸管

连续铸管是用铸造法生产的灰口铸铁管，用于输水及输气。连续铸管按其壁厚可分为 LA、A 和 B 三级。连续铸管按其公称直径可分为 DN75、DN100、DN150、DN200、DN250、DN300、DN350、DN400、DN450、DN500、DN600、DN700、DN800、DN900、DN1000、DN1100、DN1200 共 17 种。

连续铸管的尺寸和形状见图 1-2、表 1-21 和表 1-22。

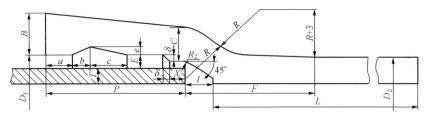

连续铸铁管承插口连接部分尺寸

公称直径	各部尺寸（mm）			
	a	b	c	e
DN75～DN450	15	10	20	6
DN500～DN800	18	12	25	7
DN900～DN1200	20	14	30	8

注　$R=C+2E$；$R_2=E$。

图 1-2　连续铸铁管尺寸和形状

表 1-21　　　　　　　　　　连续铸铁管承口尺寸　　　　　　　　　　mm

公称直径	承口内径 D_3	B	C	E	P	l	F	δ	X	R
DN75	113.0	26	12	10	90	9	75	5	13	32
DN100	138.0	26	12	10	95	10	75	5	13	32
DN150	189.0	26	12	10	100	10	75	5	13	32

公称直径	承口内径 D_3	B	C	E	P	l	F	δ	X	R
DN200	240.0	28	13	10	100	11	77	5	13	33
DN250	293.6	32	15	11	105	12	83	5	18	37
DN300	344.8	33	16	11	105	13	85	5	18	38
DN350	396.0	34	17	11	110	13	87	5	18	39
DN400	447.6	36	18	11	110	14	89	5	24	40
DN450	498.8	37	19	11	115	14	91	5	24	41
DN500	552.0	40	21	12	115	15	97	6	24	45
DN600	654.8	44	23	12	120	16	101	6	24	47
DN700	757.0	48	26	12	125	17	106	6	24	50
DN800	860.0	51	28	12	130	18	111	6	24	52
DN900	963.0	56	31	12	135	19	115	6	24	55
DN1000	1067.0	60	33	13	140	21	121	6	24	59
DN1100	1170.0	64	36	13	145	22	126	6	24	62
DN1200	1272.0	68	38	13	150	23	130	6	24	64

连续铸铁管的材质为灰口铸铁，组织致密，易于切削、钻孔；碳含量不应大于0.3%，硫含量不应大于0.10%。连续铸铁管的水压试验压力与力学性能见表1-23；表面硬度不得大于HB210。连续铸铁管用于输气管道时，需做气密性试验。

五、柔性机械接口灰口铸铁管

柔性机械接口灰口铸铁管适用于输送水及煤气，柔性机械接口灰口铸铁管为连续铸铁直管，按壁厚可分为LA、A级和B级三级；按公称直径可分为DN100、DN150、DN200、DN250、DN300、DN350、DN400、DN450、DN500、DN600共10种。

1. 接口形式及尺寸

柔性接口可分为柔性机械接口和梯唇形橡胶圈接口。柔性机械接口按接口形式可分为N（包括N1）形胶圈机械接口和X形胶圈机械接口。

（1）N（N1）形胶圈机械接口。N形胶圈机械接口铸铁管的形式如图1-3所示，尺寸应符合表1-24的规定。

N1形胶圈机械接口铸铁管的形式如图1-4所示，尺寸应符合表1-24的规定。

（2）X形胶圈机械接口。X形胶圈机械接口铸铁管的形式如图1-5所示，尺寸应符合表1-25的规定。

（3）梯唇形橡胶圈接口。梯唇形橡胶圈接口铸铁管的形式如图1-6所示，尺寸应符合表1-26的规定。

2. 直管的壁厚、质量和长度

（1）柔性机械接口灰口铸铁管的壁厚及质量应符合表1-27的规定。

（2）梯唇形橡胶圈接口铸铁管的壁厚及质量应符合表1-28的规定。

表 1-22

连续铸铁管的壁厚及质量

公称直径	外径 D_2 (mm)	壁厚 T(mm)			承口凸部质量 (kg)	直部 1m 质量(kg)			有效长度 L(mm) 总质量(kg)								
									4000			5000			6000		
		LA级	A级	B级		LA级	A级	B级	LA级	A级	B级	LA级	A级	B级	LA级	A级	B级
DN75	93.0	9.0	9.0	9.0	4.8	17.1	17.0	17.1	73.2	73.2	73.2	90.3	90.3	90.3			90.3
DN100	118.0	9.0	9.0	9.0	6.23	22.2	22.2	22.2	95.1	95.1	95.1	117	117	117			117
DN150	169.0	9.0	9.2	10.0	9.09	32.6	33.3	36.0	139.5	142.3	153.1	172.1	175.6	189	205	209	225
DN200	220.0	9.2	10.1	11.0	12.56	43.9	48.0	52.0	188.2	204.6	220.6	232.1	252.6	273	276	301	325
DN250	271.6	10.0	11.0	12.0	16.54	59.2	64.8	70.5	253.3	275.7	298.5	312.5	340.5	369	372	405	440
DN300	322.8	10.8	11.9	13.0	21.86	76.2	83.7	91.1	326.7	356.7	386.3	402.9	440.4	477	479	524	568
DN350	374.0	11.7	12.8	14.0	26.96	95.9	104.6	114.0	410.6	445.4	483	506.5	550	597	602	655	711
DN400	425.6	12.5	13.8	15.0	32.78	116.8	128.5	139.3	500	546.8	590	616.8	675.3	729	734	804	869
DN450	476.8	13.3	14.7	16.0	40.14	139.4	153.7	166.8	597.7	654.9	707.3	737.1	808.6	874	877	962	1041
DN500	528.0	14.2	15.6	17.0	46.88	165.0	180.8	196.5	706.9	770	832.9	871.9	951	1029	1037	1132	1226
DN600	630.8	15.8	17.4	19.0	62.71	219.8	241.4	262.9	941.9	1028	1114	1162	1270	1377	1382	1511	1640
DN700	733.0	17.5	19.3	21.0	81.19	283.2	311.6	338.2	1214	1328	1434	1497	1639	1772	1780	1951	2110
DN800	836.0	19.2	21.1	23.0	102.63	354.7	388.9	423.0	1521	1658	1795	1876	2047	2218	2231	2436	2641
DN900	939.0	20.8	22.9	25.0	127.05	432.0	474.5	516.9	1855	2025	2195	2287	2499	2712	2719	2974	3228
DN1000	1041.0	22.5	24.8	27.0	156.46	518.4	570.0	619.3	2230	2436	2634	2748	3006	3253	3266	3576	3872
DN1100	1144.0	24.2	26.6	29.0	194.04	613.0	672.3	731.4	2646	2883	3120	3259	3556	3851	3872	4223	4582
DN1200	1246.0	25.8	28.4	31.0	223.46	712.0	782.2	852.0	3071	3352	3631	3783	4134	4483	4495	4916	5335

注 1. 计算质量时，铸铁的相对密度为 7.20kg/dm³，承口的质量为近似值。
2. 总质量＝直部 1m 质量×有效长度＋承口凸部质量（计算结果，保留 3 位有效数字，四舍五入）。

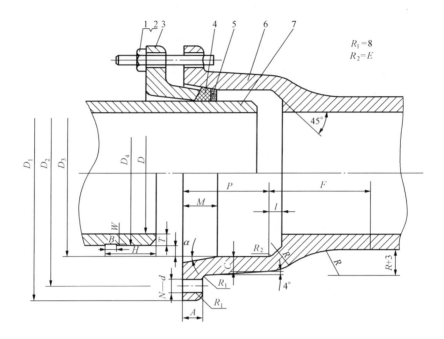

图 1-3 N形胶圈机械接口铸铁管的形式

1—螺母；2—螺栓；3—压兰；4—胶圈；5—支承圈；6—管体承口；7—管体插口

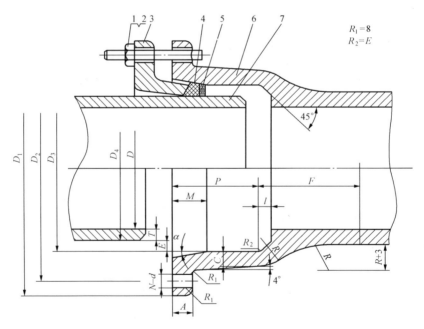

图 1-4 N1型胶圈机械接口铸铁管的形式

1—螺母；2—螺栓；3—压兰；4—胶圈；5—支承圈；6—管体承口；7—管体插口

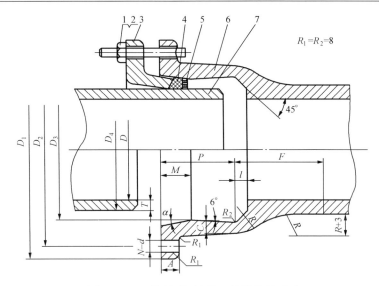

图 1-5　X 形胶圈机械接口铸铁管的形式

1—螺母；2—螺栓；3—压兰；4—胶圈；5—支承圈；6—管体承口；7—管体插口

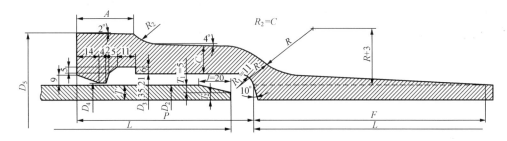

图 1-6　梯唇形橡胶圈接口铸铁管的形式

表 1-23　　　　　　　　　　连续铸铁管的水压试验压力与力学性能

试验压力（MPa）			管环抗弯强度（MPa）	
公称直径	LA	A	B	公称直径	不小于
≤DN450	2.0	2.5	3.0	≤DN300	340
≥DN500	1.5	2.0	2.5	DN350～DN700	280
				≥DN800	240

表 1-24　　　　　　　　　　N（N1）形胶圈机械接口尺寸　　　　　　　　　　mm

公称直径	尺　寸														螺栓孔	
	承口内径 D_3	承口法兰盘外径 D_1	螺孔中心圆 D_2	A	C	P	l	F	R	α(°)	M	B	W	H	d	N（个）
DN100	138	250	210	19	12	95	10	75	32	10	45	20	3	57	23	4
DN150	189	300	262	20	12	100	10	75	32	10	45	20	3	57	23	6
DN200	240	350	312	21	13	100	11	77	33	10	45	20	3	57	23	6
DN250	293.6	408	366	22	15	100	12	83	37	10	45	20	3	57	23	6

续表

公称直径	尺　寸														螺栓孔	
	承口内径 D_3	承口法兰盘外径 D_1	螺孔中心圆 D_2	A	C	P	l	F	R	$\alpha(°)$	M	B	W	H	d	N(个)
DN300	344.8	466	420	23	16	100	13	85	38	10	45	20	3	57	23	8
DN350	396	516	474	24	17	100	13	87	39	10	45	20	3	57	23	10
DN400	447.6	570	526	25	18	100	14	89	40	10	45	20	3	57	23	10
DN450	498.8	624	586	26	19	100	14	91	41	10	45	20	3	57	23	12
DN500	552	674	632	27	21	100	15	97	45	10	45	20	3	57	24	14
DN600	654.8	792	740	28	23	110	16	101	47	10	45	20	3	57	24	16

表 1 - 25　　　　　　　　　X 形胶圈机械接口尺寸　　　　　　　　　mm

公称直径	尺　寸											螺栓孔	
	承口内径 D_3	承口法兰盘外径 D_1	螺孔中心圆 D_2	A	C	P	l	F	R	$\alpha(°)$	M	d	N(个)
DN100	126	262	209	19	14	95	10	75	32	15	50	23	4
DN150	177	313	260	20	14	100	10	75	32	15	50	23	6
DN200	228	366	313	21	15	100	11	77	33	15	50	23	6
DN250	279.6	418	365	22	15	100	12	83	37	15	50	23	6
DN300	330.8	471	418	23	16	100	13	85	38	15	50	23	8
DN350	382	524	471	24	17	100	13	87	39	15	50	23	10
DN400	433.6	578	525	25	18	100	14	89	40	15	50	23	12
DN450	484.8	638	586	26	19	100	14	91	41	15	50	23	12
DN500	536	682	629	27	21	100	15	97	45	15	55	24	14
DN600	638.8	792	740	28	23	110	16	101	47	15	55	24	16

表 1 - 26　　　　　　　　　梯唇形胶圈接口尺寸　　　　　　　　　mm

公称直径	承　口　尺　寸								橡胶圈工作直径 D_0
	D_3	D_4	D_5	A	C	P	F	R	
DN75	115	101	169	36	14	90	70	25	116.0
DN100	140	126	194	36	14	95	70	25	141.0
DN150	191	177	245	36	14	100	70	25	193.0
DN200	242	228	300	38	15	100	71	26	244.5
DN250	294	280	376	38	15	105	73	26	297.0
DN300	345	331	411	38	16	105	75	27	348.5
DN400	448	434	520	40	18	110	78	29	452.0
DN500	550	536	629	40	19	115	82	30	556.0
DN600	653	639	737	42	20	120	84	31	659.5

表1-27

柔性机械接口灰口铸铁管的壁厚及质量

公称直径	外径 D_4 (mm)	壁厚 T (mm)			承口凸部质量 (kg)	直部1m质量 (kg)			总质量 (kg) 有效长度 L (mm)								
									4000			5000			6000		
		LA级	A级	B级		LA级	A级	B级	LA级	A级	B级	LA级	A级	B级	LA级	A级	B级
DN100	118.0	9.0	9.0	9.0	11.5	22.2	22.2	22.2	100	100	100	123	123	123	145	145	145
DN150	169.0	9.0	9.2	10.0	15.5	32.6	33.3	36.0	146	149	160	179	182	196	211	215	232
DN200	220.0	9.2	10.1	11.0	20.6	43.9	48.0	52.0	196	213	229	240	261	281	284	309	333
DN250	271.6	10.0	11.0	12.0	29.2	59.2	64.8	70.5	266	288	311	325	353	382	384	418	454
DN300	322.8	10.8	11.9	13.0	36.2	76.2	83.7	91.1	341	371	401	417	455	492	493	538	583
DN350	374.0	11.7	12.8	14.0	42.7	95.9	104.6	114.0	426	461	499	522	566	613	618	670	723
DN400	425.6	12.5	13.8	15.0	52.5	116.8	128.5	139.3	520	567	670	637	695	809	753	824	888
DN450	476.8	13.3	14.7	16.0	62.1	139.4	153.7	166.8	620	677	729	759	831	896	899	984	1060
DN500	528.0	14.2	15.6	17.0	74.0	165.0	180.8	196.5	734	797	860	899	978	1060	1070	1160	1250
DN600	630.8	15.8	17.4	19.0	100.60	219.8	241.4	262.9	980	1070	1150	1200	1310	1420	1420	1550	1680

注 1. 计算质量时，铸铁密度采用7.20kg/dm³。
　 2. 总质量＝直部1m质量×有效长度＋承口凸部质量（计算结果四舍五入，保留3位有效数字）。

表1-28

梯唇形橡胶圈接口铸铁管的壁厚及质量

| 公称直径 | 外径 D_2 (mm) | 壁厚 T (mm) | | | 承口凸部质量 (kg) | 直部1m质量 (kg) | | | 有效长度 L (mm) 总质量 (kg) | | | | | | 橡胶圈工作直径 D_0 (mm) |
| | | | | | | | | | 5000 | | | 6000 | | | |
		LA级	A级	B级		LA级	A级	B级	LA级	A级	B级	LA级	A级	B级	
DN75	93.0	9.0	9.0	9	6.69	17.1	17.1	17.1	92	92	92	109	109	109	116.0
DN100	118.0	9.0	9.0	9	8.28	22.2	22.2	22.2	119	119	119	141	141	141	141.0
DN150	169.0	9.0	9.2	10	11.4	32.6	33.3	36.0	174	178	191	207	211	227	193.0
DN200	220.0	9.2	10.1	11	15.5	43.9	48.0	52.0	235	255	275	279	308	327	244.5
DN250	271.6	10.0	11.0	12	19.9	59.2	64.8	70.5	316	344	372	375	409	443	297.0
DN300	322.8	10.8	11.9	13	24.4	76.2	83.7	91.1	405	443	480	482	527	571	348.5
DN400	425.6	12.5	13.8	15	36.5	116.8	128.5	139.3	620	679	733	737	808	872	452.0
DN500	528.0	14.2	15.6	17	50.1	165.0	180.8	196.5	875	954	1033	1040	1135	1229	556.0
DN600	630.8	15.8	17.4	19	65.0	219.8	241.4	262.9	1165	1273	1380	1384	1514	1643	659.5

注　1. 计算质量时，铸铁密度采用7.20kg/dm³。承口质量为近似值。

2. 总质量=直部1m质量×有效长度+承口凸部质量（计算结果，保留整数）。

3. 胶圈工作直径 $D_0 = 1.01D_3$（计算结果取整到0.5）mm。

第三节 管件与法兰

一、可锻铸铁管件

可锻铸铁管件是用于输送水、油、空气、煤气、蒸汽的一般管路上的连接件，公称直径为 DN6～DN150。

管件按用途可分为：管路延长连接用配件（管箍、内外丝接头），管路分支连接用配件（三通、四通），管路转弯用配件（90°弯头、45°弯头），节点碰头连接用配件（根母、活接头），管子变径用配件（补心、异径管箍），管子堵口用配件（丝堵、管堵头）等。

可锻铸铁管件可用于工作压力小于或等于 1.0MPa、工作温度小于或等于 150℃的水、汽管路。常用可锻铸铁管件的形式和符号见表 1‑29。

表 1‑29　　　　　　　　　　常用可锻铸铁管件的形式和符号

形式	符号（代号）			
A 弯头	A1(90)	A1/45°(120)	A4(92)	A4/45°(121)
B 三通	B1(130)			
C 四通	C1(180)			
M 外接头	M2(270) M2R–L(271)	M2(240)	M4(529a)	M4(246)
N 内外螺栓 内接头	N4(241)		N8(280) N8R–L(281)	N8(245)

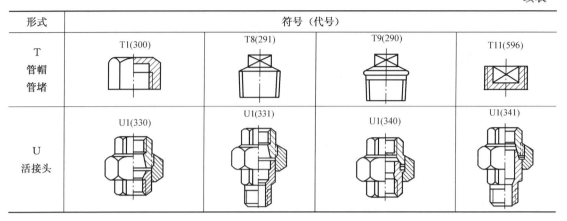

形式	符号（代号）			
T 管帽 管堵	T1(300)	T8(291)	T9(290)	T11(596)
U 活接头	U1(330)	U1(331)	U1(340)	U1(341)

二、灰口铸铁管件

灰口铸铁管件采用承插连接、法兰连接和柔性机械接口连接，适用于输送工作压力≤1.0MPa 的水及煤气的管路连接件。

灰口铸铁管件如图 1-7 所示。

三、钢管件

钢管件按连接方法的不同可分为对焊连接、承插焊接、螺纹连接和法兰连接 4 种。

对焊连接管件通常用在公称直径大于或等于 DN40 的管道上，广泛应用于各种工业管道，也可用于温度较高、压力较高的物料管道。

承插焊接管件通常用在公称直径小于或等于 DN40 的工业管道上。

螺纹连接管件通常用锻钢、铸钢等制作，用于温度小于或等于 200℃、压力小于或等于1.0MPa 的水汽管路。

法兰连接管件，多用于特殊配管场合，如铸铁管、衬里管以及与设备的连接等。

四、法兰

法兰又叫凸缘，是用于连接管子、设备等的带螺栓孔的凸缘状元件。

用于制作法兰的材料有塑料、碳钢、合金钢、铜及合金、铸铁等。在管道工程中，钢制法兰应用最多，因此，本书主要讲解钢制法兰。

1. 法兰类型及代号

（1）法兰类型。法兰类型有板式平焊法兰、带颈平焊法兰、带颈对焊法兰、整体法兰、承插焊法兰、螺纹法兰、对焊环松套法兰、平焊环松套法兰、法兰盖和衬里法兰盖，如图1-8所示。

（2）法兰代号。法兰代号见表 1-30。

表 1-30　　　　　　　　　　　　法 兰 代 号

法　兰　类　型	代　　　号	法　兰　类　型	代　　　号
板式平焊法兰	PL	螺纹法兰	Th
带颈平焊法兰	SO	对焊环松套法兰	PJ/SE
带颈对焊法兰	WN	平焊环松套法兰	PJ/RJ
整体法兰	IF	法兰盖	BL
承插焊法兰	SW	衬里法兰盖	BL（S）

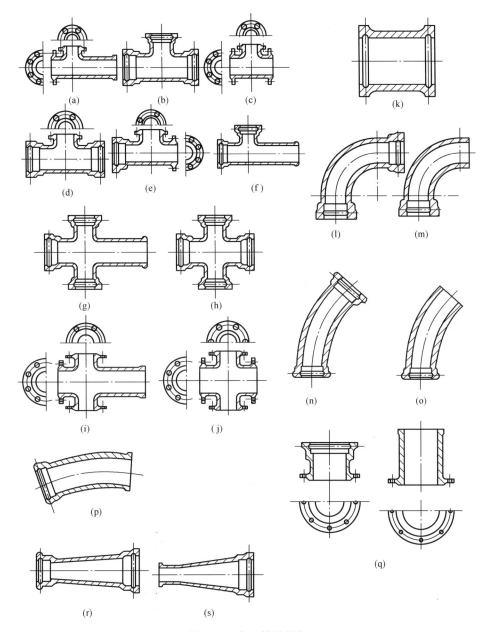

图 1-7 灰口铸铁管件

(a) 双盘三通；(b) 三承三通；(c) 三盘三通；(d) 双承单盘三通；(e) 单承双盘三通；(f) 双承三通；
(g) 三承四通；(h) 四承四通；(i) 三盘四通；(j) 四盘四通；(k) 铸铁管箍；(l) 90°双承弯管；
(m) 90°承插弯管；(n) 45°双承弯管；(o) 45°承插弯管；(p) 22.5°承插弯管；(q) 甲乙短管；(r) 双
承大小头；(s) 承插大小头

2. 法兰密封面类型及代号

法兰密封面类型有突面、平面、凹凸面、榫槽面、环连接面等，如图 1-9 所示。法兰
密封面代号见表 1-31。

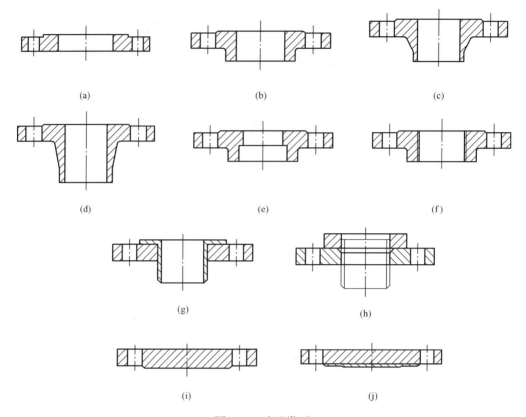

图 1-8　法兰类型

(a) 板式平焊法兰 (PL)；(b) 带颈平焊法兰 (SO)；(c) 带颈对焊法兰 (WN)；
(d) 整体法兰 (IF)；(e) 承插焊法兰 (SW)；(f) 螺纹法兰 (Th)；
(g) 对焊环松套法兰 (PJ/SE)；(h) 平焊环松套法兰 (PJ/RJ)；(i) 法兰盖 (BL)；
(j) 衬里法兰盖 [BL (S)]

表 1-31　　　　　　　　　　　　法兰密封面代号

密封面类型		代　　号	
平面		FF	
突面		RF	
凹凸面	凹面	F	MF
	突面	M	
榫槽面	榫面	T	TG
	槽面	G	
环连接面		RJ	

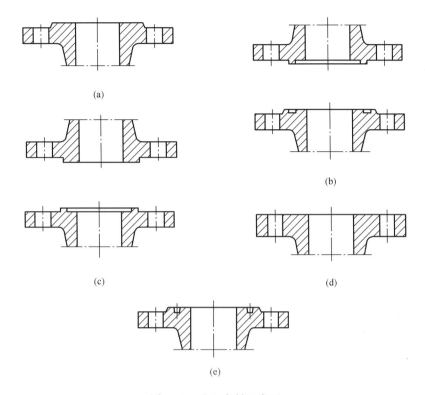

图 1-9　法兰密封面类型

(a) 突面（RF）；(b) 榫面/槽面（TG）；(c) 凹面/凸面（MF）；(d) 全平面（FF）；
(e) 环连接面（RJ）

第四节　热塑性塑料管与管件

热塑性塑料加热后具有可塑性，可制成多种形状的制品，冷却后又结硬，可多次反复成型。常用的热塑性塑料有聚氯乙烯、聚乙烯、聚丙烯、聚酰胺、聚四氟乙烯、有机玻璃等。常用的热塑性塑料管有硬聚氯乙烯塑料管、聚乙烯管、聚丙烯管、聚丁烯管、丙烯腈—丁二烯—苯乙烯管等。

一、给水用硬聚氯乙烯（PVC-U）管

给水用硬聚氯乙烯（PVC-U）管材是以硬聚氯乙烯（PVC）树脂为主要原料，加入了符合国家标准的管材所必需的添加剂组成的混合料（混合料中不允许加入增塑剂），经挤出成型的管材。

给水用硬聚氯乙烯（PVC-U）管材适于温度不超过 45℃ 的一般用途和饮用水的输送。

给水用硬聚氯乙烯（PVC-U）管材的公称压力和规格尺寸见表 1-32。

给水用硬聚氯乙烯（PVC-U）管材的公称压力系指管材在 20℃ 条件下输送水的最大工作压力。若水温在 25～45℃ 之间，应按表 1-33 不同温度的下降系数（f_t）修正工作压力。用下降系数乘以公称压力（PN）得到最大允许工作压力。

表 1-32　　　　给水用硬聚氯乙烯（PVC-U）管材的公称压力和规格尺寸　　　　mm

公称外径 d_n	管材 S①系列、SDR②系列和公称压力（MPa）						
	S16	S12.5	S10	S8	S6.3	S5	S4
	SDR33	SDR26	SDR21	SDR17	SDR13.6	SDR11	SDR9
	PN0.63	PN0.8	PN1.0	PN1.25	PN1.6	PN2.0	PN2.5
	公称壁厚 e_n						
20	—	—	—	—	—	2.0	2.3
25	—	—	—	—	2.0	2.3	2.8
32	—	—	—	2.0	2.4	2.9	3.6
40	—	—	2.0	2.4	3.0	3.7	4.5
50	—	2.0	2.4	3.0	3.7	4.6	5.6
63	2.0	2.5	3.0	3.8	4.7	5.8	7.1
75	2.3	2.9	3.6	4.5	5.6	6.9	8.4
90	2.8	3.5	4.3	5.4	6.7	8.2	10.1

公称外径 d_n	管材 S系列、SDR系列和公称压力（MPa）						
	S20	S16	S12.5	S10	S8	S6.3	S5
	SDR41	SDR33	SDR26	SDR21	SDR17	SDR13.6	SDR11
	PN0.63	PN0.8	PN1.0	PN1.25	PN1.6	PN2.0	PN2.5
	公称壁厚 e_n						
110	2.7	3.4	4.2	5.3	6.6	8.1	10.0
125	3.1	3.9	4.8	6.0	7.4	9.2	11.4
140	3.5	4.3	5.4	6.7	8.3	10.3	12.7
160	4.0	4.9	6.2	7.7	9.5	11.8	14.6
180	4.4	5.5	6.9	8.6	10.7	13.3	16.4
200	4.9	6.2	7.7	9.6	11.9	14.7	18.2
225	5.5	6.9	8.6	10.8	13.4	16.6	—
250	6.2	7.7	9.6	11.9	14.8	18.4	—
280	6.9	8.6	10.7	13.4	16.6	20.6	—
315	7.7	9.7	12.1	15.0	18.7	23.2	—
355	8.7	10.9	13.6	16.9	21.1	26.1	—
400	9.8	12.3	15.3	19.1	23.7	29.4	—
450	11.0	13.8	17.2	21.5	26.7	33.1	—
500	12.3	15.3	19.1	23.9	29.7	36.8	—
560	13.7	17.2	21.4	26.7	—	—	—
630	15.4	19.3	24.1	30.0	—	—	—
710	17.4	21.8	27.2	—	—	—	—
800	19.6	24.5	30.6	—	—	—	—

① 公称壁厚（e_n）根据设计应力 $[\sigma_S]$ 10MPa 确定，最小壁厚不小于 2.0mm。

② 公称壁厚（e_n）根据设计应力 $[\sigma_S]$ 12.5MPa 确定。

表 1 - 33　　　　　　　　　不同温度的下降系数 f_t

温度（℃）	0<t≤25	25<t≤35	35<t≤45
下降系数 f_t	1	0.8	0.63

PVC-U 管材按连接形式的不同可分为弹性密封圈连接和溶剂粘接，如图 1 - 10 和图 1 - 11 所示。

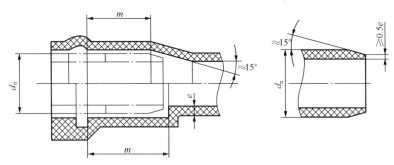

图 1 - 10　弹性密封圈连接承插口

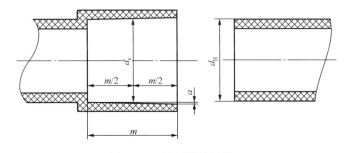

图 1 - 11　溶剂粘接承插口

给水用硬聚氯乙烯（PVC-U）管材的长度一般为 4、6m，也可由供需双方商定。管材长度极限偏差为长度的 +0.4%、−0.2%，不包括承口深度，其测量位置如图 1 - 12 所示。

二、冷热水用氯化聚氯乙烯（PVC-C）管材

冷热水用氯化聚氯乙烯（PVC-C）管材是以氯化聚氯乙烯树脂（PVC-C）为主要原料，加入了为提高其加工性能而又符合国家标准所必需的添加剂经挤出成型的冷热水用管材。

冷热水用氯化聚氯乙烯（PVC-C）管材可用于冷水的输送，也可用来输送热水，输送热水的最高设计温度为 80℃。

冷热水用氯化聚氯乙烯（PVC-C）管材按尺寸可分为 S6.3、S5、S4 三个管系列。管材规格用管系列、公称外径（d_n）×公称壁厚

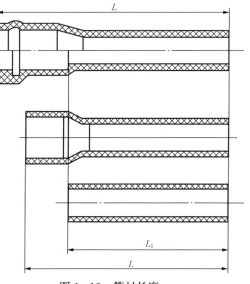

图 1 - 12　管材长度

（e_n）表示。例如，管系列为 S5、公称外径为 32mm、公称壁厚为 2.9mm 的冷热水用氯化聚氯乙烯管材，表示为 S5 $d_n32 \times e_n2.9$。

冷热水用氯化聚氯乙烯（PVC-C）管材的一般长度为 4m 或 6m，也可根据要求，由供需双方确定。冷热水用氯化聚氯乙烯（PVC-C）管道系统按使用条件选用其中的两个应用等级，每个级别均对应于一个特定的应用范围及 50 年的使用寿命，在实际应用时，还应考虑 0.6、0.8、1.0MPa 不同的使用压力。

三、给水用聚乙烯（PE）管材

给水用聚乙烯（PE）管材是以聚乙烯树脂为主要原料，经挤出成型的管材，管材的公称压力为 0.32～1.6MPa，公称外径为 16～1000mm，适用于温度不超过 40℃、一般压力及生活饮用水的输送。

给水用聚乙烯（PE）管材是用 PE63、PE80 和 PE100 材料制造的管材，使用寿命为 50年。不同等级材料设计应力的最大允许值见表 1-34。

表 1-34　　　　　　不同等级材料设计应力的最大允许值

材料等级	PE63	PE80	PE100
设计应力的最大允许值 σ_S（MPa）	5	6.3	8

管材的物理性能应符合表 1-35 的要求。表 1-36 为 PE80 级聚乙烯管材公称压力和规格尺寸。

表 1-35　　　　　　　　　管 材 的 物 理 性 能

序号	项　目		要　求
1	断裂伸长率（%）		≥350
2	纵向回缩率（110℃）（%）		≤3
3	氧化诱导时间（200℃）（min）		≥20
4	耐候性① （管材累计接受≥3.5GJ/m² 老化能量后）	80℃静液压强度试验（165h）	不破裂，不渗漏
		断裂伸长率（%）	≥350
		氧化诱导时间（200℃）（min）	≥10

①　仅适用于蓝色管材。

表 1-36　　　　　　PE80 级聚乙烯管材公称压力和规格尺寸

公称外径 d_n（mm）	公称壁厚 e_n（mm）				
	标 准 尺 寸 比				
	SDR33	SDR21	SDR17	SDR13.6	SDR11
	公 称 压 力（MPa）				
	0.4	0.6	0.8	1.0	1.25
16	—	—	—	—	—
20	—	—	—	—	—
25	—	—	—	—	2.3
32	—	—	—	—	3.0

续表

公称外径 d_n （mm）	公称壁厚 e_n （mm）				
	标 准 尺 寸 比				
	SDR33	SDR21	SDR17	SDR13.6	SDR11
	公 称 压 力 （MPa）				
	0.4	0.6	0.8	1.0	1.25
40	—	—	—	—	3.7
50					4.6
63	—	—	—	4.7	5.8
75	—	—	4.5	5.6	6.8
90	—	4.3	5.4	6.7	8.2
110	—	5.3	6.6	8.1	10.0
125		6.0	7.4	9.2	11.4
140	4.3	6.7	8.3	10.3	12.7
160	4.9	7.7	9.5	11.8	14.6
180	5.5	8.6	10.7	13.3	16.4
200	6.2	9.6	11.9	14.7	18.2
225	6.9	10.8	13.4	16.6	20.5
250	7.7	11.9	14.8	18.4	22.7
280	8.6	13.4	16.6	20.6	25.4
315	9.7	15.0	18.7	23.2	28.6
355	10.9	16.9	21.1	26.1	32.2
400	12.3	19.1	23.7	29.4	36.3
450	13.8	21.5	26.7	33.1	40.9
500	15.3	23.9	29.7	36.8	45.4
560	17.2	26.7	33.2	41.2	50.8
630	19.3	30.0	37.4	46.3	57.2
710	21.8	33.9	42.1	52.2	—

四、冷热水用交联聚乙烯（PE-X）管材

冷热水用交联聚乙烯（PE-X）管材是以交联聚乙烯（PE-X）为原料，经挤压成形的管材，适用于建筑物内冷热水管道系统，包括工业及民用冷热水、饮用水和采暖系统等。

生产聚乙烯管材所用的主体原料为高密度聚乙烯，聚乙烯在管材成型过程中或成形后进行交联。管材的交联工艺不限，可以采用过氧化物交联、硅烷交联、电子束交联和偶氮交联，交联的目的是使聚乙烯分子链之间形成化学键，获得三维网状结构。

交联聚乙烯管道系统按使用条件选用其中的 1、2、4、5 四个使用条件级别，每个级别均对应着特定的应用范围及 50 年的使用寿命，管材按尺寸可分为 S6.3、S5、S4、S3.2 四个管系列，在具体应用时还应考虑 0.4、0.6、0.8、1.0MPa 不同的设计压力。

五、冷热水用聚丙烯管材

冷热水用聚丙烯管材是以聚丙烯为原料，经挤压成形的圆形横断面的管材，适用于建筑物内冷热水管道系统。

冷热水用聚丙烯管材按使用原料的不同可分为均聚聚丙烯（PP-H）、耐冲击共聚聚丙烯（PP-B）和无规共聚聚丙烯（PP-R）三类。管材按尺寸可分为 S5、S4、S3.2、S2.5、S2 五个管系列，管系列与公称压力的关系见表 1-37、表 1-38。

表 1-37　　　　　　　　　　管系列与公称压力的关系（$C=1.25$）

管系列	S5	S4	S3.2	S2.5	S2
公称压力（MPa）	PN1.25	PN1.6	PN2.0	PN2.5	PN3.2

表 1-38　　　　　　　　　　管系列与公称压力的关系（$C=1.5$）

管系列	S5	S4	S3.2	S2.5	S2
公称压力（MPa）	PN1.0	PN1.25	PN1.6	PN2.0	PN2.5

聚丙烯管道系统按使用条件有 4 个应用等级，见表 1-39，每个级别均对应于一个特定的应用范围及 50 年的使用寿命，具体应用时，还应考虑 0.4、0.6、0.8、1.0MPa 不同的使用压力。

管材按不同的材料、使用条件和设计压力选择对应的管系列数值，见表 1-40～表1-42。

表 1-39　　　　　　　　　　聚丙烯管道使用级别

应用等级	设计温度 t_D（℃）	在 t_D 下的使用时间（年）	最高设计温度 t_{max}（℃）	在 t_{max} 下使用的时间（年）	故障温度 t_{mal}（℃）	在 t_{mal} 下的使用时间（h）	典型的应用范围
1	60	49	80	1	95	100	供给热水（60℃）
2	70	49	80	1	95	100	供给热水（70℃）
4	20 40 60	2.5 20 25	70	2.5	100	100	地板采暖和低温散热器采暖
5	20 60 80	14 25 10	90	1	100	100	较高温散热器采暖

注　t_D、t_{max}、t_{mal} 值超出本表范围时，不使用本表。

表 1-40　　　　　　　　　　PP-H 管管系列数的选择

设计压力 P_D（MPa）	管 系 列 数			
	级别 1 $\sigma_D=2.90$MPa	级别 2 $\sigma_D=1.99$MPa	级别 4 $\sigma_D=3.24$MPa	级别 5 $\sigma_D=1.83$MPa
0.4	5	5	5	4
0.6	4	3.2	5	2.5
0.8	3.2	2.5	4	2
1.0	2.5	2	3.2	—

表 1 - 41   PP-B 管管系列数的选择

设计压力 P_D（MPa）	管 系 列 数			
	级别 1 σ_D=1.67MPa	级别 2 σ_D=1.19MPa	级别 4 σ_D=1.95MPa	级别 5 σ_D=1.19MPa
0.4	4	2.5	4	2.5
0.6	2.5	2	3.2	2
0.8	2	—	2	—
1.0	—	—	2	—

表 1 - 42   PP-R 管管系列数的选择

设计压力 P_D（MPa）	管 系 列 数			
	级别 1 σ_D=3.09MPa	级别 2 σ_D=2.13MPa	级别 4 σ_D=3.30MPa	级别 5 σ_D=1.90MPa
0.4	5	5	5	4
0.6	5	3.2	5	3.2
0.8	3.2	2.5	4	2
1.0	2.5	2	3.2	—

冷热水聚丙烯管材规格用管系列、公称外径（d_n）×公称壁厚（e_n）表示。例如：管系列为 S5、公称外径为 32mm、公称壁厚为 2.9mm 的冷热水聚丙烯管材，表示为 S5 d_n 32× e_n2.9mm。冷热水聚丙烯管材系列和规格尺寸见表 1 - 43。该管材的长度一般为 4m 或 6m，也可根据用户要求由供需双方确定。管材长度、管壁厚度不允许出现负偏差。

表 1 - 43   冷热水聚丙烯管材系列和规格尺寸   mm

公称外径 d_n	平 均 外 径		管 系 列				
	最小外径 $d_{em,min}$	最大外径 $d_{em,max}$	S5	S4	S3.2	S2.5	S2
			公 称 壁 厚 e_n				
12	12.0	12.3	—	—	—	2.0	2.4
16	16.0	16.3	—	2.0	2.2	2.7	3.3
20	20.0	20.3	2.0	2.3	2.8	3.4	4.1
25	25.0	25.3	2.3	2.8	3.5	4.2	5.1
32	32.0	32.3	2.9	3.6	4.4	5.4	6.5
40	40.0	40.4	3.7	4.5	5.5	6.7	8.1
50	50.0	50.5	4.6	5.6	6.9	8.3	10.1
63	63.0	63.6	5.8	7.1	8.6	10.5	12.7
75	75.0	75.7	6.8	8.4	10.3	12.5	15.1
90	90.0	90.9	8.2	10.1	12.3	15.0	18.1
110	110.0	111.0	10.0	12.3	15.1	18.3	22.1
125	125.0	126.2	11.4	14.0	17.1	20.8	25.1
140	140.0	141.3	12.7	15.7	19.2	23.3	28.1
160	160.0	161.5	14.6	17.9	21.9	26.6	32.1

六、冷热水用聚丁烯（PB）管材

冷热水用聚丁烯（PB）管材是用聚丁烯（PB）为原料，经挤出成型的管材，适用于建筑冷热水管道系统，包括工业及民用冷热水、饮用水和采暖系统。该管材按使用条件可分为级别 1、级别 2、级别 4、级别 5 四个级别。每一个级别均对应着特定的应用范围及 50 年的使用寿命。

七、铝塑管

铝塑管是内层和外层为交联聚乙烯或高温聚乙烯、中间层为增强铝管，层间采用专用热熔胶，通过挤出成型方法复合而成的管材。根据中间层铝管的焊接形式可分为搭接焊式铝塑管和对接焊式铝塑管。

1. 搭接焊式铝塑管

该管是指用搭接焊式铝塑管作为嵌入金属层增强，通过共挤热熔黏结剂与内外层聚乙烯塑料复合而成的铝塑复合压力管，适用于输送最大允许工作压力下的流体（冷水、冷热水、采暖系统、地下灌溉、工业特种流体、压缩空气、燃气等）。

搭接焊式铝塑管按复合组分材料可分为两类：聚乙烯/铝合金/聚乙烯（PAP）管和交联聚乙烯/铝合金/交联聚乙烯（XPAP）管。

搭接焊铝塑管按外径分类，其规格有 12、16、20、25、32、40、50、63、75。

2. 对接焊式铝塑管

该管是指用对接焊铝管作为嵌入金属层增强，通过共挤热熔黏结剂与内外层聚乙烯塑料复合而成的铝塑复合压力管，适用于输送最大允许工作压力下的流体（冷水、冷热水、采暖系统、地下灌溉、工业特种流体、压缩空气、燃气等）。

对接焊式铝塑管可分为一型铝塑管、二型铝塑管、三型铝塑管和四型铝塑管。

（1）一型铝塑管。外层为聚乙烯管，内层为交联聚乙烯管，嵌入金属为对接焊铝合金的复合管，代号为 XPAP1，适合在较高的工作温度和流体压力条件下使用。

（2）二型铝塑管。内外层均为交联聚乙烯塑料，嵌入金属层为对接焊铝合金的复合管，代号为 XPAP2，适合在较高的工作温度和流体压力下使用，比一型铝塑管具有更好的抗外部恶劣环境的性能。

（3）三型铝塑管。内外层均为聚乙烯塑料，嵌入金属层为对接焊的复合管，代号为 PAP3，适合在较低的工作温度和流体压力下使用。

（4）四型铝塑管。内外层均为聚乙烯塑料，嵌入金属层为对接焊的复合管，代号为 PAP4，适合在较低的工作温度和流体压力下使用，可用于输送燃气等流体。

八、建筑排水用硬聚氯乙烯（PVC-U）管材

建筑排水用硬聚氯乙烯管材是以聚氯乙烯（PVC-U）树脂为主要原料，加入必需的添加剂，经挤压成形的管材，用作民用建筑物内排水管材，在考虑材料的耐化学性和耐热性的条件下，也可用作工业排水管材。

建筑排水用硬聚氯乙烯管用 $d_n \times e_n$（公称外径×公称壁厚）表示，管材的公称外径和公称壁厚见表 1-44。管材按连接形式的不同可分为胶黏剂粘接和弹性密封圈连接两种类型。管材长度一般为 4m 或 6m，如图 1-13 所示。

表 1-44   建筑排水用硬聚氯乙烯管材的公称外径和壁厚   mm

公称外径 d_n	平均外径		壁厚	
	最小平均外径 $d_{em,min}$	最大平均外径 $d_{em,max}$	最小壁厚 e_{min}	最大壁厚 e_{max}
32	32.0	32.2	2.0	2.4
40	40.0	40.2	2.0	2.4
50	50.0	50.2	2.0	2.4
75	75.0	75.3	2.3	2.7
90	90.0	90.3	3.0	3.5
110	110.0	110.3	3.2	3.8
125	125.0	125.3	3.2	3.8
160	160.0	160.4	4.0	4.6
200	200.0	200.5	4.9	5.6
250	250.0	250.5	6.2	7.0
315	315.0	315.6	7.8	8.6

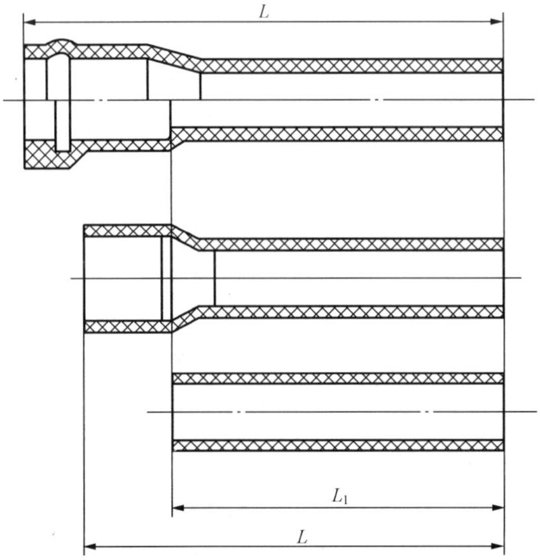

图 1-13 建筑排水用硬聚氯乙烯管材长度

九、给水用硬聚氯乙烯 (PVC-U) 管件

给水用硬聚氯乙烯 (PVC-U) 管件如图 1-14 所示，硬聚氯乙烯 (PVC-U) 管件与硬聚氯乙烯 (PVC-U) 管通常采用粘接，若管材与金属管或金属管配件相连，则应采用过渡接头连接。

十、冷热水用聚丙烯管件

冷热水用聚丙烯管件是以聚丙烯为原料，经注塑成型的聚丙烯管件，与冷热水聚丙烯管

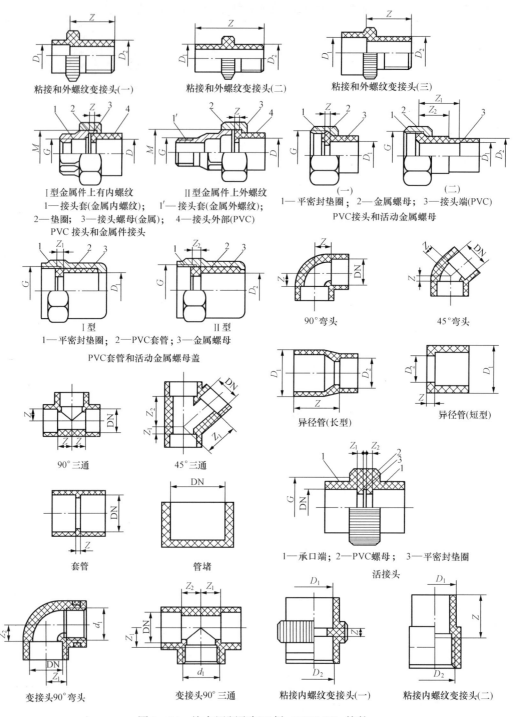

粘接和外螺纹变接头(一)　　粘接和外螺纹变接头(二)　　粘接和外螺纹变接头(三)

Ⅰ型金属件上有内螺纹　　　　Ⅱ型金属件上外螺纹
1—接头套(金属内螺纹)；　　　1′—接头套(金属外螺纹)；
2—垫圈；　3—接头螺母(金属)；　4—接头外部(PVC)
PVC 接头和金属件接头

(一)　　　　　　(二)
1—平密封垫圈；2—金属螺母；3—接头端(PVC)
PVC接头和活动金属螺母

Ⅰ型　　　　　　　Ⅱ型
1—平密封垫圈；2—PVC套管；3—金属螺母
PVC套管和活动金属螺母盖

90°弯头　　　　　　45°弯头

异径管(长型)　　　　　异径管(短型)

90°三通　　　　　45°三通

套管　　　　　　管堵

1—承口端；　2—PVC螺母；　3—平密封垫圈
活接头

变接头90°弯头　　　变接头90°三通　　粘接内螺纹变接头(一)　　粘接内螺纹变接头(二)

图 1-14　给水用硬聚氯乙烯(PVC-U)管件

材配套使用。管件金属部分的材料在管道使用过程中对塑料管道材料不应造成降解或老化。

　　冷热水用聚丙烯管件按使用原料的不同可分为 PP-H、PP-B、PP-R 三类，按连接方式的不同可分为热熔连接、电熔连接、法兰连接和可转换接头连接。

（1）热熔承插连接管件。热熔承插连接管件承口如图1-15所示，规格尺寸见表1-45。

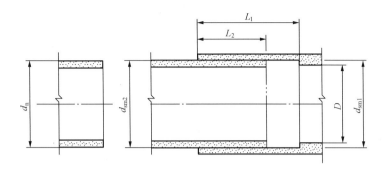

图 1-15　热熔承插连接管件承口

表 1-45　　　　　**热熔承插连接管件承口尺寸与相应的公称外径**　　　　　mm

公称外径 d_n	最小承口深度 L_1	最小承插深度 L_2	承口平均内径				最大不圆度	最小通径 D
			d_{sm1}		d_{sm2}			
			最小	最大	最小	最大		
16	13.3	9.8	14.8	15.3	15.0	15.5	0.6	9
20	14.5	11.0	18.8	19.3	19.0	19.5	0.6	13
25	16.0	12.5	23.5	24.1	23.8	24.4	0.7	18
32	18.1	14.6	30.4	31.0	30.7	31.3	0.7	25
40	20.5	17.0	38.3	38.9	38.7	39.3	0.7	31
50	23.5	20.0	48.3	48.9	48.7	49.3	0.8	39
63	27.4	23.0	61.1	61.7	61.6	62.2	0.8	49
75	31.0	27.5	71.9	72.7	73.2	74.0	1.0	58.2
90	35.5	32.0	86.4	87.4	87.8	88.8	1.2	69.8
110	41.5	38.0	105.8	106.8	107.3	108.5	1.4	85.4

注　此处的公称外径 d_n 是指与管件相连接的管材的公称外径。

（2）电熔连接管件。电熔连接管件承口如图1-16所示，规格尺寸见表1-46。

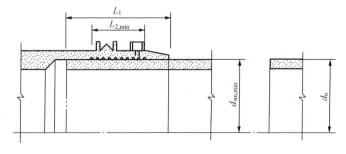

图 1-16　电熔连接管件承口

表 1 - 46　　　　　　　　　　电熔连接管件承口尺寸与相应的公称外径　　　　　　　　　　mm

公称外径 d_n	熔合段最小内径 $d_{sm,min}$	熔合段最小长度 $L_{2,min}$	插入长度 L_1	
			min	max
16	16.1	10	20	35
20	20.1	10	20	37
25	25.1	10	20	40
32	32.1	10	20	44
40	40.1	10	20	49
50	50.1	10	20	55
63	63.2	11	23	63
75	75.2	12	25	70
90	90.2	13	28	79
110	110.3	15	32	85
125	125.3	16	35	90
140	140.3	18	38	95
160	160.4	20	42	101

注　此处的公称外径 d_n 是指与管件相连接的管材的公称外径。

第五节　阀　　门

　　阀门是用来控制管道内介质的具有可动机构的机械产品的总称。阀门是流体输送系统中的控制部件，具有截断、调节、导流、防止逆流、稳压、分流或溢流泄压等功能。

一、阀门分类

　　1. 按驱动方式分类

　　阀门按驱动方式可分为自动阀门和驱动阀门。

　　（1）自动阀门。指依靠介质本身的能力而自行动作的阀门，如止回阀、安全阀、减压阀、蒸汽疏水阀、空气疏水阀、紧急切断阀、调节阀、温度自动调节阀等。

　　（2）驱动阀门。指借助手动、电动、液力或气力来操纵启闭的阀门，如闸阀、截止阀、调节阀、蝶阀、球阀、旋塞阀等。

　　2. 按用途分类

　　（1）切断用。用来切断（或联通）管路中的介质，如闸阀、截止阀、球阀、旋塞阀、蝶阀等。

　　（2）止回用。用来防止介质倒流，如止回阀、管道倒流防止器等。

　　（3）调节用。用来调节管路中介质的压力和流量，如调节阀、减压阀、节流阀、蝶阀、V 形开口球阀、平衡阀等。

　　（4）分配用。用来改变管路中介质流动的方向，起分配介质的作用，如分配阀、三通或四通旋塞阀、三通或四通球阀等。

　　（5）安全防护用。用于超压安全保护，排放多余介质，防止压力超过规定数值，如安全阀、溢流阀等。

　　（6）其他特殊用途。如蒸汽疏水阀、空气疏水阀、排污阀、放空阀、呼吸阀、排渣阀、温度调节器等。

3. 按公称压力分类

(1) 低压阀门。公称压力不大于 PN16 的各种阀门。

(2) 中压阀门。公称压力为 PN16～PN100（不含 PN16）的各种阀门。

(3) 高压阀门。公称压力为 PN100～PN1000（不含 PN100）的各种阀门。

(4) 超高压阀门。公称压力大于 PN1000 的各种阀门。

4. 按介质的工作温度 t 分类

(1) 超低温阀门。用于介质温度 $t \leqslant -100℃$ 的各种阀门。

(2) 低温阀门。用于介质温度 $-100℃ < t \leqslant -29℃$ 的各种阀门。

(3) 常温阀门。用于介质温度 $-29℃ < t \leqslant 120℃$ 的各种阀门。

(4) 中温阀门。用于介质温度 $120℃ < t \leqslant 425℃$ 的各种阀门。

(5) 高温阀门。用于介质温度 $t > 425℃$ 的各种阀门。

二、常用闭路阀门

用来开启和关闭管路的阀门是闭路阀门。常用的闭路阀门有截止阀、闸阀、球阀、旋塞阀、蝶阀、隔膜阀、止回阀等。

1. 截止阀

启闭件为阀瓣，由阀杆带动，沿阀座（密封面）轴线做升降运动的阀门，称为截止阀。截止阀具有结构简单、安装尺寸小、密封性能好、密封面检修方便等优点；缺点是介质流动阻力大。截止阀的最大规格为 DN200。在给水工程中，公称直径≤DN50 的给水管路上，且经常启闭、水流呈单向流动的管道，宜选用截止阀。

截止阀按连接方式的不同可分为螺纹截止阀（见图 1-17）、法兰截止阀（见图 1-18）。

截止阀安装。截止阀安装有方向性，一般阀门上都标有箭头，箭头方向代表介质的流动方向。若无标注，则应按"低进高出"的原则进行安装。截止阀宜水平安装，阀杆朝上，阀杆不得朝下安装。

2. 闸阀

闸阀又称闸板阀，启闭件为闸板，由阀杆带动闸板沿阀座（密封面）轴线做升降运动。闸阀具有流体流动阻力小、启闭所需力矩小、介质流向不受限制、启闭无水击现象，形体结构比较简单、制造工艺性好等优点；缺点是：外形尺寸和安装高度较大，所需的安装空间也较大，在启闭过程中，密封面有相对摩擦，磨损较大，甚至在高温时容易引起擦伤现象。闸阀一般都有两个密封面，给加工、研磨和维修增加了一些困难。

在给水工程中，公称直径≥DN50 的给水管路采用闸阀。

闸阀按连接方式的不同可分为螺纹闸阀、法兰闸阀和焊接闸阀，按结构特征可分为平行式闸板和楔式闸板，按阀门阀杆结构可分为明杆（升降杆）闸阀和暗杆（旋转杆）闸阀。

明杆平行式双闸板闸阀如图 1-19 所示，它的闸板是由两块对称平行放置的两圆盘组成，当阀板下降时，靠置于闸板下部的顶楔使两闸板向外扩张紧压在阀座上，使阀门关严。当闸板上升时，楔块脱离圆盘，待圆盘上升到一定高度时，楔块就被圆盘上的凸块托起，并随闸板一起上升。该型阀门结构简单，密封面的加工、研磨、检修都比楔式闸阀简便，但密封性较差，适用于公称压力不超过 PN10、温度不超过 200℃ 的介质。

图 1-20 所示为暗杆楔形闸阀，该阀的密封面是倾斜的，并形成一个夹角，介质温度越高，夹角越大。楔形闸板可分为单闸板、双闸板、弹性闸板，如图 1-20 所示。楔形闸阀的

关闭件闸板是楔形的，使用楔形的目的是为了提高辅助的密封荷载，以使金属密封的楔形闸阀既能保证高的介质压力密封，也能对低的介质压力进行密封。这样，金属密封的楔形闸阀所能达到的潜在密封程度就比普通的金属密封平行式闸阀高。但是，金属密封的楔形闸阀由于揳入作用所产生的进口端密封荷载往往不足以达到进口端密封。

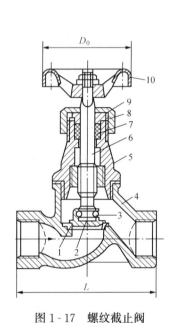

图 1-17　螺纹截止阀

1—阀座；2—阀盘；3—铁丝圈；4—阀体；
5—阀盖；6—阀杆；7—填料；8—填料压盖螺母；
9—填料压盖；10—手轮

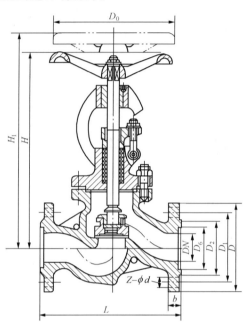

图 1-18　法兰截止阀

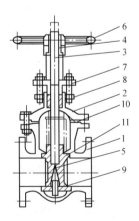

图 1-19　明杆平行式双闸板闸阀

1—阀体；2—阀盖；3—阀杆；4—阀杆螺母；
5—闸板；6—手轮；7—填料压盖；8—填料；
9—顶楔；10—垫片；11—密封圈

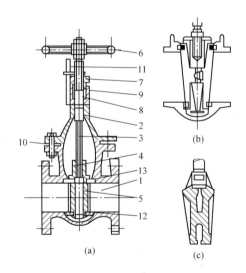

图 1-20　暗杆楔形闸阀

（a）楔形单闸板；（b）楔形双闸板；（c）楔形弹性闸板

1—阀体；2—阀盖；3—阀杆；4—阀杆螺母；
5—闸板；6—手轮；7—压盖；8—填料；9—填料箱；
10—垫片；11—指示器；12、13—密封圈

3. 蝶阀

启闭件（蝶板）由阀杆带动，并绕阀杆的轴线做旋转运动的阀门，称为蝶阀，如图1-21所示，它具有结构简单、体积小、质量轻、节省材料、安装空间小，而且驱动力矩小，操作简便、迅速等特点。

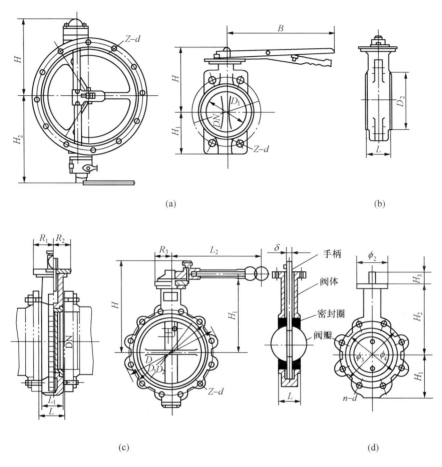

(a)　　　　　　　　　　　　(b)

(c)　　　　　　　　　　　　(d)

图 1-21　蝶阀

（a）D40X-0.5 杠杆式蝶阀；（b）衬氟塑料蝶阀；（c）D71J-10 衬胶蝶阀；（d）对夹式蝶阀

4. 旋塞阀

启闭件呈塞状，由阀杆带动，绕阀杆的轴线做旋转运动的阀门称为旋塞阀，如图1-22所示，旋塞中部有一孔道，旋转90°即可全关或全开。旋塞阀具有结构简单、启闭迅速、操作方便、流体流动阻力小等优点；缺点是密封面维修困难，输送介质参数较高时其密封性及旋转的灵活性较差。

5. 球阀

启闭件为球体，由阀杆带动，绕阀杆的轴线做旋转运动的阀门称为球阀，如图1-23所示，球体中部有一圆形孔道，操纵手柄旋转90°即可全开或全关。球阀具有结构简单、体积小、流动阻力小、密封性能好、操作方便、启闭迅速、便于维护等优点；缺点是高温时启闭困难，水击严重，易磨损。

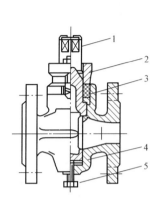

图 1-22　旋塞阀

1—旋塞；2—压环；3—填料；
4—阀体；5—退塞螺栓

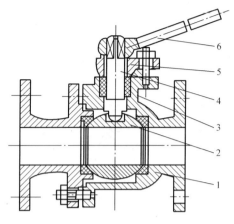

图 1-23　球阀

1—阀体；2—球体；3—填料；4—阀杆；
5—阀盖；6—手柄

6. 止回阀

启闭件为阀瓣，借助介质的作用力能自动阻止介质逆流的阀门称止回阀。

止回阀按结构及其关闭件与阀座的相对位移方式可分为旋启式止回阀、升降式止回阀、蝶式止回阀、管道式止回阀、空排止回阀、缓闭式止回阀、隔膜式止回阀、无磨损球形止回阀、浮球式衬氟塑料止回阀、高效无声止回阀、调流缓冲止回阀等，如图 1-24 所示。

三、阀门型号编制方法和阀门标志

阀门型号通常应表示出阀门类型、驱动方式、连接形式、结构特点、密封面材料、阀体材料和公称压力等要素。阀门型号的标准化对阀门的设计、选用、经销和施工管理提供了方便。

1. 阀门型号的编制

阀门型号由 7 个单元组成，各个单元的表示方法及意义见表 1-47。

表 1-47　　　　　　　　　阀门型号的表示方法及意义

阀门单元　　项目	第一单元	第二单元	第三单元	第四单元	第五单元	第六单元	第七单元
表示方法	大写汉语拼音字母	阿拉伯数字	阿拉伯数字	阿拉伯数字	大写汉语拼音字母	阿拉伯数字	大写汉语拼音字母
表示意义	阀门类型	驱动方式	连接形式	结构形式	密封面或衬里材料	公称压力	阀体材料

（1）类型代号。阀门类型代号用大写汉语拼音字母表示，见表 1-48。

表 1-48　　　　　　　　　　　阀　门　类　型　代　号

阀门类型	代号	阀门类型	代号	阀门类型	代号
弹簧荷载安全阀	A	截止阀	J	柱塞阀	U
蝶阀	D	节流阀	L	旋塞阀	X
隔膜阀	G	排污阀	P	减压阀	Y
杠杆式安全阀	GA	球阀	Q	闸阀	Z
止回阀和底阀	H	蒸汽疏水阀	S		

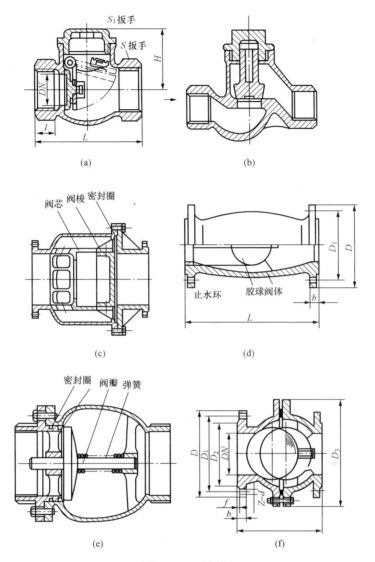

图 1-24 止回阀

(a) H14T-10 内螺纹旋启式；(b) 升降式；(c) 梭式；(d) 球形；(e) 消声式；(f) 浮球式

当阀门还具有其他功能作用或带有其他特异结构时，在阀门类型代号前再加注一个汉语拼音字母，见表 1-49。

表 1-49　　　　　　　具有其他功能作用或带有其他特异结构的阀门表示代号

第二功能作用名称	代　　号	第二功能作用名称	代　　号
保温型	B	排渣型	P
低温型	D[①]	快速型	Q
防火型	F	（阀杆密封）波纹管型	W
缓闭型	H		

① 低温型指允许使用温度低于 −46℃ 以下的阀门。

（2）驱动方式代号。阀门的驱动方式代号用阿拉伯数字表示，见表 1-50。

表 1-50　　　　　　　　　　　　阀门的驱动方式代号

传动方式	代号	传动方式	代号	传动方式	代号	传动方式	代号
电磁动	0	涡轮	3	气动	6	电动	9
电磁—液动	1	正齿轮	4	液动	7		
电—液动	2	锥齿轮	5	气—液动	8		

注　1. 手轮、手柄和扳手传动的，以及安全阀、减压阀、蒸汽疏水阀等，本单元代号可省略。
　　2. 对于气动或液动机构操作的阀门，常开式用 6K、7K 表示，常闭式用 6B、7B 表示。
　　3. 防爆电动装置的阀门用 9B 表示。
　　4. 代号 1、2 及代号 8 是用在阀门启闭时需要由两种动力源同时对阀门进行动作的执行机构。

（3）连接形式代号。阀门的连接形式代号用阿拉伯数字表示，见表 1-51。

表 1-51　　　　　　　　　　　　阀门的连接形式代号

连接形式	代号	连接形式	代号	连接形式	代号
内螺纹	1	法兰	4	卡箍	8
外螺纹	2	焊接	6	卡套	9
两种不同连接	3	对夹	7		

注　焊接包括承插焊和对接焊。

（4）结构形式代号。阀门的结构形式代号用阿拉伯数字表示。闸阀的结构形式代号见表 1-52，截止阀、节流阀和柱塞阀的结构形式代号见表 1-53，蝶阀的结构形式代号见表 1-54，旋塞阀的结构形式代号见表 1-55，球阀的结构形式代号见表 1-56，止回阀的结构形式代号见表 1-57，隔膜阀的结构形式代号见表 1-58，安全阀的结构形式代号见表 1-59，减压阀的结构形式代号见表 1-60，蒸汽疏水阀的结构形式代号见表 1-61，排污阀的结构形式代号见表 1-62。

（5）阀座密封面或衬里材料代号。除隔膜阀外，当密封副的密封面材料不同时，以硬度低的材料表示，阀座密封面或衬里材料代号按表 1-63 规定的字母表示。

表 1-52　　　　　　　　　　　　闸阀的结构形式代号

结　构　形　式				代号
阀杆升降式（明杆）	楔形闸板	弹　性　闸　板		0
		刚性闸板	单闸板	1
			双闸板	2
	平行式闸板		单闸板	3
			双闸板	4
阀杆非升降式（暗杆）	楔形闸板		单闸板	5
			双闸板	6
	平行式闸板		单闸板	7
			双闸板	8

表 1-53 截止阀、节流阀和柱塞阀的结构形式代号

结 构 形 式		代号	结 构 形 式		代号
阀瓣非平衡式	直通流道	1	阀瓣平衡式	直通流道	6
	Z形流道	2		角式流道	7
	三通流道	3		—	—
	角式流道	4		—	—
	直流流道	5		—	—

表 1-54 蝶阀的结构形式代号

结 构 形 式		代号	结 构 形 式		代号
密封型	单偏心	0	非密封型	单偏心	5
	中心垂直板	1		中心垂直板	6
	双偏心	2		双偏心	7
	三偏心	3		三偏心	8
	连杆机构	4		连杆机构	9

表 1-55 旋塞阀的结构形式代号

结 构 形 式		代号	结 构 形 式		代号
填料密封	直通流道	3	油密封	直通流道	7
	T形三通流道	4		T形三通流道	8
	四通流道	5		—	—

表 1-56 球阀的结构形式代号

结 构 形 式		代号	结 构 形 式		代号
浮动球	直通流道	1	固定球	直通流道	7
	Y形三通流道	2		四通流道	6
	L形三通流道	4		T形三通流道	8
	T形三通流道	5		L形三通流道	9
	—	—		半球直通	0

表 1-57 止回阀的结构形式代号

结 构 形 式		代号	结 构 形 式		代号
升降式阀瓣	直通流道	1	旋启式阀瓣	单瓣结构	4
	立式结构	2		多瓣结构	5
	角式流道	3		双瓣结构	6
	—	—		蝶形止回式	7

表 1-58 隔膜阀的结构形式代号

结 构 形 式	代号	结 构 形 式	代号
屋脊流道	1	直通流道	6
直流流道	5	Y形角式流道	8

表 1 - 59　　　　　　　　　　　　安全阀的结构形式代号

结 构 形 式		代号	结 构 形 式		代号
弹簧载荷弹簧封闭结构	带散热片全启式	0	弹簧载荷弹簧不封闭且带扳手结构	微启式、双联阀	3
	微启式	1		微启式	7
	全启式	2		全启式	8
	带扳手全启式	4		—	—
杠杆式	单杠杆	2	带控制机构全启式		6
	双杠杆	4	脉冲式		9

表 1 - 60　　　　　　　　　　　　减压阀的结构形式代号

结 构 形 式	代号	结 构 形 式	代号
薄膜式	1	波纹管式	4
弹簧薄膜式	2	杠杆式	5
活塞式	3	—	—

表 1 - 61　　　　　　　　　　　　蒸汽疏水阀的结构形式代号

结 构 形 式	代号	结 构 形 式	代号
浮球式	1	蒸汽压力或膜盒式	6
浮桶式	3	双金属片或弹性式	7
液体或固体膨胀式	4	脉冲式	8
钟形浮子式	5	圆盘热动力式	9

表 1 - 62　　　　　　　　　　　　排污阀的结构形式代号

结 构 形 式		代号	结 构 形 式		代号
液面连接排放	截止型直通式	1	液体间断排放	截止型直流式	5
	截止型角式	2		截止型直通式	6
	—	—		截止型角式	7
	—	—		浮动闸板型直通式	8

表 1 - 63　　　　　　　　　　　　阀座密封面或衬里材料代号

阀座密封面或衬里材料	代号	阀座密封面或衬里材料	代号
锡基轴承合金（巴氏合金）	B	尼龙塑料	N
搪瓷	C	渗硼钢	P
渗氮钢	D	衬铅	Q
氟塑料	F	奥氏体不锈钢	R
陶瓷	G	塑料	S
Cr13 系不锈钢	H	铜合金	T
衬胶	J	橡胶	X
蒙乃尔合金	M	硬质合金	Y

注　1. 由阀体直接加工的阀座密封面材料代号用 W 表示。

　　2. 当密封副的密封面材料不同时，以硬度低的材料代号表示。

（6）公称压力。公称压力用阿拉伯数字表示，其数值等于以巴（bar）为单位的最大工作压力。

（7）阀体材料代号。阀体材料代号用大写汉语拼音字母表示，见表1-64。公称压力≤PN16的铸铁阀门和公称压力≥PN25的碳钢阀门，本单元省略。

表1-64　　　　　　　　　　　　阀 体 材 料 代 号

阀 体 材 料	代 号	阀 体 材 料	代 号
碳钢	C	铬镍钼系不锈钢	R
Cr13系不锈钢	H	塑料	S
铬钼钢	I	铜及铜合金	T
可锻铸铁	K	钛及钛合金	Ti
铝合金	L	铬钼钒钢	V
铬镍系不锈钢	P	灰铸铁	Z
球墨铸铁	Q		

注　CF3、CF8、CF3M、CF8M等材料牌号可直接标注在阀体上。

2. 阀门的命名

（1）阀门命名。阀门的名称按传动方式、连接形式、结构形式、衬里材料和类型命名，但下述内容在命名中均予省略：

1）连接形式中的"法兰"。

2）结构形式中：①闸阀的"明杆"、"弹性"、"刚性"和"单闸板"；②截止阀和节流阀的"直通式"；③球阀的"浮动式"、"固定式"和"直通式"；④蝶阀的"垂直板式"；⑤隔膜阀的"屋脊式"；⑥旋塞阀的"填料"和"直通式"；⑦止回阀的"直通式"和"单瓣式"；⑧安全阀的"不封闭"。

3）阀座的密封面材料在命名中均予省略。

（2）阀门型号和名称编制方法示例。

【例1-1】　阀门类型为闸阀，电驱动、法兰连接、明杆楔形双闸板、阀座密封面材料由阀体直接加工、阀门的公称压力为PN1，阀体材料为灰铸铁，表示为：Z942W-1，命名为：电动楔形双闸板闸阀。

【例1-2】　阀门类型为球阀，手动、外螺纹连接、浮动直通式、阀座密封面材料为氟塑料、阀门的公称压力为40，阀体材料为1Cr18Ni9Ti；表示为：Q21F-40P，命名为：外螺纹球阀。

【例1-3】　阀门类型为隔膜阀，气动常开式、法兰连接、屋脊式、衬里材料为衬胶、阀门的公称压力为PN6，阀体材料为灰铸铁，表示为：G6K41J-6，命名为：气动常开式衬胶隔膜阀。

【例1-4】　阀门类型为蝶阀，液动、法兰连接、结构形式为垂直板式、阀瓣密封面材料为橡胶（阀座密封面材料为铸铜）、公称压力为PN2.5，阀体材料为灰铸铁，表示为：D741X-2.5，命名为：液动蝶阀。

【例 1 - 5】 阀门类型为截止阀，电动、对焊连接、直通式、阀座密封面材料为堆焊硬质合金，在 540℃ 下的工作压力为 17MPa，阀体材料为铬钼钒合金钢，表示为：J961Y-P$_{54}$170V，命名为：电动焊接截止阀。

【例 1 - 6】 阀门类型为止回阀，法兰连接、结构形式为旋启双瓣式、阀座密封面材料为铜合金、公称压力为 PN10，阀体材料为灰铸铁，表示为：H46T-10，命名为：双瓣旋启式止回阀。

3. 阀门标志

通用阀门必须使用的和可选择的标志项目见表 1 - 65。对于手动阀门，如果手轮尺寸足够大，则手轮上应设有指示阀门关闭方向的箭头或附加"关"字。

表 1 - 65　　　　　　　　　　　　通用阀门的标志项目

项　目	标　　志	项　目	标　　志
1	公称直径 DN	11	标准号
2	公称压力 PN	12	熔炼炉号
3	受压部件材料代号	13	内件材料代号
4	制造厂名或商标	14	工位号
5	介质流向的箭头	15	衬里材料代号
6	密封环（垫）代号	16	质量和试验标记
7	极限温度（℃）	17	检验人员印记
8	螺纹代号	18	制造年、月
9	极限压力	19	流动特性
10	生产厂编号		

通用阀门的具体标志规定如下：

（1）表 1 - 65 中的 1～4 项是必须使用的标志，对于公称直径≥DN50 的阀门，应标记在阀体上，对于公称直径＜DN50 的阀门，标记在阀体上还是标牌上，由产品设计者规定。

（2）表 1 - 65 中的第 5 项和第 6 项只有当某类阀门标准中有此规定时才是必须使用的标志，它们应分别标记在阀体及法兰上。

（3）如果各类阀门标准中没有特殊规定，则表 1 - 65 中 7～19 项是按需要选择的标志。当需要时，可标记在阀体或标牌上。

（4）对于减压阀，在阀体上的标志除按表 1 - 65 的规定外，还应有出厂日期、适用介质、出口压力等。

（5）蒸汽疏水阀的标志按表 1 - 66 的规定，标志可设在阀体上，也可标在标牌上。

（6）安全阀的标志按表 1 - 67 的规定，标志标在标牌上。

表 1 - 66　　　　　　　　　　蒸汽疏水阀的标志

项　目	必须使用的标志	项　目	可选择使用的标志
1	产品型号	1	阀体材料
2	公称直径 DN	2	最高允许压力
3	公称压力 PN	3	最高允许温度
4	制造名称和商标	4	最高排水温度
5	介质流动方向的指示箭头	5	出厂编号、日期
6	最高工作压力	—	—
7	最高工作温度	—	—

表 1 - 67　　　　　　　　　　安　全　阀　的　标　志

项　目	阀体上的标志	项　目	标牌上的标志
1	公称直径 DN	1	阀门设计的极限工作温度（℃）
2	阀体材料	2	整定压力（MPa）
3	制造厂名称或商标	3	制造厂的产品型号
4	当进口与出口连接部分的尺寸或压力级相同时，应有指明介质流动方向的箭头	4	标明基准流体（空气用 G，蒸汽用 S，水用 L 表示）的额定排量系数或额定排量（标明单位）。流体代号可置于额定排量系数或额定排量之前或之后，如 G-0.815或 G-1000000kg/h
		5	流道面积（mm²），或流道直径（mm）
		6	最小开启高度（mm），以及相应的超过压力（以整定压力的百分数表示）

四、安全阀、减压阀、疏水阀

1. 安全阀

安全阀是一种自动作阀门，它不借助任何外力而利用介质本身的力量来排出一定数量的流体，以防止压力超过额定的安全值。当压力恢复正常后，阀门自行关闭并阻止介质继续流出。

安全阀的种类很多，通常大都以安全阀的结构特点或阀瓣最大开启高度与阀座直径之比（h/d）进行分类，一般可分为杠杆重锤式安全阀、弹簧式安全阀、脉冲式安全阀、微启式安全阀、全启式安全阀、先导式安全阀等。

管道工程中应用较多的是弹簧式安全阀。弹簧式安全阀是利用弹簧的力来平衡阀瓣的压力，并使之密封。根据阀瓣的开启高度，弹簧式安全阀又可分为微启式和全启式。弹簧式安全阀的优点在于比重锤式安全阀轻便，灵敏度高，安装位置没有严格限制；缺点是作用在阀杆上的力随弹簧的变形而产生变化，同时，当温度较高时，应注意弹簧的隔热和散热。这类安全阀的弹簧作用力一般不应超过 20 000N；过大、过硬的弹簧不适于精确的工作。

（1）微启式安全阀。阀瓣的开启高度为阀座通径的 1/40～1/20 的安全阀是微启式安全阀。微启式安全阀又分为不带调节圈的微启式安全阀和带调节圈的微启式安全阀，不带调节圈的微启式弹簧安全阀如图 1-25 所示，带调节圈的微启式弹簧安全阀如图 1-26 所示。带调节圈的弹簧安全阀可利用调节圈对排放压力进行调节。

（2）全启式安全阀。阀瓣的开启高度为阀座通径的 1/4～1/3 的安全阀是全启式安全阀。全启式安全阀如图 1-27 所示，在安全阀的阀瓣处设有反冲盘，借助于气体介质的膨胀冲力，使阀瓣开启到足够的高度，从而达到排量要求。这种结构的安全阀使用较多，灵敏度也较高。

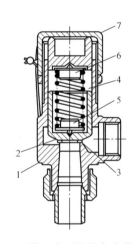

图 1-25　不带调节圈的微启式弹簧安全阀

1—阀体；2—阀瓣；3—阀座；4—弹簧；5—下弹簧
阀座；6—上弹簧阀座；7—阀盖

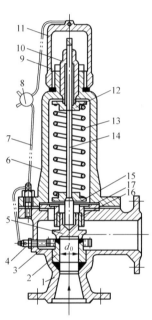

图 1-26　带调节圈的微启式弹簧安全阀

1—阀体；2—阀座；3—调节圈；4—定位螺钉；5—阀瓣；
6—阀盖；7—保险铁丝；8—保险铅封；9—锁紧螺母；
10—套筒螺栓；11—安全护罩；12—上弹簧座；13—弹簧；
14—阀杆；15—下弹簧座；16—导向套；17—反冲盘

2. 减压阀

减压阀是通过启闭件（阀瓣）的节流，将介质压力降低，并依靠介质本身的能量，使出口压力自动保持稳定的阀门。

管道工程中常用的减压阀有活塞式减压阀、薄膜式减压阀、波纹管式减压阀。

（1）活塞式减压阀。活塞式减压阀是采用活塞作敏感元件来带动阀瓣运动的阀门。如图 1-28 所示的先导活塞式减压阀，它由主阀和导阀组成，主阀出口压力的变化通过导阀放大控制主阀阀瓣动作。

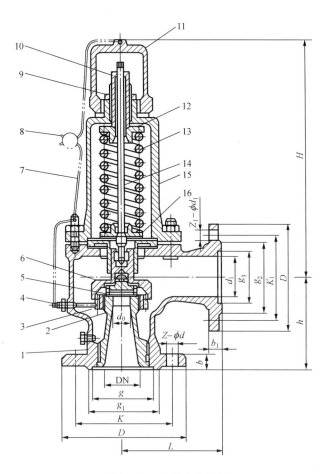

图 1-27 全启式安全阀

1—阀体；2—阀座；3—调节圈；4—定位螺钉；5—阀瓣；6—反冲
盘；7—保险铁丝；8—保险铅封；9—锁紧螺母；10—套筒螺栓；
11—安全护罩；12—上弹簧座；13—弹簧；14—阀杆；15—阀盖；
16—下弹簧座

（2）薄膜式减压阀。采用膜片作敏感元件来带动阀瓣运动的减压阀，是薄膜式减压阀，如图 1-29 所示。

（3）波纹管式减压阀。采用波纹管作敏感元件来带动阀瓣运动的减压阀是波纹管式减压阀，如图 1-30 所示。

3. 蒸汽疏水阀

自动排放凝结水并阻止蒸汽随水排出的阀门是蒸汽疏水阀。

常用的蒸汽疏水阀有浮桶式蒸汽疏水阀（见图 1-31）、杠杆倒吊桶式疏水阀（见图 1-32）、浮球式蒸汽疏水阀（见图 1-33）、双金属片式蒸汽疏水阀（见图 1-34）、波纹管式蒸汽疏水阀（见图 1-35）、圆盘式蒸汽疏水阀（见图 1-36）等。

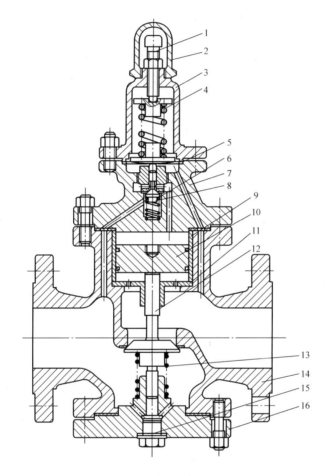

图 1 - 28 先导活塞式减压阀

1—调节螺钉；2—护罩；3—弹簧罩；4—调节弹簧；

5—膜片；6—弹簧；7—阀盖；8—副阀瓣；

9—衬套；10—活塞；11—导套；12—主阀瓣组件；13—主弹簧；

14—阀体；15—螺塞；16—下阀盖

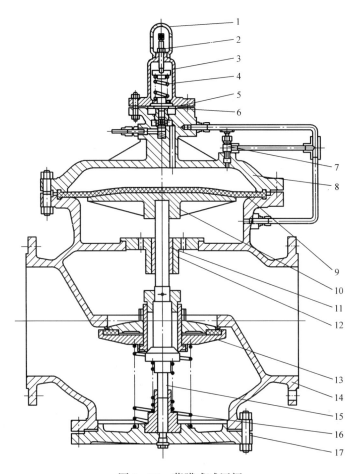

图 1 - 29　薄膜式减压阀

1—护罩；2—调节螺钉；3—弹簧罩；4—调节弹簧；5—副阀瓣；6—膜片；
7—截止阀；8—阀盖；9—薄片；10—薄片盘；11—衬套；12—衬套座；
13—主阀瓣组件；14—阀体；15—阀杆；16—主弹簧；17—下阀盖

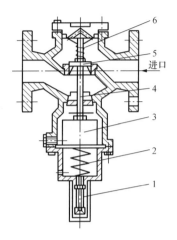

图 1-30　波纹管式减压阀

1—调整螺栓；2—调节弹簧；3—波纹管；4—压
力通道；5—阀瓣；6—顶紧弹簧

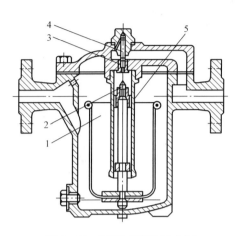

图 1-31　浮桶式蒸汽疏水阀

1—浮桶；2—阀瓣；3—阀座；4—止回阀；
5—集水管

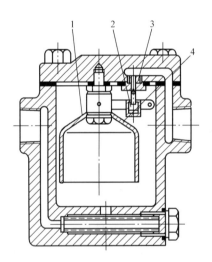

图 1-32　杠杆倒吊桶式疏水阀

1—倒吊桶；2—阀瓣；3—阀座；4—排气孔

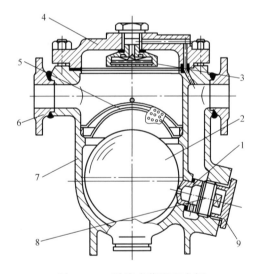

图 1-33　浮球式蒸汽疏水阀

1—阀座；2—浮球；3—自动放气阀；4—阀盖；
5—过滤网；6—焊接法兰；7—阀体；
8—调整螺塞；9—螺塞堵

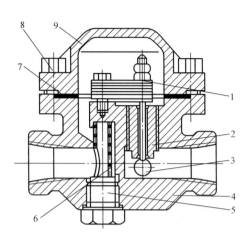

图 1-34　双金属片式蒸汽疏水阀

1—矩形双金属片；2—阀座；3—阀瓣；4—阀体；5—螺
塞；6—过滤网；7—密封垫片；8—螺栓；9—阀盖

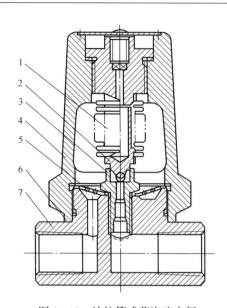

图 1-35　波纹管式蒸汽疏水阀

1—波纹管；2—阀瓣；3—阀座；4—阀盖；5—过滤
网；6—密封垫片；7—阀体

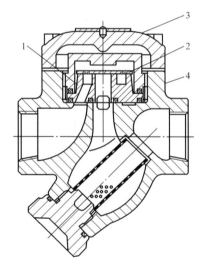

图 1-36　圆盘式蒸汽疏水阀

1—阀座；2—阀片；3—阀盖；4—阀体

第六节　板材与型材

一、板材

建筑设备安装工程中，用板材制作水箱、容器、风管、烟道、管道支吊架及非标准设备等。

1. 普通钢板

普通钢板是由碳素结构钢和低合金结构钢制成的，按制造工艺可分为冷轧钢板和热轧钢板，按表面质量可分为镀锌钢板和不镀锌钢板。

（1）冷轧钢板。冷轧钢板的公称厚度为 0.3～4.0mm，公称宽度为 600～2050mm，公称长度为 1000～6000mm。

（2）热轧钢板。热轧钢板的公称厚度为 3～400mm，公称宽度为 600～4800mm，公称长度为 2000～20 000mm。

（3）连续热镀锌钢板。连续热镀锌钢板是在连续生产线上，将冷轧钢带或热轧酸洗钢带浸入锌含量（质量分数）不低于 99％的镀液中，经热浸镀锌获得的镀锌钢板及钢带。

连续热镀锌钢板的宽度不小于 600mm，公称厚度为 0.20～5.0mm。

2. 不锈钢板

不锈钢板中含有大量的铬、镍，有些还含有铜、钼等元素，具有耐高温、耐腐蚀等特点，可用于制造耐酸腐蚀要求较高的容器、设备，也可用于输送含有腐蚀性介质的风管、风道、烟道等。

3. 铝板

铝板可分为工业纯铝和铝合金板，铝的密度为 2.7kg/dm³；铝板表面由一层致密的氧化铝薄膜所覆盖，外表呈白色。

铝具有良好的塑性，耐酸性较强，易被碱和盐类腐蚀，常用于耐酸环境的通风管道。铝合金有较高的机械性能，耐腐蚀性能差。

铝板质软，碰撞时不易产生火花，多用于有防爆要求的通风管道。

二、型钢

型钢是由碳素结构钢和低合金结构钢制成的，一般用来制作风管法兰、管道支吊架、设备基础、小型容器等。

常用的型钢有圆钢（见图 1-37）、方钢（见图 1-38）、六角钢（见图 1-39）、八角钢（见图 1-40）、扁钢（见图 1-41）、工字钢（见图 1-42）、槽钢（见图 1-43）、等边角钢（见图 1-44）、不等边角钢（见图 1-45）、L 型角钢（见图 1-46）等。

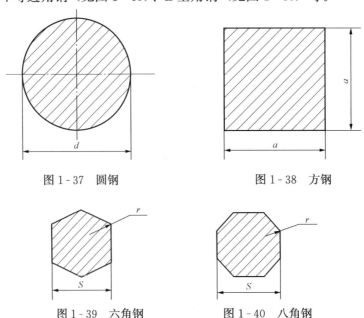

图 1-37 圆钢　　　　　　　　　图 1-38 方钢

图 1-39 六角钢　　　　　　　　图 1-40 八角钢

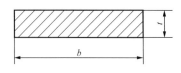

图 1-41 扁钢

t—扁钢厚度；b—扁钢宽度

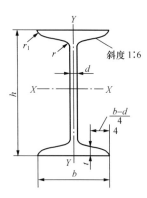

图 1-42 工字钢

h—高度；b—腿宽度；d—腰厚度；t—平均腿厚
度；r—内圆弧半径；r_1—腿端圆弧半径

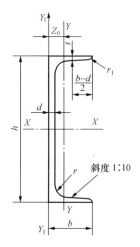

图 1-43 槽钢

h—高度；b—腿宽度；d—腰厚度；t—平均腿
厚度；r—内圆弧半径；r_1—腿端圆弧半径；
Z_0—YY 轴与 Y_1Y_1 轴间距

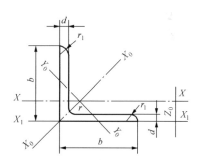

图 1-44 等边角钢

b—边宽度；d—边厚度；r—内圆弧半径；
r_1—边端内圆弧半径；Z_0—重心距离

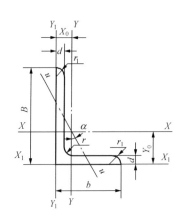

图 1-45　不等边角钢

B—长边宽度；b—短边宽度；d—边厚度；
r—内圆弧半径；X_0—重心距离；r_1—边端
内圆弧半径；Y_0—重心距离

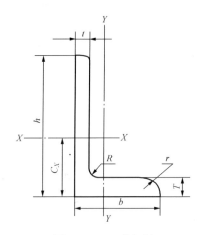

图 1-46　L 型角钢

h—腹板高度；b—面板宽度；t—腹板厚度；
T—面板厚度；R—内圆角半径；r—面板端部
圆角半径；C_X—重心距离

第二章　管道安装基本操作技术

第一节　管子切割与调直

一、管子切割

在管道安装和维修中，为了得到所需长度的管子，要对管子进行切割下料。切割管子的方法有锯割、磨割、刀割、气割、车割（车床切割）、凿割、等离子切割等。

1. 锯割

将管子用锯锯断的方法是锯割，锯割是常用的管子切断方法。锯割可分为手工锯割和机械锯割。

（1）手工锯割。管子规格小于或等于 DN50 时，常采用手工锯割的方式断管。手工锯割是用钢锯完成的。钢锯的规格是以锯条的规格标称的。锯钢管最常用的锯条是 12in（300mm）×18 牙及 12in（300mm）×24 牙，如图 2-1 所示。锯条由碳素工具钢制成，长约 300mm，宽 13mm，厚 0.6mm。

安装锯条时，必须注意其安装方向。正确的安装方法是锯齿尖的方向朝前，这是因为手锯在向前推进时才起到切削作用，如果锯齿朝后就不能正常切割。

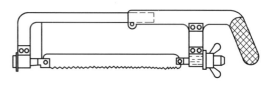

图 2-1　钢锯

锯条安装的松紧也要控制适当，太紧锯条受力太大，锯条几乎没有弹性，锯割时稍有阻止而产生弯折时，就很容易崩断；太松则锯割时锯条容易扭曲，也可能折断，而且锯缝容易发生歪斜。锯条安装后，应检查锯条的平面与锯弓中心平面是否平行，不可倾斜或扭曲；否则，锯割时，锯缝极易歪斜。

锯割时，用右手握锯柄，左手压在锯弓前端，右手主要控制推力；左手主要配合右手扶正锯弓，并施加压力。锯割时人要自然站立，在一般场合下，左脚朝前半步，人体重心稍微偏于后脚。推锯时，锯弓的运动方式有两种：一种是直线运动，适用于锯缝底面要求平直的槽子和薄壁工件的锯割；另一种是弧线运动（前进时右手下压而左手上提），这样可使操作自然，减轻疲劳。手锯退回时不用压力，以免锯齿磨损。

锯割的速度以 20～40 次/min 为宜，锯割软材料可以快些，锯割硬材料可以慢些。

（2）机械锯割。机械锯割通常用往复式锯床切割，适用于大批量的锯割。

2. 刀割

用管子割刀将管子切断的切割方法称为刀割，常用于切断公称直径≤DN80 的钢管。

管子割刀是用来切断管材的一种手工用具，如图 2-2 所示。管子割刀的规格见表 2-1。

表 2-1　　　　　　　　　　　管子割刀的规格

型　　号	1	2	3	4
切割管子公称直径	≤DN25	DN15～DN50	DN25～DN80	DN50～DN100

用管子割刀切割管子时，先把管子放在台虎钳内夹好，然后将管子套在管子割刀的两个滚轮和一个滚刀之间，将刀刃对准管子，顺时针方向拧动手把，使两个滚轮压紧管子。割管时，先在管子的切断线处和管子割刀的滚刀刃处涂上少许机油，以减少摩擦，减轻刀刃磨损，然后用力将丝杆压下，使割管器以管子为轴心向刀架开口方向回转，也可往复转动120°，边转动丝杆，边旋转手柄，滚刀即不断的切入管壁，直至管子切断为止。操作时应注意，必须始终保持滚刀与管子中心线垂直，并注意使切口前后相接，以避免管子切偏。

3. 磨割

磨割也称为砂轮机切割，是用高速旋转的砂轮片将管子切断。磨割用砂轮切割机进行，可用来切割各种金属管。

管道工程施工中，常用的磨割设备有便携式金刚砂锯片机、G2230 型卧式砂轮切割机及金刚砂轮片切割机等。

便携式金刚砂锯片机如图 2-3 所示，由工作台面、夹管器、金刚砂锯片及电动机等几部分组成。

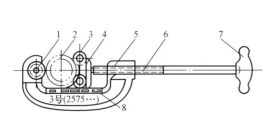

图 2-2　管子割刀

1—滚刀；2—被割管子；3—压紧滚轮；4—滑动支座；
5—螺母；6—螺杆；7—把手；8—滑道

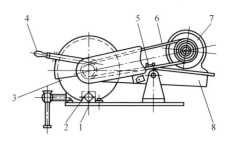

图 2-3　便携式金刚砂锯片机

1—工作台面；2—夹管器；3—金刚砂锯片；
4—手柄；5—张紧装置；6—传动装置；
7—电动机；8—摇臂

切管前，先将画好切割线的管子装到台面上的夹管器内，调整管子，使管子切断线对准金刚砂锯片，然后放下摇臂，使金刚砂锯片与管壁相接触。当再一次确认锯片刃口与管子切断线对准无误后，轻轻的压下摇臂上的手柄，就可进刀切割管子。切割时，按压手柄不可用力过猛，否则，会因锯片进给过量而打碎锯片。当管子即将被切断时，逐渐减小压力或不再施加压力，直至将管子切断。

使用砂轮机之前，应先对砂轮片进行检查，看看砂轮片是否破裂。检查后，未发现异常，方可开机，开机后，先空负荷运转，待运转正常后，方可进行切管。切割中如发现锯片不平稳或有冲击、振动现象，则应立即停机检查锯片刃口处有无缺口，并注意校正锯片与轴的同心度。对已出现缺口的锯片，必须废弃，严禁继续使用。更换锯片时，应注意使轴与锯片中心孔周围的间隙相同，以尽可能保持与轴的同心度。

其他砂轮切割机的操作步骤及方法与便携式锯片机基本相同。

4. 气割

气割是利用气体火焰的热能将工件待切割处附近预热到一定温度后，喷出高速切割氧流，使割缝处的金属剧烈氧化、燃烧，同时用高压氧把燃烧后产生的氧化物吹掉，使金属分离的方法。气割的过程是预热—燃烧—吹渣过程，如图 2-4 所示。

用氧气切割金属是有条件的，并不是所有的金属都能用氧气切割。只有符合下列条件的金属才能进行氧气切割。

（1）金属的熔点应高于其本身的燃点。

（2）金属气割时形成的氧化物的熔点要低于金属本身熔点且流动性好。

（3）金属在切割氧流中燃烧应该是放热反应。

（4）金属的导热性不应太高。

（5）金属中阻碍气割过程和提高钢的可淬性杂质要少。

5. 车割

利用车床将管子切断的切割方式是车割。车床切割时，将管子固定在车床的卡盘上做旋转运动，用刀架的切刀将管子切断。这种方法效率高、质量好，可用于切割各种金属管。

6. 等离子切割

等离子切割可以切割氧气—乙炔焰不能切割或切割困难的不锈钢、铜、铝、铸铁及一些难熔的金属材料和非金属材料。

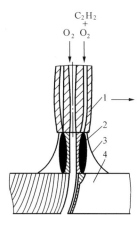

图 2-4　气割过程示意
1—割嘴；2—切割氧射流；
3—预热焰；4—割件

等离子切割的原理是离子枪中的钨钍棒电极与被切物间形成高电位差，这时从离子枪喷出的氮气被电离产生等离子气体，形成离子弧，温度高达 15 000～33 000℃，能量比电弧更加集中。等离子切割效率高，热影响区小，变形小，质量高，切口不氧化。

二、管子调直

管子在运输、装卸、堆放过程中，容易产生弯曲，特别是规格较小的低压流体输送用焊接钢管，更易发生弯曲，为保证安装质量，管道在安装前应进行调直。

管子的调直有冷调和热调两种方法。

（1）管子的冷调直。管子的冷调直是指在环境状态下不做加热调直管子的方法。对于管径较小、弯曲度不大的管子，宜采用手工法冷调直，对管径较大、管壁较厚或弯曲度稍大的管子，宜采用设备冷调。

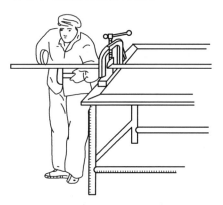

图 2-5　锤击法调直管子

1）锤击法调直管子。锤击法调直管子如图 2-5 所示，可用来调直公称直径≤DN25 的钢管。调直时，一般用两把锤子，一把锤子顶在管子弯里面（凹面）起点作为支点，用另一把锤子敲打管子背面（凸面）高点。敲打时应注意，两把锤子不能在管子的同一点上作上下对着敲打，以防将管子打扁，两锤的击点要错开，可根据管径和管子的弯曲程度保持在 50～150mm。敲打时用力要均匀，不可用力过猛，不可忽重忽轻。

2）在平台上调直管子。在平台上调直管子如图 2-6 所示，可用来调直长度和弯曲度较大的钢管。平台用质地较硬的木板制成，调直管子时，一人站在管子的一端，边转动管子边观察，找出弯曲的部位，并将需要调直的弯曲凸面朝上，另一个人按观察者的指点，用锤子在弯曲凸面敲打，几经翻转，反复矫正，直到管子调直为止。

管子调直时，要小心、仔细，用力要均匀，避免过分用力。调直时，要先调大弯，再调小弯。

（2）管子热调直。把管子加热到一定温度后再进行调直的方法，称为热调直。

热直调时，先把管子放到加热炉上（不装砂），将弯曲部分加热到 600～800℃（呈火红色），然后，平抬着放在至少由四根管子（四根以上平整的型钢也可）组成的滚动支承面上，来回滚动，利用管子的自重可以将管子调直，如图 2-7 所示。

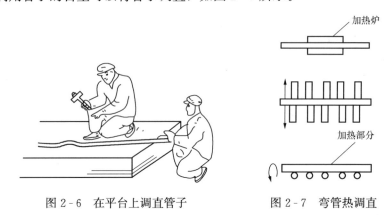

图 2-6　在平台上调直管子　　　　　　　图 2-7　弯管热调直

对于弯曲较大的管子，可将弯曲凸面轻轻向下压直后再滚动，为加速冷却，可用废机油均匀的涂在加热部位，以保证均匀冷却。同时能够防止再产生弯曲及氧化。

对于弯曲较大且口径较大（公称直径＞DN100）的管子，如弯曲严重，则一般不予调直，可把它切断当作短管用。

硬聚氯乙烯管的调直方法是把弯曲的管子放在平直的调直平台上，在管内通入热介质（热空气或热水，温度不超过 80℃），使管子变软，以其自重进行调直。

第二节　管子螺纹加工与坡口

一、螺纹加工

在钢管上加工螺纹，习惯上称为套丝。管道工程中，在管子上加工螺纹有两种方法：手工套制与机械加工。不管采用何种方式加工，加工的螺纹必须达到一定的质量要求。螺纹的质量标准如下：

（1）螺纹整洁、光滑、无毛刺，不断丝、不乱丝，断丝和缺丝的总长度不得超过总长度的 10%。

（2）螺纹要有一定的锥度，松紧程度要适当。

（3）螺纹加工尺寸应符合表 2-2 的要求。

表 2-2　　　　　　　　　　　　螺纹加工尺寸

管子规格		短螺纹		长螺纹		连接阀门的螺纹长度
公称直径		长度	螺纹扣数	长度	螺纹扣数	
DN	NPS	（mm）	（扣）	（mm）	（扣）	（mm）
15	1/2	14	8	50	28	12
20	3/4	16	9	55	30	13.5
25	1	18	8	60	26	15

续表

管子规格		短 螺 纹		长 螺 纹		连接阀门的
公称直径		长度	螺纹扣数	长度	螺纹扣数	螺纹长度
DN	NPS	(mm)	(扣)	(mm)	(扣)	(mm)
32	1 1/4	20	9	65	28	17
40	1 1/2	22	10	70	30	19
50	2	24	11	75	33	21
65	2 1/2	27	12	85	37	23.5
80	3	30	13	100	44	26

1. 普通铰板加工螺纹

用手工利用普通铰板对管子加工螺纹（简称套丝）的方法，是普通铰板套螺纹。

手工套制螺纹的工具是管子铰板（又称带丝，简称铰板），图2-8所示的铰板为普通型铰板，常用来套制各种规格的管螺纹。但随着科学技术的发展，这类工具仅限于用来套制规格较小（公称直径≤DN50），或者工程量不大及管道维修工程中，规格较大或管道工程量较大时，多采用机械（套螺纹机、车床）加工螺纹。

2. 机械加工螺纹

采用机械的方式对管子加工螺纹是机械加工螺纹。

随着机械化的发展，各种专用套螺纹机（套丝机）相继问世，并得到了广泛应用。套螺纹机是一种轻便的、能对各种管子进行多种加工的小型工具。它能对DN40～DN200的管子进行切断、套螺纹及内口倒角。使用套螺纹机套螺纹质量好、效率高、劳动强度低。套螺纹机的种类较多，TQ-3型套螺纹机是一种常用的套丝机械，如图2-9所示。

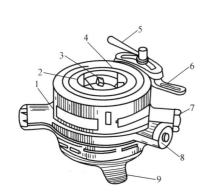

图 2-8 普通型铰板

1—铰板本体；2—固定盘；3—板牙；4—活动标盘；5—标盘固定把手；6—板牙松紧把手；7—手柄；8—刺轮子；9—后卡爪手柄

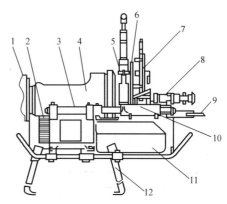

图 2-9 TQ-3型套螺纹机结构

1—主轴夹头；2—减速箱；3—滑杆；4—注油孔；5—切管器；6—出油管；7—板牙头；8—铣锥；9—进刀手柄；10—支架拖板；11—油箱；12—支腿

二、钢管坡口

管子焊接时，为了使管子达到一定的焊透程度，保证管子焊缝具有足够的强度，管子焊接前，应进行坡口加工，然后进行管子对口连接。

　　1. 管子坡口形式

　　管子、管件的坡口形式和尺寸应符合设计文件规定，当设计文件无规定时，可按表 2-3 的规定选用。坡口的形式分为 I 形、V 形、双 V 形、U 形、X 形和带垫板 V 形坡口等几种。一般情况下，壁厚在 1～3mm 时，采用 I 形坡口；当壁厚在 3～9mm 时，采用 V 形坡口；壁厚在 12～60mm 时，采用 X 形坡口；壁厚在 20～60mm 时，采用双 V 形坡口或 U 形坡口。

表 2-3　　　　　　　　　　　　钢制管道焊接坡口形式和尺寸

项次	厚度 T (mm)	坡口名称	坡口形式	坡口尺寸			备注
				间隙 c (mm)	钝边 p (mm)	坡口角度 $\alpha(\beta)$ (°)	
1	1～3	I 形坡口		0～1.5	—	—	单面焊
	3～6			0～2.5			双面焊
2	3～9	V 形坡口		0～2	0～2	60～65	—
	9～26			0～3	0～3	55～60	
3	6～9	带垫板 V 形坡口		3～5	0～2	40～50	—
	9～26			4～6	0～2		
4	12～60	X 形坡口		0～3	0～2	55～65	—
5	20～60	双 V 形坡口		0～3	1～3	65～75 (10～15)	$h=8～12mm$
6	20～60	U 形坡口		0～3	1～3	(8～12)	$R=5～6mm$
7	2～30	T 形接头 I 形坡口		0～2	—	—	

续表

项次	厚度 T (mm)	坡口名称	坡口形式	坡 口 尺 寸			备 注
				间隙 c (mm)	钝边 p (mm)	坡口角度 $\alpha(\beta)(°)$	
8	6～10	T形接头单边V形坡口		0～2	0～2	40～50	—
	10～17			0～3	0～3		
	17～30			0～4	0～4		
9	20～40	T形接头K形坡口		0～3	2～3	40～50	—
10		安放式焊接支管坡口		2～3	0～2	45～60	
11	3～26	插入式焊接支管坡口		2～3	0～2	45～60	
12		平焊法兰与管子接头		—			$E=T$ 且不大于 6mm

2. 管子坡口加工方法

管子坡口的加工方法应根据焊缝种类、管子直径、壁厚及施工现场所具备的加工条件选择。常用的坡口加工方法有气割、锉削、磨削、坡口机及机床加工等。直径较小的管子坡口，可用手工方法加工。先将管子固定在管压钳上，然后用锤子敲打扁錾，使扁錾按所需的坡口角度顺次錾削，再用锉刀锉平。

较大直径的管子可用氧气—乙炔焰切割法加工。操作时，将割嘴沿着管子圆周需要的角度顺次切割，用氧气—乙炔焰切割管子坡口的操作方法与气割操作方法相同，但切割后必须除净其表面的氧化皮，并用砂轮机将影响焊接质量的凸凹不平处磨削平整。

铝及铝合金管、不锈钢管的坡口，应采用机械方法加工。机械加工管子坡口常用坡口机。坡口机分手动和电动两种，手动坡口机适用于 DN100 以内的管子。加工坡口时，首先将管子固定在管压钳上，然后按管径大小调整刀距，顺时针沿管子圆周切削，可一次完成，也可多次完成。

用电动坡口机加工管子坡口时，先将管子夹持在坡口机上，注意管端与刀口间要留出2～3mm间隙，防止因一次进刀量过大而损坏刀具。加工过程中，应谨慎地将刀对准管端平面，要缓慢进刀，并应加注冷却液冷却刀具，防止刀具损坏。在进刀结束后，尚应保持在原位继续旋转，以使管口光洁。

第三节　管　子　弯　曲

一、管子的弯曲角及管子的弯曲形式

1. 管子的弯曲角

弯曲角是管子弯曲时的角度，如图 2-10 所示。直管 AB 在 O 点被弯成一定角度后，A 端达到 C 点，则两直管的夹角为 α，称为这个弯管的弯曲角。管道工程中用"°"作为弯管的计量单位，例如，当弯曲角为 60° 时，其内角为 120°，这时 60° 是弯曲角，称为 60° 弯管；若弯曲角为 45°，则称为 45° 弯管。

2. 管子的弯曲形式

管子的弯曲形式如图 2-11 所示。

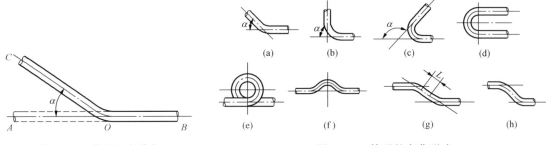

图 2-10　管子的弯曲角

图 2-11　管子的弯曲形式

（a）锐角弯；（b）直角弯；（c）钝角弯；（d）半圆弯；（e）圆弯；
（f）抱弯；（g）灯叉弯；（h）来回弯

二、弯管的制作要求

（1）弯管壁厚。弯管宜采用壁厚为正公差的管子制作。当采用负公差的管子制作弯管时，管子弯曲半径与弯管前管子壁厚的关系宜符合表 2-4 的规定。

表 2-4　　　　　　　　　　弯曲半径与管子壁厚的关系

弯曲半径 R	制作弯管用管子的壁厚	弯曲半径 R	制作弯管用管子的壁厚
$3D_o \leqslant R < 4D_o$	$1.25t_d$	$5D_o \leqslant R < 6D_o$	$1.08t_d$
$4D_o \leqslant R < 5D_o$	$1.14t_d$	$R \geqslant 6D_o$	$1.06t_d$

注　D_o 为管子外径；t_d 为直管设计壁厚。

（2）弯曲半径。管子的弯曲半径应符合设计文件的有关规定，当无规定时，高压钢管的弯曲半径宜大于管子外径的 5 倍，其他管子的弯曲半径宜大于管子外径的 3.5 倍。

（3）焊缝的位置。有缝钢管制作弯管时，焊缝应避开受拉（压）区，其纵向焊缝应放在距中心线45°的地方，如图2-12所示。

（4）钢管应在其材料特性允许的范围内冷弯和热弯。

（5）有色金属管加热制作弯管时，其温度范围应符合表2-5的规定。

（6）采用高合金钢管或有色金属管制作弯管时，宜采用机械方法；当充砂制作弯管时，不得用铁锤敲击。铅管制作弯管时，不得充砂。

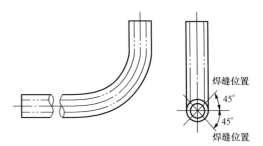

图2-12 纵向焊缝布置区域

表2-5   **有色金属管加热温度范围**

管道材质	铜	铜合金	铝	铝合金 5A02、5A03	铝锰合金	钛	铅
加热温度（℃）	500～600	600～700	150～260	200～310	＜450	＜350	100～130

（7）钢管热弯或冷弯后的热处理。金属管热弯或冷弯后，应按设计文件的要求进行热处理，设计无要求的，应符合下列规定：

1）除制作弯管温度自始至终保持在900℃以上的情况外，名义壁厚大于19mm的碳钢管制作弯管后，应按表2-6的规定进行热处理。

2）当表2-6中所列的中、低合金钢管进行热弯时，对公称直径大于或等于DN100，或壁厚大于或等于13mm的管子，应按设计文件的要求进行完全退火、正火加回火或回火处理。

表2-6   **热 处 理 基 本 要 求**

母材类别	名义厚度 t（mm）	母材最小规定抗拉强度（MPa）	金属热处理温度（℃）	保温时间（min/mm）	最短保温时间（h）	布氏硬度
碳钢（C） 碳锰钢（C-Mn）	≤19	全部	不要求	—	—	—
	＞19	全部	600～650	2.4	1	≤200
铬钼合金钢 （C-Mo、Mn-Mo、Cr-Mo） Cr≤0.5%	≤19	≤490	不要求	—	—	—
	＞19	全部	600～720	2.4	1	≤225
	全部	＞490	600～720	2.4	1	≤225
铬钼合金钢（Cr-Mo） 0.5%≤Cr≤2%	≤13	≤490	不要求	—	—	—
	＞13	全部	700～750	2.4	2	≤225
	全部	＞490	700～750	2.4	2	≤225
铬钼合金钢（Cr-Mo） C≤0.15%和2.25%≤Cr≤3%	≤13	全部	不要求	—	—	—
	＞13	全部	700～760	2.4	2	≤241
铬钼合金钢（Cr-Mo） C＞0.15%和3%＜Cr≤10%	全部	全部	700～760	2.4	2	≤241
马氏体不锈钢	全部	全部	730～790	2.4	2	≤241

续表

母材类别	名义厚度 t （mm）	母材最小规定抗拉强度 （MPa）	金属热处理温度 （℃）	保温时间 （min/mm）	最短保温时间 （h）	布氏硬度
铁素体不锈钢	全部	全部	不要求	—	—	—
奥氏体不锈钢	全部	全部	不要求	—	—	≤187
低温镍钢（Ni≤4%）	≤19	全部	不要求	—	—	—
	>19	全部	600～640	1.2	1	—
双相不锈钢	全部	全部	不做具体规定	1.2	0.5	—

（8）热处理的加热速率和冷却速率应符合下列规定：

1）当加热温度升至 400℃ 时。加热速率不应大于（205×25/t）℃/h，且不得大于 205℃/h。

2）恒温后的冷却速率不应超过（260×25/t）℃/h，且不得大于 260℃/h，400℃以下可自然冷却。

（9）弯管质量。管子弯制后，应将内外表面清理干净，弯管质量应符合以下规定：

1）不得有裂纹，不得存在过烧、分层等缺陷，不宜有皱纹；

2）弯管内侧褶皱高度不应大于管子外径的 3%，波浪间距［见图 2-13（a）］不应小于褶皱高度的 12 倍，褶皱高度应按式（2-1）计算，即

$$h_{\mathrm{m}} = \frac{D_{\mathrm{o1}} + D_{\mathrm{o3}}}{2} - D_{\mathrm{o2}} \qquad (2-1)$$

式中　h_{m}——褶皱高度，mm；

　　　D_{o1}——褶皱凸出处外径，mm；

　　　D_{o2}——褶皱凹进处外径，mm；

　　　D_{o3}——相邻褶皱凸出处外径，mm。

3）不圆度的规定。弯管不圆度如图 2-13（b）所示。管子弯曲前，断面是圆的，弯曲后，断面发生了变化，为使管子的不圆度不致对原有的工作性能有过大的改变，对弯管的不圆度做了规定，按式（2-2）计算，即

$$u = \frac{2(D_{\max} - D_{\min})}{D_{\max} + D_{\min}} \times 100\% \qquad (2-2)$$

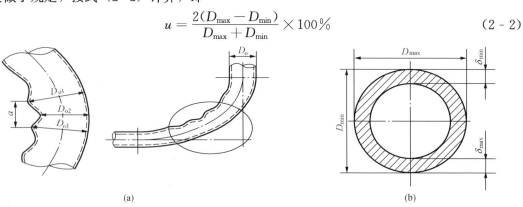

(a)　　　　　　　　　　　　　　　　　　(b)

图 2-13　弯管的褶皱和不圆度

（a）弯管的褶皱和波浪间距；（b）弯管不圆度

式中　　u——弯管的不圆度，%；

　　D_{max}——管子弯曲后断面的最大外径，mm；

　　D_{min}——管子弯曲后断面的最小外径，mm。

对于承受内压的弯管，其不圆度不应大于8%；对于承受外压的弯管，其不圆度不应大于3%。

4）弯管壁厚不得小于直管的设计壁厚。

5）弯管的管端中心偏差值应符合下列规定：

①GC1级管道和C类流体管道中，输送毒性程度为极度危害介质或设计压力大于或等于10MPa的弯管，每米管段中心偏差值（见图2-14）不得超过1.5mm。当直管段长度大于3m时，其偏差不得超过5mm。

②其他管道的弯管，每米管段中心偏差值（见图2-14）不得超过3mm。当直管段长度大于3m时，其偏差不得超过10mm。

6）Ⅱ形弯管的平面度允许偏差（见图2-15）应符合表2-7的规定。

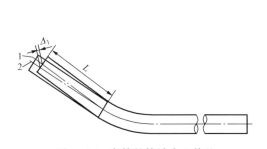

图 2-14　弯管的管端中心偏差

1—要求中心；2—实际中心；L—弯管的直管段长度；
Δ_1—管端中心偏差

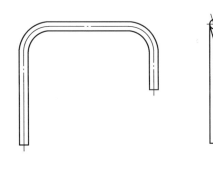

图 2-15　Ⅱ形弯管的平面度允许偏差

L—弯管的直管段长度；Δ_2—平面度

表 2-7　　　　　　　　　　　　**Ⅱ形弯管的平面度允许偏差**　　　　　　　　　　mm

直管段长度 L	≤500	>500~1000	>1000~1500	>1500
平面度 Δ_2	≤3	≤4	≤6	≤10

（10）GC1级管道和C类流体管道中，输送毒性程度为极度危害介质或设计压力大于或等于10MPa的弯管制作后，应按JB/T 4730.1~6—2005《承压设备无损检测》的有关规定进行表面无损探伤，需要热处理的应在热处理后进行；当有缺陷时，可进行修磨。修磨后的弯管壁厚不得小于管子名义壁厚的90%，且不得小于设计壁厚。

三、管子弯曲

管子弯曲时，按其是否对管子进行加热可分为冷弯和热弯。所谓冷弯是指管子在环境状态下进行的弯曲；热弯是指将管子加热到一定温度对管子进行的弯曲。

1. 管子冷弯

在环境状态下，用专门的机具对管子进行的弯曲是冷弯。公称直径≤DN25 的管子，一般采用手动弯管器搣弯，公称直径＞DN25 的管子常采用电动弯管机和液压弯管机弯曲。

（1）手动弯管器搣弯。图 2 - 16 所示的固定式手动弯管器可用来弯制公称直径≤DN25 的管子。弯管时，把需要弯曲的管子放在与管子外径相符的定胎轮和动胎轮之间，一端固定在管子夹持器内，然后推动手柄绕定胎轮转动，直到搣至所需的角度。由于钢材具有弹性，当施加在管子上的外力撤出后，弯头会弹回一个角度，弹回角度的大小与管子材质、管壁厚度及管子的弯曲半径大小等因素有关。对冷弯弯曲半径为 4 倍管外径的碳钢管而言，弹回的角度为 3°～5°。因此，在控制弯曲角度时，应考虑增加这一回弹的角度。

搣制小管径弯头的工具还有一种携带式手动弯管器，如图 2 - 17 所示。这种弯管器可用来弯曲公称直径≤DN20 的管子。

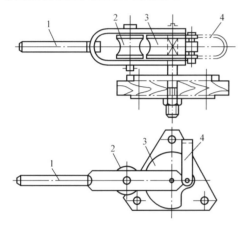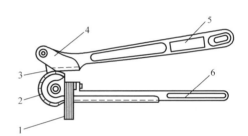

图 2 - 16　固定式手动弯管器

1—手柄；2—动胎轮；3—定胎轮；4—管子夹持器

图 2 - 17　携带式手动弯管器

1—活动挡板；2—弯管胎；3—连板；4—偏心弧形槽；5—离心臂；6—手柄

（2）液压弯管机搣弯。用液压弯管机搣弯是工程中常用的搣弯方式。液压弯管机可分为手动液压弯管机和电动液压弯管机，如图 2 - 18 所示。使用液压弯管机搣弯时，先把顶胎退至管托后面，再把管子放在顶胎与管托的弧形槽中，使管子弯曲部分的中心与顶胎的中点对齐，然后开启油泵，将管子弯成所需的角度，钢管弯曲成形后，将油泵泄油阀门打开，油泵

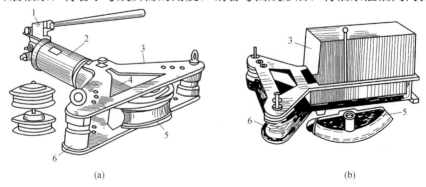

（a）　　　　　　　　　　　　　　（b）

图 2 - 18　液压弯管机

（a）手动液压弯管机；（b）电动液压弯管机

1—手压泵；2—油缸；3—弯管架；4—油缸活塞杆；5—扇形顶弯器；6—滚动导轮

自动复位。这种弯管机结构简单、轻便、灵活、动力大，施工中常用来撖制公称直径≤DN50 的管子。

（3）电动弯管机撖弯。电动弯管机是由电动机通过传动装置，带动主轴以及固定在主轴上的弯管模一起转动进行撖弯的。电动弯管机撖弯如图 2-19 所示。撖弯时，先把要撖弯的管子沿导向模放在弯管模和压紧模之间，调整导向模，使管子处于弯管模和压紧模的公切线位置，并使起弯点对准切点，再用 U 形管卡将管端卡在弯管模上。然后开启电动机开始撖弯，使弯管模和压紧模带着管子一起绕弯模旋到所需的弯曲角度后停车，拆除 U 形管卡，松开压紧模，取出弯管。

在使用电动弯管机撖弯时所用的弯管模、导向模和压紧模，必须与被弯曲的管子规格一致，以免弯曲的管子质量不符合要求。

当被弯曲的管子外径大于 60mm 时，必须在管内放置芯棒，芯棒外径比管内径小 2mm 左右，放在管子起弯点稍前处，芯棒的圆锥部分与圆柱部分的交线处要放在管子的起弯点处，如图 2-20 所示。使用芯棒时要注意，撖弯前应将被撖管子的管腔清理干净，并在管子内壁涂抹少许机油，以减少芯棒与管壁的摩擦。

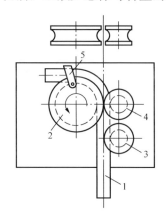 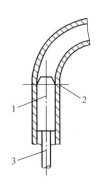

图 2-19　电动弯管机撖弯　　　　图 2-20　弯管时芯棒的放置位置
1—管子；2—弯管模；3—压紧模；4—导向　　　1—芯棒；2—管子的开始弯曲面；
模；5—U 形管卡　　　　　　　　　　　3—拉杆

2. 管子热弯

将管子加热到一定温度后再进行撖制的方法称为管子热弯。加热管子的方法有木炭加热、焦炭加热、氧—乙炔焰加热、煤气加热、液化石油气加热和电加热器加热。管子热弯的方法有手工热撖和机械热撖。

（1）用氧—乙炔焰加热人工撖制法。管道工程中，如撖制管子规格较小（公称直径≤DN50），则可采用氧—乙炔焰加热人工撖制法，如图 2-21 所示。

（2）钢管的机械热撖。钢管的机械热撖类型有火焰弯管机、中（高）频电热弯管机和热推弯管机等几种类型。

1）火焰弯管机热撖。火焰弯管机是以氧气—乙炔作热源对钢管进行加热并弯曲的一种机械，可用来撖制公称直径≤DN250 的碳钢管和合金钢管，管内不需加设填充物。

火焰弯管机的结构如图 2-22 所示。火焰弯管机工作原理如图 2-23 所示。当氧—乙炔

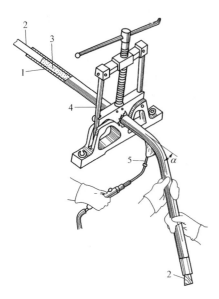

图 2-21　氧—乙炔焰加热人工热搣弯管
1—管子；2—塞子；3—砂；4—管子台虎钳；
5—气焊炬

焰火焰圈对管子弯曲部分加热到 750～850℃（呈樱红色至浅红色）时，转动的横臂按弯曲半径转动，使加热部分变形，随即离开火焰圈，而火焰圈后的冷水圈立即将其喷水冷却，变形停止，而连续的后段又被加热—弯曲—冷却，直至达到所需的弯曲角度。

火焰弯管机弯曲力均匀，管子冷却面窄，速度快，管壁变形均匀，管子弯曲质量较高；但不能用来搣制管壁厚度较大的管子。

2）中（高）频电热弯管机搣弯。中（高）频电热弯管机如图 2-24 所示。中频感应电热弯管机的技术性能见表 2-8。中频感应电热弯管机的工作原理如图 2-25 所示。管子在两个导轮旋转夹持摩擦力的作用下，将管子送到强磁场区加热段加热，管子被加热到 900～1200℃（根据钢种、钢号确定），通过推轮将管子强行弯曲到所需要的角度。

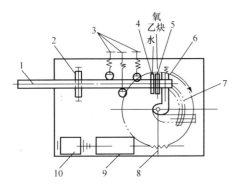

图 2-22　火焰弯管机的结构
1—直管；2—托辊；3—调节轮；4—水冷圈；5—火焰圈；6—转臂；7—弯管；8—传动机构；9—调速机构；10—电动机

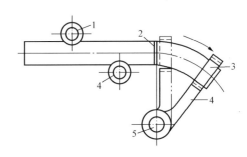

图 2-23　火焰弯管机工作原理
1—导轮；2—加热带；3—管子夹具；4—横臂；
5—横臂主轴

表 2-8　　　　　　　　　　中频感应电热弯管机的技术性能

指　　标	数　据	指　　标	数　据
弯管外径（mm）	95～299	纵横向传动电动机功率（kW）	4.5
管壁厚度（mm）	<10	外形尺寸（m）	5.2×1.62×1.05
最小弯曲半径	$1.5D_w$	质量（kg）	5000
机构进给速度（mm/s）		中频电热装置：	
纵向	0.3～3	功率（kW）	100
横向	0.2～2	频率（Hz）	2500
冷却水（L/min）	30	其他	—

注　D_w 为管外径。

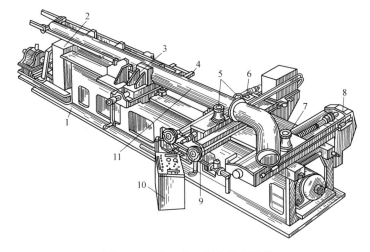

图 2-24 中（高）频电热弯管机

1—机架；2—纵向送管机构；3—夹管器；4—支架；5—导轮；6—电感应圈；
7—推轮；8—横向送管机构；9—冷却系统；10—控制屏；11—弯管

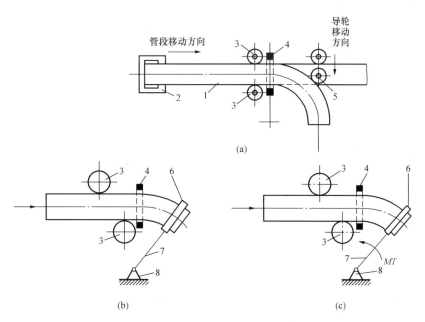

图 2-25 中频感应电热弯管机的工作原理

（a）运用推轮；（b）运用传力架；（c）利用安置器

1—弯曲的管子；2—夹管器；3—导轮；4—环形中频感应环；5—推轮；6—圈箍；
7—拉杆；8—轴

3. 弯管下料计算与画线

在进行弯管之前，必须先计算出管子的弯曲长度，并画出管子的弯曲始点。同时为了弯曲加工和以后安装的需要，在弯曲部分的起始点和终弯点以外，必须留有一直段，如图 2-26 所示，直段长度为：公称直径≤DN150 时，应不小于 400mm；公称直径＞DN150 时，应不小于 600mm。弯曲长度按式（2-3）计算，即

$$l = \frac{\alpha \pi R}{180} \tag{2-3}$$

式中　l——弯曲长度，mm；

　　　α——弯曲角，（°）；

　　　R——弯曲半径，mm。

（1）90°弯管下料。90°弯管如图 2-27 所示。

1）下料长度的计算。图 2-27 所示的 90°弯管，其下料长度按式（2-4）计算，即

$$L = a + b - 2R + l \tag{2-4}$$

式中　L——弯管下料长度，mm；

　　a、b——弯管两端长度，mm；

　　　R——弯曲半径，mm；

　　　l——弯曲长度，mm。

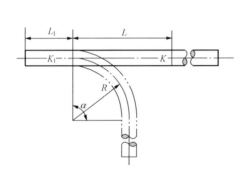

图 2-26　弯管时弯管两端所留直段示意

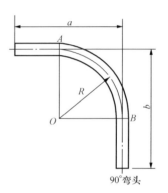

图 2-27　90°弯管

2）画线。

方法 I。选取一直管（长度约为 $L = a + b$），从一端量取弯管长度 a，倒退 R 长度至 A 点，画线，则 A 点为弯管起弯点；从 A 点向前量取 l 长到 B 点，再画线，则 B 点为终弯点，如图 2-28 所示。

方法 II。选取一直管（长度约为 $L = a + b$），从管子的一端量取长度 a，倒退 ΔL 长 [$\Delta L = R\tan(\alpha/2) - 0.008\,73R\alpha$，因为 $\alpha = 90°$，所以 $\Delta L = 0.2143R$] 至 C 点画线，则 C 点为弯管弯曲长度的中点；再以 C 点为基准，向左右各量取 $l/2$ 得 A 点和 B 点，则 A 点为起弯点，B 点为终弯点，如图 2-29 所示。

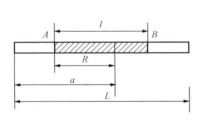

图 2-28　90°弯管下料画线方法 I

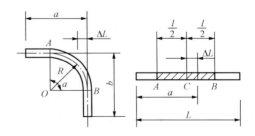

图 2-29　90°弯管下料画线方法 II

（2）任意弯曲角度 α 的弯管下料。

1）下料长度。任意弯曲角度 α 的弯管如图 2-30 所示，其下料长度为

$$L = a + b - 2s + l \tag{2-5}$$

$$l = \frac{\alpha \pi R}{180}$$

$$s = R \tan \frac{\alpha}{2} \tag{2-6}$$

式中　L——弯管下料长度，mm；

　　a、b——弯管两端长度，mm；

　　　R——弯曲半径，mm；

　　　α——弯曲角，（°）；

　　　l——弯曲长度，mm；

　　$2s$——弯曲角所对应的两直角边的长度，mm。

2）画线。如图 2-31 所示，选取一直管长 L，从管子的一端量取长为 a，到 M 点，再从 M 点倒退 s 长到 A 点，则 A 点为起弯点；再从 A 点量取 l 长到 B 点，则 B 点为终弯点。

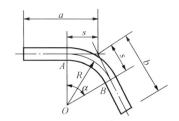

图 2-30　任意弯曲角 α 的弯管

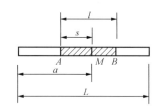

图 2-31　任意弯曲角弯管画线

（3）灯叉弯的下料。

1）下料长度的计算。灯叉弯如图 2-32 所示，其下料长度按式（2-7）计算，即

$$L = a + b + \frac{h}{\sin \alpha} - 4s + 2l \tag{2-7}$$

式中　L——灯叉弯下料长度，mm；

　　a、b——灯叉弯两端长度，mm；

　　$4s$——两个弯头弯曲角所对应的直角边长度之和，mm；

　　$2l$——两个弯头弯曲长度之和，mm。

2）画线。选取一直管长 L，从管子的一端量取长为 a，倒退 s 长到 A 点，则 A 点为第一个弯头的起弯点；从 A 点量取长度 l 到 A_1 点，则 A_1 点为第一个弯头的终弯点。从 A_1 点量取一定长度到 B（$A_1 B = h/\sin \alpha - 2s$），则 B 点为第二个弯头的起弯点；再从 B 点量取长度 l 到 B_1 点，则 B_1 点为第二个弯头的终弯点。灯叉弯管的画线如图 2-33 所示。

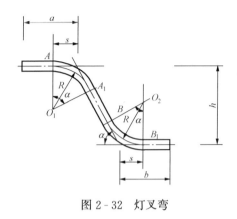

图 2-32　灯叉弯

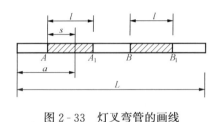

图 2-33　灯叉弯管的画线

第四节　金属管的连接

金属管的连接方式有螺纹连接、法兰连接、焊接、承插连接、卡套连接和沟槽连接。

一、螺纹连接

管道的螺纹连接也称丝扣连接，是管道连接最基本的方法之一。低压流体输送用焊接钢管用来输送介质压力在 1.0MPa 以下，工作温度在 100℃ 以下，常采用螺纹连接。低压流体输送用镀锌焊接钢管，为了不损坏镀锌层，保证工艺要求，应采用螺纹连接。

常用的管螺纹有圆柱形和圆锥形两种，牙形角均为 55°，圆柱形和圆锥形管螺纹的每英寸的牙数、螺距、螺纹高度等也相同，不同的是圆锥形管螺纹有 1/16 的锥度。圆锥形管螺纹如图 2-34 所示。

由于管螺纹有两种类型，因此管螺纹的连接有三种可能：圆柱形外螺纹旋入圆柱形内螺纹，圆锥形外螺纹旋入圆柱形内螺纹，圆锥形外螺纹旋入圆锥形内螺纹。由于圆柱形螺纹连接有可能形不成严密的密封线，且安装施工不便，因此应用的较少。一般螺纹管件、螺纹阀门加工成圆柱形螺纹，管子加工成圆锥形管螺纹，这样施工较为方便，密封性能也好，如图 2-35 所示。

管螺纹连接时，应在管子的外螺纹与管件或阀件的内螺纹之间加上适当的填料。填料的作用有两个：①密封；②养护管口，便于维护检修时拆卸。管子用来输送冷热水、压缩空气时，常用油麻和白厚漆（俗称铅油、麻丝）作填料。安装室内燃气管道时，不能用麻丝、白厚漆作填料，而只能用聚四氟乙烯生料带或白厚漆作填料。聚四氟乙烯生料带是用聚四氟乙烯树脂与一定量的辅助剂相互混合辗制成厚度为 0.1mm、宽度不大于 30mm、长度为 1～5m 的薄膜带，因为生产这种填料不经过热聚合过程，所以叫做生料带。聚四氟乙烯生料带具有优良的耐化学腐蚀性，对于浓酸、浓碱及强氧化剂，即使在高温下也不发生化学反应，它的热稳定性好，耐工作温度较高，可长期在 250℃ 下工作，可用在工作温度为 -180～250℃ 的各类管路中。

二、法兰连接

法兰连接是通过螺栓、螺母将法兰连接起来，并将法兰中间的垫片压紧而使管道密封的连接方法。法兰连接具有拆卸方便、连接强度高、严密性好等优点，一般用于需要拆卸的部

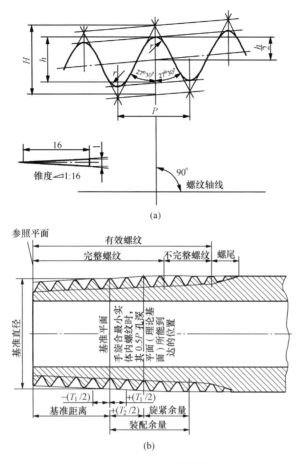

图 2-34　圆锥形管螺纹

(a) 圆锥螺纹的设计牙形；(b) 圆锥外螺纹上各主要尺寸的分布位置

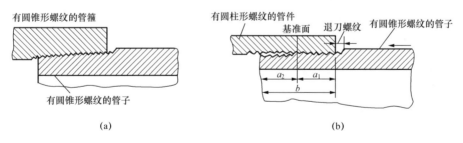

图 2-35　螺纹连接方式

位，带法兰的阀门、设备、装置等进出口的连接。

1. 连接前的检查

(1) 法兰的加工各部位尺寸应符合标准或设计要求，法兰表面不得有砂眼、裂痕、斑点、毛刺等降低法兰强度和连接可靠性的缺陷，否则应予以修理和更换。

(2) 检查法兰垫片材质尺寸是否符合标准或设计要求。软垫片质地柔韧，无老化、变质现象，表面不应有折损、皱纹等缺陷；金属垫片的加工尺寸、精度、粗糙度及硬度等都应符合要求，表面无裂纹、毛刺、凹槽、径向划痕等缺陷。

（3）法兰垫片需现场加工时，不管是采用手工剪制还是采用机械切割，垫片材质应符合设计要求和质量标准，垫片应制成手柄式，以便于安装。

（4）螺栓及螺母的螺纹应完整，无伤痕、毛刺等缺陷，螺栓、螺母应配合良好，无松动和卡涩现象。

2. 法兰安装要求

（1）法兰与管子组装应用图 2-36 所示的工具和方法对管子端面进行检查，切口端面倾斜偏差 Δ 不应大于管外径的 1%，且不得超过 3mm。

（2）法兰与管子组装时，要用法兰角尺检查法兰的垂直度，如图 2-37 所示。

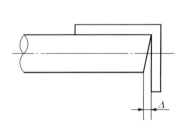

图 2-36　管子切口端面倾斜偏差 Δ

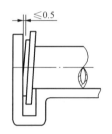

图 2-37　用法兰角尺检查
法兰的垂直度

（3）法兰连接加设的软垫片，周边尺寸应整齐，垫片尺寸应与法兰密封面相符，其允许偏差应符合表 2-9 的规定。

表 2-9　　　　　　　　　　　　　软垫片尺寸允许偏差　　　　　　　　　　　　　mm

法兰密封面 公称直径	平　面		凹　凸　面		榫　槽　面	
	内径	外径	内径	外径	内径	外径
<DN125	+2.5	-2.0	+2.0	-1.5	+1.0	-1.0
≥DN125	+3.5	-3.5	+3.0	-3.0	+1.5	-1.5

（4）一对法兰密封面间只允许使用一个垫片，当大直径垫片需要拼接时，应采用斜口搭接或迷宫式拼接，不得平口对接。

（5）当采用软钢、铜、铝等金属垫片，垫片出厂前未进行退火处理时，安装前应进行退火处理。

（6）法兰连接应与管道同心，并应保证螺栓自由穿入。法兰螺栓孔应跨中安装，法兰间应保持平行，其偏差不得大于法兰外径的 1.5/1000，且不得大于 2mm，不得用强紧螺栓的方法消除歪斜。

（7）法兰连接应使用同一规格的螺栓，安装方向应一致。螺栓紧固后应与法兰紧贴，不得有楔缝。需加垫圈时，每个螺栓不得超过一个，紧固后的螺栓宜与螺母平齐，所有螺母应全部拧入螺栓。任何情况下，螺母未完全啮合的螺纹应不大于 1 个螺距。

（8）为了便于装拆法兰，紧固螺栓，法兰平面距支架和墙面的距离不应小于 200mm。

（9）扳紧螺栓时，应对称交叉进行，如图 2-38 所示，以保障垫片各处受力均匀。

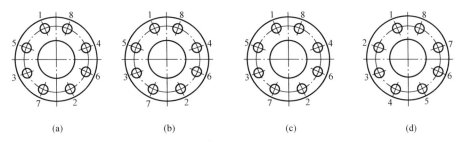

图 2-38　螺栓扳紧

(a) 第一次对称扳紧，其扳紧程度达 50%；(b) 第二次对称扳紧，扳紧程度达 60%~70%；

(c) 第三次对称扳紧，扳紧程度达 80%~90%；(d) 最后顺序扳紧，扳紧程度达 100%

(10) 当管道遇到下列情况之一时，螺栓、螺母应涂以二硫化钼油脂、石墨机油或石墨粉：

1) 不锈钢、合金钢螺栓和螺母。

2) 管道设计温度高于 100℃ 或低于 0℃。

3) 露天装置。

4) 处于大气腐蚀环境或输送腐蚀介质。

(11) 高温或低温管道法兰的螺栓，在试运行时应按以下规定进行热态紧固或冷态紧固。

1) 管道热态紧固、冷态紧固温度应符合表 2-10 的规定。

表 2-10　　　　　　　　　管道热态紧固、冷态紧固温度　　　　　　　　　℃

管道工作温度	一次热、冷态紧固温度	二次热、冷态紧固温度
250~350	工作温度	—
>350	350	工作温度
−70~−20	工作温度	—
<−70	−70	工作温度

2) 热态紧固或冷态紧固应在达到工作温度 2h 后进行。

3) 紧固螺栓时，管道最大内压应根据设计压力确定。当设计压力小于或等于 6MPa 时，热态紧固压力应为 0.3MPa；当设计压力大于 6MPa 时，热态紧固最大内压应为 0.5MPa。冷态紧固应在卸压后进行。

4) 紧固应适度，并应有相应的安全措施，以确保操作人员的安全。

(12) 法兰不得埋入地下，埋地管道或不通行地沟管道的法兰应设置检查井，法兰也不能装在楼板、墙壁和套管内。

三、焊接

焊接连接是管道工程中最主要而且应用最广泛的连接方法。焊接连接的优点是：接头强度高，牢固耐久，接头严密性好，不易渗漏，不需要接头零件，造价相对较低，工作安全可靠，不需要经常维护检修。焊接连接的缺点是：接口是固定接口，不可分离，拆卸时必须把管子切断，接口操作工艺要求较高，需受过专门培训的焊工配合施工。

1. 管子焊接要求

(1) 焊接前的检查。管子在焊接前应进行全面的清理检查：将管子的焊端坡口面内外

20mm 左右范围内的铁锈、泥土、油脂等物清除干净，管子断面不圆的要整圆。管子对口时，应在距接口中心 200mm 处测量平直度，如图 2-39 所示。当管子公称直径小于 DN100时，允许偏差为 1mm，当管子公称直径大于或等于 DN100 时，允许偏差为 2mm，但全长偏差不超过 10mm。

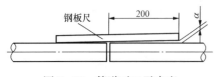

图 2-39　管道对口平直度

（2）电焊、气焊的选择。由于电焊焊缝的强度比气焊焊缝强度高，并且比较经济，因此，应优先采用电焊焊接。只有公称直径≤DN50，壁厚 $\delta <$ 3.5mm 的管子才用气焊焊接，但有时因施工条件的限制，不能采用电焊施焊的地方，也可用气焊焊接公称直径＞DN50 的管子。

（3）对口。对口间隙应符合要求，除设计规定的冷拉焊口外，对口不得用强力对正，以免引起附加应力，不允许加偏垫或多层垫等方法来消除接口端面的空隙偏差、错口或不同心等缺陷。

对接焊接的管子端面应当与管子轴心线垂直，偏差不大于 1.5mm。小口径管子可采用图 2-40 所示的两种对口工具进行对口，大口径管道可用图 2-41 所示的方法进行对口。管子对好口后，要用点焊固定，一般规格的管子点焊 3～4 处，如图 2-42 所示。点焊用的焊条和焊接技术与正式焊接相同。

（4）管道焊接。根据管道焊接工具、焊条与管子间的相对位置，有平焊、立焊、横焊和仰焊，则焊缝依此分别称为平焊缝、立焊缝、横焊缝和仰焊缝，如图 2-43 所示。管道焊接时应尽量采用平焊，因平焊易于施焊，焊接质量易得到保证，且施焊方便。

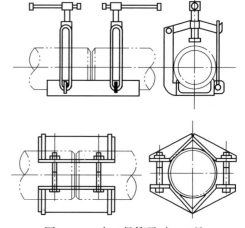

图 2-40　小口径管子对口工具

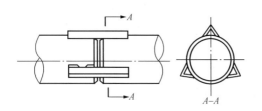

图 2-41　大口径管子对口方法

图 2-42　管口焊缝上点焊的位置

焊接口在熔融金属冷却过程中会产生收缩应力，为了减小收缩应力，焊前可将每一个管口预热 150～200mm 长度，或采用分段焊接法。分段焊接法是将管周分成四段，按间隔段顺序焊接。分段焊接法是一种较好的减小收缩应力的管口焊接方法。

（5）管子焊接的技术要求。

1）管子焊接时应垫牢，不得搬动，不得将管子悬空或处于外力作用下施焊。焊接过程中不得有穿膛风。凡是可以转动的管子都应采用转动焊接，尽量减少固定焊口，以减少仰

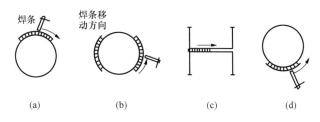

图 2-43　焊接方法

(a) 平焊；(b) 立焊；(c) 横焊；(d) 仰焊

焊，这样可以提高焊接速度和保证焊接质量。多层焊缝的焊接起点和终点应互相错开，焊缝焊接完毕，应自然缓慢冷却，不得用水骤冷。

2）焊缝位置。金属管道焊缝位置应符合下列规定：

①直管段上两对接焊口中心面的间距，当公称直径≥DN150 时，不应小于 150mm；当公称直径<DN150 时，不应小于管外径，且不得小于 100mm。

②除采用定型弯头（压制弯、热推弯或中频弯管）外，管道焊缝距弯管起弯点的距离不应小于管外径，且不得小于 100mm。

③管道焊缝距离支管或管接头的开孔边缘不应小于 50mm，且不小于孔径。

④当无法避免在管道焊缝上开孔或开孔补强时，应对开孔直径 1.5 倍或开孔补强板直径范围内的焊缝进行射线或超声波检测。被补强板覆盖的焊缝应磨平。管孔边缘不应存在焊接缺陷。

⑤焊缝距支、吊架净距不应小于 50mm；需要进行热处理的焊缝距支、吊架不得小于焊缝宽度的 5 倍，且不得小于 100mm。

⑥不宜在管道焊缝及其边缘上开孔；卷管的纵向焊缝应置于易检修的位置，且不宜在底部。

⑦有加固环的卷管，加固环的对接焊缝应与管子纵向焊缝错开，其间距不应小于 100mm。加固环距管子的焊缝不应小于 50mm。

⑧管道穿墙和穿楼板时均应加设钢套管，但管道的焊缝不得置于套管内。

3）在气焊时，管壁的厚度 $\delta > 3\text{mm}$ 的管子采用 V 形坡口，焊接端应开 $30°\sim 40°$ 的坡口，在靠管壁内表面的垂直边缘上留 $1\sim 1.5\text{mm}$ 的钝边，如图 2-44 (a) 所示；管壁的厚度 $\delta \leqslant 3\text{mm}$ 的管子，应采用 I 形坡口，对口间隙为 $1\sim 2\text{mm}$，如图 2-44 (b) 所示。

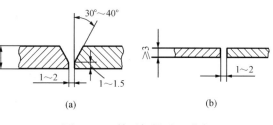

图 2-44　管子气焊对口形式

(a) V 形坡口；(b) I 形坡口

4）公称尺寸大于或等于 DN600 的工业金属管道，宜在焊缝内侧进行根部封底焊。下列工业金属管道的焊缝底层应采用氩弧焊或能保证底部焊接质量的其他焊接方法。

①公称尺寸小于 DN600，且设计压力大于或等于 10MPa，或设计温度低于 $-20℃$ 的管道。

②对内部清洁度要求较高及焊接后不易清理的管道。

5）当对螺纹接头采用密封焊时，外螺纹部分应全部采用密封焊。

6）需要预拉伸或预压缩的管道焊口，组对时所使用的工具应在焊口焊接及热处理完毕并经检验合格后再拆除。

7）端部为焊接连接的阀门，其焊接和热处理措施不得破坏阀门的严密性。

8）平焊法兰、承插焊法兰或承插焊管件与管子的焊接，应符合设计文件的要求，并应符合下列规定：

①平焊法兰与管子焊接时，其法兰内侧（法兰密封面侧）角焊缝的焊角尺寸应为直管名义厚度与6mm两者中的较小值；法兰外侧角焊缝的最小焊角尺寸应为直管名义厚度的1.4倍与法兰颈部厚度两者中的较小值，如图2-45（a）、（b）所示。承插焊法兰与管子焊接时，角焊缝的最小焊角尺寸应为直管名义厚度的1.4倍与法兰颈部厚度两者中的较小值，焊前承口与插口的轴向间隙宜为1.5mm，如图2-45（c）所示。

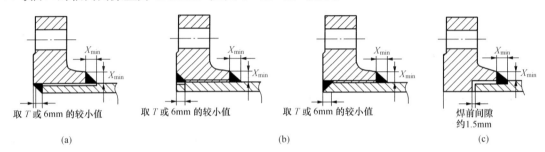

图 2-45　平焊法兰或承插焊法兰的角焊缝

（a）双面角焊；（b）法兰面角及背面角焊；（c）承插焊法兰

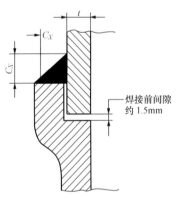

图 2-46　承插焊管件与管子焊接

t—计算厚度；C_x—取 1.25t 和 3mm 中较大者

②承插焊管件与管子焊接时，角焊缝的最小焊角应为直管名义厚度的1.25倍，且不应小于3mm，焊前承口与插口的轴向间隙宜为1.5mm，如图2-46所示。

9）定位焊缝。

①定位焊缝的焊接应采用与根部焊道相同的焊接材料和焊接工艺。

②定位焊缝应具有足够的长度、厚度和间距，以保证该焊缝在焊接工艺过程中不致开裂。

③根部焊接前，应对定位焊缝进行检查，如发现缺陷，则应处理后方可施焊。

④焊接的工具卡材质宜与母材相同，拆除工具卡时不应损伤母材，拆除后应将残留的焊疤打磨修整至与母材的表面齐平。

10）支管焊接。支管与主管的焊接连接接头形式如图2-47所示。

支管焊接应符合下列规定：

①安放式焊接支管或插入式焊接支管的接头，包括整体补强的支管座，应全部焊透，盖面的角焊缝厚度应不小于填角焊缝有效宽度，如图2-47（a）、（b）所示。

②补强圈或鞍形补强件的焊接应符合以下规定：补强圈与支管应全部焊透，盖面的角焊

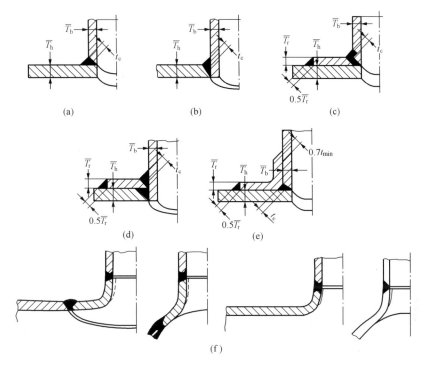

图 2‑47　支管与主管的焊接连接接头形式

（a）安放式；（b）插入式；（c）安放式（带补强圈）；（d）插入式（带补强圈）；（e）鞍形补强件；（f）对接式

t_c—填角焊缝有效厚度，取 $0.7\overline{T}_b$ 或 6.4mm 中的小者；$\overline{T}_b$—支管名义厚度；$\overline{T}_h$—主管名义厚度；

$\overline{T}_r$—补强圈或鞍形补强件的名义厚度；t_{min}—$\overline{T}_b$ 或 $\overline{T}_r$，取小者

缝厚度应不小于填角焊缝有效宽度，如图 2‑47（c）、（d）所示；鞍形补强件与支管连接的角焊缝厚度应不小于 $0.7t_{min}$，如图 2‑47（e）所示。

③补强圈或鞍形补强件外缘与主管连接的角焊缝厚度应大于或等于 $0.5\overline{T}_r$，如图 2‑47（c）、（d）、（e）所示。

④补强圈和鞍形补强件应与主管、支管贴合良好，应在补强圈或鞍形补强件的高位（不在主管轴线处）开设一个焊缝焊接和检漏时使用的通气孔，通气孔的孔径宜为 8～10mm。补强圈或鞍形补强件可采用多块拼接组成，但拼接接头应与母材的强度相同，且每块拼板均应开设通气孔。

11）工业金属管道及管道组成件的焊后热处理应符合设计文件的规定，当设计文件无规定时，应按表 2‑6 的规定执行。焊后热处理的厚度应为焊接接头处较厚组成件的壁厚，且应符合下列规定：

①支管连接时，热处理厚度应为主管或支管的厚度，不应计入支管连接件（包括整体补强或非整体补强件）的厚度。当任一截面上支管连接的焊缝厚度大于表 2‑6 所列厚度的 2 倍或焊接接头处各组成件的厚度小于表 2‑6 规定的最小厚度时，仍应进行热处理。

②对用于平焊法兰、承插焊法兰、公称直径小于或等于 DN50 的管子连接的角焊缝、螺纹接头的密封焊缝和管道支吊架与管道的连接焊缝，当任一截面的焊缝厚度大于表 2‑6 所列厚度的 2 倍，焊接接头处各组成件的厚度小于表 2‑6 规定的最小厚度时，仍应进行热处理。

2. 焊接的一般技术规定

（1）凡参加工业管道焊接的焊工，应按 GB 50236—2011《现场设备、工业管道焊接工程施工规范》的有关规定进行考试，并应取得施焊范围的合格资格。

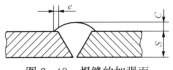

图 2-48 焊缝的加强面

（2）管子施焊前，焊工必须详细了解焊接材料的性能和焊接工艺，阅读有关文件、图纸及工艺要求。

（3）管子焊完后，焊缝应整齐、美观，并应有规整的加强面，如图 2-48 所示。加强面的标准见表 2-11。

表 2-11   管道焊缝的加强面标准   mm

管壁厚度	<10	10～20	>20
加强面高度	1.5+1	2+1	3+1
遮盖宽度	1～2	2～3	2～3

（4）要用电弧进行多次焊接时，焊缝内对焊的各层，其引弧和熄弧的地方应彼此错开，不得重合；焊缝的第一层应是凹面，并保证把焊缝根部全部焊透，中间各层要把两连接管的边缘全部接合好，最后一层应把焊缝全部填满，并保证平缓过渡到母材。

（5）每道焊缝应均匀焊透，且不得有裂纹、加渣、气孔、砂眼等缺陷，各级焊缝表面质量见表 2-12。

表 2-12   对接接头焊缝表面质量检验

项目名称	图　　示	焊缝等级			
		Ⅰ	Ⅱ	Ⅲ	Ⅳ
裂纹	表面裂缝	不允许		不允许	
表面气孔	表面气孔	不允许		每 50mm 焊缝长度内允许直径≤0.3δ，且≤2mm 的气孔 2 个。孔间距≥6 倍孔径	每 50mm 焊缝长度内允许直径≤0.4δ，且≤3mm 的气孔 2 个。孔间距≥6 倍孔径
表面夹渣	表面夹渣	不允许		深≤0.1δ 长≤0.3δ，且≤10mm	深≤0.2δ 长≤0.5δ，且≤20mm
熔合性飞溅	熔合性飞溅	不允许		不允许	不允许
咬边	咬边	不允许		≤0.05δ，且≤0.5mm，连续长度≤100mm，且焊缝两侧咬边总长≤10%焊缝全长	≤0.1δ，且≤1mm 长度不限

续表

项目名称	图 示	焊 缝 等 级			
		Ⅰ	Ⅱ	Ⅲ	Ⅳ
未焊透	未焊透	不允许		不加垫单面焊允许值≤0.15δ，且≤1.5mm；缺陷总长在6δ焊缝长内，不超过δ	≤0.2δ，且≤2.0mm；每100mm焊缝内缺陷总长≤25mm
表面凹陷	表面凹陷 e_1 e_1	不允许		深度 e_1≤0.5mm，长度小于或等于焊缝全长的10%，且小于100mm	
接头坡口错位	接头坡口错位 e_2 δ e_2 δ	e_2≤0.15δ，但最大为3		e_2≤0.2δ，但最大为5mm	

（6）焊前预热及焊后热处理。进行焊前预热及焊后热处理应根据钢材的淬硬性、焊件厚度、结构刚性、焊接方法及适用条件等因素综合确定。进行焊前预热及焊后热处理的焊缝应满足以下要求：

1）要求焊前预热的焊件，其层间温度应在规定的预热温度范围内。

2）当焊件温度低于0℃时，所有钢材的焊缝应在始焊处100mm范围内预热到15℃以上。

3）对有应力腐蚀的焊缝，应进行焊缝热处理。

4）非奥氏体异种钢焊接时，应按焊接性较差的一侧钢材选定焊前预热和焊后热处理温度，但焊后热处理不应超过另一侧钢材的临界点Ac1。

5）调质钢焊缝的热处理温度，应低于其回火温度。

6）焊前预热的加热范围，应以焊缝中心为准，每侧不应小于焊件厚度的3倍；焊后热处理的加热范围，每侧不应小于焊缝宽度的3倍，加热带以外部分应进行保温。

7）焊前预热及焊后热处理过程中，焊件内外壁温度应均匀；在焊前预热和焊后热处理时，应测量和记录其温度，测温点的部位和数量应合理，测温仪表应经计量检定合格。

8）对容易产生焊接延迟裂纹的钢材，焊后应及时进行焊后热处理，当不能及时进行焊后热处理时，应在焊后立即均匀加热至200～300℃，并进行保温缓冷，其加热范围应与焊后热处理要求相同。

9）焊前预热及焊后热处理温度应符合设计或焊接作业指导书的规定，当无规定时，常用管材焊接的焊前热处理温度宜符合表2-13的规定；设备、容器焊接的焊前预热及焊后热处理应符合 GB 150.1～GB 150.4—2011《压力容器》的有关规定。当采用钨极氩弧焊打底时，焊前预热温度可按表 2-13 规定的下限温度降低 50℃。

表 2-13　　　　　　　　　　　　　　预　热　温　度

母　材　类　别	焊件接头母材厚度 T（mm）	母材最小规定的抗拉强度（MPa）	最低预热温度（℃）
碳钢（C） 碳锰钢（C-Mn）	＜25	＞490	80
	≥25	全部	80
合金钢 （C-Mo、Mn-Mo、Cr-Mo）　Cr≤0.5%	＜13	＞490	80
	≥13	全部	80
合金钢（Cr-Mo）　0.5%＜Cr≤2%	全部	全部	150
合金钢（Cr-Mo）　2.25%≤Cr≤10%	全部	全部	175
马氏体不锈钢	全部	全部	150
低温镍钢（Ni≤4%）	全部	全部	95

10）焊后热处理的加热速率、热处理温度下的恒温时间及冷却速率应符合下列规定：

①当加热温度升至 400℃ 时，加热速率不应超过（205×25/t）℃/h（t 为焊件焊后热处理的厚度），且不得大于 205℃/h；

②恒温后的冷却速率不应大于（260×25/t）℃/h，且不得大于 260℃/h，400℃ 以下可自然冷却；

③热处理后进行返修或硬度检查超过规定要求的焊缝应重新进行热处理。

四、承插连接的适用范围与性能特点

给水、排水、化工和城市燃气管道常采用铸铁管、混凝土管、陶瓷管、塑料管等管材，这些管材多采用承插连接。承插连接就是将管子（管件）的插口插入管道的承口内，周围充塞填料进行密封的一种连接方式。

承插连接可分为刚性承插连接和柔性承插连接两种。刚性承插连接是将管子插口插入管道的承口内，对正后，先用嵌缝材料嵌缝，然后用密封材料密封，使之成为一个牢固的封闭的管道接头，如图 2-49 所示。

柔性承插连接接头在管道承插口的止封口上放入富有弹性的橡胶圈，然后施力将管子插端插入，形成一个能适应一定范围内的位移和振动的封闭管接头，如图 2-50 所示。

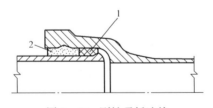

图 2-49　刚性承插连接

1—嵌缝材料；2—密封材料

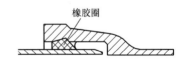

图 2-50　柔性承插连接

承插连接无论是刚性连接还是柔性连接，其基本要求是：严密性，要保证接口不渗漏；持久性，要保持较长时间的坚固和稳定；具有一定的柔性，以适应管道一定量的位移和振动。

承插连接常用的填料有油麻、胶圈、水泥、石棉水泥、石膏、青铅等，通常把油麻、胶圈等称为嵌缝材料，水泥、石棉水泥、石膏、青铅等称为密封材料。

嵌缝材料的作用是：固定承插口之间的间隙，使之承插口各处的间隙相等，调整管线，防止密封材料塞入管道和介质渗漏。

密封材料的作用是：支承、固定嵌缝材料，防止嵌缝材料滑动、脱落、松散而失去防渗性能；密封嵌缝材料，防止嵌缝材料与空气接触而加速老化。

五、沟槽连接

沟槽连接又称卡箍连接，在管材、管件平口端的接头部位加工成环形沟槽后，用拼合式卡箍件、C型橡胶圈和紧固件组成的快速拼装接头，将管子（管件）相互连接起来。安装时，在相邻的管端套上橡胶密封圈后，用拼合式卡箍件连接。卡箍件的内缘嵌固在沟槽内，用紧固件紧固后，橡胶密封圈在管内水压、真空压力等内外压力的作用下，接头的密封性能可满足要求。

1. 沟槽式管接头和管件

（1）沟槽式管接头。沟槽式管接头如图 2-51 所示。

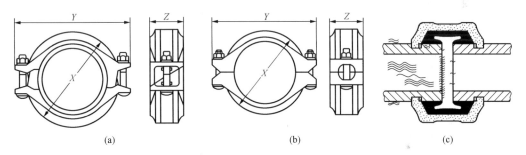

图 2-51　沟槽式管接头

(a) 刚性（卡箍）接头；(b) 挠性（卡箍）接头；(c) 沟槽式接头

（2）沟槽式管件。沟槽式管件是沟槽式连接的管道系统上采用的弯头、三通、四通、异径管等管件的通称，如图 2-52 所示。沟槽式管件的接头部位均加工成与管材接头部位相同的环形沟槽。

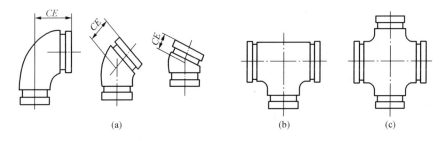

图 2-52　沟槽式管件

(a) 弯头；90°、45°、22.5°；(b) 三通；(c) 四通

（3）支管接头。用于直管管道中部开孔后连接支管的鞍形拼合式连接件。有正三通和正四通两种类型，与支管的连接方式有沟槽连接和螺纹连接。正三通称为机械三通，正四通称

为机械四通。机械三通如图2-53所示。

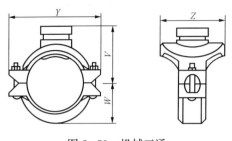

图2-53　机械三通

2. 管材

沟槽连接适用于镀锌焊接钢管、焊接钢管、镀锌无缝钢管、无缝钢管、不锈钢管、涂塑和衬塑钢管、铜管等。沟槽式管接头采用的平口端环形沟槽必须用专用的滚槽机加工成型。可在施工现场按配管长度进行沟槽加工。

3. 管接头件

管接头件是指组成刚性接头、挠性接头和支管接头的卡箍件、橡胶密封圈和紧固件（螺栓、螺母）。组成件应由生产厂配套供应。

卡箍件的材料应采用球墨铸铁、铸钢（碳钢或不锈钢）或锻钢。

橡胶密封圈材料应根据介质的性质和温度确定。对输送生活饮用水的管道可采用天然橡胶、合成橡胶或硅橡胶。对输送含油和化学品等介质的管道应采用合成橡胶。

4. 沟槽式管接头施工的要求

（1）施工前应对连接的管材、管件、沟槽式管接头进行检验，当发现有缺件、质量异常等情况时，应及时进行补充和复检。严禁使用不符合标准要求的产品。

（2）施工过程中，应配合土建做好管道穿越墙壁和楼板的预留孔洞；孔洞尺寸，可比钢管外径大50～100mm。管道安装前，应检查预留孔洞和穿墙套管的位置和标高。

（3）管道穿越墙壁、楼板时均应加设套管，穿墙套管两端与墙面相平，穿楼板套管应高出饰面50mm。套管内径比被套管外径大8～12mm，套管与被套管间应用柔性的不燃材料填塞。穿越基础和有地下室外墙时，应加设防水套管。

（4）沟槽式管接头不宜直接埋地敷设，必须埋地敷设时，应敷设在原状土层或地坪经回填夯实后重新开挖的槽内，埋地管道的沟槽式管接头、沟槽式管件的螺栓、螺母应进行防腐处理。

5. 沟槽式管接头的装卸、搬运和贮存

（1）沟槽式管接头、沟槽式管件、附件在装卸、运输、堆放时，应小心轻放，严禁抛、摔、滚、拖及受到强烈撞击。严禁与有腐蚀性和损坏橡胶的物质接触，避免日晒、雨淋。

（2）橡胶密封圈应与沟槽式接头放置在一起贮存和搬运，不得另行包装。紧固件应与卡箍件螺栓孔松套相连。

（3）有橡胶密封圈的沟槽式接头，应存放在阴凉、干燥、通风处。有橡胶密封圈的沟槽式接头的存放处不得有热源，不得有腐蚀性气体。

六、卡套连接

1. 卡套式管接头的结构及特点

卡套连接的类型有很多，如挤压式、撑胀式、自撑式、噬合式，我国目前常用的是挤压式和噬合式。挤压式卡套连接适用于塑料管、铝塑复合管的连接，噬合式卡套连接适用于钢管的连接。

卡套式管接头的结构，如图2-54所示，它由接头体、卡套及螺母三部分组成，见图2-55。

卡套式管接头的一个关键部件是卡套——一个带有切刃口的金属环。卡套式管接头是依靠卡套的切割刃口，紧紧咬住钢管管壁，使管内流体得到密封。这种结构具有防松、耐冲击、抗振动、接口简便、迅速、便于检修维护等特点，适用于小管径的管道系统。

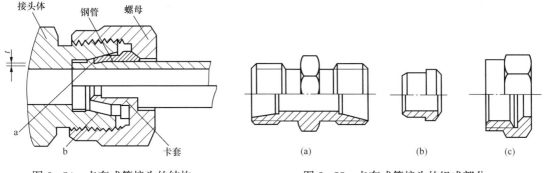

图 2-54 卡套式管接头的结构　　　　　　　图 2-55 卡套式管接头的组成部分
a—环形凹槽；b—密封带　　　　　　　　　　（a）接头体；（b）卡套；（c）螺母

2. 卡套连接的密封原理

卡套连接的密封原理：当管子按图 2-54 所示的形式装配后，用手转动螺母进扣，当用手转不动时，说明接头体、卡套、管子和压紧螺母均已处于准工作状态，然后再用扳手将螺母上 $1\sim1\frac{1}{4}$ 圈，整个装配完成。卡套式管接头在装配过程中，图 2-55 所示的卡套，在外力作用下，被推入图 2-56 所示的接头体的 24°锥孔中，卡套刃口端受锥孔约束产生径向收缩，使卡套刃口切入管子外壁（切入深度 $t=0.25\sim0.5\text{mm}$），从而形成了图 2-54 所示的环形凹槽 a，以确保管子与卡套之间的密封和连接。同时卡套刃口端的 26°外锥与接头体孔洞完全紧密贴合，也形成了图 2-54 所示的一道可靠的密封带 b，保证了卡套与接头体间的密封。另外，螺母拧紧时的压缩力作用，使得中部拱起［见图 2-56（a）］呈鼓形弹簧状，起到了避免因为振动而使螺母松脱的作用；卡套尾部与钢管紧密抱紧，起到了防止钢管振动传递到卡套刃口的作用，密封原理见图 2-56。

卡套式管接头，当其螺母完全拧紧，接头配合合适的时候，钢管与卡套的位置关系如图 2-57 所示，并应满足以下要求：螺母拧紧以后，切割刃口完全切入管壁；控制刃口与管子表面接触；由于切割刃口切入管壁后管壁翘起，顶住控制刃口的内侧；卡套式密封面与接头体内锥面严密切合；卡套的中部拱起，起到一个弹簧的作用；卡套尾部内侧在压力作用下与钢管的外圈牢牢抱合。

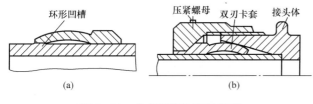

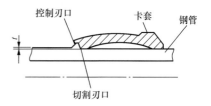

图 2-56 卡套连接的密封原理　　　　　图 2-57 钢管与卡套的位置关系

3. 卡套式管接头的安装

（1）预装配。

1）根据施工图要求，按零件及组件的标记选择和量测管子。

2) 按需要的长度切断管子, 要求管端与管子中心线垂直。

3) 清除管端内外周边的毛刺及管内的铁锈、油污等, 管子外表面不得有划痕、凹陷、裂纹、锈蚀等缺陷。

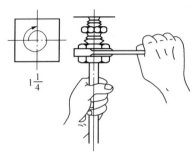

4) 安装前应清洗卡套、接头体和螺母, 在螺纹表面涂一层润滑油 (禁油管道系统不得涂油), 按先后顺序将螺母、卡套套在管子上, 再将管子插入接头体内锥孔, 放正, 见图2-58, 用手旋紧螺母, 然后用扳手将螺母缓慢拧紧, 同时转动管子, 直到管子不动为止, 此时做个标记, 然后再拧紧 $1 \sim 1\frac{1}{4}$ 圈, 使卡套刃口切入管子, 注意不可旋得过紧, 以免损坏卡套。

图 2-58　卡套预装配

5) 再将螺母松开, 检查预装情况。合格标准为卡套的刃口已切入管子, 中部稍稍凸起, 尾部径向收缩抱住管子, 允许卡套在管子上稍有转动, 但不能有轴向滑动。卡套在轴向有滑动, 说明卡套刃口切入深度不够, 需要继续拧紧螺母。

(2) 正式装配。将已装好的螺母和钢管插入接头体, 直至拧紧力矩突然上升, 即达到力矩激增点, 再将螺母拧紧1/4圈, 装配完成。

(3) 拆卸和再装。若管道需拆开, 则只需把螺母松开即可, 再装时应保证使螺母从力矩激增点再拧紧1/4圈。

第五节　热塑性塑料管的连接

加热后软化具有可塑性, 可制成多种形状的制品, 冷却后又结硬, 可多次加热反复成型, 这类塑料是热塑性塑料。常用的热塑性塑料有硬聚氯乙烯、聚乙烯、聚丙烯、聚酰胺、聚四氟乙烯、丙烯腈—丁二烯—苯乙烯 (ABS)、有机玻璃等。常用的热塑性塑料管有硬聚氯乙烯 (PVC-U) 管、氯化聚氯乙烯 (PVC-C) 管、聚乙烯 (PE) 管、聚丙烯 (PP) 管、聚丁烯 (PB) 管、丙烯腈—丁二烯—苯乙烯 (ABS) 塑料管等。

一、粘接

粘接是在连接的管件内壁和管端外壁均匀涂以胶黏剂, 将管子插入管件内静置固化, 使其连接在一起的一种连接方式。

硬聚氯乙烯 (PVC-U) 塑料管、氯化聚氯乙烯 (PVC-C) 塑料管的配管与粘接程序如下:

1. 管道系统的配管与管道粘接步骤

(1) 按设计图纸的坐标、标高放线, 绘制实测施工图。

(2) 根据实测施工图进行配管, 并进行预装配。

(3) 管道粘接。

(4) 接口养护。

2. 管子切断与管口清理

(1) 管子割断宜采用细齿锯 (木工锯)、割刀或专用断管机。断管时, 管口要平整且垂直于管子轴线。

（2）去掉断口处的毛刺、毛边和残屑。

（3）在插口端，采用中号板锉对管口倒角，倒角坡度为 $10°\sim30°$，如图 2-59 所示。

（4）管子连接前先将承口内侧、插口外侧的尘沙、污物和水渍擦拭干净，若有油污，则应用干净的抹布蘸上清洁剂进行擦拭。

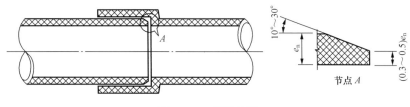

图 2-59　管道粘接

3. 粘接

（1）粘接前对连接的管子、管口再一次进行检查，检查管子、管口有无凹陷、裂缝等缺陷，严禁使用有凹陷、裂纹或已有裂纹痕迹的管子和管件，以免留下后患。

（2）预装配，对管子、管件的承插口配合程度进行检验，把插口管端插入承口内进行试连接，其自然试插深度以承口的 $1/3\sim1/2$ 为宜，试连接公差符合要求后，在插口管端表面画出插入深度的标记。

（3）用干净的抹布蘸上丙酮或其他清洁剂，将承插孔擦拭干净，连接部位的表面不得有油污、尘土、水渍等。

（4）用鬃刷或尼龙刷蘸上胶黏剂，先在承口内涂抹均匀，然后再涂刷插口端，涂刷时应先里后外，胶黏剂涂刷要均匀适量，不得漏涂、流淌。

（5）涂刷胶黏剂后，对准管子中心轴线，将管子（件）插口快速插进承口，并用力推挤至所画标线。在插入深度过程中同时稍作旋转，旋转角度不宜超过 $45°$，不允许插到底后再旋转。在 30s（$d_n\leqslant63mm$）或 60s（$d_n\geqslant75mm$）时间内保持施力不变，并保持接口的直度和位置正确。

（6）承插口涂刷胶黏剂后，应在 20s 的时间内完成接口操作，否则应清除干净后重来。

（7）承插口粘接完毕后，应立刻将接头挤出的胶黏剂用干布或棉纱擦拭干净。

（8）刚刚粘接完的接头应避免移动或受力，需静置固化后方可挪动。静置固化的时间由环境温度决定。当环境温度 $0℃<t_a\leqslant10℃$ 时，固化时间为 15min；当环境温度 $t_a>10℃$ 时，固化时间为 10min。粘接操作不宜在 0℃ 以下的低温环境中进行。

二、热熔连接

热熔连接又称热熔焊接，是采用专用加热工具加热连接部位，使其熔融后，施压连接成一体的连接方式。热熔连接有热熔承插连接、热熔对接和热熔鞍形连接等。热熔连接适用于聚乙烯类（PE、PE-RT）管道、聚丙烯类（PP-H、PP-B、PP-R）管道、聚丁烯（PB）管道。

1. 热熔承插连接

热熔承插连接是指由相同牌号热塑性塑料制作的管材、管件的插口与承口互相连接时，采用专用热熔工具将连接部位表面加热熔融，承插冷却后连接成为一个整体的连接方式，如图 2-60 所示。

热熔承插连接操作工艺及要求如下：

（1）按设计图纸的坐标、标高放线，绘制实测施工图。

（2）管子切割、熔接应采用专用工具，断料、熔接工具如图 2-61 所示。

（3）熔接工艺。无规共聚聚丙烯（PP-R）管熔接操作过程如图 2-62 所示，操作步骤及方法应符合以下要求：

1）切管。根据实际测量的管段加工长度进行切割下料，当 PP-R 管外径 $d_n \leqslant 32mm$ 时，切管应使用切管器（见图 2-61），当 $d_n > 32mm$ 时，应采用细齿锯，不管采用何种切割方式，断管后，应对管口进行去毛边、去毛刺、管子断面整圆等。

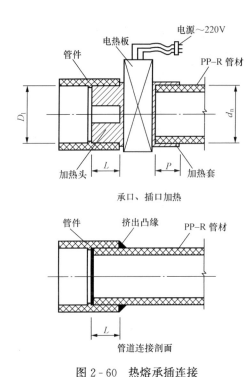

图 2-60　热熔承插连接

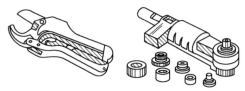

图 2-61　无规共聚聚丙烯（PP-R）管切管器和熔接器

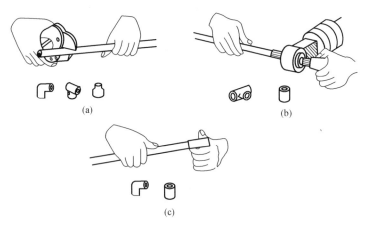

图 2-62　无规共聚聚丙烯（PP-R）管熔接操作过程
（a）切断；（b）加热；（c）连接

2）热熔承插连接管件承口如图 2-63 所示，规格尺寸见表 2-14。熔接前，应测量和核对管件承口长度，在管材插入端标出插入长度。

3）热熔承插连接前，应用棉布擦净管材、管件连接面及承插连接工具加热面上的污物。

4）加热。将热熔工具接通电源，熔接器上显示通电加热的红灯亮，升温时间约为 6min，熔接器温度达到 260℃，熔接器能自动控制在 260℃，红灯灭表示可以熔接。将连接件及管子推入熔接器的两个相应规格的熔化模具上，管子及连接件分别被加热，管子加热的是外壁，连接件加热的是内壁，加热时间和热熔深度见表2-15。表2-15给出的仅是个参考数值，实际的加热时间应根据施工时的环境温度确定。当管子、管件加热一定时间后，管子外壁和管件承口内壁表面呈现一层黏膜，当黏膜变成半透明状，表明可以熔接。

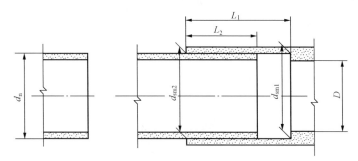

图2-63 热熔承插连接管件承口

表2-14 热熔连接管件承口规格尺寸 mm

公称外径 d_n	承口最小长度 L_1	最小承插深度 L_2	承口的平均内径				最大不圆度	最小通径 D
			d_{sm1}		d_{sm2}			
			最小	最大	最小	最大		
20	14.5	11.0	18.8	19.3	19.0	19.5	0.6	13.0
25	16.0	12.5	23.5	24.1	23.8	24.4	0.7	18.0
32	18.1	14.6	30.4	31.0	30.7	31.3	0.7	25.0
40	20.5	17.0	38.3	38.9	38.7	39.3	0.7	31.0
50	23.5	20.0	48.3	48.9	48.7	49.3	0.7	39.0
63	27.4	23.9	61.1	61.7	61.6	62.2	0.8	49.0
75	31.0	27.5	71.9	72.7	73.2	74.0	1.0	58.2
90	35.5	32.0	86.4	87.4	87.8	88.8	1.2	69.8
110	41.5	38.0	105.8	106.8	107.3	108.5	1.4	85.4

注 管件承口壁厚不得小于同规格管材壁厚。

5）熔接。当管子、管件加热到可熔接的温度时，连接件应迅速脱离熔接器，并应用均匀外力将管材插口插入管件承口内，至管材插入长度的标记位置，且应使管件承口端部形成均匀凸缘。

6）熔接完毕后，不要使接口受力，应让接口在环境状态下自然冷却，冷却时间见表2-15。

表2-15 PP-R管热熔连接推荐工艺参数

公称外径 d_n（mm）	热熔深度（mm）	加热时间（s）	加工时间（s）	冷却时间（min）
20	11.0	5	4	3
25	12.5	7	4	3
32	14.6	8	4	4
40	17.0	12	6	4
50	20.0	18	6	5

公称外径 d_n（mm）	热熔深度（mm）	加热时间（s）	加工时间（s）	冷却时间（min）
63	23.9	24	6	6
75	27.5	30	10	8
90	32.0	40	10	8
110	38.0	50	15	10

注　本表适用的环境温度为 20℃，低于此温度，加热时间适当延长，若环境温度低于 5℃，加热时间宜延长 50％。

2. 热熔对接

热熔对接是指由相同牌号热塑性塑料制作的管材互相连接时，采用专用热熔工具将连接部位表面加热熔融，对接后施压连接成为一个整体的连接方式。热熔对接适用于公称外径 $d_n > 63$mm 的聚乙烯（PE）管和耐热聚乙烯（PE-RT）管。热熔对接如图 2-64 所示。

热熔对接通常有三个阶段，即加热阶段、切换阶段和对接阶段，如图 2-65 所示。

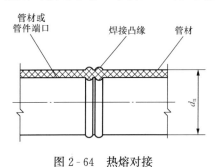

图 2-64　热熔对接

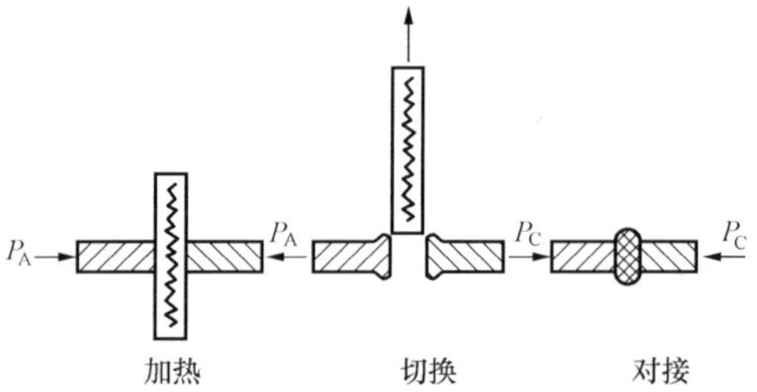

图 2-65　热熔对接各阶段
P_A—加热压力；P_C—熔接压力

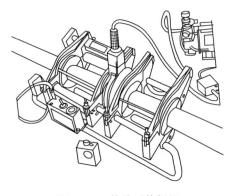

图 2-66　热熔对接焊机

（1）热熔对接设备。热熔对接需要的设备主要是热熔对接焊机（见图 2-66）。热熔对接焊辅助设备及机具有供电设备和管道切割工具。

热熔对接焊机的工作环境温度为 $-10 \sim 40$℃，切换时间为 $(3 + 0.01d_n)$s，公称外径 $d_n \leqslant 250$mm 者，最大为 6s，公称外径 $d_n > 250$mm 者，最大为 10s。

热熔对接焊机加热板盘面应均匀涂覆聚四氟乙烯（PTEF）等耐高温的防粘层，加热板盘面最大粗糙度（R_a）为 2.5μm。

（2）热熔对接方法及步骤。

1）熔接准备。熔接前首先检查热熔焊接机是否正常，是否满足热熔焊接需求。例如，检查机具各个部位的紧固件有无脱落或松动；检查焊机线路有无破损；检查液压箱内油液是否充足；确认电源与热熔对接焊机输入要求电压是否匹配；检查加热板是否符合要求（涂层是否有损伤）；铣刀、油泵开关等运行是否正常等。

然后将与管材规格一致的卡瓦装入机架；设定好加热温度至焊接温度（聚乙烯管的加热温度为 200~235℃）；加热前，应用软纸或布蘸酒精擦拭加热板表面，擦拭时，动作要轻柔，不要损坏、划伤聚四氟乙烯（PTFE）防粘层。

2）热熔对接。热熔对接应按照熔接工艺参数进行操作。必要时，应根据天气、环境温度对其适当调整。

3）用干净的棉布擦拭管端，清除两管端的污物。

4）将管材置于机架卡瓦内，使两端伸出的长度相等，伸出的长度在满足铣削和加热要求的情况下应尽可能短，通常为 25～30mm。若有必要，则管材机架以外的部分用支承物托起，使管材轴线与机架中心线处于同一高度，然后用卡瓦紧固好。

5）置入铣刀，先打开铣刀电源开关，然后缓慢合拢两管材熔接端，并加以适当的压力，直到两端均有连续的切屑出现后，撤掉压力，略等片刻，再退开活动架，关掉铣刀电源。切屑厚度应控制在 0.5～1.0mm，切屑厚度可通过调节铣刀片的高度来实现。

6）取出铣刀，合拢两管端，检查两端是否对齐。管材两端的错位量应小于管壁厚度的 10%，且不得大于 1mm。若有偏差，则可通过调整管材的直线度和松紧卡瓦进行矫正；合拢时，管材两端面间没有明显缝隙，缝隙宽度 s：公称外径 $d_n \leqslant 225mm$，$s \leqslant 0.3mm$；$225 < d_n \leqslant 400mm$，$s \leqslant 0.5mm$；$d_n > 400mm$，$s \leqslant 1.0mm$。如不满足，则应再行铣削，直到满足要求为止。

7）测量拖拉力（移动夹具的摩擦阻力），这个压力应叠加到工艺参数压力上，得到实际使用压力。

8）检查加热板温度是否达到设定值，加热板达到设定值后，将其放入机架；施加规定的压力，直到两边最小卷边达到规定宽度。

9）将压力减小到规定值，使管端面与加热板之间刚好保持接触，继续加热至规定时间；退开活动架，迅速取出加热板，然后合拢两管端，切换时间应尽可能短，不能超过规定值。

10）将压力上升至规定值，保压冷却。冷却到规定时间后，卸压，松开卡瓦，取出连接完成的管材。

（3）热熔对接工艺参数。热熔对接焊焊接的过程分三个阶段：加热段、切换对接段和冷却段。这就是说，在对焊具备焊接条件的情况下，每一个焊口都要经过这三个阶段，而这三个阶段是连续的。热熔对接工艺参数有三个：温度、压力、时间。对接工艺曲线图是熔接过程压力、时间关系图。热熔对接焊焊接工艺曲线图见图 2-67，通常施工温度下的工艺参数见表 2-16。

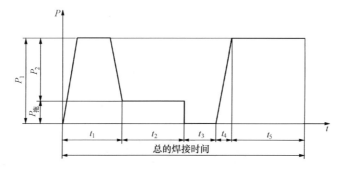

图 2-67　热熔对接焊焊接工艺曲线图

P_2—焊接规定的压力，MPa；$P_拖$—拖动压力，MPa；t_1—卷边达到规定高度的时间，s；t_2—焊接所需要的吸热时间，s，t_2 = 管材壁厚 × 10；t_3—切换时间，s；t_4—调整压力到 P_1 所规定的时间，s；t_5—冷却时间，min

表 2 - 16　　　　　　　　　　　聚乙烯管材热熔焊接参数

公称外径 d_n (mm)	公称壁厚 e_n (mm)	压力＝P_2 凸起高度 h (mm)	压力≈$P_拖$ 吸热时间 t_2 (s)	切换时间 t_3 (s)	增压时间 t_4 (s)	压力＝P_2 冷却时间 t_5 (min)	P_1 $P_1＝P_0A/S$ (MPa)
\multicolumn{8}{c}{SDR11 管材焊接参数}								
75	6.8	1.0	68	≤5	＜6	≥10	219/S
90	8.2	1.5	82	≤6	＜7	≥11	315/S
110	10.0	1.5	100	≤6	＜7	≥14	471/S
125	11.4	1.5	114	≤6	＜8	≥15	608/S
140	12.7	2.0	127	≤8	＜8	≥17	763/S
160	14.5	2.0	145	≤8	＜9	≥19	996/S
180	16.4	2.0	164	≤8	＜10	≥21	1261/S
200	18.2	2.0	182	≤8	＜11	≥23	1557/S
225	20.5	2.5	205	≤10	＜12	≥26	1971/S
250	22.7	2.5	227	≤10	＜13	≥28	2433/S
280	25.5	2.5	255	≤12	＜14	≥31	3052/S
315	28.6	3.0	286	≤12	＜15	≥35	3862/S
355	32.3	3.0	323	≤12	＜17	≥39	4906/S
400	36.4	3.0	364	≤12	＜19	≥44	6228/S
450	40.9	3.5	409	≤12	＜21	≥50	7882/S
500	45.5	3.5	455	≤12	＜23	≥55	9731/S
560	50.9	4.0	509	≤12	＜25	≥61	12207/S
630	57.3	4.0	573	≤12	＜29	≥67	15450/S
\multicolumn{8}{c}{SDR17.6 管材焊接参数}								
110	6.3	1.0	63	≤5	＜6	9	305/S
125	7.1	1.5	71	≤6	＜6	10	394/S
140	8.0	1.5	80	≤6	＜6	11	495/S
160	9.1	1.5	91	≤6	＜7	13	646/S
180	10.2	1.5	102	≤6	＜7	14	818/S
200	11.4	1.5	114	≤6	＜8	15	1010/S
225	12.8	2.0	128	≤8	＜8	17	1278/S
250	14.2	2.0	142	≤8	＜9	19	1578/S
280	15.9	2.0	159	≤8	＜10	20	1979/S
315	17.9	2.0	179	≤8	＜11	23	2505/S
355	20.2	2.5	202	≤10	＜12	25	3181/S
400	22.7	2.5	227	≤10	＜13	28	4039/S
450	25.6	2.5	256	≤10	＜14	32	5111/S
500	28.4	3.0	284	≤12	＜15	35	6310/S
560	31.8	3.0	318	≤12	＜17	39	7916/S
630	35.8	3.0	358	≤12	＜18	44	10018/S

注　1. 表内参数基于环境温度为 20℃。

2. 热板表面温度：PE80 材料为（210±10）℃；PE100 材料为（225±10）℃。

3. S 为焊机液压缸中活塞的有效面积（mm^2），由焊机生产厂家提供。

1）热熔对接温度。焊接温度一般为 200～235℃，在实际施工中，可根据具体的施工环境和材料适当调整焊接温度。推荐的焊接加热表面温度：PE80 材料为（210±10）℃，PE100 材料为（225±10）℃。热熔对接温度的确定要考虑材料的性质和接头质量。加热工具温度应在材料的熔融温度或材料黏流态转化温度之上。因为只有在这种情况下，塑料才产生熔融流动，聚乙烯大分子才能相互扩散和缠绕。一般来说，随着加热工具温度的提高，接头的强度就开始提高而达到最大。试验证明，PE 管在低于 180℃时，即使在熔化时间相当长的情况下，也不可能获得质量上乘的接头。热熔对接温度过高，也不利于形成好的焊接接头，温度过高会出现：卷边的尺寸增大，聚合物熔体粘附在加热工具上；聚合材料的热氧化层被破坏，析出挥发性产物，如一氧化碳、不饱和烃等；由于材料结构内发生变化和出现杂质，使熔接接头的强度降低。

热熔对接的温度还应考虑聚四氟乙烯（PTFE）抗粘层的热稳定性。综合诸方面因素，热熔对接聚乙烯管的合理温度为 190～230℃。

2）压力。焊接面的压力或压力值 P_0 为 0.15MPa，尽管各生产厂设计的液压缸径和导杆外径及受力活塞的有效面积不同，但是作用在需焊接的管材或管件截面单位面积上所受的力必须是相同的，各种管子的截面积的焊接压力可以从焊接机生产厂提供的焊接参数中查得，焊接机生产厂应当提供活塞的有效面积，焊接压力 P_1 按式（2-8）计算，即

管材、管件所需对接力

$$F_1 = P_0 A \qquad (2-8)$$

式中 F_1——管材、管件所需对接力，N；

P_0——作用于管材上单位面积的力，MPa（取 0.15MPa）；

A——管材、管件截面面积，mm^2。

焊机液压系统给出的力

$$F_2 = P_1 S \qquad (2-9)$$

式中 F_2——焊机需要输出对接力，N；

P_1——焊机液压系统压力，MPa；

S——焊机液压缸中活塞的有效面积，mm^2。

因

$$F_1 = F_2 \qquad (2-10)$$

所以焊接压力为

$$P_1 = P_0 A / S \qquad (2-11)$$

拖动力 $P_{拖}$：是焊机夹具运动时克服机械摩擦力和拖动管材所需要的液压系统压力。它随着焊接环境、夹持管材质量的不同而变化，所需要的压力是个浮动值，在焊接中对每个焊口必须进行测量，测出的拖动压力值必须加入最终实际操作所需的压力，这是非常重要的。焊接总的压力 P_2 为

$$P_2 = P_1 + P_{拖} \qquad (2-12)$$

3）时间。热熔对接焊接过程中各工艺步骤的时间规定见表 2-16。

①卷边（凸起）达到规定高度的时间 t_1。它随着环境温度的变化是不固定的，环境温度高，在压力 P_2 作用下，卷边（凸起）达到规定高度的时间就短，环境温度低，卷边（凸起）达到规定的时间就长。凸起高度有三个作用：一是平整焊接端面；二是环境温度补偿；

三是热板失去温度的恢复。

②吸热时间 t_2。吸热时间即热板的加热时间，是热熔对接过程中的重要参数。它与加热工具一起，共同决定着焊件内的温度分布及产生工艺缺陷的可能性、形状和结构。管端熔化的最佳时间是随着焊接尺寸的增大而增大，一方面由于加热面积增大，另一方面是对流和辐射传播的能量会随着管壁厚度的增加而减小。吸热时间通常以管材、管件厚（mm）×10（s）计，可根据材料规格、壁厚确定。当环境条件（气温、风速）变化较大时，应当根据实际情况加以调整。

③切换时间 t_3。切换时间即加热板抽出聚乙烯管对接前的这段时间，这个操作时间越短越好，应当不超过 $3+0.01d_n$（s）。实践证明切换对接时间和调整压力 P_2 的时间越短越好，应当熟练地在 10s 时间内完成。请注意，切换对接时，两端面勿高压碰撞。

④冷却时间 t_5。冷却时间是聚乙烯（PE）的结晶过程，冷却时间短达不到理想的结晶度，影响焊口质量。吸热时间不足或保压冷却时间不足会造成假焊，表现为当时试压可通过，但运行不久就可能漏气、开裂。

（4）影响热熔对接质量的其他因素。

1）工作环境。大风会对焊接质量有致命的影响，它会冷却加热板，并导致不均匀的温度分布。应在工作点附近设置帐篷，以免接头受大风和尘土的影响。工作环境温度较低（指环境温度低于−5℃），也影响焊接质量，但环境温度低，并不意味着焊接质量就差，在进行适当控制时，在低的环境温度下焊接仍可获得良好的接头。但必须防止加热板和管端受到尘土的污染，否则可能导致接头的寿命大为缩短。

2）对中。管端错边影响接头强度，导致应力集中，使接头寿命大为降低。错边可能是由于夹持管子的夹具对中不好或管子的椭圆变形过大引起的。错边应越小越好。错边不应超过壁厚的10％。

3）熔体流动速率。不同管材的熔接要考虑熔体流动速率的差异。通常认为熔体流动速率在 (0.2～1.4)g/10min 范围内的管材可相互熔焊。为了得到最佳的连接性能，熔体流动速率间的差值应尽可能小。

（5）热熔对接接头的质量检验。热熔对接连接接头的质量检验应符合下列规定：

1）连接完成后，应对接头进行100％的翻边对称性、接头对正性检验和不少于10％的翻边切出检验。

2）翻边对称性检验。接头应具有沿管材整个圆周平滑对称的翻边，翻边最低处的深度（A）不应低于管材表面，如图 2-68 所示。

3）接头的对正性检验。焊缝两侧紧邻翻边外圆周的任何一错边处错边量（V）不应超过管材壁厚的10％，如图 2-69 所示。

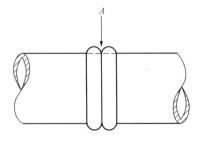

图 2-68　翻边对称性检验

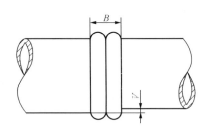

图 2-69　接头对正性检验

4）翻边切除检验。应使用专用工具，在不损伤管材和接头的情况下，切除外部的焊接翻边，如图 2-70 所示，翻边切除检验应符合下列要求：

①翻边应是实心圆滑的，根部较宽，如图 2-71 所示。

②翻边下侧不应有杂质、小孔、扭曲和损坏。

③每隔 50mm 进行 180°背弯试验（见图 2-72），不应有开裂、裂缝，接缝处不得露出熔合线。

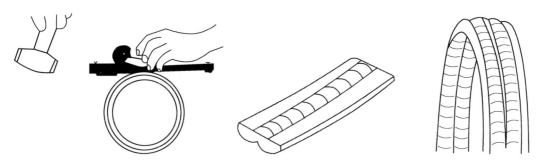

图 2-70　翻边切除检验　　　图 2-71　合格实心翻边示意　　图 2-72　翻边背弯试验示意

三、电熔连接

电熔连接是指管材或管件的连接部位插入内埋电阻丝的专用电熔管件内，通电加热，使连接部位熔融，连接成一体的连接方式。电熔连接可分为电熔承插连接（电熔套接）和电熔鞍形连接，如图 2-73 所示。电熔连接适用于聚乙烯类管道（PE、PE-RT）、聚丙烯类（PP-H、PP-B、PP-R）管道、聚丁烯（PB）管道。

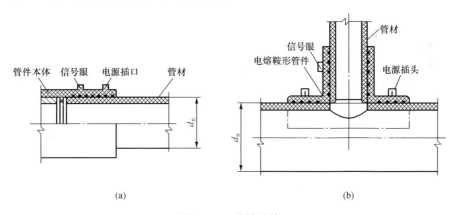

(a)　　　　　　　　　　　　　　　　　(b)

图 2-73　电熔连接

（a）电熔承插连接；（b）电熔鞍形连接

电熔连接就是将电熔管件套在管材、管件上，预埋在电熔管件内表面的电阻丝通电发热，产生的热能加热、熔化电熔管件的内表面与之承插的管材外表面，使之融为一体。

四、卡套连接

卡套连接是指拧紧锁紧螺母，使配件内的鼓形卡环受压而紧固管子，使管道连为一体的连接方式，如图 2-74 所示。卡套连接适用于交联聚乙烯（PE-X）管和铝塑复合管（PAP）等管材的连接。

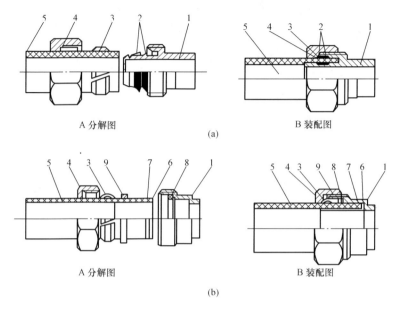

图 2-74　交联聚乙烯（PE-X）卡套连接

(a) 小口径；(b) 较大口径

1—连接体；2—密封圈；3—卡圈；4—螺母；5—管材；6—插口（衬套）；

7—小O形圈；8—大O形圈；9—锥座

1. 管材端口内插不锈钢衬套的卡套连接

（1）应用专用刮刀对管材端口外部加工坡口，坡口角度不宜小于 30°，且高度不宜大于管材壁厚的 1/2。

（2）应用干净的棉布擦净管材端部，并将不锈钢衬套插入管材端口内。

（3）应将锁紧螺母（包括锁紧圈）、垫圈、密封圈依次套入管材端部。

（4）管材端部应插入管件承口根部，并将密封圈、垫圈、锁紧圈推至管材端部，旋紧锁紧螺母。

2. 管材端口插入管件本体插口的卡套连接

（1）应用专用刮刀对管材端口内部进行坡口，坡口角度不宜小于 30°且高度不宜大于管材壁厚的 1/2。

（2）应用干净的棉布擦净管材端部。

（3）应将锁紧螺母和 C 型锁紧环依次套入管材端部。

（4）管材端口应用力推入管件本体插口至管件插口根部。

（5）应将 C 型锁紧环推至管材端口，旋紧锁紧螺母。

五、卡压连接

卡压连接如图 2-75 所示，管材插入有倒牙的管件后，将套在管材外表面的卡环，用专用卡钳（见图 2-76）卡住，卡环适度加力，使卡环圆圈向内收缩变形，与其相套的管材在此压力作用下，也向内压紧变形，造成连接体上的倒牙与管材内壁紧紧咬合，从而起到管材与管件密封和连接的作用。连接体多为铜和钢制，也有塑料件；卡环为圆形封闭环，一般用紫铜制造。卡压连接适用于交联聚乙烯（PE-X）管和铝塑复合（PAP）管等管材的连接。

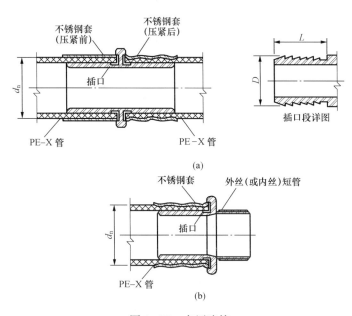

图 2-75　卡压连接

(a) 卡压连接；(b) 卡压套丝接

卡压连接应符合以下规定：

(1) 应用专用刮刀对管材端口内部加工坡口，坡口角度不宜小于30°，高度不宜大于管材壁厚的 1/2。

(2) 应用干净的棉布擦净管材端口。

(3) 应根据管径选用相应的紫铜卡环或不锈钢套管，套在管材端口，并将管件插入管材端口至管件插口根部。

(4) 将卡环或套管推到管材端部，距管口 2.0～2.5mm 位置，并应用专用夹紧钳或液压钳夹紧卡环或套管，直至钳口合拢为止。卡环或套管应一次卡紧。

图 2-76　卡钳

六、卡箍连接

卡箍连接是指将连接管段套入卡箍专用接头，用专用夹紧钳夹紧卡箍环使其连为一整体的连接方式，如图 2-77 所示。卡箍连接适用于交联聚乙烯（PE-X）管的连接。

卡箍连接应符合以下规定：

(1) 应用专用刮刀对管材端口内部加工坡口，坡口角度不宜小于 30°，高度不宜大于管材壁厚的 1/2。

(2) 应用干净的棉布擦净管材端口。

(3) 应根据管径选用相应的紫铜卡箍或不锈钢套管，套在管材端口，并将管件插入管材端口至管件插口根部。

(4) 应用专用夹紧钳或液压钳夹紧卡箍，直至钳口合拢为止。卡箍环夹紧后须用专用定径卡板检查卡箍环周边，以不受阻为合格。

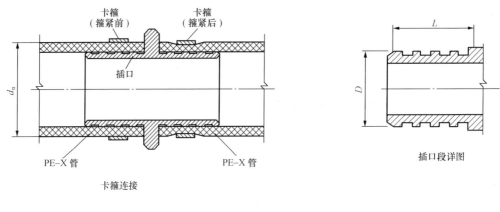

图 2-77　卡箍连接

第六节　管件制作与支架安装

一、管件制作

对管道的转弯、分支和变径所需的管件进行加工制作称为管件制作，管道工程施工中常用的管件有焊接弯头、焊接三通、异径管等。

1. 焊接弯头的制作

焊接弯头又称为虾壳弯、虾米腰，根据其弯曲的角度可分为 30°弯头、45°弯头、60°弯头和 90°弯头，如图 2-78 所示。焊接弯头是根据放样后得到的样板，在直管上画线、切割、组合、焊接制成的。因此正确的放样是十分重要的环节。样板放样有几何法和计算法。

（1）几何放样。现以中间节为两节的 90°焊接弯头（见图 2-79）为例，说明样板的制作方法。

1）作∠AOB＝90°，将∠AOB 三等分，使每个角为 30°，再将离直线 OA、OB 最近的 30°角平分，则∠AOD、∠COB 为 15°。因为整个弯管有两个中节和两个端节（相当于 6 个端节）组成。

2）以 O 点为圆心，以半径 R（R 取 1.5～2 倍的管外径 D）为弯曲半径，画出虾壳弯的中心线。

3）以弯管中心线与 OB 线的交点为圆心，以管子外径的 1/2 为半径画半圆并 6 等分。

4）过半圆上的各等分点，作 OB 的垂线，交 OB 于 1、2、3、4、5、6、7，交 OC 于

$1'$、$2'$、$3'$、$4'$、$5'$、$6'$、$7'$。四边形$11'7'7$
是直角梯形，也是该弯管的端节。

5）沿OB延长线方向作线段EF，$EF=$
πD，并将其12等分。自左向右的等分点为
1、2、3、4、5、6、7、6、5、4、3、2、1，
过各等分点作垂线。

6）以线段EF上的各等分点为基点，
用圆规在投影图上截取$11'$、$22'$、$33'$、$44'$、
$55'$、$66'$、$77'$线段长画在EF相应的垂直线
上，将所得到的各交点用圆滑的曲线连接起
来，即得端节展开图；用同样的方法对称的
截取$11'$、$22'$、$33'$、$44'$、$55'$、$66'$、$77'$后
用圆滑的曲线连接起来，即得$90°$两节虾壳
弯管中节展开图。

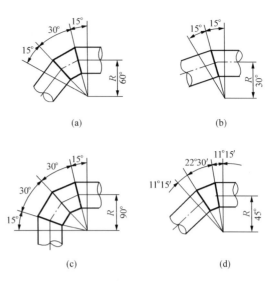

图 2-78　焊接弯头结构

(a) $60°$弯头；(b) $30°$弯头；(c) $90°$弯头；(d) $45°$弯头

（2）计算放样。现介绍一种对于不同的
弯曲半径、不同节数、不同角度都适用的计算方法。设中节的背高和腹高分别为A和B，
则端节的背高和腹高为$A/2$和$B/2$，如图2-80所示，端节的背高（$A/2$）和腹高（$B/2$）
可由式（2-13）和式（2-14）求出，即

$$\frac{A}{2}=\left(R+\frac{D}{2}\right)\tan\frac{\alpha}{2(n+1)} \qquad (2\text{-}13)$$

$$\frac{B}{2}=\left(R-\frac{D}{2}\right)\tan\frac{\alpha}{2(n+1)} \qquad (2\text{-}14)$$

式中　$\dfrac{A}{2}$——端节的背高，mm；

　　　$\dfrac{B}{2}$——端节的腹高，mm；

　　　D——管子外径，mm；

　　　R——弯曲半径，mm；

　　　α——弯曲角，（°）；

　　　n——中间节的节数。

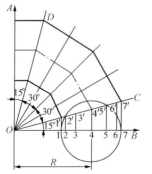 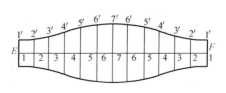

图 2-79　中间节为两节的$90°$焊接弯头放样展开

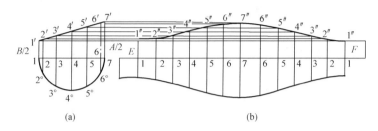

图 2 - 80　用计算法求得的展开图

由于端节是中间节的一半，因此把两个端节的样板拼起来，就是中间节的样板。

【例 2 - 1】　试画出用 $D114 \times 4$ 的无缝钢管制作，弯曲半径 R 为 $1.5D$，中间节为两节 $90°$ 焊接弯头的展开图。

解　$R = 1.5D = 1.5 \times 114 = 171$（mm）

因为　$n = 2$

$$\beta = \frac{\alpha}{2(n+1)} = \frac{90°}{2(2+1)} = 15°$$
$$\tan\beta = \tan 15° = 0.2679$$

所以

$$\frac{A}{2} = \left(R + \frac{D}{2}\right)\tan\frac{\alpha}{2(n+1)} = \left(171 + \frac{114}{2}\right)\tan 15° = (171 + 57) \times 0.2679 = 61（\text{mm}）$$

$$\frac{B}{2} = \left(R - \frac{D}{2}\right)\tan\frac{\alpha}{2(n+1)} = \left(171 - \frac{114}{2}\right)\tan 15° = (171 - 57) \times 0.2679 = 31（\text{mm}）$$

根据计算得到的背高和腹高后，即可画出展开图，步骤如下：

1) 以管子外径的 1/2 即 57mm 为半径画半圆，并将其 6 等分，如图 2 - 80（a）所示。

2) 过半圆上的各等分点作垂线与直径 17 相交，得交点 2、3、4、5、6。

3) 在直径两端的垂直线上量取线段 $11' = \frac{B}{2} = 31$mm，$77' = \frac{A}{2} = 61$mm，连接 $1'$、$7'$ 两点，即可得所求交点 $2'$、$3'$、$4'$、$5'$、$6'$ 等。

4) 作线段 EF，$EF = \pi D$，并将其 12 等分。自左向右的等分点为 1、2、3、4、5、6、7、6、5、4、3、2、1，过各等分点作垂线。

5) 用圆规在图 2 - 80（a）上截取 $11'$、$22'$、$33'$、$44'$、$55'$、$66'$、$77'$ 线段长画在 EF 相应的垂直线上，将所得到的各交点用圆滑的曲线连接起来，即得端节展开图；用同样的方法对称的截取 $11'$、$22'$、$33'$、$44'$、$55'$、$66'$、$77'$ 后用圆滑的曲线连接起来，即得 $90°$ 两节虾壳弯管中节展开图，如图 2 - 80（b）所示。

$90°$ 两节虾壳弯管下料图如图 2 - 81 所示。

（3）焊接弯头的制作。制作虾壳弯时，应先对中节、端节进行放样，做出样板，再在管道上画出两条对称的中心线，用中心冲轻轻冲之，把样板中心对准管道的中心画出实样。如用卷板管制作弯管，则其纵向焊缝应交

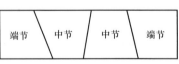

图 2 - 81　$90°$ 两节虾壳弯管下料图

叉布置在弯管的两侧，线画好后进行切割，并应清除管端的熔渣。虾壳弯管的节与节之间的焊缝应加工坡口，坡口角度在弯管背上为 $20° \sim 25°$，两侧为 $30° \sim 35°$，弯管里侧为 $40° \sim$

45°，然后按焊接要求进行组对和点焊，并用角尺进行检查。拼接时，应注意由于管子壁厚的原因，弯管背部管子的内壁先接触，弯管腹部的管子外壁先接触，弯管常出现勾头现象。这时应将弯管背部修割一点，弯管拼接合适后，应进行点焊固定，再进行全面焊接。

2. 三通管的展开及制作

（1）同径直交三通管的展开及制作。

1）同径直交三通管的展开。三通管俗称马鞍三通，同径直交三通管简称等径正三通，其立体图和投影图如图 2-82 所示。等径正三通的展开图如图 2-83 所示，方法、步骤如下：

① 以 O 点为圆心，以 1/2 管外径（即 $D/2$）为半径作半圆，并将半圆弧 6 等分，其等分点为 $4'$、$3'$、$2'$、$1'$、$2'$、$3'$、$4'$。

② 在半圆直径 $4'$-$4'$ 的延长线方向上作线段 AB，$AB=\pi D$，并将其 12 等分，其等分点为 1、2、3、4、3、2、1、2、3、4、3、2、1。

③ 作线段 AB 上各等分点的垂直引下线，同时，由半圆上各等分点 $1'$、$2'$、$3'$、$4'$ 向右引水平线，与各垂直线对应相交。将所得到的交点用圆滑的曲线连接起来，即得管 I 的展开图样，称为雄头样板，见图 2-83。

④ 以直线 AB 为对称线，将 4-4 范围内的垂直线对称的向上截取，并连成圆滑曲线，即得管 II 展开图，又称雌头样板，见图 2-83。

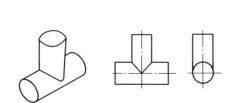

图 2-82　三通管的立体图和投影图

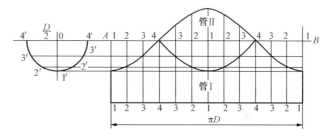

图 2-83　等径正三通的展开图

2）三通管的制作。首先在管道上画出定位中心线，然后用雌头样板裹着管道对准中心，用石笔画出切割线，便可进行开孔切割。对于大口径碳钢管，采用氧—乙炔焰进行切割，小口径钢管采用手锯切割。对不锈钢管及有色金属管，一般采用钻床、铣床、镗床进行开孔，口径较小的也可采用手锯开孔。

等径正三通制作时，主管上的开孔应按支管内径的尺寸，并不得超过主管圆周的中心线。主管与支管组对时，最上部为角焊缝，尖角处为对接焊缝，其余部分为过渡状态。因此，主管的开孔在角焊处不加工坡口，见图 2-84 中 A 大样图，而在向对焊处伸展的中点处开始加工坡口，到对焊处为 30°，见图 2-84 中 B 大样图；支管要全部加工坡口，坡口角度在角焊处为 45°，在对焊处为 30°，从角焊处向对焊处逐渐缩小坡口角度，坡口对应，均匀过渡。

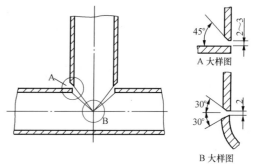

图 2-84　等径正三通组对示意

　　三通组对时，主、支管位置要正确，不能错口。制作后在平面内支管不应有翘曲，组对间隙在角焊处为 2～3mm，对焊处为 2mm，支管的垂直偏差不应大于其高度的 1‰，且不大于 3mm，各类三通的制作均应符合上述要求。

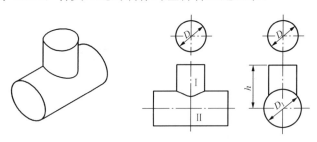

图 2-85　异径正三通的立体图和投影图

管画半圆即可）。

　　②将支管上半圆 6 等分，各等分点为 4、3、2、1、2、3、4；然后从各等分点向下引垂直于支管直径 4-4 的平行线，与主管圆弧相交，得出相应交点 4′、3′、2′、1′、2′、3′、4′。

　　③在支管直径 4-4 的延长线方向上，作线段 AB，$AB=\pi D$，并将线段 AB12 等分，各等分点分别为 1、2、3、4、3、2、1、2、3、4、3、2、1。

　　④过线段 AB 上的各等分点作垂直引下线，然后由主管圆弧上的各交点向右引水平线与之对应相交，将所得交点用圆滑的曲线连接起来，即得支管展开图，称为雄头样板。

　　⑤作支管轴线的延长线，在此直线上以点 1° 为中心，上下对称量取主管圆弧的弧长 1′2′、2′3′、3′4′，得交点 1°、2°、3°、4°。

　　（2）异径正三通管的展开制作。

　　1）异径正三通管的展开。异径正三通管简称异径三通，如图 2-85 所示，它是由两节不同直径的圆管垂直相交而成的。异径正三通展开图如图 2-86 所示，其方法、步骤如下：

　　①依据主管和支管的外径在一根垂直线上画出大小不同的两个圆（主

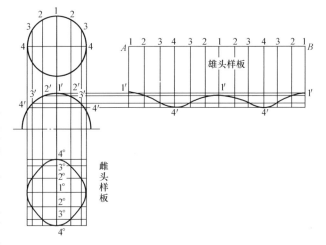

图 2-86　异径正三通展开图

　　⑥通过这些交点作垂直于该直线的平行线，同时，将支管半圆上的 6 根等分垂直线延长，并与这些平行直线相交，用圆滑曲线连接各相交点，此即为主管上开孔的展开图，称为雌头样板。

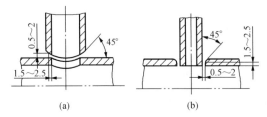

图 2-87　异径正三通的组对示意
（a）支管内径开孔；（b）支管孔径为主管的 1/3 以下时，主管孔上坡口组对

　　2）异径正三通的制作。异径正三通的开孔切割和组对方式基本上与等径三通相同，主管上的开孔按支管内径的尺寸。支管与主管组对时，主管不加工坡口，支管坡口角度为 45°；组对间隙为 0.5～2.0mm，见图 2-87（a）。若支管为主管的 1/3 以下，则可直接将支管插入主管孔内进行组对，见图 2-87（b），此时，主管应加工坡口，坡口角度为

45°，而支管不加工坡口，组对间隙为 0.5～2mm，支管管端插入的深度要求与主管内壁平齐。

3. 大小头的展开及制作

(1) 钢板卷制同心大小头的展开。

1) 画出同心大小头的立面图 $abdc$，如图 2-88 所示。

2) 作 ab 和 cd 的延长线，得出交点 o，以 ac 的 1/2 为半径，画大头的半圆，并将其 6 等分，每一等分的弧长为 A。

3) 以 bd 的 1/2 为半径，作小头的半圆，并将其 6 等分，每一等分的弧长为 B。

4) 分别以 oa、ob 为半径画大圆弧 EF 和小圆弧，使得 $EF=\pi(D-t)$ [$\pi(D-t)$ 为大头周长，D 为大头端外径，t 为钢板厚度]，连接 oE、oF，交小圆弧于 G、H，则 $EGHF$ 为大小头展开图。这个做

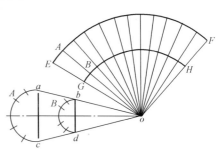

图 2-88　大小头的展开

法理论上可行，但不好操作，原因在于，大头的圆周长计算不难，但不好量取。通常的做法是，分别以 oa、ob 为半径画大圆弧和小圆弧，在大圆弧上取一点 E，从 E 点开始，用大头圆周长的每一等分的弧长 A 量取 12 次至 F，连接 oE、oF，交小圆弧于 G、H，则几何图形 $EGHF$ 为同心大小头展开图，见图 2-88。

(2) 钢板卷制偏心大小头展开。

1) 画出偏心大小头的立面图 $AB17$，如图 2-89 所示。

2) 延长 $7A$ 及 $1B$ 交于 O 点，以大头端长度 17 的 1/2 为半径，画半圆并 6 等分，其等分点为 2、3、4、5、6。

3) 以 7 为圆心，以 7 至半圆各等分点的距离 76、75、74、73、72 为半径，画同心圆弧，分别与 7～1 相交，得交点 2′、3′、4′、5′、6′；连接 $O6′$、$O5′$、$O4′$、$O3′$、$O2′$ 交 AB 于 6″、5″、4″、3″、2″各点。

4) 以 O 点为圆心，以 $O7$、$O6′$、$O5′$、$O4′$、$O3′$、$O2′$、$O1′$为半径作同心圆弧。

5) 在 $O7$ 为半径的圆弧上任取一点 7′，以 7′为起点，以半圆等分弧的弧长为线段长，顺次阶梯的截得同心圆弧交点 6′、5′、4′、3′、2′、1′。

6) 以 O 点为圆心，分别以 OA、$O6″$、$O5″$、$O4″$、$O3″$、$O2″$、OB 为半径画同心圆弧，并顺阶梯的与 $O7′$、$O6′$、$O5′$、$O4′$、$O3′$、$O2′$、$O1′$各条半径线相交于 7″、6″、5″、4″、3″、2″、1″等各点，用圆滑曲线顺次连接所有交点，即为偏心大小头的展

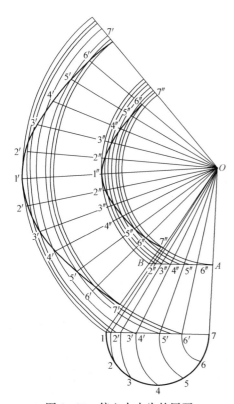

图 2-89　偏心大小头的展开

开图，见图 2-89。

（3）钢板卷焊大小头的制作。先将大小头样板铺在钢板上进行画线切割，并按规定开好坡口，清除接缝处的毛刺，再用滚板机或压力机卷圆，用圆弧样板（1/4 圆的弧形样板）检验其内圆弧度是否正确，经修整达到要求后，进行定位焊定形、焊接。

4. 抽条大小头的制作

（1）同心大小头的抽制。在中低压碳钢管路中，管道变径时两端管径相差 40mm 以上的，常采用抽条法焊制，具体步骤是，在管子的一端抽割去若干块三角形条，然后将其加

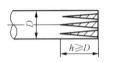

图 2-90　抽条法焊制大小头

热，再用手锤轻轻敲打，边打边转动管子，直到合拢，并将合拢部分焊接起来，如图 2-90 所示。抽割的三角形为等腰三角形，三角形的底边长度 a 按式（2-15）计算，即

$$a = \frac{D-d}{n} \tag{2-15}$$

式中　D——大头直径，mm；

　　　d——小头直径，mm；

　　　n——抽条的数量，DN50～DN100 时，$n=4\sim6$，DN100～DN400 时，$n=6\sim12$，DN400～DN600 时，$n=12\sim18$。

（2）偏心大小头的抽制。偏心大小头的放样及展开如图 2-91 所示。其抽条宽度 A、B、C、D 及抽条长度 l 按下式计算：

$$\left.\begin{array}{l} A = \dfrac{\pi d}{8} \\[2mm] B = \dfrac{3}{12}\delta \\[2mm] C = \dfrac{2}{12}\delta \\[2mm] D = \dfrac{\delta}{12} \\[2mm] l = (3\sim4)(D-d) \\[2mm] \delta = \pi(D-d) \end{array}\right\} \tag{2-16}$$

$$H = \sqrt{l^2-(D-d)^2} \tag{2-17}$$

$$\alpha = \arcsin\frac{D-d}{l} \tag{2-18}$$

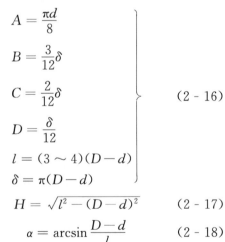
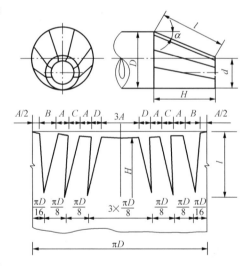

图 2-91　偏心大小头的放样及展开

式中　D——大头端直径，mm；

　　　d——小头端直径，mm；

　　　δ——大小头圆周长之差，mm。

（3）大小头的敲制。大小头的大头端在 DN100 以下，且大小头两端管径只差 1 档规格时，可采用敲制法制作，方法是把管子的一端加热到 850～900℃，然后用锤子敲打的方法制得。施工现场制作时可用氧—乙炔焰加热，要求边敲打边转动管子，敲制的大小

头锥度要均匀，管子表面圆弧应均匀过渡，不得有凹陷、棱角、麻面产生。一般敲管的长度应大于大小头两端管径差的 2.5 倍。注意，不锈钢管及有色金属管不得采用敲制的方法制作大小头。

二、支架安装

1. 支架分类

管道支架的作用是支承管道，并限制管道的位移和变形，承受从管道传来的内压力、外荷载及温度变形的弹性力，通过它将这些力传递到支承结构或地上。

管道支架按支架的材料可分为钢结构、钢筋混凝土结构和砖木结构等。

管道支架按用途可分为允许管道在支架上有位移的支架（即活动支架）和固定管道用的支架（即固定支架）。

（1）固定支架。使管系在支承点处不产生任何线位移和角位移，并可承受管道各方向的各种荷载的支架是固定支架。当管子规格较小时（公称直径≤DN100），可采用图 2-92 所示的 U 形管卡和弧形板组成的固定支架。对于需要绝热的或者规格较大（公称直径＞DN100）的管子，应装管托，管托同管子焊牢，管托与支架之间用挡板固定，挡板分单面挡板和双面挡板两种，单面挡板适用于推力较小的管道，双面挡板适用于推力较大的管道，单面挡板固定支架如图 2-93 所示；常用的固定支架如图 2-94 所示。

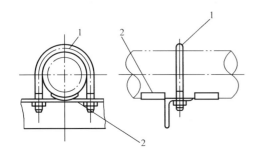

图 2-92　弧形板固定支架

1—U 形管卡；2—弧形板

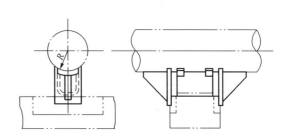

图 2-93　单面挡板固定支架

（2）活动支架。活动支架分滑动支架、导向支架、滚动支架和吊架。

1）滑动支架。滑动支架上有滑动支承面的支架，可约束管道垂直向下方的位移，不限制管道热胀或冷缩时的水平位移，承受包括自重在内的垂直方向的荷载。滑动支架分低滑动支架和高滑动支架两种。滑动支架允许管子在支承结构上自由滑动，尽管滑动时摩擦阻力较大，但由于支架制造简单，适合于一般情况下的管道，尤其是有横向位移的管道，所以使用范围极广。低滑动支架适用于不绝热的管道，如图 2-95 所示。

弧形板滑动支架是管子下面焊接一块弧形板，其目的为了防止管子在热胀或冷缩的滑动中和支架横梁发生摩擦时使管壁减薄，如图 2-96 所示，主要用在管壁薄且不保温的管道上。

高滑动支架适用于绝热管道，管子与管托之间用电焊焊牢。而管托与支架横梁之间能自由滑动，管托的高度应大于绝热层的厚度，以确保带绝热层管子在支架横梁上能自由滑动，如图 2-97 所示。

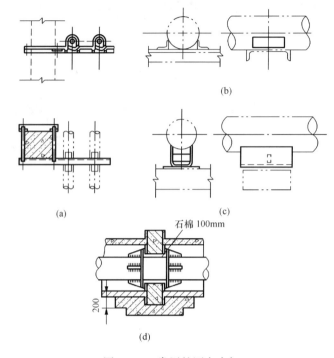

图 2-94　常用的固定支架

（a）夹环固定支架；（b）焊接角钢固定支架；（c）曲面槽固定支架；

（d）钢筋混凝土固定支架

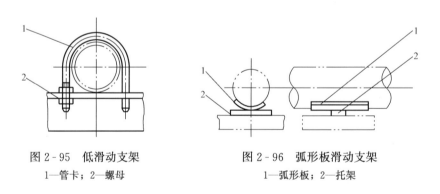

图 2-95　低滑动支架　　　　　　　　图 2-96　弧形板滑动支架

　1—管卡；2—螺母　　　　　　　　　1—弧形板；2—托架

　　2）导向支架。可阻止因力矩和扭矩所产生旋转的支架，称为导向支架。导向支架可对一个或一个以上的方向进行导向，但管道可沿给定的轴向位移，当用在水平管道时，支架承受着自重在内的垂直方向的荷载。导向支架是为了限制管子径向位移，使管子在支架上滑动时不偏移轴心线而设置的。通常管道的转弯处不设置导向支架。一般在管子托架的两侧 3～5mm 处各焊接一导向板（一块短角钢或扁钢），使管子托架在导向板范围内自由伸缩，如图 2-98 所示。

　　3）滚动支架。装有滚筒或球盘使管道在位移时产生滚动摩擦的支架称为滚动支架。滚动支架可分为滚柱式滚动支架和辊轴式滚动支架。滚柱式滚动支架如图 2-99 所示，辊轴式滚动支架如图 2-100 所示。

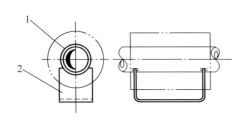

图 2-97 高滑动支架
1—绝热层；2—管子托架

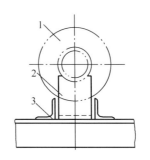

图 2-98 导向支架
1—保温层；2—管子托架；3—导向板

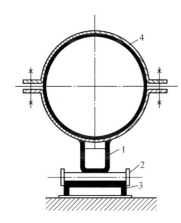
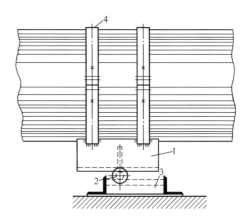

图 2-99 滚柱式滚动支架
1—槽板；2—滚柱；3—槽钢支承座；4—管箍

4）吊架。吊挂管道的结构称为吊架。吊架可分为普通吊架和弹簧吊架。普通吊架由卡箍、吊杆和支承结构组成，用于口径较小、无伸缩性或伸缩性较小的管道，如图 2-101 所示。弹簧吊架由卡箍、吊杆、弹簧和支承结构组成，用于有伸缩性及振动较大的管道，如图 2-102 所示。

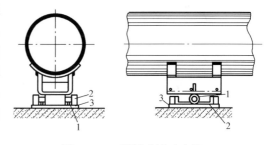

图 2-100 辊轴式滚动支架
1—辊轴；2—导向板；3—支承板

2. 支架选用

安装工程中支架选用要合理，选用原则如下：

（1）管道支架的设置和造型，应能正确的支吊管道，并满足管道的强度、刚度、输送介质的温度、压力、位移条件等各方面的要求。

（2）支架还应能承受一定量的管道在安装状态、工作状态中一些偶然的外来荷载的作用。

（3）管线上的固定支架，设计者根据工程实际和使用要求做了综合考虑，一般都在施工图上做了标注，安装时，按设计要求施工即可。

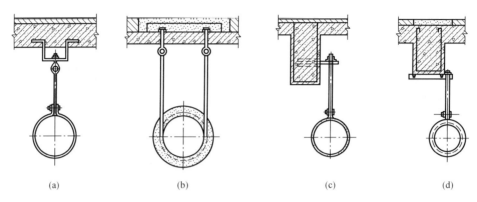

　　(a)　　　　　　　　　(b)　　　　　　　　　(c)　　　　　　　　　(d)

图 2-101　普通吊架

(a) 可在纵向及横向移动；(b) 只能在纵向移动；(c) 焊接在钢筋混凝土构件里埋置的预埋件上；
(d) 箍在钢筋混凝土梁上

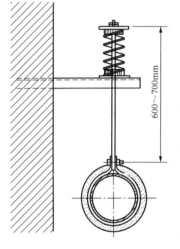

图 2-102　弹簧吊架

　　(4) 固定支架是固定管道不得有任何位移的，因此固定支架要生根在牢固的厂房结构或专设的建（构）筑物上。

　　(5) 在管道上无垂直位移或垂直位移很小的地方，可设活动支架或刚性吊架，以承受管道重量，增强管道的稳定性。活动支架的形式应根据管道对支架的摩擦作用力的不同来选取。

　　1) 对由于摩擦而产生的作用力无严格限制时，可采用滑动支架。

　　2) 当要求减少管道轴向摩擦作用时，可采用滚柱支架。

　　3) 当要求减少管道水平位移的摩擦作用时，可采用滚珠支架。滚柱和滚珠支架结构较为复杂，一般只用于介质温度较高和管径较大的管路上。

　　(6) 在水平管道上只允许管道单向水平位移的地方、铸铁阀门两侧、方形补偿器两侧从弯头起弯点算起的第二个支架（与弯头起弯点的距离为 40DN 处）应设导向支架。

　　(7) 塑料管的强度、刚度比铸铁管和钢管都差，因此，凡管径≥50mm 的塑料管道上安装阀门、水表等必须设独立的支架（座）。

　　(8) 轴向型波纹管补偿器的两侧均需设导向支架，导向支架间距应根据波纹管补偿器的规格、要求确定。轴向型波纹管补偿器和填料式补偿器应设双向限位导向支架，防止轴向和径向位移超过补偿器的允许值。

　　(9) 凡连接公称直径≥DN65 的法兰闸阀的管路上，法兰闸阀处均需加设独立的支承。

　　(10) 对于架空敷设的大规格管道（热力管道、煤气管道）的独立支架，应设计成柔性和半铰接的支架，也可采用可靠的滚动支架，尽量避免采用刚性支架或滑动支架。

　　(11) 填料式补偿器轴向推力大，易渗漏；当管道稍有角向位移和径向位移时，易造成套筒卡住，故使用单向填料式补偿器，应安装在固定支架附近；双向填料式补偿器应安装在两固定支架中部，并应在补偿器两侧设置导向支架。

3. 管道支架间距的确定

(1) 固定支架的间距。

1) 固定支架间距的确定原则。固定支架用来承受管道因热胀或冷缩时所产生的推力，为此，支架和基础需坚固，以承受推力的作用。固定支架间距的大小直接影响管网的经济性，因此，要求固定支架布置合理。

2) 固定支架间距必须满足的条件。

①管段的热伸长量不得超过补偿器的允许补偿量。

②管段因热膨胀产生的推力不得超过固定支架所能承受的允许推力值。

③不宜使管道产生纵向弯曲。

3) 热力管道固定支架最大间距，见表 2-17。热力管道直管段允许不装补偿器的最大长度见表 2-18。

(2) 导向支架间距。

1) 导向支架的作用。当对管道需要考虑约束由风载、地震、温度变形等引起的横向位移，或要避免因不平衡内压、热胀推力及支承点摩擦力造成管段轴向失稳时，应设置必要的导向支架，并要限制最大导向支架间距，见图 2-103、图 2-104。

图 2-103　水平管段的导向支架间距

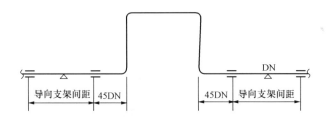

图 2-104　水平管段的导向支架间距（带方形补偿器的水平管段）

2) 垂直管段的导向支架最大间距见表 2-19。

3) 水平管段的导向支架最大间距见表 2-20。

(3) 管道支吊架间距。民用建筑内钢管管道支架间距不应大于表 2-21 的规定。

4. 支架安装

支架安装方法有栽埋式支架安装、焊接式支架安装、用膨胀螺栓安装、抱箍式支架安装、射钉法安装支架。

(1) 栽埋式支架安装。栽埋式支架安装是将管道支架埋设在墙内的一种安装方法，如图 2-105 所示。支架埋入墙内的深度不得小于 150mm，栽入墙内的那端应开脚，有预留孔洞的，将支架放入洞内，位置、标高找正后，用水冲洗墙洞。冲洗墙洞的目的有两个：①将墙洞内的尘沙冲洗干净；②将墙洞润湿，便于水泥砂浆的充塞。墙洞冲洗完毕后，即可用 1：3 的水泥砂浆填塞，砂浆的填塞要饱满、密实，充填后的洞口要凹进 3～5mm，以便于墙洞面

表 2 - 17　　热力管道固定支架最大间距

单位：m

补偿器形式	管道敷设方式	公称直径															
		DN25	DN32	DN40	DN50	DN65	DN80	DN100	DN125	DN150	DN200	DN250	DN300	DN350	DN400	DN450	DN500
方形补偿器	架空和地沟	30	35	45	50	55	60	65	70	80	90	100	115	120	130	130	130
	无沟	—	—	45	50	55	60	65	70	70	90	90	110	110	125	125	125
波纹管补偿器	轴向复式	—	—	—	—	—	—	50	50	50	50	70	70	70	—	—	—
	横向复式	—	—	—	70	—	—	—	—	60	75	90	110	120	110	100	100
套筒补偿器	架空和地沟	—	—	—	70	70	70	85	85	85	105	105	120	120	140	140	140
球形补偿器	架空	—	—	—	—	—	—	100	100	120	120	130	130	140	140	150	150
L形自然补偿器	长边最大距离	15	18	20	24	24	30	30	30	30	—	—	—	—	—	—	—
	短边最小距离	2	2.5	3.0	3.5	4.0	5.0	5.5	6.0	6.0	—	—	—	—	—	—	—

表 2 - 18　　热力管道管直管段允许不装补偿器的最大长度

单位：m

热水温度（℃）	60	70	80	90	95	100	110	120	130	140	143	151	158	164	170	175	179	183	188
蒸汽压力（MPa）	—	—	—	—	—	—	0.05	0.1	0.18	0.27	0.3	0.4	0.5	0.6	0.7	0.8	0.9	1.0	1.2
民用建筑	55	45	40	35	33	32	30	26	25	22	22	22	—	—	—	—	—	—	—
工业建筑	65	57	50	45	42	40	37	32	30	27	27	27	25	25	24	24	24	24	24

表 2 - 19　　垂直管段的导向支架最大间距

公称直径	DN15	DN20	DN25	DN32	DN40	DN50	DN65	DN80	DN100	DN125	DN150	DN200	DN250	DN300	DN350	DN400	DN600
最大间距（m）	3.5	4	4.5	5.0	5.5	6	6.5	7	8	8.5	9	10	11	12	13	14	16

抹灰修饰。

表 2 - 20　　　　　　　　　　　　水平管段的导向支架最大间距

公称直径	最大间距（m）	公称直径	最大间距（m）
DN25	12.7	DN200	27.4
DN32	13.2	DN250	30.5
DN40	13.7	DN300	33.5
DN50	15.2	DN350	36.6
DN65	18.3	DN400	38.1
DN80	19.8	DN450	41.4
DN100	22.9	DN500	42.7
DN150	24.4	DN600	45.7

表 2 - 21　　　　　　　　　　　　钢管管道支架的最大间距

公称直径		DN15	DN20	DN25	DN32	DN40	DN50	DN65	DN80	DN100	DN125	DN150	DN200	DN250	DN300
支架的最大间距（m）	保温管	2	2.5	2.5	2.5	3	3	4	4	4.5	6	7	7	8	8.5
	不保温管	2.5	3	3.5	4	4.5	5	6	6	6.5	7	8	9.5	11	12

（2）焊接式支架安装。焊接式支架安装如图 2 - 106 所示，可在土建浇筑混凝土时将支架预埋件按需求的位置预埋好，待钢模拆除后，即可进行安装。焊接式支架安装方法如下：

1）将预埋在钢筋混凝土（柱）内钢板表面上的砂浆及其他污物用钢丝刷清理干净。

2）在预埋钢板上确定并画出支架中心线及标高位置。

3）将支架对正钢板上的中心及标高位置；再用水平仪找好支架安装位置、标高，并作定位焊。

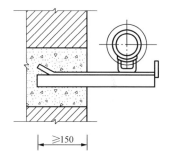

图 2 - 105　栽埋式支架安装

4）经过校验确认无误后，将支架牢固地焊接在预埋钢板上。

（3）用膨胀螺栓安装支架。用膨胀螺栓安装支架如图 2 - 107 所示。膨胀螺栓由尾部带锥度的螺栓杆、尾部开口的套管和螺母等三部分组成，如图 2 - 108 所示。

用膨胀螺栓安装管道支架，必须先在安装支架的建筑构件上进行钻孔，用冲击电钻（电锤）钻孔如图 2 - 109 所示。钻孔前，先用錾子（或电锤）在需要钻孔的位置冲出中心坑，再进行钻孔，钻孔时要端稳电钻，开始时，钻孔速度要慢，逐渐加大钻孔速度，在快将孔洞钻好的时候，再把速度降下来。

钻成的孔必须与砖或混凝土构件表面垂直。钻孔的直径应和膨胀螺栓直径相等，钻孔深度为套管长度加 15～20mm。孔钻好后，将孔内的碎屑清除干净，然后将套管及膨胀螺栓放入孔内。用扳手旋紧膨胀螺栓上的螺母，螺栓受拉力后，螺栓尾部锥度使套管开槽处膨胀扩张，产生胀力、摩擦力和剪力，如图 2 - 110 所示。

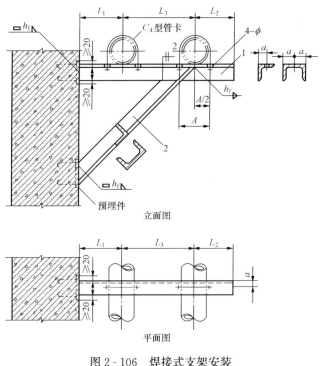

图 2-106　焊接式支架安装
1—横梁；2—斜撑

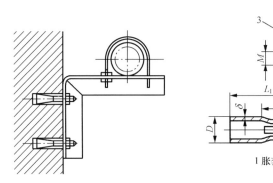

图 2-107　用膨胀螺栓安装支架

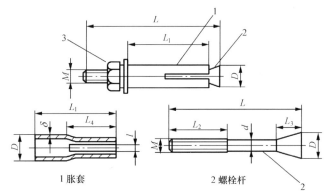

图 2-108　膨胀螺栓
1—套管；2—螺栓杆；3—螺母

安装膨胀螺栓时，把套管套在螺栓上，套管的开口端朝向螺栓的锥形尾部，再把螺母带在螺栓上，然后打入已钻好的孔内，用扳手拧紧螺母，随着螺母的拧紧，螺栓被向外拉动，螺栓的锥尾部就把开口的套管尾部胀开，使螺栓和套管一起紧固在孔内，如图 2-111 所示。

（4）抱箍式支架安装。在混凝土和木结构柱上安装支架时，由于上述结构不允许钻孔和打洞，可以采用抱箍式支架，如图 2-112 所示。

抱箍式支架的安装方法、步骤如下：

1）在柱子上确定支架的安装位置，并弹出水平线。

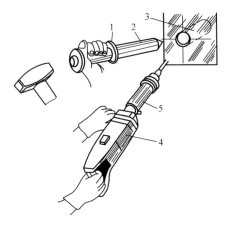

图 2-109　用冲击电钻和手凿钻孔
1—手凿护手板；2—凿头；3—孔；4—电钻；
5—旋转冲击头

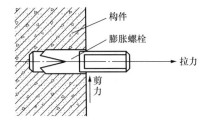

图 2-110　膨胀螺栓受力状况图

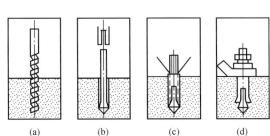

图 2-111　膨胀螺栓安装示意图
（a）钻孔；（b）将锥头螺栓和套管装入孔内；
（c）将套管打入孔内；（d）将设备紧固在膨胀螺栓上

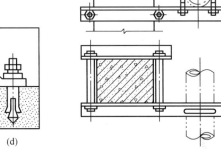

图 2-112　抱箍式支架安装

2）先用长螺栓将支架初步固定在柱子上，再用水平仪找正支架。

3）待确认无误后，将螺栓拧紧。

抱箍式支架的安装，位置应正确，安装要牢靠，支架与管道的接触要紧密。

（5）射钉法安装支架。射钉法安装支架如图 2-113 所示，适用于砖墙（不得是多孔砖或空心砖）或混凝土构件。

用射钉紧固管道支架时，先用射钉枪把射钉射入安装支架的位置，如图 2-114 所示，然后用螺母将支架横梁固定在射钉上。

射钉有带圆柱头、带内螺纹和带外螺纹三种。用于安装支架的射钉一般是带外螺纹的射钉，如图 2-115 所示。

使用射钉安装时应注意下列事项：

1）被射物体的厚度应大于 2.5 倍的射钉长度，对混凝土厚度不超过 100mm 的结构不准射钉，不得在作业后面站人，以防发生事故。

2）射钉离开混凝土构件边缘距离不得小于 100mm，以免构件受振破裂。

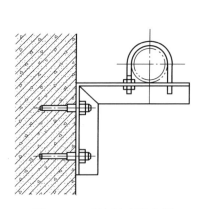

图 2-113　射钉法安装支架

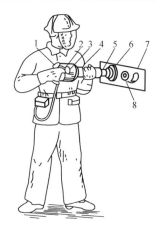

图 2-114　射钉枪操作

1—手柄；2—扳机；3—枪膛；4—接头；5—端子；

6—压盘；7—固定的部件；8—射钉

图 2-115　M10 外螺纹射钉

3）不得在空心砖或多孔砖上采用射钉式安装支架。

4）现在施工中使用的射钉能发射 $\phi 8$、$\phi 10$、$\phi 12$mm 三种规格的射钉，使用时请注意射钉规格的选配。

5）射钉枪应由专人保管和使用，使用者应了解射钉枪的性能、特点、工作原理和使用要求；操作时，要站稳脚跟，佩戴防护镜，高空作业时必须系好安全带。

6）射钉枪使用前应进行检查，认为确无问题后方可使用，射钉枪用毕要妥善保管。

5. 支架的安装要求

支架安装前，应对所要安装的支架进行外观检查，支架的形式、材质、加工尺寸、制作精度等应符合设计要求，满足使用要求。支架底板及支架弹簧盒的工作面应平整。对管道支架焊缝应进行外观检查，不得有漏焊、欠焊、裂纹、咬肉、气孔、砂眼等缺陷，焊接变形应予以矫正；制作合格的成品支架应进行防腐处理。

管道支架安装应满足以下要求：

（1）支架标高要正确，有坡度的管道，支架的标高应满足管道坡度的需求。

（2）支架安装位置要正确，安装要平整、牢靠，与管子的接触要紧密，栽埋式支架安装时，充填的砂浆应饱满、密实，但不得突出墙面。

（3）无热位移的管道，吊架的吊杆要垂直安装；有热位移的管道，吊杆应在位移的相反方向安装，如图 2-116 所示，偏移量应根据当地施工时的环境温度计算确定。

（4）管道支架应严格按设计要求进行安装，并在补偿器预拉伸前固定。在有位移的直管段上，不得安装任何形式的固定支架。

（5）导向支架和滑动支架的滑动面应整洁，不得有歪斜和卡涩现象；滑动支架的滑托与滑槽两侧应有 3～5mm 的间隙，安装位置应从支承面中心向位移反方向偏移，如图 2-117

所示，偏移量应根据施工时当地的环境温度进行计算确定；有热位移的管道，在系统运行时应及时对支吊架进行检查与调整。

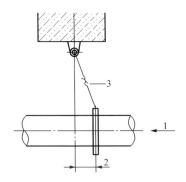

图 2-116　有热位移的管道吊架安装
1—管子膨胀方向；2—位移值；3—吊杆

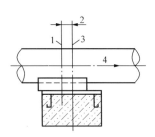

图 2-117　滑动支架安装位置
1—管托中心；2—位移值；3—管架中心；
4—管子膨胀方向

（6）弹簧支架的高度应按设计要求调整，并做出记录；安装弹簧的临时支承件，待系统安装、试压、绝热完毕后方可拆除。

（7）安装过程中尽量不使用临时支架，如必须使用，则应有明显的标记，并不得与正式的支架位置冲突，待管道系统安装完毕后，应立即拆除。

（8）管道支架上不允许有管道焊缝、管件及可拆卸件。

（9）管架紧固在槽钢或工字钢的翼板斜面上时，应加设与螺栓相配套的斜垫片。

（10）在墙上或柱上安装支架时，采用栽埋式、焊接式、抱箍式要进行综合比较，安装前，应对预留孔洞或预埋件进行检查，检查位置、标高、孔洞的深浅是否符合设计要求，是否满足安装要求。

第七节　管道试压及清洗

一、试压前的准备工作

（1）试压前，应对安装的系统进行一次全面检查，检查整个系统是否符合设计要求及有关规范的规定。

（2）检查各类接口及连接点质量是否合格。

（3）将不宜和管道一起试压的阀门、附件、仪表等拆下，安装一临时短管。

（4）系统上所有开口应进行封闭，系统内的阀门应全部开启，不宜连同管道一起试压的设备或系统应加设盲板隔离，且应做好标记，以便试压后拆除。

（5）系统最高点加放气阀，最低点加泄水阀。

（6）系统应装有两只经校验合格并具有铅封的压力表，压力表量程应为被测压力最大值的 1.5～2 倍，精度等级不应低于 1.5 级，表盘直径不宜小于 150mm。

（7）将试压设备与系统连接，压力表应安装在管道系统的最低点，加压泵宜设在压力表附近。

（8）将试压系统的各配水点封堵，缓慢向系统供水，同时打开系统最高点的排气阀，待排气阀连续不断的出水时，说明系统充水完毕，关闭排气阀。

（9）系统充满水后，对系统进行水密性检查。

二、试压的技术要求

1. 建筑给水系统水压试验

（1）硬聚氯乙烯（PVC-U）、氯化聚氯乙烯（PVC-C）、聚乙烯类给水管道压力试验。

1）加压宜采用手动加压泵，升压应缓慢，升压时间不少于 10min。

2）强度试验。强度试验的试验压力应为工作压力的 1.5 倍，但不小于 0.6MPa，当升压至规定压力时，停止加压，稳压 1h，压力降不得超过 0.05MPa，且系统无明显渗漏，强度试验合格。

3）严密性试验。强度试验合格后，泄压至工作压力的 1.15 倍，稳压 2h，压力降不得超过 0.03MPa，且系统的各类接口及连接点无渗漏为合格。

（2）建筑给水聚丙烯（PP-R）管道压力试验。

1）加压宜采用手动加压泵，升压应缓慢。

2）试验压力。冷水管试验压力应为系统工作压力的 1.5 倍，但不得小于 0.9MPa；热水管试验压力应为工作压力的 2 倍，但不得小于 1.2MPa。

3）强度试验。试验时间为 1h，用加压泵将压力增至试验压力，然后每隔 10min 重新加压至试验压力，重复两次。

记录最后一次泵压 10min 及 40min 后的压力，它们的压力差不得大于 0.06MPa。

4）严密性试验。试验时间为 2h。强度试验合格后，立即进行严密性试验，记录下强度试验合格后 2h 的压力。此压力比强度试验结束时的压力降不超过 0.02MPa，且系统无渗漏为合格。

给水聚丙烯（PP-R）管道的压力试验如图 2-118 所示。

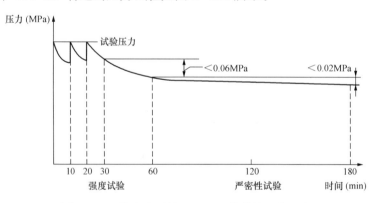

图 2-118　给水聚丙烯（PP-R）管道的压力试验

（3）建筑给水金属管道。建筑给水金属管道是指管材为镀锌焊接钢管、内衬塑钢管、薄壁不锈钢管、铜管的管道。

1）加压宜采用手动加压泵，升压应缓慢，升压时间不少于 10min。

2）强度试验。强度试验的试验压力应为工作压力的 1.5 倍，但不小于 0.6MPa，当升压至规定压力时，停止加压，稳压观测 10min，压力降不应大于 0.02MPa，且系统无明显渗漏，强度试验合格。

3）严密性试验。强度试验合格后，降压至工作压力，稳压 2h，压力不下降，且系统的各类接口及连接点无渗漏为合格。

2. 埋地聚乙烯给水管道压力试验

（1）水压试验前的准备工作。

1）埋地聚乙烯给水管道安装完毕后应进行水压试验。

2）管道水压试验前应编制试压方案，具体应包括以下内容：

①管端后背堵板及支承设计。

②进水管路、排气管、泄水管设计。

③加压设备及压力表选用。

④排水疏导管路设计及布置。

3）对要试压的管段进行划分，管道水压试验的长度不宜大于1000m。对中间设有附件的管段，分段长度不宜大于500m。试压管段不得包括水锤消除器、室外消火栓等管道附件，试压系统的各类阀门应处在全启状态。

系统中管段的材质不同时，应分别进行试验。

4）水压试验前应先向管道系统充水，使系统浸泡，浸泡时间不应少于12h。管道充水完毕后应对未回填的管道连接点（包括管子与管道附件的连接部位）进行检查，如发现泄漏，则应泄压进行修复。

5）对试压管段端头支承挡板应进行牢固性和可靠性的检查，试压时，其支承设施严禁松动崩脱，不得用阀门作为封板。

（2）水压试验。水压试验压力应为工作压力的 1.5 倍，且不小于 0.80MPa，不得用气压试验代替水压试验。

管道水压试验分为预试验阶段与主试验阶段。

1）预试验。预试验阶段的水压试验按以下步骤进行：

①降压。将试压管道内的水压降至大气压力，保持 60min，且要确保空气不进入管道。

②升压。缓缓升高试验压力，待压力升至试验压力的 1/2 时，对试压管段进行检查，检查各类接口、各类连接点有无明显的渗水、漏水现象，若有，则泄压修复，若无，则继续升压试验。修复渗漏管道，严禁带压作业。

③稳压检查。待压力升至试验压力时，稳压 30min，期间如有压力下降，则可注水补压，但不得高于试验压力。检查管道接口、各类连接点有无渗漏，检查裸露的管子、管件、配件有无变形、破裂等现象。若试压管段有异常，则应迅速查明原因，泄压后，进行修复，重新组织试验。

④持压。停止注水补压后，应持压，持压时间为 60min，在 60min 的时间内压力降不超过试验压力的 70%，则预试验合格，预试验阶段的工作结束。若在 60min 时间内压力降超过 70%，则应停止试压，查明原因，采取相应措施后重新进行预试验。

2）主试验。主试验阶段的试压应按如下步骤进行：

①预试验阶段结束后，应将试验管段泄水降压，压力降为试验压力的 10%～15%，期间应准确计量降压所泄出的水量 ΔV，允许泄出的最大水量 ΔV_{max} 按式（2-19）计算，即

$$\Delta V_{max} = 1.2 V \Delta P \left(\frac{1}{E_W} + \frac{d_i}{e_n E_P} \right) \qquad (2-19)$$

式中　ΔV_{max}——试压管段计算允许泄出的最大水量，L；

　　V——试压管段总容积，L；

　　ΔP——压力降，MPa；

　　E_W——水的体积模量，MPa，不同水温时的 E_W 值可按表 2-22 选用；

　　d_i——管材内径，m；

　　e_n——管材公称壁厚，m；

　　E_P——管材弹性模量，MPa，聚乙烯塑料管的弹性模量与水温及试压时间有关。

当计量的 ΔV 大于允许泄出的最大水量 ΔV_{max} 时，应停止试压。泄压后应排除管内过量空气，重新进行试验。

表 2-22　　　　　　　　　　温度与体积模量的关系

温度（℃）	5	10	15	20	25	30
体积模量（MPa）	2080	2110	2140	2170	2210	2230

②每隔 3min 记录一次管道剩余压力，记录时间为 30min。在 30min 内管道剩余的压力有上升趋势时，则水压试验结果为合格。

③30min 内管道剩余压力无上升趋势时，则应再继续观察 60min。在 90min 内压力降不超过 0.02MPa，则水压试验合格。

④当主试验阶段上述两条均不能满足时，则水压试验结果不合格，应查明原因并采取相应措施后再组织试压。

3. 室内供暖系统压力试验

（1）系统连接。将试压用的设备、阀门、仪表等与系统连接。

（2）充水。关闭系统最低点的泄水阀，打开最高点的放气阀，向系统灌水，待放气阀连续不断地出水时，说明系统充水已满，这时关闭放气阀。

（3）试压。系统充满水后，不要急于打压，而应先进行检查，看看系统是否有渗水、漏水现象，若有，则应放水检修，若无，则可升压试验。打压过程中，要注意升压节奏不要太快，要慢慢升压，待压力升至试验压力的 1/2 时，应停止打压，进行一次全面检查。若系统有渗水漏水现象，则应泄水修理，不得带压修理，修理完毕后，再继续升压试验，一般分 2~3 次升至试验压力。

（4）试验压力。蒸汽、热水供暖系统，应以系统顶点工作压力加 0.1MPa 做水压试验，同时在系统顶点的试验压力不小于 0.3MPa；高温水热水供暖系统，试验压力应为顶点工作压力加 0.4MPa；使用塑料管及复合管的热水供暖系统，应以系统顶点工作压力加 0.2MPa 做水压试验，同时在系统顶点的试验压力不小于 0.4MPa。

（5）持压。使用钢管及复合管的供暖系统应在试验压力下 10min 内压力降不大于 0.02MPa，降至工作压力后检查，不渗不漏为合格；使用塑料管及复合管的供暖系统在试验压力下 1h 内压力降不大于 0.05MPa，然后降压至工作压力的 1.15 倍，稳压 2h，压力降不大于 0.03MPa，同时各连接点处不渗不漏为合格。

（6）试压后的工作。水压试验后，应将系统内的水放掉，对系统予以封闭，将不宜与系统一并进行压力试验而拆卸下来的阀门、仪表等附件复位。

三、管道清洗

1. 给水管道系统清洗

给水管道系统在水压试验之后、验收之前应进行清洗、消毒。管道的清洗、消毒应满足以下要求：

（1）管道系统水压试验之后、验收之前，应进行通水冲洗。冲洗水流速不宜小于 2m/s。冲洗时应不留死角，每个配水点的龙头应打开，系统的最低点应设置放水口。清洗时间控制在冲洗出口排水的水质应与进水相当为止。

（2）生活饮用水系统经冲洗后，可用含量不低于 20mg/L 的氯离子浓度的清洁水浸泡 24h。

（3）管道消毒后，再用饮用水冲洗，并经卫生监督管理部门取样检验，水质符合 GB 5749—2006《生活饮用水卫生标准》后，方可交付使用。

2. 供暖系统的清（吹）洗

水压试验合格后，即可对系统进行清（吹）洗，清洗的目的就是清除管道内的污泥、铁锈、焊渣、泥沙等杂物。根据管道的使用要求，可选用水、蒸汽或空气等不同介质进行清洗。工程上用水作介质清除管道系统的污物称为清洗，用蒸汽、空气或其他气体清除管道系统的污物叫吹洗。

管道在清洗前，应编制详细的清洗方案，并按系统分段进行清洗，不允许清洗的附件如孔板、调节阀、过滤器等应拆下用临时短管代替；为防止污物进入阀门或设备内，系统应在其进口处留吹出口，以排除吹洗段污物，不允许吹洗的管道及设备应用盲板隔开。

管道的吹洗顺序是：主管→干管→支管，如支管较多，则可暂时将某些支管隔断，逐根进行清（吹）洗，对于管径较小的支管，可将几根支管同时清（吹）洗，操作时，所有管道都能清（吹）洗到，不得留有死角。

管道清（吹）洗时，应有足够的流量、压力和流速；管道固定可靠，一些不能满足清（吹）洗的管道系统可加设临时支承件；排放管应能保证安全可靠顺利排放。

（1）清洗。清洗前，应将管道内的流量孔板、温度计、流量计、减压阀、疏水阀、调节阀阀芯、止回阀阀芯等拆下，待清洗合格后再重新装上。

清洗时，以系统内可能达到的最大压力和流量进行，以保证水的流速不小于 1.0～1.5m/s，排水管截面积不应小于被清洗管截面积的 60%，并接至排水井或排水沟内，保证能顺利排泄和安全排放。清洗应连续进行，直到出口处的水色和透明度与入口处相同，且无粒状物和悬浮物为合格。

（2）蒸汽吹洗。蒸汽管道应使用蒸汽吹洗，其他管道采用蒸汽吹洗时，应考虑管道系统及支架等结构是否能承受高温和热膨胀，凝结水能否顺利排除等因素。

管子在蒸汽吹洗前应进行预热，预热时应开小阀门，使蒸汽缓缓进入管道，注意检查固定支架是否牢固可靠，管道伸缩是否自如，管道的各部件、连接件、各类连接点是否有异常，如有，则应迅速关闭蒸汽阀门，待故障彻底排除后，再重新预热，直至预热管段末端温度与始端的温度相等或接近时，再逐渐开大阀门增大蒸汽流量进行冲洗。

冲洗应从总汽阀开始，沿蒸汽的流向逐段地进行，一般每次只用一个排汽口，排汽口附近的管道应进行加固，排汽管应接至室外安全的地方，管口朝上倾斜，并设置醒目标志，严禁无关人员靠近。排汽管的截面积应不小于被吹洗管截面的 75%。

蒸汽管道在吹洗前，应关闭疏水器和减压阀的前后阀门，打开减压阀前的泄水阀和疏水阀前的冲洗管进行吹洗。

吹洗总管用总汽阀控制流量，吹洗支管用管路中分支处的阀门控制流量。在开启汽阀前，应将管道中的凝结水由启动疏水管放掉，在吹洗管路的初始阶段，启动疏水管不应关闭。吹洗压力尽量控制在管道设计工作压力的 75% 左右，最低不能低于工作压力的 25%，吹洗流量为设计流量的 40%～60%。每一排汽口的吹洗次数不应少于两次，每次吹洗时间为 15～20min。吹洗严格按照预热→暖管→恒温→吹洗的顺序反复进行，蒸汽阀的开启应缓慢，千万不可操之过急，以免引起水锤，导致管道变形、阀件破裂。

蒸汽吹洗的检验，可用刨光的木板置于排汽口检查，以板上无锈点和脏物为合格。对可能留存污物的部件，应当用人工加以清除。在吹洗过程中不应使用疏水器来排除系统中的凝结水，在吹洗工作结束时，对疏水器进行调整、清洗，方可投入运行。

（3）空气吹洗。用压缩空气对管道进行清洗称为空气吹洗，又称空气吹扫，空气吹洗方法与蒸汽吹洗方法相似，空气连续吹洗的时间为 7～8h，气流速度为 20～30m/s。空气吹洗的检验是用一块贴有白纸的靶板放在气体排出口处，停放 3～5min，以靶板上无脏物和污水为合格。用空气吹洗，必须采取安全措施，以确保人身安全。

第三章　室内供暖系统安装

第一节　室内供暖管道安装

一、室内供暖管道安装的技术要求

（1）室内供暖系统中所用材料及设备的规格、型号均应符合设计要求，满足规范规定，对与规范要求有出入者，应及时与设计单位、建设单位协商解决，妥善处理。

（2）管道穿越基础、墙和楼板时，应配合土建预留孔洞。孔洞尺寸如设计无明确规定，则可参照表3-1进行预留。

表3-1　　　　　　　　　　　　　　　预留孔洞尺寸　　　　　　　　　　　　　　　mm

管道名称及规格		明管留孔尺寸（长×宽）	暗管墙槽尺寸（宽×深）	管外壁与墙面最小净距
供热立管	≤DN25	100×100	130×130	25～30
	DN32～DN50	100×150	150×130	35～50
	DN65～DN100	200×200	200×200	55
	DN125～DN150	300×300	—	60
两根立管	≤DN32	150×150	200×130	—
散热器支管	≤DN25	100×100	60×60	15～25
	DN32～DN40	150×130	150×100	30～40
供热干管	≤DN80	300×250	—	—
	DN100～DN125	350×300	—	—

（3）热水供暖管道及汽水同向流动的蒸汽和凝结水管道，坡度一般为0.003，不得小于0.002，汽水逆向流动的蒸汽管道，坡度不得小于0.005。

（4）管道和设备安装前，必须清除内部杂物，安装中断或完毕后，敞口处应及时封闭，以免进入杂物堵塞管道。

（5）管道安装过程中，多种管交叉时管道的避让原则见表3-2。

表3-2　　　　　　　　　　　　　　管道避让原则

避让原则	避让因由
小管让大管	小管绕弯容易，且造价低
有压管让无压管	无压管改变坡度和流向，将影响排水系统正常运行
冷水管让热水管	热水管绕弯要考虑排气和泄水等问题
给水管让排水管	排水管管径大、不易绕弯，排水管属无压管，且杂质多
低压管让高压管	高压管造价高，且强度要求也高

避　让　原　则	避　让　因　由
气管让液管	液管流动的动力消耗大
金属管让非金属管	金属管易弯曲、易加工
常温管让高温或低温管	高温管、低温管造价高、强度高，加工难度大
辅助管让主物料管	主物料管造价高、强度大
一般管让易结晶、易沉淀管	易结晶、易沉淀介质一旦绕弯增加了介质结晶、沉淀的机会
一般管让通风管	通风管几何尺寸大、体积大，绕弯困难

（6）管道穿墙和楼板时应加钢套管，套管安装应符合如下规定：

1）穿越一般房间楼板的套管底部与楼板面相平，套管上部应高出饰面20mm。

2）穿越卫生间、盥洗间、厕所间、厨房、楼梯间等易积水的房间楼板时套管下端与楼板底面平齐，套管上端应高出饰面50mm。

3）穿墙套管两端与墙面平齐。

4）套管内径一般比被套管外径大8～12mm，套管外壁一定要卡牢、塞紧，不允许随管道窜动。穿过楼板的套管与管道之间的缝隙应用阻燃密实材料和防水油膏填实，端面光滑。穿墙套管与管道之间缝隙宜用阻燃密实材料填实，且端面应光滑。管道的接口不得设在套管内。

（7）供暖管道的最高点应加放气阀，最低点应加泄水阀。

（8）室内供暖管道应采用低压流体输送用非镀锌焊接钢管，公称直径≤DN25时，宜采用螺纹连接，公称直径≥DN32时，应采用焊接，与法兰阀门、设备相连时，应采用法兰连接。若采用PP-R（无规共聚聚丙烯）塑料管，则应采用热熔连接。

（9）公称直径≤DN32不保温的供暖双立管应做到：

1）两管中心距应为80mm，允许偏差为5mm。

2）供热或供蒸汽的管道应置于面向的右侧。

（10）水平管道纵、横方向弯曲，立管垂直度应符合表3-3的要求。

表3-3　　　　　　　　　室内供暖管道安装的允许偏差和检验方法

序号	项	目		允许偏差	检验方法
1	水平管道纵、横方向弯曲（mm）	每米	公称直径≤DN100	1	用水平尺、直尺、拉线和尺量检查
			公称直径>DN100	1.5	
		全长（25m以内）	公称直径≤DN100	≤13	
			公称直径>DN100	≤25	
2	立管垂直度（mm）	每米		2	吊线和尺量检查
		全长（5m以上）		≤10	
3	弯管	椭圆率 $(D_{max}-D_{min})/D_{max}$	公称直径≤DN100	10%	用外钳和尺量检查
			公称直径>DN100	8%	
		褶皱不平度（mm）	公称直径≤DN100	4	
			公称直径>DN100	5	

注　1. 本表摘自GB 50242—2002《建筑给水排水及采暖工程施工质量验收规范》。

2. D_{max}、D_{min}分别为管子最大外径及最小外径。

（11）金属管道立管管卡的安装，建筑物层高小于或等于 5m 时，每层必须安装 1 个，高度距安装地面应为 1.5~1.8m，层高大于 5m 时，每层不得少于 2 个，应对称安装。

二、无分户热计量装置的室内供暖管道安装

1. 低温热水供暖入口装置安装

低温热水供暖入口装置安装如图 3-1 所示。

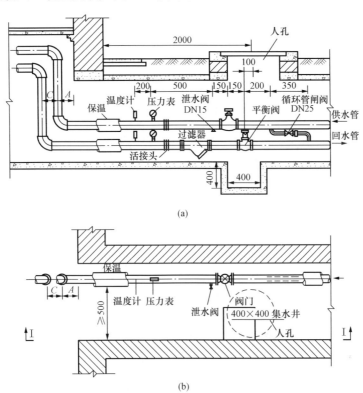

图 3-1　低温热水供暖入口装置安装
(a) Ⅰ-Ⅰ剖面；(b) 平面

2. 室内供暖管道安装

（1）总立管安装。总立管安装前，应检查楼板预留孔洞的位置和尺寸是否符合要求。其方法是由上至下穿过孔洞挂铅垂线，弹画出总立管安装的垂直线，作为总立管定位与安装的基准线。

总立管应自下而上逐层安装，应尽可能使用长度较长的管子，以减少接口数量。为便于焊接，焊接接口应置于楼板以上 0.4~1.0m 处为宜。高层建筑的供暖总立管底部应设刚性支座支承，如图 3-2 所示。总立管每安装一层，应用角钢、U 形管卡或立管管卡固定，以保证管道的稳定及各层立管的垂直度。

总立管管顶部分为两个水平分支干管时，应按图 3-3 所示的方法连接，不得采用 T 形三通分支，两侧分支干管上第一个支架应为滑动支架，距总立管 2m 以内，不得设置导向支架和固定支架。

（2）干管安装。室内供暖干管的安装程序是定位、画线、安装支架、管道就位、对口连接、找坡度、固定管道。

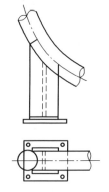

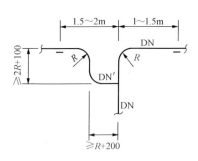

图 3-2　总立管底部刚性支座　　　　图 3-3　总立管与分支干管连接

1) 确定干管位置、画线、安装支架。根据施工图所要求的干管走向、位置、标高和坡度，检查预留孔洞，挂线弹出管子安装位置线，再根据施工现场的实际情况，确定出支架的类型和数量，即可安装支架。

2) 管道就位。管道就位前应进行检查，检查管子是否弯曲，表面是否有重皮、裂纹及严重的锈蚀等，对于有严重缺陷的管子不得使用，对于有弯曲、挤扁的管子应进行调直、整圆、除锈，然后管道就位。

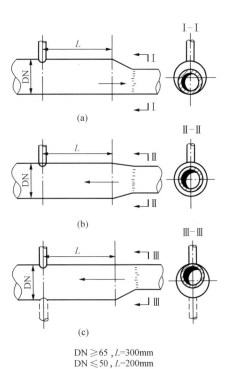

DN≥65，L=300mm
DN≤50，L=200mm

图 3-4　干管变径
(a) 蒸汽供气管；(b) 蒸汽回水管；
(c) 热水上行供水管或热水下行回水管

3) 对口连接。管道就位后，应进行对口连接，管口应对齐、对正，并留有对口间隙（一般为 1～1.50mm），先点焊，待校正坡度后再进行全部焊接，最后固定管道。

4) 干管安装的其他技术要求。

①干管变径。干管变径如图 3-4 所示。蒸汽干管变径采用下偏心大小头（底平偏心大小头），便于凝结水的排除，热水管变径采用上偏心大小头（顶平偏心大小头），便于空气的排除。

②干管分支。干管分支应做成如图 3-5 所示的连接形式。

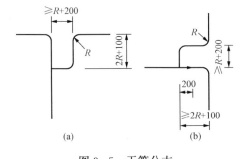

图 3-5　干管分支
(a) 水平连接；(b) 垂直连接

③干管过门。干管过门应做成如图 3-6 所示的形式。

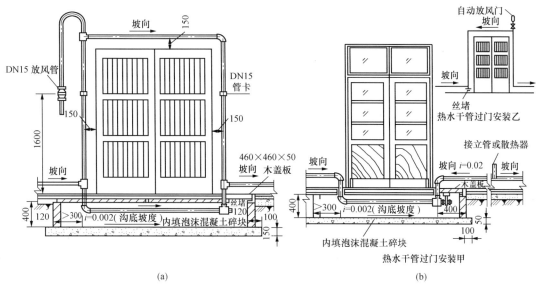

图 3-6　干管过门

（a）蒸汽干管；（b）热水干管

（3）立管安装。

1）立管位置的确定。立管的安装位置是由设计确定的，具体位置由施工人员根据施工现场的实际情况而定。立管与后墙的净距为：公称直径≤DN25，净距为 25～35mm，公称直径>DN25，净距为 30～50mm；同时应使立管一侧与墙保持便于操作的位置，一般对左侧墙不小于 150mm，对右侧墙不小于 300mm，且应避开窗帘盒，如图 3-7 所示。

立管的具体安装位置确定后，自顶层向

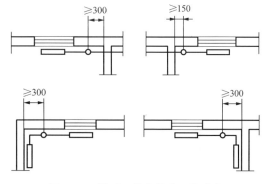

图 3-7　供暖立管安装位置的确定

底层吊通线坠，用线坠控制垂直度，把立管中心线弹画在后墙上，作为立管安装的基准线。再根据立管与墙面的净距，确定立管卡子的位置，栽埋好管卡。

2）立管的预制与安装。供暖立管的预制与安装应在散热器就位并经调整稳固后进行。这样可以用散热器接管中心的实际位置，作为实测各楼层管段的可靠基础。预制前，自各层散热器下接管中心引水平线至立管洞口处，以便于实测楼层间的管段长度。

①单管立管的预制。单管跨越如图 3-8 上半部图形所示，实际楼层管段长度 $L=l+l_0$，预制管段长度就等于实际楼层管段长度 L。预制时，若是单侧连接，则用 3 个三通比量下料。若为双侧连接，则用 3 个四通比量下料。单管垂直顺序式如图 3-8 下半部图形所示，管段长度 $L=l+l_0$，即实际的预制管段长度 l 等于实际量得的楼层管段长度 L 减去 l_0，预制管段 l 在进行制作时，若单侧连接，则是两个弯头加填料拧紧后的中心距；若双侧连接，则是两个三通连接完毕后的中心距。

②双管立管的预制如图 3-9 所示。其楼层管段长度 $L=l+l_0$，即 $l=L-l_0$。其中 l_0 由四通（单侧连接为三通）及抱弯组成；预制时应把 l 和 l_0 加工成一根管段，使上部为四通

（三通），下部为裸露的管螺纹。l_0 值应为散热器接口中心距加坡度高。

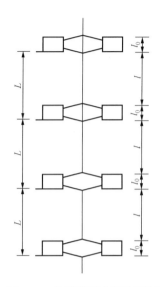 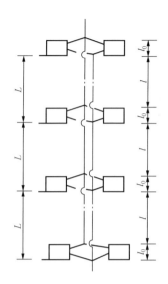

图 3-8 单管供暖立管的预制   图 3-9 双管供暖立管的预制

立管预制后，即可由底层到顶层（或由顶层到底层）逐层进行各楼层预制管段的连接安装，每安装一层管段时均应穿入套管，并在安装后逐层用管卡固定。对于无跨越管的单管串联式系统，则应和散热器支管同时安装。

3）立管与干管的连接。

①供热干管在顶棚下接立管。供热干管在顶棚下接立管时，为保证立管与后墙的安装净距，应用弯管连接，热水管可以从干管底部引出；对于蒸汽立管，应从干管的侧部（或顶部）引出，如图 3-10 所示。如果采用中分式，则顶层立管与干管连接如图 3-11 所示。

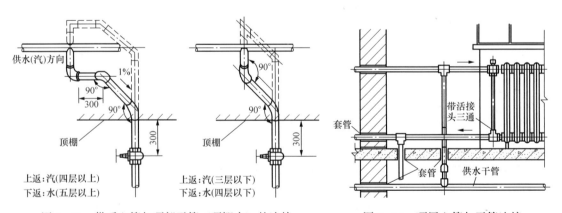

图 3-10 供暖立管与顶部干管（顶棚内）的连接   图 3-11 顶层立管与干管连接

②回水干管与立管的连接。当回水干管在地沟内与供暖立管连接时，一般由 2~3 个弯头连接，并在立管底部安装泄水阀（或丝堵），如图 3-12 所示。回水立干管明装如图 3-13 所示，底层回水立干管连接如图 3-14 所示。

供暖立管与干管连接所用的来回弯管以及立管跨越供暖支管所用的抱弯均在安装前集中

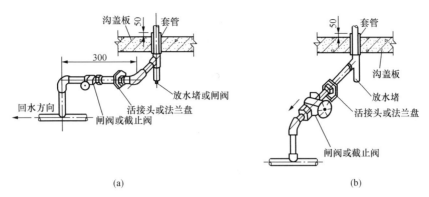

图 3-12　回水干管与立管的连接

(a) 地沟内立干管连接；(b) 在 400×400 管沟内立干管连接

加工预制。弯管制作如图 3-15 所示。表 3-4 列出了制作抱弯时各部位的几何尺寸，供施工安装时参考。

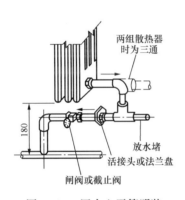

图 3-13　回水立干管明装

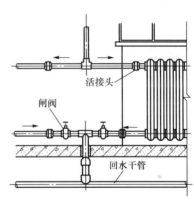

图 3-14　底层回水立干管连接

表 3-4　　　　　　　　　　弯　管　尺　寸

公称直径	α (°)	α₁ (°)	R (mm)	L (mm)	H (mm)	公称直径	α (°)	α₁ (°)	R (mm)	L (mm)	H (mm)
DN15	94	47	50	146	32	DN25	72	36	85	198	38
DN20	82	41	65	170	35	DN32	72	36	105	244	42

注　此表适用于供暖、给水、生活热水管道。

立管安装完毕后，应对穿越楼板的各层套管充填石棉绳或沥青油麻，石棉绳或沥青油麻应充填均匀，并调整其位置，使套管固定。

（4）散热器支管安装。

1）散热器支管安装一般是在立管和散热器安装完毕后进行（单管顺序式无跨越管时应与立管安装同时进行）。

2）连接散热器的支管应有坡度，坡度为 0.01，坡向应有利于排气和泄水。

3）散热器立管和支管相交，立管应搣弯绕过支管。支管长度大于 1.5m，应在中间安装管卡或托钩。

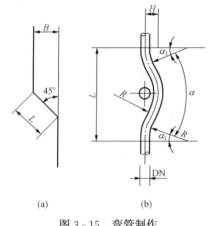

图 3-15　弯管制作

(a) 来回弯管；(b) 抱弯

4）所有散热器的支管，都应安装可拆卸管件。

5）支管与散热器连接时，应用灯叉弯或乙字弯进行连接，尽量避免用弯头连接。

(5) 套管安装。管道穿墙和楼板时，应设金属或塑料套管，安装在楼板内的套管，其顶端应高出装饰地面 20mm，安装在卫生间内的套管，应高出装饰地面 50mm，底部与楼板底面相平；安装在墙内的套管，其两端与饰面相平。管道的接口不得设在套管内。套管与管道之间的缝隙应加以填塞，穿过楼板的套管与管道之间的缝隙应用阻燃密实材料和防水油膏填实，端面光滑。穿墙套管与管道之间宜用阻燃密实材料填实，且端面应光滑。穿墙、穿楼板套管如图 3-16 所示。

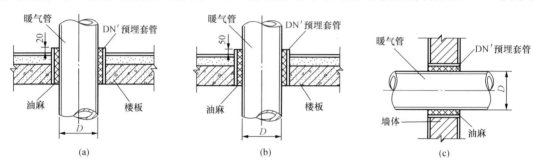

图 3-16　管道穿墙、穿楼板套管

(a) 穿越一般房间的楼板；(b) 穿越易积水房间的楼板；(c) 穿墙

三、有分户热计量装置的室内供暖系统安装

设有分户热计量装置的供暖系统，供、回水干管及各单元供、回水管常采用焊接钢管、镀锌焊接钢管，也可采用钢塑管，而各分户系统应采用耐热聚烯烃塑料管和铝塑管。

1. 设有热计量装置的热力入口安装

建筑物热力入口装置的安装如图 3-17 所示。

(1) 热力入口位置应满足的条件。

1）新建无地下室的住宅，宜设在室外管沟入口或在底层楼梯间隙板下设置小室，小室净高不小于 1.4m，操作面净宽不应小于 0.7m，室外管沟小室宜有防水和排水措施。

2）新建有地下室的住宅，宜设在可锁闭的专用空间内，空间净高不低于 2.0m，操作面净宽不小于 0.7m。

3）对于补建或改造工程，可设于门洞雨棚或建筑物外墙面上，并采取防雨、防冻、防盗等措施。

(2) 建筑物热力入口装置安装应满足的要求。

1）户内供暖为单管跨越式定流量系统时，热力入口应设自力式流量控制阀，室内供暖为双管变流量系统时，热力入口应设置自力式压差控制阀。这两种控制阀的压差范围宜为 8~100kPa。

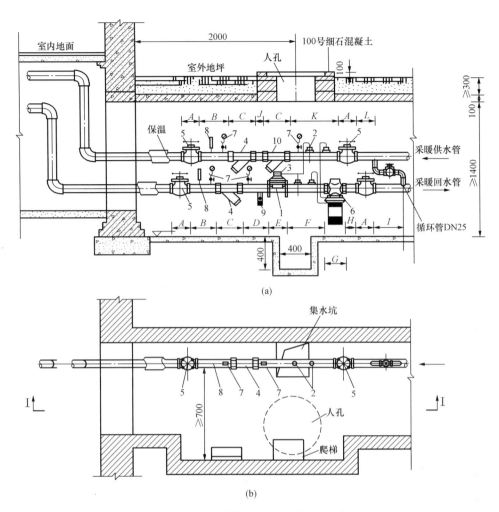

图 3-17　建筑物热力入口装置的安装

(a) Ⅰ-Ⅰ剖面图；(b) 热力入口平面图

1—流量计；2—温度压力传感器；3—积分仪；4—水过滤器；5—截止阀；6—自力式压差控制阀；

7—压力表；8—温度计；9—泄水阀；10—水过滤器

　　2）热力入口供水管上应设两级过滤器，顺水流方向第一级宜为孔径不大于 3mm 的粗过滤器，第二级宜为 60 目的精过滤器。

　　3）应根据供暖系统的热计量方案，确定热力入口是否设置总热量表。总热量表的热力入口，其流量计宜设在回水干管上，进入流量计前的回水管上应设置滤网规格不小于 60 目的过滤器。

　　4）供、回水管上应设必要的压力表。

　　5）热力入口供回水管上应设置切断阀，供、回水管之间应设旁通管和阀门。

　　2. 户内供暖系统热力入口装置

　　采用户用热量表计量方式时，户内供暖系统入口装置包括供水管上的锁闭调节阀（或手动调节阀）、户用热量表、滤网规格不低于 60 目的水过滤器及回水管上的锁闭阀（或其他切断阀）等部件。典型的户内供暖系统热力入口装置如图 3-18 所示。

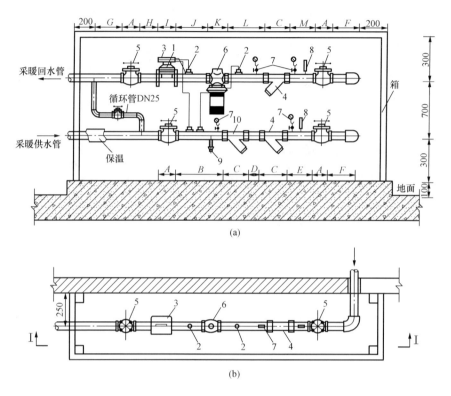

图 3-18   典型的户内供暖系统热力入口装置

(a) Ⅰ-Ⅰ剖面；(b) 入口平面

1—流量计；2—温度压力传感器；3—积分仪；4—过滤器；5—截止阀；6—自力式压差控制阀；

7—压力表；8—温度计；9—泄水阀；10—过滤器

　　新建住宅的户内供暖系统热力入口装置，应与共用立管一同设于邻楼梯间或户外公共空间的管道井内。管道井应层层密封，其平面位置及尺寸应保证与之相连的各分户系统的热力入口装置能安装在管道井内，并具备查验及检修条件。管道井的门应开向户外。

　　3. 单元立管及分户热计量装置

　　单元立管及分户热计量装置如图 3-19 所示，分支管段上应加设控制阀、切断阀和过滤器，回水管段上的过滤器应安装在流量计之前。螺纹连接的供、回水分支管上应安装可拆卸接头。在供、回水分支管的适当位置加设支架。当分支管不允许揻弯时，支立管布置如图 3-20 所示。

　　4. 共用水平干管和共用立管

　　(1) 建筑物内共用的水平干管不应穿越住宅的户内空间，通常设置在住宅的设备层、管沟、地下室或公共用房的适宜空间内，并应具备检修条件。共用水平干管应有利于共用立管的布置，并应有不小于 0.002 的坡度，坡向有利于空气排出。

　　(2) 建筑物内各副立管压力损失相近时，共用水平干管宜采用同程式布置。

　　(3) 建筑物内共用立管宜采用下供下回式，其顶端设自动排气阀。

　　(4) 除每层设置分、集水器连接多户的系统外，一副共用立管每层连接的户数不宜大于3户。

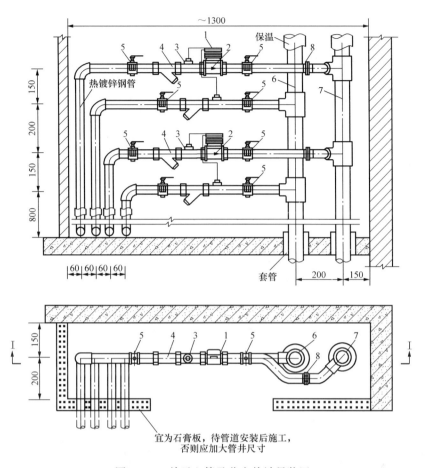

图 3-19　单元立管及分户热计量装置

1—积分仪；2—流量计；3—温度传感器；4—水过滤器；5—球阀；6—供水立管；

7—回水立管；8—活接头

（5）新建住宅的共用立管，应设在管道井内并具备从户外进入检修的条件。既有住宅改造或补建工程的共用立管，宜设在管道井内或者户外的共用空间内。

5. 户内管道安装（散热器供暖）

（1）埋地供暖管道的敷设与安装。户内供暖系统从热表到分集水器的管道，如明敷设则多采用镀锌焊接钢管，如埋地敷设或嵌墙敷设则多采用 PP-R 管或 PB 管，入户装置管道连接如图 3-21 所示。

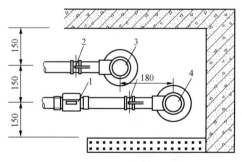

图 3-20　支立管布置

1—积分仪；2—球阀；3—供水立管；4—回水立管

埋地管的敷设方式有两种形式，一种是将供暖管道设置于地面垫层内，如图 3-22 所示。这种敷设方式会因水温较高而造成地面开裂。另一种是将供暖管道敷设于专用的塑料槽内，在槽内管道四周充填复合硅酸盐保温材料，然后再进行地面施工，如图 3-23 所示。

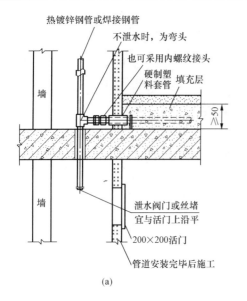

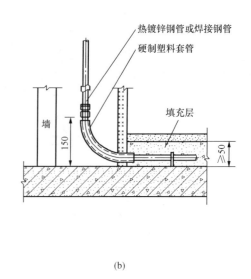

图 3‑21　入户装置管道连接

（a）便于泄水的管道连接；（b）不泄水的管道连接

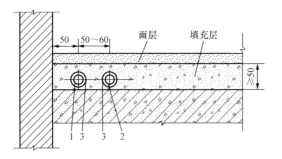

图 3‑22　敷设于地面垫层内的供暖管道

1—埋地采暖供水管；2—埋地采暖回水管；

3—塑料波纹套管

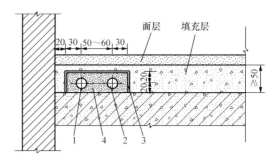

图 3‑23　敷设于专用塑料槽内的供暖管道

1—埋地采暖供水管；2—埋地采暖回水管；

3—δ＝2mm 塑料槽；4—保温材料

（2）供暖管道与散热器的安装。

1）双管系统。双管系统有两种形式，一种是各组散热器直接从户内干管上引出的双管形式，另一种是用户设有分集水器，每组散热器均从分集水器上并联引出。下分双管系统散热器上进下出如图 3‑24 所示。图中，地面以上的管道可采用镀锌焊接钢管，也可采用焊接钢管，地面以下应采用耐热 PP‑R 管或 PB 管，管子间距宜为 50～60mm；管道中的水流速度不宜小于 0.25m/s。埋地敷设的塑料管道，可热熔连接管道的弯曲半径宜为管外径的 6 倍，不可热熔连接管道的弯曲半径宜为管外径的 8 倍，分别见图 3‑25 和图 3‑26。

2）单管系统。单管系统多采用管道沿墙敷设的方式，在散热器处的地面上预留接头，使用专用接头将非金属管或复合管与金属管相连，如图 3‑27 和图 3‑28 所示。

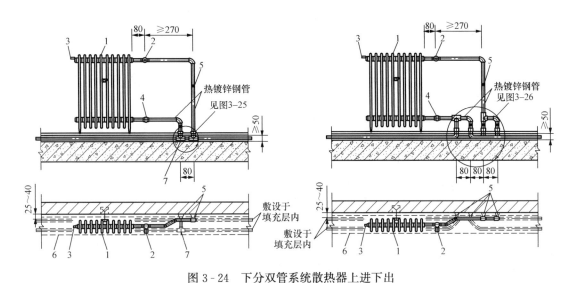

图 3-24　下分双管系统散热器上进下出

1—散热器；2—自力式散热器温控阀；3—手动排气阀；4—活接头；5—管卡；6—管道槽；7—三通

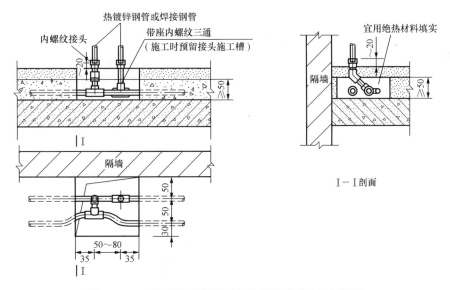

图 3-25　双管系统可热熔连接的塑料管道出地面做法

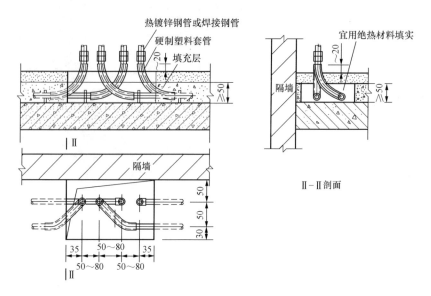

图 3-26　双管系统不可热熔连接的塑料管道出地面做法

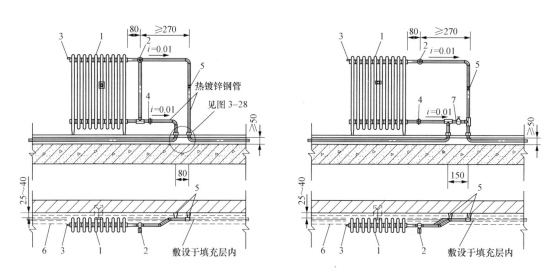

图 3-27　下分单管系统散热器上进下出

1—散热器；2—自力式温控阀；3—手动排气阀；4—活接头；
5—管卡；6—管道槽；7—手动调节阀

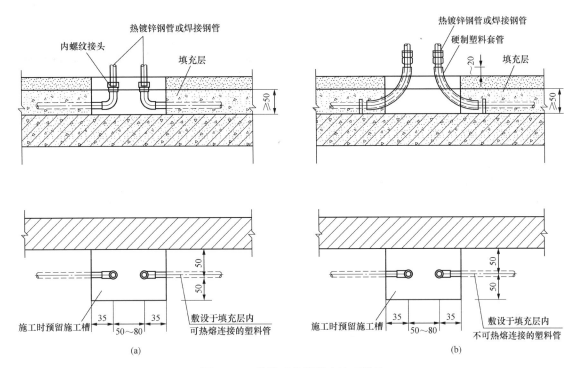

图 3-28　单管系统管道出地面做法

（a）可热熔连接的塑料管道出地面做法；（b）不可热熔连接的塑料管道出地面做法

第二节　散热器及供暖附属设备安装

一、散热器安装

1. 铸铁散热器安装

（1）散热器的质量检查。

1）散热器应无裂纹、可见砂眼、明显的外部损伤。

2）铸铁散热器顶部掉翼数，只允许一个，其长度不得超过 50mm，侧面掉翼数不得超过 2 个，其累计长度不得超过 200mm，安装时掉翼面应朝墙安装。对于圆翼型散热器掉翼数不得超过 2 个，累计长度不得大于翼片的 1/2，安装时掉翼面应向下或朝墙安装。

3）散热器的加工面要平整、光滑，丝扣螺纹要完好，检查方法是用连接对丝在内螺纹接口上拧试，如果能较顺利的用手拧入，则内螺纹完好。

4）散热器上下接口应在同一平面，检查的方法是用拉线检查，如上下接口端面各点都与拉线紧贴，则接口端面平整。

（2）散热器组对。散热器组对是按设计要求的片数，将单片散热器组装成组的操作。

1）每组散热器应准备的材料。

①散热器片。应按设计图纸中的要求准备片数（n），对于挂装的柱型散热器，应为中片组装，如果采用落地安装，则每组至少用 2 个足片；超过 14 片的，应用 3 个足片，且有一足片置于散热器组中间。

②对丝。对丝是散热器的组对连接件，如图 3-29 所示，其数量为 $2(n-1)$ 个（n 为散

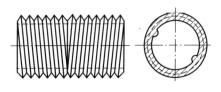

图 3-29　散热器对丝

热器设计片数），对丝的规格为 DN40。

③垫片。为保证散热器接口的严密性，在对丝中部（正反螺纹的分界处）加设的零部件，有石棉橡胶垫和耐热橡胶垫，其数量为 2（n+1）个（含散热器补芯和丝堵用垫片）。

④散热器补心。散热器组与接管的连接件叫散热器补心，如图 3-30 所示，其规格有 DN40×32、DN40×25、DN40×20、DN40×15 四种，并有正丝补心和反丝补心两种，每组散热器用 2 个补心，其正、反按设计图纸清点标明。当支管与散热器组同侧连接时，均用正丝补心，异侧连接时，用正、反扣补心各 1 个。

⑤散热器丝堵。散热器丝堵又称散热器堵头，散热器组不接管的接口处所用件称为散热器丝堵，如图 3-31 所示，其规格为 DN40，分正丝堵和反丝堵，每组散热器用 2 个丝堵，当供暖支管与散热器同侧连接时，用 2 个反丝堵；异侧连接时，用 1 个正丝堵，1 个反丝堵。在散热器丝堵上钻孔攻制螺纹，安装手动放风阀。

2）散热器组对所用工具。

①组装平台。组对散热器用的支承架是组装平台。组装平台有多种，永久性的组装平台是钢制平台，如图 3-32 所示。简易的工作平台是用两根平行放置在地面上的管子架制的，如图 3-33 所示。

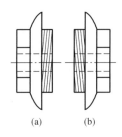

图 3-30　散热器补心
（a）反丝补心；（b）正丝补心

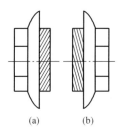

图 3-31　散热器丝堵
（a）反丝堵；（b）正丝堵

②钥匙。组对散热器时扭动对丝的工具，如图 3-34 所示。散热器钥匙为螺纹钢或优质圆钢打制的组对工具，其中环形一端供操作加力用，另一端打扁打平，锉成棱角分明的钥匙，以利于插入对丝内孔扭动对丝。钥匙长度规格为 250、400、500mm 三种。

3）散热器组对。

①散热片上台。对柱型散热器，应为足片（或中片），将端片平放在工作平台上，使散热器正丝面朝上，如图 3-35 所示。对于长翼型散热器，应使散热片平放，接口的反螺纹朝右侧。

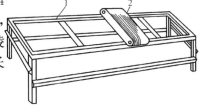

图 3-32　钢制平台
1—角钢；2—散热器

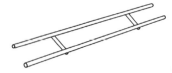

图 3-33　管子架制成的工作平台

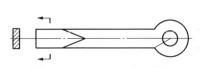

图 3-34　组对散热器用钥匙

②上对丝。将刷有白厚漆的垫片套到对丝上，用对丝正扣拧入散热片，如手拧入轻松，则可退回，使其仅拧入2扣即可。

③合片。将第二片的反丝面端正地放在上下接口对丝上，应注意散热片顶面及底面和边片一致。

④组对。将对口平面清理干净，从散热片接口上方插入钥匙，钥匙的方头正好卡住对丝的凸缘处（见图3-36），这时一人扶稳散热器，另一人先轻轻地按加力的反方向扭动钥匙，使对丝外退，当听到有"叭"的声响时，说明对丝正、反面方向已入扣，此时，改变加力方向继续扭动钥匙，使接口正、反两方向对丝同时进扣，直至用手扭不动后，再插入加力杠（DN25钢管，长度为0.8～1.0m）加力，直到垫圈压紧。

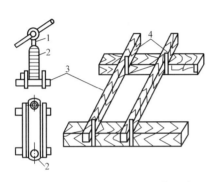

图3-35　用方木制成的工作平台
1—钥匙；2—散热器；3—木架；4—地桩

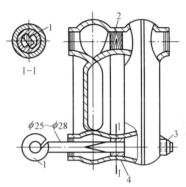

图3-36　散热器组对
1—散热器钥匙；2—垫片；3—散热器补心；4—散热器对丝

组对时，应特别注意使上下（左右）两接扣均匀进扣，不可在一个接扣上加力过快，否则除操作困难外，常常会扭碎对丝。

⑤上堵头及补心。当组对最后一边片后，应上堵头、补心，堵头及补心应加垫片，再拧入散热器边片。

（3）散热器试压。散热器组对完毕后，应进行单组试压，以检验散热器组对的严密性，单组试压装置如图3-37所示，试验压力如设计无要求，则应为工作压力的1.5倍，但不小于0.6MPa。试验时，应缓慢将压力升至试验压力，试验时间为2～3min，压力不降且不渗不漏为合格。

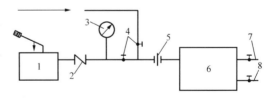

图3-37　散热器单组试压装置
1—手压泵；2—止回阀；3—压力表；4—截止阀；5—活接头；6—散热器组；7—放气管；8—放水管

散热器水压试验合格后，即可除锈刷油，一般刷防锈漆两遍，面漆一遍，待安装完毕，系统水压试验合格后，刷第二道面漆。

（4）散热器安装。铸铁散热器的安装程序为：定位→画线→栽钩子→散热器安装就位→散热器固定→散热器支管安装。

1）定位、画线。散热器中心安装在窗台中心。先用量尺量取窗口宽度的一半，找出窗台中心，作出标记，再在此点位置上吊线坠，找出垂直中心线，并画在墙上。

2）根据设计图中回水管的连接方法及施工规范的规定，确定散热器的安装高度。利用画线尺或画线架，画出托钩、卡子的安装位置。如果不利用画线架托钩定位，则可根据设计图纸散热器距地面标高，从地面向上量出 150～250mm，作一十字标记，此标记为散热器回水口中心，从此中心向上量至散热器进水口中心作另一十字标记，通过上下两十字标记拉两根水平线，画在墙壁上，再在两根水平线上确定散热器的上下托钩位置和数量。

3）托钩位置和数量。散热器托钩位置应正确，数量要合理。散热器托架、托钩数量应符合设计或产品说明书要求，如设计未要求，则应符合表 3‑5 的规定，位置如图 3‑38 所示。如在轻质结构墙上安装散热器，则还须根据具体情况的不同，事先制作支承架，如图 3‑39、图 3‑40 所示。

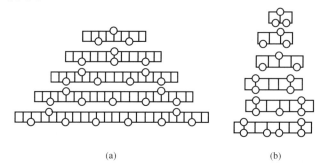

(a)　　　　　　　　　　　　(b)

图 3‑38　散热器托钩数量及安装位置

(a) 柱型；(b) 长翼型

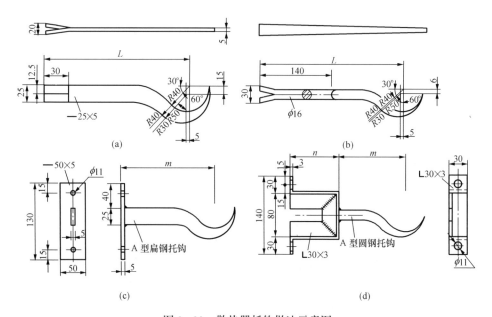

(a)　　　　　　　　　　　　(b)

(c)　　　　　　　　　　　　(d)

图 3‑39　散热器托钩做法示意图

(a) A 型扁钢托钩；(b) A 型圆钢托钩；(c) B 型扁钢托钩；(d) C 型托钩

项次	散热器形式	安装方式	每组片数	上部托钩或卡架数（个）	下部托钩或卡架数（个）	合 计（个）

表 3-5　　　　　　　　　　　　　散热器托钩数量

项次	散热器形式	安装方式	每组片数	上部托钩或卡架数（个）	下部托钩或卡架数（个）	合 计（个）
1	长翼型	挂墙	2～4	1	2	3
			5	2	2	4
			6	2	3	5
			7	2	4	6
2	柱型柱翼型	挂墙	3～8	1	2	3
			9～12	1	3	4
			13～16	2	4	6
			17～20	2	5	7
			21～25	2	6	8
3	柱型柱翼型	带足落地	3～8	1	—	1
			8～12	1	—	1
			13～16	2	—	2
			17～20	2	—	2
			21～25	2	—	2

4）打孔洞。用电钻或电锤对准墙上的托钩定位，钻孔打眼，孔洞深度不得小于130mm。钻孔时，应使孔洞里大外小。打完孔洞后应使用配套托钩试安装，如不符合要求，则应将孔洞修凿至满足安装要求为止。

5）栽托钩。托钩安装时，先用水将孔洞冲洗干净，把细石混凝土填入孔洞到洞深的1/2，将托钩垂直地栽入孔洞内，然后，检查托钩是否垂直于墙面，托钩是否平整，上托钩是否在上水平线上，下托钩是否在下水平线上。检查合格后，将孔洞填实、压平、挤严，最后将托钩固定。

6）散热器安装。待托钩达到强度（必须超过设计强度75%）后，即可安装散热器。

①根据设计要求，将各房间的散热器对号入座，用人力将散热器平稳地安放在散热器托钩上。

②散热器就位后，须用水平尺、线坠及量尺检查散热器安装是否正确，散热器应与地面垂直，散热器侧面应与墙面平行，散热器背面与装饰后的墙内表面的安装距离，应符合设计或产品说明书要求，如设计未注明，则距离应为30～50mm。散热器与托钩接触要紧密。

③同一房间内的散热器应安装在同一水平线上。

④散热器安装在钢筋混凝土墙上时，必须在钢筋混凝土墙上预埋钢板，散热器安装时，先把托钩焊在预埋钢板上。

铸铁四柱型散热器安装如图3-41所示，铸铁长翼型散热器安装如图3-42所示。

2. 钢制散热器安装

钢制散热器种类繁多，形状各异，但其安装程序、步骤、方法是基本一致的。钢制散热器的安装程序为：托钩、托架安装→散热器就位→散热器找平、找正→散热器固定→散热器支管连接。

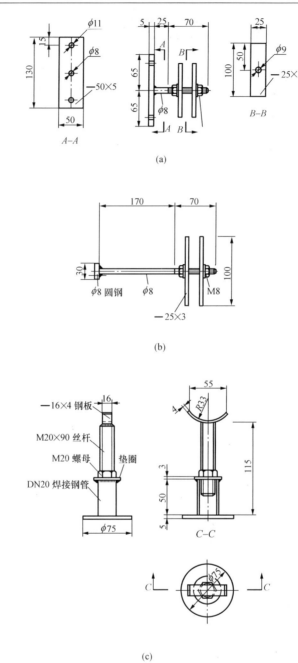

图 3-40　散热器卡子及支座详图

(a) D 型卡子；(b) E 型卡子；(c) F 型支座

托钩、托架安装步骤如下：

（1）找出散热器的中心线。散热器的中心线与窗台中心线相吻合。用尺量出窗口的实际宽度，取其一半，在墙上作"∨"符号标记，从标记点上用线坠吊垂线，用水平尺、角尺把垂线画到墙上。此垂线即为散热器安装中心线基线，也是托钩、托架定位的基准线之一。

（2）在垂直中心线上，从地面向上量取 150～250mm，得出 A 点，作一十字标记，再从

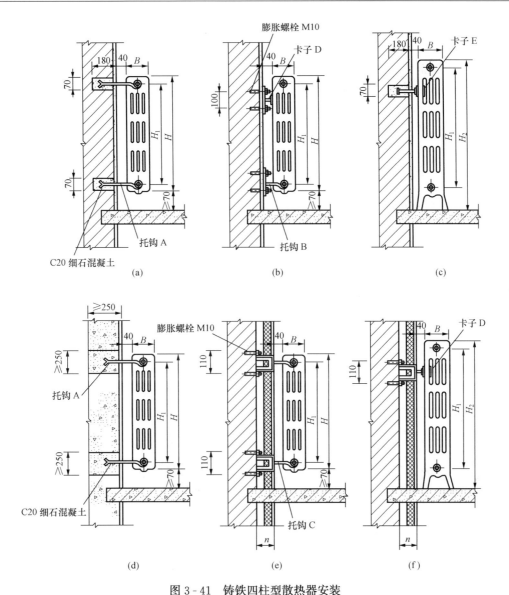

图 3-41　铸铁四柱型散热器安装

（a）、（b）砖墙上挂式安装；（c）砖墙上落地安装；（d）加气混凝土墙上安装；（e）保温复合墙上挂式
安装；（f）保温复合墙上落地安装

A 点沿着垂线向上量取 H_1 值（散热器进出口中心距），在此垂直中心线上得出第二个交点
B，并作出十字标记，如图 3-43 所示。

（3）用水平尺和拉线过 A 与 B 点两个十字标记分别拉出上下两根水平平行线，并画在
墙上。

（4）根据散热器托钩、托架的位置和每组散热器托钩、托架的数量，在上下水平线上量
出托钩、托架在墙上的实际位置，并画出十字标记。由于钢制柱型散热器种类、型号较多，
因此每组散热器所用托钩、托架数量不一。散热器托架、托钩数量应符合设计或产品说明书
的要求。如设计无要求，则可参考表 3-6 中的数量施工。

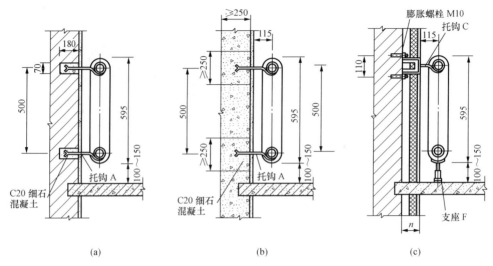

图 3-42 铸铁长翼型散热器安装

(a) 砖墙上挂式安装；(b) 加气混凝土墙上挂式安装；(c) 保温复合墙上落地安装

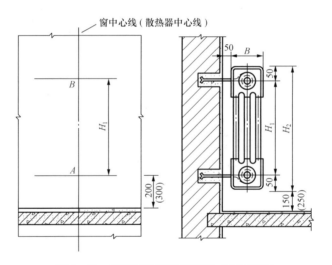

图 3-43 钢制柱型散热器安装（GZ 系列）

表 3-6   **钢制柱型散热器托钩数量及位置**   个

每组片数	4～15	16～23	>24
上部托钩数	1	2	2
下部托钩数	2	2	3
总数	3	4	5

（5）用电钻对准墙上的托钩定位，钻孔打眼，孔洞深度不得小于 130mm。钻孔时，应使孔洞里大外小。打完孔洞后应使用配套托钩试安装，如不符合要求，则应将孔洞修凿至满足安装要求为止。

（6）托钩安装时，先用水将孔洞冲洗干净，把细石混凝土填入孔洞到洞深的 1/2，将托钩垂直地栽入孔洞内，然后，检查托钩是否垂直于墙面，托钩是否平整，上托钩是否在上水平线上，下托钩是否在下水平线上。检查合格后，将孔洞填实、压平、挤严，最后将托钩固定。待托钩周围的细石混凝土达到强度（必须超过设计强度75％）后，方可安装散热器。

（7）当散热器安装在轻质墙体上，墙体不能满足安装散热器托钩的需要时，应将散热器用专用托架支承。用托架支承的普通钢制柱型散热器安装如图 3-44 所示。支承托架一般由生产厂家配套供给，也可在施工现场自行制作。

二、供暖系统附属设备安装

1. 膨胀水箱的安装

膨胀水箱在热水供暖系统中起着容纳膨胀水、排除系统中空气、为系统补水、稳定系统压力、指示系统水位的作用，是热水供暖系统重要的附属设备。膨胀水箱按其与系统的连接方式可分为开式膨胀水箱和闭式膨胀水箱。

膨胀水箱从外形上可分为圆形和方形，圆形水箱从受力的角度看受力更合理，承压能力比方形水箱高，也节省材料，但制作难度大，如图 3-45 所示。方形水箱易于制作，在低温热水供暖系统中，膨胀水箱大都做成与大气相通的开式水箱。水箱一般是由 $\delta=4\sim5$mm 厚的钢板焊制而成，水箱上设有膨胀管、信号管、溢流管、循环管、排水管等。膨胀水箱从构造上可分为有补给水箱和无补给水箱两种。带补给水箱的方形膨胀水箱如图 3-46 所示。

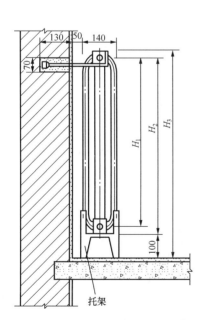

图 3-44　用托架支承的普通钢制柱型
散热器安装（QFQ 系列）

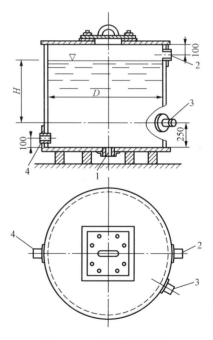

图 3-45　圆形膨胀水箱
1—膨胀管；2—溢流管；3—信号管；4—循环管

膨胀水箱通常都是在施工现场制作，根据标准图选取材质规格相应的型材，除锈后加工制作，制作完毕后再进行试漏，试漏合格后采取防腐措施。

膨胀水箱应安装在系统的最高处，要高于系统最高点（或散热器）0.5～1.0m，一般安装在承重墙的槽钢支架上，箱底和支架间垫以方木以防止滑动，箱底距地面高度不应小于

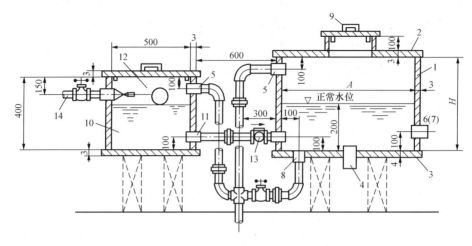

图 3-46 带补给水箱的方形膨胀水箱

1—水箱壁；2—水箱盖；3—水箱底；4—膨胀管；5—溢流管；6—循环管；7—检查管；8—排污管；
9—人孔盖；10—补水水箱；11—补水管；12—浮球阀；13—止回阀；14—给水管

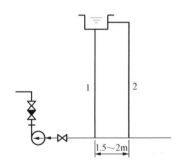

图 3-47 膨胀水箱与机械
循环系统的连接
1—膨胀管；2—循环管

400mm，安装在不供暖的房间时，箱体应保温，保温材料及厚度由设计确定。

膨胀水箱上的配管规格应由设计确定，当设计无明确规定时，可参照表 3-7 进行安装。膨胀水箱与机械循环系统的连接如图 3-47 所示。膨胀水箱的所有连接管应以法兰或活接头与水箱相连，以便于拆卸；接管的开孔工作应在现场进行，以便于选择最方便的开孔和接管位置，开孔应用气割方式进行。焊连接的管道，在水箱开孔后应焊上一段带法兰的短管，用于同法兰阀门或管道的连接；螺纹连接的管道，开孔后焊上一段带螺纹的短管，以便于丝扣阀门或活接头的连接。

表 3-7 膨胀水箱各连接管规格

序 号	名 称	方 形		圆 形	
		1~8 号	9~12 号	1~4 号	5~16 号
1	膨胀管	DN25	DN32	DN25	DN32
2	循环管	DN20	DN25	DN20	DN25
3	信号管	DN20	DN20	DN20	DN25
4	溢流管	DN40	DN50	DN40	DN50
5	排水管	DN32	DN32	DN32	DN32

2. 除污器与过滤器安装

（1）除污器安装。除污器的作用是过滤清除系统水中的泥沙、铁锈等杂质，避免阻塞并防止水中杂物进入水泵、锅炉等设备。除污器一般应置于供暖用户入口调压装置前及锅炉房循环水泵的吸入口和热交换设备前。除污器的形式有直通除污器、直角式除污器。立式直通除污器如图 3-48 所示，卧式直通除污器如图 3-49 所示，卧式角通除污器如图 3-50 所示。除污器一般为圆形钢制筒体，热水由供水管进入除污器内，水流速度突然减小，使水中的杂质沉降到筒体的底部，清洁水由带有许多小孔的出水管流出。

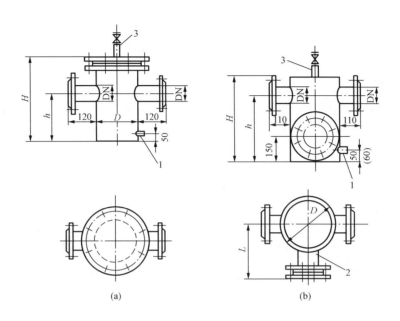

(a)　　　　　　　　　　(b)

图 3-48　立式直通除污器

(a) DN40～DN80；(b) DN100～DN200

1—DN20 排水管；2—DN150 手孔短管；3—DN15 排气管

注：图中 (60) 为 DN200 的尺寸。

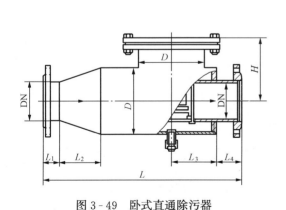

图 3-49　卧式直通除污器

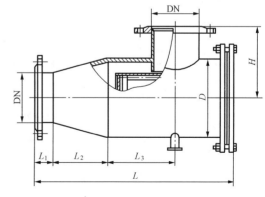

图 3-50　卧式角通除污器

除污器安装时应有牢固的支承（支承件为砖支墩、混凝土支墩、型钢支架等），除污器上所连接的阀门均为法兰阀门，便于连接、拆卸和检修。立式除污器顶部设排气阀，底部设排污阀，除污器两侧应安装压力表。除污器安装有直通式和角通式两种形式，如图 3-51 所示。

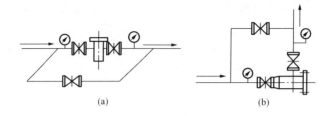

图 3-51　除污器的安装形式

(a) 直通式；(b) 角通式

(2) 过滤器安装。过滤器的作用是过滤和定期清除系统中的污物，过滤器按连接方式的不同分为丝扣过滤器和法兰过滤器，如图 3-52 所示。过滤器通常安装在减压装置、疏水装置和计量装置之前（按介质流动方向）。

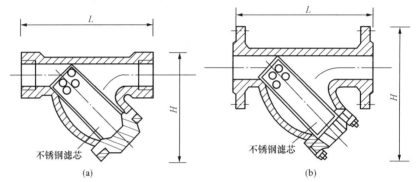

图 3-52　过滤器

(a) 丝扣接口 (DN15～DN50)；(b) 法兰接口 (DN15～DN50)

3. 排气装置安装

(1) 集气罐安装。集气罐是热水供暖系统定期排除空气的装置，集气罐的有效容积应为膨胀水箱容积的 1‰，它的直径 D 应大于或等于干管直径的 1.5～2 倍，使水在其中的流速不超过 0.05m/s，热水进入集气罐后，断面扩大，流速降低，空气自动从水中逸出。施工过程中，集气罐是现场制作的，通常用 DN100、DN150、DN200、DN250 的无缝钢管焊制而成，也可用钢板卷焊而成。集气罐分立式和卧式两种，如图 3-53 和图 3-54 所示，集气罐的规格尺寸见表 3-8。

表 3-8　　　　　　　　　　　　　集气罐的规格尺寸

型号 规格	1	2	3	4
规格	100	150	200	250
$D_1 \times \delta_1$ (mm×mm)	108×4.0	159×4.5	219×6.0	273×6.0
H (L) (mm)	200	250	300	350
δ_2 (mm)	6	6	8	10

(2) 自动排气阀安装。自动排气阀是安装在热水供暖系统中能自动排除空气的一种阀门，它具有结构紧凑，安装方便，不需要专人开启排气阀而自动调整排气等特点，如图 3-55 所示，自动排气阀的安装如图 3-56、图 3-57 所示。

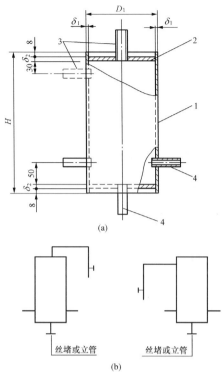

图 3-53　立式集气罐及接管方式

（a）立式集气罐；（b）接管方式

1—外壳；2—盖板；3—放气管；4—接管

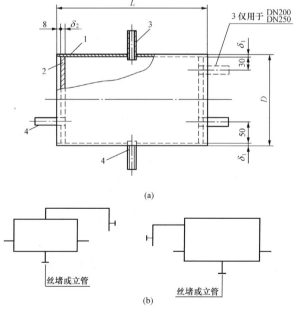

图 3-54　卧式集气罐及接管方式

（a）卧式集气罐；（b）接管方式

1—外壳；2—盖板；3—放气管；4—接管

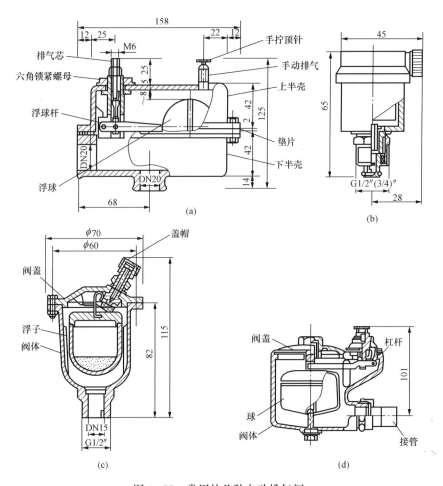

图 3 - 55　常用的几种自动排气阀

（a）ZP-Ⅰ、Ⅱ，ZPT-C 型自动排气阀；（b）ZP88-Ⅰ型立式自动排气阀；
（c）PQ-R-S 型自动排气阀；（d）P21T-4 立式自动排气阀

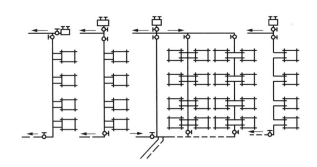

图 3 - 56　热水供暖系统自动排气阀安装

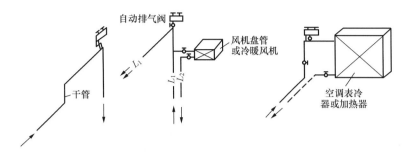

图 3-57 自动排气阀安装于冷水及空调加热系统

第三节 低温热水地板辐射供暖系统安装

一、管材及附件

（1）管材。低温热水地板辐射供暖系统常用的管材有交联聚乙烯（PE-X）管、交联聚乙烯铝塑（XPAP）管、耐热聚乙烯（PE-RT）管、无规共聚聚丙烯（PP-R）管和聚丁烯（PB）管等。常用地板辐射供暖管材的一般物理力学性能见表 3-9。

（2）附件。低温热水地板辐射供暖系统的附件有：专用接头连接件、伸缩节、阀门、分集水器和过滤器等。

二、管道布置

低温热水地板辐射供暖系统的管道布置形式有直列形、回转形、往复形等，如图 3-58所示。

三、低温热水地板辐射供暖系统安装

1. 安装前的工作

（1）设计图纸、文件等技术参数齐全，已进行技术交底。

（2）施工现场要做到三通一平（水通、路通、电通、场地平整），有专用的材料堆放场地；应保证施工环境温度不低于 5℃。

（3）管材在搬运过程中不应受到任何损坏，存放处应避免阳光照射及油类污染。

（4）室内装修完毕，窗户安装完毕，待铺管地面平整清洁。平整度用 1m 靠尺检查，高低差≤8mm。

（5）安装人员应熟悉管材的一般性能，掌握其安装工艺及加工技术。

（6）低温热水地板辐射供暖加热管安装前，应对管材、管件进行检查、检验，并进行试连接，再清除管子及管件内外的污物。

（7）备好、备齐施工安装中所用工、机具，如专用管钳、冲击钻、胀铆螺栓、手钳、活络扳手、塑料扎带、固定卡子、抹子、推车、手动加压泵、榔头、压力表等，有条件的，还应配备钉管机。

（8）所有地板内管道的孔洞应在供暖管道铺设之前打好，以免铺设管道时打眼、钻孔损坏管道。

2. 供暖系统施工、安装

（1）清理场地。进行场地清理，确认铺设地板辐射系统区域内的隐蔽工程全部完成并

表 3 - 9　　常用地板辐射供暖管材的一般物理力学性能

项　目	单　位	交联铝塑(XPAP)复合管④	聚丁烯(PB)管	交联聚乙烯(PE-X)管	无规共聚聚丙烯(PP-R)管	耐热聚乙烯(PE-RT)管
密度	g/cm³	≥0.926①	>0.920	≥0.940	0.89~0.91	≥0.926
纵向长度回缩率	%	≤2	≤2	≤3	≤2	<3
热稳定性②	MPa (环应力)	③	—	2.5	1.9	—
蠕变特性及检测点　环应力	MPa		15.5 / 6.0	12.0 / 4.4	16.0 / 3.5	10.0 / 3.50
温度	℃		20 / 95	20 / 95	20 / 95	20 / 95
时间	h		1 / 1000	1 / 1000	1 / 1000	1 / 1000
交联度　硅烷	%	≥65①	—	≥65	—	—
过氧化物	%	≥70①		≥70		
辐射	%	≥60①		≥60		
维卡软化点	℃	≥105①	113	123	140	110
抗拉屈服强度 [(23±1)℃]	MPa	≥23①	≥17	≥17	≥27	≥17
断裂延伸率 [(23±1)℃]	%	≥350①	≥283	≥400	≥700	≥350
热导率	W/(m·K)	≥0.45	≥0.53	≥0.41	≥0.37	≥0.35
线膨胀系数	mm/(m·K)	0.025	0.133	0.200	0.15	0.14

① 指交联聚乙烯层。

② 110℃热空气中 8760h 无破坏环或泄漏。

③ 交联铝塑 (XPAP) 管的蠕变特性及检测点：液体压力为 2.2MPa，温度为 95℃，时间为 10h。

④ 交联铝塑 (XPAP) 管的铝层，抗拉屈服强度应≥100MPa，断裂屈服延伸率应≥20%。胶黏层的专用热熔胶密度应≥0.926g/cm³，熔融指数应≥1g/10min，维卡软化点应≥105℃，断裂延伸率应≥400%，剥离强度应≥70N/25min。

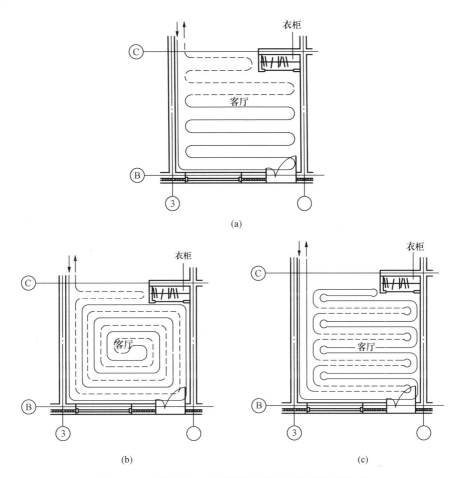

图 3-58 低温热水地板辐射供暖系统管道布置形式
(a) 直列形；(b) 回转形；(c) 往复形

验收。

(2) 防潮层施工。与土壤或室外空气接触的地板处应设置防潮层。防潮层的做法应符合 GB 50209—2010《建筑地面工程施工质量验收规范》的规定。

(3) 敷设边界保温带及设置伸缩缝。

1) 敷设边界保温带。地板辐射供暖系统与墙、柱等构件间的绝热构造是边界保温带。施工时，在供暖房间所有墙、柱与楼（地）板相交的位置应敷设边界保温带。边界保温带应高出精装修地面标高（待精装修地面施工完成后，切除高于地板面以上的边界保温带），边界保温带的布置如图 3-59 所示。边界保温带可用 8～10mm 厚、150～180mm 宽的聚苯乙烯板条，也可使用复合薄膜的绝热制品，复合薄膜绝热制品有 150mm 和 180mm 两种宽度，可根据地面做法选用。

2) 伸缩缝的布置。补偿混凝土填充层、上部构造层和面层等膨胀或收缩用的构造缝称为伸缩缝，也称膨胀缝、分隔缝。为避免现浇层出现开裂，按规定设置的缝称为伸缩缝，其布置如图 3-60 所示。伸缩缝的做法如图 3-61 所示。

(4) 铺设绝热层。绝热层是阻止或减少无效热耗的构造层。通常用聚苯乙烯泡沫塑料板

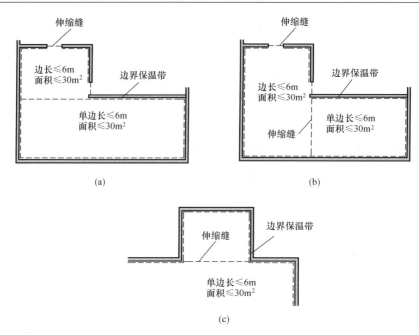

图 3-59　边界保温带的布置

(a) 不正确；(b)、(c) 正确

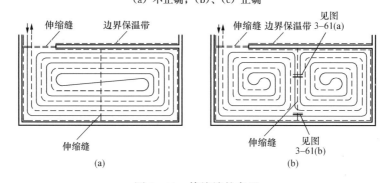

图 3-60　伸缩缝的布置

（a）不正确；(b) 正确

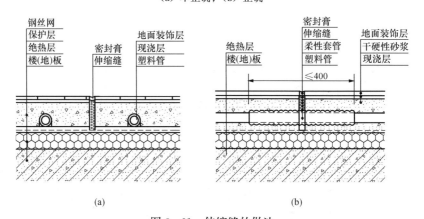

图 3-61　伸缩缝的做法

（a）塑料管在伸缩缝两侧；(b) 塑料管穿越伸缩缝

（简称聚苯板）作绝热层，聚苯乙烯泡沫塑料板主要技术指标应符合表 3‑10 的规定，当热阻要求较高，且厚度受限时，可在聚苯板下加一层聚氨酯泡沫塑料板。绝热层拼接时，应错缝、严密。

表 3‑10　　　　　　　　　　　聚苯乙烯泡沫塑料板主要技术指标

项　　目	单　　位	性　能　指　标
表观密度	kg/m³	≥20.0
压缩强度（即在 10％形变下的压缩应力）	kPa	≥100
热导率	W/(m·k)	≤0.041
吸水率（体积分数）	％	≤4
尺寸稳定性	％	≤3
水蒸气透过系数	Ng/(Pa·m·s)	≤4.5
熔结性（弯曲变形）	mm	≥20
氧指数	％	≥30
燃烧分级	达到 B2 级	

（5）保护层施工。保护层是避免绝热层上部施工时的水分破坏绝热层功能的构造。与绝热层复合在一起的保护层，还有固定塑料管的作用。保护层可用铝箔，也可用 0.15mm 厚的复合聚乙烯塑料薄膜。保护层施工时，搭接处至少重叠 80mm，并用胶带粘牢。

（6）安装分集水器。分集水器是连接多个环路起分配、汇集热媒作用的装置。装置上配有注水、放气附件，每个环路应有手动平衡附件。分集水器应选用铜质或不锈钢制品。分集水器上的管口应与塑料管能严密连接。立干管系统未清洗时，暂不与系统连接。设置房间温度控制器的系统，还应检查温度控制器位置、分集水器处的电源接口及控制器信号线套管（提前预埋）、金属箱体的接地保护等。分集水器安装时，一般将分水器安装在上，集水器安装在下，集水器中心距地面的安装高度不应小于 300mm，如图 3‑62 所示。分集水器若垂直安装，则下端距安装地面的高度不应小于 150mm。

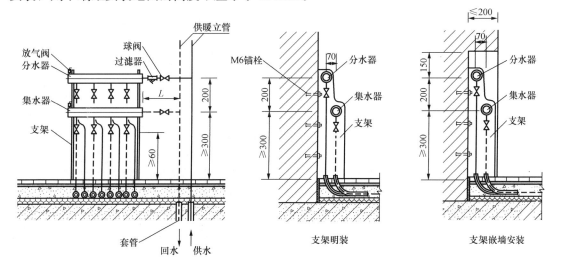

图 3‑62　分集水器安装

分集水器安装有明装、暗装等形式。

（7）加热管安装。

1）加热管应按照设计图纸标定的管间距和走向敷设，加热管应保持平直，管间距的安装误差不应大于10mm。加热管敷设前，应对照核定加热管的选型、管径、壁厚，并应检查外观质量，管内不得有杂质。加热管安装间断或完毕时，敞口处应随时封堵。

2）加热管切割应采用专用工具，切割管口要平整，断面要平齐且垂直于管轴线。

3）加热管安装时应防止管道扭曲，管子弯曲时，圆弧的顶角应加以限制，并用管卡固定，不得出现尖角和"死褶"；塑料管、铝塑复合管的弯曲半径不宜小于6倍的管外径，铜管的弯曲半径不宜小于5倍的管外径。

4）埋设于填充层内的加热管不应有接头。施工完毕后，若发现加热管损坏，需要增设接头，则应先报建设单位或监理工程师，提出书面补救措施，经批准后方可实施。增设接头，则应根据加热管材质，采取相应的连接方式。管材若为铝塑（PAP）管、交联聚乙烯（PE-X）管、耐热聚乙烯管（PE-RT）管，则应采用卡套式管接头连接；若为无规共聚聚丙烯（PP-R）管，则应采用热熔或电熔管接头连接；若为铜管，则应采用承插焊管接头连接。不管采用何种接头，均应在竣工图上清晰地表示出来，并记录归档。

5）塑料管铺设时应扣紧使其水平和垂直位置保持不变，在铺设现浇层前后，管道垂直位移不应大于5mm。塑料管固定点的间距，取决于管材、管子规格和系统形式。设计无要求时，管卡间距宜为500～700mm；小于90°的弯曲管段的两端和中点均应固定，弯曲管段固定点的间距宜为200～300mm。塑料管的固定方式有：用塑料扎带将塑料管绑扎在铺设于绝热层表面的钢丝网上，用塑料管卡将塑料管直接固定在复合保护层的绝热板上，卡在铺设于绝热层表面的专用管卡、管架、管槽上，如图3-63所示。

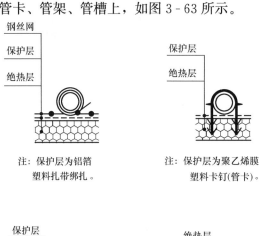

注：保护层为铝箔
塑料扎带绑扎。

注：保护层为聚乙烯膜
塑料卡钉(管卡)。

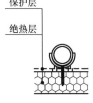

注：保护层为聚乙烯膜
管架或管托。

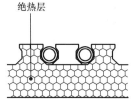

带凸台或管槽的绝热层

图3-63　塑料管固定方式

6）在分水器、集水器附近以及其他局部加热管排列比较密集的部位，当管间距小于100mm时，加热管外部应采取设置柔性套管等措施。

7）加热管出地面至分水器、集水器连接处，应加设套管，套管高出饰面150~200mm。

8）加热管的环路布置不宜穿越填充层的伸缩缝，必须穿越时，应加设长度不小于200mm的柔性套管，见图3-61。

（8）检查。塑料管安装完毕后，应进行检查，检查管路外观有无损伤，每个环路不应有接头；弯管处的固定截面不应有变形。

（9）试压。关闭分集水器前的阀门，从注水阀（或排气阀）注入清水进行水压试验，试验压力应为工作压力的1.5倍，但不得小于0.6MPa，打压应缓缓进行，升压时间不得小于15min，升到试验压力后，稳压1h，压力降不大于0.05MPa，然后降至工作压力的1.15倍，稳压2h，压力降不大于0.03MPa，且系统不渗不漏为合格。

系统试压合格后，应对系统进行清洗，并清理过滤器及除污器。

3. 填充层施工

（1）填充层施工应具备的条件。

1）所有伸缩缝已安装完毕。

2）加热管安装完毕且水压试验合格，加热管处于有压状态下。

3）已通过隐蔽工程验收。

（2）混凝土填充层施工，应由有资质的土建施工方承担，供暖系统安装单位密切配合。

（3）混凝土填充层施工中，加热管内的水压不应低于0.6MPa，填充层养护过程中，系统的水压不应低于0.4MPa。

（4）混凝土填充层施工中，严禁使用机械振捣设备；施工人员应穿软底鞋，采用平头铁锹。

（5）在加热管的铺设区内，严禁穿凿、钻孔或进行射钉作业。

（6）系统初始加热前，混凝土填充层的养护期不应少于21天。施工中，应对地面采取保护措施，不得在地面上加以重载、高温烘烤、直接放置高温物体和高温加热设备。

4. 面层施工

（1）装饰面层用材料。装饰地面宜采用下列材料：水泥砂浆、混凝土地面；瓷砖、大理石、花岗石等地面；符合国家标准的复合木地板、实木复合地板及耐热实木地板。

（2）面层施工前，填充层应达到面层需要的干燥度。面层施工除应符合土建施工设计图纸的各项要求外，尚应符合下列规定：

1）施工面层时，不得剔、凿、割、钻和钉填充层，不得向填充层内楔入任何物件。

2）面层的施工，应在填充层达到要求的强度后才能进行。

3）石材、面砖在与内外墙、柱等垂直构件交接处，应留有10mm宽的伸缩缝；木地板铺设时，应留有不小于14mm的伸缩缝。伸缩缝应从填充层的上边缘做到高出装饰层上表面10~20mm，装饰层敷设完毕后，应裁去多余部分。伸缩缝填充材料宜采用高发泡聚乙烯泡沫塑料板。

（3）以木地板作为面层时，木材应经干燥处理，且应在填充层和找平层完全干燥后，才能进行地板施工。

（4）瓷砖、大理石、花岗石面层施工时，在伸缩缝处宜采用干贴。

5. 地板辐射供暖系统施工安装应注意的问题

（1）各类塑料管、绝热材料不得直接接触明火。严禁用加热的方式对 PE-X 管揻弯。

（2）安装过程中，应防止油漆、涂料、沥青或其他化学溶剂沾染塑料管，安装间断时，应及时封堵管道系统的敞口处。

（3）塑料管严禁攀踏、用作支承或借作他用。

（4）进入施工现场的作业人员应穿软底鞋，不得穿皮鞋或铁掌鞋踩踏塑料管。除施工中必需的施工工具，不得有其他施工工具、铁器进场。施工所用的施工工具暂不使用时，应妥善放置，不得乱扔、乱放。

（5）地板辐射供暖系统安装，不应与其他施工作业交叉进行。混凝土现浇层的浇捣和养护过程中，不得进入踩踏。

（6）在混凝土现浇层养护期满后，敷设塑料管的地面，应设置明显标志，并加以妥善保护，不得在地面上运行重荷载体，不得放置高温物体。

（7）施工完成的地板辐射供暖地面严禁随意敲打、冲击。不得在地面上开孔、剔凿或揳入任何物件。

6. 调试与试运行

（1）地面辐射供暖系统未经调试，严禁运行使用。

（2）地面辐射供暖系统的运行调试，应在具备正常供暖的条件下进行。

（3）现浇层施工完毕 21 天后可进行系统试热。初始供水温度应控制在比当时环境温度高 10℃左右，且不应高于 32℃，并连续运行 48h，以后每隔 24h 水温升高 3℃，直至达到设计供水温度。在此温度下应对每组分水器、集水器连接的加热管逐路进行调节，直至达到设计要求。

（4）地面辐射供暖系统的供暖效果，应以房间中央离地面 1.5m 处黑球温度计指示的温度，作为评价和检测的依据。

第四章　室外供热管道安装

第一节　室外供热管道的敷设

一、供热管道的敷设方式

室外供热管道的敷设方式有架空敷设、地沟敷设和直埋敷设。

1. 架空敷设

供热管道若采用架空敷设，则应设在独立的支架上，也可设在栈桥和沿建筑物、构筑物的外墙上。架空敷设的管道不得妨碍车辆和行人通过，不得影响建筑物采光。

（1）架空敷设供热管道的布置形式。架空敷设的供热管道按供热管道的高度可分为高支架、中支架、低支架。高支架净高不小于4m，中支架净高在2～4m，低支架净高在0.3～1.0m。架空供热管道的布置形式如图4-1所示。

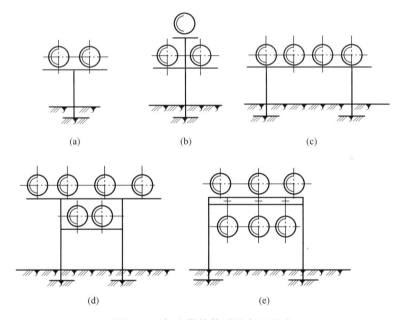

图4-1　架空供热管道的布置形式

（a）两根管；（b）三根管两层布置；（c）多根管单层布置；（d）多管两层布置；

（e）多管H型构架布置

（2）架空敷设供热管道的选用原则。

1）低支架敷设。在不妨碍交通及行人的地段，不影响城市和厂区的美化、不影响工厂厂区扩建的地段和地区、保温结构有足够的机械强度和可靠的防护设施场所宜采用低支架敷设。

2）中支架敷设。在不通行或非主要通行车辆的地段、在人行交通不频繁的地方宜采用中支架敷设。

3）高支架敷设。跨越厂外或厂区主要干道、跨越障碍物和车辆通行的地区以及行人和小型车辆通行的地区宜采用高支架敷设。

2. 地沟敷设

供热管道在地沟内敷设是地下敷设的一种方式。根据地沟的通行情况可分为通行地沟、半通行地沟和不通行地沟。

（1）通行地沟敷设。

1）通行地沟的适用状况。通行地沟顾名思义是指人在管沟内能够通行，管沟净深≥1.8m，沟内的操作宽度≥0.7m。在下列情况下可以考虑采用地沟敷设。

①当管道通过不允许开挖的路段时。

②当管道数量较多或管径较大，管道一侧垂直排列高度大于或等于1.5m时。

通行地沟的布管方式有单侧布管和双侧布管两种，如图4-2所示。

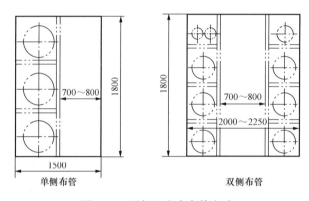

图4-2　通行地沟内布管方式

2）通行地沟应满足的技术要求。

①通行地沟应每隔200m设置事故人孔（出入口），但装有蒸汽管道的地沟应每隔100m设一个事故人孔；整体混凝土结构的通行地沟，每隔200m宜设一个安装孔，安装孔宽度不小于0.6m，并应大于地沟内最大一根管外径加0.1m，其长度至少应保证6m长的管子能进入管沟。

②通行地沟的最小净断面应为1.2m（宽）×1.8m（高），通道的净宽一般为0.7m。当采用横贯地沟断面的支架时，支架下面的净高不应小于1.7m。地沟的有关尺寸应符合表4-1的规定。

表4-1　　　　　　　　　　　　　　　地沟敷设有关尺寸　　　　　　　　　　　　　　　　　　　　　　　m

管沟类型	有 关 尺 寸 名 称					
	管沟净高	人行通道宽	管道保温表面与沟墙净距	管道保温表面与沟顶净距	管道保温表面与沟底净距	管道保温表面间的净距
通行地沟	≥1.8	≥0.6	≥0.2	≥0.2	≥0.2	≥0.2
半通行地沟	≥1.2	≥0.5	≥0.2	≥0.2	≥0.2	≥0.2
不通行地沟	—	—	≥0.1	≥0.05	≥0.15	≥0.2

③通行地沟沟底应有与地沟内主要管道坡向一致的坡度，坡向集水坑。

④通行地沟内应设置永久性照明装置，电压不应大于 36V。

⑤通行地沟内的空气温度不得超过 40℃，一般可利用自然通风。当自然通风不能满足时，可采用机械通风。设置的自然通风塔，应根据总体规划、安排，可直接在地沟内或沿建筑物设置。排风塔和进风塔必须沿地沟长度的方向交替设置，其横断面应根据换气次数 2～3 次/h 和风速不大于 2m/s 计算确定。

⑥地沟盖板应有 0.03～0.05 的横向坡度，以排除雨水或融化的雪水。

（2）半通行地沟敷设。当供热管道的数量较多，采用单排水平布置有困难，且又需要考虑能进行一般的检修工作时，可采用半通行地沟。半通行地沟的最小断面为 0.7m（宽）×1.4m（高）。如采用横贯地沟断面设置支架时，则其下面净高不应小于 1m，其通道宽度大于或等于 0.6m。半通行地沟应尽量采取沿沟壁一侧布置管子，如沟内管子数量较多，则可双侧布置。半通行地沟内管道布置如图 4-3 所示，地沟敷设的有关尺寸应符合表 4-1 的规定。

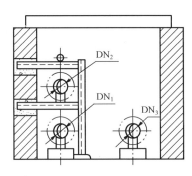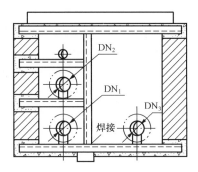

图 4-3　半通行地沟内管道布置

半通行地沟长度超过 200m 时，应设置检查孔，孔口直径不得小于 0.6m，人孔应高出周围地面。

（3）不通行地沟敷设。当管道根数不多，且维修工作量不大时，宜采用不通行地沟。不通行地沟宽度不宜超过 1.5m，超过 1.5m 时宜采用双槽地沟。不通行地沟内管道布置如图 4-4 所示。

3. 直埋敷设

当热水热力网管道地下敷设时，宜采用直埋敷设。

（1）热水管道的直埋敷设。

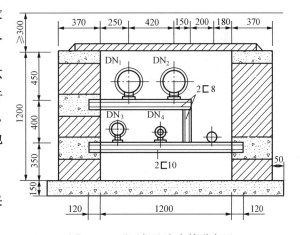

图 4-4　不通行地沟内管道布置

1）直埋热水管道敷设时宜有不小于 0.002 的坡度，坡向有利于排气和泄水，且应在管道的最高处设排气阀，在管道的最低处设泄水阀。

2）管道敷设应利用自然弯曲进行补偿，管道的弯曲角度小于 30°不能用作自然补偿。

3）直埋敷设热水管道最小覆土深度应符合表 4-2 的规定。

表 4 - 2 直埋敷设热水管道最小覆土深度

公称直径	DN50～DN125	DN150～DN200	DN250～DN300	DN350～DN400	DN450～DN500
车行道下（m）	0.8	1.0	1.0	1.2	1.2
非车行道下（m）	0.6	0.6	0.7	0.8	0.9

（2）蒸汽管道的直埋敷设。

1）直埋蒸汽管道宜敷设在各类地下管道的最上部。

2）直埋蒸汽管道敷设时宜有 0.003 的坡度，不宜小于 0.002，坡向疏水点。

3）两个固定支座之间的蒸汽管道不宜有折角。

4）直埋蒸汽管道与其他地下管线交叉时，直埋蒸汽管道的管路附件距交叉部位的水平净距宜大于 3m。

5）直埋蒸汽管道最小覆土深度应符合表 4 - 3 的规定。

表 4 - 3 直埋蒸汽管道最小覆土深度 m

类别 \ 公称直径		DN50～DN100	DN125～DN200	DN250～DN450	DN500～DN700
钢质外护管	车行道下	0.6	0.8	1.0	1.2
	非车行道下	0.5	0.6	0.8	1.0
玻璃钢外护管	车行道下	0.8	1.0	1.2	1.4
	非车行道下	0.6	0.8	1.0	1.2

6）管道由地下转至地上时，外护管必须一同引出地面，其外护管距地面的高度不宜小于 0.5m，并应设防水帽和采取隔热措施。

7）直埋蒸汽管道与地沟敷设的管道连接时，应采取防止地沟向直埋蒸汽管道保温层渗水的技术措施。

8）当地基软硬不一致时，应对地基作过渡处理。

9）直埋蒸汽管道穿越河底时，管道应敷设在河床的硬质土层或作地基处理。

二、供热管道敷设的一般原则

供热管道敷设时，应遵循以下原则：

（1）城市街道上和居住区内的供热管道宜采用地下敷设。当地下敷设有困难时，可采用地上敷设，但施工、安装时应注意美观。

（2）工厂区的供热管道，宜采用地上敷设。

（3）热水管道地下敷设时，应优先采用直埋敷设。

（4）热水或蒸汽管道采用地沟敷设时，宜采用不通行管沟敷设，穿越不允许开挖检修的地段时，应采用通行管沟敷设；当采用通行管沟敷设困难时，可采用半通行管沟敷设。

（5）当蒸汽管道采用直埋敷设时，应采用保温性能良好、防水性能可靠、保护管耐腐蚀的预制保温管直埋敷设，其设计寿命不应低于 25 年。

（6）直埋敷设的热水管道应采用钢管、保温层、保护外壳结合成一体的预制保温管道。

（7）管沟敷设有关尺寸应符合表 4 - 1 的规定。

（8）工作人员经常进入的通行管沟应有照明设备和良好的通风措施。工作人员在管沟内工作时，空气温度不得超过 40℃。

（9）通行管沟应设事故人孔。设有蒸汽管道的通行管沟，事故人孔间距不应大于 100m；热水管道的通行管沟，事故人孔间距不应大于 200m。

（10）整体混凝土结构的通行管沟，每隔 200m 宜装设一个安装孔。安装孔宽度不应小于 0.6m，且应大于管沟内最大一根管道的外径加 0.1m，其长度应保证 6m 长的管子进入管沟。当需要考虑设备进出时，安装孔宽度还应满足设备进出的需要。

（11）地下敷设的供热管道的管沟外表面，直埋敷设热水管道或地上敷设管道的保温结构表面与建筑物、构筑物、道路、铁路、电缆、架空电线和其他管道的最小水平净距、垂直净距应符合表 4-4 的规定。

（12）地上敷设供热管道穿越行人过往频繁地区，管道保温结构下表面距地面不应小于 2.0m；在不影响交通的地区，应采用低支架，管道保温结构下表面距地面不应小于 0.3m。

（13）管道穿越水面、峡谷地段时，在桥梁主管部门同意的情况下，可在永久性的公路桥上架设。

管道架空跨越不通航河流时，管道保温结构表面与 50 年一遇的最高水位垂直净距不应小于 0.5m。跨越重要河流时，还应符合河道管理部门的有关规定。

河底敷设管道必须远离浅滩、锚地，并应选择在较深的稳定河段，埋设深度应按不妨碍河道整治和保证管道安全的原则确定。对于 1～5 级航道河流，管道（管沟）应敷设在航道底设计标高 2m 以下；对于其他河流，管道（管沟）应敷设在稳定河底 1m 以下。对于灌溉渠道，管道（管沟）应敷设在渠底设计标高 0.5m 以下。管道河底直埋敷设或管沟敷设时，应进行抗浮计算。

（14）供热管道同河流、铁路、公路等交叉时应垂直相交。特殊情况下，管道与铁路或地下铁路交叉不得小于 60°；管道与河流或公路交叉不得小于 45°。

（15）地下敷设管道与铁路或不允许开挖的公路交叉，交叉段的一侧留有足够的检修地段时，可采用套管敷设。

（16）供热管道套管敷设时，套管内不应采用填充式保温，管道保温层与套管间应留有不小于 50mm 的空隙。套管内的管道及其他钢部件应采取加强防腐措施。采用钢套管时，套管内、外表面均应做防腐处理。

（17）地下管沟敷设的供热管道、管沟应有一定的坡度，坡度一般为 0.003，不得小于 0.002。进入建筑物的管道宜坡向干管。地上敷设的管道可不设坡度。

（18）地下敷设的供热管道覆土深度应符合下列规定：

1）管沟盖板或检查室盖板覆土深度不应小于 0.2m。

2）直埋敷设管道的最小覆土深度应考虑土壤和地面活荷载对管道强度的影响并保证管道不发生纵向失稳。

（19）当给水、排水管道或电缆与供热管道交叉必须穿入热力网管沟时，必须加套管或用厚度不小于 100mm 的混凝土防护层与管沟隔开，同时不得妨碍供热管道的检修及地沟排水。套管应伸出管沟以外每侧不应小于 1m。

（20）热力网管沟内不得穿过燃气管道。

（21）热力网管沟与燃气管道交叉，当垂直净距小于 300mm 时，必须采取可靠的措施，防止燃气泄漏进管沟。

表 4 - 4 **供热管道与建筑物（构筑物）或其他管线的最小距离** m

建筑物、构筑物或管线名称			与供热管道最小水平净距	与供热管道最小垂直净距
地下敷设的供热管道				
建筑物基础	管沟敷设的供热管道		0.5	—
	直埋闭式热水管道	公称直径≤DN250	2.5	—
		公称直径≥DN300	3.0	—
	直埋开式热水管道		5.0	—
铁路钢轨			钢轨外侧 3.0	轨底 1.2
电车钢轨			钢轨外侧 2.0	轨底 1.0
铁路、公路路基边坡底脚或边沟的边缘			1.0	—
通信、照明或 10kV 以下电力线路的电杆			1.0	—
桥墩（高架桥、栈桥）边缘			2.0	—
架空管道支架基础边缘			1.5	—
高压输电线铁塔基础边缘 35～220kV			3.0	—
通信电缆管块			1.0	0.15
直埋通信电缆（光缆）			1.0	0.15
电力电缆和控制电缆	35kV 以下		2.0	0.5
	110kV		2.0	1.0
燃气管道	管沟敷设热力网管道	燃气压力 P≤0.01MPa	1.0	钢管最小垂直净距为 0.15m；聚乙烯在管沟上方 0.2m（加套管），聚乙烯在管沟下方 0.3m（加套管）
		燃气压力 P≤0.4MPa	1.5	
		燃气压力 P≤0.8MPa	2.0	
		燃气压力 P>0.8MPa	4.0	
	直埋敷设热水热力网管道	压力 P≤0.4MPa	1.0	钢管最小垂直净距为 0.15m；聚乙烯在直埋管上方 0.5m（加套管），聚乙烯在直埋管下方 1.0m（加套管）
		压力 P≤0.8MPa	1.5	
		压力 P>0.8MPa	2.0	
给水管道			1.5	0.15
排水管道			1.5	0.15
地铁			5.0	0.8
电气铁路接触网电杆基础			3.0	—
乔木（中心）			1.5	—
灌木（中心）			1.5	—
车行道路面			—	0.7
地上敷设的供热管道				
铁路钢轨			轨外侧 3.0	轨顶一般 5.5 电气化铁路 6.55
电车钢轨			轨外侧 2.0	—

续表

建筑物、构筑物或管线名称			与供热管道最小水平净距	与供热管道最小垂直净距
地下敷设的供热管道				
公路边缘			1.5	—
公路路面			—	4.5
架空输电线	架空输电线（水平净距：导线最大风偏时；垂直净距：热力网管道在下面交叉通过导线最大垂度时）	<1kV	1.5	1.0
		1～10kV	2.0	2.0
		35～110kV	4.0	4.0
		220kV	5.0	5.0
		330kV	6.0	6.0
		550kV	6.5	6.5
树冠			0.5（到树中心不小于2.0）	—

注　1. 表中不包括直埋敷设蒸汽管道与建筑物（构筑物）或其他管线的最小距离的规定。

　　2. 当热力网管道的埋设深度大于建（构）筑物基础深度时，最小水平净距应按土壤内摩擦角计算确定。

　　3. 热力网管道与电力电缆平行敷设时，电缆处的土壤温度与月平均土壤自然温度比较，全年任何时候对于电压10kV的电缆不高出10℃，对于电压35～110kV的电缆不高出5℃时，可减小表中所列距离。

　　4. 在不同深度并列敷设各种管道时，各种管道间的水平净距不应小于其深度差。

　　5. 热力网管道检查室、方形补偿器壁龛与燃气管道最小水平净距也应符合表中规定。

　　6. 在条件不允许时，可采取有效技术措施并经有关单位同意后，可减小表中规定的距离，或采用埋深较大的暗挖法、盾构法施工。

（22）管沟敷设的热力网管道进入建筑物或穿过构筑物时，管道穿墙处应封堵严密。

（23）地上敷设的供热管道同架空输电线或电气化铁路交叉时，管道的金属部分（包括交叉点两侧 5m 范围内钢筋混凝土结构的钢筋）应接地，接地电阻不应大于 10Ω。

第二节　室外供热管材、管件及附件

一、管材、管件及连接

（1）室外供热管道应采用无缝钢管、电弧焊或高频焊焊接钢管。管材及管件的钢号不应低于表 4-5 的规定。

表 4-5　　　　　　　　　　　供热管道管材钢号及适用范围

钢　　号		适 用 范 围	钢板厚度 δ（mm）
Q235-A·F		$P \leqslant 1.0MPa$，$t \leqslant 95℃$	$\delta \leqslant 8$
Q235-A		$P \leqslant 1.6MPa$，$t \leqslant 150℃$	$\delta \leqslant 16$
Q235-B		$P \leqslant 2.5MPa$，$t \leqslant 300℃$	$\delta \leqslant 20$
20、20g、20R 号及低合金钢	热水	$P \leqslant 2.5MPa$，$t \leqslant 200℃$	不限
	蒸汽	$P \leqslant 1.6MPa$，$t \leqslant 350℃$	不限

注　P 为管道设计压力；t 为管道设计温度。

（2）凝结水管道宜采用具有防腐内衬或内衬防腐涂层的钢管，在承压能力和耐温性能满足要求的情况下，也可采用非金属管道。

（3）供热管道的连接应采用焊接，管道与设备、装置、阀门连接时，宜采用焊接；当设备、阀门需要拆卸时，应采用法兰连接。对公称直径小于或等于DN25的放气阀、泄水阀，可采用螺纹连接，但与放气阀、泄水阀相连的管子应采用加厚钢管。

（4）室外采暖计算温度低于−5℃的地区，露天敷设的不连续运行的凝结水管道上的放水阀门，不得采用灰铸铁阀门；室外采暖计算温度低于−10℃的地区，露天敷设的热水管道设备、附件均不得采用灰铸铁制品；室外采暖计算温度低于−30℃的地区，露天敷设的热水管道，应采用钢制阀门及附件。

（5）城市热力网蒸汽管道在任何条件下都应采用钢制阀门及附件。

（6）采用的弯头，壁厚不得小于直管壁厚，弯头焊接应采用双面焊接。

（7）热力网管线上的异径管应采用压制或钢板卷制，壁厚不得小于管道壁厚，不得采用抽条法、摔制法制作异径管。蒸汽管道变径应采用下偏心异径管（管底平接），热水管道应采用上偏心异径管（管顶平接），凝结水管道应采用同心异径管。

（8）钢管焊制三通，支管开孔应进行补强。对于承受干管轴向荷载较大的直埋敷设的管道，应考虑三通干管的轴向补强。

二、附件与设施

（1）供热管道干线、支干线、支线的起点应安装阀门。

（2）热水热力网干线应装设分段阀门。分段阀门的间距：输送干线宜为2000～3000m；输配干线宜为1000～1500m。蒸汽热力网可不安装分段阀门。

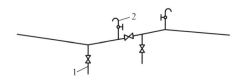

图4-5　热水及凝结水管排水及放气阀的设置
1—排水管；2—放气管

多热源供热系统热源间的连通干线、环状管网环线的分段阀门应采用双向密封阀门。

（3）热水、凝结水管道的高点（包括分段阀门划分的每个管段的高点，见图4-5），应安装放气装置。

（4）热水、凝结水管道的低点（包括分段阀门划分的每个管段的低点，见图4-5）应安装放水装置。热水管道的放水装置应保证一个放水段的排放时间不超过表4-6的规定。

表4-6　　　　　　　　　　　热 水 管 道 放 水 时 间

公称直径	≤DN300	DN300～DN500	≥DN600
放水时间（h）	2～3	4～6	5～7

注　严寒地区采用表中规定的放水时间较小值。停热期间供热装置无冻结危险的地区，表中的规定可放宽。

（5）蒸汽管道的低点和垂直升高的管段前应设启动疏水和经常疏水装置。同一坡度的管段，顺坡情况下每隔400～500m、逆坡时每隔200～300m，应设启动疏水和经常疏水装置（见图4-6）。

（6）经常疏水装置与管道连接处应设聚集凝结水的短管（称为集水管），短管直径为管道直径的1/3～1/2。经常疏水管应连接在短管侧面，如图4-6所示。

（7）经常疏水装置排出的凝结水，宜排入凝结水管道。

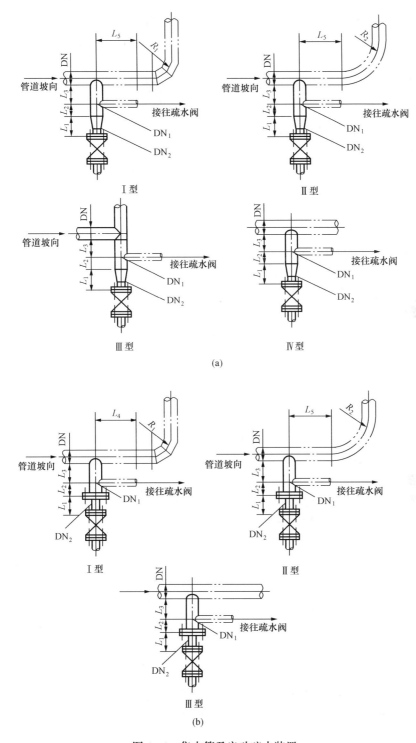

图 4 - 6　集水管及启动疏水装置

(a) DN25～DN125；(b) DN150～DN500

（8）工作压力大于或等于 1.6MPa 且公称直径大于或等于 DN500 管道上的闸阀，安装时应安装旁通阀。旁通阀的规格可按阀门直径的 1/10 选用。

（9）当供热系统补水能力有限需控制管道充水量或蒸汽管道暖管需控制汽量时，管道阀门应装设口径较小的旁通阀作为控制阀门。

（10）当动态水力分析需延长输送干线分段阀门关闭时间以降低压力瞬变值时，宜采用主阀并联旁通阀的方法解决。旁通阀直径可取主阀直径的1/4。主阀和旁通阀应连锁控制，旁通阀必须在开启状态主阀方可进行关闭操作，主阀关闭后旁通阀才可关闭。

（11）公称直径大于或等于DN500的阀门，宜采用电动驱动装置。由监控系统远程操作的阀门，其旁通阀也采用电动驱动的装置。

（12）公称直径大于或等于DN500的热水管网干管在低点、垂直升高管段前、分段阀门前宜设阻力小的永久性除污装置。

（13）地下敷设管道安装套筒补偿器、波纹管补偿器、阀门、放水和除污装置等设备附件时，应设检查室。检查室应符合下列规定：

1）净空高度不应小于1.8m。

2）人行通道宽度不应小于0.6m。

3）干管保温结构表面与检查室地面距离不应小于0.6m。

4）检查室的人孔直径不应小于0.7m，人孔数量不应少于2个，并应对角布置，人孔应避开检查室内的设备，当检查室净空面积小于4m² 时，可只设一个人孔。

5）检查室内至少设一个集水坑，并应置于人孔下方。

6）检查室地面应低于管沟内底，不小于0.3m。

7）检查室内爬梯高度大于4m时，应设护栏或在爬梯中间设平台。

（14）当检查室内需更换的设备、附件不能从人孔进出时，应在检查室顶板上设安装孔。安装孔的尺寸和位置应保证需更换设备的出入和便于安装。

（15）当检查室内装有电动阀门时，应采取措施，保证安装地点的空气温度、湿度满足电气装置的技术要求。

（16）中高支架敷设的管道，安装阀门、放水装置、放气装置、除污装置的地方应设操作平台。在跨越河流、峡谷等地段，必要时应沿架空管道设检修便桥。中高支架操作平台的尺寸应保证维修人员操作方便。检修便桥宽度不应小于0.6m。平台或便桥周围应设防护栏杆。

（17）架空敷设的管道上，露天安装的电动阀门，其驱动装置和电气部分的防护等级应满足露天安装的环境条件，为防止无关人员操作应有防护措施。

（18）地上敷设的管道与地下敷设的管道连接处，地面不得积水，连接处的地下构筑物应高出地面0.3m以上，管道穿入构筑物的孔洞应采取防止雨水进入的措施。

（19）地下敷设的管道固定支座的承力结构宜采用耐腐蚀材料，或采取可靠的防腐措施。

（20）管道活动支座一般采用滑动支座或刚性吊架。当管道敷设于高支架、悬臂支架或通行管沟时，宜采用滚动支座或使用减摩材料的滑动支座。

（21）当管道运行有垂直位移且对邻近支座的荷载影响较大时，应采用弹簧支座或弹簧吊架。

第三节　室外供热管道安装

一、直埋敷设供热管道安装

直埋敷设又称无地沟敷设。直埋敷设供热管道是直接埋设于土层中输送热媒的预制保温管道。

直埋敷设供热管道的施工程序为：定线测量→沟槽开挖→管基处理→下管→对口连接→压力试验→管沟回填等。

1. 定线测量

（1）埋地管道施工时，首先要根据管道总平面图和纵断面图，进行管沟的定线测量工作。埋地供热管道定线测量应符合下列规定：①应按主干线、支干线、支线的次序进行；②主干线起点、终点，中间各转角点及其他特征点应在地面上定位；③支干线、支线，可按主干线的方法定位；④管线的固定支架、地上建筑、检查室、补偿器、阀门可在管线定位后，用钢尺丈量方法定位。

（2）管线定位应按设计给定的坐标数据测定点位。应先测定控制点、线的位置，经校验确认无误后，再按给定值测定管线点位。

（3）直线段上中线桩位的间距不宜大于 50m，根据地形和条件，可适当加桩。

（4）管线中线量距可用全站仪、电磁波测距仪测距或用检定过的钢尺丈量。当用钢尺在坡地上测量时，应进行倾斜修正。量距相对误差不应大于 1/1000。

（5）在不能直接丈量的地段，可使用全站仪、电磁波测距仪测距或布设简单图形丈量基线间接求距。

（6）管线定线完成后，点位应顺序编号，起点、终点、中间各转角点的中线桩应进行加固或埋设标石。

（7）管线转角点应在附近永久性建筑物或构筑物上标志点位，控制点坐标应做出记录。当附近没有永久性工程时，应埋设标石。当采用图解法确定管线转角点点位时，应绘制图解关系图。

（8）管线中线定位完成后，应按施工范围对地上障碍物进行检查。施工图中已标出的地下障碍物的近似位置应在地面上做出标志。

2. 沟槽开挖

（1）沟槽形式。沟槽开挖的断面形式，应根据现场的土层、地下水位、管子规格、管道埋深及施工方法确定。沟槽一般有直槽、梯形槽、混合槽和联合槽 4 种，如图 4-7 所示。

（2）沟槽尺寸。沟槽形式确定后，再根据管道的数量、管子规格、管子之间的净距计算出沟底宽度 W，如图 4-8 所示，W 的计算式为

$$W = nD_w + (n-1)B + 2C \qquad (4-1)$$

式中　W——沟底宽度，mm；

　　　n——管道设置数量；

　　D_w——管子外径；

　　　B——管子之间的净距，mm，不得小于 200mm；

　　　C——管子与沟壁之间的净距，mm，不得小于 150mm。

由此可得出梯形槽顶面的开挖宽度为

$$M = W + 2A \qquad (4-2)$$

$$A = H/I \qquad (4-3)$$

$$I = \tan\alpha = \frac{H}{A}$$

式中　M——梯形槽槽顶尺寸，mm；

　　　W——梯形槽槽底尺寸，mm；

　　　H——梯形槽深度，mm；

　　　I——梯形槽边坡坡度。

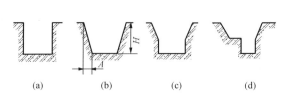

图 4 - 7　沟槽断面形式

(a) 直槽；(b) 梯形槽；(c) 混合槽；(d) 联合槽

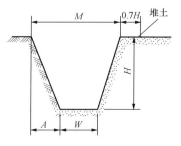

图 4 - 8　沟槽断面尺寸

梯形槽最大边坡坡度见表 4 - 7。

表 4 - 7　　　　　　　　　深度在 5m 以内的梯形槽最大边坡坡度（不加支承）

土壤名称	最大边坡坡度（H/A）		
	人工开挖并将土 抛于沟边上	机　械　开　挖	
		在沟底挖土	在沟边上挖土
砂土	1：1.00	1：0.75	1：1.00
亚砂土	1：0.67	1：0.50	1：0.75
亚黏土	1：0.50	1：0.33	1：0.75
黏土	1：0.33	1：0.25	1：0.67
含砾土卵石土	1：0.67	1：0.50	1：0.75
泥炭岩白垩土	1：0.33	1：0.25	1：0.67
干黄土	1：0.25	1：0.10	1：0.33

注　1. 如人工挖土抛于沟槽上即时运走，则可采用机械在沟底上挖土的坡度值。

　　2. 临时堆土高度不宜超过 1.5m，靠墙堆土时，其高度不得超过墙高的 1/3。

在无法达到表 4 - 7 中的要求时，应采用支承加固沟壁。对不坚实的土壤应及时做连续支承，支承应有足够的强度。

（3）沟槽开挖的要求。

1）采用机械挖土时，沟底应有 200mm 的预留量，再由人工挖掘，挖至沟底。

2）土方开挖时，必须按有关规定设置沟槽护栏、夜间照明灯及指示红灯等设施，并按需要设置临时道路或桥梁。

3）当沟槽遇有风化岩或岩石时，开挖应由有资质的专业施工单位进行施工。当采用爆破法施工时，必须制定安全措施，并经有关单位同意，由专人指挥进行施工。

4）直埋管道的土方挖掘，宜以一个补偿段作为一个工作段，一次开挖至设计要求。在直埋保温管接头处应设工作坑，工作坑宜比正常断面加深、加宽 250～300mm。

（4）沟槽的开挖质量。沟槽的开挖质量应符合下列规定：

1）槽底不得受水浸泡或受冻。

2）槽壁平整，边坡坡度不得小于施工设计的规定。

3）沟槽中心线每侧的净宽不应小于沟槽底部开挖宽度的一半。

4）槽底高程的允许偏差：开挖土方时应为±20mm；开挖石方时应为−200～20mm。

（5）管基处理。在挖无地下水的沟槽时，不得一次挖到底，应留有100～300mm的土层，作为沟底和找坡的操作余量，沟底要求是自然土层，如果是松土铺成的或沟底是砾石的要进行处理，防止管子不均匀下沉，使管子受力不均匀。对于松土，要用夯夯实；对于砾石底则应挖出200mm厚的砾石，用素土回填或用黄沙铺平，再用夯夯实，然后再敷设管道，如果是因为下雨或地下水位较高，使沟底的土层受到扰动和破坏，则应先进行排水，再铺以150～200mm厚的碎石（或卵石），最后再在垫层上铺150～200mm厚的黄沙。

3. 下管

下管方法分机械下管和人工下管两种，主要是根据管材种类、单节质量及长度、现场情况而定。机械下管方法有汽车吊、履带吊、下管机等起重机械进行下管。下管时若采用起重机下管，起重机应沿沟槽方向行驶，起重机与沟边至少要有1m的距离，以保证槽壁不坍塌。管子一般是单节下管，但为了减少沟内接口工作量，在具有足够强度的管材和接口的条件下，可采用在地面上预制接长后再下到沟里。

人工下管方法很多，常用的有压绳法下管和塔架下管。图4-9所示为人工立桩压绳法下管。在距沟槽边2.5～3m的地面上，打入两根深度不小于0.8m，直径为50～80mm的钢管作地桩，在桩头各拴一根较长的麻绳（也可为棕绳），绳子的另一端绕过管子由工人拉着，待管子撬下沟缘后，再拉紧绳子使管子缓慢地落到沟底，也可利用装在塔架上的滑轮、链条葫芦等设备下管，如图4-10所示。

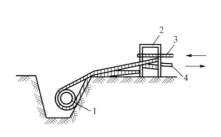

图4-9 人工立桩压绳法下管

1—管子；2—钢管地桩；3、4—拉绳

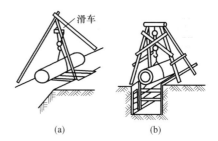

图4-10 塔架下管

（a）三角搭架；（b）高凳

为确保施工安全，下管时，沟内不准站人，在沟槽内两边的管子连接时必须找正，固定口的焊接处要挖出一个工作坑。

4. 回填土

沟槽、检查室的主体结构经隐蔽工程验收合格及竣工测量后，应及时进行回填。回填时应确保构筑物的安全，并应检查墙体结构强度、外墙防水抹面层强度、盖板或其他构件安装强度，当能承受施工操作动荷载时，方可进行回填。

回填前，应先将槽底杂物清除干净，如有积水应先排除。回填土应分层夯实，回填土中不得含有碎砖、石块和大于100mm的冻土块及其他杂物。直埋保温管道沟槽回填时还应符合下列规定：

(1) 回填前，应修补保温管外保护层破损处。

(2) 管道接头工作坑回填可采用水撼砂的方法分层撼实。

(3) 回填土中应按设计要求铺设警示带。

(4) 弯头、三通等变形较大区域处的回填应按设计要求进行。

(5) 设计要求进行预热伸长的直埋管道，回填方法和时间应按设计要求进行。

回填土铺土厚度应根据夯实或压实机具的性能及压实度要求而定，虚铺厚度应符合表 4-8 的规定。

表 4-8　　　　　　　　　　　回 填 土 虚 铺 厚 度

夯实或压实机具	振动压路机	压路机	动力夯实机	木夯
虚铺厚度（mm）	≤400	≤300	≤250	<200

管顶或结构顶以上 500mm 范围内，应采用轻夯夯实，严禁采用动力夯实机压实，也不得采用压路机压实；回填压实时，应确保管道或结构的安全。

(6) 回填的质量应符合下列规定：

1) 回填料的种类、密实度应符合设计要求。

2) 回填时，沟槽内应无积水，不得回填淤泥、腐殖土及有机物质。

3) 不得回填碎砖、石块和大于 100mm 的冻土块及其他杂物。

(7) 回填土的密实度应逐层进行测定，设计无规定时，应按回填部位划分（见图 4-11），回填的密实度应符合下列规定：

1) 胸腔部位（Ⅰ区）密实度≥95%。

2) 管顶或结构顶以上 500mm 范围内（Ⅱ区）≥85%。

3) 其他部位（Ⅲ区）按原状土回填。

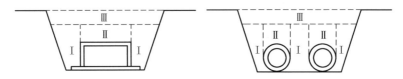

图 4-11　回填土部位划分示意图

5. 直埋保温管道的安装要求

(1) 直埋保温管道和管件应采用工厂预制。

(2) 直埋保温管道的施工分段宜按补偿段划分，当管道设计有预热伸长要求时，应以一个预热伸长段作为一个施工分段。

(3) 在雨、雪天进行接头焊接和保温施工时应搭盖罩棚。

(4) 预制直埋保温管道在运输、现场存放、安装过程中，应采取必要措施封闭端口，不得拖拽保温管，不得损坏端口和外保护层。

(5) 直埋保温管道在固定点没有达到设计要求之前，不得进行预热伸长或试运行。

(6) 保护套管不得妨碍管道伸缩，不得损坏保温层以及外保护层。

(7) 预制直埋保温管道的现场切割应符合下列规定：

1）管道的配管长度不宜小于 2m。

2）在切割时，应采取相应的措施防止外保护管脆裂。

3）切割后，工作管裸露长度应与原成品管的工作钢管裸露长度一致。

4）切割后，裸露的工作钢管外表面应清洁，不得有泡沫残渣。

（8）直埋保温管道接头的保温和密封应符合下列规定：

1）接头处的钢管表面应干净、干燥。

2）接头施工采取的工艺，应有合格的检验报告。

3）接头的保温和密封应在接头焊口检验合格后进行。

4）接头外观不应出现溶胶溢出、过烧、鼓包、翘边、褶皱或层间脱离等现象。

5）一级管网现场安装的接头密封应进行 100% 的气密性检验。二级管网现场安装的接头密封应进行不少于 20% 的气密性检验。气密性检验的压力为 0.02MPa，用肥皂水仔细检查密封处，无气泡为合格。

（9）直埋保温管道预警系统应符合下列规定：

1）管道安装前应对单件产品预警线进行断路、短路检测。

2）在管道接头安装过程中，首先连接预警线，并在每个接头安装完毕后进行预警线断路、短路检测。

3）在补偿器、阀门、固定支架等管件部位的现场保温应在预警系统连接检验合格后进行。

4）直埋保温管道安装质量的检验项目及检验方法应符合表 4-9 的要求，钢管的安装质量应符合表 4-10 的规定。

表 4-9　　　　　　　　直埋保温管道安装质量的检验项目及检验方法

序号	项　目	质　量　标　准			检验频率（%）	检验方法
1	连接预警系统	满足产品预警系统的技术要求			100	用仪表检查整体线路
2	▲节点的保温和密封	外观检查	无缺陷		100	目测
		气密性试验	一级管网	无气泡	100	气密性试验
			二级管网	无气泡	20	

注　▲为主控项目，其余为一般项目。

表 4-10　　　　　　　　钢管安装的允许偏差及检验方法

序号	项　目	允许偏差及质量标准（mm）			检验频率		检验方法
					范围	点数	
1	▲高程	±10			50m	—	水准仪测量，不计点
2	中心线位移	每 10m 不超过 5，全长不超过 30			50m	—	挂边线用尺量，不计点
3	立管垂直度	每 1m 不超过 2，全高不超过 10			每根	—	垂线检查，不计点
4	▲对口间隙	壁厚	间隙	偏差	每 10 个口	1	用焊口检测器，量取最大偏差值，计 1 点
		4～9	1.5～2.0	±1.0			
		≥10	2.0～3.0	+1.0 −2.0			

注　▲为主控项目，其余为一般项目。

二、管沟和地上敷设管道安装

1. 安装前的准备工作

室外供热管道安装前,应做好以下准备工作:

(1) 根据设计要求的管材和规格,应进行预先的钢管选择和检验,矫正管材的平直度,管口清理、整修以及加工焊接用坡口。

(2) 管子除锈、除污。将安装用管材表面的污物、铁锈予以清除。

(3) 根据运输和吊装设备情况及工艺条件,将钢管及管件预制成安装管段。

(4) 钢管应使用专用吊具进行吊装,因此,应备好、备齐安装用各类吊具及设备。

2. 室外供热管道安装

(1) 室外供热管道的安装程序是选线、定位、安装支座、管道就位、管道对口、管道连接、找坡度、固定管道。

(2) 管道吊装、就位过程中应满足下列要求:

1) 在管道中心线和支架高程测量复核无误后,方可进行管道吊装、就位。

2) 管道安装过程中管子不得碰撞沟壁、沟底、支座等。

3) 地上敷设管道的管组长度应按空中就位和焊接的需要来确定,一般地,管组长度宜大于或等于 2 倍的支架间距。

4) 每个管组或每根钢管安装时都应按管道的中心线和管道坡度对接管口。

(3) 管口对接应符合下列规定:

1) 对接管口时,应检查管道的平直度,在距接口中心 200mm 处测量,允许偏差为 1mm,在所对接钢管的全长范围内,最大偏差值不应超过 10mm。

2) 钢管对口处应垫置牢固,不得在焊接过程中产生错位和变形。

3) 管道焊口与支架的距离应保证焊接操作的需求。

4) 焊口不得置于建筑物、构筑物的结构内,也不得置于支架上。

(4) 套管安装应符合下列规定:

1) 管道穿过建筑物、构筑物的墙、楼板时应加设套管。穿墙时,套管应与墙的两面齐平;穿楼板时,下端与楼板低面平齐,上端高出楼板 50mm。

2) 套管与被套管之间应用柔性材料填塞,再灌以沥青防水油膏。

3) 供热管道穿越建筑物、构筑物的基础、有地下室的外墙以及要求较高的构筑物时,应加设防水套管。

(5) 管道安装质量应满足以下要求:

1) 坐标、标高、坡度正确。

2) 蒸汽管道接出分支管时,支管应从主管上方或两侧接出。

3) 水平管道变径,蒸汽管道应采用底平偏心异径管,热水管道应采用顶平偏心异径管,如图 4-12 所示。

4) 管道的安装允许偏差及检验方法应符合表 4-10 的要求。

三、供热管道焊接及质量检验

1. 供热管道焊接的规定

(1) 各种焊缝应符合下列规定:

1) 钢管、容器上焊缝的位置应合理选择,使焊缝处在便于焊接、检验、维修的位置,并避开应力集中的区域。

2）有缝管道对口及容器、钢板卷管相邻管节组对时，纵缝之间的距离应大于壁厚的 3 倍，且不应小于 100mm；容器、钢板卷管同一管节上两相邻纵缝之间的距离不应小于 300mm。

3）管沟和地上管道两相邻环形焊缝中心之间的距离应大于钢管外径，且不得小于 150mm。

4）管道的任何位置不得有十字形焊缝。

5）管道支架处不得有环形焊缝。

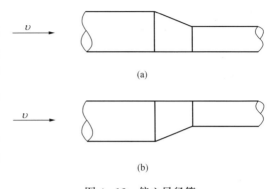

图 4 - 12　偏心异径管
(a) 底平偏心异径管；(b) 顶平偏心异径管

6）在有缝钢管上焊接分支管时，分支管外壁与其他焊缝中心的距离，应大于分支管外径，且不得小于 70mm。

(2) 焊接件坡口。焊接件连接前应按设计要求加工坡口，设计无要求的，应符合表 2 - 3 的规定。

(3) 在管道或容器上开孔焊接时，开孔直径、焊接坡口的形式及尺寸、补强钢件及焊接结构等应按设计要求进行。

(4) 外径和壁厚相同的钢管或管件对口时，应外壁平齐，对口错边量不宜超过壁厚的 10%，且不得超过 2mm。

(5) 用钢板制作的可双面焊接的容器对口，错边量应符合下列规定：

1）纵焊缝的错边量不得超过壁厚的 10%，且不得大于 3mm。

2）环焊缝的错边量：

①壁厚小于或等于 6mm 时，不得超过壁厚的 25%。

②壁厚大于 6mm，且小于或等于 10mm 时，不得超过壁厚的 20%。

③壁厚大于 10mm 时，不得超过壁厚的 10% 加 1mm，且不得大于 4mm。

(6) 对口焊接前应检查坡口的外形尺寸和坡口质量。坡口表面应整齐、光洁，不得有裂纹、锈皮、熔渣和其他影响焊接质量的杂物，不合格的管口应进行修整。对口焊接时应有合理的间隙。

2. 焊接质量检验

(1) 焊接质量的检验程序。焊接质量的检验程序为：对口质量检验→表面质量检验→无损探伤检验→强度和严密性试验。

(2) 焊缝表面质量检验应符合下列规定：

1）检查前，应将焊缝表面清理干净。

2）焊缝尺寸应符合要求，焊缝表面应完整，高度不应低于母材表面，与母材过渡圆滑。

3）焊缝表面不得有裂纹、气孔、夹渣及熔合性飞溅物等缺陷。

4）咬边深度应小于 0.5mm，且每道焊缝的咬边长度不得大于该焊缝总长的 10%。

5）表面加强高度不得大于该管道壁厚的 30%，且小于或等于 5mm，焊缝宽度应焊出坡口边缘 2~3mm。

6）表面凹陷深度不得大于 0.5mm，且每道焊缝表面凹陷长度不得大于该焊缝总长的 10%。

（3）焊缝无损探伤。

1）管道无损探伤应符合设计要求，设计无要求时应符合国家相关标准，且为质量检验的主要项目。

2）焊缝无损探伤检验必须由有资质的检验单位完成。

3）钢管与设备、管件连接处的焊缝应进行 100% 的无损探伤检验。

4）管线折点处有现场焊接的焊缝，应进行 100% 的无损探伤检验。

5）焊缝返修后应进行表面质量及 100% 的无损探伤检验，其检验数量不计在规定的检验数中。

6）穿越铁路干线的管道在铁路路基两侧各 10m 范围内，穿越城市主要干线的不通行管沟及直埋敷设的管道在道路两侧各 5m 范围内，穿越江、河、湖等的水下管道在岸边各 10m 范围内的全部焊缝及不具备水压试验条件的管道焊缝，应进行 100% 的无损探伤检验。检验量不计在规定的检验数量中。

7）现场制作的各种承压管件，数量按 100% 进行，其合格标准不得低于管道无损检验标准。

8）焊缝的无损检验量，应按规定的检验百分数均布在焊缝上，严禁采用集中检验来替代检验焊缝的检验量。

9）当使用超声波和射线两种方法进行焊缝无损检验时，应按各自标准检验，均合格时方可认为无损检验合格。超声波探伤部位应采用射线探伤复检，复检数量应为超声波探伤数量的 20%。

10）焊缝不宜使用磁粉探伤和渗透探伤，但角焊缝处的检验可用磁粉探伤或渗透探伤。

11）在城市主要道路、铁路、河湖等处敷设的直埋管网，不宜采用超声波探伤。此类管道射线探伤等级应按设计要求执行。

12）供热管网的固定支架、导向支架、滑动支架等焊缝均应进行检查。

四、法兰和阀门安装

1. 法兰安装

（1）安装前的检查。

1）法兰安装前应对法兰及密封垫片进行检查。法兰密封面应光洁、无损，法兰垫片应规整，无残损、折痕、断裂。

2）连接法兰的螺栓应完整、无损伤。

（2）法兰连接要求。

1）法兰端面与管道轴心线要垂直，偏差不大于 1%，法兰的端面要平行，偏差不大于法兰外径 1.5‰，且不大于 2mm；不得采用加偏垫、多层垫或加强力拧紧法兰一侧螺栓的方法来消除法兰接口端面的缝隙。

2）法兰与法兰、法兰与管道应保持同轴，螺栓孔中心偏差不得超过孔径的 5%。

3）垫片的材质和涂料应符合设计要求；大规格的法兰垫片需要拼接时，应采用斜口拼接或迷宫形式的对接，不得直缝对接。

4）严禁采用先加垫片、拧紧螺栓，再焊接法兰焊口的方法进行法兰焊接。

5）法兰连接应使用同一规格的螺栓，安装方向应一致，紧固螺栓应对称、均匀的进行，松紧要适度。螺栓紧固后螺栓宜与螺母平齐。

2. 阀门安装

（1）阀门安装前的工作。

1）检验供热管网用阀门是否符合设计要求，有无缺陷，是否启闭灵活。

2）供热管网安装的阀门必须有制造厂的合格证。

3）在管网上起切断作用的阀门必须逐个做强度试验和严密性试验。强度试验压力为公称压力的 1.5 倍，试验时间为 5min，阀体无变形、破裂，壳体填料无渗漏为合格，密封试验宜以公称压力进行，试验时间为 5min，以阀瓣密封面不渗不漏为合格。阀门试验合格后，应单独存放，并填写阀门试验记录。

4）清除阀口的封闭物及其他污物。

（2）阀门安装的要求。

1）阀门安装的位置应满足安装、检修、维护的需求。

2）阀门的阀杆应朝上安装，严禁朝下安装。

3）阀门安装应注意其方向性，这类阀门如截止阀、止回阀、蝶阀等，阀体上都标有介质流动的方向，不得反向安装。

4）螺纹连接、法兰连接的截止阀、闸阀、蝶阀等，应在关闭的状态下安装；螺纹连接、法兰连接的球阀、旋塞等，应在开启的状态下安装；所有闭路阀门以焊接的方式连接时，阀门应在开启的状态下安装。

5）并排安装的阀门应整齐、美观，方便操作。

6）阀门运输吊装时，绳索应绑扎在阀体上，严禁绳索绑扎在手轮、阀杆上。

7）安全阀应垂直安装，在系统投入运行时，应及时调校安全阀。

五、管道热伸长及补偿

1. 热力管道的热膨胀

管道由于受输送介质及外界环境的影响，会产生热胀冷缩现象。如果管道的热胀冷缩受到约束，则管壁会产生巨大的应力，这种应力称为热应力。

热力管道安装时，是在环境温度下安装的。系统运行时，热媒温度高于环境温度，管道便会发生膨胀，管道因热膨胀产生的热伸长量按式（4-4）计算，即

$$\Delta L = L\alpha(t_2 - t_1) \tag{4-4}$$

式中　ΔL——管道的热膨胀量，mm；

　　　L——计算管段长度，m；

　　　α——管材的线膨胀系数，mm/(m·℃)，钢材的线胀系数通常取 $\alpha = 0.012$mm/(m·℃)；

　　　t_2——管道设计计算时的热态计算温度，通常取管内介质的最高温度，℃；

　　　t_1——管道设计计算时的冷态计算温度，℃。

2. 热力管道的热应力

热力管道受热膨胀后，如能自由伸缩，则管道不致产生热应力，如果管道的伸缩受到约束，管壁就会产生热应力，管壁产生的热应力按式（4-5）计算，即

$$\sigma = E \times \Delta L/L = E\alpha(t_2 - t_1) \tag{4-5}$$

式中　σ——管道的轴向热应力，MPa；

E——管材的弹性模量，MPa，钢材的弹性模量 E 通常取 $2.0×10^5$MPa。

直线热力管段若两端固定，受热膨胀后，作用在固定点的推力按式（4-6）计算，即

$$P_k = \sigma × A \qquad (4-6)$$

$$A = \frac{\pi}{4}(D^2 - d^2) \qquad (4-7)$$

式中　P_k——管子受热膨胀后对固定点的推力，N；

　　　σ——管道的轴向热应力，MPa；

　　　A——管壁的截面积，mm^2；

　　　D——管子外径，mm；

　　　d——管子内径，mm。

【例4-1】　某热力管段长 100m，钢材材质为 Q235-B，管子规格为 $D219×9$mm，管道安装时环境温度为 10℃，管内输送介质的最高温度为 210℃，试计算管道运行前后的热伸长量；若管道两端固定，求管道的轴向热应力和管道对固定点的推力。

解　（a）计算热伸长量。根据式（4-4），按给定条件 $L=100$m，$t_1=10$℃，$t_2=210$℃，线胀系数 α 按 0.012mm/(m·℃)，得

$$\Delta L = 100 × 0.012 × (210 - 10) = 240(mm)$$

（b）计算热应力。根据式（4-5），管材的弹性模量 E 按 $2.0×10^5$MPa，得

$$\sigma = E\alpha(t_2 - t_1) = 2.0×10^5 × 1.2×10^{-5} × (210 - 10) = 480(MPa)$$

（c）管子对固定点的推力。根据式（4-6），得

$$P_k = \sigma × A = 480 × \frac{\pi}{4}(219^2 - 201^2) = 480 × 0.7854 × 7560 = 2.85×10^6(N)$$

3. 热力管道的热补偿

热力管道的补偿方式有自然补偿和补偿器补偿两种。

（1）自然补偿。自然补偿就是利用管道本身自然弯曲所具有的弹性，来吸收管道的热变形。管道弹性，是指管道在应力作用下产生弹性变形，几何形状发生改变，应力消失后，又能恢复原状的能力。实践证明，当弯管角度大于 30°时，能用作自然补偿，管子弯曲角度小于 30°时，不能用作自然补偿。自然补偿的管道长度一般为 15～25m，弯曲应力 $[\sigma_{bw}]$ 不应超过 80MPa。管道工程中常用的自然补偿有 L 形补偿和 Z 形补偿。

1）L 形补偿。L 形直角弯自然补偿简称为 L 形自然补偿，如图 4-13 所示，其短臂长度按式（4-8）计算，即

$$l = 1.1\sqrt{\frac{\Delta L D}{300}} \qquad (4-8)$$

式中　l——L 形自然补偿短臂长度，m；

　　　ΔL——长臂 L 的热伸长量，mm；

　　　D——管道外径，mm。

【例4-2】　如图 4-13 所示的 L 形自然补偿器，采用 10 号钢无缝钢管，管子规格为 $D159×4.5$mm，输送介质为 220℃的蒸汽，管道安装时的环境温度为 20℃，长臂 $L=20$m，求短臂的最小长度 l［已知钢管的线胀系数 $\alpha=1.26×10^{-2}$mm/(m·℃)］。

解　计算热伸长量 ΔL。根据式（4-4），得

$$\Delta L = 20 × 1.26×10^{-2} × (220 - 20) = 50.4(mm)$$

计算短臂长 l。根据式（4-8），得

$$l = 1.1 \times \sqrt{\frac{50.4 \times 159}{300}} = 1.1 \times \sqrt{26.712} = 5.69(\text{m})$$

2）Z形折角自然补偿。Z形折角自然补偿又称Z形补偿，如图4-14所示，其短臂长度 l 可按式（4-9）计算，即

$$l = \sqrt{\frac{6\Delta LED}{10^7 [\sigma_{\text{bw}}](1 + 1.2n)}} \tag{4-9}$$

式中 l——Z形自然补偿短臂长度，m；

ΔL——$(L_1 + L_2)$ 的总热伸长量，mm；

E——管材的弹性模量，MPa，碳钢管在常温状态下，可取 $E = 2.0 \times 10^5$ MPa；

$[\sigma_{\text{bw}}]$——管材的弯曲应力，MPa，通常采用 $[\sigma_{\text{bw}}] = 80$ MPa；

D——管子外径，mm；

n——系数，$n = \dfrac{L_1 + L_2}{L_1}$，且 $L_1 < L_2$。

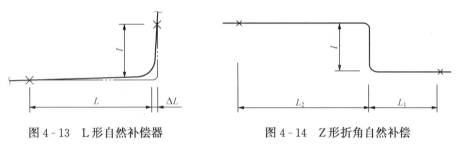

图 4-13 L形自然补偿器　　　　图 4-14 Z形折角自然补偿

（2）补偿器补偿。热力管道自然补偿不能满足时，应在管路上加设补偿器来补偿管道的热变形量。

补偿器是设置在管道上吸收管道热胀冷缩和其他位移的管道元件。常用的补偿器有方形补偿器、波纹管补偿器、套筒补偿器和球形补偿器。

1）方形补偿器。方形补偿器是采用专门加工成 U 形的连续弯管来吸收管道热变形的元件。这种补偿器是利用弯管的弹性来吸收管道的热变形，从其工作原理看，方形补偿器补偿属于管道弹性热补偿。

方形补偿器如图4-15所示，由水平臂、伸缩臂和自由臂构成。方形补偿器由 4 个 90°弯头组成，其优点是：制作简单，安装方便，热补偿量大，工作安全可靠，一般不需要维修；缺点是：外形尺寸大，安装占用空间大，不太美观。

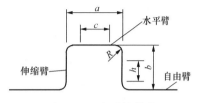

图4-15 方形补偿器

方形补偿器按其外形可分为Ⅰ形（标准式，$c = 2h$），Ⅱ型（等边式，$c = h$），Ⅲ型（长臂式，$c = 0.5h$），Ⅳ型（小顶式，$c = 0$），其中Ⅱ型、Ⅲ型最为常用，如图4-16所示。

方形补偿器必须选用质量好的无缝钢管撅制而成，整个补偿器最好用一根管子撅成，如果制作大规格的补偿器也可用两根弯管或三根弯管焊制，方形补偿器不得用冲压弯头焊制而成。方形补偿器的加工制作如图4-17所示。焊制方形补偿器的焊接点应放在外伸臂的中点

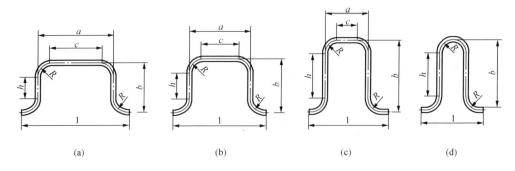

图 4-16　方形补偿器类型

(a) Ⅰ型（$c=2h$）；(b) Ⅱ型（$c=h$）；(c) Ⅲ型（$c=0.5h$）；(d) Ⅳ型（$c=0$）

处，因为此处的弯矩最小，严禁在补偿器的水平臂上焊接。焊制方形补偿器时，当公称直径<DN200时，焊缝与外伸臂垂直，当公称直径≥DN200 时，焊缝与轴线成 45°，如图 4-18所示。

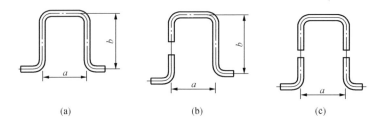

图 4-17　方形补偿器的加工制作

（a）整段管弯制；（b）两段管构成；（c）三段管构成

a—水平臂长；b—伸缩臂

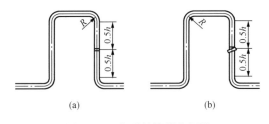

图 4-18　方形补偿器的焊缝

（a）DN<200mm；（b）DN≥200mm

注：焊缝与轴线成 45°角。

2）波纹管补偿器。波纹管补偿器是在波形补偿器基础上根据弹簧的原理发展起来的一种补偿器，波纹管补偿器是采用疲劳极限较高的 1Cr18Ni9Ti 不锈钢板制成的，不锈钢板厚度为 0.2～10mm，适用于工作温度在 450℃以下，公称压力为 PN2.5～PN250，公称直径为 DN25～DN1200 的弱腐蚀性介质的管路上。波纹管补偿器如图 4-19 所示。

波纹管补偿器具有结构紧凑、承压能力高、工作性能好，配管简单、耐腐蚀、维修方便等优点。

3）套筒式补偿器。套筒式补偿器又称填料式补偿器，如图 4-20 所示，由套管、插管和密封填料三部分组成，它是靠插管和套管的相对运动来补偿管道的热变形量的。

套筒式补偿器按壳体的材料不同可分为铸铁制和钢制两种，按套筒的结构可分为单向套筒和双向套筒，按连接方式的不同可分为螺纹连接、法兰连接和焊接。

4）球形补偿器。球形补偿器如图 4-21 所示，是利用补偿器的活动球形部分角向转弯来补偿管道的热变形，它允许管子在一定范围内相对转动，因而两直管可以不保持在一条直

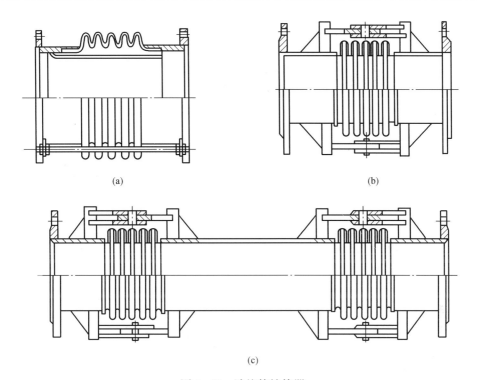

图 4 - 19　波纹管补偿器

（a）轴向型；（b）横向型；（c）角向型

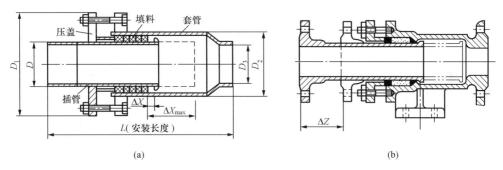

图 4 - 20　套筒式补偿器

（a）焊接；（b）法兰接

线上。

　　球形补偿器的工作原理如图 4 - 22 所示。球形补偿器适宜于有三向位移的蒸汽、热油、热水、燃气等各种介质的管路上。

　　六、补偿器安装

　　1. 补偿器安装前的检查

　　（1）按设计图纸的要求核对补偿器的规格、型号和安装位置。

　　（2）对补偿器进行外观检查，检查补偿器有无伤损、缺陷。

　　（3）检查产品安装长度是否符合管网设计要求。

　　（4）校对产品合格证。

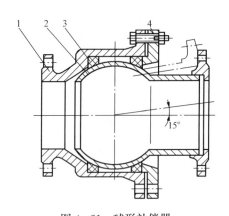

图 4-21 球形补偿器

1—壳体；2—球体；3—密封圈；4—压紧法兰

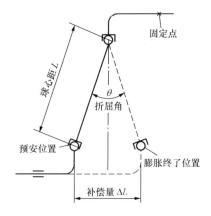

图 4-22 球形补偿器的工作原理

2. 补偿器安装

(1) 方形补偿器安装。方形补偿器安装应符合下列规定：

1) 方形补偿器水平安装时，伸缩臂应水平安装，水平臂的坡度应与管道坡度一致。

2) 方形补偿器垂直安装时，不得在弯管上开孔安装放气阀和泄水阀。

3) 方形补偿器安装前，应按设计要求进行冷拉。冷拉应在补偿器两侧同时均匀进行，并记录补偿器的预拉伸量。

4) 补偿器的冷拉方法有千斤顶法、拉管器拉伸法、撑拉器拉伸法。

5) 方形补偿器安装时，应防止各种不规范操作损伤补偿器。

6) 方形补偿器安装完毕后，应按设计要求拆除运输、固定装置，并按要求调整限位装置。

方形补偿器安装前，为增加补偿器的补偿能力，提高其工作的安全可靠性，需要进行预拉伸（压缩），对补偿器进行冷拉（或冷压）的技术措施称为补偿器的冷拉。当补偿器的工作温度 $t \leqslant 250℃$ 时，预拉伸量为补偿器补偿量的 $1/2$，即 $\Delta L/2$；当补偿器的工作温度为 $250 \sim 450℃$ 时，其预拉伸量为 $0.6\Delta L$；当设计工作温度 $t > 450℃$ 时，其预拉伸量为 $0.7\Delta L$。ΔL 可按式（4-4）进行计算。

为工程中方便交流，引入冷拉比（也称为冷拉系数）的概念，补偿器的冷拉值与补偿器的全补偿之比称为冷拉比，用 ε 表示，即 $\varepsilon = \Delta X/\Delta L$，也可写成

$$\Delta X = \varepsilon \Delta L = \varepsilon L\alpha(t_2 - t_1) \tag{4-10}$$

式中　ΔX——方形补偿器的冷拉值，mm；

　　　ε——冷拉比，ε 与补偿器的工作温度有关，当 $t \leqslant 250℃$ 时，$\varepsilon = 0.5$，$250 < t \leqslant 450℃$ 时，$\varepsilon = 0.6$，当 $t > 450℃$ 时，$\varepsilon = 0.7$；

　　　ΔL——管段的计算热伸长量，即方形补偿器的全补偿，mm。

由式（4-10）知，补偿器的冷拉值是管道设计计算时按环境温度为 t_1 计算出的，若实际安装时环境温度不等于 t_1，而是 t_a，那么冷拉值就不是 ΔX 了，这是因为环境温度从 t_1 变到 t_a，管道也随之伸长了 ΔX_a，而 $\Delta X_a = L\alpha(t_a - t_1)$，此时补偿器的冷拉值为

$$\Delta X' = \Delta X - \Delta X_a$$
$$= \varepsilon L\alpha(t_2 - t_1) - L\alpha(t_a - t_1) \tag{4-11}$$
$$= L\alpha(t_2 - t_1)\left(\varepsilon - \frac{t_a - t_1}{t_2 - t_1}\right)$$

因为 $\Delta L = L\alpha(t_2 - t_1)$，则有

$$\Delta X' = \Delta L\left[\varepsilon - \frac{(t_a - t_1)}{(t_2 - t_1)}\right] \tag{4-12}$$

假设安装时环境温度继续升高，当达到某一温度时，管道的自然伸长量为 ΔX，此时，安装方形补偿器就不需要冷拉了。把补偿器不需要冷拉时的温度称为冷拉零点温度，用 t_0 表示，则管道从温度 t_1 升高到 t_0 时的热伸长量为

$$\Delta X = L\alpha(t_0 - t_1) \tag{4-13}$$

由 $\Delta X = \varepsilon L\alpha(t_2 - t_1)$，得

$$t_0 = t_1 + \varepsilon(t_2 - t_1) \tag{4-14}$$

则管道在实际安装温度为 t_a 时，补偿器的冷拉值也可用式（4-15）计算，即

$$\Delta X' = L\alpha(t_0 - t_a) \tag{4-15}$$

$$\Delta X' = \Delta L\frac{t_0 - t_a}{t_2 - t_1} \tag{4-16}$$

【例 4-3】 $D219 \times 11\text{mm}$ 的蒸汽输送钢管，设计计算时的冷态计算温度为 $-10℃$，已知安装时的环境温度为 $16℃$，管线运行时，输送蒸汽的温度为 $176℃$，该管线两个固定支架的间距为 85m，试求两固定支架间的管道热伸长量。若该管段采用方形补偿器补偿，则补偿器安装时的冷拉值是多少？（已知 $\alpha = 1.2 \times 10^{-5}\text{1}/℃$）

解 （a）计算参数。

a）冷态计算温度 $t_1 = -10℃$；

b）热态计算温度 $t_2 = 176℃$；

c）安装环境温度 $t_a = 16℃$；

d）钢管线胀系数 $\alpha = 1.2 \times 10^{-5}\text{1}/℃$。

（b）计算两固定支架间管道运行前后的热变形量。

a）设计时的热变形量。根据式（4-4），得

$$\Delta L = 85 \times 1.2 \times 10^{-5} \times [176 - (-10)] = 0.1897\text{m} = 189.7\text{mm}$$

b）安装时的热变形量。根据式（4-4），得

$$\Delta L = 85 \times 1.2 \times 10^{-5} \times (176 - 16) = 0.1632\text{m} = 163.2\text{mm}$$

（c）计算方形补偿器的冷拉值。输送蒸汽的温度为 $176℃ < 250℃$，则 $\varepsilon = 0.5$。

a）计算方法 I 。根据式（4-12），得

$$\Delta X' = 189.7\left[0.5 - \frac{16 - (-10)}{176 - (-10)}\right] = 68.33(\text{mm})$$

b）计算方法 II 。根据式（4-14），得

$$t_0 = -10 + 0.5 \times [176 - (-10)] = 83(℃)$$

根据式（4-15），得

$$\Delta X' = 85 \times 1.2 \times 10^{-5} \times (83 - 16) = 68.33(\text{mm})$$

（2）波纹管补偿器安装。波纹管补偿器安装应满足以下要求：

1）波纹管补偿器应与管道同轴。

2）有流向标记（箭头）的补偿器，箭头方向代表介质流动的方向，不得装反。

3）波纹管补偿器安装。波纹管补偿器无论是钢管焊接的还是法兰连接的，通常采用后安装的方法，即在管道安装时，先不安装波纹管补偿器，在要安装的位置上先用整根直管直接穿过去，并按设计要求和补偿器生产厂对补偿器附近支架设置的要求安装好导向支架和固定支架，待支架达到设计要求，再开始安装补偿器。波纹管补偿器安装的程序、步骤、方法如下：

①先丈量已准备好的波纹管补偿器的全长（含连接法兰），在管道上为补偿器安装画出定位中线，按补偿器长度画出补偿器的边线（至连接法兰的边缘）。

②依线切割管道，当法兰连接时，要考虑法兰及垫片所占长度。

③连接焊接接口的补偿器。用临时支吊架将补偿器支吊起进行对口，补偿器两边的接口要同时对好，同时进行点焊，检查补偿器位置合适后，顺序进行焊接。

④连接法兰接口的补偿器：先将两个法兰垫片临时安装在补偿器上，用临时支、吊架将补偿器支吊起来，进行对口，同时进行点焊，检查补偿器位置合适后，卸开法兰螺栓，卸下补偿器，对两个法兰进行焊接，焊好后清理焊渣，检查焊接质量，合格后再对内外焊口进行防腐处理，最后将补偿器抬起进行法兰的正式安装。

4）波纹管补偿器安装时应注意的技术问题。

①安装波纹管补偿器时应设临时固定，待管道安装完后（包括系统试压、吹洗合格后），方可拆除临时固定装置。

②波纹管补偿器的预拉伸问题比方形补偿器显得更为重要，不可忽视。在向厂家订货时，应向厂家提供供热管道的介质温度、压力、安装时可能的环境温度等参数和补偿器的布置图，以便生产厂家能了解所需的补偿器应有的补偿能力，或者直接向生产厂家提出补偿能力的要求。

③波纹管补偿器前后的管子应在同一轴线上。

（3）套筒补偿器安装。套筒补偿器安装应符合下列规定：

1）套筒补偿器应与管道保持同心，不得倾斜。

2）套筒补偿器管路上安装的导向支架应确保补偿器运行时自由伸缩，不得偏离中心。

3）应按设计文件规定的安装长度及温度变化留有剩余的收缩余量，设计文件无规定时，剩余收缩余量（见图4-23）可按式（4-17）计算，即

$$s = s_0 \frac{t_a - t_1}{t_2 - t_1} \tag{4-17}$$

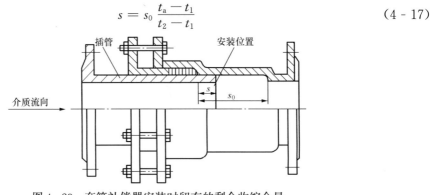

图4-23　套筒补偿器安装时留有的剩余收缩余量

式中　s——套筒补偿器安装时套管与伸管所预留的剩余收缩余量，mm；

　　　s_0——套筒补偿器最大行程，mm；

　　　t_a——套筒补偿器安装时的环境温度，℃；

　　　t_1——管道设计计算时的冷态计算温度，℃；

　　　t_2——介质的最高设计计算温度，℃。

第四节　供热管道的试验、清洗及试运行

一、供热管道试验

供热管道安装完毕后，必须按设计要求进行强度试验和严密性试验，设计无要求的按下列规定进行：

（1）一级管网及二级管网。应进行强度试验和严密性试验，强度试验压力应为设计工作压力的1.5倍，严密性试验压力应为设计工作压力的1.25倍，且不得低于0.6MPa。

（2）热力站、中继泵站内的管道和设备均应进行严密性试验，试验压力为设计压力的1.25倍，且不得低于0.6MPa。

（3）开式设备只做满水试验，以无渗漏为合格。

1. 压力试验应具备的条件

（1）应编制试验方案，并经监理（建设）单位和设计单位审查同意。试验前，应对有关技术人员、操作人员进行技术交底、安全交底。

（2）管道的各种支架已安装调整完毕，钢筋混凝土支架已达到设计强度，回填土已满足设计要求。

（3）焊接质量外观检查合格，焊缝无损检验合格。

（4）安全阀、爆破片及仪表组件等已拆除或已加设盲板隔离。加设的盲板处应有明显的标记并作记录，且安全阀应处在全开状态。

（5）管道自由端的临时加固装置已经完成，经设计核算与检查确认安全可靠。试验管道与无关系统应采用盲板或采取其他措施隔开，不得影响其他系统的安全。

（6）试验用的压力表已备好且已被校验，精度不低于1.5级，表的量程应达到试验压力的1.5～2倍，数量不得少于2块。试验用的压力表应安装在试压泵的出口和试验系统末端。

（7）试压前，应对试压系统进行划区，并设立标志，无关人员不得入内。

（8）试验现场已清理完毕，具备对试压管道和设备进行检查的条件。

2. 试压前的工作

（1）试压前的检查。试压前再对试压的系统管段进行一次全面的检查，检查系统有无缺陷、管道接口是否严密，为试压所做的各项准备工作是否周到，是否满足试压需求。

（2）系统连接。在试压系统的最高点加设放气阀，在最低点加设泄水阀，将试验用的压力表分别连接在试压泵的出口和试验系统的末端。

（3）向试压系统充水。先将供热管道系统中的阀门全部打开，关闭最低点的泄水阀，打开最高点的放气阀，这些工作准备妥当后，即可向试压管段充水，待最高点的放气阀连续不断地出水时，说明系统充水已满，关闭放气阀。水注满后不要立即升压，先全面检查一下，管道有无异常，有无渗水、漏水现象，如有，则应修复后，再行试压。

3. 升压试验

（1）升压过程要缓慢，要逐级升压，当达到试验压力的 1/2 时，停止打压，进行一次全面的检查，如有异常，应泄压修复，若无异常，则继续升压，当达到试验压力的 3/4 时，停止升压，再次检查。若有异常，应泄压修复，若无异常，则继续升压至试验压力。

（2）水压试验的检验。打压至试验压力，应持压检查，检验的内容及方法应符合表 4-11 的规定。

表 4-11　　　　　　　　　　水压试验的检验内容及检验方法

序号	项目	试验方法及质量标准		检验范围
1	强度试验	升压至试验压力稳压 10min，无渗漏、无压力降，系统无异常，管道无变形、破裂，然后降压至设计压力，稳压 30min，无渗漏、无压降为合格		
2	严密性试验	升压至试验压力，当压力稳定后，进行全面的外观检查，并用质量为 1.5kg 的小锤轻轻敲击焊缝，如压力不降，且连接点无渗水漏水现象，则严密性试验合格		全段
		一级管网及站内	稳压 1h，压力降不大于 0.05MPa，严密性试验合格	
		二级管网	稳压 30min，无渗漏、压力降不大于 0.05MPa，严密性试验合格	

4. 水压试验应注意的技术问题

（1）水压试验时，环境温度不应低于 5℃，如低于 5℃，则应采取御寒保温措施，且在水压试验结束后，立即将管道中的水放掉。

（2）水压试验用水应是洁净的。

（3）当试压管道与运行管道之间的温差大于 100℃时应采取相应的技术措施，确保试压管道与运行管道的安全。

（4）对高差较大的管道，应将试验介质的静压力计入试验压力中。热水管道的试验压力应为系统最高点的压力，但最低点的压力不得超过管道及设备的承受压力。

（5）试验过程中，如发现有异常或渗漏，则应泄压修复，严禁带压修理，缺陷消除后，重新进行试验。

（6）试验结束时，应及时拆除试验用临时设施和采取加固措施，排尽管内集水。排水时不得随地排放，应防止形成负压。

二、供热管网的清洗

供热管网在试压合格后，在正式运行前必须进行清洗。清洗的方法应根据供热管道的运行要求、介质类别而定。供热管道的清洗方法有人工清洗、水力冲洗和气体冲洗。

1. 清洗前的准备工作

（1）供热管网在清洗前，应编制清洗方案。清洗方案中应包括清洗的方法、技术要求、操作及安全措施等内容。

（2）应将不宜与系统一起进行清洗的减压阀、过滤器、疏水器、流量计、计量孔板、滤网、调节阀、止回阀及温度计的插管等拆下，并妥善保存，拆下的附件处先接一临时短管，待清洗结束后再将上述附件复位。

（3）将不与管道同时清洗的设备、容器、仪表等与清洗的管道隔开或拆除。

（4）支架的强度应能承受清洗时的冲击力，必要时经设计同意进行临时性加固。

2. 热水管网清洗应满足的技术要求

（1）清洗应按主干线、支干线、支线分别进行，二级管网应单独进行冲洗。冲洗前，应先将水注入系统，对管道予以浸泡。

（2）水力冲洗进水管的截面积不得小于冲洗管截面积的 50%，排水管截面积不得小于进水管截面积。水力冲洗时，水的流动方向应与系统运行时介质流动的方向一致。

（3）未冲洗管道的脏物，不应进入已冲洗合格的管道中。

（4）冲洗应连续进行并逐渐加大管道内的流量，管内的平均流速不应低于 1m/s，排水时，不得形成负压。

（5）对大口径管道，当冲洗水量不能满足要求时，宜采用人工清洗或密闭循环的水力冲洗方式。采用循环水冲洗时，管内流速宜达到管道正常运行时的流速。当循环冲洗的水质较脏时，应更换循环水继续进行冲洗。

（6）水力冲洗的合格标准应以排水水样中固形物的含量接近或等于冲洗用水中固形物的含量为合格。

（7）冲洗时排放的污水不得污染环境，严禁随意排放。

（8）水力清洗结束前应打开阀门用水清洗。清洗后，应对排污管、除污器等进行人工清除，以确保清洁。

3. 蒸汽管网吹洗应满足的技术要求

（1）蒸汽管道吹洗时，必须划定安全区，设置标志，确保设施及有关人员的安全。其他无关人员严禁进入吹洗区。

（2）蒸汽管网吹洗前，应对吹洗的管段缓慢升温进行暖管，暖管速度宜慢并应及时疏水，暖管过程中，应检查管道热伸长、补偿器、管路附件及设备、管道支承等有无异常，工作是否正常等。恒温 1h 后进行吹洗。

送汽加热暖管时，应缓缓开启总阀门，勿使蒸汽的流量、压力增加过快。否则，由于压力和流量急剧增加，产生对管道强度所不能承受的温度应力导致管道破坏，且由于蒸汽流量、流速增加过快，系统中的凝结水来不及排出产生水击、振动，造成阀门破坏、支架垮塌、管道跳动、位移等严重事故。同时，由于系统中的凝结水来不及排出，使得管道上半部是蒸汽，下半部是凝结水，在管道断面上产生悬殊温差，导致管道向上拱曲，损害管道结构，破坏保温结构。

（3）蒸汽管道加热完毕后，即可进行吹洗。先将各种吹洗口的阀门全部打开，然后逐渐开大总阀门，增加蒸汽量进行吹洗，蒸汽吹洗的流速不应低于 30m/s，每次吹洗的时间不少于 20min，吹洗的次数为 2~3 次，当吹洗口排出的蒸汽清洁时，可停止吹洗。

吹洗完毕后，关闭总阀门，拆除吹洗管，对加热、吹洗过程中出现的问题做妥善处理。

三、供热管网试运行

供热管网试运行应在单位工程验收合格、热源已具备的供热条件下进行。

供热管网试运行前，应编制试运行方案。在环境温度低于 5℃试运行时，应制定可靠的御寒防冻措施。试运行方案应由建设单位、设计单位进行审查同意并进行交底。

1. 热水供热管网试运行

（1）供热管线工程宜与热力站工程联合进行试运行。

（2）供热管线的试运行应有完善、灵敏、可靠的通信系统及其他安全保障措施。

（3）在试运行期间，管道法兰、阀门、补偿器及仪表等处的螺栓应进行热紧。热紧时的运行压力应在 0.3MPa 以下。温度宜达到设计温度，螺栓应对称拧紧，在热紧部位应采取保护操作人员安全的技术措施。

（4）试运行期间发现的问题，属于不影响试运行安全的，可待试运行结束后处理。属于必须当即解决的，应停止运行进行处理。试运行的时间，应从正常试运行状态的时间起计 72h。

（5）供热工程应在建设单位、设计单位认可的参数下试运行。试运行应缓慢地升温，升温速度不应大于 10℃/h。在低温试运行期间，应对管道、设备进行全面检查，支架的工作状况应做重点检查。在低温试运行正常以后，可缓慢升温到试运行参数下运行。

（6）试运行期间，管道、设备的工作状态应正常，并应做好检验和考核的各项工作及试运行资料等记录。

（7）试运行开始后，应每隔 1h 对补偿器及其他管路附件进行检查，并应做好记录。

2. 蒸汽供热管网试运行

蒸汽供热管网的试运行应带负荷进行，试运行合格后，可直接转入正常的供热运行。不需继续运行的，应采取妥善措施加以保护。蒸汽管网试运行应符合下列要求：

（1）试运行前应进行暖管，暖管合格后，缓缓提高蒸汽管的压力，待管道内蒸汽压力和温度达到设计规定的参数后，恒压时间不宜少于 1h。应对管道、设备、支架及凝结水系统进行一次全面的检查。

（2）在确认管网的各部位均符合要求后，应对用户系统进行暖管并进行全面检查，确认热用户系统的各部位均符合要求后再缓慢地提高供汽压力并进行适当的调整，供汽参数达到设计要求后即可转入正常的供汽运行。

（3）试运行开始后，应每隔 1h 对补偿器及其他管路附件进行检查，并应做好记录。

3. 热力站的试运行

热力站试运行的程序、要求如下：

（1）供热管网与热用户系统已具备试运行的条件。

（2）试运行的方案已编写完毕并经建设单位、设计单位审查同意，且已进行了技术交底。

（3）热力站内所有系统和设备经验收合格。

（4）热力站内的管道和设备的水压试验及清洗合格。

（5）制软化水的系统，经调试合格后，并已向系统注入软化水。

（6）水泵试运转合格。

（7）采暖用户应按要求将系统充满水，并组织做好试运行的准备工作。

（8）蒸汽用户系统应具备送汽的条件。

第五章 民用锅炉及附属设备安装

　　锅炉是压力容器，是供热系统的重要设备，它在一定的温度和压力下运行，内外受到多种介质的腐蚀，工作条件十分严峻。要保证锅炉能够安全运行，锅炉施工、安装质量是非常重要的。为确保安装质量，锅炉安装工程应由经资质审查批准的，符合安装范围的专业施工单位进行安装。锅炉安装中，对于工作压力不大于1.25MPa、热水温度不超过130℃的供热锅炉应按GB 50242—2002《建筑给排水及采暖工程施工质量验收规范》的有关规定施工；对于工作压力不大于3.82MPa的固定式蒸汽锅炉，额定出水压力大于0.1MPa的固定式热水锅炉，应按GB 50273—2009《锅炉安装工程施工及验收规范》的有关规定进行施工；与锅炉连接的管道、与锅炉附属设备连接的管道安装，应遵照GB 50235—2010《工业金属管道工程施工规范》的有关规定施工。

第一节 锅炉基础验收与钢架安装

一、散装锅炉安装工艺流程

散装锅炉安装工艺流程如图5-1所示。

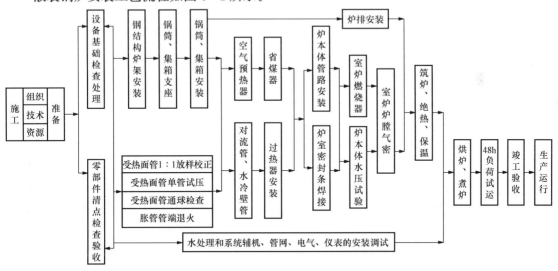

图5-1 散装锅炉安装工艺流程图

二、锅炉基础的验收、画线

1. 基础验收

　　基础验收应遵守GB 50204—2011《混凝土结构工程施工质量验收规范》的有关规定。内容包括外观检查验收、基础本身几何尺寸及预埋件的验收、基础抗压强度的检验四部分。基础各部分的允许偏差应符合表5-1的规定。

表 5 - 1 钢筋混凝土基础的允许偏差

项　目		允许偏差（mm）	
纵轴线和横轴线的坐标位置		20	
不同平面的标高		0 −20	
柱子基础面上的预埋钢板和锅炉各部件及基础平面的水平度	每米	5	
	全　长	10	
平面外形尺寸		±20	
凸台上平面外形尺寸		0 −20	
凹穴尺寸		+20 0	
预留地脚螺栓孔	中心线位置	10	
	深　度	+20 0	
	每米孔壁垂直度	10	
预留地脚螺栓	顶端标高	+20 0	
	中心距	±2	

基础外观检查的内容有：

（1）模具拆除干净，特别注意预留地脚螺栓孔的木盒、木塞要拆除。

（2）基础外观无蜂窝、麻面、露筋、孔洞等缺陷。

（3）基础四周回填土完毕，基础上下无积水、无杂物，基础表面特别是地脚螺栓孔表面严防油污。

2. 基础画线

画线时应先画出平面位置基准线和标高线，即先画出纵向基准中心线、横向基准中心线和标高基准线。纵向基准中心线、横向基准中心线可以确定锅炉的平面位置，标高基准线可以确定锅炉的立面位置。纵向基准中心线可选用基础纵向中心线或锅筒定位中心线，横向基准中心线可选用前排柱子中心线、锅筒定位中心线或炉排主动轴定位中心线。锅炉基础画线如图 5 - 2 所示。

锅炉基础画线应符合下列要求：

（1）纵向中心线和横向中心线应相互垂直。

（2）相应两柱子定位中心线的间距允许偏差为±2mm。

（3）各组对称四根柱子定位中心点的两条对角线长度之差不应大于 5mm。

下面以一实例说明锅炉基础的画线过程，如图 5 - 3 所示。

1）复测土建施工时确定的锅炉基础中心线 OO'，看该线与锅炉房的相对位置是否符合设计要求。如符合设计要求，则确定为锅炉安装的纵向基准中心线。经复测发现土建确定的纵向基准中心线有出入时，应作调整，调整后，从炉前至炉后将纵向基准中心线画在基础上。

2）在锅炉前立柱中心线（或锅炉前墙边缘），画一条与纵向基准中心线 OO' 相垂直的

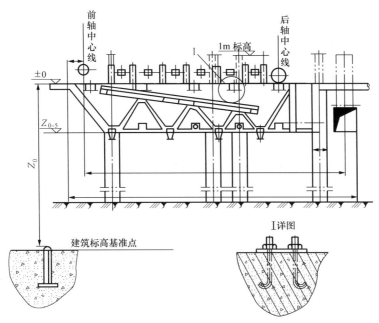

图 5-2　锅炉基础画线

NN'，作为锅炉安装前的横向基准中心线。

　　3）用等腰三角形法检查纵向基准中心线 OO' 与横向基准中心线 NN' 是否相互垂直。具体做法是：以 NN' 与 OO' 的交点 D 为中心点，在 NN' 线上的适当长度分别截取 $AD=DB$。在 OO' 线上任取一点 C，连接 AC 及 BC，$\triangle ABC$ 则为一等腰三角形。如果测得 $AC=BC$，则说明 $OO'\perp NN'$；如果测得 $AC\neq BC$，则说明 OO' 不垂直于 NN'，需要调整 NN'，直到 $AC=BC$ 为止。

　　4）如果 $OO'\perp NN'$，则可把 OO' 和 NN' 作为横、纵向基准中心线，按照各条线与基准线的垂直或平行关系，将各立柱中心线和辅助中心线画出来。

　　5）各线画好后，可用拉对角线的方法，检查画线的准确度，在图 5-3 中，如果 $M_1=M_2$，$N_1=N_2$，……则说明基础画线是正确的。然后，将已画好的基准线和辅助中心线的两端用红油漆标出，供安装时使用。

　　6）在各立柱的安装位置上，画出立柱底板的矩形轮廓线，如图 5-4 所示。将立柱的中心线延长到轮廓线外，用涂料标在靠基础边缘的一端，可标在基础的侧面上，以便安装立柱时调整对中。

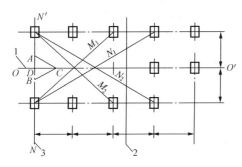

图 5-3　锅炉基础的画线过程

1—锅炉纵向安装中心线；2—横向中心线；3—炉前横向基准线

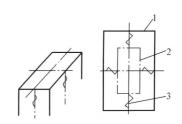

图 5-4　钢柱中心点

1—锅炉基础；2—钢柱底板轮廓线；3—标志

7）经复测土建施工的标高无误差时，以此为基准，在基础四周的墙和柱子 1m 高处用油漆标出几个基准标高点，作为锅炉安装用的标高基准线。

三、锅炉钢架的安装

锅炉钢架是整个锅炉的骨架，几乎承受着锅炉的全部重量，并起着决定锅炉的外形尺寸和保护锅炉炉墙的作用。其安装质量的好坏，直接影响着锅筒、集箱、水冷壁和过热器的安装，还会影响到炉墙的砌筑。

1. 钢架构件的检查和校正

（1）钢架构件的检查。钢架在安装前，应按照施工图清点构件数量，并对柱子、梁等主要构件进行几何尺寸的检查，其偏差应符合表 5-2 的规定。

表 5-2　　　　　　　　　　　　　　钢架安装前的允许偏差

项　　目		允许偏差（mm）	项　　目		允许偏差（mm）
柱子的长度（m）	≤8	0 −4	柱子、梁的直线度		长度的 1/1000，且不应大于 10
	>8	+2 −6	框架长度（m）	≤1	0 −6
梁的长度（m）	≤1	0 −4		>1~3	0 −8
				>3~5	0 −10
				>5	0 −12
	>1~3	0 −6	拉条、支柱长度（m）	≤5	0 3
	>3~5	0 −8		>5~10	0 −4
				>10~15	0 −6
	>5	0 −10		>15	0 −8

注　框架包括炉板框架、顶炉板框架或其他矩形框架。

立柱和横梁直线度用拉线法检查，首先沿构件长度画出若干个 1m 长的等分点，在构件的两端焊上与构件垂直的钢筋柱，在钢筋柱上挂上钢丝，使 $f_m = f_m'$，如图 5-5 所示。自钢丝面至构件面上的各等分点量尺，如测得 $f_a = f_b = f_c = \cdots = f_n$，则构件平直；如不相等，则可计算出直线度，即量尺的最大值减去最小值，即为构件的直线度。

立柱和横梁的扭转值的检查方法如图 5-6 所示。在构件的四个角上焊与构件垂直的钢筋柱，两对角线拉钢丝，并使钢丝等高，如果两钢丝的中心点重合，则构件不扭曲；如两中心点不重合，则说明扭曲，应计算出扭曲值，即量得两中点线距离 L 的一半。

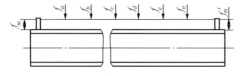

图 5-5　拉线法检查构件直线度

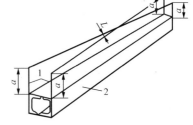

图 5-6　立柱和横梁的扭转值的检查方法

1—钢筋柱；2—构件

锅炉钢构件检测如图5-7所示。

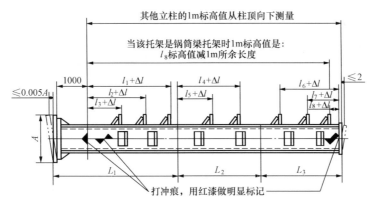

图5-7 锅炉钢构件检测

(2) 钢架的校正。钢架的校正方法有冷态校正和热态校正两种。

1) 冷态校正。冷态校正是指钢架在环境状态下施加外力的校正。由于冷态校正施力大，受到施力机具的限制，适合于构件断面尺寸小、变形小的场合。

冷态校正可分为机械校正和手工校正两种方法。机械校正常采用校直机或千斤顶，如图5-8和图5-9所示。

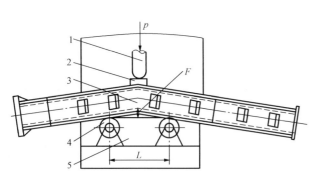

图5-8 校直机校正
1—压头；2—承压垫板（硬度低于被矫件的硬度）；
3—弯曲构件；4—承压轮；5—校直机平台

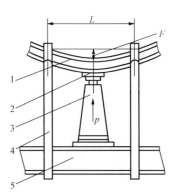

图5-9 千斤顶校正
1—弯曲构件；2—承压垫板；
3—千斤顶；4—拉杆；5—承压梁

采用机械校正时应注意：碳素钢的校正环境温度不得低于16℃，低合金钢的环境温度不得低于12℃。冷态校正时，应防止构件表面出现凹槽、裂纹。

2) 热态校正。热态校正是使构件弯曲段加热到一定温度，然后再施加外力、自然冷却或用水激冷的冷却方法。

构件材料属碳钢可采用热态校正的方法。将构件放在加热炉内加热，也可采用乙炔焰加热，用加热炉加热时，采用的燃料为木炭或焦炭，严禁采用含硫较高的燃料。

热态校正应根据钢构件的变形程度选择好加热点、加热范围、加热温度以及冷却速度。加热点加热范围如图5-10、图5-11所示，用烘炉加热的加热长度在1.0m左右，用氧—乙炔焰加热的加热长度应控制在0.5m左右，如果变形较长，可分段加热。如用火焰加热，钢材的加热温度应低于950℃，用水激冷时，必须使加热点呈紫黑色（温度在600℃以下），防止淬硬。

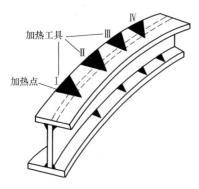

图 5-10　纵向弯曲加热校正

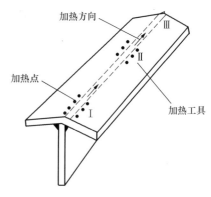

图 5-11　角变形加热校正

2. 钢架安装

锅炉钢架的安装有预组装、单件安装两种方法。

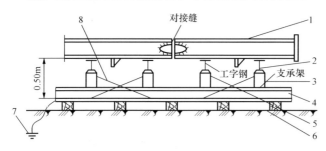

图 5-12　锅炉钢架预组装平台

1—锅炉钢构架；2—工字钢；3—支架；4—钢轨；5—道木；
6—地坪；7—接地零线；8—支架斜拉撑

（1）预组装安装法。将锅炉的前后墙或两侧墙的钢架，预先组装成组合件，然后将各组合件安装就位，拼装成完整的钢架。预组装安装方法是在组装平台（见图 5-12）上进行的。在组装前，应在组装平台上放出钢架组装轮廓线，在立柱的轮廓线外边焊接限位角钢，将各组合件依照顺序吊装到组装平台上找正找平后，立即拧紧螺栓或点焊，待组合件所有尺寸都符合表 5-3 的规定后，再进行焊接。其安装步骤、方法为：先将立柱及主梁吊装到轮廓线上，以支承锅筒的任一根柱子为基准，用水平仪测其他立柱的 1m 标高线，要求 1m 标高线在一条线上，立柱对应面的高度一致，对角线相等，然后将立柱与组装平台临时点焊，防止组装零件时立柱移位。锅炉钢架的组装次序是先上下后中间，再组装梯子平台，最后组装斜拉撑杆及其他附件。锅炉钢架安装如图 5-13 所示。

表 5-3　　　　　　　　　锅炉钢架安装的允许偏差和检测方法

项　目	允许偏差（mm）	检测方法
各柱子的位置	±5	—
任意两柱子间的距离（宜取正偏差）	间距的 1/1000，且不大于 10	—
柱子上的 1m 标高线与标高基准点的高度差	±2	以支承锅筒的任一根柱子作为基准，然后用水准仪测定其他柱子
各柱子相互间的标高差	3	
柱子的垂直度	高度的 1/1000，且不大于 10	
各柱子相应对角线的长度之差	长度的 1.5/1000，且不大于 15	在柱角 1m 标高和柱头处测量
两柱子间在垂直面内两对角线的长度之差	长度的 1/1000，且不大于 10	在柱子的两端测量

续表

项　　目		允许偏差（mm）	检测方法
支承锅筒的梁的标高		0 −5	—
支承锅筒的梁的水平度		长度的 1/1000，且不大于 3	—
其他梁的标高		±5	
框架两对角线 的长度（mm）	框架边长≤2500	≤5	在框架的同一标高处或框架两侧处测量
	框架边长>2500～5000	≤8	
	框架边长>5000	≤10	

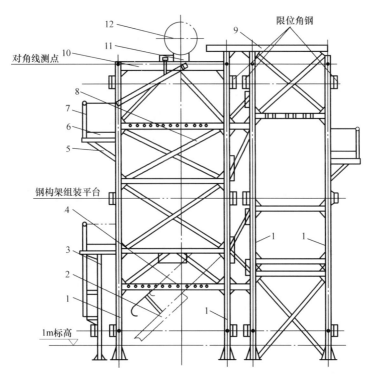

图 5-13　锅炉钢架安装

1—构架立柱；2—斜梯；3—煤斗支架；4—水冷壁钢梁；5—平台支架；6—平台；

7—栏杆；8—斜撑；9—炉顶护板梁；10—横梁；11—锅筒支座；12—锅筒

安装钢架时，将每一片组合件各立柱底板对准基础上的轮廓线就位，经初步找正后用带有花篮螺栓的钢丝绳拉紧，待各组合件拼装后再进行调整。调整先从对准位置开始，然后找正标高、垂直度和横梁水平度，最后复找各立柱上水平面内或上下水平面内相应两对角线的长度，使之符合表 5-3 的要求后，应点焊固定，待全部调整合格，并检查无误后可进行焊接。焊接完毕后，尚需进行复测。

预组装安装法的优点是：可减少高空作业，有利于安全施工，提高工作效率和加速工程进度，多用于大型锅炉承重钢架的安装。

（2）单件安装法。单件安装法多用于中小型锅炉承重钢架的安装。

　　单件安装法的安装工序为：立柱与横梁的画线→立柱的安装→横梁的安装→立柱底座和基础的固定。

　　1）立柱、横梁的画线。经检查、校正合格后的立柱、横梁，均用油漆弹画出其安装中心线。立柱底板也应画出其安装十字中心线，并与立柱面上的中心线相对应。画线时，不得用立柱底板中心弹画立柱中心线，而应采用立柱四个面的中心线的引下线，确定底板的中心十字线。画线后，为了防止线磨掉，应在立柱支横梁上、中、下部各打上冲孔标记，以保持其定线的准确。

　　以立柱顶端与最上部支承锅筒的上托架设计标高，确定上托架的安装位置，并焊好上托架。上托架面的标高确定可比设计标高低 $200\sim400mm$，作为立柱底部及上托架面上加整铁时的调整余地。按立柱上各托架的设计间距画线，使各托架定位并逐个焊接牢固，用以支承各加固横梁，注意焊接各横梁托架时，不得搞错方向。

　　从托架顶面的设计标高下返至设计标高 1m 处，在立柱上弹画出设计标高线，作为安装时控制和校正立柱安装的基准线，在立柱底板上画出立柱的安装十字中心线。

　　以基础四周标定的标高基准点为基准，在基础周围的墙上、柱上用油漆标出若干个 1m 标高基准点，作为安装时测量标高的基准。

　　2）立柱安装。在立柱画线及各托架焊接后，即可吊装立柱。单根立柱的吊装可用独立桅杆，通过钢丝绳、滑轮组由卷扬机牵引起吊，或在屋架下挂手动葫芦起吊。起吊时，应缓慢平稳，轻起轻放，以免碰撞引起立柱变形。放置时，立柱底板中心线应对准基础上画定的立柱安装中心线，用缆风绳将立柱拉紧固定在各侧墙上。

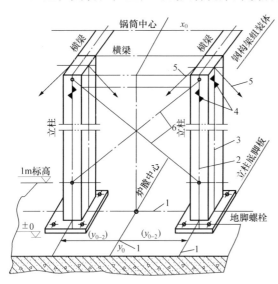

图 5-14　立柱安装找正
1—锅炉基础中心线；2—立柱前中心；3—立柱侧中心；
4—立柱垂直测量点；5—缆风绳；6—对角线

　　立柱就位后，应进行安装位置、标高及垂直度的检测和调整。立柱安装找正如图 5-14 所示。用撬棍拨调立柱底板，使立柱底板上十字线与基础上立柱安装十字线对准；用水准仪或胶管水平仪检测立柱安装标高，使立柱上 1m 标高线与墙上 1m 标高线处在同一安装水平面上。如不水平，则可调整立柱底板下的斜垫铁使其水平，每根立柱下的斜垫铁数量不应超过三块，并应匀称地放置于立柱底板下。调整好后，应将斜垫铁用点焊固定在一起。

　　自制的胶管水平仪由一根长度适当的软胶管，两端各插上一根玻璃管组成，胶管内充满水。量测时，将玻璃管分别放在墙上和立柱的 1m 标高线上，如图 5-15 所示。

　　立柱安装垂直度的检测和调整方法是：先在立柱顶端焊一直角钢筋，在立柱相互垂直的两个面各挂一线坠（为使线坠不晃动，可使线坠及部分垂线插入水桶内），取立柱顶部、中部、下部三处量尺，如垂线与立柱面的量测间距相同，则立柱安装垂直度无偏差；如三处量得的尺寸不同，则最大尺寸差值即为立柱安装的垂直度偏差值。当偏差值超过

表 5-3 的规定时，应用缆风绳上的拉紧螺栓调整其垂直度，直至符合要求为止，如图 5-16 所示。

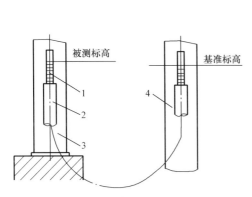

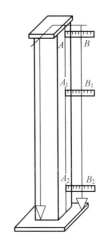

图 5-15　用胶管水平仪测钢柱标高　　　　图 5-16　挂拉线测钢柱垂直度

1—玻璃管；2—胶管；3—被测钢柱；4—已找正的钢柱

3）横梁的安装。在对应的两立柱安装并调整合格后，应立即安装支承锅筒的横梁，将横梁吊放在上托架上，调整横梁中心线使之对准立柱中心线，用水平尺检测横梁安装的水平度，必要时在托架上加斜垫铁找平，横梁调整水平后，点焊或用螺栓与立柱固定。在相邻两立柱调整合格并安装横梁后，立即用相同方法安装侧面的连接横梁。使已安装并已调整合格的四根立柱及其横梁连成整体，以进一步加固稳定。横梁安装找正如图 5-17 所示。

每组横梁安装后，应用对角线法拉线或尺量测其安装位置的准确性。整体承重钢架组装后，应全面复测立柱、横梁的安装位置、标高，并进一步调整使之符合表 5-3 的规定，将立柱底板下的斜垫铁点焊固定。需要说明的是，横梁安装必须是安装一件找正一件，不得在未找正的构件上安装下一件。

4）立柱与基础的固定。立柱与基础的固定方法有三种：地脚螺栓法、预埋件焊接法和立柱与预埋钢筋焊接法。

①地脚螺栓法。地脚螺栓法是用地脚螺栓灌浆固定，要求柱底板与基础表面之间的灌浆层厚度不小于 50mm。在整体焊接完成后再次紧固地脚螺栓。二次浇灌前，先将基础与底板接触处冲洗干净，利用小木板在底板四周围成模板，浇灌时应注意捣实，使混凝土填满底板与基础间的空隙。混凝土在凝固期内，应注意洒水养护，每昼夜洒水的次数不少于 3 次。

②预埋件焊接法。预埋件焊接法是将立柱焊在预埋在基础内钢板上的一种固定方法。这种固定方法要求预埋的钢板位置要准确、牢固，立柱焊接前，应将预埋钢板表面清理干净，再将立柱底板四周牢

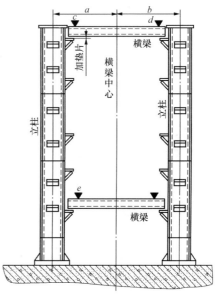

图 5-17　横梁安装找正

固的焊接在预埋钢板上。

③立柱与预埋钢筋焊接法。这种固定方法是立柱与预埋在基础内的钢筋焊接在一起，焊接时，要求将全部预埋钢筋用氧—乙炔焰加热到950℃左右，并将其压弯，冷却后的压弯与柱脚立筋紧贴，施行双面焊接，焊接长度应大于钢筋直径的6～8倍。

第二节 锅炉受热面安装

锅筒、集箱、对流管束及水冷壁是锅炉的主要受热面，其安装质量决定着锅炉运行的稳定性及安全性，锅炉受热面安装必须在锅炉承重钢架安装完毕后，基础的二次浇灌强度达到75%以上方可进行。

一、锅筒与集箱的安装

1. 锅筒画线

锅筒与集箱检查合格后，即可进行锅筒的画线，画线是按锅筒上的中心线冲孔标记，在锅筒的两侧弹画出纵向中心线，自锅筒长度的中点向前后端面各量支座间距的1/2，即得到支座安装的中心点，但活动支座的一端应扣除锅筒受热伸长量。

2. 锅筒支座的安装

中小型锅炉的锅筒一般有1～2个，不同型号的锅炉其锅筒的支承形式不一，常用的锅筒支承方法有：锅筒放在支座上支承和锅筒由吊环固定在钢架的横梁上支承两种，是上锅筒设置支座支承还是下锅筒设置支座支承，应视锅炉的具体设计而定。

锅筒支座有固定支座和滑动支座两类。固定支座多为铸铁材料制成，呈弧形。滑动支座多为带双层滚柱的滑动支座，如图5-18所示，其固定框架与承重横梁焊死，以限定支座的位移范围，上滚柱保证锅筒纵向膨胀位移，下滚柱保证锅筒横向位移。支座与锅筒接触的支承部分是弧形支承面。

滑动支座安装前应解体、清洗、检查，清洗检查的内容如下：

（1）拆卸后用清洗剂清洗上滑板和下滑板及滚柱。

（2）用游标卡尺测量滚柱的直径和锥度，并做好记录。

（3）用水平尺检查底板和上滑板的平直度，并做好记录。

（4）将支座的弧形部位与锅筒表面做吻合性检查，接触长度不得少于弧长的70%。局部间隙不应大于2mm，同时不接触部分在圆弧上应均匀分布，不得集中在一个地方；否则，应用手提砂轮机进行打磨，使之接触良好。

（5）滑动支座解体、清洗、检查合格后，即可进行支座的组装，方法、步骤如下：

①在支座底板上弹画出安装十字中心线。

②按图样要求组装支座的零件和垫片，留出足够的膨胀间隙。安装上滚柱应偏向锅筒中间，当锅筒受

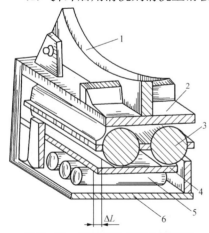

图5-18 锅筒滑动支座立体断面
1—支座与锅筒接触面；2—上滑板；
3—纵向滑动的滚柱；4—中间滑板；
5—横向滑动滚柱；6—下滑板

热伸长时，滚柱能处于居中位置。滑动支座的膨胀间隙 ΔL 应按设计文件要求做，如设计不要求，可按式（5-1）计算，即

$$\Delta L = 0.012\Delta tL + 5 \tag{5-1}$$

式中　ΔL——锅筒的热膨胀量，mm；

　　　0.012——钢的线膨胀系数，mm/(m·℃)；

　　　Δt——锅筒最高温度与组装支座时的环境温度之差，℃；

　　　L——锅筒长度，m。

③将上下两层滚柱之间临时点焊固定，待锅筒安装结束后再削去点焊处。

④支座组装时应保持各活动接触面的洁净，防止异物进入活动接触面。滚柱应涂上干净的钙基脂润滑剂，组装后予以遮盖。

⑤检查滚柱与滑板的接触情况，要求滚柱与滑板的接触长度不小于弧长的70%。同时应无摆动和卡阻现象，如果达不到要求应研磨或更换滚柱。

支座安装前应先在安装支座的横梁上画线，定出前后支座安装位置线。先将与锅筒外皮接触的支座凹弧中心引到支座底板上，标出支座纵横中心线，然后根据锅炉钢架立柱中心线，在锅筒支承横梁上画出锅筒支座的纵横中心线，再将组装好的支座吊放于承重横梁上，使支座底板上的纵横中心线与横梁上支座纵横中心线对准，用胶管水平仪或水准仪检测支座的标高及水平度，偏差的调整用支座下的斜垫铁调整，测量固定支座与滑动支座凹弧立板面对角线 L_1 及 L_2 的差值，差值应小于5mm，如图5-19所示。当安装标高及水平度同时调整合格后，将支座底板连同斜垫铁一道与横梁焊接固定。

3. 临时支座

由受热面管束支承锅筒的安装，为了确保安全、较方便地找正锅筒的位置，需要准备好临时支座（见图5-20）。临时支座是由角钢或槽钢制成的弧形支承结构，用螺栓固定于钢架横梁上，弧形支座面应与下锅筒外壁圆弧相吻合，要求接触面局部间隙不应大于2mm，锅筒吊装就位时，临时支座与之接触面处应衬以石棉绳。

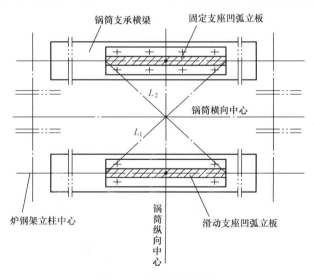

图5-19　锅筒支座安装

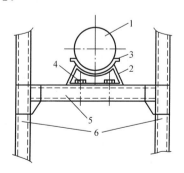

图5-20　锅筒安装用临时支座
1—锅筒；2—临时支承座；3—石棉绳；
4—螺栓；5—横梁；6—立柱

当上、下锅筒及其连接管束均已安装完毕，燃烧室开始砌筑时，方可拆除临时支座。临

时支座拆除时，严禁用锤敲打，防止振动锅筒影响管束胀接强度和严密性能。

当锅筒采用吊挂于上部承重横梁时，应对吊装的吊环、拉杆进行超声波探伤检测，查看是否有裂纹、重皮等缺陷，对吊杆螺栓、螺母丝扣清洗检测，涂上二硫化钼等耐高温润滑剂，吊环应与锅筒外壁圆弧接触良好。

4. 锅筒、集箱的吊装

（1）锅筒、集箱吊装前的工作。

1）锅筒、集箱吊装前应根据锅炉安装的容量、规格以及施工现场的实际情况制定吊装方案。吊装方案的内容包括：采用的机械、设备，吊装工艺，人员配置，辅助设施及安全措施等。

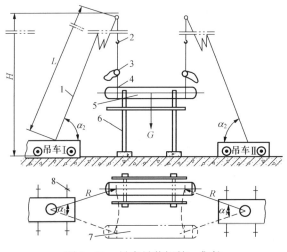

图 5-21　吊车吊装锅筒、集箱

1—吊车臂杆；2—吊钩；3—吊绳微调倒链；4—吊绳和吊物绑扎点；
5—锅筒；6—锅炉钢构架；7—锅筒吊装前摆放位置；8—吊车支点

2）吊装现场的布置。锅筒、集箱吊装前应对吊装现场进行合理布置，对于那些妨碍、影响起重、吊装作业安全的因素彻底清除，对于那些影响吊装作业的临时设施予以拆除或采取一些防护措施。

3）起重、吊装作业用工具、绳索、材料应准备齐全，且能确保吊装作业的安全。

（2）锅筒、集箱吊装。

1）吊车吊装锅筒、集箱如图 5-21 所示。

2）桅杆起重机吊装锅筒和集箱如图 5-22 所示。

桅杆起重机吊装锅筒和集箱适用于锅筒质量不超过 5t，锅炉安装的基础在 4m 左右。吊装工艺为：用人字桅杆起重机将锅筒吊运至二层平台，再用卷扬机、滚杠搬运到位，最后用独立桅杆起重机吊装到位。

3）锅筒、集箱吊装时应注意的事项。

①吊装时，钢丝绳要捆绑牢固，防止滑移。钢丝绳与锅筒的接触部位要用木板、草袋或破棉布垫好，严禁钢丝绳穿过锅筒的管孔，钢丝绳捆绑的部位，不应妨碍锅筒就位，不得利用锅筒、集箱上的短管、管孔和滑动密封面作绑扎点。绑扎用钢丝绳夹要牢固，抱杆转动要灵活。

②锅筒起吊要由专人指挥，起重工人要持证上岗，起重吊装过程中要避免锅筒碰撞钢架；当锅筒起吊到高度为 100～200mm 时，要停止起吊，检查吊点、锚点、吊具、索具等确认无问题时，再进行起吊，当达到要求的高度后缓缓下落，稳妥而准确地将锅筒放在支座上。

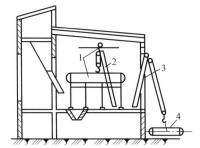

图 5-22　桅杆起重机吊装锅筒和集箱

1—上锅筒；2—独立桅杆起重机；
3—人字桅杆起重机；4—下锅筒

5. 锅筒、集箱的找正与调整

锅筒、集箱就位后应进行调整、找正。调整、找正的顺序是：上锅筒→下锅筒→集箱。调整与找正后的安装偏差应符合表5-4的规定,表中的相应尺寸见图5-23。

表5-4   **锅筒、集箱安装的允许偏差**

项　　目	允许偏差（mm）
主锅筒的标高	±5
锅筒纵向和横向中心线与安装基准线水平方向的距离	±5
锅筒、集箱全长的纵向水平度	2
锅筒全长的横向水平度	1
上、下锅筒之间水平方向距离 a 和垂直方向距离 b	±3
上锅筒与上集箱的轴心线距离 c	±3
上锅筒与过热器集箱的距离 d、d',过热器集箱之间的距离 f、f'	±3
上、下集箱之间的距离 g,集箱与相邻立柱中心距离 h、l	±3
上、下锅筒横向中心线相对偏移 e	2
锅筒横向中心线和过热器集箱横向中心线相对偏移 s	3

注　锅筒纵向和横向中心线两端所测距离的长度之差不应大于2mm。

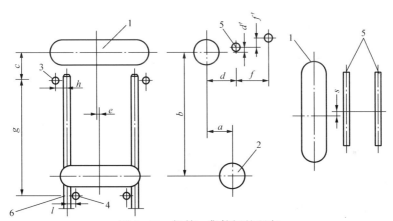

图5-23　锅筒、集箱间的距离

1—上锅筒(主锅筒);2—下锅筒;3—上集箱;4—下集箱;5—过热器集箱;6—立柱;
a—上、下锅筒之间水平方向距离;b—上、下锅筒之间垂直方向距离;c—上锅筒与上集箱的轴心线距离;
d—上锅筒与过热器集箱水平方向的距离;d'—上锅筒与过热器集箱垂直方向的距离;e—上、下锅筒
横向中心线相对偏移;f—过热器集箱之间水平方向的距离;f'—过热器集箱之间垂直方向的距离;
g—上、下集箱之间的距离;h—上集箱与相邻立柱中心距离;l—下集箱与相邻立柱中心距离;
s—锅筒横向中心线和过热器集箱横向中心线相对偏移

　　当锅筒就位后,在起重工的配合下,应立即进行调整工作。工业锅炉安装,调整内容和偏差要求应符合表5-4的规定。

　　经过调整后,锅筒的纵向中心线、横向中心线、立柱中心线的水平方向,锅筒、集箱的标高偏差,锅筒、集箱的不水平度等,必须符合要求。

　　调整锅筒的纵向中心线、横向中心线与立柱中心线的水平方向的距离时,可在锅筒的纵向中心线的两端挂铅垂线,测量与它们相平行的立柱中心线间的水平距离。立柱中心线是指在基础面上所画定的立柱中心线。当测量遇阻时,可用拉细钢丝挂铅垂线的办法,将它们提升一定高度,代替立柱中心线,但不能利用已装好的钢柱顶画中心线作为立柱中心线。

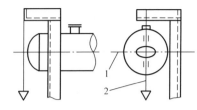

图 5‐24　锅筒端面垂直中心线调整法
1—锅筒端面水平中心线；
2—锅筒端面铅垂中心线

调整锅筒的标高和水平度时，应先调整锅筒两端的垂直中心线，然后再进行测量和调整，如图 5‐24 所示。用挂铅垂线的办法在汽包两端进行测量，当端面上、下两个样冲孔同时在铅垂线上时，则符合要求；否则，应将锅筒绕中心线转动，直到符合要求为止。

经用上述调整方法，锅筒两端面的上、下样冲孔不能同时符合要求时，则说明厂商打得标记有误，经反复检查确属制造厂的标记有误时，可以管孔为准，调整锅筒断面的水平度和垂直中心，以下两种方法可供选择。

（1）在锅筒内同一水平面的管孔上，横放一条平尺，再在平尺上放一只水平尺，当水平尺的水泡居中时，说明端面位置正确，如图 5‐25 所示，用此法测量，测点不应少于 3 处。

（2）按图 5‐26 所示挂一铅垂线，调整铅垂线至钢架中心线的水平距离符合要求后，再调整锅筒，使铅垂中心线正好位于上、下管孔的平分线上，说明锅筒位置正确。

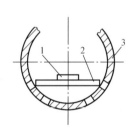

图 5‐25　用水平尺调整锅筒端面的水平度
1—水平尺；2—平尺；3—锅筒

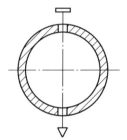

图 5‐26　用铅垂线调整锅筒的
端面和垂直度

调整锅筒的标高和水平度时，应以基础的基准标高为准，用水平仪测定锅筒中心线的设计高度，不得用测尺丈量，测得的数据标记在锅筒两端附近结构物上，以作为测量的依据。

二、受热面管束安装

1. 受热面管子的检查

锅炉上的各种受热面管，在制造厂已弯制成型，出厂后由于运输、装卸和贮运等原因，会导致管子发生变形、损伤，因此，管子在退火前必须进行检查，且应符合下列要求：

（1）管子表面不应有重皮、裂纹、压扁和严重锈蚀等缺陷。当管子表面有划痕、麻点等缺陷时，其深度不应超过管子公称壁厚的 10%。

（2）合金钢管应逐根进行光谱检查。

（3）对流管束应做外形检查和矫正，校管平台应平整、牢固，放样尺寸误差不应大于 1mm，矫正后的管子与放样实线应吻合，局部偏差不应大于 2mm，并应进行试装检查。

（4）受热面管子的排列应整齐，局部管段与设计安装位置偏差不宜大于 5mm。

（5）胀接管口的端面倾斜度不应大于管子公称外径的 1.5%，且不应大于 1mm，如图5‐27所示。

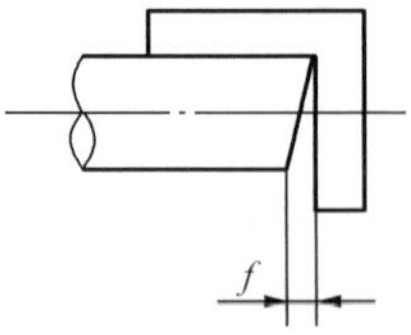

（6）受热面管子公称外径不大于 60mm 时，其对接接头和弯管应做通球试验，通球率必须达到 100%，通球后的管子应有可靠的封闭措施，

图 5‐27　管口端面的倾斜度

通球直径应符合表 5-5 和表 5-6 的规定。

表 5-5	对接接头管通球直径			mm
管子公称内径 d	≤25	>25~40	>40~55	>55
通球直径	≥0.75d	≥0.80d	≥0.85d	≥0.90d

表 5-6	弯 管 通 球 直 径			
弯管弯曲半径与管外径的比（R/D）	1.4~1.8	1.8~2.5	2.5~3.5	≥3.5
通球直径（mm）	≥0.75d	≥0.80d	≥0.85d	≥0.90d

注　1. d 为管子的公称内径。

　　2. 试验用球宜用不易产生塑性变形的材料制造。

2. 胀接管端的退火与清理

为了防止胀接时管子产生塑性变形，导致管端产生裂纹，应对管子进行退火。管端退火前，应对受热面管为胀接的胀孔壁和管端硬度进行检测。如管端硬度大于或等于管孔硬度，或管端硬度大于 HB170，则应对管端进行退火处理。管端打磨的目的是清除管子表面的氧化层、锈斑、沟纹等。

施工现场的管端退火有地炉直接加热退火、铅浴法加热退火、远红外线加热退火和电感应加热退火 4 种方法。由于地炉加热退火不均匀，劳动强度大，而且要求操作人员的经验丰富，技术熟练，因此现在已较少采用。现在较常用的是铅浴法加热退火和远红外线加热退火。

（1）铅浴法加热退火。铅浴法加热退火是湿法退火，它具有加热温度均匀，操作简便、易于掌握，管壁不氧化等优点，所以目前多采用；但铅浴法加热退火产生有害气体对人体健康有害，需要严格的劳动保护措施。

1）管端铅浴法加热退火平面布置。管端退火应选择在通风良好、无雨水澎溅、不影响其他工艺生产之处。如在室内，则应有良好的采光、通风措施。

2）铅浴法加热退火的条件。

①编写铅浴法加热退火方案，明确退火程序和操作方法、物资条件及安全措施等。

②铅锅制作。铅锅需要用厚钢板（δ≥6mm）焊制，深度大于 300mm，长宽满足每批投入管子数量的要求。

③除潮、塞管。管子退火前，要检查管子是否干燥，管内不得有积水或潮气，必要时，应对管子预烘烤。对不加热的管端用木塞予以临时封堵。

④其他准备。如设地炉、稳固铅锅、搭退火管支架、准备适量的铅、焦炭、保温灰等。

3）退火试验。将铅在铅锅内熔化，在铅液表面洒 20mm 厚的石棉灰、草木灰等，将铅继续加热，使铅液温度达到 600~650℃，（用 0~1000℃范围的热电偶温度计测量，如无热电偶温度计，一般用铝导线插入铅液中检查温度，如铝线熔化，则温度在 600~650℃），将 3~5 根管子插入铅液，插入深度为 100~150mm，当铅液温度再升至 600~650℃，10~15min 后，将管子取出，立即将其插入干燥的石棉灰中，插入深度应大于 350mm，缓慢冷却，待管子冷却到 50~80℃时，取出自然冷却至环境温度。对退火管端做硬度测试。将退火后的硬度与退火前硬度比较，使得管子硬度低于管孔硬度 HB50 以下，为退火合格。如退火后硬度仍然偏高或偏低，则应调整铅液温度和保温时间，重新做试验，直至合格，并对试验合格时的铅液温度、保温时间、操作条件、环境温度等准确记录。

4）管子退火。按试验合格记录所示条件，成批量的管端退火。

5）管端退火应注意的技术问题。

①退火时不能损坏管子检测记录标识，必要时，将标识移到不受损害处。

②操作过程中严防水与铅液接触，以防发生事故。

③操作者操作时，应穿工作服、戴手套、眼镜，做好防护工作。

（2）远红外线加热退火。远红外线加热退火，是由电热片内侧（靠近管）涂远红外涂料，电热片内多孔或双孔，电阻（俗称电热丝）从孔中穿过，通电以后，电热丝发热，热量通过电热片和远红外涂料辐射到管端达到对管端加热退火的目的。

远红外线加热的电源和测温热电偶控制线引到温度控制操纵柜上，进行温度控制，一般电加热温度达 650℃，恒温 20min 之后缓慢降温达到管端退火的目的。远红外线加热退火的成品保护、试验、检查及退火同铅浴法加热退火。

（3）管端与管孔的清理。管端与管孔的清理包括清除表面油污和管端打磨两部分。管端和管孔表面油污的清理主要用汽油清洗管端外皮和用钢刷、圆锉清理管内壁，内壁的清理长度应大于 100mm。管端打磨是为了清除管子表面的氧化层、锈斑、沟纹等，以保证胀管质量。管端打磨在退火后进行。打磨方式有人工打磨和机械打磨。管端打磨长度应大于管壁厚度加 50mm，打磨后的管端应全部露出本质的金属光泽，壁厚不小于公称壁厚的 90%，外表面应保持圆滑，无起皮、凹痕、裂纹和纵向刻痕等缺陷，否则，应更换管子。

1）人工打磨。人工打磨如图 5-28 所示。

人工打磨是将管子垫上旧棉布夹在压力钳上，用中粗平板锉沿管子表面圆弧打磨，将管端表面的锈层、斑点、沟纹等锉掉，再用细平锉打磨残留锈点，最后用砂纸沿圆弧方向精磨。打磨时，应注意打磨操作的走向，防止出现沿管轴方向的纵向沟纹，掌握打磨深度，防止过度。

2）机械打磨。机械打磨是在打磨机上进行，如图 5-29 所示。打磨时，将管子插入盘内，露出打磨长度后用夹具将管子固定，启动机器，磨盘旋转即可进行打磨。打磨机盘上装有三块砂轮片，磨盘转动时，靠离心力作用使配重块向外运动，将砂轮块压紧在管壁上，靠砂轮片旋转实现管子打磨。停车后，离心力消失，靠弹簧拉力使砂轮块脱离管壁，则可停止打磨。

图 5-28　人工打磨

1—平锉弧状摆动；2—平锉；3—台案；4—压力钳；

5—待胀管子；6—支架

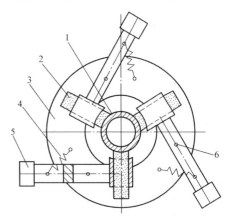

图 5-29　管端机械打磨

1—被打磨管端；2—砂轮磨块；3—圆盘；

4—弹簧；5—重块；6—轴

管端打磨后，应用游标卡尺量测其外径及内径，列表登记，并标注于管端，以备选配时应用。

机械打磨效率高，质量好，但需要注意防止打磨对管壁厚度损伤过度，打磨后的管壁厚度不得小于公称壁厚的90%。为防止管端打磨污染和生锈，一般打磨以后应立即用塑料布包严、密封。如需要较长时间的存放，则打磨后在管端涂防腐油，待胀接时予以清洗和脱脂。

胀接管端与管孔的组合，应根据管孔直径与打磨后管端外径的实测数据进行选配，胀接管端的最小外径不得小于表5-7的规定，胀接管孔与管端的最大间隙不得大于表5-8的规定。

表5-7　　　　　　　　　　　胀接管端的最小外径　　　　　　　　　　　　　mm

管子公称外径	32	38	42	51	57	60	63.5	70	76	83	89	102
管子最小外径	31.35	37.35	41.35	50.19	56.13	59.10	62.57	69.00	74.84	81.77	87.71	100.58

3. 管子胀接

（1）管子的选配与管束的挂装。水冷壁管束一般是由单列多根管子组成的，其上端与锅筒胀接。对流管束则由数列多排管束组成，管子的上、下端分别与上、下锅筒连接。管束的安装是通过每根管子的选配、挂装以及胀接（或焊接）完成安装的。

1）管子与管孔的选配。管子挂装前，应将锅筒管孔处的防腐油用四氯化碳清洗干净，用刮刀沿管孔四周方向刮去毛刺，然后用细砂布沿管孔周围方向打磨，直至管孔露出金属光泽。量测管孔各孔径并记录于锅筒管孔展开图上。

将已打磨好的管子去掉纸封，按量测过的外径值与管孔进行选配，选配的原则是将较大外径的管子装配到较大孔径的管孔上，使选配后各装配间隙尽可能均匀一致，间隙值应符合表5-8规定。

表5-8　　　　　　　　　　　胀接管孔与管端的最大间隙　　　　　　　　　　　mm

管子公称外径	32~42	51	57	60	63.5	70	76	83	89	102
最大间隙	1.29	1.41	1.47	1.50	1.53	1.60	1.66	1.89	1.95	2.18

2）对流管束的挂装。对流管束的挂装是指每根管子都经过选配，就位于上、下锅筒相应的管孔中，挂装的顺序为：每列对流管束由里向外挂装，对每列中各排对流管束，则先挂最前排、最后及中间的一根，用此三根作为基准，然后由中间分别向两端挂装。在挂装时每根管子都应轻松自由地插入上下管孔，且不可强行施力插入，避免影响胀接强度及严密度。

每挂装一根管子，均应将选配的数据（如管孔直径、管子外径、管子内径等实测数据）记录于管孔展开平面图相应的管孔处，以备计算胀接时计算胀管率。

每挂装一根管子，在胀接前应检查伸出锅筒壁的长度 g，如图5-30所示，若 g 值超过表5-9的规定，应抽出管子，将多余的切掉，若伸出量不足，则应换管重新挂装。

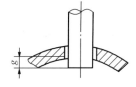

图5-30　管端伸出管孔的长度

表 5 - 9		管端伸出管孔的长度		mm
管 子 外 径			32～63.5	70～102
伸出长度	正常		9	10
	最大		11	12
	最小		7	8

　　在每列基准管挂装后，均应立即检测和调整其挂装位置，以保证对流管束安装位置正确。基准管位置的检测，如图 5 - 31 所示，在锅筒前后的中心点吊垂球，将锅筒底部的纵向中心线引至量测位置（图 5 - 31 中的 00′线），以 00′线为基准量测基准管与锅筒中心线之间的距离，使之等于设计间距，分别量测前后基准管中心与中间基准管中心线的对角线距离，使之调整到 13′=1′3，12′=1′2，则基准管位置正确，然后立即对基准管进行初固定。其他各排管子挂装时，应与基准管平齐处于同一安装平面上，为提高挂装速度，保证各管子挂装位置正确，可采用木制梳形槽板控制挂装位置。如图 5 - 32（a）所示，也可用长角钢上的 U 形螺栓卡住，控制其挂装位置，如图 5 - 32（b）所示。

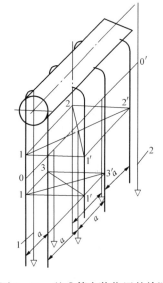

图 5 - 31　基准管安装位置的检测

1、2—锅筒前、后端面垂直中心线；

00′—锅筒底部纵向中心线的引出线

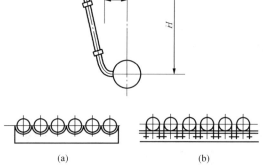

图 5 - 32　管束挂装的辅助工具

（a）木制梳形槽板；（b）角钢及 U 形螺栓

　　（2）胀管器。胀管器是管子的胀接工具，常用的有固定胀管器、翻边胀管器两种，如图 5 - 33 所示。胀管器是由外壳、分布 120°的胀珠巢、胀杆及胀珠组成。胀杆及胀珠均为锥形，胀杆的锥度约为胀杆的一半。固定胀管器的胀珠巢中放入的是直胀珠，而翻边胀管器中的胀

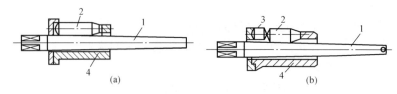

图 5 - 33　胀管器

（a）固定胀管器；（b）翻边胀管器

1—胀杆；2—胀珠；3—翻边胀珠；4—外壳

珠为翻边胀珠，其锥度大，胀接时能将管口翻边形成 12°～15°的倾角。

胀管器的质量应符合下列要求：

1）胀管器的型号应符合管子终胀内径及管孔壁厚的要求。

2）胀杆和胀珠不得弯曲。

3）胀杆与直胀珠的圆锥度应相配，即直胀珠的圆锥度应为胀杆圆锥度的一半。

4）胀珠与胀珠巢的间隙不应过大，其轴向间隙应小于 2mm，翻边胀珠与直胀珠串装时，其轴向间隙应小于 1mm，胀珠不得从胀珠巢内掉出，且胀杆放下最大限度时，胀珠能自由转动。

胀管器在使用时，胀杆及胀珠应抹适量黄油，胀完 15～20 个口后，应用煤油清洗，然后重新抹黄油。但是，黄油不得流入管子与管孔的间隙内。对质量不符合要求的或已损坏的胀管器不能使用。

（3）胀管器的规格选择。所用的胀管器的盖板上应有产品规格钢印，附有说明书和质量证明书等技术文件，说明书上应明确胀管器可胀接的管子规格。使用前，还应根据对锅筒和管子的检测结果，对胀管器的可适用性进行检查。

1）将胀杆向里推进，使胀珠尽量向外，形成的切圆直径应大于管子的终胀内径，如图 5-34 所示的 d_2＞管子终胀内径 d_1。

2）胀珠的长度应与锅筒的壁厚相适应，翻边胀管器直胀珠的长度，应是锅筒壁厚加管端伸入锅筒两倍的长度，如图 5-35 所示。例如，$\phi32\sim\phi63.5$ 的管子与壁厚 50mm 的锅筒胀接，选胀管器胀珠直段的长度应是（50＋18）±2＝（68±2）mm。

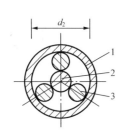

图 5-34　胀管器直径选择条件

1—终胀管；2—胀杆；3—胀珠

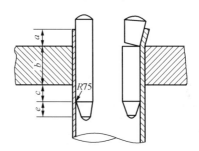

图 5-35　直胀珠长度的选择

a—管子伸出管孔壁的最大长度；b—管孔壁的厚度；c—胀珠出口端的长度，一般 c＝a；e—胀珠的过渡部分的长度

（4）胀管原理。将胀管器外壳对准胀接口，用扳把扭动胀杆，胀珠即随胀杆的转动而转动，胀杆沿外壳的内径向里推进，胀珠则对管子外壁施压，以致使管壁扩大产生塑性变形，直至达到永久变形。管子在扩胀时对管孔周围产生很大的压力，当胀接终止时，管孔钢材会对其所受的压力产生反弹力，这个极大的反弹力使管孔紧紧地箍住管子，如图 5-36 所示。

胀管动力有手动、电动、风动、液压传动等多种，传统工艺是采用手动，手动由于劳动强度大，效率低，现已较少应用，保留的用在修修补补上，大中型锅炉胀接大多使用电动胀管机。

（5）试胀接。为确保胀管质量，在正式胀管之前应进行试胀。

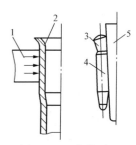

图 5-36　胀接原理

1—锅筒孔壁；2—胀接管子；
3—翻边胀珠；4—直胀珠；
5—胀杆

试胀的目的在于使操作人员熟悉和掌握胀接材料（锅筒和受热管子）的可塑性能，胀管器的使用性能，并熟练胀管操作。试胀使用的管板及胀接管子应与正式胀接时完全相同且由锅炉制造厂提供，试胀的操作方法及步骤与正式胀接相同。

1) 试胀接装置。将两块试胀接板分上下平行于地面布置，以便模拟上锅筒和下锅筒胀接。

2) 试胀接机具必须是正式胀接使用的胀管机具，以便通过试胀，检验胀管机具性能和熟悉使用方法，如果所用的胀接机具是电动胀管机，则试胀时应注意检验以下项目：

①胀接消除间隙阶段的电流值。

②固定胀管，即消除间隙后，再将管径扩胀 0.2~0.3mm 阶段的电流值。

③翻边扩胀阶段的电流值。

④试验胀管内孔每扩大 1mm，胀杆进深实际深度和实际旋转的圈数。

⑤试胀中应准确控制、记录胀管机具的以上数据，以便实际胀管参照这些数据进行操作。

3) 要求连续试胀，不断测量和记录每一个胀口的胀前管孔径、管内径及管与孔扩胀量等数据。

4) 采用水压试验的方法检查胀口的严密性能，将试胀的胀口翻边的一侧密封，按锅炉水压强度试验的压力，对试胀口进行水压试验。如果水压试验发现泄漏，则应拆开密封进行复胀，并做复胀记录，直至水压试验合格。

5) 试胀外观检查。观察胀口有无单边偏挤，胀口内不得有不光滑、翻边有台阶、切口或裂纹、过渡段不自然等缺陷。

6) 解剖胀口检查胀口啮合与胀缩情况。将试胀合格和不合格的胀口分别用机械切开（不能用乙炔焰切开），检查各种胀口管外壁与管孔壁啮合情况，测量管壁减薄值，通过比较管孔切开前后的直径变化判断管孔回弹实况。

7) 分析以上试胀检查记录，对材料的胀接性能、机具操作参数、胀接操作工艺程序、合理的胀管率控制值等作出鉴定，写出书面试胀工艺评定，用以指导锅炉胀管施工。

（6）胀管率。胀接时，施胀的径向压力使管子和管孔同时受压，并同时产生变形，管子管径扩大，管壁变薄。当扩张到最佳程度时，管孔所产生的反弹力达到最佳值，使管壁和管孔的强度及严密度达到最理想状态。若超出最佳状态，则管孔材料将产生塑性变形，反弹力下降，严密度也下降；反之，则反弹力不足，严密度也达不到最佳值。

对管子的胀接程度用胀管率表示，胀管率可用内径控制胀管率和外径控制胀管率两种方法计算。

1) 内径控制胀管率。内径控制胀管率为

$$H_n = \frac{d_1 - d_2 - \delta}{d_3} \times 100\% \qquad (5-2)$$

式中　H_n——内径控制胀管率，%；

　　　d_1——施胀后的管子实测内径，mm；

　　　d_2——未胀时管子实测内径，mm；

　　　d_3——未胀时管孔实测直径，mm；

　　　δ——未胀时管孔与管子实测外径之差，mm。

2）外径控制胀管率。外径控制胀管率为

$$H_w = \frac{d_4 - d_3}{d_3} \times 100\% \qquad (5-3)$$

式中 H_w——外径控制胀管率,%;

　　d_3——未胀时管孔实测直径,mm;

　　d_4——胀完后紧靠锅筒外壁处管子实测外径,mm。

3）经水压试验确定而补胀的胀口,应在放水后立即进行补胀,补胀次数不宜多于2次。

4）胀口补胀前应复测胀口内径,并确定补胀率,补胀率应按测量胀口内径在补胀前后的变化值进行计算,即

$$\Delta H = \frac{d_1' - d_1}{d_3} \times 100\% \qquad (5-4)$$

式中 ΔH——补胀率,%;

　　d_1'——补胀后的管子内径,mm;

　　d_1——补胀前管子实测内径,mm;

　　d_3——未胀时管孔实测直径,mm。

5）胀管率的控制,应符合下列规定:

①额定工作压力小于或等于2.5MPa以水为介质的固定式锅炉,管子胀接过程中采用内径控制法时,胀管率 H_n 应控制在1.3%～2.1%的范围内;当采用外径控制法时,胀管率 H_w 应控制在1.0%～1.8%的范围内。

②额定工作压力大于2.5MPa,其胀管率的控制,应符合随机技术文件的规定。

6）同一锅筒上的超胀管口的数量不得大于胀接总数的4%,且不得超过15个,其最大胀管率在采用内径控制法时不得超过2.8%,在采用外径控制法时,不得超过2.5%。

（7）管束胀接。锅炉炉管的正式胀接,应充分利用试胀接的试验成果,按照"试胀接工艺评定"选定胀管率,控制胀管内径和按预定的胀接操作方法胀接。

1）定位初胀。按锅筒管孔与管的对应编号挂管,对流管束挂管,重要的技术问题是防止胀接应力引起锅筒位移,现介绍四角定位,从中间向四面"外展式"推进挂管的安装工艺。

①定位管。定位管的确定如图5-37所示。首先将对流管束的插管作为定位管,如图5-37所示的Ⅰ、Ⅱ、Ⅲ、Ⅳ管。测量调整4根定位管,使其纵、横、上、下及对角尺寸符合设计规定值。再利用限位角钢将Ⅰ与Ⅱ、Ⅲ与Ⅳ管的上下端横向连接卡牢。将4根定位管与上下锅筒初胀固定。以4根定位管为基准,将锅筒两端的横排管全部插管,并与限位角钢用U形螺栓卡牢,但不能胀接。

②对流管束挂管。对流管束挂管如图5-38所示,1-1从两侧起始左一根,右一根至中间完成一单排挂管;2-2从中心起左三根右三根向两侧推进挂管;3-3同样从中心起左三根右三根向两侧推进挂管,依此类推完成4-4、5-5等各排挂管。挂管到达锅筒两端管排时,拆除两端已经插管但未胀接的管,对管端重新进行清洗再行插管初胀。

2）翻边扩胀。

①翻边扩胀前的工作。翻边扩胀俗称终胀。在锅炉本体施工中一切可能影响接口稳定的单项施工已完成,例如,对流管、水冷壁管全部初胀,空气预热器、省煤器、过热器、本体

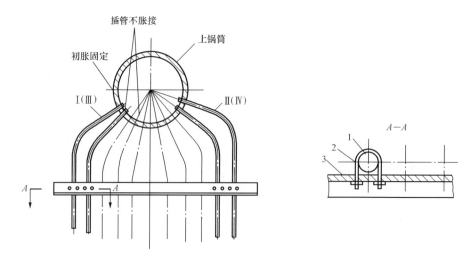

图 5-37 定位初胀与限位角钢连接
1—定位管；2—U 形管卡；3—限位角钢

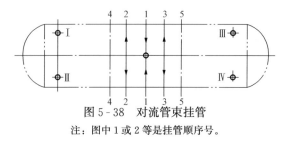

图 5-38 对流管束挂管
注：图中 1 或 2 等是挂管顺序号。

管路、炉管附件、保温托架、炉室密封条等全部安装、焊接完毕之后，才可进行翻边扩胀。

②管端切除和管端修磨。翻边前切除锅筒超长的管头。由于上锅筒找正取负偏差，且管端伸入下锅筒的长度由限位卡限定，使伸入锅筒的管头多数偏长。翻边前用切管器或角向磨光机切除伸入上锅筒超长部分管头，使长度符合表 5-9 的规定。插管初胀后翻边扩胀之前，应用角向磨光机将管头直角磨掉。这种处理能够较有效地防止管端翻边裂口等缺陷发生。管端切除和管端修磨如图 5-39 所示。

③翻边扩胀。用翻边胀管器将伸入锅筒的管端向外翻边，使其与管纵向中心成 12°～15°角，如图 5-40 所示。

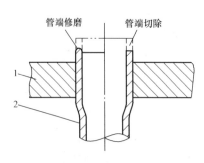

图 5-39 管端切除和管端修磨
1—锅筒壁；2—炉管胀接端

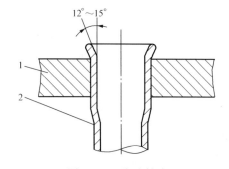

图 5-40 翻边扩胀
1—锅筒壁；2—炉管胀接端

为了避免施胀管口操作时产生的应力影响，从而引起胀接松弛，应采用图 5-41 所示的反阶式胀管操作顺序，即管列为 Ⅰ、Ⅱ、Ⅲ……的顺序，在管排方面为 1、2、3、4……的顺序进行。

当管束同时与上锅筒和下锅筒胀接时，应先胀接上锅筒，后胀接下锅筒。

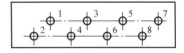

在胀接过程中，室内温度不宜低于 0℃，胀杆的转动应缓慢，随时检查胀接口内径，避免超胀和胀接不足。

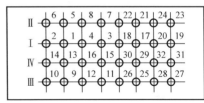

④计算胀口的欠胀量 Δn。对经过初胀和翻边的胀口管内径进行普遍实测，假设各管内径实测结果为 d_n，按预定的胀管率 H_n，未胀时管孔实测直径 d_3 和未胀时管子实测内径 d_2 及未胀时管子与管孔实测外径

图 5-41　反阶式胀管操作顺序

之差 δ 计算各胀口应胀管子实测内径 d_1，$d_1 = H_n d_3 + d_2 + \delta$。各胀口的欠胀量 $\Delta n = d_1 - d_n$。将计算出的各个胀口的欠胀量 Δn 标注在胀口跟前，以便明确各个胀口所需的扩胀量。这是一项细致的工作，要准确计算出各个胀口的欠胀量，就要准确测量和记录插管及管孔胀接前后的管径。

⑤按反阶式胀管法扩胀 Δn，其基本方法从锅筒两端向中间同时推进，可在一端完成四横排胀管，换到另一端完成，往复至全部扩胀结束。

⑥扩胀量的控制方法。原则是利用试胀结果，例如：扩胀量与电流或扩胀与胀杆进行伸量的比例关系，控制扩胀量，实际操作还要边胀接边测量，随时调整扩胀值，不能盲目操作，造成不可逆补的胀接缺陷。

⑦翻边调整。扩胀时原翻边会有所变化，当扩胀到预定值时，停止进胀，胀管器转 3～5 圈达到调整翻边和光滑胀口内表面的目的。

⑧对扩胀结果测量记录。各个胀口扩胀后，对胀管内径进行测量，按实测数据核算胀管率，将实测值和胀管率填入胀管记录。

三、受压元件焊接

（1）受压元件的焊接应符合《蒸汽锅炉安全技术监督规程》、《热水锅炉安全技术监察规程》、JB/T 1613—1993《锅炉受压件焊接技术条件》的有关规定。

（2）焊接锅炉受压元件之前，应制定焊接工艺指导书，并进行焊接工艺评定，焊接工艺评定符合要求后，应编制用于施工的作业指导书。

（3）焊接锅炉受压元件的焊工，必须持有锅炉压力容器焊工合格证，且只能在有效期内担任考试合格范围内的焊接工作。焊工应按焊接工艺指导书或焊接工艺卡施焊。

（4）锅炉受热面管子的对接接头，当材料为碳素钢时，接触焊对接接头外可免做检查试件；当材料为合金钢时，在相同钢号、焊接材料、焊接工艺、热处理设备和规范的情况下，应从每批产品上切取接头数的 0.5% 作为检查试件，且不得少于一套试件所需的接头数。锅筒、集箱上管接头与管子连接的对接接头、膜式壁管子对接接头等在产品接头上直接切取检查试件确有困难时，可用焊接模拟的检查试件代替。

（5）在锅炉受压元件的焊缝附近，应采用低应力的钢印打上焊工的代号或画出焊缝排版图。

（6）锅炉受热面管子及其本体管道的焊接对口应平齐，其错口不应大于壁厚的 10%，且不应大于 1mm。对接焊接管口端面倾斜的允许偏差应符合表 5-10 的规定。管子由焊接引起的变形，其直线度应在焊缝中心 50mm 范围内采用直尺进行测量，其允许偏差应符合表 5 - 11的规定。

表 5 - 10   **对接焊接管口端面倾斜的允许偏差**   mm

管子公称外径		≤108	>108~159	>159
允许偏差	手工焊	≤0.8	≤1.5	≤2.0
	机械焊	≤0.5		

表 5 - 11   **焊接管直线度允许偏差**   mm

管子公称外径	允许偏差	
	焊缝处 1m 范围内	全长
≤108	≤2.5	≤5
>108		≤10

（7）管子一端为焊接，另一端为胀接时，应先焊后胀。

（8）有机热载体锅炉受热面管对接焊缝应采用气体保护焊接。

（9）受压元件焊缝的外观质量应符合下列要求：

1）焊缝高度不应低于母材表面，焊缝与母材应圆滑过渡。

2）焊缝及其热影响区表面应无裂纹、未熔合、夹渣、弧坑和气孔。

3）焊缝咬边深度不应大于 0.5mm，两侧咬边总长度不应大于管子周长的 20%，且不应大于 40mm。

（10）锅炉受热面管子、本体管道及其他管件的环焊缝，在外观质量检查合格后，应进行射线探伤或超声波探伤。探伤应分别符合国家现行标准的相关规定。焊缝质量等级应符合下列要求：

1）额定蒸汽压力大于 0.1MPa 的蒸汽锅炉，其对接接头焊缝射线探伤的质量不应低于Ⅱ级，超声波探伤的质量不应低于Ⅰ级；额定蒸汽压力小于或等于 0.1MPa 的蒸汽锅炉，其对接接头焊缝射线探伤的质量不应低于Ⅲ级。

2）额定出水温度大于或等于 120℃ 的热水锅炉，其对接接头焊缝射线探伤的质量不应低于Ⅱ级，超声波探伤的质量不应低于Ⅰ级；额定出水温度小于 120℃ 的热水锅炉，其对接接头焊缝射线探伤的质量不应低于Ⅲ级。

3）有机热载体锅炉受热面管对接接头焊缝射线探伤的质量不应低于Ⅱ级，超声波探伤的质量不应低于Ⅰ级。

（11）采取射线探伤或超声波探伤时，其探伤数量应符合下列要求：

1）蒸汽锅炉额定工作压力大于或等于 3.82MPa，公称外径小于或等于 159mm 时，探伤数量不应少于焊接接头数的 25%；蒸汽锅炉额定工作压力小于 3.82MPa，公称外径小于或等于 159mm 时，探伤数量不应少于焊接接头的 10%；蒸汽锅炉在各种额定工作压力下，公称外径大于 159mm 时或公称壁厚大于或等于 20mm 时，焊接接头应进行 100% 的探伤。

2）热水锅炉额定出水温度小于 120℃，公称外径大于 159mm 时，环焊缝射线探伤数量不应少于总数的 25%，公称外径小于或等于 159mm 时，可不探伤；热水锅炉额定出水温度大于或等于 120℃，公称外径小于或等于 159mm 时，环焊缝射线探伤数量不应少于总数的

2%，公称外径大于159mm时，焊缝探伤数量为100%。

3）有机热载体锅炉辐射段受热面管的对接焊缝射线探伤数量不应少于焊接接头的10%，对流段受热面管的对接焊缝射线探伤数量不应少于焊接接头的5%。

4）当焊缝探伤不合格时，除应对不合格的焊缝进行返修外，尚应对该焊工所焊的同类型焊接接头增做不合格数的双倍复查。当复检仍有不合格时，应对该焊工焊接的接头全部做探伤检查。

第三节　锅炉辅助受热面及锅炉附件安装

蒸汽过热器、省煤器和空气预热器是锅炉重要的辅助受热面。过热器的作用是使锅筒引出的饱和蒸汽进一步加热，形成过热蒸汽，以满足生产工艺的需要。省煤器布置在锅炉的尾部烟道中，利用烟气余热加热给水，从而达到省煤的目的。空气预热器也是利用锅炉尾部余热，加热送往炉膛的空气，提高燃烧效果，既降低了排烟温度，又利于空气完全燃烧。

一、锅炉辅助受热面安装

1. 蒸汽过热器安装

工业锅炉的过热器，一般采用蛇形钢管制成的对流式过热器。一般按以下程序进行安装：

（1）过热器组装前的清理。过热器组装前必须将集箱内部清理干净，检查各管孔有无污物堵塞，所有管座的管孔清理后均应采用铁皮封闭，过热器蛇形管应逐根检查与校正，安装时，逐根对管子做通球试验。

（2）搭设组合架。对流式过热器的组合，可分为立置组合和横卧组合两种方式。

立置组合是依照过热器在锅炉上安装后的状态，在组合架上将蛇形管排和集箱组合成立置的状态，如图5-42所示。采用立置组合时，蛇形排管与集箱管接头的焊接位置，基本上都是横焊，操作方便，有利于保证焊接质量。但立置组合的运输比较困难。因此，采用立置组合时，其组合架一般应搭设在起重机械的起吊范围内，吊装时由主钩起吊，使过热器组合件与组合架脱开。

横卧组合是将蛇形管横卧在组合架上，与集箱进行焊接组合，如图5-43所示。采用横卧组合时，管排与管接头的焊接几乎是全方位焊接，施焊条件差，对焊工的要求比较高。横卧组合的运输比较方便，其组合架可搭设在宽敞的装配场。安装时，将过热器组合件运到锅炉钢架附近，用起重机械先将横卧的组合件竖立起来，绑扎好再起吊。

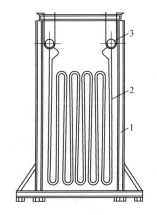

图5-42　对流式过热器
的立置组合

1—组合架；2—蛇形管排；3—集箱

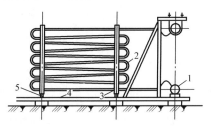

图5-43　对流式过热器的横卧组合

1—集箱；2—蛇形管排；3—管卡子；
4—组合架；5—工字钢

（3）集箱在组合架上就位。集箱就位前，应将其内部清理干净，同时进行外观和外形尺寸的检查，并且在组合架上画线，确定放置集箱的位置。

将集箱吊放到组合位置，并用 U 形螺栓悬挂。位置有偏差时，可旋转 U 形螺栓的螺母进行调整。用玻璃管 U 形水平仪和拉对角线的方法，对集箱就位后的标高和位置进行调整。集箱标高的偏差应不超过±3mm；集箱的不水平度全长不应超过 2mm；两集箱之间两条对角线的偏差应不超过 3mm。

校正之后，应将集箱临时固定，以免发生位移，影响组合安装质量。

（4）蛇形排管的组装。组装前，应逐根检查蛇形管，外形尺寸不合格的，应进行校正。通球试验合格后，应制备管端的焊接坡口。

组装蛇形排管时，可由一侧管排开始至另一侧，也可由中心管排开始分向两侧，以最先安装的管排作为基准管，对其标高、垂直度和自由端长度等进行测量和调整，合格后，即可将蛇形排管与集箱的管接头点焊，并用夹具、梳形板和角钢等将其临时固定。

2. 省煤器安装

（1）钢管省煤器的安装。钢管省煤器结构如图 5 - 44 所示，它由钢制蛇形排管和集箱组成，水平布置在锅炉的尾部烟道内。当锅炉房的宽度较大时，常做成左右对称的两组蛇形排管，钢管省煤器的组合件如图 5 - 45 所示。组合件的组装工艺与过热器横卧组合工艺基本相同。钢管省煤器组合件各部位尺寸的允许偏差见表 5 - 12。

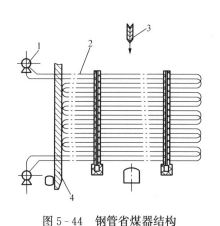

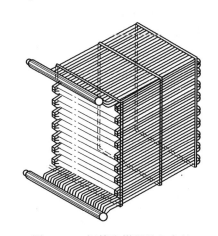

图 5 - 44　钢管省煤器结构　　　　　　　　图 5 - 45　钢管省煤器的组合件

1—集箱；2—蛇形管排；3—烟气；4—烟道砖墙

表 5 - 12　　　　　　　　　　**钢管省煤器组合件各部位尺寸的允许偏差**　　　　　　　　　mm

项目	组合件宽度偏差	组合件两条对角线长度偏差	蛇形排管自由端至集箱中心线距离偏差	组合件边缘管的不垂直度
允许偏差	±5	±10	±10	±5

钢管省煤器组合件就位后，应找正其集箱的标高、水平及集箱至立柱的距离。集箱全长的不水平度应不超过 2mm，集箱标高的偏差应不超过±5mm，集箱的纵、横中心线到立柱的水平距离偏差应不超过±3mm。

（2）铸铁管省煤器的安装。铸铁管省煤器如图 5 - 46 所示，它包括铸铁鳍片管和连接弯头，整个省煤器由支承架支承。铸铁管省煤器的安装程序如下：

1）基础验收与画线。按安装图纸检查基础的质量和尺寸，并在基础上画线，标出安装基准线。

2）安装支承架。铸铁管省煤器的支承架安装方法与锅炉钢架的安装方法相同，但施工较为简单。将支承架起吊并在基础上就位后找正、找平。支承架的位置、标高和不水平度等偏差，应符合表 5-13 的规定。支承架找正、找平后应加以固定，并进行二次灌浆。

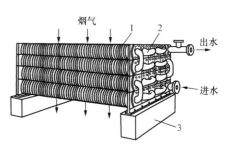

图 5-46　铸铁管省煤器
1—铸铁鳍片管；2—连接弯头；3—支承架

表 5-13　　　　　　　　　　　省煤器支承架的允许偏差　　　　　　　　　　　mm

项目	支承架的水平方向位置	支承架的标高	支承架的纵向和横向水平度
允许偏差	±3	0 −5	长度的 1‰

3）检查铸铁管和弯管。检查的项目及质量标准如下：

①铸铁管的肋片应完好。每根铸铁管破损的肋片数，不应超过肋片总数的 10%。

②全部铸铁管中，有破损类肋片的管子，应不超过总数的 10%。

③用角尺检查铸铁管的法兰表面，其不垂直度不应超过 1mm。

④铸铁管两端法兰加工表面之间的距离，即铸铁管长度与设计的偏差不应超过 ±2mm。

⑤弯管的法兰表面如有凹坑或径向沟槽等缺陷，应进行修整，以保证连接的严密性。

4）安装铸铁管。用电动葫芦或手动滑轮组，将铸铁管吊放在支承架上，并用石棉绳充填铸铁管方形法兰盘的沟槽。相邻铸铁管的安装位置分为顺列和错列两种。顺列是将铸铁管的肋片彼此对准布置。错列是将铸铁管的肋片互相错开布置。

每安放一根铸铁管后，应立即检查其水平度，全长的不水平度不应超过 1mm。各铸铁管之间的中心距与设计值的偏差不应超过 ±1mm；各铸铁管的法兰密封平面应在同一个铅垂面上，允许偏差为 ±1mm。

5）安装弯管。安装前，应将螺栓装到铸铁管的方形法兰上，并在背面用锁紧螺母将螺栓固定。在铸铁管法兰和弯管法兰的密封平面之间放置涂有石墨粉的石棉橡胶板，石棉橡胶板的厚度一般为 2~3mm。做好上述准备工作后，即可按图纸设计的水流方向安装弯管。

3. 空气预热器安装

空气预热器结构如图 5-47 所示，它主要由管箱、空气连通罩、导流板、热风管道连接法兰、冷风管道连接法兰、外壳护板及膨胀节组成。管箱是钢管式空气预热器的主要部件，结构如图 5-48 所示。

（1）管箱外形检查。管箱外形检查包括外观的完好性检查和外形尺寸的检查。外观的完好性包括管子有无挤偏或破裂，管内有无杂物堵塞，管板和隔板有无翘曲变形，以及焊缝有无咬边、夹渣、气孔、漏焊等缺陷。

（2）管箱渗油试验。管箱进行渗油试验的目的是检查管子与管板连接焊缝的严密性，查出用肉眼难以发现的泄漏部位。

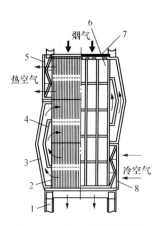

图 5-47 空气预热器结构

1—锅炉钢架；2—管箱；3—空气连通罩；4—导流板；

5—热风道连接法兰；6—外壳护板；7—膨胀节；

8—冷风道连接法兰

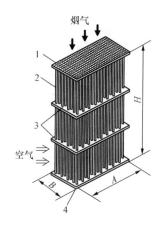

图 5-48 空气预热器管箱的结构

1—上管板；2—薄壁钢管；

3—中间隔板；4—下管板

管箱渗油试验可在临时的支架上进行，临时支架的一端应高于另一端，使管箱的纵向中心线与地平面成 15°左右的倾斜角，并在管板的下方放置一接油盒。先在管板的端面均匀地涂抹一层石灰水（或白粉浆），待石灰水干燥后，再在管板的另一面喷洒煤油，过一段时间后进行检查。如果焊缝有裂纹等泄漏的缺陷，煤油将沿着裂纹渗到管板端面上，干燥的白色石灰层将呈现黑色斑点和印迹。如有此现象，则应做好标记，将管板擦净，进行修整补焊。修补后的管板，应再次进行渗油试验，直至合格。

做完一侧管板的渗油试验以后，将管箱掉头，进行另一侧管板的渗油试验。

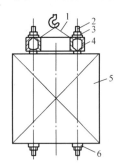

图 5-49 用起吊架起吊管箱

1—钢丝绳；2—长螺栓杆；

3—螺母；4—起吊架；

5—管箱；6—托板

（3）支承框架的安装。按安装图纸检查支承框架的外形尺寸，并画线标定其安装位置。将支承框架起吊就位并找正。支承框架上表面的标高偏差不应超过±10mm，纵、横中心线至锅炉钢架的纵、横基准线的距离偏差不应超过±3mm。找正合格后，将支承框架固定，并在其上表面画线标出管箱的安装位置，焊接限位角钢，垫一层 10mm 厚的石棉板，并涂上水玻璃密封。

（4）管箱起吊就位。可采用起吊架或多点起吊管箱。用起吊架起吊管箱的方法如图 5-49 所示。将四根长螺栓杆的下端套上托板，以托住管箱，用螺母将托板锁紧。长螺栓杆的上端穿过起吊架，用螺母将起吊架 4 锁紧。然后，将钢丝绳系在起吊架上，便可进行起吊。

多点起吊法是在管板四周装上专用卡具，或焊上多只起吊耳环，将钢丝绳系在专用卡具或耳环上进行起吊。

无论采用哪种起吊方法，都应注意保持管箱的中心稳定，保证将管箱起吊至支承框架的上方，并平稳地落在支承框架的限位角钢范围内。

（5）管箱位置找正。管箱就位后，应从钢架立柱的中心线和 1m 标高线为基准，进行位置找正。管箱安装尺寸的允许偏差不应超过表 5-14 的规定。管箱找正合格后，应将管箱临时固定。

表 5 - 14	管箱安装尺寸的允许偏差		mm
项目	支承框架的水平方向位置	支承框架的标高	支承框架的纵向和横向水平度
允许偏差	±3	±5	1/1000

（6）管箱之间的密封连接。同一层的各个管箱之间的密封连接，应按设计规定进行，管箱之间密封连接如图 5-50 所示，管板之间用 Ω 形密封板连接，中间隔板之间用连接搭板密封连接。

将同一层各个管箱之间的密封连接完成后，便可按图纸安装该层管箱的外壳护板。

（7）膨胀节安装。为了使管箱在受热时能自由膨胀，并保持烟道的密封性能，在上管板和外壳护板之间以及在外壳护板和锅炉钢架之间，都应设置膨胀节，如图 5-51 所示。

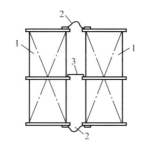

图 5 - 50　管箱之间密封连接示意图
1—管箱；2—Ω 形密封板；3—连接搭板

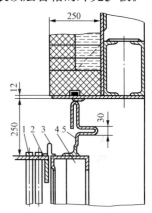

图 5 - 51　管箱外壳与锅炉
钢架间的膨胀节
1—预热器管子；2—上管板；
3—上管板与外壳间的膨胀节；
4—外壳；5—管箱外壳与
锅炉钢架间的膨胀节

安装膨胀节时，必须先将膨胀节冷拉后再焊接。膨胀节的冷拉值应按设计要求确定，如设计没有具体要求，则一般可取冷拉值为 10～20mm。

二、锅炉本体附件安装

1. 吹灰器安装

吹灰器以锅炉产生的饱和蒸汽为工质，清除受热面管束间的聚积烟灰，以保证运行的传热效果及延长管束等受热面的使用寿命。

吹灰器有链式和枪式两种。水冷壁管束的吹灰常用枪式吹灰器；对流管束的吹灰常用链式吹灰器。链式吹灰器由蒸汽引入管、吹灰管及控制链轮启动的链轮装置组成，其构造及安装如图 5-52 所示。

吹灰器在安装前，应对其进行检查，检查吹灰管是否弯曲，链轮传动装置的动作是否灵敏，经检查、检验无问题后，方可进行安装。

吹灰器在安装时，应使吹灰管水平，并与烟气流向相垂直，全长不水平度不得超过 3mm，吹灰管上的喷孔应处于管排空隙的中间，以确保喷孔喷出的蒸汽不直接喷射到管子上。砌入炉墙内的套管和管座应平整、牢固，周围与墙接触部位应用石棉绳密封。

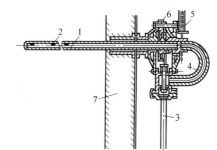

图 5 - 52　链式吹灰器构造及安装
1—吹灰管；2—吹灰孔；3—蒸汽管；4—弯管；
5—链轮；6—齿轮；7—炉墙

蒸汽管应从吹灰器的下部接入，以利于凝结水的排除，使吹灰蒸汽处于干燥状态。吹灰管要用焊接于受热面管子上的管卡固定牢固。链轮传动装置对蒸汽的控制应严密，启、闭链轮则应灵活的开启和关闭蒸汽。

固定链式吹灰器的安装应符合下列要求：

（1）安装位置与设计位置的允许偏差为±5mm。

（2）喷管全长的不水平度不应大于 3mm。

（3）各喷嘴应处在管排空隙的中间。

（4）吹灰器管路应有一定的坡度，并能使凝结水通过疏水阀流出，管路的保温应良好。

2. 安全阀安装

（1）蒸汽锅炉安全阀安装。蒸汽锅炉安全阀的安装和试验应符合下列要求：

1）阀门应逐个进行严密性试验，试验压力为工作压力的 1.25 倍。

2）蒸汽锅炉安全阀的整定压力应符合表 5-15 的规定，锅炉上必须有一个按表 5-15 中较低的整定压力进行调整；对于有过热器的锅炉，按较低压力进行整定的安全阀必须是过热器上的安全阀。

表 5-15   蒸汽锅炉安全阀的整定压力   MPa

额定工作压力	≤0.8		>0.8～3.82	
安全阀的整定压力	工作压力加 0.03	工作压力加 0.05	工作压力的 1.04 倍	工作压力的 1.06 倍

注　1. 省煤器安全阀整定压力应为装设地点工作压力的 1.1 倍。

　　2. 表中的工作压力，对于脉冲式安全阀系指冲量接出地点的工作压力，其他类型的安全阀，系指安全阀装设地点的工作压力。

3）蒸汽锅炉安全阀应铅垂安装，其排气管管径应与安全阀排出口一致，管路应畅通，并直通至安全地点，排气管管底应装有疏水管。省煤器的安全阀应装排水管。在排水管、排汽管和疏水管上，不得装设阀门。

4）省煤器安全阀压力调整，应在做蒸汽严密性试验前用水压的方法进行。

5）应检验安全阀的整定压力和回座压力。

6）在整定压力下，安全阀应无泄漏和冲击现象。

7）蒸汽锅炉安全阀经调整检验合格后，应加锁或铅封。

（2）热水锅炉安全阀安装。热水锅炉安全阀安装和试验应符合下列要求：

1）阀门应逐个进行严密性试验，试验压力为工作压力的 1.25 倍。

2）热水锅炉安全阀的整定压力应符合表 5-16 的规定，锅炉上必须有一个按表 5-16 中较低的整定压力进行调整。

表 5-16   热水锅炉安全阀的整定压力   MPa

安全阀的整定压力	工作压力的 1.12 倍，且不应小于工作压力加 0.07
	工作压力的 1.14 倍，且不应小于工作压力加 0.1

3）安全阀应铅垂安装，并应装设泄放管，泄放管管径应与安全阀排出口径一致。泄放管应直通安全地点，并应采取防冻措施。

4）热水锅炉安全阀检验合格后，应加锁或铅封。

（3）有机热载体锅炉安全阀安装。有机热载体锅炉安全阀安装应符合下列要求：

1）安全阀应逐个进行严密性试验，试验压力为工作压力的 1.25 倍。

2）气相锅炉最少应安装两只不带手柄的全启式弹簧安全阀，安全阀与筒体连接的短管上应装设一只爆破片，爆破片与锅筒或集箱连接的短管上应加装一只截止阀。气相锅炉在运行时，截止阀必须处于全开位置。

3）安全阀应铅垂安装，并应装设泄放管，泄放管管径应与安全阀排出口径一致，泄放管应通入用水冷却的表面式冷凝器；再接入单独的有机热载体储罐，泄放管应有防冻措施。

4）安全阀检验合格后，应加锁或铅封。

（4）安全阀开启压力（整定压力）的调整。在规定的工作压力范围内，可以通过旋转调整螺栓，改变弹簧预紧压缩量来对开启压力进行调整。拆去阀门罩帽，将锁紧螺母拧紧后，即可对调整螺栓进行调整，首先将进口压力升高，使阀门起跳一次，若开启压力过低，则按顺时针方向旋紧调整螺栓，若开启压力偏高，则按逆时针方向旋松。当调整到所需的开启压力后，应将锁紧螺母拧紧，装上罩帽。

在调节开启压力时，应注意以下几点：

1）当介质压力接近开启压力（达到开启压力的 90%）时，不应旋转调整螺栓，以免阀瓣跟着旋转，而损坏密封面。

2）为保证开启压力值准确，调整时用的介质条件，如介质种类、介质温度等，应尽可能的接近实际工作条件。介质种类改变，特别是从液相转变为气相时，开启压力常有所变化，工作温度超高时，开启压力则有所降低，故在常温下调整而用于高温时，常温下的整定压力值应略大于要求的开启压力值。

3. 水位计安装

锅筒上的水位计是锅炉运行重要的安全附件，其安装技术要求是：

（1）每台锅炉应安装两支彼此独立的水位计，蒸发量<0.2t/h 的锅炉，可以安装一支水位计。

（2）水位计应安装在便于观察的地方，要有良好的照明条件，并易于检修和冲洗。水位计上要有指示最高和最低安全水位的明显标志。

（3）水位计的上、下两端分别采用钢管（内径不小于 18mm）与锅筒的汽水空间连通，在连通管上应装设旋塞阀，并应在锅炉运行时全部打开。在水位计下端应设放水阀，且放水阀的排水管应引至安全地方，避免伤人。

（4）电接点水位表应垂直安装，其设计零点应与锅筒正常水位相重合。

（5）锅筒水位平衡器安装前，应核查制造尺寸和内部管道的严密性；安装时应垂直，正、负压管应水平引出，并使平衡器的设计零位与正常水位线相重合。

（6）玻璃管水位计应安装防护装置（保护罩、快关阀、自动闭锁珠等），但防护罩不得妨碍操作人员的观察。

（7）旋塞阀的内径不得小于 8mm。安装时应考虑能更换玻璃板（管）、云母片。

（8）汽、水连接管应尽可能短。汽连接管的凝结水应能自动流向水位计，水连接管的水应能自动流向锅筒，以防形成假水位。当连接管长度大于 500mm 或有弯曲时，内径应适当放大，以保证水位计的准确性。

（9）在安装水位计时，为防止玻璃管被损坏，在玻璃管安装之前，可用与玻璃管相同规格的钢筋或钢管插入水表座内进行检查，然后取出钢筋（或钢管）再放玻璃管，并使玻璃管上、下两端中心线垂直后，填好石棉绳拧紧压盖。

（10）一台锅炉上安装的两支水位计，正常水位应相同，其偏差不超过±2mm。

4. 压力表、温度计的安装

压力表用于实测和指示锅炉及管道内介质压力。常用的压力表为弹簧管压力表。温度计用于量测和指示介质温度，常用的温度计为玻璃管温度计。

（1）压力表安装。压力表必须经校验合格，或具有铅封时方可安装。表盘的直径不宜小于100mm，以确保压力指示清晰可见，刻度极限应为工作压力的1.5～2倍，在刻度盘上应用红线表示出锅炉的最大工作压力。

压力表应安装在便于观察和吹洗的位置，且不受高温、冻结的影响。安装时，应有表弯管，其内径不应小于10mm，压力表和表弯管之间应装设切断阀，以便在吹洗管路和拆修压力表时能切断介质，压力表安装如图5-53所示。压力表管不得保温。

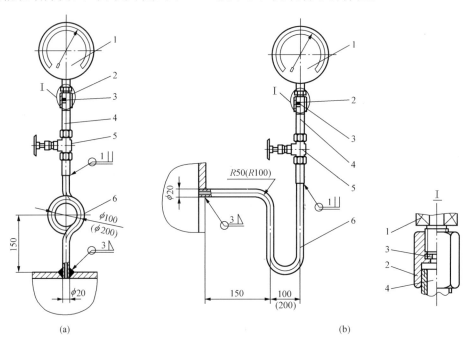

图5-53　压力表安装

（a）压力表弯为环形弯；（b）压力表弯为U形弯

1—弹簧压力表；2—压力表接头；3—垫片；4—钢管；5—截止阀；6—压力表弯

1）压力表安装应符合下列要求：

①压力表测点应选择在管道的直线段上，即介质流速稳定的地方。取压装置端部不应伸入管道内壁。

②当压力表所测介质温度大于60℃，二次门前应装U形管或环形管。

③当压力表用来测量波动剧烈的压力时，在二次门后应安装缓冲装置。

④锅筒压力表表盘上应标有锅筒工作压力的红线。

2）风压表安装应符合下列要求：

①风压的取压孔径应与取压装置管径相等，且不应小于 12mm。

②安装在炉壁和烟道上的取压装置应倾斜向上，与水平线所成夹角宜大于 30°，且不应伸入炉墙内壁和烟道的内壁。

（2）温度计安装。温度计常用带套筒的水银温度计。温度计应安装在便于检修、观察，且不受机械损伤及外部介质影响的位置，通过焊接于锅筒或管道上的钢制管接头（管箍）螺纹连接。

测温装置安装时，应符合下列要求：

①测温元件应安装在介质温度变化灵敏并具有代表性的地方，不应装在管道和设备的死角处。

②温度计插座的材质应与主管道相同。

③温度仪表的外接线路的补偿电阻，应符合仪表的规定值。线路电阻的允许偏差：热电偶为 ±0.2Ω，热电阻为 ±0.1Ω。

5. 报警装置的安装

（1）水位报警器的安装。当锅炉容量大于或等于 2t/h 时，锅炉应装设水位报警器及低水位连锁保护装置。

水位报警器应能满足锅炉工作压力和温度的需求，并应发出音响信号，根据信号的变化分出高、低水位。在报警器和锅筒的连管上，应装截止阀，当锅炉运行时，把阀门全打开，并安装防拧动装置；报警器的浮球应保持垂直灵活，安装时，应调整到最佳状态，并与水位计进行对照，使两者保持统一。连接报警器和锅筒的管子不小于 DN32，其材质为无缝钢管。

（2）热水锅炉超温报警器在安装电接点温度计（见图 5-54）时，毛细管应引直，每相隔不大于 500mm 的距离，就应用固定点将毛细管牢牢固定住，毛细管的弯曲半径不宜小于 50mm，不允许折成死弯；电接点温度计的温包，应全部装入锅筒出口管内，当管径较小时，焊接管和锅筒出口管的夹角为 40°~45°，直至温包全部插入被测介质中；控制箱应垂直挂于墙上，环境湿度不应大于 80%，额定电压偏差不应超过 ±10%，环境中应无易爆、易腐蚀金属和破坏绝缘的气体和尘埃，控制箱应做良好的接地或接零。

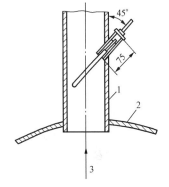

图 5-54 电接点温度计安装
1—出水管；2—锅筒；3—出水方向

第四节 锅炉的水压试验

锅炉的汽、水压力系统及其附属装置安装完毕后，应进行压力试验。

水压试验的目的是检验所有胀口、焊口的质量以及人孔、手孔的密封情况。

锅炉的主汽阀、出水阀、排污阀和给水截止阀应与锅炉本体一起进行水压试验。安全阀应单独进行试验。

进行锅炉本体水压试验的环境温度不得低于 5℃，当在冬季施工环境温度低于 5℃ 时，应使用热水进行水压试验，热水温度不应高于 70℃。环境温度为 -5~5℃ 时，应采取防冻措施。

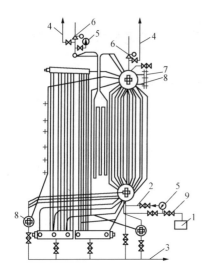

图 5-55   锅炉水压试验系统
1—试验泵；2—临时进水管；3—临时
放水管；4—放气管；5—压力表；
6—隔绝的安全阀；7—盲板隔
绝口；8—封闭的人孔和手孔；
9—阀门

一、锅炉水压试验的各项准备工作

锅炉的水压试验准备工作，应周到、充分，防止出现差错，试验前，应做好水压试验方案。试验方案应清楚的标出水压试验的范围，对施工现场施焊的焊接件应进行水压试验，否则将对锅炉运行产生不良影响。

锅炉的水压试验系统如图 5-55 所示。

（1）试压前的检查。检查已安装完毕的锅炉有无缺陷，有无遗漏，各类接点、接口有无明显的缺陷。锅筒、集箱等受压元件内部和表面应清理干净。水冷壁、对流管束及其管子应畅通。

（2）位置较高的锅炉，为满足水压试验需搭设的脚手架已搭好，且确保安全。

（3）试压系统的连接。为满足试验需在锅筒及管道上安装的阀门、仪表，应按规定全部安装整齐，并垫好垫片，拧紧螺栓。

（4）试压系统的压力表不应少于 2 只，额定工作压力大于或等于 2.5MPa 的锅炉，压力表的精度等级不应低于 1.6 级，额定工作压力小于 2.5MPa 的锅炉，压力表的精度等级不应低于 2.5 级。压力表应经过校验且合格，表盘量程应为试验压力的 1.5 倍。

（5）应在系统的最高处装设放空阀，在系统的最低处装设泄水阀。

（6）封闭试压系统。试压系统的阀门除放气阀外，应全部关闭，对于暂不装设仪表、阀门及和其他系统相连的法兰口，应采用法兰盲板予以封堵。

（7）试压现场应有良好的照明，同时还应准备好安全照明设备，如手电筒、应急灯等。

（8）为安装锅炉用的临时支承在试验前，应全部拆除。

（9）锅炉试压的各类人员应配备齐全，分工明确，各负其责，无关人员不得在施工现场停留。

二、锅炉水压试验的标准及工作程序

1. 试验压力

锅炉的水压试验压力应符合表 5-17、表 5-18 的规定。

表 5-17   锅炉本体水压试验的试验压力   MPa

锅筒工作压力	<0.8	0.8~1.6	>1.6
试验压力	锅筒工作压力的 1.5 倍，且不小于 0.2	锅筒工作压力加 0.4	锅筒工作压力的 1.25 倍

注   试验压力应以上锅筒或过热器出口集箱的压力表为准。

表 5-18   锅炉部件水压试验的试验压力   MPa

部件名称	过热器	再热器	铸铁管省煤器	钢管省煤器
试验压力	同本体试验压力	再热器工作压力的 1.5 倍	锅筒工作压力的 1.25 倍加 0.5	锅筒工作压力的 1.5 倍

2. 试验程序

（1）向锅炉注水。锅炉水压试验时，应首先向锅炉注水，注水应缓慢进行，用进水阀控制进水速度，进水的时间控制在 1～2h。注水过程中应勤检查，若发现渗漏应及时停止注水，进行修复后再注水，当锅炉上的出气阀连续不断的出水时，关闭放气阀。充水时应注意，锅炉试验系统中不得存气，以免影响试验。排气阀的排气管应接到排水口，避免影响锅炉的试验检查。

（2）升压试验。锅炉升压应缓慢，每分钟升压不得超过 0.15MPa，当升压到 0.3～0.4MPa 时，应停止打压，对试验系统进行一次全面的检查，看看系统有无异常，各类接口、各连接点有无渗水、漏水现象。若有，则应泄压修复，严禁带压修理；若无，则继续升压试验。

（3）持压检查。当压力升到额定工作压力时，应暂停升压，检查各部位有无变形，有无渗水漏水现象。如无，则应关闭就地水位计，继续升压到试验压力，在试验压力下保持 20min，进行全面、细致的检查；若无渗水、漏水现象，且压力降不大于 0.05MPa，然后再降至额定工作压力进行检查，检查期间压力保持不变，且应符合下列要求：

1）锅炉受压元件金属壁和焊缝上不应有水珠和水雾，胀口处不应滴水珠。

2）水压试验后应无可见残余变形。

三、水压试验出现的异常及处理

1. 常见的异常现象及处理

对于水压试验过程中泄漏点、渗漏点，应在管孔展开平面图上标出，将试验水排除后，逐个给予修复。

对于焊口有水雾、水痕、漏水处，应将缺陷部位铲除重新施焊，不允许采用堆焊的方法补焊。胀口漏水应根据具体情况，结合胀接记录进行补胀，补胀次数不得超过 2 次，若发现超胀造成漏水的，应换管重新胀接。维修后，仍要进行水压试验，直到合格为止。

2. 水压试验应注意的事项

（1）水压试验过程中，升压应缓慢，要一边升压一边检查，一般情况下分 3～4 次升至试验压力。

（2）在升压过程中，若发生渗漏，应泄压检修，不得带压修理。

（3）锅炉水压试验合格后，应排净试验用水，对于设蒸汽过热器的锅炉，应采用压缩空气吹干，并及时办理水压试验的验收手续。

（4）省煤器的水压试验可单独进行，也可随锅炉本体试验同时进行。由于省煤器水压试验压力比锅炉本体水压试验压力高，因此，与锅炉本体同时试验后，再使省煤器与锅炉本体隔断，继续升压至省煤器试验压力。

第五节　炉排安装及炉墙砌筑

一、炉排安装

炉排是锅炉的主要燃烧装置，有固定炉排、手摇活动炉排、振动炉排、往复炉排和链条炉排等。目前应用较多的是往复炉排及链条炉排。本节主要讲述供暖锅炉常用的链条炉排安装。

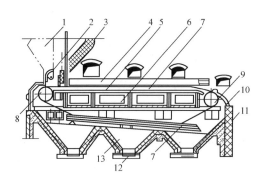

图 5-56 链条炉排的主要部件及组装
1—落煤斗；2—弧形挡板；3—煤闸板；4—防焦箱；
5—炉排；6—分段送风室；7—炉排支架；8—主
动轴；9—从动轴；10—老鹰铁；11—灰渣斗；
12—出灰门；13—细灰斗

链条炉排是由电动机，通过变速齿轮箱拖动主动轴转动（或由油压传动带动主动轴转动），主动轴上的链轮带动炉排自前向后移动，燃煤自炉前煤斗靠重力落在链条炉排上，经预热、点火、燃烧、氧化、燃尽 5 个燃烧过程，最后经老鹰铁使灰渣落入灰坑。炉排下设计几个风室供给一次风，各风室互不相通，并按不同燃烧阶段、所需不同风量送风，各风室均装有风闸门以控制送风量。链条炉排的主要部件及组装如图 5-56 所示。

1. 清点与检查

根据发货清单和图纸，清点各种零件（炉排片、炉链、销轴、链轮、套管、滚轮、墙板和型钢构件等）是否齐全。检查铸件表面是否平整、有无裂纹或夹渣，毛刺和浇冒口是否已去除。检查炉链时，应将链条先放在地面上拉紧后再进行测量。每条炉链的实际长度与设计值的偏差不应超过±20mm，且所有炉链的实际长度之间相差不应超过8mm。按照图纸制作链条和链板的样板，用以检查炉链的实际节距，其与设计值的偏差不应超过 0.3mm。链条炉排型钢构件及其链轮安装前的复检项目和允许偏差应符合表 5-19 的规定。

表 5-19   链条炉排型钢构件及其链轮安装前的复检项目和允许偏差

项　　目		允许偏差（mm）
型钢构件长度（m）	≤5	±2
	>5	±4
型钢构件	直线度	长度的 1‰，且全长应小于或等于 5
	旁弯度	
	挠度	
各链轮中分面与轴线中点间的距离		±2
同一轴上相邻两链轮齿尖前后错位		2
同一轴上任意两链轮齿尖前后错位	横梁式	2
	鳞片式	4

表 5-19 中，各链轮与轴线中点之间的距离 a、b 如图 5-57 所示，同一轴上任意两链轮的齿尖前后错位 Δ 值，如图 5-58 所示。

2. 安装炉排支架

安装前，应检查基础质量是否合格，基础画线是否正确。炉排中心线位置偏差不应超过±2mm。安装施工的主要程序如下：

（1）将下部导轨及墙板座就位。导轨的纵向不水平度不应超过1/1000，导轨及墙板座的标高偏差不应超过±3mm。

（2）安装墙板并找正其位置和标高。墙板标高的偏差不应超过±5mm；墙板的不铅垂度不应超过 3mm；墙板的纵向不水平度不应超过 1/1000，且全长不超过 5mm；墙板间距与设计值的偏差不应超过 5mm。以前、后轴线的位置为准，在墙板顶部测量两墙板的平行度，其两条对角线的长度偏差不超过 8mm。

（3）将下部导轨固定，安装地脚螺栓，施行两次灌浆。

（4）安装挡渣器（老鹰铁）的搁座。

（5）将横梁和隔板就位、找正后，进行连接固定。

（6）将上部导轨就位并进行找正，其不水平度不应超过 1/1000，且全长不应大于 3mm。

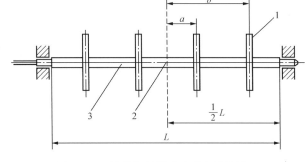

图 5-57　链轮与轴线中心点间的距离
1—链轮；2—轴线中点；3—主动轴；
a、b—各链轮中分面与轴线中点间的距离；L—轴的长度

（7）按图纸要求，安装两侧密封块。

3. 安装前、后轴

安装前，应清除轴上的油污和铁锈，并清洗轴承。检查链轮的位置及其连接固定是否正确。

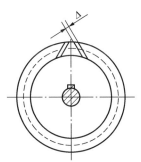

图 5-58　链轮的齿尖错位
△—同一轴上任意两链
轮齿尖前后错位

将前、后轴就位并进行找正。轴的不水平度不应大于 1/1000；前、后中心线标高偏差不应超过 5mm；前后轴之间的两对角线长度的偏差，不应大于 3mm。

找正后，按图纸规定，留出轴的膨胀间隙，最后，用手扳动前、后轴，应能灵活转动、无卡涩为合格。

4. 安装炉链、炉排夹板和炉排片

安装前，应清除炉链的油污，并用钢丝刷除去铁锈。

安装炉链，应从一侧开始，顺序安装至另一侧。安装时，应注意将炉链上有 V 形缺口的一面朝向炉排，用螺栓将炉链的接口连接起来。

按照图纸要求安装拉杆、铸铁滚筒和炉排夹板。

在炉排面上安装炉排片，应自从动轴的位置开始，逐排地安装至主动轴的位置。边炉排片与墙板之间，一般应有 10～12mm 的间隙。

各排炉排片的总间隙应基本相等。因此，炉排片安装前，应进行排列选择和分组。预先测量各组炉排片的重量，使之基本相等。

5. 调整前、后轴的位置

调整前、后轴的位置，目的在于获得合适的炉链松紧程度。首先，转动炉排，检查滚轮与下部导轨的接触情况，如不符合要求，则应调整前、后轴的位置，再次转动炉排，并检查滚轮与下部导轨的接触情况，直至符合要求。

炉排安装完毕，应全面检查安装质量，主要检查项目及其允许偏差见表 5-20。

表 5-20　　　　　　　　　　链条式炉排安装质量检查项目及其允许偏差

项　　　目	允许偏差（mm）	测量位置
炉排中心位置	2	—
左右支架墙板对应点高度	3	在前、中、后三点测量

项　　目		允许偏差（mm）	测量位置
墙板垂直度，全高		3	在前、后易测量部位测量
墙板间的距离（m）	≤5	3	在前、中、后三点测量
	>5	5	
墙板间两对角线的长度（m）	≤5	4	在上平面测量
	>5	8	
墙板框的纵向位置		5	—
墙板顶面的纵向水平度		长度的1‰，且不大于5	在前、后测量
两墙板的顶面相对高度差		5	在前、中、后三点测量
各导轨的平面度		5	在前、中、后三点测量
相邻两导轨间的距离		±2	在前、中、后三点测量
前、后轴的水平度		长度的1‰，且不大于5	—

6. 冷态试运转

链条炉排安装质量检查合格后，应进行冷态试运转，炉排冷态试运转宜在筑炉前进行，并应符合下列要求：

（1）首先，应使炉排以额定的最低速度运转 8h 以上。然后，调节减速箱的变速比，使炉排以中等以上的速度再次运转 8h 以上。

（2）炉排转动应平稳，且无异常声响、卡住、抖动和跑偏等现象。

（3）炉排片应能翻转自如，且无脱落或凸起等现象。

（4）滚柱转动应灵活，与链轮啮合应平稳，且无卡住现象。

（5）炉排拉紧装置应有调节余量。

二、炉墙砌筑和绝热层

1. 炉墙砌筑

（1）炉墙砌筑应在锅炉水压试验以及所有需砌入墙内的零部件、水管和炉顶的支、吊架等装置的安装质量应符合随机技术文件规定后进行。

（2）砖的加工面和有缺陷的表面不应朝向炉膛或炉子通道的内表面。

（3）外砖墙与内墙耐火砖之间，宜采用耐火纤维毡材料充填。

（4）砌筑烧嘴砖时，砖孔的中心位置、标高和倾斜角度，应符合随机技术文件规定。

（5）砌在炉墙内的柱子、梁、炉门框、窥视孔、管子、集箱等与耐火砖砌体接触的表面，应铺贴耐火纤维隔热材料。

（6）砌体膨胀缝的大小、构造及分布位置，应符合随机技术文件的规定，留设的膨胀缝应均匀平直，膨胀缝宽度的允许偏差为 0~5mm；膨胀缝内应无杂物，并应用尺寸大于缝宽度的耐火纤维填塞严密，朝向火焰的缝应填平。炉墙垂直膨胀缝内的耐火纤维隔热材料应在砌砖的同时压入。

（7）当砖的尺寸无法满足砖缝要求时，应进行砖的加工或选砖。砖砌体应拉线砌筑，上下层砖应错缝，砖缝应横平竖直，且泥浆饱满。

（8）外墙的砖缝宜为 8～10mm。

（9）炉墙砌筑时，砌体内表面与各受热面之间的间隙，应符合随机技术文件的规定。

（10）耐火浇注材料的品种和配合比应符合随机技术文件的规定，耐火浇注料在现场浇注前应做试块试验，并应在符合要求后施工。

（11）埋设在耐火浇注料内的管子、钢构件等的表面不得有污垢，在浇注前应在其内表面涂刷沥青或包裹沥青纸、牛皮纸等隔热材料。

2. 绝热层

（1）绝热层施工应在金属烟道、风管、管道等被绝热件的强度试验或漏风试验后进行。

（2）绝热层的形式、伸缩缝的位置及绝热材料的强度、重力密度、热导率、品种规格，应符合随机技术文件的规定。

（3）绝热层施工前，应清除锅筒、集箱、金属烟道、风管、管道等被绝热件表面的油污、铁锈和临时支承，并应按随机文件规定涂刷耐腐蚀涂料。

（4）采用成型制品的绝热材料时，捆扎应牢固，接缝应错开，里外层应压缝搭接，嵌缝应饱满。当采用胶泥状材料时，应涂抹密实光滑、厚度均匀、表面平整。

（5）保护层采用卷材时，应紧贴表面，不应有褶皱和开裂。采用涂料抹面时，应平整光滑、棱角整齐，不应有裂缝。采用铁皮、铝皮等金属材料包裹时，应扣边搭接，弯头处应圆弧过渡，且平整光滑。

（6）绝热层的厚度、平整度允许偏差，应符合设计技术文件规定。

（7）绝热层施工时，阀门、法兰盘、人孔及其他可拆件的边缘应留出空隙、绝热层断面应封闭严密。支托架处的绝热层不得影响活动面的自由膨胀。

第六节　漏风试验、烘炉、煮炉和试运行

一、漏风试验

1. 漏风试验应具备的条件

（1）引风机、送风机经单机调试试运转应符合要求。

（2）烟道、风道及其附属设备的连接处和炉膛等处的人孔、洞、门等，应封闭严密。

（3）再循环风机应与烟道接通，其进出口风门开关应灵活，开闭指示应正确。

（4）喷嘴一、二次风门操作应灵活，开闭指示应正确。

（5）锅炉本体的炉墙、灰渣井的密封应严密，炉膛风压表应调校并符合要求。

（6）空气预热器、冷风道、烟道等内部应清理干净，无异物；其人孔、试验孔应封闭严密。

2. 漏风试验应满足的要求

（1）冷热风系统的漏风试验应符合下列要求：

1）启动送风机，应使系统维持在 30～40mm 水柱的正压，并应在送风机入口撒入白粉或烟雾剂。

2）检查系统的各缝隙、接头等处，应无白粉或烟雾泄漏。

（2）炉膛及各尾部受热面烟道、除尘器至引风机入口漏风试验，应符合下列要求：

1）启动引风机，微开引风机调节挡板，应使系统维持在 30～40mm 水柱的负压，并应用蜡烛火焰、烟气靠近各接缝处检查。

2）接缝处的蜡烛火焰、烟气不应被吸偏。

3. 漏风缺陷处置

漏风试验发现的漏风缺陷，应在漏风处做好标记，并应做好记录；漏风缺陷应按下列方法处理：

（1）焊缝处漏风时，用磨光机或扁铲除去缺陷后，应重新补焊。

（2）法兰处漏风时，松开螺栓填塞耐火纤维毡后，应重新紧固。

（3）炉门、孔处漏风时，应将接合处修磨平整，并应在密封槽内装好密封材料。

（4）炉墙漏风时，应将漏风部分拆除后重新砌筑，按设计规定控制砖缝，用耐火灰将砖缝填实，并用耐火纤维填料将膨胀缝填塞紧密。

（5）钢结构处漏风时，应用耐火纤维毡等耐火密封填料填塞严密。

二、烘炉

烘炉的目的是烘干炉墙水分，以提高炉墙耐高温的能力。烘炉时，要细心地、慢慢地将炉墙烘干。炉墙温度要缓慢升高，避免加热太急，使炉墙内的水分迅速蒸发产生大量水蒸气，导致炉墙产生裂纹和变形。

1. 烘炉前的准备

锅炉在进行点火烘炉前，必须详细检查锅炉各部件，看其是否具备烘炉条件。烘炉前应做好以下各项准备工作：

（1）锅炉本体及附件安装完毕，试验合格。

（2）炉墙砌筑及保温工作结束，并经检验合格。

（3）热工仪表经校验合格。

（4）锅炉辅助设备试运行合格。

（5）测温点已经选好，锅炉炉墙的测温点应设在炉膛墙中部，炉排上方 1.5～2m 处。此外，在蒸汽过热器两侧炉墙的中部和省煤器后墙中部也应设测温点。

（6）烘炉所用物品已准备充足（如木柴、安全用品等），注意木柴上不得有铁钉，以防炉排卡住。

2. 烘炉的方法

烘炉可按具体情况的不同采用火焰烘炉、热风烘炉及蒸汽烘炉等方法。工程上以火焰烘炉法较为常用。

（1）火焰烘炉。在烘炉前应先向锅炉注水，待锅炉注水至正常水位后，开始点火，使木柴在燃烧室中部燃烧，且和炉墙保持一定的距离，在开始时维持小火烘烤，自然通风，炉膛负压保持在 50～100Pa，并可逐渐加柴，使火逐渐增大，燃烧木柴烘烤一般不超过 3 昼夜，然后逐渐加煤燃烧。烘炉过程中，温升应平稳，并应按蒸汽过热器后或相当位置的烟气温度来控制温升，其温升应符合下列要求：

1）重型炉墙第一天不宜大于 50℃，以后每天温升不宜大于 20℃，后期的最高排烟温度不应大于 220℃。

2）砖砌轻型炉墙温升每天不宜大于 80℃，后期排烟温度不应大于 160℃，在最高温度范围内的持续时间不应少于 24h。

3）当炉墙特别潮湿时，应适当减慢温升速度，并应延长烘炉时间。

锅炉烘炉期间，锅炉处于不起压状态运行，如压力升高到 0.1MPa，则应打开安全阀排气；同时应保持正常水位，当水位低时，应向锅炉补水。如用生水烘炉，则每小时应排污 2次，若用软化水烘炉，则应每小时排污 1 次。烘炉时，要定期转动炉排，以防炉排过热烧损。烘炉时应紧闭炉门、看火门，以保持炉内负压及维持炉温。

烘炉时间的长短是根据锅炉的结构、容量、炉墙的结构及施工季节不同而定的。对于一般的小型锅炉为 3～7 天，对于较大的供热锅炉则为 7～14 天。如炉墙特别湿，则烘炉的时间可适当延长。

全耐火陶瓷纤维保温的轻型炉墙，可不进行烘炉，但其粘接采用热硬性粘接材料时，锅炉投入运行前应按规定进行加热。

（2）蒸汽烘炉。蒸汽烘炉应符合下列要求：

1）烘炉应采用 0.3～0.4MPa 的饱和蒸汽从水冷壁集箱的排污阀处连续、均匀地送入锅炉中，逐渐加热炉水；炉水水位要保持正常，温度宜为 90℃，烘炉后期宜补用火焰烘炉。

2）应开启必要的挡板和炉门排除湿气，并应使炉墙各部均能烘干。烘炉时间应根据锅炉类型、砌体湿度和自然通风干燥程度确定，宜为 14～16 天，但整体安装的锅炉，应为2～4 天。

烘炉时，应经常检查砌体的膨胀情况，当出现裂纹或变形迹象时，应减慢升温速度，查明原因，并采取相应措施。

3）若烘炉满足下列要求条件之一，则判定烘炉合格。

①当采用炉墙灰浆试样法时，在燃烧室两侧的中部、炉排上方 1.5～2m 处，或燃烧器上方 1～1.5m 处和过热器两侧的中部，取黏土砖、红砖的丁字交叉缝处的灰浆样品各 50g测定，其含水率均应小于 2.5%。

②当采用测温法时，在燃烧室两侧的中部，炉排上方 1.5～2m 处，或燃烧器上方 1～1.5m 处，测定红砖墙外表面向内 100mm 处的温度应达到 50℃，继续维持 48h，或测定过热器两侧黏土砖与绝热层接合处的温度应达到 100℃，并继续维持 48h。

烘炉过程中应测定和绘制实际升温曲线图。

三、煮炉

1. 煮炉的目的及原理

煮炉的目的是清洗除去锅筒及受热面内壁的铁锈和油质物。

煮炉的原理是：在锅炉中加入碱水，使碱液与锅内油垢发生皂化作用生成沉渣，然后在沸腾的炉水作用下，离开锅炉金属壁，沉积在锅筒的最下部，最后经排污阀排除。

2. 煮炉的方法

煮炉可在烘炉结束前 2～3 天进行，此期间为烘炉、煮炉同时进行。煮炉的时间根据锅炉的大小、锈状状况、炉水碱度变化情况确定，一般为 48～72h，煮炉前按炉水容积及表 5-21 的规定，计算出加药量，并在水箱内配制成 20% 的溶液，搅拌均匀使药品充分溶解，除去杂质后注入锅筒内，所有药物一次投入。然后加热升温产生蒸汽，煮炉后期可维持锅炉额定压力的 75% 左右，以保证煮炉效果。

表 5 - 21　　　　　　　　　　　　煮 炉 加 药 量

药品名称	加药量（kg/m³）	
	铁锈较薄	铁锈较厚
氢氧化钠（NaOH）	2～3	3～4
磷酸三钠（Na₃PO₄·12H₂O）	2～3	2～3

注　1. 药量按 100％的纯度计算。

　　2. 无磷酸三钠时，可用碳酸钠代替，用量为磷酸三钠的 1.5 倍。

　　3. 单独使用碳酸钠煮炉时，每立方米水中加 6kg 碳酸钠。

煮炉期间，应定期从锅筒和水冷壁下集箱取水样，进行水质分析，当炉水碱度低于 45mol/L 时，应补充加药。

煮炉结束后，应交替进行持续上水和排污，直到水质达到运行标准，然后停炉排水，冲洗锅炉内部和曾与药接触过的阀门，并应清除锅筒、集箱内的沉积物，检查排污阀有无堵塞现象。锅筒及集箱内壁无油垢、表面无附着物、金属表面无锈斑，则认为煮炉合格；若锈斑依然存在，还应继续煮炉，直到合格为止。

四、锅炉系统的试运行

锅炉系统的试运行除应具备烘炉时的条件外，锅炉的运煤、除灰系统，供水、供电系统等都必须满足锅炉满负荷运行的需要，并且对于单体试车、烘炉、煮炉过程中发现的辅机、附件的问题及故障应全部清除、修复或更换，使设备处在备用状态。

1. 严密性试验

锅炉的烘炉、煮炉合格后，应按下列步骤进行严密性试验：

（1）将锅炉压力升至 0.3～0.4MPa，并对锅炉范围内的人孔、手孔、阀门、法兰和垫料等处的严密性进行检查，并对锅炉本体内的法兰、人孔、手孔或其他连接螺栓进行一次热态下的紧固。

（2）锅炉压力升至额定工作压力时，各人孔、手孔、阀门、法兰和填料等处应无泄漏现象。

（3）锅筒、集箱、管路和支架的热膨胀应无异常。

（4）有过热器的蒸汽锅炉，应采用蒸汽吹洗过热器。吹洗时，锅炉压力宜保持在额定工作压力的 75％，同时应保持适当的流量，吹洗时间不应少于 15min。

2. 锅炉试运行

锅炉的试运行应由持有司炉工合格证的人员分班承担操作，并由建设单位有经验的司炉工参与，熟悉各系统的流程和操作方法。

锅炉达到试运行的条件时，就可以进行试运行，锅炉试运行应首先向锅炉注入软化水，待软化水至正常水位，就可点火试运行。生火时，应将过热器出口集箱上的疏水阀打开，以冷却过热器。生火后，应注意锅炉水位，保持锅炉水位正常。对于新建锅炉，生火时间不小于 4～6h，短期停止运行的锅炉也不应小于 2～4h。当锅炉燃烧稳定后，则可以稳定地缓慢升压。

当锅炉的压力升高到 0.05～0.1MPa 时，应对水位计进行清洗，每班至少一次；当压力升高到 0.15～0.20MPa 时，要关闭锅筒及过热器集箱上的放气阀，并检查、冲洗压力表；随着压力的提高，应随时注意锅炉各连接部件的严密性及各部件热膨胀的情况；同时向锅炉补水，补水应缓慢地进行，以保证锅炉的安全运行。

锅炉试运行时应按锅炉机组设计参数调整输煤机、炉排、送引风机、除渣设备的工况；调试自动控制、信号系统及仪表工作状态应符合设计要求；同时按操作规程做好试运行中的给水、排污和吹灰等项的试运行记录。在锅炉试运行时，应对锅炉上的安全阀进行定压、调整。

锅炉试运行是锅炉在正常负荷下，对锅炉严密性及锅炉安装质量的最终检查，在试运行过程中一定要严肃对待，认真调试，并做好各项记录，发现问题应立即解决。

第六章 建筑给排水系统安装

第一节 室内给水管道安装

一、建筑给水管道安装的技术要求

（1）建筑给水所用材料、成品、半成品、配件、器具和设备必须具有中文质量合格证明文件，规格、型号及性能检测报告应符合国家技术标准或设计要求。进场时应做检查验收，并经工程师核查确认。

（2）阀门安装前，应做强度和严密性试验。试验应在每批（同型号、同规格、同牌号）数量中抽查10％，且不少于一个。对于安装在主干管上起切断作用的阀门，应逐个做强度和严密性试验。阀门的强度和严密性试验应符合以下规定：阀门的强度试验压力为公称压力的1.5倍，严密性试验压力为公称压力的1.1倍；试验压力在试验持续时间内应保持不变，且壳体填料及阀瓣密封面无渗漏。阀门试压的持续时间应符合表6-1的规定。

表 6-1　　　　　　　　　　　　　　　阀门试压的持续时间

公称直径	最短试验持续时间（s）		
	严密性试验		强度试验
	金属密封	非金属密封	
≤DN50	15	15	15
DN65～DN200	30	15	60
DN250～DN450	60	30	180

（3）给水管道穿过建筑物的基础、地下室的外墙、地下构筑物时，应采取防水措施。对有严格防水要求的建筑物，必须采用柔性防水套管。

（4）给水管道不应穿越建筑物的伸缩缝、抗震缝及沉降缝，如必须穿越，则应根据情况采取以下措施：

1）在墙体两侧采取柔性连接。

2）在管道或保温层外皮上、下部留有不小于150mm的净空。

3）在穿墙处做成方形补偿器水平安装。

（5）管道支、吊、托架的安装，应符合下列规定：

1）位置正确，安装牢靠、平整。

2）支、吊、托架与管道接触应紧密，间距合理。钢管水平安装的支、吊架最大间距应符合表6-2的规定；冷水塑料管及复合管安装时管道支、吊架的最大间距应符合表6-3的规定；热水塑料管安装时管道支、吊架的最大间距应符合表6-4的规定；铜管安装时管道支、吊架的最大间距应符合表6-5的规定；薄壁不锈钢管安装时管道支、吊架的最大间距应符合表6-6

的规定。

表 6 - 2　　　　　　　　　　钢管管道支、吊架的最大间距

公称直径		DN15	DN20	DN25	DN32	DN40	DN50	DN65	DN80	DN100	DN125	DN150	DN200	DN250	DN300
支架的最大间距（m）	保温管	2	2.5	2.5	2.5	3	3	4	4	4.5	6	7	7	8	8.5
	不保温管	2.5	3	3.5	4	4.5	5	6	6	6.5	7	8	9.5	11	12

表 6 - 3　　　　冷水塑料管及复合管管道支、吊架的最大间距　　　　mm

公称外径 d_n 管材类别		16	20	25	32	40	50	63	75	90	110	125	140	160
PP-R 管 PVC-U 管	横管	—	600	700	800	900	1000	1100	1200	1350	1550	—	—	1800
	立管	—	900	1000	1100	1300	1600	1800	2000	2200	2400	—	—	2800
PVC-C 管	横管	—	800	800	850	1000	1200	1400	1500	1600	1700	1800	2000	2000
	立管	—	1000	1100	1200	1400	1600	1800	2100	2400	2700	3000	3400	3800
聚乙烯类（PE、PE-X、PE-RT）管	横管	—	600	700	800	900	1000	1100	1200	1350	1550	1700	1800	1900
	立管	—	850	980	1100	1300	1600	1800	2000	2200	2400	2600	2700	2800
给水铝塑复合管	横管	500	600	700	800	1000	1200	1400	1600	—	—	—	—	—
	立管	700	900	1000	1100	1300	1600	1800	2000	—	—	—	—	—
给水钢塑复合管	横管	600	800	1000	1200	1400	1600	1800	2000	2200	2400	—	—	2200
	立管	1000	1200	1400	1800	2200	2500	2800	3200	3800	4000	—	—	2800

表 6 - 4　　　　　热水塑料管管道支、吊架最大间距　　　　mm

公称外径 d_n 管材类别		20	25	32	40	50	63	75	90	110	125	140	160
PP-R 管	横管	300	350	400	500	600	700	800	1200	1300	—	—	1400
	立管	400	450	520	650	780	910	1040	1560	1700	—	—	2000
PVC-C 管	横管	600	650	700	800	900	1000	1100	1200	1200	1300	1400	1500
	立管	1000	1100	1200	1400	1600	1800	2100	2400	2700	3000	3400	3800
聚乙烯类（PE、PE-X、PE-RT）	横管	300	350	400	500	600	700	800	950	1100	1250	1380	1500
	立管	780	900	1050	1180	1300	1490	1600	1750	1950	2050	2100	2200

表 6 - 5　　　　　　　铜管管道支、吊架的最大间距　　　　mm

公称直径	DN15	DN20	DN25	DN32	DN40	DN50	DN65	DN80	DN100	DN125	DN150	DN200	DN250	DN300
水平管	1200	1800	1800	2400	2400	2400	3000	3000	3000	3000	3500	3500	4000	4000
垂直管	1800	2400	2400	3000	3000	3000	3500	3500	3500	3500	4000	4000	4500	4500

表 6 - 6　　　　　　薄壁不锈钢管管道支、吊架最大间距　　　　mm

公称直径	DN10	DN15	DN20	DN25	DN32	DN40	DN50	DN65
水平管	1000	1000	1500	1500	2000	2000	2500	2500
垂直管	1500	1500	2000	2000	2500	2500	3000	3000

（6）管道接口应符合以下规定：

1）管道采用粘接接口，管端插入承口的深度不得小于表 6 - 7 的规定。

表 6 - 7　　　　　　　　　　　　　管端插入承口的深度限值

公称直径	DN20	DN25	DN32	DN40	DN50	DN75	DN100	DN125	DN150
插入深度（mm）	16	19	22	26	31	44	61	69	80

2）热熔接连接管道的接合面应有一均匀的熔接圈，不得出现局部熔瘤或熔接圈凸凹不匀现象。

3）采用橡胶圈接口的管道，允许沿曲线敷设，每个接口的最大偏角不得超过 2°。

4）法兰连接时衬垫不得凸入管内，其外边缘接近螺栓孔为宜，不得安放双垫或偏垫。连接法兰的螺栓，直径和长度应符合标准，拧紧后，螺栓伸出螺母的长度不得大于螺栓直径的 1/2。

5）螺纹连接的管道安装完毕后，应有 2～3 扣外露的管螺纹，多余的麻丝、铅油应清理干净并做防腐处理。

6）承插口采用水泥捻口时，油麻必须清洁，麻辫填塞要密实，水泥捻入要饱满、密实，其接口面凹入承口的深度不得大于 2mm。

7）卡箍（套）连接的管口要平整、无缝隙，沟槽要均匀，螺栓卡紧后管道应平直，卡箍（套）方向应一致。

（7）给水立管和装有 3 个及以上配水点的支管均应安装可拆卸件。

（8）冷热水管道同时安装时应符合以下规定：

1）上、下平行安装时，热水管应在冷水管上方。

2）垂直平行安装时，热水管应在冷水管左侧。

（9）给水管道水平敷设时，应有 0.002～0.005 的坡度，坡向泄水装置。

（10）室内给水管道和阀门安装的允许偏差应符合表 6 - 8 的规定。

表 6 - 8　　　　　　　　　　　　　管道和阀门安装的允许偏差

项次	项　　目			允许偏差（mm）	检验方法
1	水平管道纵横方向弯曲	钢管	每米	1	用水平尺、直尺、拉线和尺量检查
			全长 25m 以上	≤25	
		塑料管复合管	每米	1.5	
			全长 25m 以上	≤25	
		铸铁管	每米	2	
			全长 25m 以上	≤25	
2	立管垂直度	钢管	每米	3	吊线和尺量检查
			5m 以上	≤8	
		塑料管复合管	每米	2	
			5m 以上	≤8	
		铸铁管	每米	3	
			5m 以上	≤10	
3	成排管段和成排阀门		在同一平面上间距	3	尺量检查

二、给水塑料管道布置与敷设

1. 给水管道布置

（1）给水干管应布置在卫生器具用水量大、用水设备比较集中，管线布置方便，节省管材，便于维护、管理处。

（2）管道与热源应有一定的距离，不得因热辐射而使管壁温度高于45℃。塑料给水管不得布置在灶台上边缘；明敷设的塑料给水管距灶台边缘不得小于0.4m，距燃气热水器边缘不得小于0.2m。达不到此要求时，应采取隔热措施。

塑料给水管与水加热器或热水炉连接时，应设有长度不小于0.4m的金属管过渡。

（3）给水引入管与排水排出管平行敷设时的水平净距不得小于1m，室内给水与排水管道平行敷设时，两管间的最小水平净距不得小于0.5m；交叉敷设时，不得小于0.15m，且给水管道应铺设在排水管的上面。若给水管道必须铺设在排水管的下面，则给水管应加套管，套管长度不得小于排水管管径的3倍。

（4）给水管道不得敷设在烟道、风道、电梯井、排水沟内。给水管道不宜穿越橱窗、壁橱。给水管道不得穿过大便槽和小便槽，且立管距大、小便槽端部不得小于0.5m。

（5）建筑内给水管道不应穿越变配电房、电梯机房、通信机房、大中型计算机房、计算机网络中心、音像库房等遇水会损坏设备和引发事故的房间，并应避免在生产设备上方通过。

（6）建筑内给水管道的布置，不应妨碍生产操作、交通运输和建筑物内部正常使用。

（7）建筑内给水管道不得布置在遇水会引起燃烧、爆炸的原料、产品和设备的上面。

（8）埋地敷设的给水管道应避免布置在可能受重物压坏处，管道不得穿越生产设备基础，在特殊情况下穿越时，应采取有效的保护措施。

2. 给水塑料管道的敷设

给水塑料管道的敷设方式有明敷设和暗敷设两种。

（1）明敷设。给水塑料管道沿建筑物的墙、梁、板、柱的布置安装方式是明敷设。

1）明敷设立管应布置在用水点相对集中的墙角、柱边位置，横管应沿墙敷设。

2）管道穿越楼板、屋面时，穿越部位应设置固定支承，并应有可靠的防水措施。

（2）暗敷设。给水塑料管道在建筑物的墙槽、管道井、管廊内的布置安装方式是暗敷设。

三、给水管道安装

1. 引入管安装

引入管的室外部分埋设深度应在当地最大冰冻线0.15m以下，穿越小区道路管顶埋设深度不宜小于0.7m，与排出管的净距不小于1.0m，管道敷设应有不小于0.003的坡度，坡向阀门井。管道穿越建筑物的基础、有地下室的外墙时，应加设钢套管，且采取相应的防水措施，如图6-1所示。

引入管的安装应符合以下规定：

（1）引入管的安装宜分室内和室外两个阶段进行施工。应先安装室内管，其伸出墙外尺寸应为200～300mm，并应进行临时封堵；在主体建筑完成后，进行室外管道的安装。

（2）引入管穿越房屋条形基础时，管道上方应预留建筑物沉降量，预留高度由计算确定，但不宜小于150mm。

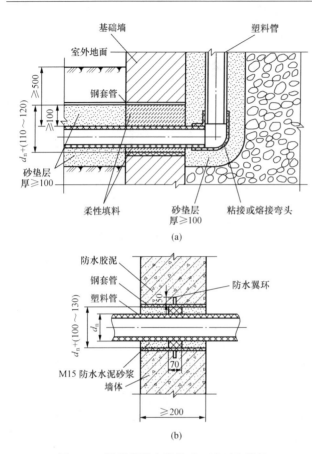

图 6-1 塑料管道穿越基础、地下室外墙

(a) 穿基础墙；(b) 穿地下室外墙

（3）引入管穿出室内地坪时应设置钢制防护套管，其高度高出饰面不小于 100mm，其根部嵌入地坪层内 30～50mm，如图 6-2 所示。

（4）室内埋地管道应敷设在回填土夯实以后重新开挖的管沟（槽）内。管沟底部不得有尖硬凸出物，当沟底为碎石时，应铺 100mm 厚的砂土垫层。回填应在隐蔽工程验收合格后进行。回填时，管周围 100mm 以内的回填土不得含有粒径大于 12mm 的尖硬石（砖）块。

2. 干管、立管与支管安装

给水干管一般敷设在地下室的楼板下，也可敷设在任意层的楼板下，多层建筑无地下室的可以在首层地下埋设。给水立管可以安装在专用的管井内，也可安装在厨房、卫生间等角落。

（1）塑料管道安装热补偿。塑料管的线胀系数较大，管道安装时应采取伸缩变形的补偿措施，如图 6-3 所示。

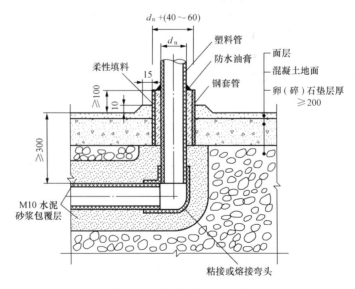

图 6-2 管道穿越室内地坪

（2）塑料管道穿越变形缝。塑料管不宜穿越建筑物的变形缝（沉降缝、伸缩缝），如必

须穿越，则应采取相应的技术措施，如图 6-4 所示。

（3）塑料管道穿楼板。塑料管道穿楼板通常有两种方法：一种方法是在穿越部位预留孔洞，洞口尺寸为 $(d_n+100)mm \times (d_n+100)$ mm，管子在洞口内穿过，在穿出楼板部位加设套管，套管高出饰面 100mm。洞口用 C20 细石混凝土嵌填并捣实，C20 细石混凝土嵌填应分两次，第一次嵌填深度为楼板厚度的 2/3，第二次嵌填深度为楼板厚度的 1/3。在套管周围的饰面上砌筑阻水圈，阻水圈的厚度为 10mm 左右。另一种方法是在穿越楼板部位预埋套管，套管外径为 $d_n+(40\sim60)$ mm，套管下端与楼板底面相平，套管上部高出饰面 100mm；套管内应充填柔性的防水材料。塑料管道穿楼板如图 6-5 所示。

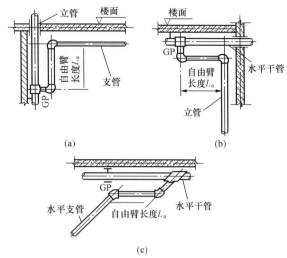

图 6-3　塑料管道安装热补偿措施

(a) 立管与支管连接；(b) 水平干管与立管连接；

(c) 水平干管与水平支管连接

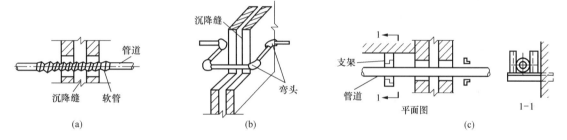

图 6-4　塑料管道穿越变形缝常用的技术措施

(a) 柔性接管法；(b) 弯头回转弯法（方形补偿器法）；(c) 活动支架法

（4）塑料管嵌墙敷设。嵌墙敷设的管道应水平或垂直敷设，楼（地）面地坪垫层内直埋敷设的管道，当穿越厅堂、走道、卧室时宜沿墙敷设。嵌墙敷设的管道应配合土建开凿管槽，管槽宽度为 $d_n+(40\sim60)mm$，管槽深度为 $d_n+(20\sim30)mm$，楼（地）面地坪垫层内直埋敷设的管道顶面与垫层顶面的距离不得小于 10mm，管槽应整齐通畅，槽内壁应平整，不得有尖锐棱角，管槽转弯处应随管道折角转弯，转弯半径不应小于 $6d_n$。塑料管嵌墙敷设如图 6-6 所示，冷热水管共槽嵌墙敷设如图 6-7 所示，嵌墙管道接口的预留如图 6-8 所示。

（5）支管安装。支管安装时，应有 0.002 的坡度，坡向泄水点，以便检修时泄水。支管明敷设时，管外壁与墙的净距为 20~25mm，支管安装应按表 6-3、表 6-4 规定的支、吊架间距安装支、吊架，塑料管的管卡见图 6-9，金属管卡见图 6-10。支管暗装时，管子应在管槽内敷设，管道应按配水点间距及标高进行布置，槽内管道转弯处及直线管段每隔 1000~1500mm 应加设管卡固定，但不得强行扭曲管道。管道经水压试验、复核标高和冷热水管间距检验合格后，应采用 M10 水泥砂浆将配水点和转弯管段浇筑牢固；与配水件连接的带内

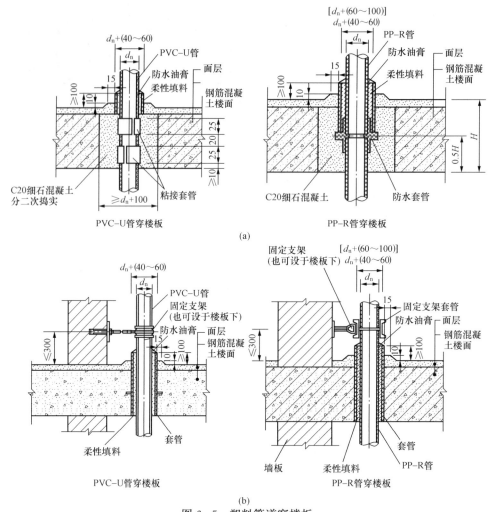

图 6 - 5 塑料管道穿楼板

（a）Ⅰ型固定穿楼板；（b）Ⅱ型固定穿楼板

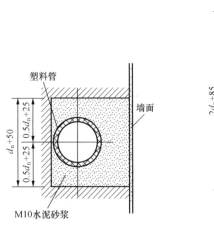

图 6 - 6 塑料管嵌墙敷设

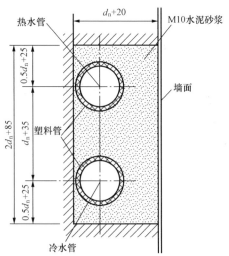

图 6 - 7 冷热水管共槽嵌墙敷设

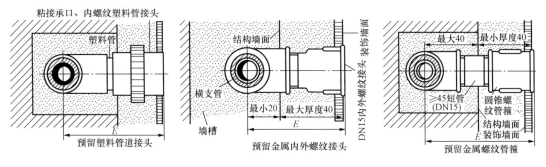

图 6-8　嵌墙管道接口的预留

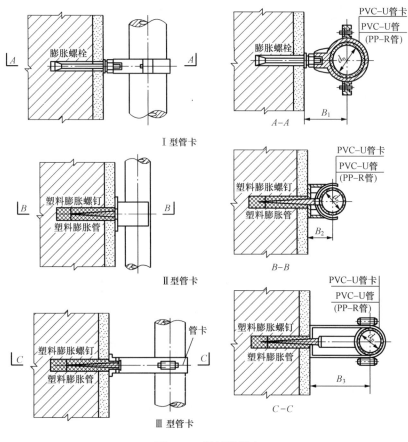

图 6-9　塑料管管卡

螺纹终端管件端面应与建筑装饰面相平。管槽应采用 M10 水泥砂浆填补嵌实，嵌实宜分两次进行，第一次填补高度不应低于管中心，待初硬后，进行第二次填补，补至与装饰面相平。填补时，砂浆应密实饱满，且不得使管道产生位移。

四、给水附件安装

1. 龙头安装

龙头安装按其与支管的连接方式可分为支管明敷龙头（Ⅰ型、Ⅱ型）安装、支管暗敷

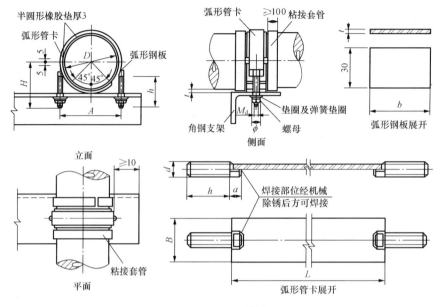

图 6-10　金属管卡

（Ⅲ型、Ⅳ型）龙头安装。要强调的是支管明敷龙头处应采用金属管卡固定，因为龙头使用频率高，受力状况比较复杂，使用塑料管卡很快被损坏。龙头安装如图 6-11 所示。

　　2. 角阀安装

　　角阀安装如图 6-12 所示。

　　3. 管道倒流防止器安装

　　管道倒流防止器是用于防止生活饮用水管道发生回流污染的安全装置，其特征在于：由两个止回阀及一个安全泄水阀构成，其中一个止回阀装于管道靠近进口处，另一个止回阀装于管道靠近出口处，安全泄水阀装于管道的底部，与两个止回阀在管道内形成阀腔。管道倒流防止器按连接方式的不同可分为螺纹连接倒流防止器和法兰连接倒流防止器。法兰连接倒流防止器室内安装如图 6-13 所示。

　　从给水管道上直接接出下列用水管道时，应在这些用水管道上设置管道倒流防止器。

　　（1）单独接出消防用水管道时，在消防用水管道的起端（不含室外给水管道上接出的室外消火栓）。

　　（2）从市政给水管道上直接吸水的水泵，其吸水管起端。

　　（3）当游泳池、水上游乐池、按摩池、水景观池、循环冷却水集水池等的充水或补水管道出口与溢流水位之间的空气间隙小于出口管径 2.5 倍时，在充（补）水管上。

　　（4）由城市给水管道直接向锅炉、热水机组、水加热器、气压水罐等有压容器或密闭容器注水的注水管上。

　　（5）垃圾处理站、动物养殖场（含动物园的饲养展览区）的冲洗管道及动物饮水管道的起端。

　　（6）从城市给水管网的不同管段接出饮水管向居住小区供水，且小区供水管与城市给水形成环状管网时，其引入管上（一般在总水表后）。

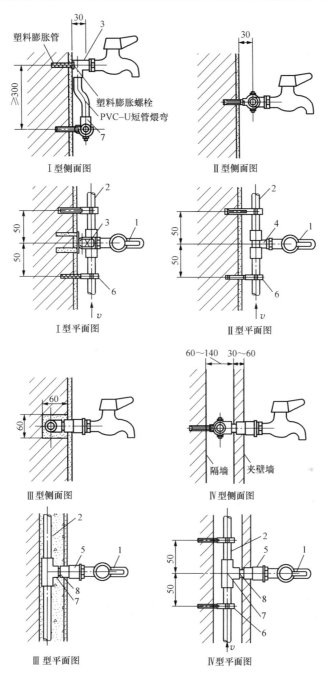

图 6-11 龙头安装

1—陶瓷芯龙头；2—给水管；3—带耳铜内丝弯头；4—嵌铜内丝三通；

5—嵌铜内丝直通；6—金属管卡；7—三通；8—短管

五、水表安装

水表通常设置在建筑物的引入管、住宅和公寓建筑的分户配水支管、综合性建筑的不同功能区（如商场、餐饮业、娱乐场等）的给水分支管、浇洒道路和绿化用水的配水管、锅炉和水加热器的冷水进水管、游泳池及中水系统、冷却塔、喷水池的补充水管上等，用于计量

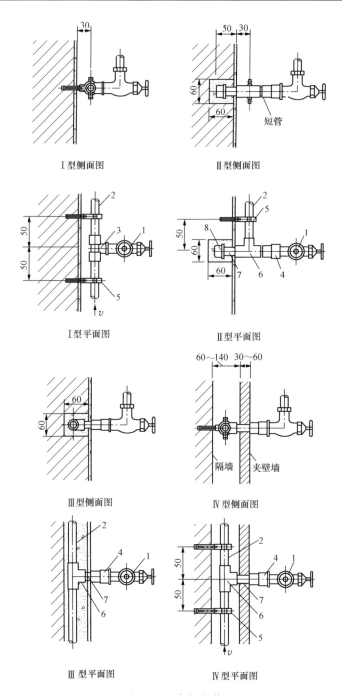

图 6 - 12　角阀安装
1—外丝角阀；2—给水管；3—嵌铜内丝三通；4—嵌铜内丝直通；
5—金属管卡；6—三通；7—短管；8—管堵

用水量，节制用水和核算成本。
　　水表安装应满足以下要求：
　　（1）流速式水表必须水平安装。

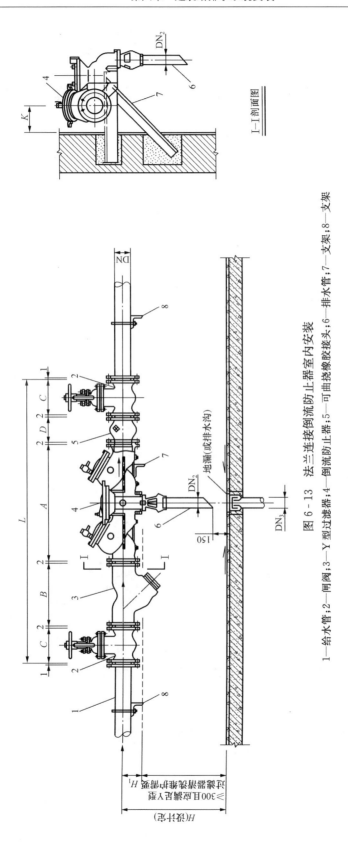

图 6 - 13　法兰连接倒流防止器室内安装

1—给水管；2—闸阀；3—Y 型过滤器；4—倒流防止器；5—可曲挠橡胶接头；6—排水管；7—支架；8—支架

（2）水表安装必须注意安装的方向性，流速式水表外壳上的箭头方向代表介质流动方向。

（3）螺翼式水表的前端应有 8～10 倍水表接管直径的直线管段长度，其他类型水表前后直线管段的长度则不小于 300mm。

（4）住宅建筑分户水表前应装设检修阀门，阀门与水表之间宜装设可曲挠橡胶接头等减振降噪装置和配件。

（5）进水总表前应设置过滤器；住宅进户水表前宜设置过滤器。

（6）水表应安装在观察方便、便于检修、不受曝晒、不冻结、不被任何液体及杂质所淹没和不易受损坏的地方。表壳外表面与墙表面的净距为 10～30mm。

1. 水表在水表井内安装

DN50～DN200 水表在水表井内安装如图 6-14 所示。

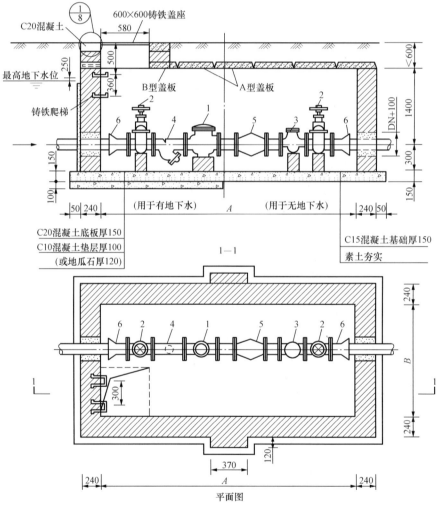

图 6-14　DN50～DN200 水表在水表井内安装

1—水表；2—闸阀；3—止回阀；4—Y型过滤器；5—可曲挠橡胶接头；6—承盘短管

2. 分户卧式水表安装

分户卧式水表安装如图 6-15 所示。

3. 立式水表安装

立式水表安装如图 6-16 所示。

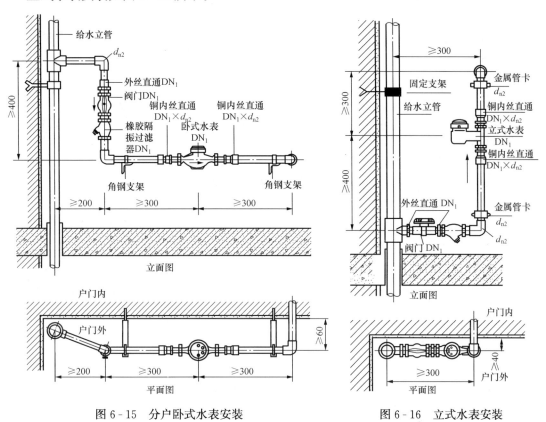

图 6-15　分户卧式水表安装　　　　　　图 6-16　立式水表安装

六、水箱安装

水箱是用来储备、调节水量的装置。水箱有成品水箱、组装水箱和现场制作的水箱。成品水箱应考虑水箱搬运、装卸和垂直起吊时的产品防护和安全。现场制作的水箱，应按规范规定做满水试验，水箱满水后，静置 24h 不渗不漏为合格，合格后方可进行安装。

1. 水箱安装

水箱安装应满足以下要求：

（1）非钢筋混凝土水箱应放置在混凝土、砖的支墩或槽钢（工字钢）上，其间应垫以石棉橡胶板、塑料布等绝缘材料。支墩高度不宜小于 800mm，以便管道安装和检修。

（2）水箱间应满足水箱的布置和加压、消毒设施要求，见表 6-9。

表 6-9　　　　　　　　　　　　水 箱 布 置 间 距　　　　　　　　　　　　　m

水箱形式	水箱外壁至墙面的距离			水箱之间的距离	水箱至建筑结构最低点的距离
	有管道一侧	且管道外壁与建筑本体墙面之间的通道宽度不宜小于0.6m	无管道一侧		
圆形	0.8		0.6	0.7	0.8
方形或矩形	1.0		0.7	0.7	0.8

（3）水箱间应有良好的采光通风条件，室内气温应大于5℃。水箱间净高不小于2.2m，设有人孔的水箱顶，顶板面与上面建筑本体板底的净空不应小于0.8m。箱底与水箱间地面板的净距，当有管道敷设时不宜小于0.8m。

（4）水箱应设人孔密封盖，并应有保护其不受污染的防护措施。水箱出水若为生活饮用水，应加设二次消毒措施（如设置臭氧消毒、加氯消毒、加次氯酸钠发生器消毒、二氧化氯发生器消毒、紫外线消毒等），并应在水箱间留有该类设备放置和检修的位置。

（5）储存生活饮用水时，水箱内壁材质不应污染水质，可以考虑采取衬砌或涂刷涂料等措施，如喷涂瓷釉涂料、食品级玻璃钢面层、无毒的饮用水油漆和贴瓷砖等，并经当地卫生防疫部门的批准。

2. 水箱配管及附件安装

水箱上一般设通气管、进水管、出水管、溢水管、泄水管、液位计、人孔等附件，水箱配管及附件安装应满足以下要求：

（1）通气管和溢流管的喇叭口处要设铜丝（或不锈钢丝）网罩或其他材料做成的网罩，网孔为14～18目，以防污物、蚊蝇进入。

（2）人孔、通气管、溢流管应有防止昆虫、鼠类、鸟类进入水池（水箱）的措施。

（3）进水管应在水池（箱）的溢流水位以上接入，当溢流水位确定有困难时，进水管口的最低点高出溢流边缘的高度等于进水管管径，但最小不应小于25mm，最大不大于150mm。

当进水管为淹没出流时，管顶应钻孔，孔径不宜小于管径的1/5，孔上应装设同径的吸气阀或其他能破坏管内产生真空的装置。

（4）进出水管布置不得产生水流短路，必要时应设导流装置。

（5）不得接纳消防管道的试压水、泄压水等回流水或溢流水。

（6）水箱进水管可从侧壁或顶部接入，水管出口应安装液压水位控制阀或浮球阀，当进水管规格大于或等于DN50时，其阀门的数量不宜少于2个，每个控制阀前都应装有检修阀门。

（7）水箱出水管可从侧壁或水箱底部接出，出水管与箱内底净距不小于100mm，当出水管上需要安装止回阀时，应选用阻力较小的旋启式止回阀。

（8）水箱溢水管宜采用水平喇叭口集水，也可以从侧壁接出，规格比进水管大1～2号。溢水管的位置，当溢水管规格小于或等于DN100时，溢水管上缘与水箱内顶净距不小于200mm；当溢水管规格大于DN100时，溢水管上缘与水箱内顶净距不小于250mm。溢水管上不得装设任何阀门，且不得与排水系统直接连接，当溢水需要排入排水系统时，必须采用隔断排水方式，溢水管与排水管的空气间隙不得小于200mm。

（9）水箱泄水管应从水箱的最底部接出，泄水管上应安装阀门，阀门宜采用闸阀，不宜采用截止阀、球阀。泄水管可与溢流管相接，但泄水管不得与排水系统直接连接。泄水管规格，当无特殊要求时，不得小于DN50。

水箱配管及附件安装如图6-17所示。

七、室内消防管道安装

1. 消火栓管道系统安装

（1）消火栓管道系统安装程序。消火栓管道系统安装程序为：干管安装→立管安装→消火栓及支管安装→消防水泵→高位水箱安装→水泵接合器安装→管道试压→管道冲洗→消火栓配件安装→系统调试。

（2）消火栓管道安装。

1）管材及连接。普通消防管道系统、低压消防管道系统应采用低压流体输送用镀锌焊接钢管，公称直径≤DN80 时，应采用螺纹连接；公称直径＞DN80 时，应采用沟槽连接，与法兰阀门、设备相连时，应采用法兰连接；高压消防管道系统应采用镀锌无缝钢管，焊接、法兰连接，焊接和法兰连接的焊口处应进行二次镀锌或采取其他方式的防腐措施。

2）干管安装。室内消防管道安装前，应先对管材进行检查、检验，检查合格后，方可使用；检查消防干管安装时土建预留的孔洞、沟槽是否满足安装要求。

消防管道安装所需的条件具备之后，可按管子规格、管道坐标、标高、坡度制作安装管道支架。

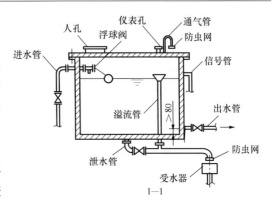

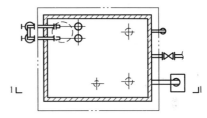

图 6-17　水箱配管及附件安装

根据设计图纸、施工现场的实际状况，对管道进行测绘、下料、切割、调直、整圆、加工、预组装，并将预组装的管段进行编号。从供水管入口起向室内逐段安装、连接。安装过程中，应按施工现场测绘草图预留出各个消防立管接头的准确位置。

凡需隐蔽的消防供水管道，必须先进行水压试验，试压合格后方可隐蔽。

3）消防立支管安装。消防立管一般设在管道井内，安装时，从下向上顺序安装，安装过程中要及时固定好已安装的立管管段，并按测绘草图上的位置、标高甩出各层消火栓水平支管接头。

消防管道采用低压流体输送用镀锌焊接钢管应采用螺纹连接，用铅油、麻丝作填料，也可用聚四氟乙烯生料带作填料。当公称直径＞DN80，螺纹连接有困难时，可采用沟槽（卡箍）连接。镀锌钢管不得焊接，非焊接不可时，焊后应进行二次镀锌或采取其他防腐措施。

（3）支吊架配置。

1）立管上的支架（管卡）。当建筑物层高小于或等于 5m 时，每层必须安装 1 个；建筑物层高大于 5m 时，每层不少于 2 个。当立管上无支管接出时，支架（管卡）距地面的安装高度为 1.5～1.8m；安装 2 个支架应对称安装。

2）横管吊架（托架）。螺纹连接、焊接、法兰连接的管道支架的最大间距见表 6-10。沟槽连接的每个管段应设置一个吊架（托架），直线管段上两个吊架（托架）的间距不得大于表 6-11 的规定。

表 6-10　　　　　　　　　　　钢管管道支架的最大间距

公称直径		DN50	DN65	DN80	DN100	DN125	DN150	DN200	DN250	DN300
支架的最大间距（m）	保温管	3	4	4	4.5	6	7	7	8	8.5
	不保温管	5	6	6	6.5	7	8	9.5	11	12

表 6-11	沟槽连接的钢管吊架（托架）允许间距												m
公称直径	DN50	DN65	DN80	DN100	DN125	DN150	DN200	DN250	DN300	DN350	DN400	DN450	DN500	DN600
刚性接头	3.00	3.65	3.65	4.25	4.25	5.15	5.75	5.75	7.00	7.00	7.00	7.00	7.00	7.00
挠性接头	3.60	3.60	3.60	4.20	4.20	4.20	4.80	4.80	4.80	5.40	5.40	6.00	6.00	6.00

注　本表适用于非保温管道，对保温管道，应根据保温材料密度的大小相应缩短支吊架的间距。

3）沟槽连接的钢管横管吊架（托架）应设置在接头（刚性接头、挠性接头、支管接头）两侧和三通、四通、弯头、异径管等管件上下游连接接头的两侧，吊架（托架）与接头的净距不宜小于150mm，也不宜大于300mm。

4）在管道系统中的下列部位应设置固定支架：进水立管的底部；立管因自由长度较长而需要支承立管重量的部位。

（4）室内消火栓安装。消火栓安装可分为明装、暗装和半暗装。消火栓安装在消火栓箱内。消火栓箱应横平竖直，固定牢靠。箱内的消火栓栓口中心距离安装地面的高度为1.1m，消火栓阀口中心距箱侧面为140mm，距箱后内表面为100mm。

1）明装消火栓箱在砖墙、混凝土墙上安装固定如图6-18所示。

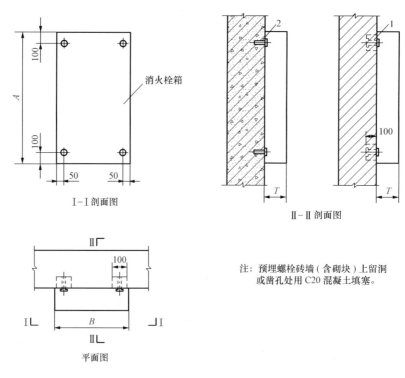

图6-18　明装消火栓箱在砖墙、混凝土墙上安装固定

2）暗装消火栓箱在砖墙、混凝土墙上安装固定如图6-19所示。

（5）消防水泵接合器安装要求。消防水泵接合器的组装应按接口、本体、连接管、止回阀、安全阀、放空管、控制阀的顺序进行。止回阀的安装方向要正确，即应使消防用水能从消防水泵接合器进入消防系统。

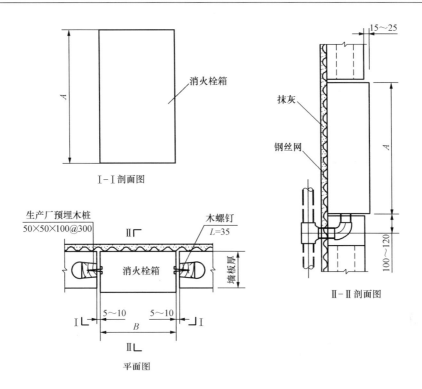

图 6-19　暗装消火栓箱在砖墙、混凝土墙上安装固定

1）消防水泵接合器的安装应符合下列规定：

①消防水泵接合器应安装在便于消防车接近的人行道或机动车行驶的地段。

②地下消防水泵接合器应采用铸有"消防水泵接合器"的铸铁井盖，并在附近设置其指示位置的固定标志。

③地上消防水泵接合器应设置与消火栓有区别的固定标志。

④墙壁消防水泵接合器的安装应符合设计要求。设计无要求时，其安装高度为 1.1m；与墙面上的门、窗、孔、洞的净距不应小于 2.0m，且不应安装在玻璃幕墙下方。

2）地下水泵接合器的安装，应使进口与井盖底面的距离不大于 0.4m，且不应小于井盖的半径。

3）地下消防水泵接合器井的砌筑应符合下列要求：

①在最高地下水位以上的地方设置地下消防水泵接合器井时，其井壁宜采用 Mu7.5 级砖、M5.0 级水泥砂浆砌筑。

②在最高地下水位以下的地方设置地下消防水泵接合器井时，其井壁宜采用 Mu7.5 级砖、M5.0 级水泥砂浆砌筑，且井壁内外表面应采用 1：2 水泥砂浆抹面，并应掺有防水剂，其抹面的厚度不应小于 20mm，抹面高度应高出最高地下水位 250mm。当管道穿过井壁时，管道与井壁间的间隙宜采用黏土填塞密实，并应采用 M7.5 级水泥砂浆抹面，抹面厚度不应小于 50mm。

4）墙壁式消防水泵接合器安装如图 6-20 所示。

5）地上式消防水泵接合器安装如图 6-21 所示。

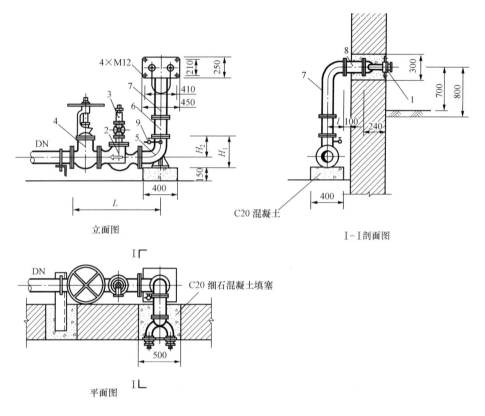

立面图

I-I剖面图

C20 混凝土

平面图

图 6‑20 墙壁式消防水泵接合器安装

1—消防接口本体；2—止回阀；3—安全阀；4—闸阀；5—90°弯头；6—法兰直管；
7—法兰弯头；8—法兰直管；9—截止阀

2. 自动喷水灭火系统安装

（1）管材及连接。

1）管材。配水管道应采用内外壁热镀锌钢管，也可采用符合国家现行相关技术标准的涂覆其他防腐材料的钢管、铜管及不锈钢管。当报警阀入口前管道采用内壁不防腐的钢管时，应在该段管道的末端设置过滤器。

2）管道连接。镀锌钢管应采用螺纹连接。公称直径＞DN80 时，应采用法兰连接和沟槽连接（卡箍连接）。水平管道上法兰间的管道长度不宜大于 20m；立管上法兰间的距离不应跨越 3 个及以上楼层。净空高度大于 8m 的场所内，立管上应有法兰。

3）配水管道的布置，应使配水管入口的压力均衡。轻危险级、中危险级场所中各配水管入口的压力均不宜大于 0.4MPa。

（2）配水管控制的标准喷头数。

1）配水管两侧每根配水支管控制的标准喷头数，轻危险级、中危险级场所不应超过 8 只，同时在吊顶上下安装喷头的配水支管，上下侧不应超过 8 只。严重危险级及仓库场所均不应超过 6 只。

2）轻危险级、中危险级场所中配水支管、配水管控制的标准喷头数不应超过表 6‑12 的规定。

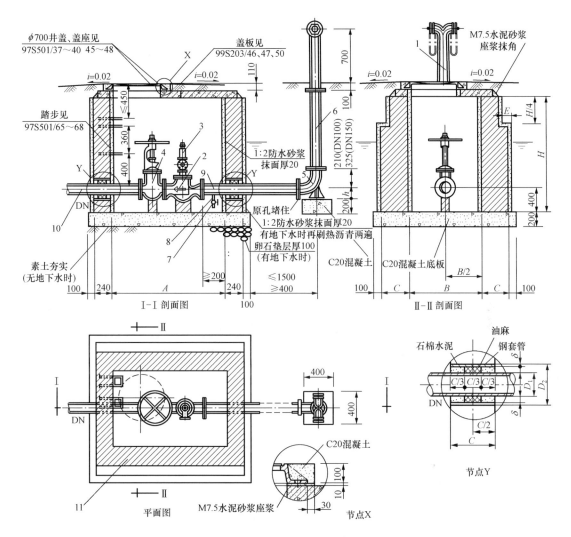

图 6-21　地上式消防水泵接合器安装

1—消防接口本体；2—止回阀；3—安全阀；4—闸阀；5—90°弯头；6—法兰接管；

7—截止阀；8—镀锌钢管；9—法兰直管；10—法兰直管；11—阀门井

表 6-12　　　轻危险级、中危险级场所中配水支管、配水管控制的标准喷头数

公称直径		DN25	DN32	DN40	DN50	DN65	DN80	DN100
控制的标准 喷头数（只）	轻危险级	1	3	5	10	18	48	—
	中危险级	1	3	4	8	12	32	64

（3）最小管径、充水时间及坡度。

1）短立管及末端试水装置的连接管，其管径不应小于 DN25。

2）干式系统的配水管道充水时间，不宜大于 1min；预作用系统与雨淋系统的配水管道充水时间，不宜大于 2min。

3）干式系统、预作用系统的供气管道，采用钢管时，管径不宜小于 DN15；采用铜管时，管径不宜小于 10mm。

4）水平安装的管道宜有坡度，充水管道的坡度不宜小于 0.002，准工作状态不充水的管道坡度不宜小于 0.004，坡向泄水阀。

（4）施工前管材、系统组件的检查、检验。

1）管材、管件的检查、检验。管材、管件应进行现场外观检查，并应符合下列要求：

①镀锌钢管应为内外壁热镀锌钢管，钢管内外表面的镀锌层不得有脱落、锈蚀等现象；钢管内外径及钢管质量应符合 GB/T 3091—2008《低压流体输送用焊接钢管》的规定。无缝钢管内外径及钢管质量应符合 GB/T 8163—2008《流体输送用无缝钢管》的规定。

②钢管表面应无裂纹、缩孔、夹渣、折叠和重皮。

③螺纹密封面应完整光洁，无损伤、毛刺。

④非金属密封垫片应质地柔韧，无老化变质或分层现象，表面应无折损、皱纹等缺陷。

⑤法兰面密封面应完整光洁，不得有毛刺及径向沟槽；螺纹法兰的螺纹应完整、无损伤。

2）阀门及附件的检查、检验。

①阀门的商标、型号、规格等标志应齐全，阀门的型号、规格应符合设计要求。

②阀门及附件应配备齐全，不得有加工缺陷和机械损伤。

③报警阀除应有商标、型号、规格等标志外，尚应有水流方向的永久性标志。

④报警阀和控制阀的阀瓣及操作机构应动作灵活，无卡涩现象，阀体内应清洁、无异物堵塞。

⑤水力警铃的铃锤应转动灵活，无阻滞现象；传动轴密封性能好，不得有渗水漏水现象。

⑥报警阀应进行渗漏试验。试验压力应为额定工作压力的 2 倍，保压时间不应小于5min，阀瓣处应无渗漏。

3）喷头的检查、检验。

①喷头的商标、型号、公称动作温度、响应时间指数（RTI）、制造商及生产日期等标志应齐全。

②喷头的型号、规格等应符合设计要求。

③喷头外观应无加工缺陷和机械损伤。

④喷头螺纹密封面应无伤痕、毛刺、缺丝或断丝现象。

⑤闭式喷头应进行密封性能试验，以无渗漏、无损伤为合格。试验数量宜从每批中抽查1%，但不得少于 5 只，试验压力应为 3.0MPa，保压时间不得少于 3min。当两只及以上不合格时，该批喷头不得使用。当仅有一只不合格时，应再抽查 2%，但不得少于 10 只，并重新进行密封性能试验；当仍有一只不合格时，亦不得使用该批喷头。

4）其他附件的检查、检验。压力开关、水流指示器、自动排气阀、减压阀、泄压阀、多功能水泵控制阀、止回阀、信号阀、水泵接合器及水位、气压、阀门限位等自动监测装置应有清晰的铭牌、安全操作指示标志和产品说明书；水流指示器、水泵接合器、减压阀、止回阀、过滤器、泄压阀、多功能水泵控制阀尚应有水流方向的永久性标志；安装前应进行主要功能检查，不合格者不得使用。

（5）管网安装。

1）管材。自动喷水灭火系统和水喷雾灭火系统应根据系统工作压力的高低选用管材，当系统的工作压力小于或等于1.2MPa时，应选用热镀锌加厚焊接钢管；当系统的工作压力大于或等于1.2MPa时，应选用热镀锌无缝钢管。若选用无缝钢管，其材质应符合GB/T 8163—2008《输送流体用无缝钢管》的要求。若选用镀锌焊接钢管，其材质应符合GB/T 3091—2008《低压流体输送用焊接钢管》的要求。

2）管道安装前应校直管材，并应清除管材内部的杂物；安装在有腐蚀性的场所，安装前，应根据设计要求对管材、管件、附件等进行防腐处理。

3）管道的连接方式。当选用无缝钢管时，应采用法兰连接或沟槽（卡箍）连接；当选用焊接钢管时，应采用螺纹连接、沟槽（卡箍）连接。

4）螺纹连接。螺纹连接应符合下列要求：

①管子宜采用机械切割，切割完毕的管口不得有飞边、毛刺；加工的管子螺纹应符合现行国家标准的规定。

②管道变径时，宜采用异径接头；在管道弯头处，不宜采用补芯；必须采用补芯连接时，三通上可用1个，四通上不得超过2个；当公称直径＞DN50的管道，不宜采用活接头。

③螺纹连接的密封填料应均匀附着在管道的螺纹部分，拧紧螺纹时，不得将填料挤入管道内；连接完毕，应将连接处外部清理干净。

5）沟槽连接。沟槽连接又称卡箍连接，应符合以下要求：

①选用的沟槽式管接头应符合CJ/T 156—2001《沟槽式管接头》的要求，其材质应为球墨铸铁，并符合GB/T 1348《球墨铸铁件》的要求。橡胶密封圈的材质应为EPDN（三元乙丙胶），并符合ISO 6182-12《金属管道系统快速管接头的性能要求和试验方法》的要求。

②沟槽式管件连接时，管道连接沟槽和开孔应用专用滚槽机和开孔机加工，并应进行防腐处理；连接前应检查沟槽、孔洞尺寸和加工质量是否符合技术要求；加工的沟槽、孔洞处不得有毛刺、破损、裂纹和污物。

③沟槽连接的橡胶密封圈应无破损和变形。

④沟槽式管件的凸边应卡进沟槽后再紧固螺栓，两边应同时紧固，紧固时发现橡胶圈起皱应对橡胶圈进行更换。

⑤机械三通连接时，应检查机械三通与孔洞的间隙，各部位应均匀，然后再紧固到位；机械三通开孔间距不应小于500mm，机械四通开孔间距不应小于1000mm；机械三通、机械四通连接时支管的口径应满足表6-13的规定。

表6-13　　采用支管接头（机械三通、机械四通）连接时支管的最大允许管径　　mm

主管直径		50	65	80	100	125	150	200	250
支管直径	机械三通	25	40	40	65	80	100	100	100
	机械四通	—	32	40	50	65	80	100	100

⑥配水干管（立管）与配水管（水平管）连接，应采用沟槽式管接头异径三通。

⑦埋地、水泵房内的管道连接应采用挠性接头，埋地的沟槽式管接头螺栓、螺母应作防腐处理。

6）法兰连接。法兰连接可采用焊接法兰，也可采用螺纹法兰。法兰连接时，焊接法兰焊接处应二次镀锌后方可连接，焊接连接的要求应符合 GB 50235—2010《工业金属管道工程施工规范》、GB 50236—2011《现场设备、工业管道焊接工程施工及验收规范》的有关规定。螺纹法兰连接应预测对接位置，清除外露密封填料后再紧固、连接。

7）管道的安装位置。管道的安装位置应符合设计要求。当设计无要求时，管道的中心线与梁、柱、楼板等的最小距离应符合表 6-14 的规定。

表 6-14　　　　　　　　　管道的中心线与梁、柱、楼板等的最小距离

公称直径	DN25	DN32	DN40	DN50	DN65	DN80	DN100	DN125	DN150	DN200
距离（mm）	40	40	50	60	70	80	100	125	150	200

8）管道支架、吊架、防晃支架的安装。管道支架、吊架、防晃支架的安装应符合下列要求：

①吊架与支架的安装位置以不妨碍喷头喷水效果为原则。管道支架、吊架与喷头之间的距离不宜小于 300mm，与末端喷头之间的距离不宜大于 750mm。

②管道支架或吊架的间距应符合表 6-15 的规定。

表 6-15　　　　　　　　　管道支架或吊架的最大间距

公称直径	DN25	DN32	DN40	DN50	DN65	DN80	DN100	DN125	DN150	DN200	DN250	DN300
间距（m）	3.5	4.0	4.5	5.0	6.0	6.0	6.5	7.0	8.0	9.5	11.0	12.0

③配水支管上每一直管段、相邻两喷头之间的管段设置的吊架均不宜少于 1 个；当喷头之间距离小于 1.8m 时，可隔段设置吊架；吊架的间距不宜大于 3.6m，如图 6-22 所示。

④配水支管的末梢管段和邻近配水管管段上没有吊架的配水支管，其第一个管段，不论其长度如何，均应设吊架，见图 6-22。

⑤在坡度大的屋面下安装的配水支管，如用短立管与配水管相连，则该配水支管应采取防滑措施，以防短立管与配水管受扭折推力，如图 6-23 所示。

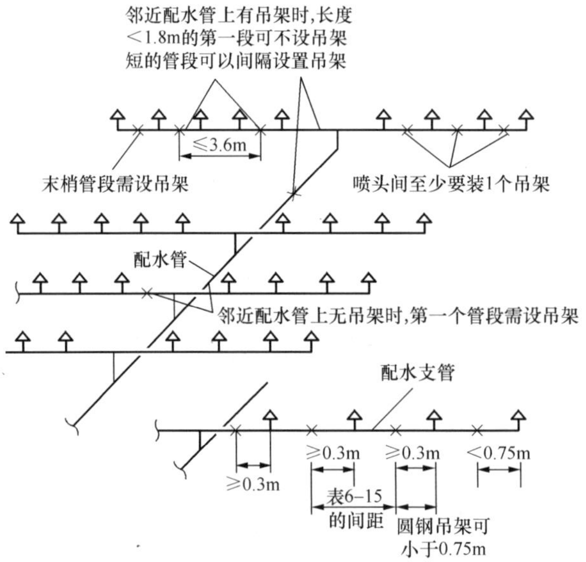

图 6-22　配水支管管段上吊架布置

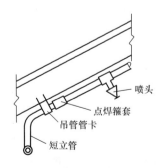

图 6-23　斜立配水支管的防滑措施

⑥为防止喷头喷水时管道产生大幅度的晃动，在立管、配水干管与配水支管上应加设防晃（固定）支架。当管子的公称直径≥DN50时，每段配水干管或配水管设置的防晃支架不应少于1个，且防晃支架的间距不宜大于15m。当管道改变方向时，应增设防晃支架。

⑦竖直安装的配水干管除中间用管卡固定外，还应在其始端和终端设防晃支架或用管卡固定，其安装位置距地面或楼板面1.5～1.8m。

⑧防晃支架的制作如图6-24所示，防晃支架的布置如图6-25所示。型钢防晃支架的最大长度见表6-16。

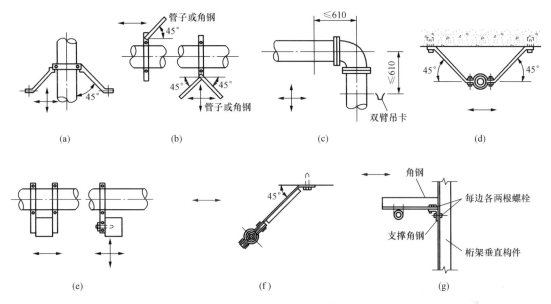

图6-24　防晃支架的制作

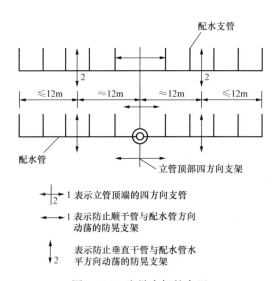

图6-25　防晃支架的布置

表 6 - 16　　　　　　　　　　　　型钢防晃支架的最大长度　　　　　　　　　　　　mm

型号规格	最大长度	型号规格	最大长度	附　注
角钢	L_{max}	扁钢	L_{max}	
$45\times45\times6$	1470	40×7	360	（1）型钢的长细比要
$50\times50\times6$	1980	50×7	360	求为
$63\times63\times6$	2130	50×10	530	$L/r\leqslant200$
$63\times63\times8$	2490	钢管		式中　L——支撑长度；
$75\times50\times8$	2690	DN25	2130	r——最小截面
$80\times80\times7$	3000	DN32	2740	回转半径。
圆钢		DN40	3150	（2）如支架长度超过
$\phi20$	940	DN50	3990	表中长度，应按长细比
$\phi22$	1090			要求，确定型钢的规格

（6）喷头安装。

1）喷头安装的技术规定。

①安装前应检查喷头，喷头的型号、规格、使用场所应符合设计要求。

②喷头安装应在系统试压、冲洗合格后进行。

③喷头安装时，不得对喷头进行拆装、改动，并严禁给喷头附加任何装饰性涂层。

④喷头安装应使用专用扳手，严禁利用喷头的框架旋拧；喷头的框架、溅水盘产生变形或释放原件损伤时，应采用型号、规格相同的喷头更换。

⑤安装在易受机械损伤处的喷头，应加设喷头防护罩。

⑥喷头安装时，溅水盘与吊顶、门、窗、洞口或障碍物的距离应符合设计要求。

⑦喷头的公称直径小于 DN10 时，应在配水干管或配水管上安装过滤器。

2）喷头安装时与障碍物的距离。

①当喷头溅水盘高于附近梁底或高于宽度小于 1.2m 的通风管道、排管、桥架腹面时，喷头溅水盘高于梁底、通风管道、排管、桥架腹面的最大垂直距离应符合表 6 -17～表 6 - 23 的规定（见图 6 - 26）。

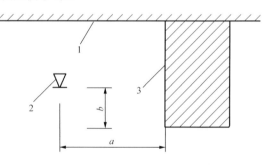

图 6 - 26　喷头与梁等障碍物的距离
1—天花板或屋顶；2—喷头；3—障碍物

表 6 - 17　　喷头溅水盘高于梁底、通风管道腹面的最大垂直距离（直立与下垂喷头）　　mm

喷头与梁、通风管道、排管、桥架的水平距离 a	喷头溅水盘高于梁底、通风管道、排管、桥架腹面的最大垂直距离 b
$a<300$	0
$300\leqslant a<600$	90
$600\leqslant a<900$	190
$900\leqslant a<1200$	300
$1200\leqslant a<1500$	420
$a\geqslant1500$	460

表 6 - 18　　　　　　喷头溅水盘高于梁底、通风管道腹面的
最大垂直距离（边墙型喷头，与障碍物平行）　　mm

喷头与梁、通风管道、排管、桥架 的水平距离 a	喷头溅水盘高于梁底、通风管道、排管、 桥架腹面的最大垂直距离 b
$a<150$	25
$150\leqslant a<450$	80
$450\leqslant a<750$	150
$750\leqslant a<1050$	200
$1050\leqslant a<1350$	250
$1350\leqslant a<1650$	320
$1650\leqslant a<1950$	380
$1950\leqslant a<2250$	440

表 6 - 19　　　　　　喷头溅水盘高于梁底、通风管道腹面的
最大垂直距离（边墙型喷头，与障碍物垂直）　　mm

喷头与梁、通风管道、排管、桥架 的水平距离 a	喷头溅水盘高于梁底、通风管道、排管、 桥架腹面的最大垂直距离 b
$a<1200$	不允许
$1200\leqslant a<1500$	25
$1500\leqslant a<1800$	80
$1800\leqslant a<2100$	150
$2100\leqslant a<2400$	230
$a\geqslant2400$	360

表 6 - 20　　　　　　喷头溅水盘高于梁底、通风管道腹面的
最大垂直距离（扩大覆盖面直立与下垂喷头）　　mm

喷头溅水盘与梁、通风管道、排管、桥架 的水平距离 a	喷头溅水盘高于梁底、通风管道、排管、 桥架腹面的最大垂直距离 b
$a<450$	0
$450\leqslant a<900$	25
$900\leqslant a<1350$	125
$1350\leqslant a<1800$	180
$1800\leqslant a<2250$	280
$a\geqslant2250$	360

表 6 - 21   喷头溅水盘高于梁底、通风管道腹面的
                              最大垂直距离（扩大覆盖面边墙型喷头）   mm

喷头与梁、通风管道、排管、桥架 的水平距离 a	喷头溅水盘高于梁底、通风管道、排管、 桥架腹面的最大垂直距离 b
$a < 2440$	不允许
$2440 \leqslant a < 3050$	25
$3050 \leqslant a < 3350$	50
$3350 \leqslant a < 3660$	75
$3660 \leqslant a < 3960$	100
$3960 \leqslant a < 4270$	150
$4270 \leqslant a < 4570$	180
$4570 \leqslant a < 4880$	230
$4880 \leqslant a < 5180$	280
$a \geqslant 5180$	360

表 6 - 22   喷头溅水盘高于梁底、通风管道腹面的最大垂直距离（大水滴喷头）   mm

喷头与梁、通风管道、排管、桥架 的水平距离 a	喷头溅水盘高于梁底、通风管道、排管、 桥架腹面的最大垂直距离 b
$a < 300$	0
$300 \leqslant a < 600$	80
$600 \leqslant a < 900$	200
$900 \leqslant a < 1200$	300
$1200 \leqslant a < 1500$	460
$1500 \leqslant a < 1800$	660
$a \geqslant 1800$	790

表 6 - 23   喷头溅水盘高于梁底、通风管道腹面的最大垂直距离（ESFR）   mm

喷头与梁、通风管道、排管、桥架 的水平距离 a	喷头溅水盘高于梁底、通风管道、排管、 桥架腹面的最大垂直距离 b
$a < 300$	0
$300 \leqslant a < 600$	80
$600 \leqslant a < 900$	200
$900 \leqslant a < 1200$	300
$1200 \leqslant a < 1500$	460
$1500 \leqslant a < 1800$	660
$a \geqslant 1800$	790

②当梁、通风管道、排管、桥架等障碍物的宽度大于 1.2m 时，其下方应增设喷头，增设的喷头应安装在其腹面以下部位，如图 6-27 所示，增设喷头的上方如有缝隙，则应设集热板。

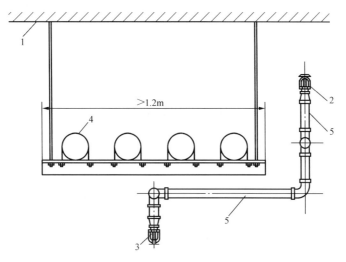

图 6-27　障碍物下方增设喷头

1—顶板；2—直立型喷头；3—下垂型喷头；4—排管

（或梁、通风管道、桥架等）；5—管道

③当喷头安装在不到顶的隔断附近时，喷头与隔断的水平距离和最小垂直距离（见图 6-28）应符合表 6-24～表 6-26 的规定。

表 6-24　　喷头与隔断的水平距离和 最小垂直距离（直立与下垂喷头）　mm

喷头与隔断的水平距离 a	喷头与隔断的最小垂直距离 b
$a < 150$	75
$150 \leqslant a < 300$	150
$300 \leqslant a < 450$	240
$450 \leqslant a < 600$	320
$600 \leqslant a < 750$	390
$a \geqslant 750$	460

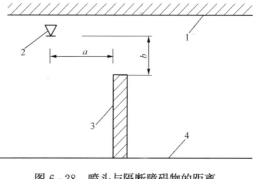

图 6-28　喷头与隔断障碍物的距离

1—天花板或屋顶；2—喷头；3—障碍物；4—地板

表 6-25　　　　喷头与隔断的水平距离和最小垂直距离（扩大覆盖型喷头）　　　mm

喷头与隔断的水平距离 a	喷头与隔断的最小垂直距离 b	喷头与隔断的水平距离 a	喷头与隔断的最小垂直距离 b
$a < 150$	80	$450 \leqslant a < 600$	320
$150 \leqslant a < 300$	150	$600 \leqslant a < 750$	390
$300 \leqslant a < 450$	240	$a \geqslant 750$	460

表 6 - 26　　　　　喷头与隔断的水平距离和最小垂直距离（大水滴喷头）　　　　　mm

喷头与隔断的 水平距离 a	喷头与隔断的 最小垂直距离 b	喷头与隔断的 水平距离 a	喷头与隔断的 最小垂直距离 b
a<150	40	450≤a<600	130
150≤a<300	80	600≤a<750	140
300≤a<450	100	750≤a<900	150

（7）报警阀组安装。

1）报警阀组的安装。报警阀组的安装应在供水管网试压、冲洗合格后进行。安装时，先安装水源控制阀、报警阀，然后再进行报警阀辅助管道的连接。水源控制阀、报警阀与配水干管的连接，应使水流方向一致。报警阀组安装的位置应符合设计要求；当设计无要求时，报警阀组应安装在便于操作的明显位置，距室内地面的安装高度宜为 1.2m；两侧与墙的距离不应小于 0.5m，正面与墙的距离不应小于 1.2m；报警阀组凸出部位之间的距离不应小于 0.5m。安装报警阀组的室内地面应有排水设施。

2）湿式报警阀组安装。湿式报警阀组安装应符合下列要求：

①应使报警阀前后的管道中能顺利充水；压力波动时，水力警铃不应发生误报警。

②报警水流通路上的过滤器应安装在延迟器前，且便于排渣操作的位置。

3）干式报警阀组的安装。干式报警阀组的安装应符合下列要求：

①应安装在不发生冰冻的场所。

②安装完成后，应向报警阀气室注入高度为 50～100mm 的清水。

③充气连接管接口应在报警阀气室充注水位以上部位，且充气连接管的直径不应小于 15mm；止回阀、截止阀应安装在充气连接管上。

④气源设备的安装应符合设计要求和国家现行有关标准的规定。

⑤安全排气阀应安装在气源与报警阀之间，且应靠近报警阀。

⑥加速器应安装在靠近报警阀的位置，且应有防止水进入加速器的措施。

⑦低气压预报警装置应安装在配水干管一侧。

⑧下列部位应安装压力表：报警阀充水一侧和充气一侧；空气压缩机的气泵和储气罐上；加速器上。

4）雨淋阀组安装。雨淋阀组安装应符合下列要求：

①雨淋阀组可采用电动开启、传动管开启或手动开启，开启控制装置的安装应安全可靠，水传动管的安装应符合湿式系统的有关要求。

②预作用系统雨淋阀组后的管道若需充气，则其安装应按干式报警阀组的有关要求进行。

③雨淋阀组的观测仪表和操作阀门的安装位置应符合设计要求，并应便于观测和操作。

④雨淋阀组手动开启装置的安装位置应符合设计要求，且在发生火灾时能安全开启和便于操作。

⑤压力表应安装在雨淋阀的水源一侧。

5）报警阀组附件的安装。报警阀组附件的安装应符合下列要求：

①压力表应安装在报警阀上便于观测的位置。

②排水管和试验阀应安装在便于操作的位置。

③水源控制阀应安装在易于安装、便于操作处，控制阀应有明显的启闭标志和可靠的锁定装置。

④在报警阀与管网之间的供水干管上，应安装由控制阀、检测供水压力、流量用的仪表及排水管道组成的系统流量压力检测装置，其过水能力应与系统过水能力一致；干式报警阀组、雨淋报警阀组应安装检测时水流不进入系统管网的信号控制阀门。

6）水流指示器的安装。水流指示器安装应符合下列要求：

①水流指示器的安装应在管道试压和冲洗合格后进行，水流指示器的规格、型号应符合设计要求。

②水流指示器应使电气元件部位竖直安装在水平管道上侧，其动作方向应和水流方向一致；安装后的水流指示器的桨片、膜片应动作灵活，不应与管壁发生碰撞。

7）其他组件安装。

①控制阀的规格、型号和安装位置均应符合设计要求；安装方向应正确，控制阀内应清洁，无堵塞；渗漏；主要控制阀应加设启闭标志；隐蔽处的控制阀应在明显处设有指示其位置的标志。

②压力开关应竖直安装在通往水力警铃的管道上，且不应在安装中拆装改动。管网上的压力控制装置的安装应符合设计要求。

③水力警铃应安装在公共通道或值班室附近的外墙上，且应安装检修测试用的阀门。水力警铃和报警阀的连接应采用热镀锌钢管，当镀锌钢管的规格为 DN20 时，其长度不宜大于 20m；安装后的水力警铃启动时，警铃声强度应不小于 20dB。

④末端试水装置和试水阀的安装位置应便于检查、试验，并应有相应排水能力的排水设施。

⑤信号阀应安装在水流指示器前的管道上，与水流指示器之间的距离不宜小于 300mm。

⑥排气阀的安装应在系统管网试压和冲洗合格后进行；排气阀应安装在配水干管顶端、配水管的末端，且应确保无渗漏。

⑦节流管和减压孔板的安装应符合设计要求。

⑧压力开关、信号阀、水流指示器的引出线应用防水套管锁定。

8）减压阀安装。减压阀安装应符合下列要求：

①减压阀安装应在供水管网试压、冲洗合格后进行。

②减压阀安装前应进行检查，检查其型号、规格是否与设计相符；阀外控制管路及导向阀各连接件不应有松动；外观应无机械损伤，并应清除阀内异物。

③减压阀水流方向应与供水管网水流方向一致。

④应在进水侧安装过滤器，并宜在其前后安装控制阀。

⑤可调式减压阀宜安装在水平管路上，阀盖朝上安装。

⑥比例式减压阀宜垂直安装；当水平安装时，单呼吸孔减压阀的孔口应向下，双呼吸孔减压阀的孔口应呈水平位置。

⑦安装自身不带压力表的减压阀时，应在其前后相邻部位安装压力表。

第二节　建筑排水管道安装

一、建筑排水管道的安装要求

1. 排水管道及配件安装

（1）主控项目。

1）隐蔽或埋地的排水管道在隐蔽前必须做灌水试验，其灌水高度不应低于底层卫生器具的上边缘或底层地面高度。满水 15min，水面下降后，再灌满观察 5min，液面不下降，管道及接口不渗漏为合格。吊顶灌水试验如图 6‑29 所示。

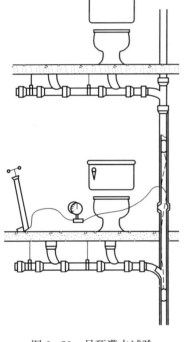

图 6‑29　吊顶灌水试验

2）生活污水管道敷设时必须有坡度，设计有要求的，按设计要求做，设计无要求的，若系统为铸铁管排水管道系统，则应符合表 6‑27 的规定；若系统为塑料管排水管道系统，则应符合表 6‑28 的规定。

表 6‑27　　　　生活污水铸铁管道坡度

序　号	公称直径	标准坡度	最小坡度
1	DN50	0.035	0.025
2	DN75	0.025	0.015
3	DN100	0.020	0.012
4	DN125	0.015	0.010
5	DN150	0.010	0.007
6	DN200	0.008	0.005

表 6‑28　　　　生活污水塑料管道坡度

序　号	公称直径	标准坡度	最小坡度
1	DN50	0.025	0.012
2	DN75	0.015	0.008
3	DN110	0.012	0.006
4	DN125	0.010	0.005
5	DN160	0.007	0.004
6	DN200	0.005	0.003

3）排水塑料管必须按设计要求装设伸缩节，设计无要求时，伸缩节间距不得大于 4m。

4）高层建筑中明设的排水塑料管道应按设计要求设置阻火圈或防火套管。

5）排水主立管及水平干管管道均应做通球试验，通球球径不小于排水管道直径的 2/3，通球率必须达到 100%。

（2）一般项目。

1）在生活污水管道上设置的检查口或清扫口，当设计无要求时，应符合下列规定：

①铸铁排水立管上检查口之间的距离不宜大于10m，塑料排水立管宜每6层设置一个检查口，但在建筑物最低层和设有卫生器具的二层以上建筑物的最高层，应设检查口。当立管水平拐弯或有乙字弯管时，在该层立管拐弯处和乙字管的上部应设检查口。检查口中心高度距操作地面一般为1m，并应高于该层卫生器具上边缘0.15m，允许偏差为±20mm；检查口的朝向应便于检修。暗装立管，在检查口处应安装检修门。

②在连接2个及2个以上的大便器或3个及3个以上卫生器具的铸铁排水横管上，宜设清扫口。

③在连接4个及4个以上的大便器或5个及5个以上卫生器具的塑料排水横管上，宜设置清扫口。

④在水流转角大于45°的排水横管上，应设置检查口或清扫口。

⑤当排水立管底部或排出管上的清扫口至室外检查井中心的最大长度大于表6-29中的数值时，应在排出管上设置清扫口。

表6-29 排水立管底部或排出管上的清扫口至室外检查井中心的最大长度

公称直径	DN50	DN75	DN100	>DN100
最大长度（m）	10	12	15	20

⑥排水横管的直线管段上检查口或清扫口之间的最大距离应符合表6-30的规定。

表6-30 排水横管的直线管段上检查口或清扫口之间的最大距离

公称直径	清扫设备种类	距离（m）	
		生活废水	生活污水
DN50~DN75	检查口	15	12
	清扫口	10	8
DN100~DN150	检查口	20	15
	清扫口	15	10
DN200	检查口	25	20

2）设置清扫口的规定。在排水横管上设置清扫口应符合下列规定：

①在排水横管上设置清扫口，宜将清扫口设置在楼板或地坪上，且与地面相平。排水横管起点的清扫口与其端部相垂直的墙面的距离不得小于200mm；若污水管起点设置堵头代替清扫口，则与墙面的距离不得小于400mm。

②在管径小于100mm的排水管上设置清扫口，其规格与管道相同；管径大于或等于100mm的排水管上设置清扫口，应采用管径规格为100mm的清扫口。

③在铸铁排水管道上设置的清扫口，其材质应为铜质；硬聚氯乙烯塑料排水管道上设置的清扫口材质与管道相同。

④排水横管上连接清扫口的管件应与清扫口同径，并采用45°斜三通和45°弯头或由2个45°弯头组合的管件。

3）埋在地下或地板下的排水管道的检查口，应设在检查井内。井底表面标高与检查口的法兰相平，井底表面应有 5% 的坡度，坡向检查口。

4）支架设置及安装。

①金属排水管道上的支架、吊钩或卡箍应固定在承重结构上，要求安装位置正确、安装牢靠，支承件与管道的接触要紧密，支承件的间距为：横管不大于 2m，立管不大于 3m；楼层高度小于或等于 4m 时，立管可安装一个支承件；立管底部的弯管处应设支墩或采取其他固定措施。

②塑料排水管道的支承件间距应符合表 6-31 的规定。

表 6-31　　　　　　　　　　　　塑料排水管道的支承件的最大间距

管径（mm）	50	75	110	125	160
立管（m）	1.2	1.5	2.0	2.0	2.0
横管（m）	0.5	0.75	1.10	1.30	1.6

5）排水通气管不得与风道或烟道连接，且应符合下列规定：

①通气管伸出屋面的高度不得小于 300mm，且应大于最大积雪厚度，通气管顶端应装设风帽或网罩。

②在通气管口周围 4m 以内有门窗时，通气管口应高出窗顶 600mm 或引向无门窗一侧。

③在经常有人停留的屋面上，通气管口应高出屋面 2m，并应根据防雷要求考虑防雷装置。

④通气管口不宜设在建筑物挑出部分（如屋檐檐口、阳台和雨篷等）的下面。

6）建筑内的排水管道连接应符合下列规定：

①卫生器具排水管与排水横管垂直连接，应采用 90° 斜三通。用于室内排水的水平管道与水平管道、水平管道与立管的连接，应采用 45° 斜三通或 45° 斜四通，也可采用顺水三通或顺水四通。

②排水立管与排出管端部的连接，宜采用两个 45° 或弯曲半径不小于 4 倍管径的 90° 弯头。排水管应避免在轴线偏置，当受条件限制时，宜用乙字管或两个 45° 弯头连接。

③支管接入横干管、立管接入横干管时，宜在横干管管顶或两侧 45° 范围内接入。

④由室内通向室外排水检查井的排水管，井内引入管应高于排出管或两管顶相平，并有不大于 90° 的转角。如跌落差大于 300mm，则可不受角度限制。

7）安装未经消毒处理的医院含菌污水管道，不得与其他排水管道直接连接。

8）饮食业工业设备引出的排水管及饮用水水箱的溢流管，不得与污水管道直接连接，并应留出不小于 100mm 的隔断空间。

9）通向室外的排水管道，穿过墙壁或基础必须下返时，应采用 45° 斜三通和 45° 弯头连接，并应在垂直管段顶部设置清扫口。

10）室内排水管道的安装允许偏差。室内排水管道的安装允许偏差应符合表 6-32 的规定。

表 6 - 32　　　　　　　　室内排水和雨水管道安装的允许偏差和检验方法

序号	项　　　目			允许偏差（mm）	检验方法
1	坐标			15	用水准仪（水平尺）、直尺、拉线和尺量检查
2	标高			±15	
3	横管纵横方向弯曲	铸铁管	每米	≤1	
			全长（25m 以上）	≤25	
		钢管	每1m　管径小于或等于100mm	1	
			每1m　管径大于100mm	1.5	
			全长（25m 以上）　管径小于或等于100mm	≤25	
			全长（25m 以上）　管径大于100mm	≤38	
		塑料管	每米	1.5	
			全长（25m 以上）	≤38	
		钢筋混凝土管、混凝土管	每米	3	
			全长（25m 以上）	≤75	
4	立管垂直度	铸铁管	每米	3	吊线和尺量检查
			全长（5m 以上）	≤15	
		钢管	每米	3	
			全长（5m 以上）	≤10	
		塑料管	每米	3	
			全长（5m 以上）	≤15	

2. 雨水管道及配件安装

（1）主控项目。

1）室内的雨水管道安装后应做灌水试验，灌水高度必须到每根立管上部的雨水斗。灌水试验应持续 1h，不渗不漏为合格。

2）雨水管道如采用塑料管，其伸缩节安装应符合设计要求。

3）悬吊式雨水管道的坡度不得小于 0.005；埋地雨水管道的最小坡度应符合表 6 - 33 的规定。

表 6 - 33　　　　　　　　埋地雨水管道的最小坡度

管径（mm）	50	75	100	125	150	200～400
最小坡度	0.02	0.015	0.008	0.006	0.005	0.004

（2）一般项目。

1）雨水管道不得与生活污水管道相连接。

2）雨水斗的连接应固定在屋面承重结构上。雨水斗边缘与屋面相连处应严密不漏。连接管管径当设计无要求时，不得小于 100mm。

3）悬吊式雨水管道的检查口或带法兰堵口的三通的间距不得大于表 6 - 34 的规定。

4）雨水管道安装的允许偏差应符合表 6 - 35 的规定。

表 6-34 悬吊式雨水管道的检查口间距

项次	悬吊管直径（mm）	检查口间距（m）
1	≤150	≤15
2	≥200	≤20

5）雨水钢管管道焊接的焊口允许偏差和检验方法应符合表 6-35 的规定。

表 6-35 雨水钢管管道焊接的焊口允许偏差和检验方法

项次	项	目		允许偏差	检验方法
1	焊口平直度	管壁厚 10mm 以内		管壁厚的 1/4	焊接检验尺和游标卡尺检查
2	焊缝加强面	高度		+1mm	
		宽度			
3	咬边	深度		小于 0.5mm	直尺检查
		长度	连续长度	25mm	
			总长度（两侧）	小于焊缝长度的 10%	

二、塑料管排水系统安装

1. 硬聚氯乙烯（PVC-U）管道连接

（1）塑料管加工。

1）切割。塑料管切割一般在施工现场进行，切割可用切管机、手工锯等机具。采用手工锯切割时，宜选用细齿锯条，锯条采用每英寸 16～18 个齿的细齿锯，手工锯切割如图 6-30 所示。切割断面必须垂直于管轴线，以便于管子粘接时管端均能接触到管件或管材的承口底部。

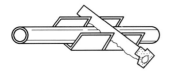

图 6-30 手工锯切割

切割后，要对管口进行清理，将管口的毛刺及杂物清理干净，防止在粘接过程中，毛刺刮掉胶黏剂或溶化塑料，保证接口不渗漏。

切割清理后的管口不得有裂痕、凹陷。

2）坡口。管子切断，经过清理，在连接前需要进行坡口。塑料管坡口可用中号板锉，将插口端锉成 15°～30°的坡口。坡口处钝边为管壁厚度的 1/3～1/2。坡口完成后，应将残屑清除干净，如图 6-31 所示。

（2）管道粘接。粘接是将胶黏剂涂在管子承口的内壁和插口的外壁，等溶剂作用后承插并固定一段时间形成连接。

1）粘接前的准备工作。塑料管材和管件在粘接前应进行检查、检验，看看是否有外部损伤，有无缺损，检查管口端面是否与轴线垂直，切削的坡口是否合格，然后再用软纸、细棉布或棉纱擦揩管口，必要时用丙酮等清洁剂

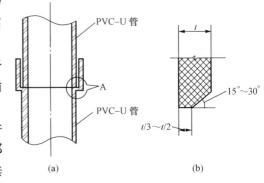

图 6-31 坡口
(a) PVC-U 承插管；(b) A 节点大样

擦净。

2）粘接。采用鬃刷涂刷胶黏剂，若采用其他材质的刷子，则应防止与胶黏剂发生化学反应，刷子宽度一般为管径的1/3～1/2。涂刷胶黏剂时先涂承口内壁再刷插口外壁，应重复2次。涂刷时，胶黏剂应涂刷均匀、适量，无漏涂、不过量，涂刷时动作要迅速。胶黏剂涂刷结束时应将管子插口迅速插入承口内，插入过程中稍作旋转，旋转角度不得超过90°，轴向用力要准确，插入深度应符合标记，注意不可使管子弯曲。因插入后一般不能再变更或拆卸，管道插入后应扶持1～2min，再静置以待完全干燥和固化，管径 $d_n > 110mm$ 者，因管子轴向力较大，应两人共同操作，不可用力过猛，粘接后，应迅速擦净外溢的胶黏剂，以免影响美观。塑料管的粘接操作如图6-32所示。

PVC-U管切割　　　　去毛刺　　　　清理油污、尘埃

涂抹胶黏剂　　　　连接管道　　　　清理胶黏剂

图6-32　塑料管的粘接操作

2. 塑料管排水系统安装

（1）排出管安装。排出管安装有两种情况：其一，在地下室内，吊装在楼板下，其安装程序和方法同排水横管；其二，是埋地敷设。埋地敷设的要求如下：

1）管道安装程序。按设计图纸上的管道布置，确定坐标与标高，经复核无误后，与土建配合进行管沟开挖或预留；按受水口位置及管道走向进行测量，绘制加工安装草图，并注明尺寸、规格、编号；按设计标高和坡度铺设埋地管道；封堵管道，做灌水试验，合格后做隐蔽工程验收并进行隐蔽。

2）埋地管道安装。埋地管道施工宜分两段施工。先作设计标高±0.00以下的室内部分至伸出外墙为止，管道伸出外墙250～350mm处，对管口进行封堵；待土建施工结束后，再从外墙边铺设管道接入检查井。

埋地管道的管沟底面应平整，无突出的尖硬物。宜设厚度为100～150mm的沙垫层，垫层宽度不应小于管外径的2.5倍，其坡度与管道坡度相同。管道回填土应采用细土回填至管顶以上至少200mm处。压实后再回填至设计标高。

3）排水管道穿过承重墙时，应加设防水套管，当采用刚性防水套管时，可按图6-33进行施工。排水管道穿过地下室的外墙时，应采用带止水翼环的套管，管道与套管间隙的中心部位应采用防水胶泥嵌实，宽度不得小于200mm，间隙内外两侧再用M20水泥砂浆填实至与墙面平齐，排水管道穿过地下室外墙如图6-34所示。

4）埋地管道与室外检查井的连接应符合下列规定：

①与检查井相接的埋地排出管，其管端外侧应涂刷胶黏剂后滚粘干燥的黄沙，粘沙长度不得小于检查井井壁厚度。

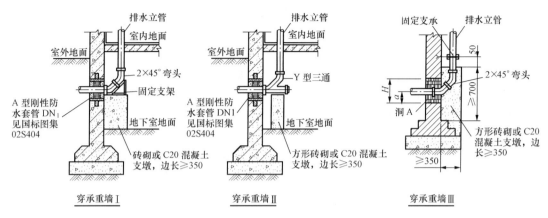

图 6‑33　排水管道穿过承重墙

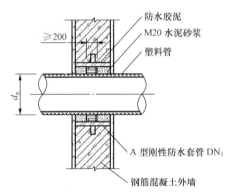

图 6‑34　排水管道穿过地下室外墙

②相接部位应采用 M7.5 级的水泥砂浆分两次嵌实，不得有空隙。第一次，应在井壁中段嵌水泥砂浆，并在井壁两端各留 20～30mm，待水泥砂浆初凝后，再在井壁两端用水泥砂浆进行第二次嵌实。

③应用水泥砂浆在井外壁沿管壁周围抹成三角形止水圈。

（2）立管安装。立管安装前应先按立管布置位置在墙面画线以及管道与墙面的距离安装管道支架。立管安装时，将达到强度的立管预制管段，从下向上排列、扶正。按照楼板上卫生器具的排水孔找准分岔口管件的朝向，从 90°的两个方向用线坠吊线找正后，按已确定的位置安装伸缩节。先将管子插口试插入伸缩节承口底部，再按规定将管子拉出预留间隙：夏季为 5～10mm，冬季为 15～20mm，在管端画出标记，然后再将管端插口平直插入伸缩节承口橡胶圈中，用力要均匀，不得摇挤，不得用力过猛。安装完毕后，应随立管固定。立管安装如图 6‑35 所示。

1）立管穿楼板。管道穿越楼板处为固定支承点时，管道安装结束后应配合土建进行支模，并采用 C20 细石混凝土分两次浇捣密实。第一次填实厚度为楼板厚度的 2/3，待混凝土强度达到 50% 后，再填实剩余的 1/3 厚度，浇筑结束后，结合地平层或面层施工，在管道周围应筑成厚度为 15～20mm、宽度为 25～30mm 的环形阻水圈。管道穿越楼板处为非固定支承点时，应加设金属或塑料套管，套管内径比被套管外径大 30～50mm，套管高出饰面的高度不得小于 50mm。立管穿楼板如图 6‑36 所示。

2）立管穿屋面。立管穿屋面有两种类型：预埋套管型和预留孔洞型，如图 6‑37 所示。

①预埋套管型。在穿越位置预埋硬聚氯乙烯塑料套管，套管内径比被套管外径大 30～50mm，套管上口应高出最终完成屋面 200～300mm；套管周围在屋面混凝土找平层施工时，用水泥砂浆筑成锥形阻水圈，高度不应小于套管上缘。管道与套管的环形缝隙应采用防水胶泥或无机填料填塞嵌实。

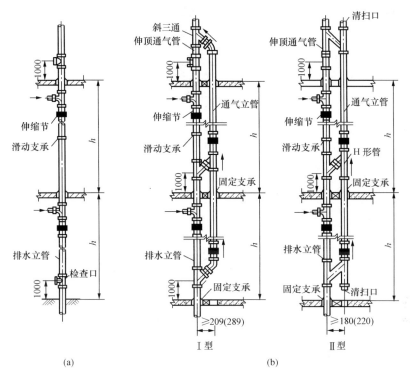

图 6-35　立管安装

（a）单立管；（b）双立管

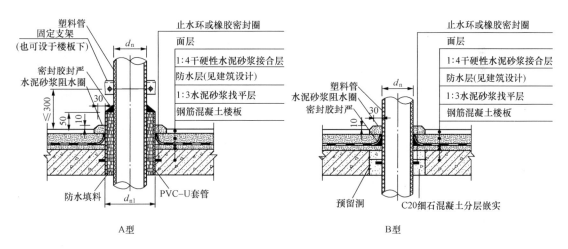

图 6-36　立管穿楼板

②预留孔洞型。在管道穿越位置应配合土建预留孔洞，洞口尺寸比管外径大 60～100mm，管道安装结束后应配合土建进行支模，并采用 C20 细石混凝土分两次浇捣密实。第一次填实厚度为楼板厚度的 2/3，待混凝土强度达到 50% 后，再填实剩余的 1/3 厚度，浇筑结束后，结合地平层、隔汽层、保温层、防水层和面层施工，在管道周围应筑成厚度为 20mm，宽度为 30～50mm 的环形阻水圈。

　　管道及套管在穿屋面处需将管外表面用砂纸打毛，表面可涂刷胶黏剂后粘结一层干黄沙。

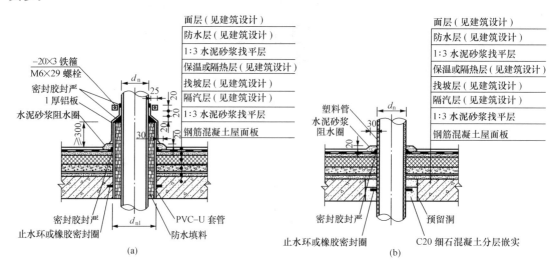

图 6 - 37　立管穿屋面

(a) 预埋套管型；(b) 预留孔洞型

　　3) 立管底部支承。立管底部与排出管相连处，由于使用中要承受较大的冲击力，因此，需要在立管底部设置支承。立管底部支承固定如图 6 - 38 所示。要说明的是：排出管在地下室内，吊装在楼板下，管子应采用排水铸铁管。塑料管与铸铁管连接如图 6 - 39 所示。

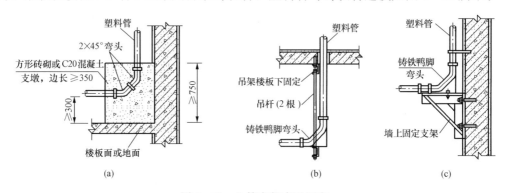

图 6 - 38　立管底部支承固定

(a) 立管底部固定示意图（Ⅰ型）；(b) 立管底部固定示意图（Ⅱ型）；(c) 立管底部固定示意图（Ⅲ型）
　　　（排水横管为塑料管）　　　　　　　（排水横管为铸铁管）　　　　　　　（排水横管为铸铁管）

　　(3) 横管安装。先将预制好的管段用铁丝临时吊挂，检查无误后再进行粘接。粘接后摆正位置，找好坡度，用木楔卡牢接口，紧住铁丝临时固定。待粘接固化后，再紧固支承件。横管安装如图 6 - 40 所示。

　　(4) 排水立管与横管、支管的连接。靠近排水立管底部的排水支管连接应符合下列要求：

　　1) 排水立管上最低排水横支管与立管连接处距排出管管底的垂直距离 h_1（见图 6 - 41）不得小于表 6 - 36 的规定值。

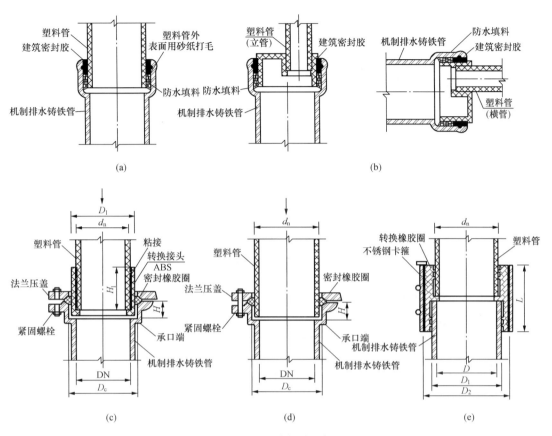

图 6-39　塑料管与铸铁管连接

（a）承插（同径塑—铸）连接 Ⅰ 型；（b）承插（异径塑—铸）连接 Ⅱ 型；（c）塑料管与铸铁管柔性连接 Ⅰ 型；

（d）塑料管与铸铁管柔性连接 Ⅱ 型；（e）塑料管与铸铁管卡箍连接

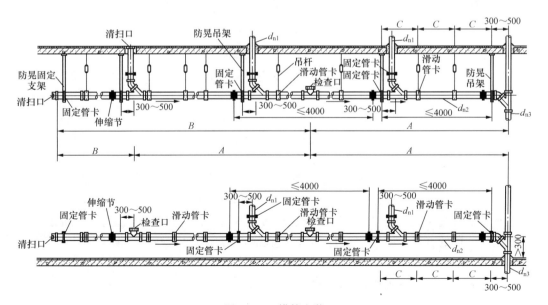

图 6-40　横管安装

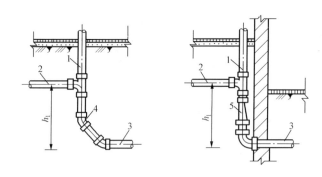

图 6-41　最低排水横支管与立管连接处距排出管管底的垂直距离 h_1

1—立管；2—横支管；3—排出管；4—45°弯头；5—偏心异径管

表 6-36　　　　　　　**最低排水横支管与立管连接处距排出管管底的垂直距离**

立管连接卫生器具的层数		≤4	5～6	7～12	13～19	≥20
垂直距离（m）	仅设伸顶通气管	0.45	0.75	1.2	3.0	3.0
	设通气立管	按配件最小安装尺寸确定			0.75	1.20

注　单根排水立管的排出管宜与排水立管管径相同。

2）排水支管连接在排出管或排水横干管上时，连接点距立管底部下游水平距离不得小于 1.5m，如图 6-42 所示。

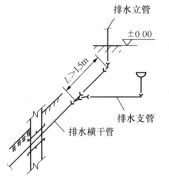

图 6-42　排水支管与排出管
（排水干管）连接

（5）伸缩节的设置及安装。

1）热变形量的计算。伸缩节是吸收管道热变形量的管道元件。管道受环境温度变化而引起的伸缩量为

$$\Delta L = L\alpha\Delta t \qquad (6-1)$$

式中　ΔL——管道伸缩量，m；

　　　L——管道长度，m；

　　　α——线胀系数，$\alpha = 6.0\times10^{-5} \sim 8.0\times10^{-5}\,\text{m/(m·℃)}$；

　　　Δt——温度差，管道周围环境的最高温度与最低温度之差，℃，若为排热水管道，Δt 应取管内排放水的最高温度与最低温度之差。

2）伸缩节的设置。管道是否需加设伸缩节，应根据环境温度变化和管道布置位置确定。当管道设置伸缩节时，应符合下列规定：

①当层高小于或等于 4m 时，污水立管和通气立管应每层设一伸缩节；当层高大于 4m 时，设置伸缩节的数量应根据管道设计热变形量和伸缩节允许的伸缩量计算确定。

②污水横支管、横干管、器具通气管、环形通气管和汇合通气管上无汇合管道接入，且与立管相连管段的直线长度大于 2.2m 时，应在靠近汇合管件的横管一侧设置伸缩节，但伸缩节之间最大间距不宜大于 4m。排水系统伸缩节的设置如图 6-43 所示，管道设计热变形量不应大于表 6-37 中伸缩节的允许伸缩量。

③建筑排水塑料管道应按设计规定设计伸缩节，横管应采用承压式伸缩节；室内雨水立管应采用弹性密封圈连接；当以楼板为固定支承时，可不设伸缩节。

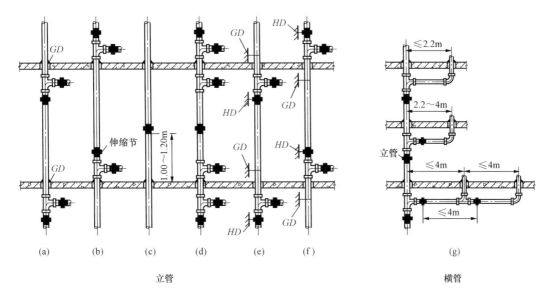

图 6-43　排水系统伸缩节的设置

表 6-37	伸缩节最大允许伸缩量					mm
排水管道或通气管公称外径 d_n	50	75	90	110	125	160
最大允许伸缩量	12	15	20	20	20	25

3）伸缩节的设置位置。伸缩节的设置位置应尽量靠近水流汇合管件（见图 6-43），并应符合下列规定：

①立管穿越楼层处为固定支承且排水支管在楼板之下接入时，伸缩节应设置于水流汇合管件之下，见图 6-43（a）、（e）。

②立管穿越楼层处为固定支承且排水支管在楼板之上接入时，伸缩节应设置于水流汇合管件之上，见图 6-43（b）、（f）。

③排水支管同时在楼板上、下方接入时，宜将伸缩节置于楼层中间部位，如图 6-43（d）所示。

④立管上无排水支管接入时，伸缩节应设在距地面 1.0～1.2m 处，见图 6-43（c）。

⑤横管上设置伸缩节应设于水流汇合管件上游端，如图 6-43（g）所示。

⑥立管穿越楼层处为固定支承时，伸缩节不得固定；伸缩节设置固定支承时，立管穿越楼层处不得固定。

⑦伸缩节插口应顺水流方向（即承口迎向水流方向）。

⑧埋地或埋设于墙体、混凝土柱体内的管道不应设置伸缩节。

综上所述，伸缩节应设置在伸缩节工作时其附近所连接的汇合管件所受影响最小处。

（6）支承的设置及安装。

1）支承的设置。金属排水管道上的支架、吊钩或卡箍应固定在承重结构上，要求安装位置正确、安装牢靠，支承件与管道的接触要紧密，支承件的间距为：横管不大于 2m，立管不大于 3m；楼层高度小于或等于 4m 时，立管可安装一个支承件；立管底部的弯管处应设支墩或采取其他固定措施。塑料排水管道的支承件间距应符合表 6-38 的规定。

表 6 - 38			塑料排水管道的支承件间距					
公称外径 d_n（mm）			40	50	75	110	125	160
支吊架最大间距（m）	横管	冷水	0.5	0.5	0.75	1.10	1.30	1.60
		热水	0.30	0.35	0.50	0.80	1.00	1.25
	立管		1.20	1.20	1.50	2.00	2.00	2.50

2）支承的安装。支承分滑动支承和固定支承两种。立管固定支承每层一个，以控制立管膨胀方向、支承管道的自重。明装立管穿越楼板处应有严格的防水措施，采用细石混凝土补洞，分层填实后，可以形成固定支承；暗设在管道井中的立管，若穿越楼板处未能形成固定支承，则应每层设置立管固定支承一个。

横管伸缩节及支承设置位置见图 6 - 40。

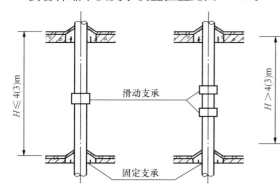

图 6 - 44 立管支承示意

当建筑物层高 $H \leqslant 4m$（$d_n \leqslant 50$，$H \leqslant 3m$）时，层间设置滑动支承 1 个，若层高 $H > 4m$（$d_n \leqslant 50$，$H > 3m$）时，层间设滑动支承 2 个，如图 6 - 44 所示。

当排水管道采用高密度聚乙烯（HDPE）管材且采用热熔连接时，管路上的支架宜全部采用固定支架。

当横管采用弹性橡胶密封圈连接时，管子的承口连接处必须采用固定支架。

粘接连接的管道系统，在管道转弯部位的两端应分别设置管卡，管卡中心与弯管中心的间距宜符合表 6 - 39 的规定。

表 6 - 39	转弯管道管卡中心与弯管中心的最大间距		mm
管道公称外径 d_n	管卡中心与弯管中心的间距	管道公称外径 d_n	管卡中心与弯管中心的间距
$d_n \leqslant 40$	$\leqslant 200$	$75 < d_n \leqslant 110$	$\leqslant 550$
$40 < d_n \leqslant 50$	$\leqslant 250$	$110 < d_n \leqslant 125$	$\leqslant 625$
$50 < d_n \leqslant 75$	$\leqslant 375$	$\geqslant 160$	$\leqslant 1000$

3）支架材料。管道支架材料应符合以下规定：

①当管卡采用非耐蚀金属材料时，应对其采取防腐措施。

②当管卡采用塑料材质时，应采取增强措施。塑料管道采用金属材质支承时，管卡与塑料管的接触部位应用无碱的柔性材料隔垫。

③沿海地区室外敷设的雨水、污水管道宜选用不锈钢或增强抗老化塑料制作的管卡。

常用固定支承见图 6 - 45、图 6 - 46，常用滑动支承见图 6 - 47。

（7）阻火装置的设置及安装。

1）阻火装置的设置。高层建筑内明敷管道，当设计要求采取防止火灾贯穿措施时，应符合下列规定：

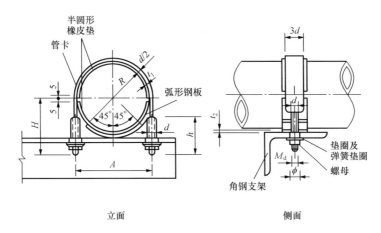

图 6-45　固定支承

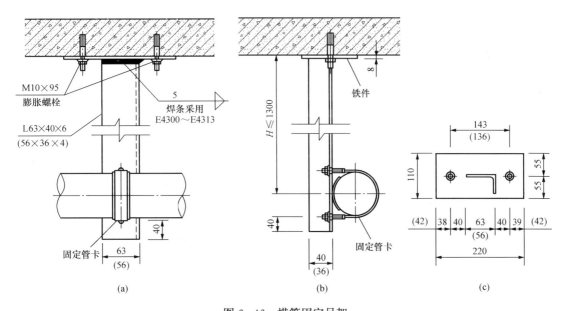

图 6-46　横管固定吊架

（a）立面；（b）侧面；（c）铁件仰视图

①立管管径大于或等于 110mm 时，在楼板贯穿部位应设置阻火圈或长度不小于 500mm 的防火套管，在防火套管周围筑阻水圈，如图 6-48 所示。

②管径大于或等于 110mm 的横支管与暗设立管相连时，墙体贯穿部位应设置阻火圈或长度不小于 500mm 的防火套管，且防火套管的明露部分长度不宜小于 300mm，如图 6-49 所示。

③横干管穿越防火分区隔墙时，管道穿越墙体的两侧应设置阻火圈或长度不小于 500mm 的防火套管，如图 6-50 所示。

2）阻火圈安装。穿越楼板的阻火圈安装有Ⅰ型、Ⅱ型、Ⅲ型三种。Ⅰ型、Ⅱ型为塑料管穿过楼板后再浇捣混凝土，Ⅲ型塑料管加设套管后穿越楼板，如图 6-51 所示。塑料管穿越防火墙的阻火圈安装如图 6-52 所示。

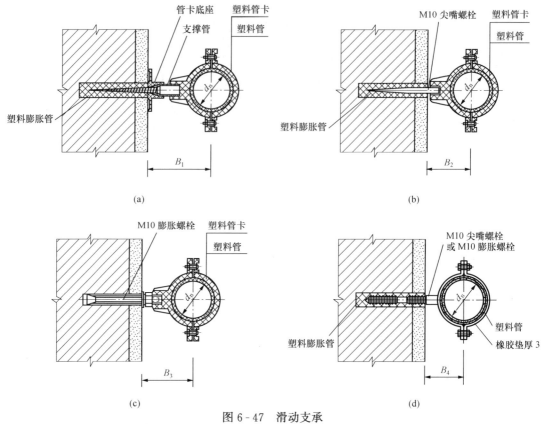

图 6-47　滑动支承

（a）Ⅰ型；（b）Ⅱ型；（c）Ⅲ型；（d）Ⅳ型

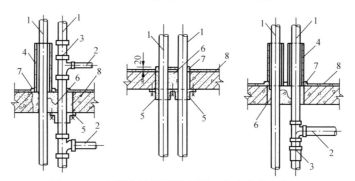

图 6-48　立管穿越楼层阻火圈、防火套管的设置

1—PVC-U 立管；2—PVC-U 横支管；3—立管伸缩节；4—防火套管；5—阻火圈；

6—细石混凝土二次嵌缝；7—阻水圈；8—混凝土楼板

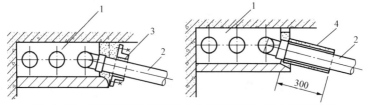

图 6-49　横支管接入管道井中立管阻火圈、防火套管设置

1—管道井；2—PVC-U 横支管；3—阻火圈；4—防火套管

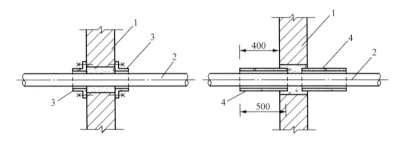

图 6-50　横干管穿越防火分区隔墙阻火圈、防火套管设置

1—墙体；2—PVC-U 横干管；3—阻火圈；4—防火套管

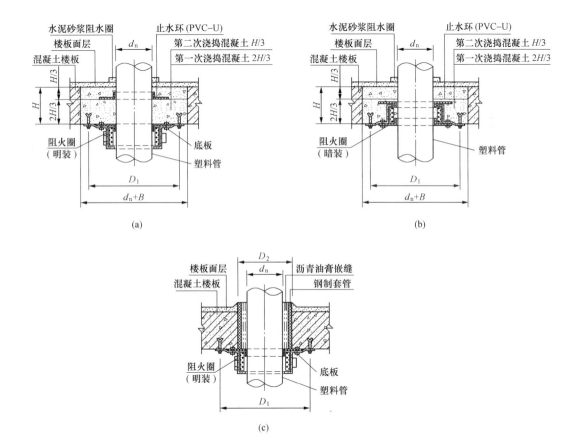

图 6-51　阻火圈穿越楼板安装

(a) Ⅰ型；(b) Ⅱ型；(c) Ⅲ型

3）防火套管安装，如图 6-53 所示。

（8）清扫口安装。清扫口是系统阻塞时是用于清通管道用的管道元件，按其安装位置可分为地面式安装和楼板下安装。地面式清扫口安装如图 6-54 所示。楼板下清扫口安装如图 6-55 所示。

（9）地漏安装。有水封地漏安装如图 6-56 所示。

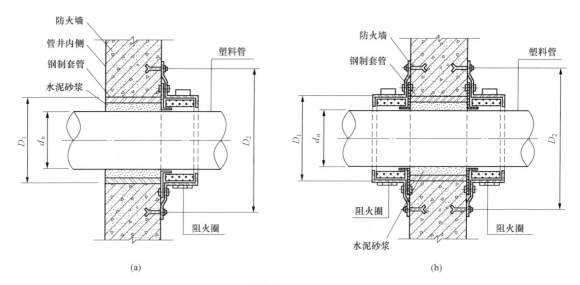

图 6-52　塑料管穿越防火墙的阻火圈安装

(a) 单侧安装；(b) 双侧安装

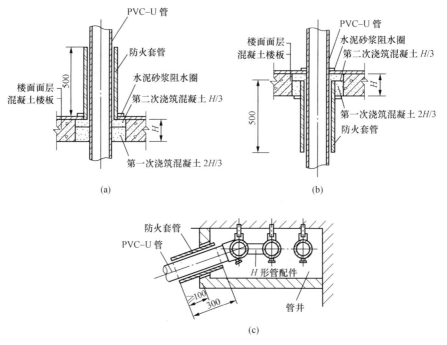

图 6-53　防火套管安装

(a) Ⅰ型立管防火套管；(b) Ⅱ型立管防火套管；(c) 横管防火套管

安装地漏的房间，地面应向地漏做坡，坡度不小于 0.01；地漏箅面比地漏安装处的地面低 5~10mm。

(10) 通气管安装。

1) 排水立管应设伸顶通气管，通气管顶部应设通气帽。伸顶通气帽安装如图 6-57 所示，侧墙式通气帽安装如图 6-58 所示。当伸顶通气管不允许或不可能单独伸出屋面时，可设置汇合通气管。在建筑物内不得设置吸气阀代替通气管。

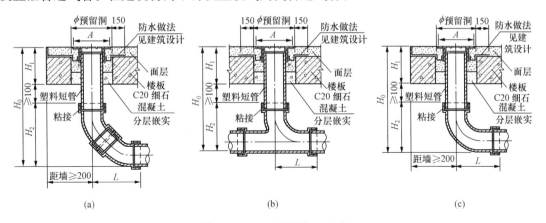

图 6-54　地面式清扫口安装

(a) 甲 I 型；(b) 甲 II 型；(c) 甲 III 型

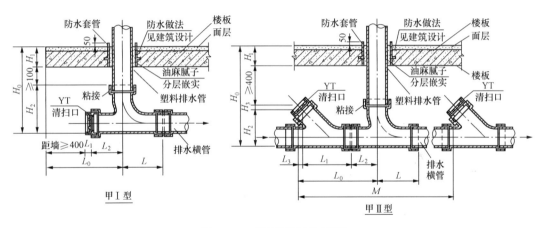

图 6-55　楼板下清扫口安装

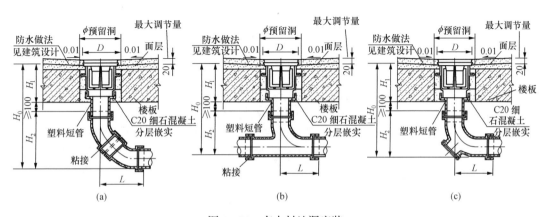

图 6-56　有水封地漏安装

(a) I 型；(b) II 型；(c) III 型

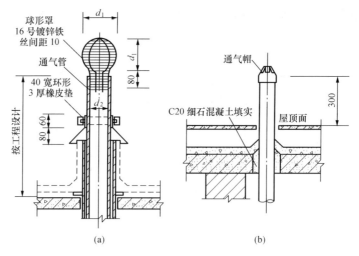

图 6-57　伸顶通气帽安装

(a) 铸铁通气帽安装；(b) 塑料通气帽安装

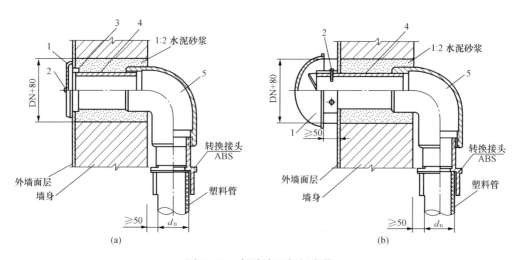

图 6-58　侧墙式通气帽安装

(a) Ⅰ型；(b) Ⅱ型

1—通气盖（帽）；2—螺钉；3—通气盖座；4—短管；5—弯头

2）伸顶通气管伸出屋面的高度不得小于 0.3m，且须大于最大积雪厚度。在经常有人活动的屋面，通气管伸出屋面的高度不得小于 2.0m，并应根据防雷要求设置防雷装置。

3）接合通气管。当采用 H 管时可隔层设置，H 管与通气立管的连接点应高出卫生器具上边缘 0.15m；当生活污水立管与生活废水立管合用一根通气立管，且采用 H 管为连接管件时，H 管可错层分别与生活污水立管和废水立管间隔连接，但最低生活污水横支管连接点以下应装设结合通气管。

三、柔性接口排水铸铁管安装

1. 柔性接口铸铁管连接

(1) 法兰机械式柔性接口。

1）连接前应将铸铁直管、管件及法兰压盖内外表面的杂质及污物清理干净。

2）按承口的深度，在插口上画出安装线，使插入深度与承口深度有 5mm 的安装间隙，以保证管道的柔性抗震性能。

3）将法兰压盖套入插口端，再套入（A 型及 B 型接口）橡胶密封圈，套入时应注意其方向性，使胶圈的小头端朝向承口方向，大头与安装线对齐。

4）将直管或管件插口端插入承口，并使插口端与承口内底留有 5mm 的安装间隙。在插入过程中，应尽量保证插入管的轴线与承口管在同一直线上。

5）校准直管或管件位置，使橡胶密封圈均匀地紧贴在承口倒角上，用支吊架初步固定管道。

6）将法兰压盖与承口处法兰盘上的螺孔对正，紧固连接螺栓，使橡胶密封圈均匀受力。三耳压盖螺栓应交替拧紧；四耳、六耳、八耳压盖螺栓应按对角线方向对称把紧。

7）调整紧固支吊架螺栓，将管道固定。

（2）卡箍式连接。卡箍式连接步骤如下：

1）连接前应将铸铁直管、管件内、外表面的杂质及污物清理干净。

2）用工具松开卡箍螺栓，取出橡胶密封圈。

3）将卡箍套入接口下端的直管或管件上，并在该管口端部套上橡胶密封圈，橡胶密封圈内外挡圈与管口接合严密。

4）将橡胶密封圈上半部向下翻转，把需要连接的铸铁管或管件插入已翻转的橡胶密封圈内，调整位置后将已翻转的橡胶密封圈复位。

5）校准、校正直管或管件的位置，将橡胶密封圈外表面擦拭干净，用支吊架初步固定管道。

6）将卡箍套在橡胶密封圈外，使卡箍紧固螺栓的一侧朝向墙或墙角的一侧，交替锁紧卡箍螺栓，使卡箍缝隙间隙一致。

7）调整并紧固支吊架螺栓，将管道固定。

（3）铸铁管与其他材质的排水管连接。建筑排水柔性接口与其他材质（钢管或 PVC-U 管）的排水管相连时，如两者外径相同，则可采用卡箍式连接。如两者外径不同，则应采用承插连接（刚性接口）。排水铸铁管与其他材质的排水管连接如图 6-59 所示。

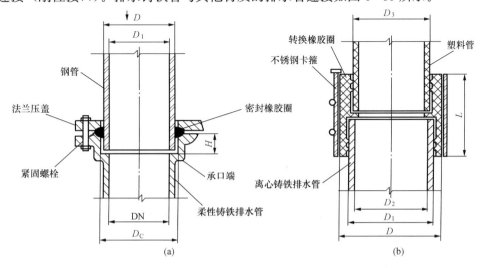

图 6-59 排水铸铁管与其他材质的排水管连接

（a）钢管与柔性铸铁排水管连接；（b）塑料管与离心铸铁排水管卡箍连接

2. 铸铁管排水系统安装

（1）排出管安装。排出管安装有两种情况：其一，在地下室内，吊装在楼板下，安装程序和方法同排水横管；其二，是埋地敷设。埋地敷设的要求如下：

1）管道安装程序。按设计图纸上的管道布置，确定坐标与标高，经复核无误后，与土建配合进行管沟开挖或预留孔洞；按受水口位置及管道走向进行测量，绘制加工安装草图，并注明尺寸、规格、编号；按设计标高和坡度铺设埋地管道；封堵管道，做灌水试验，合格后作隐蔽工程验收并进行隐蔽。

2）埋地管道安装。埋地管道施工宜分两段施工。先作设计标高±0.00以下的室内部分至伸出外墙为止，管道伸出外墙不得小于300mm；待土建施工结束后，再从外墙边铺设管道接入检查井。埋地敷设时，排水管道管顶与室内地坪面的距离不得小于300mm。

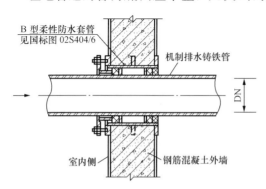

图 6-60 排水管道穿过地下室外墙

埋地管道的管沟底面应平整，无突出的尖硬物。宜设厚度为100～150mm的沙垫层，垫层宽度不应小于管外径的2.5倍，其坡度与管道坡度相同。管道安装完毕后，必须进行灌水试验，灌水高度不低于底层室内的地坪高度；灌满水后15min，水面下降后，再灌满，观察5min，水面不下降，管道接口无渗漏，试验合格。管道回填土应采用细土回填至管顶以上至少200mm处。压实后再回填至设计标高。

3）排水管道穿过有地下室的外墙时，应加设柔性防水套管，如图6-60所示。柔性接口排水铸铁管立管底部与排出管端部的连接应采用两个45°弯头，并在立管底部设置支墩或支架等固定措施。排出管道穿过建筑物的基础如图6-61所示。

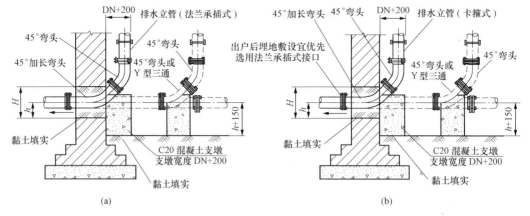

(a) 　　　　　　　　　　　　　　　　 (b)

图 6-61 排出管道穿过建筑物的基础
(a) 法兰承插式排水管道；(b) 卡箍连接的排水管道

4）埋地管道与室外检查井的连接应符合下列规定：

①相接部位应采用M7.5水泥砂浆分两次嵌实，不得有空隙。第一次，应在井壁中段，嵌水泥砂浆，并在井壁两端各留20～30mm，待水泥砂浆初凝后，再在井壁两端用水泥砂浆

进行第二次嵌实。

②应用水泥砂浆在井外壁沿管壁周围抹成馒头形止水圈，止水圈厚度为30~50mm，如图6-62所示。

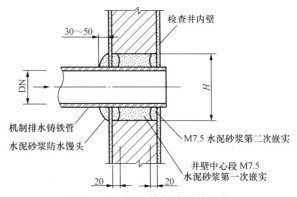

图6-62 埋地管与检查井接点

（2）立管安装。立管安装前应先按立管布置位置在墙面画线以及管道与墙面的距离安装支架。排水立管支架应固定在建筑物承重结构上。立管支架应每层设置，支架应设在直线管段上部卡箍的下方，支架的间距不大于1.5m，但层高小于或等于3m时，可只设一个立管支架。排水立管安装如图6-63所示。

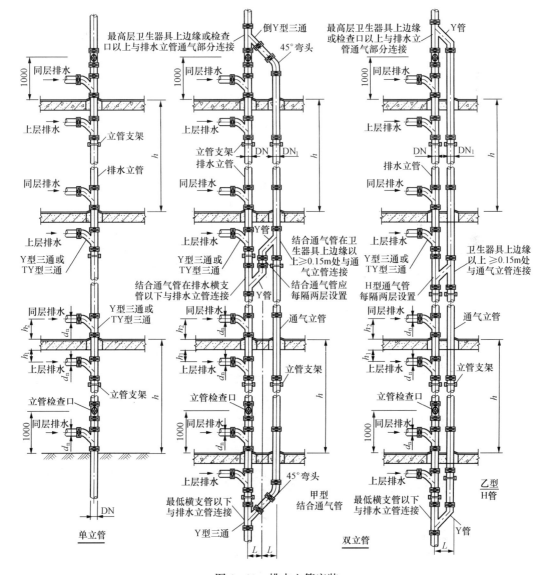

图6-63 排水立管安装

1）立管穿楼板。管道穿越楼板处为固定支承点时，管道安装结束后应配合土建进行支模，并采用 C20 细石混凝土分两次浇捣密实。浇筑结束后，结合地平层或面层施工用防水油膏嵌缝。立管穿楼板如图 6-64 所示。

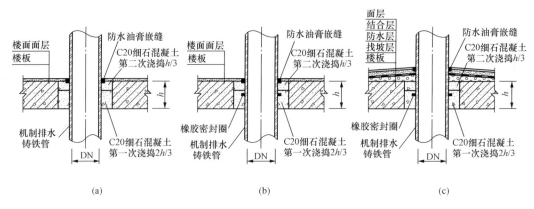

图 6-64　立管穿楼板

（a）甲型；（b）乙型；（c）丙型

2）立管穿屋面。立管穿越屋面应做防水处理，如图 6-65 所示。

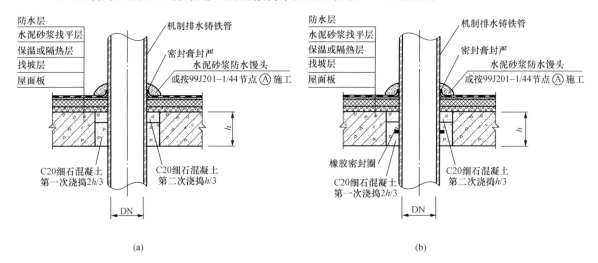

图 6-65　立管穿屋面

（a）甲型；（b）乙型

（3）排水横干管、横支管安装。

1）根据设计图纸，与土建配合孔洞和支承生根点的预留。

2）根据施工现场的实际情况，根据孔洞和支承生根点预留的情况，确定出排水横管安装的坐标位置，并定位画线。

3）根据管子规格，根据横管所连支管的情况，确定出支吊架的位置和数量。

4）支吊架的栽设及安装。

5）根据设计图纸，根据施工现场的实际情况，对管子进行加工下料。

6）管子就位，管子与管子、管子与管件的连接及初步固定，校准管子、管件的准确位置，用支吊架初步固定管道。

7）按设计要求找出管道坡度，调整并紧固支吊架螺栓，将管道固定。

排水横干管安装如图 6-66 所示，排水横支管安装如图 6-67 所示。

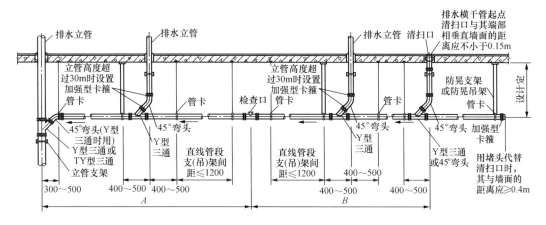

图 6-66　排水横干管安装

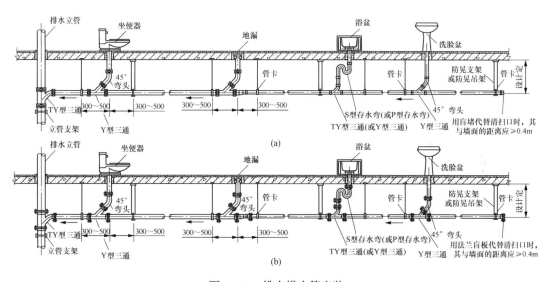

图 6-67　排水横支管安装

（a）W 型、I 型卡箍式接口；（b）A 型、RC 型法兰承插式接口（B 型法兰全承式接口可参照本图安装）

（4）管道支承。

1）支承类型。

①排水横管固定吊架如图 6-68 所示。

②W 型、I 型卡箍式接口排水立管承重短管的固定如图 6-69 所示。

③卡箍式接口鸭脚弯头的固定如图 6-70 所示。

2）支承结构的设置。

①建筑排水柔性接口铸铁管安装，其上部管道重量不应传递给下部管道。立管重量由支架承担，横管重量由支架或吊架承担。

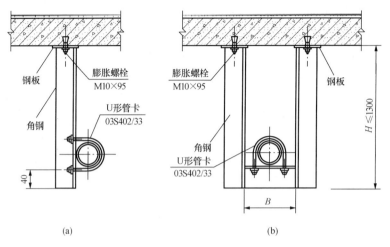

图 6‑68　排水横管固定吊架

(a) DN50～DN75；(b) DN100～DN250

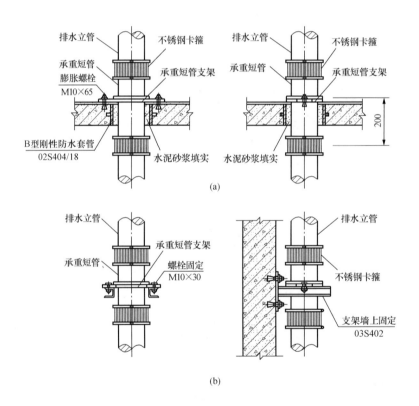

图 6‑69　W 型、Ⅰ型卡箍式接口排水立管承重短管的固定

(a) 楼板上固定；(b) 墙上支架固定

②W 型、Ⅰ型卡箍式接口排水铸铁管，其立管应每隔 20～30m 安装一个承重短管，并在承重短管翼环下方用承重短管专用支架固定，见图 6‑69。

③建筑排水柔性接口铸铁管立管应采用管卡在柱上或墙体等承重结构锚固。当墙体为轻质隔墙时，立管可在楼板上用支架固定，横管利用支（吊）架在柱、楼板、结构梁或屋架上

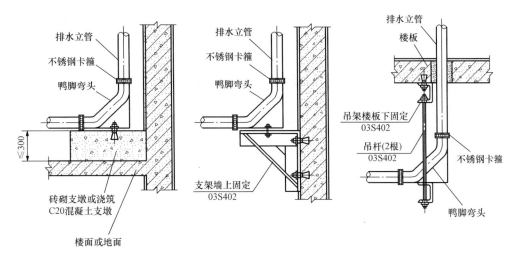

图 6-70　卡箍式接口鸭脚弯头的固定

固定。

④管道支（吊）架设置位置要正确，栽设要牢靠。支架与管道接触要紧密且不得损伤管道外表面。为避免不锈钢卡箍产生电化学腐蚀，卡箍式接口排水铸铁管的支（吊）架管卡不应设置在卡箍部位。

⑤排水立管应每层设支架固定，支架间距不宜大于 3m，当层高小于或等于 4m 时，可每层设一个立管支架。立管底部与排出管端部的连接处，应设置支墩等进行固定。卡箍式接口立管管卡应设在接口处卡箍下方。法兰承插式接口立管管卡应设在承口下方，且与接口间的净距不宜大于 300mm。柔性接口排水铸铁立管底部转弯处，可采用鸭脚弯头支承，同时设置支墩进行固定，见图 6-70。

⑥金属管道的重力流铸铁横管，每根直管必须安装 1 个或 1 个以上的吊架，两吊架的间距不得大于 2m。支（吊）架应靠近接口部位（卡箍式接口不得将管卡套在卡箍上，法兰承插式接口应在承口一侧），且与接口间的净距不宜大于 300mm。

排水横管支（吊）架与接入立管或水平管中心线的距离宜为 300~500mm。排水横管在平面转弯时，弯头处应增设支（吊）架。排水横管起端和终端应采用防晃（固定）支架或防晃（固定）吊架。当横干管长度较长时，为防止管道产生水平位移，横干管直线段防晃支架或防晃吊架的设置间距不应大于 12m。

第三节　卫生器具安装

室内卫生器具是指室内污水盆、洗脸（手）盆、盥洗槽、浴盆、淋浴器、大便器、小便器、小便槽、大便器冲洗槽、妇女卫生盆、化验盆、加热器、煮沸消毒器和饮水器等器具。

一、卫生器具的安装要求

1. 安装前的检验

卫生器具安装前应按照国家器材有关标准进行质量检验。质量检验内容包括：器具的外形尺寸是否正确，几何形状是否端正、圆润，瓷质质地是否优良，色彩是否一致等；检查器具有无损伤、裂纹等。卫生器具的检验方法有：眼看、耳听、手摸、尺测、通球等。

（1）眼看。通过人的眼睛，观测卫生器具尺寸、形状、色泽质量是否符合要求，检查卫生器具是否损伤、破裂等。

（2）耳听。用质地坚硬的木棍敲击卫生器具，若器具发出清脆、坚硬、密实、悦耳的声音，则表明卫生器具未受损；若卫生器具发出破裂、空虚等声音，则说明卫生器具有问题，应进一步检查。卫生器具若有暗伤或制造不良，这种方法很有效。

（3）手摸。将手放在卫生器具上轻轻滑动，即可触摸出卫生器具的平整、光洁程度。

（4）尺测。用角尺、直尺实测卫生器具的几何尺寸，检验器具尺寸是否满足需求。

（5）通球。对卫生器具的孔洞应做通球检验，检验用球应为质地较硬的木球或塑料球，球的直径应为孔洞直径的0.8倍。

2. 卫生器具的安装高度

卫生器具的安装高度如设计无要求，则应符合表6-40的规定。卫生器具给水配件的安装高度，如设计无要求，则应符合表6-41的规定。

表 6-40　　　　　　　　　　　　卫生器具的安装高度　　　　　　　　　　　　mm

项次	卫生器具名称			卫生器具安装高度		备　　注
				居住和公共建筑	幼儿园	
1	架空式污水盆（池）			800	800	
2	落地式污水盆（池）			500	500	
3	洗涤盆（池）			800	800	
4	洗脸盆、洗手盆（有塞、无塞）			800	500	自地面至器具上边缘
5	盥洗槽			800	500	
6	浴　盆			≤520		
7	蹲式大便器	高水箱		1800	1800	自台阶面至高水箱底
		低水箱		900	900	自台阶面至低水箱底
8	坐式大便器	高水箱		1800	1800	自安装地面至高水箱底
		低水箱	外露排水管式	510		自安装地面至低水箱底
			虹吸喷射式	470	370	
9	小便器（挂式）			600	450	自安装地面至器具下边缘
10	小便槽			200	150	自地面至台阶面
11	大便槽冲洗水箱			≥2000		自台阶面至水箱底
12	妇女卫生盆			360		自安装地面至器具上边缘
13	化验盆			800		自安装地面至器具上边缘

表 6-41　　　　　　　　　　　卫生器具给水配件的安装高度　　　　　　　　　　mm

项次	卫生器具名称	给水配件名称	配件中心距地面高度	冷热水龙头距离	器具与配件间净距	备注
1	架空式污水盆	架空式污水盆水龙头	1000	—	200	

续表

项次	卫生器具名称	给水配件名称	配件中心距地面高度	冷热水龙头距离	器具与配件间净距	备注
2	落地式污水盆	落地式污水盆水龙头	800		300	
3	洗涤盆	洗涤盆水龙头	1000	150	200	
4		住宅集中给水龙头	1000			
5	洗手盆	洗手盆水龙头	1000		200	
6	洗脸盆、洗手盆（有塞、无塞）	水龙头（上配水）	1000	150	200	
		水龙头（下配水）	800	150	—	
		角阀（下配水）	450	—		
7	盥洗槽	水龙头	1000	150	200	
		冷热水管上下平行其中热水龙头	1100	150	300	
8	浴盆	水龙头（上配水）	670	150	≥150	
9	淋浴器	截止阀	1150	95		
		混合阀	1150			
		淋浴喷头下沿	2100	—		
10	蹲式大便器	高水箱角阀及截止阀	2040			自安装台阶面算起
		低水箱角阀	250			
		手动式自闭冲洗阀	600			
		脚踏式自闭冲洗阀	150			自安装地面算起
		拉管式冲洗阀	1600			
		带防污助冲器阀门	900			
11	坐式大便器	高水箱角阀及截止阀	2040			自安装地面算起
		低水箱角阀	150			
12	大便槽	冲洗水箱截止阀	≥2040			自安装台阶面算起
13	立式小便器	小便器角阀	1130			自安装地面算起
14	挂式小便器	角阀及截止阀	1050			
15	小便槽	小便槽多孔冲洗管	1100			自地面算起
16	实验室化验盆	水龙头	1000			
17	妇女卫生盆	混合阀	360			自安装地面算起

注　装设在幼儿园内的洗手盆、洗脸盆和盥洗槽水嘴中心距安装地面的高度为 700mm，其他卫生器具给水配件的安装高度，应按卫生器具实际尺寸相应减少。

3. 卫生器具安装的基本技术要求

（1）安装位置的正确性。卫生器具安装应符合设计要求，满足使用要求。卫生器具的安装位置是由设计决定的，在一些只有器具的大致位置而无具体尺寸要求的设计中，常常要现场定位。位置包括平面位置和立面位置（立面高度），合理的位置应满足使用舒适、方便，易于安装，便于检修等要求，并尽量做到与建筑布置的协调、美观。

（2）安装的稳固性。卫生器具安装要牢稳、可靠，这是卫生器具安装最基本的要求，安装卫生器具所用的各类支承件要生根在牢固的结构上。

（3）安装的美观性。现代建筑，卫生器具既有使用功能又有装饰功能，在满足安装位置正确、安装牢靠的前提下，卫生器具安装时应尽量做到与建筑协调，端正、美观。

（4）安装的严密性。卫生器具安装的严密性体现在器具和给水、排水管道的连接及与建筑结构靠接两个方面，安装过程中，要确保器具与管道、器具与建筑结构的严密性、密封性。否则，会因渗水漏水影响其正常使用。

（5）安装的可拆卸性。卫生器具在使用过程中难免会被碰坏或堵塞，因此，卫生器具安装时应考虑器具在使用过程中拆卸的可行性。卫生器具与给水管道的连接处，必须装有可拆卸的活接头；坐式大便器、蹲式大便器、立式小便器与排水支管的连接处，均应采用便于拆除的油灰填塞；洗脸盆、洗手盆、洗涤盆等卫生器具的存水弯与排水栓连接处均应采用根母连接。

（6）铁与瓷的柔性接合，器具安装时的软加力。硬质金属与瓷的接合处均应加设橡胶垫、铅垫等质地较软、较耐腐蚀的柔性材料进行隔垫。与卫生器具的连接件采用螺纹连接时，不得用管钳旋紧铜质、镀铬的金属配件，而应用活络扳手或专用工具旋紧。在不得已采用管钳时，应在管钳和配件之间垫以旧布、棉花等材料，以保护铜质、镀铬给水配件。

（7）安装后的防护与防堵塞。卫生器具的安装一般安排在建筑安装工程的收尾阶段，器具一经安好，应进行有效防护，如切断水源，用棉布将卫生器具敞口处的孔洞予以封堵，用草袋、纸袋对器具加以覆盖等。

二、卫生器具的安装

1. 蹲式大便器安装

（1）蹲式大便器安装分类。蹲式大便器安装按冲洗方式可分为高水箱冲洗和自闭式冲洗阀冲洗。

在下水管承口内抹上油灰，将胶皮碗套在蹲式大便器进水口上，要套正、套实，并用成品管箍紧固；也可用14号铜丝分别绑两道，但不允许压接在一条线上。铜丝拧扣要错位90°左右，再在蹲式大便器的下部铺垫石灰膏。将蹲式大便器排水口插入排水管承口内稳固好，同时用水平尺放在蹲式大便器的上沿，纵横双面找平、找正，且使蹲式大便器进水口对准墙上中心线，在大便器的两侧用砖砌好抹光。高水箱蹲式大便器安装如图6-71所示。

（2）蹲式大便器的接管程序。将PVC-U蹲式大便器连接管承口顶部安装至突出钢筋混凝土楼板面25mm的位置，待土建人员将洞口修补完毕并做了防水处理48h后，方可进行便盆安装。安装时，先在连接管承口内外涂油灰，再将便盆排水口插入连接管的承口，将便盆与承口间的缝隙填满油灰。在便盆底部填白灰膏，把承口周围填密实，并使大便器水平。大便器与排水管的连接如图6-72所示。

（3）安装蹲式大便器应注意的问题。

1）冲洗管与大便器连接处的胶皮碗大小头两端均采用喉箍箍紧。

2）胶皮碗及冲洗管四周应填干砂，便于使用中的维修、拆卸。

3）大便器与排水管连接的四周应用油灰填塞密实。

4）蹲式大便器安装于底层时应采用S形存水弯。

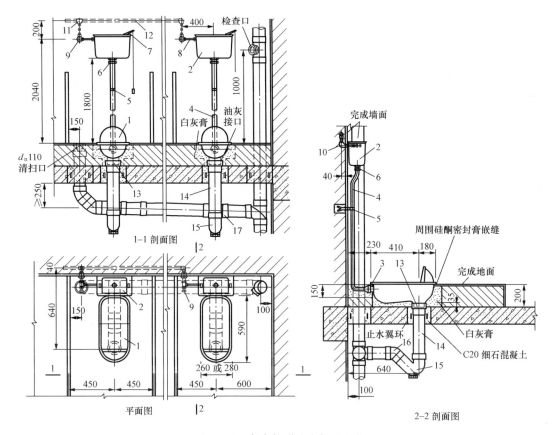

图 6-71　高水箱蹲式大便器安装

1—蹲式大便器；2—高水箱；3—胶皮碗；4—高水箱冲洗管；5—管卡；6—高水箱配件；7—高水箱拉手；
8—金属软管；9—角式截止阀；10—内螺纹弯头；11—异径三通；12—冷水管；13—大便器接头；
14—排水管；15—P 型存水弯；16—45°弯头；17—90°顺水三通

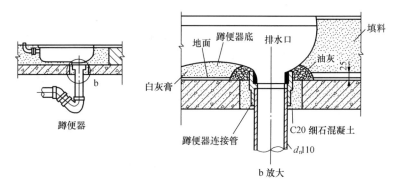

图 6-72　大便器与排水管的连接

2. 坐式大便器安装

（1）坐式大便器分类。坐式大便器按其结构形式分为盘形和漏斗形、整体式（便器与冲洗水箱组装在一起）和分体式（便器本体与冲洗水箱单独设置）；按其安装方式可分为落地式和墙壁式。坐式大便器多采用低水箱进行冲洗。按大便器的冲洗原理又有直接冲洗式和虹吸式两类。

（2）坐式大便器安装。坐式大便器按水箱的位置及安装方式可分为挂箱式坐便器、坐箱式坐便器和水箱与便器为一体的连体式坐便器。挂箱式坐便器安装如图6-73所示。

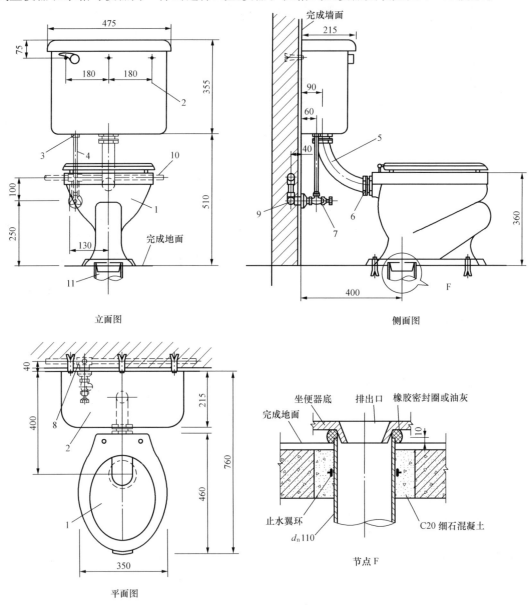

立面图

侧面图

平面图

节点F

图6-73　挂箱式坐便器安装
1—坐便器；2—壁挂式低水箱；3—进水阀配件；4—水箱进水管；5—角尺弯；6—锁紧螺母；
7—角式截止阀；8—异径三通；9—弯头；10—冷水管；11—排水管

（3）坐式大便器接管工序。将PVC-U短管顶部安装至突出钢筋混凝土楼板面35mm的位置，待土建人员补好洞口、做好瓷砖地面且已做完防水48h后，方可安装坐式大便器。坐式大便器安装前，应先量测突出钢筋混凝土楼板面PVC-U管的长度是否合理，是否满足安装需求，如过长，则应锯掉一段，在短管顶端外壁周围抹一圈油灰，并将坐式大便器排水口环形沟槽对准短管轻轻向下挤压，使坐式大便器平、整、稳、实。

3. 高（低）水箱安装

（1）以蹲式大便器排出管为中心，在蹲式大便器后墙上吊坠线，弹画出蹲式大便器的排出口和进水口中心线（应在同一条直线上），此中心线为安装水箱的基准线。

（2）以水箱实物的几何尺寸为依据，在后墙上画出固定水箱的螺栓安装位置，并做出十字标记，蹲式大便器高水箱箱底距离安装地面的高度为 1.8m（坐式大便器低水箱箱底距离安装地面的高度为 0.51m）；钻孔，安装膨胀螺栓或鱼尾螺栓，并将螺栓周边找平。

（3）水箱组装，将水箱进出口锁母、根母拆下，加上胶垫，安装冲水装置和浮球阀。

（4）将组装好的水箱挂在已栽设好的螺栓上，找平、找正后，加设垫圈紧固。将冲洗管与蹲式大便器的胶皮碗连接，用 16 号铜丝绑扎 3～4 道拧紧，将上部插入水箱底部的锁母中，再对正、对齐密封垫片，旋紧锁紧螺母。冲洗管安装完毕后，再用管卡将冲洗管固定。

4. 小便器安装

小便器按其构造和安装形式的不同可分为斗式小便器、壁挂式小便器和落地式小便器；按其冲洗的方式不同可分为自闭冲洗阀斗式小便器和感应冲洗阀斗式小便器。

自闭冲洗阀斗式小便器安装。自闭冲洗阀斗式小便器是依靠自身所带的挂耳固定在墙壁上。首先从给水甩头中心向下吊线坠，将垂线画在安装小便器的墙上，将实物量尺后在垂线上画出挂钩的安装位置，钻孔，安装膨胀螺栓或鱼尾螺栓固定住挂钩，再将小便器挂在挂钩上，找正、找平后，将小便器固定。自闭冲洗阀斗式小便器安装如图 6-74 所示。

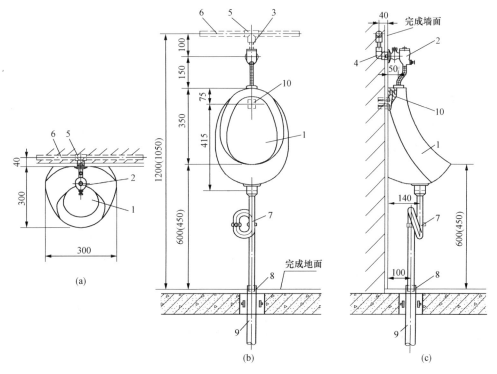

图 6-74　自闭冲洗阀斗式小便器安装

1—斗式小便器；2—自闭式冲洗阀；3—连接短管；4—弯头；5—三通；6—给水管；
7—存水弯；8—罩盖；9—排水管；10—挂钩

5. 洗脸盆安装

洗脸盆种类多种多样，但安装程序和要求基本一致。现以立柱式洗脸盆为例，说明洗脸盆的安装步骤和要求。

（1）根据安装场所的情况，确定出洗脸盆的安装方位。

（2）依据实物尺寸，裁设支承件、固定洗脸盆的膨胀螺栓或燕尾螺栓。

（3）洗脸盆安装到位，检验脸盆与支承件的接触，找正、找平后，固定脸盆。

（4）洗脸盆上水管的连接。

（5）洗脸盆下水管的连接。

立柱式洗脸盆安装如图 6-75 所示。

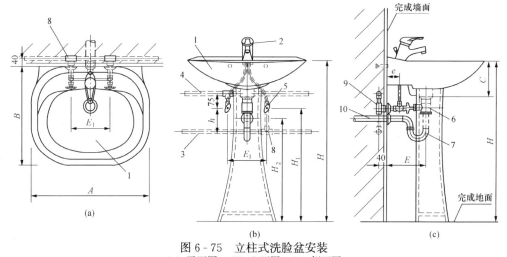

图 6-75　立柱式洗脸盆安装
(a) 平面图；(b) 立面图；(c) 侧面图
1—立柱式洗脸盆；2—单柄单孔龙头；3—冷水管；4—热水管；5—角阀；6—提拉排水装置；
7—存水弯；8—三通；9—弯头；10—排水管

6. 污水盆（池）安装

污水盆（池）是设置在公共建筑的厕所、盥洗室内供清扫厕所、冲洗拖布、倾倒污水用的卫生器具，有落地式和架空式两种。落地式污水盆安装如图 6-76、架空式污水盆安装如图 6-77 所示。

7. 洗涤盆（池）安装

洗涤盆（池）是安装在厨房、餐厅或公共食堂内用于洗涤碗筷盘碟、瓜果蔬菜的卫生器具，按其安装方式可分为墙架式、柱脚式、台式；按其构造形式可分为单格、双格、有搁板和无搁板；按其制作材料的不同又可分为陶瓷、搪瓷制品和不锈钢制品等，还可与水磨石台板、大理石台板、瓷砖台板或塑料贴面的工作台组嵌成一体。现以厨房和公共食堂内应用最多的洗涤盆为例，说明其安装。

首先从给水甩头中心向下吊线坠，将垂线画在安装洗涤盆的墙上，该垂线即为洗涤盆的中心线，再根据实物尺寸确定出盆架的安装位置，按照盆架上的孔在墙上安装膨胀螺栓（也可在该墙上打洞埋设木砖），固定盆架，把洗涤盆安装到位，用水平尺量测洗涤盆是否平正，如不平，则用铁垫片垫平、垫稳。再将排水栓加橡胶垫后，由排水口穿出，用加垫根母锁紧。最后将成型的排水管接上。冷水龙头洗涤盆安装如图 6-78 所示，冷热水龙头洗涤盆安装如图 6-79 所示。

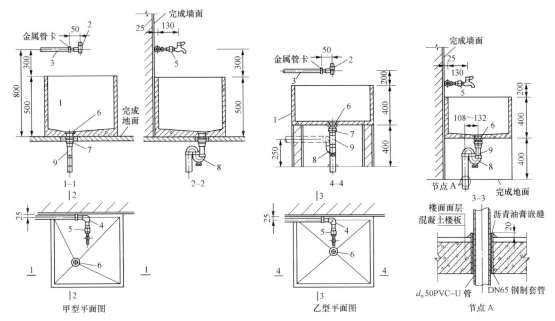

图 6-76　落地式污水盆安装

1—污水池；2—水龙头；3—冷水管；4—弯头；5—管接头；6—排水栓；7—转换接头；8—存水弯；9—排水管

图 6-77　架空式污水盆安装

1—污水池；2—水龙头；3—给水管；4—弯头；5—管接头；6—排水栓；7—转换接头；8—存水弯；9—排水管

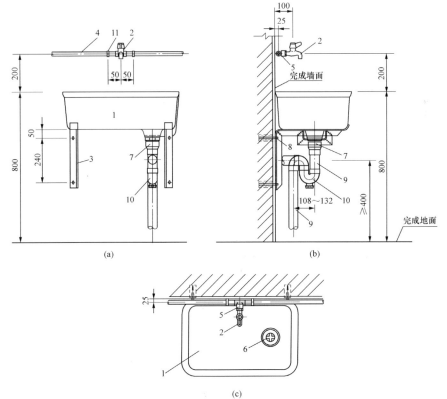

(a)　　(b)　　(c)

图 6-78　冷水龙头洗涤盆安装

（a）立面图；（b）侧面图；（c）平面图

1—洗涤盆；2—龙头；3—托架；4—冷水管；5—内螺纹三通；6—排水栓；7—转换接头；8—螺栓；9—排水管；10—存水弯；11—金属管卡

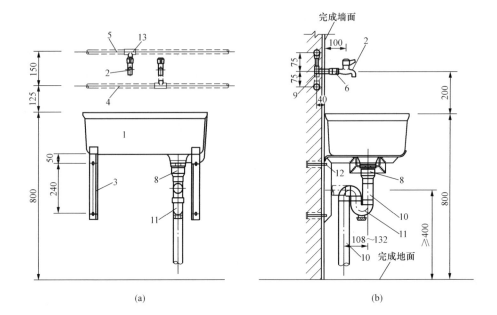

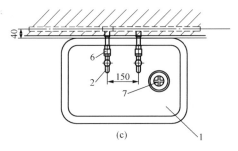

图 6-79　冷热水龙头洗涤盆安装

(a) 立面图；(b) 侧面图；(c) 平面图

1—洗涤盆；2—龙头；3—托架；4—冷水管；5—热水管；6—内螺纹接头；

7—排水栓；8—转换接头；9—90°弯头；10—排水管；11—存水弯；

12—螺栓；13—异径三通

8. 双管管件淋浴器安装

双管管件淋浴器安装如图 6‑80 所示。

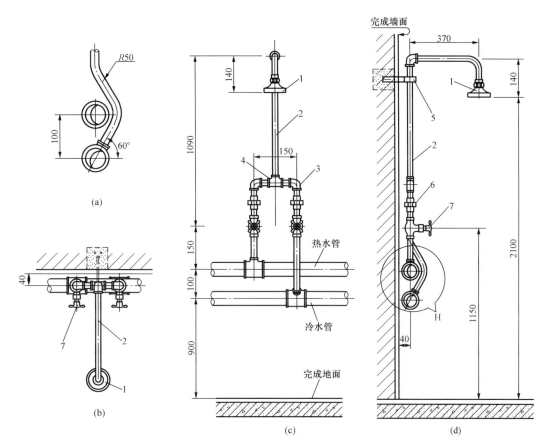

图 6‑80　双管管件淋浴器安装

(a) 节点 H；(b) 平面图；(c) 立面图；(d) 侧面图

1—莲蓬头；2—混合水管；3—弯头；4—三通；5—管卡；6—活接头；7—截止阀

第四节　庭院及建筑小区给排水管道安装

一、庭院及建筑小区给水管道安装

1. 庭院及建筑小区给水用管材

庭院及建筑小区给水用管材有金属管材和非金属管材两大类，金属管材包括低压流体输送用镀锌焊接钢管、无缝钢管、铸铁管和球墨铸铁管，非金属管材包括给水用硬聚氯乙烯（PVC‑U）管、给水用抗冲改性聚氯乙烯（PVC‑M）管、给水用氯化聚氯乙烯（PVC‑C）管、给水用聚乙烯（PE）管等管材，见表 6‑42。

表 6 - 42　　　　　　　　　　庭院及建筑小区给水用管材

管　材	适用范围	连接方式
连续铸铁管	常温，公称压力≤PN10	承插连接
柔性机械接口灰口铸铁管	常温，公称压力≤PN10	承插连接、柔性接口机械连接
水及燃气用球墨铸铁管	常温，公称压力≤PN16	柔性接口机械连接
流体输送用镀锌焊接钢管	常温（0～200℃），公称压力≤PN16	螺纹连接、沟槽连接
输送流体用无缝钢管	温度 t：t≤300℃，公称压力≤PN25	焊接、法兰连接
给水用硬聚氯乙烯（PVC-U）管	温度：0～45℃ 公称压力：PN6.3～PN25	粘接、弹性密封圈连接
给水用抗冲改性聚 氯乙烯（PVC-M）管	温度：0～45℃ 公称压力：PN6.3～PN25	粘接 弹性密封圈连接
冷热水用氯化聚氯乙烯（PVC-C）管	温度：0～80℃ 公称压力≤PN10	粘接 活套法兰连接
给水用聚乙烯管（PE 管）	温度：0～40℃ 公称压力≤PN16	热熔连接

2. 沟槽开挖与基础

（1）沟槽的断面形式。沟槽按其断面形式可分为直槽、混合槽、梯形槽、合槽、组合槽，如图 6 - 81 所示。

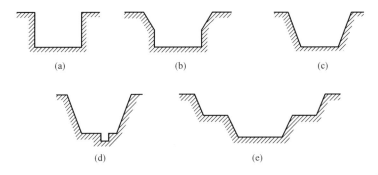

图 6 - 81　沟槽的断面形式

（a）直槽；（b）混合槽；（c）梯形槽；（d）合槽；（e）组合槽

（2）沟槽槽底开挖宽度。沟槽槽底的开挖宽度，可按式（6 - 2）计算，即

$$B = D_0 + 2(b_1 + b_2 + b_3)$$　　　　　　　　　　（6 - 2）

式中　B——管道沟槽槽底的开挖宽度，mm；

　　　D_0——管外径，mm；

　　　b_1——管道一侧的工作面宽度，mm；

b_2——有支承要求时，管道一侧的支承件厚度，一般可取 $150\sim200mm$；

b_3——现场浇筑混凝土或钢筋混凝土管渠一侧模板的厚度，mm。

（3）沟底预留值。管道沟槽应按设计的平面位置和高程开挖，人工开挖且无地下水时，沟底预留值为 $50\sim100mm$，机械开挖或有地下水时，沟底预留值不应小于 $150mm$。预留部分在管道敷设前应人工清理至设计标高。

（4）管道基础或垫层的要求。

1）管道必须敷设在原状土地基上，局部超挖部分应回填夯实。当沟底无地下水，超挖在 $150mm$ 以内时，可用原土回填，其密实度不应低于原地基天然土的密实度；超挖在 $150mm$ 以上时，可用石灰土或砂填层处理，其密实度不应低于 95%。当沟底有地下水或沟底土层含水量较大时，可用天然砂回填。

2）沟底有废旧构筑物、硬石、木头、垃圾等杂物时，必须清除后再铺一层厚度不小于 $150mm$ 的砂土或素土，且应平整、夯实。

3）管道设置支墩的位置，应铺垫碎石，夯实后按设计要求设混凝土找平层或垫层。

4）对岩石基础，应铺垫厚度不小于 $150mm$ 的砂层。

3. 管道敷设

（1）管道应根据施工组织设计分段施工，管材应沿管线敷设方向排列在沟槽边。

（2）管道移入沟槽时，不得损伤管材，不得影响管道接口的严密性能。

（3）管道穿越重要道路、铁路等需设置金属套管或混凝土套管时，应符合下列规定：

1）套管伸出路边或路基的长度宜为 $1.0\sim1.5m$。

2）套管内应清洁无毛刺，管道穿过套管时不得使管道表面损伤。

（4）给水管道与排水管道平行敷设时，其净间距宜为 $1.0m$；与排水管道交叉敷设时，应是给水管道在上，排水管道在下，其净间距不得小于 $0.15m$，如必须排水管道在上，给水管道在下，则其净间距不小于 $0.15m$，且给水管道应加套管，套管长度不小于排水管外径的 3 倍。

4. 塑料管道与阀门井、水表井的连接

塑料管道与阀门井的连接如图 6-82 所示，塑料管道与水表井的连接如图 6-83 所示，塑料管道与排气阀井的连接如图 6-84 所示。塑料管道穿越阀门井如图 6-85 所示。

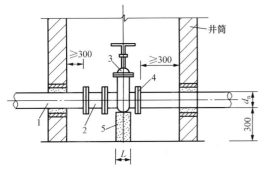

图 6-82　塑料管道与阀门井的连接
1—塑料给水管；2—伸缩节；3—闸阀；
4—塑料法兰；5—支墩

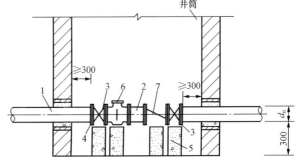

图 6-83　塑料管道与水表井的连接
1—室外埋地塑料给水管；2—伸缩节；3—闸阀；
4—塑料法兰；5—支墩；6—水表；7—止回阀

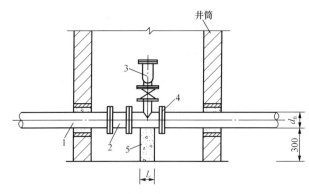

图 6‑84　塑料管道与排气阀井的连接
1—塑料给水管；2—伸缩节；3—排气阀；
4—塑料法兰；5—支墩

5. 管道支墩

承插口式接口铸铁管和塑料管道在输送流体时，管道的转弯、三通、变径、盲板和阀门等处会产生向外的推力，致使接口有脱开的危险，因此在管道的上述接点应设置固定支墩。支墩可分为水平转弯支墩、三通支墩、纵向向下支墩等形式，可根据需要设置。支墩设置处的地基应坚固、平整。支墩可用砖砌，也可用混凝土浇筑，要求砖的强度不低于 MU7.5 级、混凝土强度不低于 C10，砂浆强度不低于 M5。支墩应在管道接口完毕、支墩的位置确定后砌筑，管道安装时采用的临时支架，应在支墩的砌筑砂浆或混凝土达到规定的强度后拆除。塑料管道支墩如图 6‑86 所示。承插连接铸铁管道支墩如图 6‑87 所示。

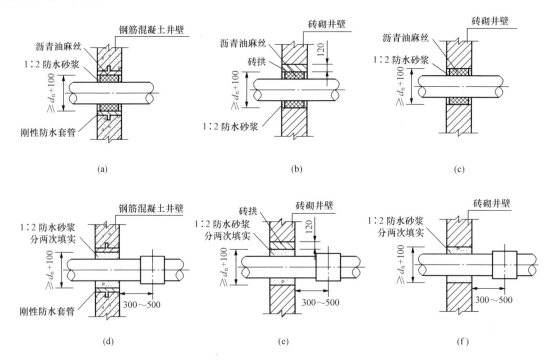

图 6‑85　塑料管道穿越阀门井
（a）穿越方式一（管道后敷设）；（b）穿越方式二（管道后敷设）；（c）穿越方式三（管道先敷设）；
（d）穿越方式四（管道后敷设）；（e）穿越方式五（管道后敷设）；（f）穿越方式六（管道先敷设）

6. 沟槽回填

（1）沟槽回填的管道应符合下列规定：

1）压力管道水压试验前，除接口外，管道两侧及管顶以上回填高度不应小于 0.5m，水压试验合格后，应及时回填沟槽的其余部分。

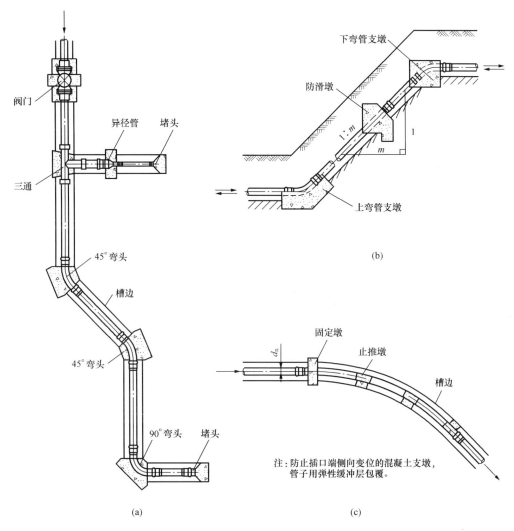

图 6-86　塑料管道支墩

（a）管道支墩平面示意图；（b）倾斜管道支墩断面示意图；（c）冷弯曲管道支墩平面示意图

2）无压管道在闭水试验或闭气试验合格后应及时回填。

（2）管道沟槽回填应符合下列规定：

1）应将沟槽内的砖、石、木块等杂物清除干净。

2）沟槽内不得有积水。

3）保持降排水系统正常运行，不得带水回填。

（3）井室、雨水口及其他附属构筑物周围回填应符合下列规定：

1）井室周围的回填，应与管道沟槽回填同时进行，不便同时进行时，应留台阶形接茬。

2）井室周围回填压实时应沿井室中心对称进行，且不得漏夯。

3）回填材料压实后应与井壁紧贴。

4）路面范围内的井室周围，应采用石灰土、砂、砂砾等材料回填，其回填高度不宜小

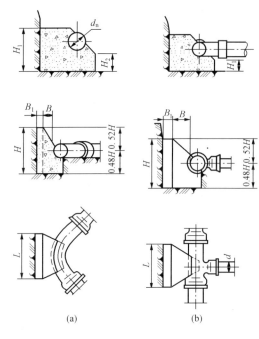

图 6‑87　承插连接铸铁管道支墩

（a）弯头支墩；（b）三通支墩

于 400mm。

5）严禁在槽壁上取土回填。

（4）回填材料应符合下列规定：

1）槽底至管顶以上 500mm 范围内，土中不得含有机物、冻土以及粒度大于 50mm 的砖、石等硬块；在抹带接口处、防腐绝缘层或电缆周围，应采用细粒土回填。

2）冬期回填时管顶以上 500mm 范围以外可均匀掺入冻土，其数量不得超过填土总体积的 15%，且冻块尺寸不得超过 100mm。

3）回填土的含水量，宜按土类和采用的压实工具控制在最佳含水率±2%范围内。

4）采用石灰土、砂、砂砾等材料回填时，其质量应符合设计要求或有关标准的规定。

（5）每层回填土的虚铺厚度，应根据所采用的压实工具按表 6‑43 的规定选取。

表 6‑43　　　　　　　　　　　每层回填土的虚铺厚度

压实工具	木夯、铁夯	轻型压实设备	压路机	振动压路机
虚铺厚度（mm）	≤200	200～250	200～300	≤400

（6）回填土或其他回填材料运入槽内时，不得损伤管道及其接口，并应符合下列规定：

1）根据每层虚铺厚度的用量将回填材料运至槽内，且不得在影响压实的范围内堆料。

2）管道两侧和管顶以上 500mm 范围内的回填材料，应由沟槽两侧对称运入槽内，不得直接回填在管道上；回填其他部位时，应均匀运入槽内，不得集中推入。

3）需要拌和的回填材料，应在运入槽内前拌和均匀，不得在槽内拌和。

（7）回填作业每层土的压实遍数，按压实度要求、压实工具、虚铺厚度和含水量，应经现场试验确定。

（8）采用重型压实机械压实或较重车辆在回填土上行驶时，管道顶部以上应有一定厚度的压实回填土，其最小厚度应按压实机械的规格和管道的设计承载力，通过计算确定。

（9）软土、湿陷性黄土、膨胀土等地区的沟槽回填，应符合设计要求和当地工程标准规定。

（10）刚性管道沟槽回填的压实作业应符合下列规定：

1）回填压实应逐层进行，且不得损伤管道。

2）管道两侧和管顶以上 500mm 范围内胸腔夯实，应采用轻型压实机具，管道两侧压实面的高差不应超过 300mm。

3）管道基础为土弧基础时，应填实管道支承角范围内腋角部位，压实时，管道两侧应对称进行，且不得使管道产生位移或损伤。

4）同一沟槽中有双排或多排管道的基础底面位于同一高程时，管道之间的回填压实应与管道与槽壁之间的回填压实对称进行。

5）同一沟槽中有双排或多排管道但基础底面的高程不同时，应先回填基础较低的沟槽，回填至较高基础底面高程后，再按上一款规定回填。

6）分段回填压实时，相邻段的接茬应呈台阶形，且不得漏夯。

7）采用轻型压实设备时，应夯夯相连；采用压路机时，碾压的重叠宽度不得小于 200mm。

8）采用压路机、振动压路机等压实机械压实时，其行驶速度不得超过 2km/h。

9）接口工作坑回填时底部凹坑应先回填压实至管底，然后与沟槽同步回填。

（11）柔性管道的沟槽回填作业应符合下列规定：

1）回填前，检查管道有无损伤或变形，有损伤的应修复或更换。

2）管内径大于 800mm 的柔性管道，回填施工时应在管内设有竖向支承。

3）管基有效支承角范围应采用中粗砂填充密实，与管壁紧密接触，不得用土或其他材料填充。

4）管道半径以下回填时应采取防止管道上浮、产生位移的措施。

5）管道回填时间宜在一昼夜中气温最低时段，从管道两侧同时回填，同时夯实。

6）沟槽回填从管底基础部位开始到管顶 500mm 范围内，必须采用人工回填；管顶 500mm 以上部位，可用机械从管道轴线两侧同时夯实，每层的回填高度应不大于 200mm。

7）管道位于车行道下，铺设后即修筑路面或管道位于软土地层以及低洼、沼泽、地下水位高地段时，沟槽回填宜先用中、粗砂将管底腋角部位填充密实后，再用中、粗砂分层回填到管顶以上 500mm。

8）回填作业的现场试验段长度应为一个井段或不少于 50m，因工程因素变化改变回填方式时，应重新进行现场试验。

9）管道覆土较深，且管道回填土质及压实系数设计无规定时，其回填土土质及压实系数应符合图 6-88 和图 6-89 的要求，管底应有 0.1m 以上、压实系数为 85%～90% 的垫层，管道两侧每 0.2m 分层回填夯实，压实系数为 95%，管顶 0.3m 以内压实系数不小于 90%。

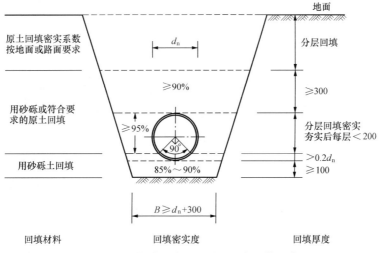

图 6-88　管道回填土土质及压实系数要求

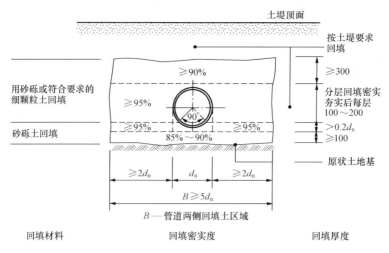

图 6-89　填埋式管道两侧回填土要求

二、庭院及建筑小区排水管道安装

1. 庭院及建筑小区排水管道常用管材

庭院及小区排水管道常用的管材有混凝土管、钢筋混凝土管、埋地塑料排水管等。

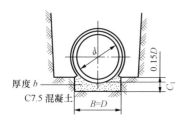

图 6-90　混凝土枕基

适用于干燥土壤及 $d \leqslant 900mm$，当 $d \leqslant 600mm$ 时，$C_1 = 100mm$，$b = 200mm$；当 $600 < d \leqslant 900mm$ 时，$C_1 = 120mm$，$b = 250mm$

2. 混凝土排水管道安装

（1）管道基础处理。对于原装的地基不应受扰动，若地基土被扰动，则可原土夯实或 3：7 灰土、砾石等填充夯实，压实系数不小于 95%。

（2）接口处混凝土基础垫枕。混凝土枕基是支承在管道接口下方的局部基础，适用于干燥土层，见图 6-90。

（3）混凝土条形基础。混凝土条形基础是沿管道全长设置的条形基础，按照地质、管道荷载等情况可以设 90°、135° 和 180° 三种基础形式，如图 6-91 所示，这种基础多用于地基软、土层湿润的场所，其中 90° 条形基础应用较多。

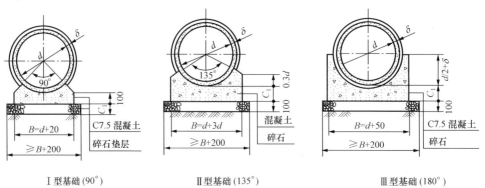

图 6-91　混凝土条形基础

Ⅰ型基础：$d = 150 \sim 600mm$ 时，$C_1 = 100mm$；$d = 700 \sim 1500mm$ 时，$C_1 = 120 \sim 200mm$；

Ⅱ、Ⅲ型基础：$d = 150 \sim 600mm$ 时，$C_1 = 100mm$；$d = 700 \sim 1500mm$ 时，$C_1 = 120 \sim 250mm$

（4）混凝土排水管道敷设。

1）在管道敷设前，必须对管道基础作仔细复核，复核轴线位置、线形以及标高是否与设计标高吻合。如发现有错，则应给与纠正或返工。切忌沿错误的管道基础进行敷设。

2）管道敷设前，必须对样板再次测量复核，符合设计高程后再开始排管。每排一节管子应选用样尺与样板观察校验，然后再用水准尺检验落水方向。管道敷设应从下游排向上游操作，承口应迎着水流的方向。

3）采取边线控制排管时所设边线应紧绷，防止中间下垂。采取中心线控制排管时应在中间铁撑上画线，将引线扎牢，防止移动，并随时观察，防止外界扰动。

4）铺管按设计坡度，管道必须垫稳，管道接口缝宽应均匀，管道内不得有泥土、砖石、砂浆、木块等杂物。管道敷设应从下游向上游操作。

5）稳管时应根据高程线认真掌握高程，以量管内底为宜，管子椭圆度及管皮厚度误差较小时，可量管顶外皮。在平基或垫层上稳管或调整管子高程时，应用混凝土预制块或干净石子从两侧卡牢，防止移动。

6）稳管用混凝土块应事前按设计预制成型，安放位置要正确。预制的管枕强度和几何尺寸应符合设计标准，不得使用不标准的管枕。

7）混凝土排水管道接口的形式有抹带接口、沥青麻布接口、沥青砂浆接口、沥青卷材接口、预制混凝土套环沥青砂浆接口等。

3. 埋地塑料排水管道安装

埋地塑料排水管是以聚氯乙烯、聚乙烯或聚丙烯树脂为主要原料，加入必需的添加剂，采用挤出成型工艺或挤出缠绕成型工艺等制成的，用于埋地排水工程管材的统称。埋地排水塑料管材包括硬聚氯乙烯（PVC-U）管、硬聚氯乙烯（PVC-U）双壁波纹管、硬聚氯乙烯（PVC-U）加筋管、聚乙烯（PE）管、聚乙烯（PE）双壁波纹管、聚乙烯（PE）缠绕结构壁管、钢带增强聚乙烯（PE）螺旋波纹管、钢塑复合缠绕管、双平壁钢塑缠绕管、聚乙烯（PE）钢塑缠绕管等。

（1）塑料排水管道地基处理。塑料排水管道地基处理应符合下列规定：

1）对一般土质，应在管底以下原状土地基上铺垫150mm厚的中粗砂基础层。

2）对软土地基，当地基承载能力小于设计要求或由于施工降水、超挖等原因，地基原状土被扰动而影响地基承载能力时，应按设计要求对地基进行加固处理，在达到规定的地基承载能力后，再铺垫150mm厚的中粗砂基础层。

3）当沟槽底为岩石或坚硬物体时，铺垫中粗砂基础层的厚度不应小于150mm。

（2）塑料排水管道安装。

1）塑料排水管道下管前，对应进行管道变形检测的断面，应量出该管道断面的实际直径尺寸，并做好标记。

2）承插式密封圈连接、双承口式密封圈连接、卡箍（哈夫）连接所用的密封圈、紧固件等配件以及粘接连接所用的胶黏剂，应由管材供应商配套供应；承插式电熔连接、电热熔带连接、挤出法焊接等应采用正规厂家生产的专用工具进行施工。

3）塑料排水管道安装时应对连接部位、密封件等进行清洁处理；卡箍（哈夫）连接所用的卡箍、螺栓等金属制品应按相关标准要求进行防腐处理。

4）应根据塑料排水管管径大小、沟槽和施工机具情况确定下管方式。采用人工方式下管时，应使用管状非金属绳索平稳溜管入槽，不得将管材由槽顶滚入槽内；采用机械方式下管时，吊装绳索应使用带状非金属绳索，吊装时吊装点不应少于 2 个，不得穿心吊装，管子起吊过程中不得与沟壁、槽底发生撞击。

5）塑料排水管道安装时应将插口顺水流方向，承口迎着水流方向，安装宜由下游向上游依次进行；管道两侧不得采用刚性垫块的稳管措施。

6）弹性密封胶圈连接（承插式或双承口式）应符合下列规定：

①连接前，应先检查橡胶圈是否配套完好，确认橡胶圈安放位置及插口应插入承口的深度、插口端面与承口底部间留出伸缩间隙，伸缩间隙的尺寸应由管材供应商提供，管材供应商无明确要求的宜为 10mm。确认插入深度后应在插口外壁做出插入深度标记。

②连接时，应先将承口内壁清理干净，并在承口内壁及插口橡胶圈上涂覆润滑剂，然后将承插口端面的中心轴线对正。

③公称直径小于或等于 DN400 的管道，可采用人工直接插入；公称直径大于 DN400 的管道，应采用机械安装，可采用 2 台专用工具将管材拉动就位，接口合拢时，管材两侧的专用工具应同步拉动。安装时，应使橡胶密封圈正确就位，不得扭曲和脱落。

④接口合拢后，应对接口进行检测，应确保插入端与承口四周间隙均匀，连接的管道轴线应保持平直。

7）卡箍（哈夫）连接应符合下列规定：

①连接前应对连接管材端口外壁进行清洁处理。

②待连接的两管端口应对正。

③应正确安装橡胶密封件，对于钢带增强螺旋管，必须在管端的波谷内加填遇水膨胀橡胶塞。

8）粘接连接应符合下列规定：

①粘接前，应将插口外壁和承口内壁擦拭干净，不得有油污、尘土和水渍。

②粘接前应对承口与插口松紧配合情况进行检验，并应在插口端表面画出插入深度的标线。

③涂刷胶黏剂时，应先涂承口内壁，再涂刷插口外壁，沿轴向由里向外均匀涂抹，不得漏涂，也不得涂刷过量。

④涂刷胶黏剂后，应立即校正对准轴线，将插口插入承口，插入过程中管子应旋转，但转动角度不得大于 90°，并保持轴线平直。

⑤插接完毕应及时将挤出的胶黏剂擦拭干净，并静置固化，固化期间接口不得承受任何外力。

9）热熔对接应符合下列规定：

①应根据管材或管件的规格，选用相应的夹具，将连接件的连接端伸出夹具，自由长度不应小于公称直径的 10%，移动夹具使连接件端面接触，并校直对应的待连接件，使其在同一轴线上，错边量不应大于壁厚的 10%。

②应将管材或管件的连接端部擦拭干净，并铣削连接件端面，使其与轴线垂直；连续切削平均厚度不宜大于 0.2mm，切削后的熔接端面应防止污染。

③连接件的端面应采用热熔对接连接设备加热，当加热时间达到工艺要求后，应迅速撤离加热板，检查连接件加热面熔化的均匀性，不得有损伤，并应迅速用均匀外力使连接面完

全接触，直至形成均匀一致的对称翻边。

④在保压冷却期间不得移动连接件或在连接件上施加任何外力。

10）承插式电熔连接应符合下列规定：

①连接前应用干净的棉布将连接部位擦拭干净，并在插口端画出插入深度线。

②当管材不圆度影响安装时，应采用整圆工具进行整圆。

③应将插口端插入承口内，至插入深度标线位置，并检查尺寸配合情况。

④通电前，应校直两对应的连接件，使其在同一轴线上，并应采用专用工具固定接口部位。

⑤通电时间应符合工艺标准，电熔连接冷却期间，不得移动连接件或在连接件上施加任何外力。

11）电热熔带连接应符合下列规定：

①连接前，应对连接表面进行清理，并应检查电热熔带中电热丝是否完好，并应将待焊面对齐。

②通电前，应采用锁紧扣带将电热带扣紧，电流及通电时间应符合有关标准的规定。

③电熔带长度应不小于管材焊接部位周长的 1.25 倍。

④对于钢带增强聚乙烯螺旋波纹管，必须对波峰钢带处进行挤塑密封处理。

⑤电热熔带连接严禁带水作业。

12）热熔挤出焊接连接应符合下列规定：

①连接前，应对连接表面进行清洁处理，并对正焊接部位。

②应采用热风机预热待焊接部位，预热温度应控制在能使挤出的热熔聚乙烯与管材融为一体的范围内。

③应采用专用挤出焊机和与管材材质相同的聚乙烯焊条焊接连接面。

④对于公称直径大于 DN800 的管子，应进行双面焊接。

13）塑料排水管道在雨期施工或地下水位高的地段施工时，应采取防止管道上浮的措施，当管道安装完毕尚未覆土，而又遭到水浸泡时，应对管中心和管底高程进行复测和外观检测，当发现位移、漂浮、拔口等现象时，应进行返工处理。

14）塑料排水管道施工和道路施工同时进行时，若管顶覆土厚度不能满足标准要求，则应按道路路基施工机械荷载大小验算管侧土的综合变形模量值，并宜按实际需要采用以下加固方式：

①对公称直径小于 DN1200 的塑料排水管道，可采用先压实路基，再进行开挖敷管的方式，当地基强度不能满足设计要求时，应先进行地基处理，然后再开挖敷管。

②对管侧沟槽回填可采用砂砾、高（中）钙粉煤灰、二灰土等变形模量大的材料。

第七章　通风空调系统安装

第一节　常用材料

一、金属薄板

金属薄板是制作风管、配件和部件的主要材料，其表面应平整、光滑，厚度一致，允许有紧密的氧化物薄膜，但不能有结疤、划痕、裂缝。通常使用的有普通薄钢板、镀锌钢板、铝板、不锈钢板和塑料复合钢板。

1. 普通薄钢板

普通薄钢板可分为冷轧钢板和热轧钢板。

（1）冷轧钢板。

1）钢板厚度。钢板公称厚度在 0.30～4.00mm 范围内，公称厚度小于 1mm 的钢板按 0.05mm 倍数的任何尺寸；公称厚度大于 1mm 的钢板按 0.1mm 倍数的任何尺寸。

2）钢板宽度。钢板公称宽度在 600～2050mm 范围内，按 10mm 倍数的任何尺寸。

3）钢板长度。钢板公称长度在 1000～6000mm 范围内，按 50mm 倍数的任何尺寸。

（2）热轧钢板。

1）单轧钢板公称厚度在 3～400mm 范围内，厚度小于 30mm 的钢板按 0.5mm 倍数的任何尺寸，厚度大于 30mm 的钢板按 1mm 倍数的任何尺寸。

2）单轧钢板公称宽度在 600～4800mm 范围内，按 10mm 或 50mm 倍数的任何尺寸。

3）单轧钢板公称长度在 2000mm～20 000mm 范围内，按 50mm 或 100mm 倍数的任何尺寸。

2. 镀锌钢板

镀锌薄钢板俗称白铁皮，常用厚度为 0.35～1.2mm，镀锌采用热镀锌工艺，材质应符合 GB/T 2518—2008《连续热镀锌钢板及钢带》的要求。

通风空调工程中，常用镀锌钢板制作风管、部件、配件、阀门及小型容器等，常用厚度为 0.5～1.2mm。钢板及钢带的公称尺寸范围应符合表 7-1 的规定。

表 7-1　　　　　　　　　　热镀锌钢板及钢带公称尺寸范围

项　目		公称尺寸（mm）
公称厚度		0.30～5.0
公称宽度	钢板及钢带	600～2050
	纵切钢带	＜600
公称长度	钢板	1000～8000
公称内径	钢带及纵切钢带	610 或 508

3. 塑料复合钢板

塑料复合钢板是在 Q215、Q235、Q255 钢上喷涂厚度为 0.2～0.4mm 的软质或半硬质塑料膜，使钢板既耐腐蚀又具有普通薄钢板的切断、弯曲、钻孔、铆接、咬合、折边等加工性能和力学性能，常用于防尘要求较高的空调系统和温度为—10～70℃的耐腐蚀系统。塑料复合钢板分单面覆层和双面覆层两种。

4. 不锈钢板

不锈钢板可分为冷轧不锈钢钢板和热轧不锈钢钢板，按不锈钢的牌号及化学成分可分为多类。不锈钢板具有在高温下耐酸碱的能力，通风空调工程中，常用于化工环境中耐腐蚀的系统或用来输送气体中含有腐蚀性介质的场合。不锈钢板的材质应符合 GB/T 3280—2007《不锈钢冷轧钢板和钢带》和 GB/T 4237—2007《不锈钢热轧钢板和钢带》的规定。

5. 铝及铝合金板

纯铝板有退火和冷作硬化的两种。退火的纯铝板塑性较好，强度较低；冷作硬化的纯铝板塑性较低，而强度较高。铝合金是以铝为主，加入一种或几种其他元素（如铜、镁、锰等）制成的铝合金，铝及铝合金板用于通风工程中的防爆系统。

二、非金属板材

1. 硬聚氯乙烯塑料板

硬聚氯乙烯塑料板，是由硬聚氯乙烯树脂加稳定剂和增塑剂热压加工而成。硬聚氯乙烯塑料板在普通酸类、碱类和盐类作用下，具有良好的稳定性，有一定的机械强度、弹性和良好的耐腐蚀性，便于加工成型，在通风管、配件、部件制造中得到应用。

2. 玻璃钢

玻璃钢是用耐酸（耐碱）合成树脂和玻璃布粘结压制而成的，无机玻璃钢用来制作风管、部件及容器，在通风工程中得到一定的应用。玻璃钢风管的显著特点是，具有良好的耐酸耐碱性能，且便于加工成型。

三、各种型材

通风空调工程中要使用大量的角钢、扁钢、槽钢、圆钢，用以制作各类支吊架、风管法兰及小型容器等。

四、辅助材料

1. 垫料

（1）工业用橡胶板。工业用橡胶板在通风空调工程中主要用作垫料，它除了具有较好的弹性外，还具有良好的不透水性、电绝缘性和一定的耐酸碱性能，适用于介质温度不超过60℃的管路。

（2）闭孔海绵橡胶板。闭孔海绵橡胶板由氯丁橡胶经发泡而成，直径小而稠密的封闭小孔构成海绵体，其弹性介于普通橡胶板和乳胶海绵之间，用于要求密封严格的部位，常用作空气洁净系统风管、设备等连接的垫片。闭孔海绵橡胶板有板状和一面涂胶的条状产品，使用较方便。

（3）乳胶海绵板。乳胶海绵板是由乳胶经发泡形成闭孔泡沫的海绵体，具有高弹性，用于要求密封严格的部位，常用的乳胶海绵板的表观密度为 $0.15g/cm^3$，压缩率为 65%，尺寸（长×宽）为：550mm×750mm、650mm×950mm，厚度为 3、5、8、10、16、20、25、30、40、50mm 等。

（4）软聚氯乙烯塑料板。软聚氯乙烯塑料板质地柔软，在常温下可制成各种曲面，可用作输送腐蚀性气体的硬聚氯乙烯塑料风管的法兰垫片或制作软管接头。软质聚氯乙烯塑料板可用软质聚氯乙烯焊条加热焊接，或用20%过氯乙烯氯苯溶胶粘合。

软聚氯乙烯塑料板的外观应光洁、平直，四周剪切整齐，表面应无裂痕、斑点，颜色应均匀一致。软聚氯乙烯塑料板的长度为 5~8m，宽度为 0.55~1.2m，厚度为 1~40mm；颜色多为本色或灰色、天蓝色。

（5）石棉橡胶板。石棉橡胶板可分为普通橡胶板和耐油石棉橡胶板，应按使用对象的要求来选用。普通石棉橡胶板是以石棉、橡胶为主要原料制成的，主要用于密封介质为水、蒸汽、空气及其他惰性气体；耐油石棉橡胶板是以石棉、丁腈橡胶为主要原料制成的，主要用于油管道和设备接头处的密封。

（6）石棉绳。石棉绳是由石棉纤维加工编织而成，按形状和编制方法可分为石棉扭绳、石棉编绳、石棉方绳和石棉松绳等；可用于空气加热器附近的风管及输送温度大于 70℃ 的排风系统，一般使用直径为 3~5mm。石棉绳不能作为一般风管法兰的垫料。

2. 螺栓、螺母及铆钉

螺栓、螺母及垫圈用于通风空调系统中支吊架的安装及风管法兰的连接。螺栓用直径×长度表示，其中长度指螺杆净长，常用六角螺栓分通丝、半丝。螺母用直径表示，螺母与螺栓规格配套。

铆钉有半圆头、平头和抽芯铆钉三种，用于板材与板材、风管或配件与法兰之间的连接。铆钉是铆接用零件。

抽芯铆钉又称拉拔铆钉，由防锈铝与钢丝材料制成，使用时用拉铆枪抽出铆钉，铝合金即自行膨胀，形成肩胛，将材料紧密铆接牢固。使用这种铆钉施工方便，工效较高。

第二节　风管加工基本操作技术

一、画线

画线就是利用几何作图的基本方法，画出各种线段和几何图形的过程。在风管和配件的加工制作时，按照风管和配件的空间立体的外形尺寸，把它的表面展成平面，在平面板上根据它的实际尺寸画成平面图，这个过程称为风管的展开画线。画线中常用的工具如下。

1. 不锈钢直尺

不锈钢直尺是用不锈钢板制作而成，其长度有 150、300、600、900、1000mm 等几种，画线时主要用来量度直线长度和画直线。

2. 角尺

角尺即直角尺，用薄钢板或不锈钢板制成，用于画直线或平行线，并可作为检测两平面是否垂直的量具。

3. 画规、地规

画规用于画较小的圆、圆弧、截取等长线段等；地规用于画较大的圆。画规和地规尖端应经淬火处理，以保持一定的硬度和经久耐用。

4. 量角器

量角器用于量测和划分各种角度。

5. 画针

画针主要由工具钢制成，针长一般为 130mm，直径为 8.5mm，端部磨尖，用于在钢板上画线。

6. 样冲

样冲多为高碳钢制成，尖端磨成60°角，用来在金属板面上冲点，为圆规画圆或画弧定心，或作为钻孔时的中心点。

7. 曲线板

曲线板用于连接曲面上的各个截取点，画出曲线或弧线。

二、剪切

板材的剪切就是将板材按照画线的形状进行裁剪下料的过程。剪切前，必须对已画好的线进行复核，剪切时必须按照画线形状进行裁剪，避免下错料造成浪费。剪切应做到切口准确、整齐、直线平直、曲线圆滑。剪切可分为手工剪切和机械剪切两种。

1. 手工剪切

手工剪切是人手持剪刀对板料进行剪切的方法，使用工具简单，操作方法简捷；但人工劳动强度大，施工速度慢。常用的剪刀有手剪、铡刀剪、电剪、手动滚轮剪等。

（1）手剪。手剪可分为直线剪和弯剪两种，如图7-1所示。直线剪用于剪直线和圆以及弧线的外侧边。弯剪用于剪曲线以及弧线的内侧边。手剪用于剪切厚度小于或等于1.5mm的薄钢板。

图7-1 手剪
（a）直线剪；（b）弯剪

（2）铡刀剪。铡刀剪如图7-2所示，用于剪切直线，适用于剪切厚度为0.6~2.0mm的钢板。

2. 机械剪切

机械剪切就是用机械设备对金属板材进行剪切的方法，这种剪切方法效率高，速度快，切口质量好。常用的剪切机械有龙门剪板机、联合冲剪机、双轮直线剪板机和振动式曲线剪板机。

龙门剪板机适用于剪切直线板材，剪切宽度为2000~2500mm，厚度不超过5mm。龙门剪板机由电动机通过带轮和齿轮减速，经离合器动作，由偏心连杆带动滑动刀架梁上的刀片和固定在机床上的下刀片进行剪切，切板机可以一下

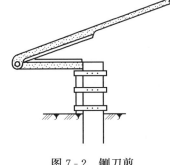

图7-2 铡刀剪

一下地切割，也可以自动地连续切割。使用前，应按剪切机的板材厚度调整好上下刀片间的间隙。间隙过小，剪厚钢板会增加剪板机负荷，易使刀刃局部破裂或受损；间隙过大，会把钢板压进上下刀刃的间隙中而剪不下来。因此，必须经常调整剪板机上下刀刃间隙的大小，间隙一般取被剪板厚度的5%左右，如钢板厚度小于2.5mm，间隙为0.1mm；钢板厚度小于4mm时，间隙为0.16mm。

振动式曲线剪板机适用于剪切厚度在2mm以内的低碳钢板及有色金属板材，该机可用来切割复杂的封闭曲线，也可以在板材的中间直接剪切内孔，也能剪直线，但效率较低。

三、金属风管板材连接

通风空调工程中，金属风管所用板材的连接方法有咬口连接、焊接、铆钉连接等。

1. 咬口连接

把弯曲成一定形状的金属薄板相互钩挂并拉紧咬实打平的连接方式是咬口连接。咬口连

接就是要把相互连接的两块板材的板边折曲成能相互咬合的钩状，然后再相互钩挂咬合后压紧折边即可。咬口连接是通风空调工程中最常用的一种连接方式，在可能的情况下，应尽量采用咬口连接。

咬口连接适用于板厚 $\delta \leqslant 1.2mm$ 的普通薄钢板、镀锌钢板，板厚 $\delta \leqslant 1.0mm$ 的不锈钢板，板厚 $\delta \leqslant 1.5mm$ 的铝板。

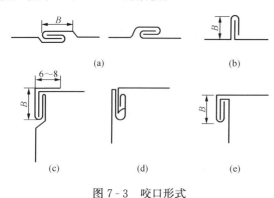

图 7 - 3　咬口形式

（a）单平咬口；（b）单立咬口；（c）联合角咬口；
（d）按扣式咬口；（e）转角咬口

（1）咬口类型。咬口是金属薄板边缘弯曲成一定形状，用于相互固定连接的构造。

常用的咬口形式有单平咬口、单立咬口、联合角咬口、按扣式咬口、转角咬口，如图 7 - 3 所示。

（2）咬口的适用场合。

1）单平咬口。单平咬口简称为平咬口，主要用于板材的拼接缝和圆形风管或部、配件的纵向闭合缝。

2）单立咬口。单立咬口简称为立咬口，主要用于圆形风管或直管、圆形来回弯的横向节间闭合缝。

3）转角咬口。转角咬口多用于矩形风管或部、配件的纵向闭合缝和有净化要求的空调系统，有时也用于矩形弯管、矩形三通的转角缝。

4）联合角咬口。联合角咬口也称包角咬口，主要用于矩形风管、弯管、三通管及其四通管的连接。

5）按扣式咬口。按扣式咬口主要用于矩形风管的咬接，有时也用于矩形弯管、三通或四通等配件的咬接。按扣式咬口便于机械化施工、运输和组装，有利于文明施工，可降低环境噪声并提高生产效率，但该咬口的漏风量较高，严密性较高的风管需要补加密封措施，铝板风管不宜采用按扣式咬口形式。

（3）咬口宽度的确定。风管和配件的咬口宽度 B（见图 7 - 3）与所选板材的厚度和加工咬口的机械性能有关，一般应符合表 7 - 2 的要求。

表 7 - 2	咬　口　宽　度	mm
钢板厚度	单平、单立咬口宽度 B	角咬口宽度 B
0.5 以下	6~8	6~7
0.5~1.0	8~10	7~8
1.0~1.2	10~12	9~10

（4）咬口留量的确定。咬口留量的大小与咬口的宽度 B、重叠层数和加工方法以及使用的加工机械有关。一般对于单平咬口、单立咬口和转角咬口，其总的咬口留量等于 3 倍的咬口宽度，在其中一块板材上的咬口留量等于 1 倍的咬口宽度，而在另一块板材上是 2 倍的咬口宽度。联合角咬口和按扣式咬口总留量等于 4 倍的咬口宽度，在其中一块板材上的咬口留量为 1 倍的咬口宽度，而在另一块板材上为 3 倍的咬口宽度。例如，选用 0.5mm 厚的钢板加工制作风管，若采用单平咬口连接，选用的咬口宽度为 7mm，则咬口总留量为 7×3＝

21mm，在其中的一块板上咬口留量为 7mm，在另一块板上的咬口留量为 $7 \times 2 = 14$mm。若采用联合角咬口连接，咬口宽度为 6mm，则咬口总留量为 $6 \times 4 = 24$mm，在其中的一块板材上咬口留量为 6mm，而在另一块板材上咬口留量为 $6 \times 3 = 18$mm。

（5）咬口的加工过程。板材咬口的加工过程，主要是折边（打咬口）和咬合压实。折边的质量应能保证咬口的严密和牢固，要求折边的宽度应一致，平直均匀，不得出现含半咬口和张裂现象。折边宽度应稍小于咬口宽度，因为压实时一部分留量将变为咬口的宽度。当咬口宽度小于 10mm 时，折边宽度应比咬口宽度少 2mm。咬口加工可分为手工加工和机械加工。

手工加工咬口就是利用简单的加工工具，依靠手工操作的方法进行风管和配件的加工过程。手工加工咬口使用的工具有硬质木槌、木方尺、钢制小锤和各种型钢等。用手工加工咬口，是最原始的、最基础的加工方法，所有机械加工都是依据手工加工的原理来进行加工的。

木方尺又称硬木拍板，是用质地坚硬且又不易开裂的硬木制成的，其尺寸为 45mm×35mm×450mm，主要用来平整板材和拍打咬口。硬质木槌用来打紧打实咬口；钢制小方锤用来碾打圆形风管单立咬口或咬合修整角咬口；工作台上设置固定的槽钢、角钢或方钢等型钢，用作拍制咬口的垫铁，各种型钢垫铁必须平直，棱角分明。

1）单平咬口加工。先把要连接的板边按咬口宽度和咬口留量放在有垫铁的工作台上，用木拍板将钢板拍打成 90°的折边，再将其翻过来拍打成 150°，伸出咬口宽度打成钩状。以同样的方法将另一块钢板的一边也打成钩状，合口时，先将两块钢板钩挂起来，然后用木槌将咬口打紧、打实即可。单平咬口加工如图 7-4 所示。

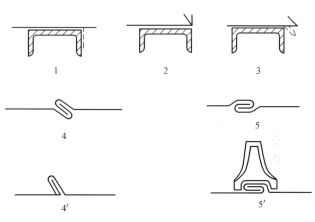

图 7-4　单平咬口加工

2）单立咬口加工。单立咬口加工如图 7-5 所示。

3）转角咬口。转角咬口加工如图 7-6 所示。

4）联合角咬口。联合角咬口加工如图 7-7 所示。

图 7-5　单立咬口加工

2. 焊接连接

风管及其配件在利用板材进行加工时，除采用咬口连接之外，对于通风或空调管道密封要求较高或板材较厚不宜采用咬口连接时，应采用焊接连接。

（1）适用条件。在风管及配件加工选用板材厚度较厚时，若仍采用咬口连接，则会因材料的机械强度较高而难以加工，即使勉强加工出来，咬口质量也难以保证，这时，应考虑采用焊接。通常情况下，薄钢板厚度 $\delta > 1.2$mm，不锈钢板厚度 $\delta > 1.0$mm，铝板厚度 $\delta > 1.5$mm，应采用焊接。

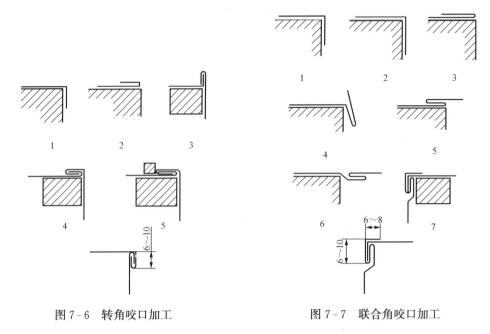

图 7-6　转角咬口加工　　　　　　　　图 7-7　联合角咬口加工

（2）焊接方法及其选择。焊接可分为电焊、气焊（氧—乙炔焊）、锡焊和氩弧焊等。工程中，可根据工程需要、工程量大小、材料类型、板材厚度及装备条件等，选用适当的焊接方法。

1）电焊。当薄钢板厚度大于 1.2mm 时，应采用焊接。焊接的预热时间短、穿透力强、焊接速度快，焊接变形比气焊小，但较薄的钢板容易被烧穿，为了保持风管表面的平整，特别是矩形风管，应尽量采用焊接。焊接时，焊缝两边的铁锈、污物等应用钢丝刷清除干净，在对接焊时，因为风管板材较薄，不必做坡口，但应在焊缝处留出 0.5～1mm 的对口间隙；搭接焊时应留出 10mm 左右的搭接量。焊接前，将两个板边全长平直对齐，先把两端和中间每隔 150～200mm 点焊好，用小锤进一步把焊缝不平处打平，然后再进行连续焊接。

2）气焊。气焊用于板材厚度为 0.8～3mm 的钢板焊接，特别是厚度在 0.8～1.2mm 之间的钢板，在用于制作风管或配件时，可采用气焊连接。由于气焊的预热时间长，加热面积大，焊接后板材的变形大，会影响风管表面的平整，因此一般只用在板材较薄、电焊容易烧穿，而严密性要求较高处。气焊也可用于板材厚度为 1.5mm 的铝板连接，但不得用于不锈钢板的连接，因为气焊时，在金属内发生增碳作用或氧化作用，使接缝处金属的耐腐蚀性降低，且不锈钢的热导率较小，线胀系数大，在气焊时加热范围大，易使板材发生翘曲。

3）锡焊。锡焊是利用熔化的焊锡使金属连接的方法。锡焊仅用于镀锌薄钢板咬口连接的配合使用。由于锡焊的焊缝强度低，耐温变性能差，因此在通风空调工程中很少单独使用。在用镀锌钢板加工制作风管时，应尽量采用咬口连接，只有在对严密性要求较高或咬口补漏时才采用锡焊。一般是把锡焊作为咬口连接的密封用。锡焊用的烙铁或电烙铁、锡焊膏、盐酸或氯化钠等用具和涂料必须齐备。锡焊前，必须对接缝处严格的除锈，方可进行施焊。焊接时，应先把焊缝附近的铁锈、污物等清除干净，当烙铁加热后，再用烙铁熔化焊锡即可进行焊接。锡焊时应掌握好烙铁的温度，若温度太低，焊锡不易完全熔化，使焊接不牢，若温度太高，会把烙铁端部的焊锡烧掉。一般烙铁加热到冒绿烟时，就能使焊锡保持足够的流动性，这时的温度比较合适。焊接前，应在薄钢板施焊处涂上氯化锌溶液，如为镀锌钢板，则涂上50％的盐酸溶液，然后即可进行锡焊。焊接后，应用热水把焊缝处的锡焊药水冲洗干净，以免药水继续腐蚀钢板。

4）氩弧焊。氩弧焊是利用氩气作保护气体的气电焊。由于有氩气保护了被焊接的金属板材，所以熔焊接头有很高的强度和耐腐蚀性能，且由于加热量集中，热影响区域小，板材焊接后不易发生变形，因此该焊接方法更适合用于不锈钢板及铝板的焊接，铝板焊接时，焊接口必须脱脂及清除氧化膜，可以使用不锈钢丝刷进行除锈，然后用工业酒精、四氯化碳、二氯乙烷等清洗剂进行脱脂处理。焊口清理干净后应尽快进行焊接，否则，焊口又会重新受污而影响焊接质量。

（3）焊缝形式及其选择。风管焊接时，应根据风管和配件的结构形式和焊接方法的不同来选择焊缝的形式。常用的焊缝形式有对接缝、角缝、搭接缝、搭接角缝、扳边缝和扳边角缝，如图7-8所示。

对接缝主要适用于板材的拼接缝、横向缝或纵向闭合缝；角缝主要适用于矩形风管及配件的纵向闭合缝和转角缝；搭接缝及搭接角缝主要适用于板材厚度较薄的矩形风管和配件以及板材的拼接。

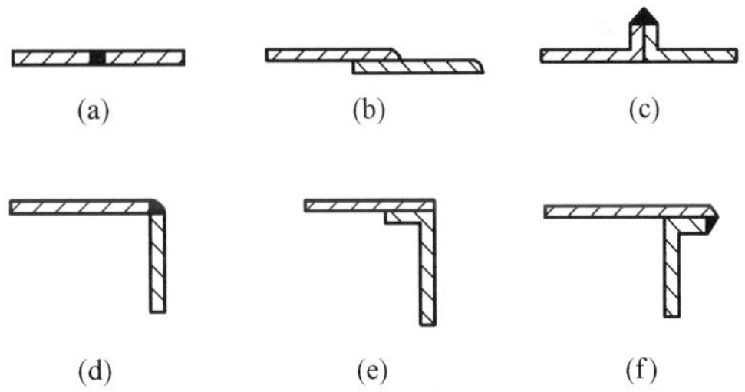

图7-8 焊缝形式

（a）对接缝；（b）搭接缝；（c）扳边缝；（d）角缝；
（e）搭接角缝；（f）扳边角缝

3. 铆钉连接

铆钉连接简称铆接，它是将两块要连接的板材的边缘按规定的尺寸重叠，然后用铆钉串联铆合在一起的连接方法。

（1）铆接要求。铆接在风管制作中一般用于板材较厚，无法进行咬口，或板材虽不厚但质地稍脆弱而不能采用咬口连接的情况下。另外，风管与角钢法兰或依附于风管的零部件的连接仍然需要使用铆接。

在风管制作中，如果需要用铆钉来连接板材，则应根据板材厚度来选择铆钉直径、铆钉长度及铆钉之间的间距，如图7-9所示。

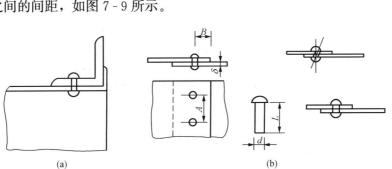

图7-9 铆钉连接

（a）法兰铆钉连接；（b）风管铆钉连接

通常选择铆钉直径 d 等于 2 倍的板材厚度 δ（$d=2\delta$），但 d 不得小于 3mm，为了能将铆钉打成压帽以压紧板材，铆钉长度 L 可按铆钉直径的 2～3 倍选用。铆钉中心到板边的距离为 $B=(3～4)d$。铆钉之间的间距一般为 40～100mm。风管严密性较高时，间距要小一些，且铆钉排列要整齐、对齐。

铆钉孔直径只能比直径大 0.2mm，不宜过大，必须使铆钉中心垂直于板面，铆钉应把板材压紧，使板缝密合。

（2）铆接操作。铆接操作可根据具体情况采用手工铆接或机械铆接。

手工铆接操作时，先进行板材画线，确定铆钉位置，再按铆钉直径钻出铆钉孔，然后把铆钉穿入，用手锤把钉尾打堆，最后用罩模（铆钉克子）把铆钉打成半圆形的铆钉帽。为防止铆接时板材移位造成错孔，可先钻出两端的铆钉孔，先铆好，再进行中间部位的铆接。

机械铆接常用的有手提电动液压铆接机、长臂铆接机、电动拉铆枪及手动拉铆枪等。

手提电动液压铆接机是风管制作中的小型机具，主要用于风管与角钢法兰及其他部件的铆接，统一使用直径为 4mm 的铆钉，铆接 ∟ 25×3～∟ 50×4 的角钢法兰，可以完成薄钢板冲孔和铆接工艺。

四、风管及管件的展开放样

放样是按 1：1 的比例将风管及管件、配件的展开图画在板材的表面上，以作下料的剪切线。

1. 直风管的展开放样

（1）圆形直风管的展开。圆形直风管的展开图是一个矩形，其一边边长为 πD（圆风管周长，D 为风管外径），另一边为 L（圆风管长），如图 7-10 所示。

为了保证风管的加工质量，放样展开时，矩形展开图的四个角必须垂直，对画出的图样可用对角线法进行校验。当风管采用咬口卷合时，还应在图样的外轮廓线外再按板厚画出咬口留量，如图 7-10 中虚线所示的 M 值。当风管阀采用法兰连接时，还应画出风管的翻边量。如图 7-10 中虚线所示的 10mm 值（法兰连接的风管端部翻边量一般为 10mm）。

当风管直径较大，用单张钢板下料不够时，可按图 7-10 所示的方法先将钢板拼接起来，再按展开尺寸下料。

（2）矩形直风管的展开。矩形直风管的展开图也是一个矩形，其一边长为 $2(A+B)$，另一边为风管长度 L，如图 7-11 所示。放样画线时，对咬口折合的风管同样按板材厚度画出咬口量 M 及法兰连接时的翻边量（10mm）。

对画出的展开图必须经规方检验，使矩形图样的四个角垂直，以避免风管折合时出现扭曲现象。

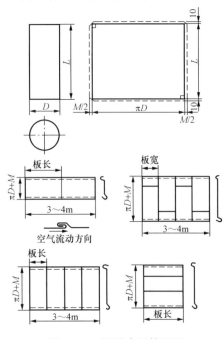

图 7-10　圆形直风管展开

2. 弯头的展开放样

根据风管的断面形状，弯头有圆形弯头和矩形弯头两种，弯头的尺寸取决于风管的断面尺寸、弯曲角度和弯曲半径。

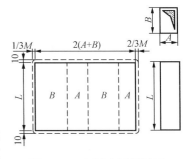

图 7-11　矩形直风管展开

（1）圆形弯头的展开放样。圆形弯头俗称虾米腰，它由两个端节和若干个中间节组成，端节为中间节的一半。弯头的弯曲半径应满足工程需求，且流体流动的阻力不能太大，加工时省工省料。圆形弯头的弯曲半径和最少节数应符合表 7-3 的规定。

表 7-3　　　　　　　　　　圆形弯头的弯曲半径和最少节数

弯管直径 D(mm)	弯曲半径 R	弯曲角度和最少节数							
		90°		60°		45°		30°	
		中节	端节	中节	端节	中节	端节	中节	端节
80<D≤220	≥1.5D	2	2	1	2	1	2	—	2
240<D≤450	D~1.5D	3	2	2	2	1	2	1	2
480<D≤800	D~1.5D	4	2	2	2	1	2	1	2
850<D≤1400	D	5	2	3	2	2	2	1	2
1500<D≤2000	D	8	2	5	2	3	2	2	2

圆形弯头的展开采用平行线展开法，先由弯头直径、弯曲角度查表 7-3 确定出弯曲半径和节数，画出立面图。现以直径为 320mm 的 90°弯头为例，说明圆形弯头的展开方法。

1）弯头直径 $D=320mm$，查表 7-3 知，弯曲半径取 $R=1.5D=1.5\times320=480mm$，该弯头是中间节为 3 节，端节为 2 节。

2）根据弯头直径 D，弯曲半径及确定的节数（弯头为 90°，中间节为 3 节，端节为 2 节，端部的两节等于中间节一节），画出分节的正面投影图，见图 7-12（a），四边形 $ABCD$ 即是端节。

3）另画四边形 $ABCD$，以 AB 为直径，作半圆并 6 等分，得等分点 2、3、4、5、6，过各等分点作 AB 的垂直引上线，交 CD 于 $2'$、$3'$、$4'$、$5'$、$6'$。

4）在 AB 的延长线方向上，作线段 EF，$EF=\pi D$，将 EF 12 等分，自左至右的各等分点为 4、5、6、B、6、5、4、3、2、A、2、3、4，过各等分点作 EF 的垂直引上线。

5）以线段 EF 上的各等分点为基点，将投影图上的 $44'$、$55'$、$66'$、BC、$33'$、$22'$、AD 的长度，依次截取至展开图上，将所截取各点用圆滑的曲线连接起来，所得图形即为端节展开图，如图 7-12 所示。

画好端节展开图，应放出咬口留量，如图 7-12 中虚线所示，咬口留量应根据各种不同的咬口形式而定。两个端节展开图正好是中节的展开图。用剪好的端节和中间节作样板，按需要的数量在板材上画出剪切线。应合理用材，减少剪切量，其排列方式见图 7-13，在每一节上标出最长线 AD 和最短线 BC，便于加工制作。

（2）矩形弯头的展开放样。常用的矩形弯头有内外弧矩形弯头、内斜线矩形弯头、内弧矩形弯头。矩形弯头主要由两块侧壁、弯头背、弯头里 4 部分组成。

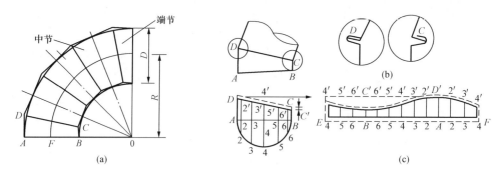

图 7 - 12　圆形弯头的立面图和弯头的端节展开图

(a) 圆形弯头的立面图；(b) 咬口图；(c) 弯头端节的展开

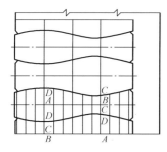

图 7 - 13　圆形弯头下料

1）内外弧矩形弯头展开。内外弧矩形弯头的侧壁宽为 A，背部宽为 B。弯头背展开图是一矩形，矩形宽等于 B，矩形长为 L，$L = \pi \times 1.5A/2 = 1.5A\pi/2$；弯头里展开图是一矩形，矩形宽等于 B，矩形长为 L_1，$L_1 = \pi \times 0.5A/2 = 0.5A\pi/2$；在两端头加上法兰翻边量。再用弯曲半径 $R_1 = 0.5A$、$R_2 = 1.5A$ 展开侧壁，并应在两弧线侧加上单边咬口留量，在两端头加上法兰翻边量。用弯头背及弯头里的计算展开长度画线，同样应加上咬口留量及法兰翻边留量。内外弧矩形弯头及展开如图 7 - 14 所示。

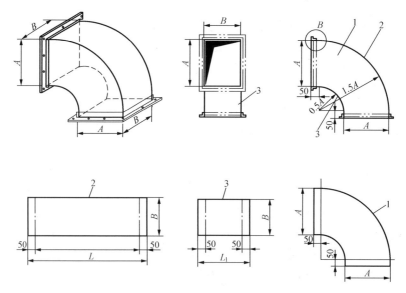

图 7 - 14　内外弧矩形弯头及展开

1—弯头侧板；2—弯头背板；3—弯头里板

2）内斜线矩形弯头展开。内斜线矩形弯头及展开如图 7 - 15 所示。

3）内弧形矩形弯头展开。一般取内弧形矩形弯头的内弧圆半径 $R = 200\text{mm}$，则弯头里展开长度 $L_1 = 1.57R = 1.57 \times 200 = 314\text{mm}$，弯头背展开长度为 $L_2 = 2l = 2A + 2R = 2A + 400$，其宽度均为 B，如图 7 - 16 所示。画线时按如上尺寸展开画线，并应加上咬口留量及

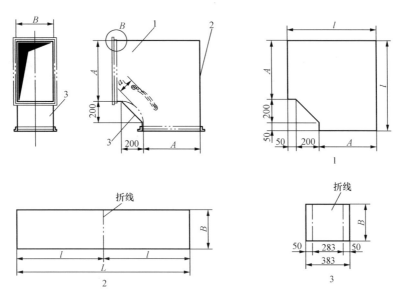

图 7-15　内斜线矩形弯头及展开
1—平侧板；2—角侧板；3—斜侧板

法兰翻边量。

3. 三通展开放样

（1）圆形三通展开放样。现以图 7-17 所示的圆形三通为例，说明其展开放样的方法、步骤。

1）根据已知尺寸画三通立面图，画法如下：

①画一条水平线，取 17 长等于总管直径，定中点 0，由 0 向左右各画一条与水平线成 60°角的中心线，取 00′、00″等于两支管的中心长度。过 0′及 0″点画两支管的口径线，与中心线垂直。取 1′7′及 1″7″等于两支管的直径。连接 11′、77″、11′、77′，定连线 11″及 77′的交点 0°，连接 00°即为两支管的投影结合线。

②在圆形三通的各管端，画半圆并 6 等分，由各等分点向口径线上作垂线即得各投影点，连接支管Ⅰ部分各投影点，用实线连接 aa′、bb′、cc′、dd′，连接交 00°线处得交点 c°、d°，用虚线连接 1a′、ab′、b0′、0′c°、c′d°、d′0′，即得支管Ⅰ部分各投影线。用同样的方法连接支管Ⅱ部分的各投影点，也可得到Ⅱ部分的投影线。

2）按立面图的投影线，以支管Ⅰ为例，用三角线法作展开图。

①作三角线图 a_1。画一条水平线，取 dd′等于立面图中的 dd′，过 d、d′点作垂线 d6、d′6′等于立面图中的 d6、d′6′，连接 66′。在 dd′线上取点 d°，使 d′d°等于立面图中 d′d°；过 d°点作垂线，交 66′线于 d″点。

②作三角线图 a_2。画一条水平线，取 cc′等于立面图中的 cc′，过 c、c′点作垂线 c5、c′5′等于立面图中的 c5、c′5′，连接 55′。在 cc′线上取点 c°，使 c′c°等于立面图中 c′c°；过 c°点作垂线，交 55′线于 c″点。

③在立面图上，过 00°线上的 3 个点 d°、c°、0 作垂线，使 d°d″、c°c″分别等于三角线图 a_1、a_2 中的 d°d″、c°c″；使 00″等于立面图中的 04，用圆滑曲线连接 0°、d″、c″、0″点，即得两支管结合线二分之一实形。

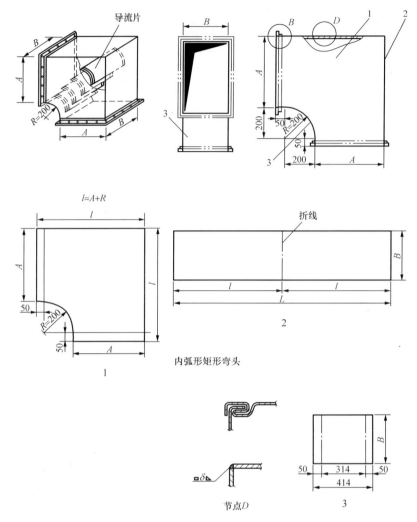

图 7 - 16　内弧形矩形弯头及展开
1—平面板；2—外侧板；3—内侧板

3）求立面图上各投影线的实长。

①作三角线图 b。画一条水平线，取线段 1a′，过 a′作垂线，取垂线 a′2′，使其分别等于立面图中 1a′、a′2′，用虚线连接 1、2′两点，线段 12′即为立面图中虚线 1a′之实长。

②同样方法，依次取线段 aa′、ab′、bb′、b0′、00′、0′c°、c′c°、c′d°、d′d°、d′0°，使其等于立面图中同号各投影线长。再向各点作垂线，取垂线 a2、b′3′、b3、0′4′、04、c°c′、c′5′、d°d°′、d′6′使其等于立面图中同号各垂线长。用实线和虚线如图连接各点，线段 22′、23′、33′、34′、44′、4′c°′、5′c°′、5′d°′、6′d°′、6′0°，即为立面图中投影线 aa′、ab′、bb′、b0′、00′、0′c°、c′c°、c′d°、d′d°、d′0°之实长。

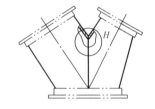

节点 H

图 7 - 17　α＝60°圆形三通

4）按实线长画展开图。画垂线 11′，使之等于立面图中 11′。以点 1 为圆心，取 1a′ 的实长线 12′ 为半径（见三角线图 b），向 a′ 点处画弧；以点 1′ 为圆心，取支管 Ⅰ 小口圆周等分长为半径，向 a′ 点处作弧，两弧交于 a′ 点。再以 a′ 点为圆心，aa′ 线的实长 22′ 为半径，向 a 点处作弧；以点 1 为圆心，以总管圆周等分长为半径，向 a 点处作弧，两弧相交于 a 点。再以 a 点为圆心，ab′ 的实长为半径，向 b′ 处作弧……依此类推，当展开到两支管结合处时，总管端的等分线不再用总管圆周等分长，而依次用 0″c″、c″d″、d″0° 之长，待全部展开后，用圆滑曲线将各交点连接起来，即得支管 Ⅰ 的展开图，见图 7 - 18。咬口余量另放。

支管 Ⅱ 的展开方法与支管 Ⅰ 相同。

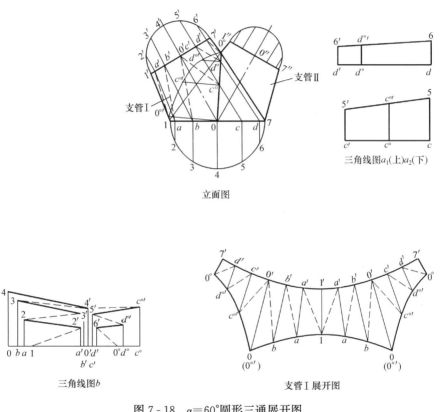

图 7 - 18　α＝60°圆形三通展开图

（2）矩形三通展开放样。矩形三通由平侧板、斜侧板、角形侧板和两块平面板组成，如图 7 - 19 所示。展开时，先在矩形三通规格表中查出 A_1、A_2、A_3、B、H 等标准尺寸，再画出各部分的展开图。

矩形三通的平侧板为一矩形，如图 7 - 20 中的 1，斜侧板和角形侧板也为矩形，但必须在展开图中画出折线，便于加工折压成型，如图 7 - 20 中的 2、3，两块平面板的尺寸是相同的，只需画出一块即可，如图 7 - 20 中的 4。

三通部分展开图画好后，应在法兰连接部分加翻边留量。咬口连接时，咬接部分加咬口留量。

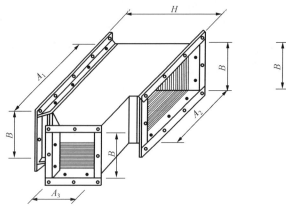

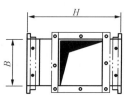

图 7-19 矩形三通

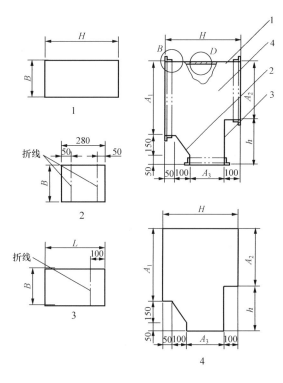

图 7-20 矩形三通的展开

1—平侧板；2—斜侧板；3—角形侧板；4—平面板

4. 异径管的展开放样

（1）圆形异径管展开放样。

1）作出圆形异径管的立面图［见图 7-21（b）］和平面图［见图 7-21（c）］，将其上下分成 12 等分，使其表面组成 24 个三角形，见图 7-21（b）、（c）。

2）用直角三角形法求 12 的实线长，如图 7-21（b）立面图右，作出圆形异径管的高 $11'$，在下口延长线上取 $1'2'$ 等于水平投影中的 12，连接 $12'$，$12'$ 即为 12 线的实长。

3）按照已知三边作三角形的方法，依次作三角形，即可得到圆形异径管的展开图，见图 7-21（d）。

（2）矩形异径管展开放样。如图 7-22 所示的矩形异径管由 4 个等腰梯形组成，这 4 个等腰梯形与基本投影面都不平行，所以在主视图和俯视图上都没有反映出它们的真实形式，为了求得等腰梯形的真实形状，可采用三角形法作图，如图 7-23 所示。

1）作等腰梯形的对角线，使一个梯形变成两个三角线，见图 7-23（a）。

2）求出各三角形三边的实长，如三角形 123，它的三边分别是 12、23、31，其中，12 这条边在俯视图上反映实长，但 23、31 这两条边在主视图和俯视图上均不能反映实长。从模型中可以看出，31、23 都是直角三角形的斜边，这两个直角三角形的两个直角边，分别为 31、23 的水平投影和垂直投影，31、23 的水平投影可以在俯视图上找到，而 31、23 的垂直投影可在主视图上找到，因此，模型上的两个直角三角形就很容易作出，31、32 的实

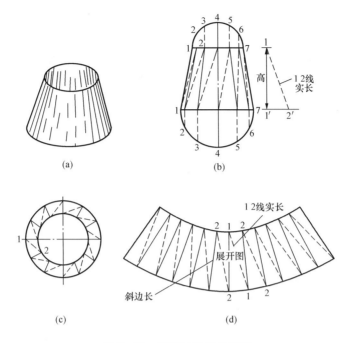

图 7-21　圆形异径管的展开

（a）圆形异径管；（b）立面图；（c）平面图；（d）展开图

长即可求出，见图 7-23（a）。

3）另一个三角形 234 的三条边 23、34 和 42，从图 7-23（b）可以看出，42 和 31 相等，34 在俯视图上反映实长，而 23 的实长已用三角形法求出。

4）按照已知三边作三角形的方法，用 12、23 和 31 的实长，即可作出三角形 123；同样，用 23、34 和 42 的实长，就可以作出三角形 234，见图 7-23（c）。依次做下去，即可得到该矩形异径管的展开图，见图 7-23（d）。

5. 天圆地方的展开放样

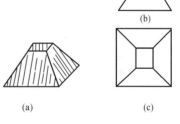

图 7-22　矩形异径管

（a）立体图；（b）主视图；（c）俯视图

（1）首先根据已知天圆地方的矩形管 A、B，圆形管 d 和天圆地方的高 h，画出天圆地方的平面图和立面图，见图 7-24。

（2）采用三角形法求出各连线的实长。以天圆地方的高 h 作一条直角边，分别采用平面图中 A1、A2、A3、A4 等的长为另一直角边，作直角三角形，则三角形的斜边长就是对应平面图中各线的实长。以 a4 的实长 A1 为长作线段 a4，分别以 a 和 4 两点为圆心，以 aD 和 D4 的实长为半径画弧交于 D 点，再以 D 点和 4 点为圆心，以弧线 34 的弧长和 D3 的实长为半径画弧交于点 3，依次找出各点，然后将 1、2、3、4 各点用圆滑的曲线连接，将 a、D、A、a 各点用直线相连，所得到的展开图即为天圆地方展开图，如图 7-24（d）所示。

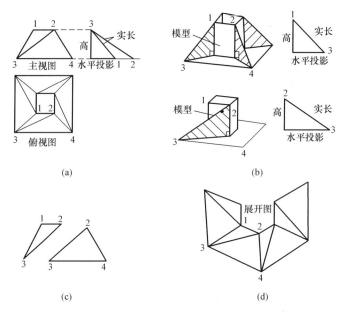

图 7 - 23　直角三角形法展开矩形异径管
(a) 主、俯视图；(b) 用三角形法求实长；
(c) 用三角形法求实长；(d) 展开图

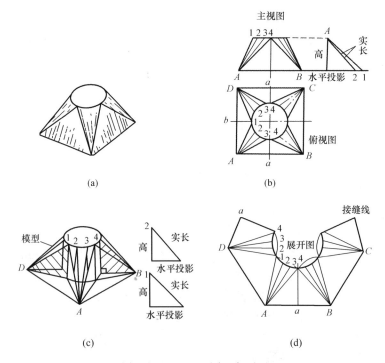

图 7 - 24　正心天圆地方展开
(a) 立体图；(b) 主视图、俯视图；(c) 求实长；(d) 作展开图

第三节　风管及配件加工、加固

一、风管规格

风管断面有圆形和矩形，金属风管以外径或外边长为准。风管规格已系列化，圆形风管规格见表 7-4，矩形风管规格见表 7-5。

圆形风管的断面尺寸是指风管的外径，应优先采用基本系列，不能满足要求时，再采用辅助系列。矩形风管的断面尺寸是指风管的外边长，以宽度乘高度标注，表 7-5 中可以组合出若干矩形风管断面规格，一般情况下，风管宽度大于高度，宽度与高度之比越接近 1，越经济；宽度与高度之比不宜超过 4。通风空调工程中如有砖砌筑或混凝土浇筑风道，则断面规格是指内径和矩形风道的内边长。

表 7-4　　　　　　　　　　　**圆 形 风 管 规 格**　　　　　　　　　　mm

风 管 直 径 D			
基本系列	辅助系列	基本系列	辅助系列
100	80	250	240
	90	280	260
120	110	320	300
140	130	360	340
160	150	400	380
180	170	450	420
200	190	500	480
220	210	560	530

表 7-5　　　　　　　　　　　**矩 形 风 管 规 格**　　　　　　　　　　mm

风 管 边 长					
120	250	500	1000	2000	3500
160	320	630	1250	2500	4000
200	400	800	1600	3000	—

二、风管板材厚度

金属风管的材料品种、规格、性能与厚度等应符合设计要求和现行国家产品标准的规定。当设计无规定时，钢板或镀锌钢板的厚度不得小于表 7-6 的规定，不锈钢板的厚度不得小于表 7-7 的规定，铝板的厚度不得小于表 7-8 的规定。

表 7-6　　　　　　　　　**钢板、镀锌钢板风管板材厚度**　　　　　　　　mm

风管类别 圆形风管直径 D 或矩形风管长边尺寸 b	圆形风管	矩形风管		除尘系统风管
		中、低压系统	高压系统	
$D(b) \leqslant 320$	0.5	0.5	0.75	1.5

续表

风管类别 圆形风管直径 D 或矩形风管长边尺寸 b	圆形风管	矩形风管		除尘系统风管
		中、低压系统	高压系统	
320<$D(b)$≤450	0.6	0.6	0.75	1.5
450<$D(b)$≤630	0.75	0.6	0.75	2.0
630<$D(b)$≤1000	0.75	0.75	1.0	2.0
1000<$D(b)$≤1250	1.0	1.0	1.0	2.0
1250<$D(b)$≤2000	1.2	1.0	1.2	按设计
2000<$D(b)$≤4000	按设计	1.2	按设计	

表 7 - 7   **高、中、低压系统不锈钢板风管板材厚度**   mm

风管直径 D 或长边尺寸 b	$D(b)$≤500	500<$D(b)$≤1120	1120<$D(b)$≤2000	2000<$D(b)$≤4000
不锈钢板厚度	0.5	0.75	1.0	1.2

表 7 - 8   **中、低压系统铝板风管板材厚度**   mm

风管直径 D 或长边尺寸 b	$D(b)$≤320	320<$D(b)$≤630	630<$D(b)$≤2000	2000<$D(b)$≤4000
铝板厚度	1.0	1.5	2.0	按设计

三、金属风管和配件的加工与加固

1. 风管的加工

(1) 圆形直风管的加工。圆形直风管在下料后经咬口加工、卷圆、咬口打实、整圆等操作过程加工制成。其制作长度应按系统加工安装草图并考虑运输及安装方便、板材的标准规格、节省材料等因素综合确定，一般不宜超过 4m。

圆形直风管的制作尺寸应以外径为准，其展开可直接在板材上画线，在画线之前，应对板材的四边严格角方，根据图纸给出的直径 D，管节长度 L，然后按风管的周长 πD 及 L 的尺寸作矩形，并应根据板厚留出咬口余量 M 和法兰翻边量（法兰翻边量一般为 8～10mm）。风管如采用对接焊，则不放咬口余量，法兰与风管采用焊接时，也不再放翻边量。

展开后的板材，可用手工或机械进行剪切，并进行卷圆、咬口、压实，风管即成。板材的卷圆可采用手工方法或机械方法。手工卷圆是将打好咬口折边的板材，把咬口边一侧板边在钢管上用方尺初步拍圆，然后用手和方尺进行卷圆，使咬口折边能相互咬合，并把咬口打紧打实，接着再找圆，找圆时方尺用力要均匀，以免出现明显的折痕。

机械卷圆时，通常用卷圆机进行，卷圆机适用于厚度小于 2mm、板宽为 2000mm 以内的板材卷圆。操作时，应先把靠近咬口的板边，在钢管上用手工拍拍圆，再把板材送入上、下辊之间，辊子带动板材转动，当卷出所需圆弧后，将咬口扣合，再送入卷圆机，根据加工的管径调节上、下辊的间距，进行往返滚动，即成圆形风管。

当风管采用焊接或横向焊缝采用焊接时，也以板长或板宽来展开圆周长，加工卷制后，再焊成适当长度的管段。风管展开时，应注意图形排列，纵向焊缝应交错设置，尽量节省板料或减少板料接缝长度。当拼接板材纵向和横向咬口时，应把咬口端部切出斜角，避免咬口出现凸瘤。

（2）矩形风管制作。采用手工制作风管时，一般当风管周长加咬口余量总长小于板宽时，设一个角咬口连接，如图 7 - 25（a）所示；当板材宽度小于风管周长、大于 1/2 周长时，可设两个转角咬口连接，如图 7 - 25（b）、（c）所示；当风管周长更长时，可在风管的四个边角分别设四个角咬口连接，如图 7 - 25（d）所示。现在机械咬口已普遍采用，矩形风管的纵向闭合缝，均应设在风管的四个边角上，使风管有较高的机械强度。

矩形风管下料并制作咬口后，可用手工或机械方法折方。矩形风管的管段长度一般以板长 1800、2000mm 作为管段长度，如果采用卷板，则可以根据实际情况加长。

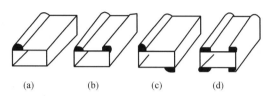

图 7 - 25　矩形风管咬口设置示意图
(a) 一个角咬口；(b)、(c) 两个角咬口；(d) 四个角咬口

1）手工加工风管。手工加工前应将剪切好的板材先做好咬口，画好折线，再把板材放在工作台上，使折曲线与槽钢边对齐。一般较长的风管由两人操作，两人分别站在板材的两端，一手将板材压在工作台上，不使板材移动，一手把板材向下压成 90°，然后用木方尺进行修整，直至打出棱角，使板材平整为止。最后，将咬口相互咬合，打紧打实即可。

2）机械加工风管。机械加工风管是用手动扳边机或折方机进行折方，再将咬口咬合打实后即成矩形风管，其操作方法简捷、快速。

3）风管的加工要求。制作风管时，画线、下料要正确，板面应保持平整，咬口缝应紧密，防止风管与法兰尺寸不匹配，导致风管起皱、翘曲。咬口纵缝宽度应均匀，纵向接缝应错开一定距离。焊接的焊缝应平整，不应有气孔、砂眼、凸瘤、夹渣及裂纹等缺陷，焊接后的变形应进行校正。

2. 风管的加固

风管是由金属薄板制成的，当风管规格较大时，风管的强度、刚度不能满足要求，导致风管变形，因此要对风管进行加固。

（1）需要加固的风管。

1）圆形风管（不包括螺旋风管）直径大于或等于 800mm，且其管段长度大于 1250mm 或总表面积大于 4m²，应采取加固措施。

2）矩形风管边长大于 630mm、保温风管边长大于 800mm，且其管段长度大于 1250mm 或低压风管单边面积大于 1.2m²，中、高压风管单边面积大于 1.0m²，应采取加固措施。

（2）加固措施。采用薄钢板法兰的风管宜轧制加强筋，加强筋的凸出部分应位于风管的外表面，排列间隔应均匀，板面不应有明显的变形；风管的法兰强度低于规定强度时，可采用外加固框和管内支撑进行加固，加固件距风管连接法兰一端的距离不应大于 250mm。

外加固型材的高度不宜大于风管法兰的高度，且间隔应均匀对称，与风管的连接应牢固，螺栓或铆接点的间距不应大于 220mm。外加固框的四角处，应连接为一体。

风管内支撑加固的排列应整齐、间距应均匀对称，应在支撑件两端的风管受力（压）面处设置专用垫圈。

风管的加固方法有起高接头（立咬口）、角钢框加固、角钢加固、风管壁棱线、风管壁滚槽、风管内壁加固等，如图 7 - 26 所示。风管的加固形式如图 7 - 27 所示。

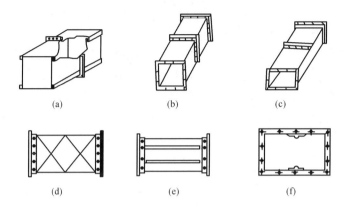

图 7 - 26 风管的加固方法

(a) 起高接头 (立咬口)；(b) 角钢框加固；(c) 角钢加固；
(d) 风管壁棱线；(e) 风管壁滚槽；(f) 风管内壁加固

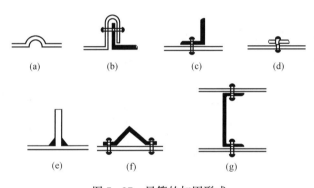

图 7 - 27 风管的加固形式

(a) 棱筋；(b) 立筋；(c) 角钢加固；(d) 扁钢平加固；
(e) 扁钢立加固；(f) 加固筋；(g) 管内支撑

(3) 矩形风管的加固规定。

1) 在风管或弯头中部用角钢框加固，加固的强度大，被广泛采用。角钢规格可以略小于法兰规格。当风管大边尺寸为 630～800mm 时，可采用－25×3 的扁钢做加固框；当风管大边尺寸为 800～1250mm 时，可采用∟25×4 的角钢做加固框；当风管大边尺寸为 1250～2000mm 时，可采用∟30×4 的角钢做加固框。加固框与风管铆接，铆钉的间距与铆接法兰相同。

当风管大边尺寸在加固规定范围内，而风管小边尺寸未在加固规定范围内时，可只对风管大边用角钢加固，使用的角钢可与法兰用角钢规格相同。

2) 薄钢板法兰连接的风管宜轧制加强筋。风管展开下料后，先将壁板放到滚槽机械上进行十字线或直线形滚出加强筋，但在风管展开下料时要考虑到加强筋对尺寸的影响。加强筋的凸出部分应位于风管外表面，排列间隔应均匀，板面不应有明显的变形。

3) 风管的法兰强度低于规定强度时，可采用外加固框和管内支撑进行加固，加固件距风管连接法兰一端的距离不应大于 250mm。

4) 风管内壁设置的加固筋条，由 1.0～1.5mm 厚的镀锌钢板加工而成，间断的铆接在风管内壁。

5) 风管内支撑加固的排列应整齐、间距应均匀对称，应在支撑件两端的风管受力（压）面处设置专用垫圈。采用管套内支撑时，长度应与风管边长相等，支撑件和风管壁用铆钉或自攻螺栓紧固，各支撑点之间、各支撑点与风管的边缘或法兰的间距应均匀，不应大于 950mm。支撑件的形状对气流的流动影响要尽可能的小。

6) 高压和中压风管系统的管段，当长度大于 1250mm 时，还要有加固框补强。高压风管系统的单咬口缝，还应采取防止咬口缝胀裂的加固或补强措施。

（4）矩形风管加固刚度等级。2004年，我国参照英、美等国薄板金属风管施工规范和标准中风管加固的有关规定，颁发了 JGJ 141—2004《通风管道技术规程》，规程中给出了矩形风管不同加固形式的加固等级，供风管设计和施工人员在确定加固方式时选择使用。

矩形风管不同外框加固形式的加固刚度等级见表 7-9，矩形风管的点加固刚度等级见表7-10，矩形风管的纵向加固和压筋加固的刚度等级见表 7-11。

表 7-9 矩形风管不同外框加固形式的加固刚度等级

序号	加固形式	加固件简图	加固件规格 (mm)	加固件高度 h(mm)					
				15	25	30	40	50	60
				刚度等级					
1	角钢加固		∟ 25×3		G2				
			∟ 30×3			G3			
			∟ 40×4				G4		
			∟ 50×5					G5	
			∟ 63×5						G6
2	直角形加固		δ=1.2	—	G2	G3	—	—	—
3	Z 形加固		δ=1.5		G2	G3	G3	—	—
		b≥10mm	δ=2.0	—	—	—	—	G4	—
4	槽形加固 1		δ=1.2		G2				
		b≥20mm	δ=1.5			G3			
5	槽形加固 2		δ=1.2	G1	G2	—	—	—	—
		b≥25mm	δ=1.5	—	—	G3	G4	—	—
			δ=2.0	—	—	—	—	G5	—

表 7-10 矩形风管的点加固刚度等级

序号	加固形式	加固简图	加固件规格（mm）	刚度等级
1	扁钢内支撑	b≥25mm	扁钢—25×3	J1
2	螺杆内支撑		螺杆，≥M8	J1
3	套管内支撑		套管，φ16×1	J1

表 7 - 11 矩形风管的纵向加固和压筋加固的刚度等级

序号	加固形式	加固件简图		加固件高度 h (mm)					
				15	25	30	40	50	60
				刚度等级					
1	纵向加固	立咬口	$h \geqslant 25mm$	Z2					
2	压筋加固	压筋间距≤300		J1					

（5）矩形风管横向加固允许最大间距。矩形风管横向加固允许最大间距见表 7 - 12。

表 7 - 12 矩形风管横向加固允许最大间距 mm

刚度等级		风管边长 b								
		≤500	630	800	1000	1250	1600	2000	2500	3000
		允许最大间距								
低压风管	G1	3000	1600	1250	625	不使用				
	G2		2000	1600	1250	625	500	400		
	G3		2000	1600	1250	1000	800	600	不使用	
	G4		2000	1600	1250	1000	800	800		
	G5		2000	1600	1250	1000	800	800	800	625
	G6		2000	1600	1250	1000	800	800	800	800
中压风管	G1		1250	625	不使用					
	G2		1250	1250	625	500	400	400		
	G3		1600	1250	1000	800	625	500	不使用	
	G4		1600	1250	1000	800	800	625		
	G5		1600	1250	1000	800	800	800	625	不使用
	G6		2000	1600	1000	800	800	800	800	625
高压风管	G1		625	不使用						
	G2		1250	625	不使用					
	G3		1250	1000	625	不使用				
	G4		1250	1000	800	625	不使用			
	G5		1250	1000	800	625	625	不使用		
	G6		1250	1000	800	625	625	625	500	400

3. 配件加工

（1）弯头加工。圆形弯头，是把剪切下来的端节和中间节先做纵向接合的咬口折边，卷圆咬合成各个节管，再用手工或机械在节管两侧加工立咬口的折边，进而把各节管一一组合成弯头。弯头咬口要求严密一致，各节的纵向咬口应错开，成型的弯头应和要求的角度一致，不应发生歪扭现象。

当弯头采用焊接时，应先将各管节焊好，两次修整圆度后，进行节间组对点焊成弯管，经角度、平整等检查合格后，再进行焊接。点焊应沿弯头圆周均匀分布，按管径大小确定点数，但最少不少于3处，每处的焊缝不宜过长，以点住为限。施焊时应防止弯管两面及周长出现受热集中现象。

矩形弯头的咬口连接或焊接与圆形弯头的步骤、要求一致。

（2）三通加工。圆形三通主管及支管下料后，即可进行整体组合。主管和支管的接合缝，可为咬口、插条或焊接连接。

当采用咬口连接时，应采用覆盖法咬口连接，如图7-28所示。先把主管和支管的纵向咬口折边放在两侧，把展开的主管平放在支管上，如图7-28中的1、2所示的步骤套好咬口缝。再用手将主管和支管扳开，把接合缝打紧打平，如图7-28中的3、4所示。最后把主管和支管卷圆，并分别咬好纵向接合缝，打紧打平纵向咬口，然后进行主、支管的整圆修整。

当用插条连接时，主管和支管可分别进行咬口、卷圆、加工成独立的部件，然后把对口部分放在平钢板上检查是否贴实，再进行接合缝的折边工作。折边时，主管和支管均为单平折边，见图7-29。用加工好的插条，在三通的接合缝处插入，并用木槌轻轻敲打，插条插入后，用小锤和衬铁打紧打平。

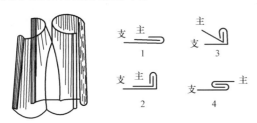

图7-28　三通的覆盖法咬接

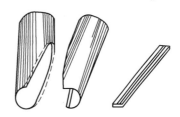

图7-29　三通的插条法加工

当采用焊接使主管和支管连接时，先用对接缝把主管和支管的接合缝焊好，经板料平整消除变形后，将主、支管分别卷圆，再分别对缝焊接，最后进行整圆。

矩形三通的加工步骤、要求同圆形三通。

（3）变径管加工。圆形变径管下料时，咬口留量和法兰翻边留量应留得合适，否则，会出现大口法兰与风管不能紧贴、小口法兰套不进去等现象，为防止出现这种现象，下料时可将相邻的直管剪掉一些，或将变径管的高度减少，将减少量加工成正圆锥短管，套入法兰后再翻边。为使法兰顺利套入，下料时可将小口稍微放小些，把大口稍微放大些，从上边穿大口法兰，翻边后，再套入上口法兰进行翻边。

矩形变径管和天圆地方的加工，可用一块板材加工制成。为了节省板材，也可用四块小料拼接，即先咬合小料拼合缝，再依次卷圆或折边，最后咬口成型。

四、其他风管加工

1. 不锈钢板风管及配件的加工

不锈钢钢板含有适量的镍、铬成分，因而在板面形成一层非常稳定的钝化保护膜。该板材具有良好的耐高温和耐腐蚀性能，有较高的塑性和优良的机械性能，用作输送腐蚀性气体的风管。

不锈钢板加工时不得退火，以免降低其机械强度。焊接时宜用非熔化极（钍化钨）电极的氩弧焊。焊接前，应将焊缝处的污物、油脂等用汽油或丙酮清洗干净。焊接后，要清理焊缝处的焊渣，并用钢丝刷刷出光泽，再用10％的硝酸溶液酸洗焊缝，最后用热水冲洗。不锈钢板的焊接还可以用电焊、点焊机或焊缝机进行。

不锈钢板画线放样时，应先作出样板贴在板材上，用红蓝铅笔画线，不可用硬金属画针画线，以免损害板面钝化膜。

不锈钢板厚 $\delta \leqslant 1.0$ mm 时，可采用咬口连接，$\delta > 1.0$ mm 应采用焊接。配件的加工方法同上述普通薄钢板。不锈钢板风管和配件的法兰宜采用不锈钢板剪裁的扁钢加工，风管支架及法兰螺栓等，最好也用不锈钢材料。当法兰及支架采用普通碳钢材料时，应涂耐酸涂料，并在风管与支架之间垫上塑料或木制垫块。

2. 铝板风管及配件的加工

通风工程中常用的铝板有纯铝板和经退火处理的铝合金板，纯铝板有着优良的耐腐蚀性能，但强度较低。铝合金板的耐腐蚀性不如纯铝板，但其机械强度较高。铝板的加工性能良好，当风管和配件 $\delta \leqslant 1.5$ mm 时，应采用咬口连接，$\delta > 1.5$ mm 方可采用焊接，焊接宜采用氩弧焊接。

铝板的加工方法同上述普通钢板。

铝板与铜、铁等金属接触时，会产生电化学腐蚀，因此应尽可能避免与铜、铁金属接触。通风工程中，铝板风道的法兰、支架等仍采用普通碳钢型材时，应采用镀锌型材或做防腐处理。

3. 硬聚氯乙烯塑料风管的加工

（1）材料及要求。

1）材料要求。硬聚氯乙烯板材表面要平整，不得有气泡、裂缝、分层等缺陷；板材厚度要均匀，偏差不得超过板材厚度的10％。焊条应光滑，粗细要均匀，表面光泽、颜色一致，不得有变质、老化等现象。

2）烘箱。板材加热宜采用电热或紫外线恒温控制烘箱，电热箱内放板材的金属网板上应铺一层耐高温的石棉布，防止板材污染或局部烧焦。烘箱内紫外线板及电阻丝，应与网板有 150～180mm 的距离，板材在烘箱内加热温度应均匀，不使板材产生气泡、分层、碳化、变形等缺陷。

3）板材厚度及焊条直径。硬聚氯乙烯风管及配件厚度，当设计未规定时，板材的厚度应符合表 7-13 的规定。

表 7-13　　　　　　　硬聚氯乙烯风管加工选用板材的厚度及加工后允许的偏差　　　　　　mm

圆　管			矩形风管		
风管直径 D	板材厚度	直径允许偏差	风管边长 b	板材厚度	边长允许偏差
$D \leqslant 320$	3	-1	$b \leqslant 320$	3	-1
$320 < D \leqslant 630$	4	-1	$320 < b \leqslant 500$	4	-1
$630 < D \leqslant 1000$	5	-2	$500 < b \leqslant 800$	5	-2
$1000 < D \leqslant 2000$	6	-2	$800 < b \leqslant 1250$	6	-2
—	—	—	$1250 < b \leqslant 2000$	8	-2

选用塑料焊条的材质应与板材材质相同，直径见表 7-14。

表 7 - 14	塑 料 焊 条 选 用 直 径		mm
板材厚度	2~5	5.5~15	>16
焊条直径	2	3	3.5

（2）放样下料。

1）画线用具。展开画线应使用红蓝铅笔或不伤板材表面的软体笔，不得使用金属针画线。画线方法与金属管展开相同。

2）收缩余量。塑料的线胀系数较大，需要加热成型的板材放样画线前，应留出收缩余量。每批板材均应做试验，以得出较为准确的收缩余量。

3）展开画线。放样画线时，应按设计图纸尺寸和板材规格以及加热烘箱、加热机具等的具体情况，合理安排放样图形及焊接部位，应尽量减少切割和焊接的工作量。

圆形直管段长度，在运输和安装许可的条件下不宜超过 4m，圆形直管一般以三四个板宽作为管段长度。直管纵缝应错开，其交错位置应大于 60mm，且小于 1/6 管周长。

矩形直管段长度，宜为一块板长或一块板宽作为管段长度，在运输安装许可的条件下不宜超过 4m，焊缝不得设置在转角处，四角应加热折成方形，纵缝交错位置应大于 60mm，且小于 1/3 边长，如图 7 - 30 所示。

水平安装的风管，应避免在管底设置纵焊缝。圆形风管严禁在管底设置纵焊缝。矩形风管管底宽度小于板材宽度不应在管底设置纵焊缝，管底宽度大于板材宽度，只允许在管底设置一条纵焊缝，并应尽量避免两条纵焊缝存在，焊缝应牢固、光滑、平整。

（3）板材切割。硬聚氯乙烯塑料板可用剪板机、圆盘锯或普通木工锯进行切割。

使用剪板机进行切割时，厚度在 5mm 以下的

图 7 - 30 矩形风管纵缝交错位置

板材，可在常温下进行；厚度在 5mm 以上的板材应当在 30℃ 左右温度下剪切。因为气温较低时，板材易脆裂。

使用圆盘锯切割时，锯片的直径宜为 200~250mm，厚度在 1.2~1.5mm，齿距为 0.5~1mm，锯割速度应控制在 1.5~2m/min。为避免板材在切割时过热而发生烧焦或粘结现象，可用压缩空气对切割部分进行局部冷却。

当工程量少或安装现场无条件进行机械切割时，也可用普通木工锯或手板锯锯切板材。板材曲线的切割，可使用手提式小直径圆盘锯或长度为 300~400mm、齿距为每英寸 12 牙的鸡尾锯。锯切圆弧较小或在板内锯穿缝时，可用钢丝锯。

（4）板材坡口。硬聚氯乙烯塑料板材焊接前应加工坡口，坡口的角度和尺寸应一致。开坡口应使用坡口机、砂轮机、木工刨或螃蟹刨、锉刀等工具。采用坡口机或砂轮机加工坡口时，应将坡口机或砂轮机底板和挡板调整到需要的角度，对样板加工坡口后必须检查角度是否合乎要求，确认准确无误后才能加工大批量坡口。硬聚氯乙烯塑料板的焊缝形式、坡口尺寸及使用范围应符合表 7 - 15 的规定。

表 7-15 硬聚氯乙烯塑料板的焊缝形式、坡口尺寸及使用范围

焊缝形式	焊缝图形	焊缝高度(mm)	板材厚度(mm)	坡口角度(°)	使用范围
Y形对接焊缝		2～3	3～5	70～90	单面焊的风管
V形对接双面焊缝		2～3	5～8	70～90	双面焊的风管
X形对接焊缝		2～3	≥5	70～90	风管法兰及厚板的拼接
搭接焊缝		≥最小板厚	3～10	—	风管和配件的加固
垂直填角焊缝		2～3	6～18	—	
90°填角焊缝		≥最小板厚	≥3	—	风管和配件的角焊
V形单面角焊缝		2～3	3～8	70～90	风管、配件的角部焊接
V形双面角焊缝		2～3	6～15	70～90	厚壁风管及配件的角部焊接

（5）加热成型。

1）成型胎具。圆形风管及配件热成型前应备制胎具。胎具材料宜用 1mm 厚的镀锌钢板制作,小规格圆形胎具宜用木制,胎具可比需要的规格大 1 个板材的厚度,两端应有加强措施,胎具要求尺寸准确,圆弧过渡均匀,外表面光滑。

2）圆形风管成型。圆形风管加热成型时,先使电热箱的温度保持在 130～140℃,待箱内温度均匀稳定后,再把板材放入箱内加热。加热时间和板材厚度有关。不同板材加热持续时间见表 7-16。

表 7 - 16　　　　　　　　　　　　**硬聚氯乙烯塑料板材加热时间**

板材厚度（mm）	2～3	4～5	6～8	9～11	12～15
加热时间（min）	3～5	6～8	9～11	12～14	15～20

当板材在烘箱内按加热时间加热到柔软状态时，从烘箱内将板材平拉出来置于铺放帆布的工作台上，用帆布紧包贴板材与胎具徐徐滚动使风管成型，如图 7 - 31 所示。待完全冷却定型后，将塑料管取出即可。

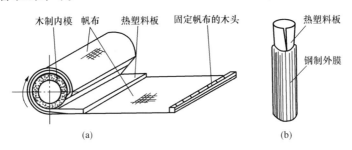

图 7 - 31　塑料板卷管示意图
(a) 木制内模成型；(b) 钢制外模成型

3) 矩形风管成型。矩形直管的四角可采用焊接成型或加热折方成型。采用加热折方成型时，纵向距折方处宜大于 80mm。

风管折方可用两根管式电加热器和普通的手动扳边机配合进行。管式电加热器是利用在钢管中装设的电热丝通电来进行加热的。电热丝和钢管之间必须用瓷管隔热。电热丝的功率应能保证钢管表面加热到 150～170℃。折方时，把画好线的板材放在两根管式电加热器中间，对折线处进行局部加热，加热长度约等于 5 倍塑料板的厚度。加热处变软后，迅速将塑料板抽出放在手动扳边机上，把板材折成 90°角，待加热部位冷却后才能取出。

4) 管件成型。矩形及圆形变径管、天圆地方的热加工成型，可按金属风管展开放样的方法下料，并留出加热后的收缩余量。矩形变径管可按矩形风管方法加热折方成方形；圆形变径管和天圆地方，应将已割好的板料放入电热箱中加热，再利用胎膜成型。胎膜可用铁皮或木材制成。

制作圆形弯头时，要注意各管节的纵向焊缝应互相错开，不得设置在弯头一侧，也可利用已加工好的圆直管，用管节的展开样板画线下料，然后用若干个管节组焊成圆形弯头。

制作矩形弯头时，弯头的两块侧面板可按图形切割下料，背板和里板应放出加热后的收缩余量再切割下料，然后用相同圆弧的圆形直管作胎膜加热成型。

(6) 法兰制作。圆形法兰制作，应按直径要求计算出法兰用硬聚氯乙烯塑料板条的长度，并放足加热后的收缩余量，用剪床或圆盘锯切成条状。用坡口机具开出内径坡口，圆形法兰宜采用两次热成型，第一次加热煨成圈带，焊牢接头，第二次加热后在胎具上压平定型。还有一种制作方法是，将法兰按两个或两个以上的扇形板在塑料板上套裁下料，加工坡口后，组对焊接成型。$D=150mm$ 以下法兰不宜热煨，应用车床加工。

矩形法兰制作，应将塑料板切割成条形，开好坡口，按要求尺寸在平板上组焊成型。法兰焊接后，必须将焊缝锉削平整。焊接成型时应用钢板等重物适当压住，防止塑料焊接变形，使法兰的表面保持平整。

圆形法兰内径或矩形法兰内边尺寸允许偏差为 2mm，平面度偏差不应大于 2mm。圆形法兰规格见表 7‑17，矩形法兰规格见表 7‑18，法兰上螺栓孔的间距不得大于 120mm；矩形风管法兰的四角处，应设有螺栓孔。

表 7‑17 硬聚氯乙烯圆形风管法兰规格

风管直径 D（mm）	法兰宽×厚（mm）	螺栓孔直径（mm）	螺孔数量（个）	连接螺栓
D≤180	35×6	7.5	6	M6
180<D≤400	35×8	9.5	8~12	M8
400<D≤500	35×10	9.5	12~14	M8
500<D≤800	40×10	9.5	16~22	M8
800<D≤1400	45×12	11.5	24~38	M10
1400<D≤1600	50×15	11.5	40~44	M10
1600<D≤2000	60×15	11.5	46~48	M10
D>2000	按设计			

表 7‑18 硬聚氯乙烯矩形风管法兰规格

风管边长 b(mm)	法兰宽×厚（mm）	螺栓孔直径（mm）	螺孔间距（mm）	连接螺栓
b≤160	35×6	7.5		M6
160<b≤400	35×8	9.5		M8
400<b≤500	35×10	9.5		M8
500<b≤800	40×10	11.5	≤120	M10
800<b≤1250	45×12	11.5		M10
1250<b≤1600	50×15	11.5		M10
1600<b≤2000	60×18	11.5		M10

法兰的钻孔，可用普通电动台钻或手提电钻，为避免塑料板在钻孔处过热，应间歇地将钻头从孔内提出冷却。螺孔不得有歪斜及表面因转速过快而出现凸出的缺陷。

法兰与风管应采用焊接，法兰端面应垂直于风管轴线。当风管直径或边长大于 500mm 时，在风管与法兰的连接处应设三角加强板，且间距不得大于 450mm。

（7）风管的组配和加固。

1）风管组配。风管在组配焊接时，其纵缝应交错设置，错开的间距应大于 60mm。风管两端面应平行，无明显扭曲；表面应平整，凸凹不应大于 5mm；加热折角圆弧应均匀，当圆形风管直径小于 500mm、矩形风管大边长度小于 400mm 时，风管的连接可采用对接焊；当圆形风管直径大于 560mm、矩形风管大边长度大于 500mm 时，风管的连接应采用套管连接，套管两端与风管进行搭接焊，套管的厚度不应小于风管的厚度，套管的长度为 150~250mm，如图 7‑32（a）所示；圆形风管直径小于或等于 200mm，可采用承插连接，承口采用加热扩张型，承口深度为 40~80mm，如图 7‑32（b）所示。

2）风管加固。风管边长大于或等于 630mm 的四角焊接成型的矩形风管，或边长大于或等于 800mm 加热折角成型的矩形风管，或管段长度大于 1200mm 的风管，均应采取加固措施。塑料风管的加固通常采用加固框与风管焊接的加固措施。加固框的规格与法兰相同，

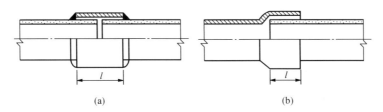

图 7-32　塑料风管连接

（a）套管连接；（b）承接连接

风管加固如图 7-33 所示。加固框规格见表 7-19。

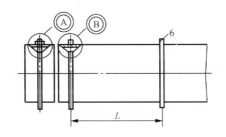

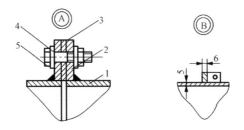

图 7-33　塑料风管加固

1—风管；2—法兰；3—垫料；4—垫圈；5—螺栓；6—加固圈

表 7-19　　　　　　　　　　　塑料风管加固框的规格　　　　　　　　　　　mm

圆形风管				矩形风管			
直径 D	管壁厚度	加固框		大边长度 b	管壁厚度	加固框	
		规格 a×b	间距 l			规格 a×b	间距 l
630~800	5	40×8	800	630~800	5	40×8	800
900~1000	5	45×10	800	1000~1250	6	45×10	400
1120~1400	6	45×10	800	1600	8	50×12	400
1600	6	50×12	400	2000	8	60×15	400
1800~2000	6	60×12	400				

3）法兰装配与加固。风管与法兰焊接时，应检查风管中心线与法兰平面的垂直度，以及法兰平面的平面度，其允许偏差与金属风管相同，均应小于 2mm。法兰与风管焊接后，

高出法兰平面的焊料，应用木工刨刨平。

当风管周长大于或等于1000mm时，风管与法兰外边的连接处，应增加三角支撑加固，三角支撑间距为250～350mm，三角支撑角度为45°～60°。

每节管段可按3～4m设置一副法兰，也可根据管径大小、运输条件及现场安装条件适当进行增减。

4. 无机玻璃钢风管

（1）无机玻璃钢风管的材质及质量要求。

1）按胶凝材料的不同分类。无机玻璃钢风管按胶凝材料的性能可分为：以硫酸盐类为胶凝材料与玻璃纤维网格布制成的水硬性无机玻璃钢风管和以改性氯氧镁水泥为胶凝材料与玻璃纤维网格布制成的气硬改性氯氧镁水泥风管两种。胶凝材料硬化体的pH值应小于8.8，且不应对玻璃纤维有碱性腐蚀。

采用水硬性胶凝材料生产的风管称为水硬性无机玻璃钢风管，采用气硬性胶凝材料生产的风管称为气硬性无机玻璃钢风管。气硬性无机玻璃钢风管在工程中得到广泛应用，也称为不燃无机玻璃钢风管。

2）对玻璃纤维网格布的要求。无机玻璃钢风管应采用无碱、中碱或抗碱玻璃纤维网格布，并应分别符合JC 561.1—2006《增强用玻璃纤维网布　第1部分：树脂砂轮用玻璃纤维网布》、GB/T 18370—2001《玻璃纤维无捻粗纱布》的规定。

3）质量要求。为避免径向拉应力和弯曲切应力的应力集中，玻璃纤维网格布相邻之间的纵横搭接缝距离应大于300mm，同层搭接缝距离不得小于500mm，搭接长度应大于50mm。

风管表层浆料厚度以压平至可见玻璃纤维网格布纹理为宜（可见布纹），以提高管壁承受弯曲拉应力的能力。为避免风管管壁承受弯曲拉应力（正风压）、弯曲压应力（负风压）产生的应力集中，风管表面不允许有密集气孔、漏浆。

风管的法兰与风管成一整体，并且与风管轴线成直角，管体和法兰接合平整。风管内表面平整光滑，厚度均匀，无返卤和严重泛霜现象。

（2）无机玻璃钢风管结构形式。无机玻璃钢风管可分为整体普通型（非保温）、整体保温型（内、外表面为无机玻璃钢，中间为绝热材料）、组合型（由复合板、专用胶、法兰、加固角件等连接成风管）和组合保温型4类，其制作参数应符合表7-20～表7-22的规定。

（3）无机玻璃钢风管制作模具、养护和表面质量。玻璃钢风管的模具应按规格要求制作，内模的外径应与风管要求的外径相配合。模具材料宜用木板或薄钢板，模具表面应平整、光滑。

风管制作完毕，待胶凝材料固化后，方可去除内模，并置于干燥、通风处养护6天以上，方可运往工地安装。

矩形风管管体的缺棱处不得多于2处，且应小于10mm×10mm；风管与法兰缺棱不得多于1处，且应小于10mm×10mm；缺棱的深度不得大于法兰厚度的1/3，且不得影响法兰连接的强度。

风管壁厚、整体成型法兰高度与厚度的偏差应符合表7-23的规定，相同规格的法兰应具有互换性。

（4）风管管体与法兰的过渡。整体型风管与法兰转角处的玻璃纤维网格布应延伸至风管管体，法兰与管体转角处的过渡圆弧半径宜为壁厚的0.8～1.2倍，以提高法兰承载能力和避免产生应力集中。

表 7-20 整体普通型风管制作参数

矩形风管边长 b 圆形风管直径 D(mm)	风管管体			法 兰					
	壁厚 (mm)	玻璃纤维布层数		高度 (mm)	厚度 (mm)	玻璃纤维布层数		孔距 L(mm)	螺栓 规格
		C_1	C_2			C_1	C_2		
$b(D) \leqslant 300$	3	4	5	27	5	7	8	低、中压 $L \leqslant 120$ 高压 $L \leqslant 100$	M6
$300 < b(D) \leqslant 500$	4	5	7	36	6	8	10		M8
$500 < b(D) \leqslant 1000$	5	6	8	45	8	9	13		M8
$1000 < b(D) \leqslant 1500$	6	7	9	49	10	10	14		M10
$1500 < b(D) \leqslant 2000$	7	8	12	53	15	14	16		M10
$b(D) > 2000$	8	9	14	62	20	16	20		M10

注 C_1 为 0.4mm 厚玻璃布纤维层数，C_2 为 0.3mm 厚玻璃布纤维层数。

表 7-21 整体保温型风管制作参数 mm

矩形风管边长 b 圆形风管直径 D	风管管体		法 兰			
	内壁厚	外壁厚	净高度	厚度	孔距 L	螺栓规格
$b(D) \leqslant 300$	2	2	31	5	低、中压 $L \leqslant 120$ 高压 $L \leqslant 100$	M6
$300 < b(D) \leqslant 500$	2	2	31	6		M8
$500 < b(D) \leqslant 1000$	2	3	40	8		M8
$1000 < b(D) \leqslant 1500$	3	3	44	10		M10
$1500 < b(D) \leqslant 2000$	3	4	48	15		M10
$b(D) > 2000$	3	5	48	20		M10

注 保温层厚度应符合设计要求。

表 7-22 组合保温型风管制作参数（适用于压力 ≤1500Pa）

矩形风管边长 b(mm)		玻璃纤维布层数		内壁厚 (mm)	外壁厚 (mm)	风管总厚 (mm)	连接方式	法兰孔距 (mm)
		内层	外层					
保温	$b \leqslant 1250$	2	2	2	3	5＋保温层	PVC 或铝合金 C 形插条	—
	$b > 1250$		3				∟ 36×4 角钢法兰	≤150
普通	$b \leqslant 630$	5		—		5	∟ 25×3 角钢法兰	≤150
	$b \leqslant 1250$						∟ 30×3 角钢法兰	
	$b > 1250$						∟ 36×4 角钢法兰	

注 表中法兰规格为允许的最小规格。

表 7-23 无机玻璃钢风管壁厚、整体成型法兰高度与厚度的偏差 mm

矩形风管边长 b 圆形风管直径 D	风管壁厚	整体成型法兰高度与厚度	
		高度	厚度
$b(D) \leqslant 300$	±0.5	±1	+0.5
$300 < b(D) \leqslant 2000$	±0.5	±2	±1.0
$b(D) > 2000$			±2.0

操作时，在模具表面包一层透明玻璃纸，并在表面涂满已调好的树脂，随即敷上一层玻璃布，以后，每涂一层树脂便铺一层玻璃布，玻璃布的铺置接缝应错开、刮平，无重叠现象，最外面的玻璃布表面应涂满一层树脂，表面要有光泽。

（5）玻璃钢风管加固。

1）整体型矩形风管的加固。模制整体成型的无机玻璃钢风管，可直接采用本体材料（纤维增强胶凝材料）在最大应力处设置加强筋进行加固，使加强筋与风管成为整体。成型风管的加固，可采用金属或其他材料进行加固，其内支撑横向加固点数及外加固框、内支撑加固点纵向间距应符合表 7-24 的规定，并采用与风管本体相同的胶凝材料封堵。

表 7-24　　　整体型风管内支撑横向加固点数及外加固框、内支撑加固点纵向间距

类　　别		系统工作压力（Pa）				
		500～630	631～820	821～1120	1121～1610	1611～2500
		内支撑横向加固点数（个）				
风管边长 b（mm）	650<b≤1000	—	—	1	1	1
	1000<b≤1500	1	1	1	1	2
	1500<b≤2000	1	1	1	1	2
	2000<b≤3100	1	1	1	2	2
	3100<b≤4000	2	2	3	3	4
纵向加固间距（mm）		≤1420	≤1240	≤890	≤740	≤590

2）组合型矩形风管的加固。法兰与管壁紧固点的间距应小于或等于 120mm。组合型风管采用角形金属型材（如角钢或角铝）固定四角边时，其紧固件的间距应小于或等于 200mm。

组合型非保温风管内的内支撑加固点数及外加固框、内支撑加固点纵向间距应符合表 7-25的规定，组合保温型风管的内支撑加固点数及外加固框、内支撑加固点纵向间距应符合表 7-26 的规定。

表 7-25　　　组合型非保温风管的内支撑加固点数及外加固框、内支撑加固点纵向间距

类　　别		系统工作压力（Pa）				
		500～600	601～740	741～920	921～1160	1161～1500
		内支撑横向加固点数（个）				
风管边长 b（mm）	550<b≤1000	—	—	1	1	1
	1000<b≤1500	1	1	1	1	2
	1500<b≤2000	1	1	2	2	2
	2000<b≤3000	2	2	3	3	4
	3000<b≤4000	3	3	4	4	5
纵向加固间距（mm）		≤1100	≤1000	≤900	≤800	≤700

注　横向加固点数量为 5 个时应加加固框，并与内支撑固定为一整体。

3）圆形风管的加固。圆形风管直径大于 630mm，管段长度大于 1.20m，风管外部应有加固措施。加固法兰与风管法兰相同。

表 7-26　　　　组合保温型风管的内支撑加固点数及外加固框、内支撑加固点纵向间距

类　　别		系统工作压力（Pa）				
		500～600	601～740	741～920	921～1160	1161～1500
		内支撑横向加固点数（个）				
风管边 长 b(mm)	1000＜b≤1500	1	1	1	1	1
	1500＜b≤2000	1	1	1	1	2
	2000＜b≤3000	2	2	2	2	2
	3000＜b≤4000	2	2	3	3	4
纵向加固间距（mm）		≤1470	≤1370	≤1270	≤1170	≤1070

注　横向加固点数量大于或等于 3 个时应加加固框，并与内支撑固定为一整体。

5. 玻璃纤维复合板风管

玻璃纤维复合板风管是一种新型材料风管，其外壁面材质为复合铝箔纤维布，内壁面材质为高密度纤维布，风管壁厚一般大于或等于 25mm。

玻璃纤维复合板风管保温隔热性能良好，不必再做绝热层，风管内壁又是良好的吸声材料。玻璃纤维复合板风管集防火、防潮、保温、消声等功能于一体，同时具有质量轻、安装方便、节约安装工程费用、使用寿命长等优点；缺点是强度较低，安装时要避免磕碰。

玻璃纤维复合板风管内、外表面层与玻璃纤维绝热材料粘接应牢固，复合板表面应能防止纤维脱落。风管内壁采用涂层材料时，其材料应符合对人体无害的卫生规定。

风管内表面层的玻璃纤维布应是无碱或中碱性材料，并符合 GB/T 18370—2001《玻璃纤维无捻粗纱布》的规定，不得有断丝、断裂等缺陷。

（1）风管制作。

1）板材拼接。风管各面宜采用整板材料制作，当必须采用板材拼接时，应在接口处涂满胶液后紧密接合，外表面拼缝处做成宽度为 30mm 的外护层，涂满胶液后，用一层宽度大于或等于 50mm 的热敏铝箔胶带粘贴密封。接缝处单边粘贴宽度不应小于 20mm。内表面拼缝处可用一层宽大于或等于 30mm 的铝箔复合玻璃纤维布粘贴密封或采用胶黏剂抹封，如图 7-34 所示。

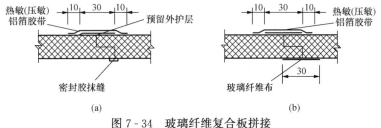

图 7-34　玻璃纤维复合板拼接

2）槽口形式。玻璃纤维复合板开槽时应采用专用刀具，以便保证槽口成型后的角度。槽口应刷足、刷匀胶液，保证风管的接合槽及封闭槽严密、牢固，玻璃纤维不外露。风管管板的槽口形式可采用 45°角形（见图 7-35）和 90°（见图 7-36）梯形。切割槽口应选用专用刀具，且不得破坏铝箔表层，组合

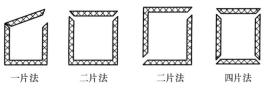

图 7-35　矩形风管 45°角形槽口

风管的封口处宜留有大于 35mm 的外表层搭接边量。

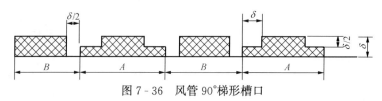

图 7-36　风管 90°梯形槽口

3）风管组合。在做好下料、拼接和槽口加工之后，即可进行风管组合。风管组合前，应清除管板表面外露的玻璃纤维毛茬和污物。槽口处均匀涂满胶液。风管组合时，应首先调整风管端面的平面度，并不得有间隙和错口，风管内角接缝处应采用胶黏剂勾缝，风管外接缝应用预留外护层材料和热敏铝箔胶带重叠粘贴严密，如图 7-37 所示。

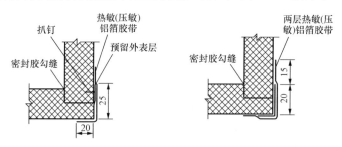

图 7-37　风管的直角组合

（2）风管加固。

1）槽形框外加固。玻璃纤维风管采用金属槽形框外加固时，应按规程设置内支撑，并将内支撑与金属槽形板紧固为一体。如为负压风管，则负压风管的加固应设置在风管的内侧。

玻璃纤维复合板风管的内支撑横向加固点数及外加固框纵向间距应符合表 7-27 的规定。

表 7-27　　　玻璃纤维复合板风管的内支撑横向加固点数及外加固框纵向间距

类　别		系统工作压力（Pa）				
		0～100	101～250	251～500	501～750	751～1000
		内支撑横向加固点数（个）				
风管边长 b（mm）	300＜b≤400	—	—	—	—	1
	400＜b≤500	—	—	1	1	1
	500＜b≤600	—	1	1	1	1
	600＜b≤800	1	1	1	2	2
	800＜b≤1000	1	1	2	2	3
	1000＜b≤1200	1	2	2	3	3
	1200＜b≤1400	2	2	3	3	4
	1400＜b≤1600	2	3	3	4	5
	1600＜b≤1800	2	3	4	4	5
	1800＜b≤2000	3	3	4	5	6
横向外加固框纵向间距（mm）		≤600		≤400		≤350

风管如采用外套角钢法兰、外套C形法兰连接时，其法兰连接点可视为一个外加固点。其他连接方式风管的边长大于1200mm时，距法兰150mm内应设置纵向加固，采用阴、阳榫连接的风管，应在距槽口100mm内设置纵向加固。

2）外加固槽钢规格。玻璃纤维复合板风管的外加固槽钢规格应符合表7-28的规定。

表7-28 玻璃纤维复合板风管的外加固槽钢规格 mm

风管边长 b	≤1200	1201~2000
槽钢规格（高×腿宽×腰厚）	40×10×1.0	40×10×1.2

风管加固件内支撑件和管外壁加固件的螺栓穿过管壁处应进行密封处理。

6. 酚醛铝箔复合板风管与聚氨酯铝箔复合板风管

（1）酚醛铝箔复合板风管与聚氨酯铝箔复合板风管加工。酚醛铝箔复合板风管与聚氨酯铝箔复合板风管是两种新型通风管材。这两种管材具有防水、防潮、节能、轻便、好加工、好安装等优点；缺点是阻燃性差，强度低。酚醛铝箔复合板风管与聚氨酯铝箔复合板风管板材的连接应采用45°角粘接或H形加固条拼接，如图7-38所示，拼接处应涂胶黏剂粘合。当风管边长小于或等于1600mm时，宜采用45°角形槽口处直接粘接，并在粘接缝两侧粘贴铝箔胶带；边长大于1600mm时，宜采用H形PVC或铝合金加固条在90°角形槽口处拼接。

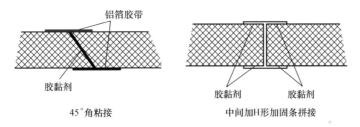

图7-38 风管板材拼接方式

酚醛铝箔复合板风管与聚氨酯铝箔复合板切割应使用专用刀具，切口要平直。风管管板组合前应清除油脂、水渍、灰尘，组合可采用一片法兰、两片法兰或四片法兰，如图7-39所示。组合时45°角切口处应均匀涂满胶黏剂粘合。粘接缝应平整，不得有歪扭、错位、局部开裂等缺陷。铝箔胶带粘贴时，其接缝处单边粘贴宽度不应小于20mm。

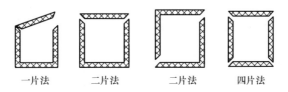

图7-39 矩形风管45°角切口组合方式

风管内角缝应采用密封材料封堵；外角缝铝箔断开处，应采用铝箔胶带封贴。

PVC连接件的燃烧等级应为难燃B1级，其壁厚应大于或等于1.5mm。

低压风管边长大于2000mm，中、高压风管边长大于1500mm时，风管法兰材料应采用铝合金等金属材料。

边长大于320mm的矩形风管安装插接法兰时，应在风管四角粘贴厚度不小于0.75mm

的镀锌直角垫片，直角垫片的宽度应与风管板材的厚度相等，边长不得小于 55mm。

（2）酚醛铝箔复合板风管与聚氨酯铝箔复合板风管加固。酚醛铝箔复合板风管与聚氨酯铝箔复合板风管强度低、刚度差，因此，需要加固，其横向加固点数及纵向加固间距应符合表 7-29 的规定。

风管的角钢法兰或外套槽钢法兰可视为一纵（横）向加固点，其余连接的风管，其边长大于 1200mm 时，应在法兰连接的两侧方向 250mm 内，设纵向加固。

表 7-29　　酚醛铝箔复合板风管与聚氨酯铝箔复合板风管横向加固点数及纵向加固间距

类　别		系统工作压力（Pa）						
		≤300	301~500	501~750	751~1000	1001~1250	1251~1500	1501~2000
		横 向 加 固 点 数（个）						
风管边长 b(mm)	$400 < b \leqslant 600$	—	—	—	1	1	1	1	—
	$600 < b \leqslant 800$	—	1	1	1	1	1	2	
	$800 < b \leqslant 1000$	1	1	1	1	1	2	2	
	$1000 < b \leqslant 1200$	1	1	1	1	1	2	—	2
	$1200 < b \leqslant 1500$	1	1	1	2	2	2		2
	$1500 < b \leqslant 1700$	2	2	2	2	2	2		2
	$1700 < b \leqslant 2000$	2	2	2	2	2	2		3
纵向间距（mm）								
聚氨酯铝箔复合板风管		≤1000	≤800	≤600				≤400
酚醛铝箔复合板风管		800						—

五、金属风管法兰及柔性短管的加工

1. 法兰加工

（1）圆形法兰加工。圆形法兰的加工多采用机械加工，先将整根角钢或扁钢放在法兰卷圆机上，卷成螺旋形状后，将卷好的角钢或扁钢画线、切料，再在平台上找平、找正，然后进行焊接、冲孔。

为使圆形法兰与风管组合时严密而不紧，适度而不松，应保证法兰尺寸偏差为正偏差，其偏差值为 2mm。

金属风管圆形法兰及螺栓规格见表 7-30，圆形法兰的构造如图 7-40 所示，圆形法兰的螺栓孔、铆钉规格见表 7-31。

表 7-30　　　　　　　　　金属风管圆形法兰及螺栓规格　　　　　　　　　mm

风管直径 D	法兰材料规格		螺栓规格
	扁钢	角钢	
$D \leqslant 140$	— 20×4	—	M6
$140 < D \leqslant 280$	— 25×4	—	
$280 < D \leqslant 630$	—	∟ 25×3	
$630 < D \leqslant 1250$	—	∟ 30×4	M8
$1250 < D \leqslant 2000$	—	∟ 40×4	

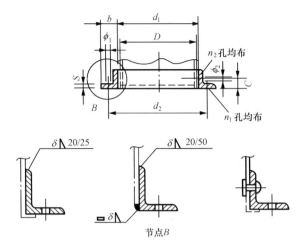

图 7 - 40　圆形法兰的构造

表 7 - 31　　　　　　　　　　　圆形法兰螺栓孔、铆钉规格

序号	风管外径 D(mm)	螺栓孔		铆钉		配用螺栓规格	配用铆钉规格
		ϕ_1（mm）	n_1（个）	ϕ_2（mm）	n_2（个）		
1	80～90	7.5	4	—	—	M6×20	—
2	100～140		6				
3	150～200		8				
4	210～280		8	4.5	8	M6×20	$\phi4×8$
5	300～360		10		10		
6	380～500		12		12		
7	530～600	9.5	14	5.5	14	M8×25	$\phi5×10$
8	600～630		16		16		
9	670～700		18		18		
10	750～800		20		20		
11	850～900		22		22		
12	950～1000		24		24		
13	1000～1120		26		26		
14	1180～1250		28		28		
15	1320～1400		32		32		
16	1500～1600		36		36		
17	1700～1800		40		40		
18	1900～2000		44		44		

　　对小于或等于 $\phi200$ 的圆形法兰，宜采用热揻弯的方法进行加工制作，也就是先做一个圆形法兰的胎盘，并在侧旁立一个固定桩，然后对扁钢进行加热至 900～950℃，在胎模上卷圆成型，如图 7 - 41 所示，最后整理平整、焊接、打孔。

（2）矩形法兰加工。矩形法兰一般由四根角钢组焊而成，画线下料时应注意焊成后的内框尺寸不小于风管的外边尺寸。下料一般采用电动切割机、手动冲剪机或联合冲剪机等。角钢切断后应进行找正、调直，磨掉两端的毛刺，按规定距离冲或钻铆钉孔及螺栓孔，再组合、焊接成法兰。通风空调系统的螺栓孔和铆钉孔的孔距不应大于 150mm，空气洁净系统的螺栓孔不应大于 120mm，铆钉孔的孔距不应大于 100mm。

为保证法兰平面的平整，冲孔后角钢的组焊应在平台上进行，焊接时用各种模具卡紧。矩形法兰两面对角线之差不大于 3mm，法兰平整度及法兰焊缝对接处平整度的偏差为 2mm，为安装方便，螺栓孔孔径应比螺栓直径大 1.5mm 左右，螺栓孔的孔距应准确，法兰具有互换性。矩形法兰的构造如图 7-42 所示，法兰和螺栓的规格见表 7-32。

2. 柔性短管制作

柔性短管多用于风管与设备的连接处，防止设备振动噪声通过风管传播扩散到通风空调系统。当风管穿越建筑物沉降缝时，也应设置柔性短管，其长度视沉降缝宽度而定。柔性短管常用帆布或人造革制作，输送腐蚀性气体的通风系统宜用耐酸的橡胶板或 0.8～1.0mm 厚的聚氯乙烯塑料布加工制作，用于空调系统的柔性短管应选用防腐、防潮、不透气、不易霉变的柔性材料。与风机相连的柔性短管其长度应合理，如太短，则起不到减振的作用，如过长，则运行时会导致缩径，通常状况下，长度为 150～300mm。

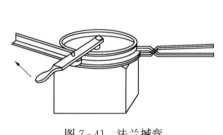

图 7-41　法兰揻弯

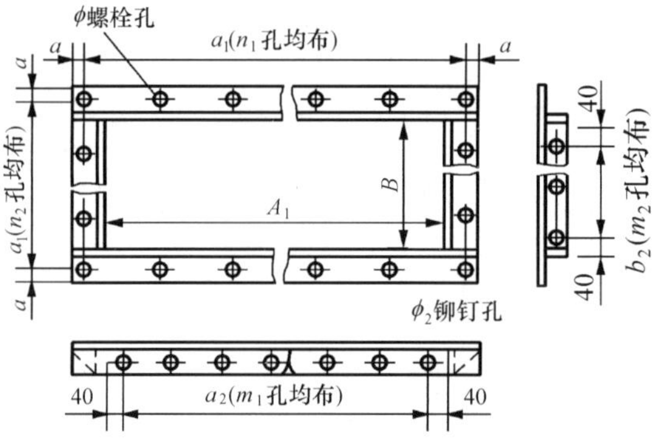

图 7-42　矩形法兰的构造

表 7-32　　　　　　　　　　金属矩形风管法兰及螺栓规格　　　　　　　　　　mm

风管边长 b	法兰材料规格（角钢）	螺栓规格
$b \leqslant 630$	∟25×3	M6
630<b≤1500	∟30×3	M8
1500<b≤2500	∟40×4	
2500<b≤4000	∟50×5	M10

（1）帆布柔性短管的加工。帆布柔性短管如图 7-43 所示。

把帆布按管径进行展开放样，留出 20～25mm 的搭接量，用缝纫机或手工缝合。再用 0.8～1.0mm 的镀锌薄钢板或刷上油漆的不锈钢薄钢板将帆布短管的两端分别压铆在角钢法兰上，如图 7-43（a）所示。

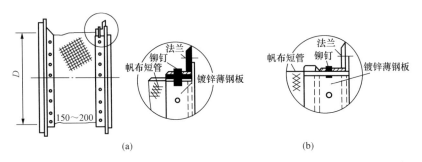

图 7-43　帆布柔性短管

（a）将帆布短管铆在法兰角钢上；（b）将帆布与薄钢板条咬上

把展开放样好的帆布两端分别与 60～70mm 的镀锌薄钢板条咬上，卷圆或折方，将镀锌钢板闭合缝咬上，帆布闭合缝缝好，将短管与法兰铆接，如图 7-43（b）所示。最后刷好帆布漆。

（2）塑料布柔性短管的加工。塑料布片材连接时，应注意留出 10～15mm 的搭接量和法兰留量，把焊缝按线对好，将电烙铁端部插到上下两块塑料布的叠缝中加热，加热到出现微量的塑料浆，用压辊把塑料缝压紧使其粘合在一起，如图 7-44 所示。

六、风管及配件的装配

1. 法兰和风管的装配

法兰与风管的连接方式，应根据风管的材质、厚度等情况，可分别采用翻边、铆接和焊接等形式。风管管段本体与风管法兰连接成一体，即为组装，组装前应先检查管段和法兰，达到各自的制作质量要求后，方能进行组装。

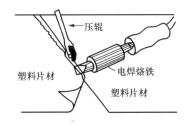

图 7-44　塑料布柔性短管的加热焊接

（1）扁钢法兰与圆形风管的装配。风管法兰采用扁钢时，可采用翻边。翻边前，应用直尺检查风管的外径和法兰的内径，是否符合各自允许的偏差要求。一般以法兰内径或内边长与风管内径或内边长之差不大于 3mm 为宜。如过大或过小，则应返工或重新配置合适的法兰。

风管套入法兰后，应使管端露出法兰边 10mm 左右，用衬铁顶住法兰，在管端敲几个固定点。然后，用手锤打出管口翻边，并不断检查法兰平面与管中心线是否垂直，如有偏差则可用翻边的量进行找正。翻边的宽度一般为 6～9mm，翻边宽度不能过大，以免遮住螺栓孔。组装合格后，将翻边咬口重叠处的突出部位用凿子铲平。

（2）角钢法兰与圆形风管的装配。当风管壁厚小于或等于 1.2mm 时，可用翻边铆接方法进行固定，具体方法是将法兰套入管段两端，当检测管段中心线与法兰平面的垂直度确认合格后，留足翻边量 6～10mm，即可在角钢法兰铆钉孔一侧的风管外表面周边用石笔进行画线，铆接时可按线进行。用手枪钻将铆钉孔钻出，或直接用铆钉冲孔，用手工或铆接钳进行铆接，只有当风管两端的法兰全部铆接后，再将翻边全部打出打平。

当风管壁厚大于 1.2mm 时，角钢法兰与风管的装配有两种方法：一种是翻边与点焊并用；另一种是沿风管管口周边与法兰满焊。当采用翻边与点焊并用时，先将风管两端套上法兰，检查法兰与风管中心线相互垂直后，即可在角钢法兰与风管外表面选择几处点焊，点焊长度为 20mm，间隔长度为 30mm，点焊完后即可用方锤把翻边敲出。若采用风管管口满焊，则将风管管口缩进法兰 4～6mm，检查法兰表面与风管中心线垂直度，并用调整风管进缩量使其达到垂直，然后在角钢法兰与风管外表面进行点焊，最后在管口与法兰内圈的连接处进行满焊。

（3）角钢法兰与矩形风管的装配。当风管法兰为角钢时，管壁厚度小于或等于 1.2mm，可用铆钉将法兰固定后再进行翻边，不同尺寸风管的铆钉孔距和铆钉直径见表 7 - 31 所列数据。

铆接法兰时，应在工作平台上或钢板上进行。先将两法兰套在风管上，使管端露出法兰 10mm 左右，用角尺的一边靠在矩形风管的纵向折边上，再用小锤轻敲法兰的角钢边，使之靠在角尺的另一边上。这时，使风管的中心线和法兰平面保持垂直，如图 7 - 45 所示。然后用电钻先钻出两个铆钉孔，并进行铆接，使检测点处的矩形风管一个棱边固定。随后，在已铆好铆钉的法兰边上，用卷尺量出到另一端法兰的距离，并先把风管另一端棱角上的一个铆

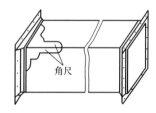

图 7 - 45　直管角度检查

钉铆接好，再用角尺和卷尺测量 90° 和实际尺寸，使两端法兰既保持平行，又使法兰平面与棱线垂直，再铆一个铆钉。然后把风管翻转 180°，在已铆过两只铆钉的对应边上，先用角尺靠在风管的侧面，使法兰与风管纵向折边保持垂直，如图 7 - 45 所示。再在两个法兰上各铆上两只铆钉，用卷尺量取风管两端的对角线是否相等，检查两端法兰是否平行。此时，可用手揿按法兰的四角，凭经验判断风管是否有翘角。若有翘角，则可用手锤将法兰立边角上适当敲击振动几下，一般即可消除翘角。检查合格后，可将剩下的铆钉孔钻出，并铆好铆钉再用小锤翻边。注意矩形风管翻边至四个角时，应用方锤窄面錾延几下，然后再翻边，否则四角会出现豁口，产生漏风。

当采用翻边加点焊装配时，先将法兰套到矩形风管的两端，并使风管端头外露 8～10mm，然后测定检查调整法兰端面使之与风管中心线垂直。检查合格后，先在角钢法兰与管外表面点焊几处，经量测风管两端法兰距离，并确认符合设计尺寸后，把另一端法兰也用同样的方法点焊好，然后将风管翻转 180°，用角尺量法兰边缘距离或法兰对角线长度的方法，检测法兰装配质量，达到合格后点焊若干处，点焊长度为 20mm，间隔为 30mm。最后再将翻边全部打出打平即可。

当采用满焊装配时，先在管端套上法兰，并使管端缩进法兰内 4～6mm，目的是为了使法兰连接时接合面易于平整，经检测装配尺寸后，再在角钢法兰与风管外壁表面点焊几处；当全部点焊好后，沿风管的周边把法兰内侧周边与风管管口进行满焊。

2. 法兰与配件的装配

制作后的弯头、来回弯、变径管、三通管等配件的构造尺寸、角度、平行度和垂直度等均应正确，并应留有法兰装配余量，才能保证法兰与其装配的可能性，进而使管路系统顺利的装配与安装。为此，所有配件在与法兰装配前，均应进行其自身加工质量的严格检查和校正。

（1）法兰与弯头的装配。弯管进行检查时，把弯管立起，放在平板上，先检查弯管是否正，如有歪斜，可调整法兰的翻边量进行纠正，然后用角尺或线坠检查弯管的角度是否正确。检查时，把角尺放在钢板上，一边靠住法兰面，如果法兰面和角尺重合，弯管的

角度即为 90°；如不重合，则可用小锤把法兰轻轻敲打到与角尺边贴合。对检查中误差的调整，一般采用修正法兰的方法，角度相差小的，可把弯管的翻边翻得宽些来修正，差的多的，可按法兰边画线，用手剪把板边修掉一些，再重新翻边或铆接。弯管角度检查如图 7 - 46 所示。

（2）法兰与三通的装配。

1）法兰与圆形三通的装配。先对三通主管上下口与支管角度进行检查，其方法是：将三通放置在平台上，用 1m 钢尺或钢卷尺垂直量取主管底口到上口的距离，换几个方向检查几个点的距离，若上下距离相等，即认为上下口平行度合格；若有偏差应作记号，待法兰套上后，用增减翻边量来调整使其上下口达到平行。圆管三通主管上下口平行一般不会有太大问题，支管与主管的夹

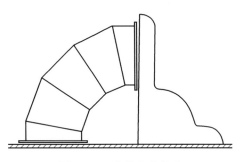

图 7 - 46 弯管角度检查

角，不论接合缝采取哪种制作方法，都会产生一定的误差。因此，套法兰前也要对其角度进行检查，检查可用样板或量角器。制作中若出现的误差较大，在套入法兰后，对支管上口以及与之相配的弯头两端的翻边量要作些调整。如果偏差不大，则可在支管上口或弯头两端适量进行调整。

检查三通主管上下口平行的方法也可以把三通倒置，即三通大口朝上，用钢卷尺或钢直尺量取周围几处的实际距离。若尺寸相等或误差很小，即认为平行或基本平行，法兰套上后翻边一致即可保证法兰端面互相平行及与轴线互相垂直，如图 7 - 47（a）所示；反之，则应在法兰套上后对翻边做适量的调整。

当进行完上述检查后，把三只法兰分别套上，依照法兰与圆管翻边铆接的方法，将法兰铆好。对于风管端口与法兰内边贴合不好的应该用方锤窄面对周围进行多次錾边，使之贴合后再将翻边敲出。若三通与弯头组合为 90°，一般在套法兰前已对三通与弯头分别进行检查，若偏差量不大，可分别将三通法兰铆好，再将弯头一端法兰铆好，另一端套上法兰，把铆好一端的弯头与支管上口的法兰用 3、4 只螺栓加以紧固，松紧应适度一致，然后用角尺或线锤检查活法兰端面与主管中心线是否平行，与工作台面是否垂直。当法兰端面与角边或线锤不贴合，即说明角度有误差，此时，只需用方锤轻轻敲击使活法兰位移至完全贴合，用石笔在管端画线，然后按线铆好，最后把翻边敲出即可，如图 7 - 47（b）所示。

2）法兰与矩形三通的装配。法兰与矩形三通的装配因矩形三通的主、支管端头一般均为直棱直角，与法兰的贴合较为严密，较之圆管三通法兰的套入与铆接容易些。

矩形三通与法兰装配时，首先应检查三通口径与法兰内边尺寸，法兰内边尺寸应比三通矩形管外边尺寸大 2mm。当相关尺

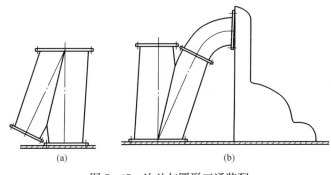

(a)   (b)

图 7 - 47 法兰与圆形三通装配

(a) 上下口平行度检查；(b) 装配角度的检查

检查无误后，即将 3 只法兰分别套上。先将三通主管的一端法兰找正铆好，其要求同法兰与矩形管的装配，即应使法兰的端面与轴线垂直，翻边量为 6～10mm。再以此法兰为基准，找正并铆接另一端法兰。最后找正并铆接支管法兰。铆接矩形三通时同矩形风管一样，必须在平台或平板上进行，铆接后不得翘角，当找正并将 3 只法兰铆接完后，再将翻边敲出。若有翻边部分遮挡螺栓孔的情况，则必须进行处理，不得将问题带入安装工程中。

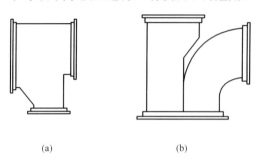

图 7 - 48　矩形三通与法兰装配
(a) 整体式三通；(b) 组合式三通

矩形三通中整体式三通的法兰装配如图 7 - 48 (a) 所示，其技术要求是：主管的出、入口法兰端面必须相互平行并与轴线垂直，支管法兰端面则应与主管出、入口法兰端面垂直。组合式矩形三通的法兰装配如图 7 - 48 (b) 所示，其技术要求是：主管出、入口法兰端面与轴线垂直，出、入口法兰端面应相互平行，支管弯头法兰端面必须与主管出、入口垂直。

第四节　风管及部件安装

一、管道安装的施工条件

(1) 一般送排风系统和空调系统的管道安装，需在建筑物的屋面做完、安装部位的障碍物已清理干净的条件下进行。

(2) 空气洁净系统的管道安装，需在建筑物内部有关部位的地面比较干净、墙面已抹灰、室内无大面积扬尘的条件下进行。

(3) 一般除尘系统的风管，需在厂房内与风管有关的工艺设备安装完毕，设备的接管或吸、排尘位置已定的条件下进行。

(4) 通风及空调系统管路组成的各种风管、部件及配件均已加工完毕，并经质量检查合格。

(5) 与土建施工密切配合，土建为满足安装所预留的孔洞、预埋的支吊架构件均已完好，并经检查符合设计要求，满足安装要求。

(6) 施工前的各项准备工作已做好，各类施工工具、机具、设备已备好、备齐，施工用料已能满足要求且能连续供应。

二、支、吊架安装

1. 常用支、吊架形式

标高确定后，按照风管系统所在的空间位置，确定风管支架形式。

(1) 风管悬臂支、吊架。风管悬臂支、吊架形式如图 7 - 49 所示。托座扁钢规格：当管径 $D < 320mm$ 时，使用 -25×4 扁钢；$320mm \leqslant D < 600mm$ 时，使用 -25×5 扁钢；$600mm \leqslant D < 1025mm$ 时，使用 -25×6 扁钢；$D \geqslant 1025mm$ 时，不采用扁钢托架。

(2) 梁上及屋架上吊架。梁上及屋架上吊架如图 7 - 50 所示。用于木屋架的吊架要靠近架的节点处。吊杆直径 d 见表 7 - 33。

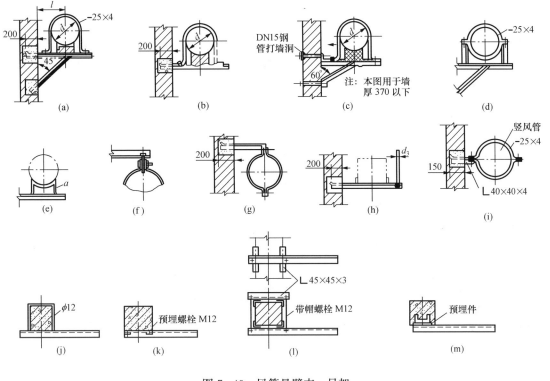

图 7 - 49 风管悬臂支、吊架

表 7 - 33 吊 杆 直 径

吊架上的作用力 P(N)	$P<2000$	$2000 \leqslant P<3800$	$3800 \leqslant P<6000$
吊杆直径 d(mm)	6	8	10

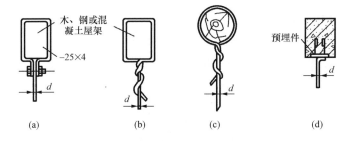

图 7 - 50 梁上及屋架上吊架

（3）柱上、楼板及屋面支架、吊架。柱上、楼板及屋面支架、吊架如图 7 - 51 所示。

（4）固定卡箍、吊杆。固定卡箍、吊杆如图 7 - 52 所示。所有的扁钢箍均用规格为
—25×4的扁钢。

2. 支、吊架的类型确定及间距

（1）支、吊架的类型确定。当设计无规定时，风管支、吊架宜按以下原则确定：

1）靠墙或靠柱安装的水平风管宜选用悬臂支架或斜撑支架。

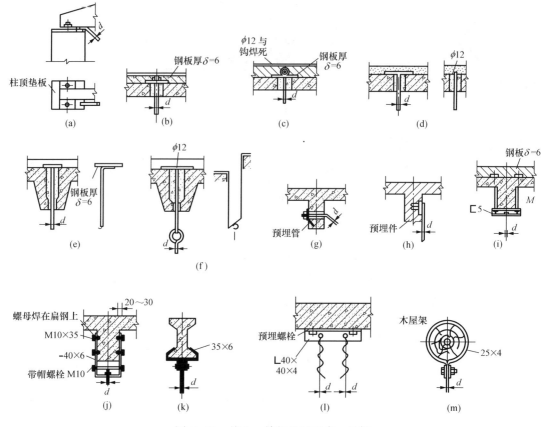

图 7-51　柱上、楼板及屋面支、吊架

2）不靠墙、柱安装的水平风管宜用托底吊架，直径或边长小于 400mm 的风管可采用吊带式吊架。

3）靠墙安装的垂直风管应采用悬臂托架或有斜撑的支架，不靠墙、不靠柱穿楼板安装的垂直风管宜采用抱箍吊架。

4）室外或屋面安装的立管应采用井架或拉索固定。

5）不锈钢板、铝板风管与碳钢支架的接触处，应采取防腐措施。

6）空调系统的风管与碳钢支架的接触处，应采取防冷桥措施。

（2）金属风管支、吊架间距及设置位置。

1）风管水平安装，风管直径或长边尺寸小于或等于 400mm，间距不应大于 4m；大于 400mm，间距不应大于 3m。螺旋风管的支、吊架可分别延长至 5m 和 3.75m；对于薄钢板法兰的风管，其支、吊架间距不应大于 3m。

2）风管垂直安装，间距不应大于 4m，单根直管至少应有 2 个固定点。

3）水平悬吊的主、干风管长度超过 20m 时，应设置防止风管摆动的固定点，每个系统不应少于 1 个。

4）支、吊架不宜设置在风口、阀门、检查门及自控机构处，离风口或插接管的距离不宜小于 200mm。

5）水平方向的弯管距离弯头起点 500mm 范围内应设置支架，支管距干管 1200mm 范

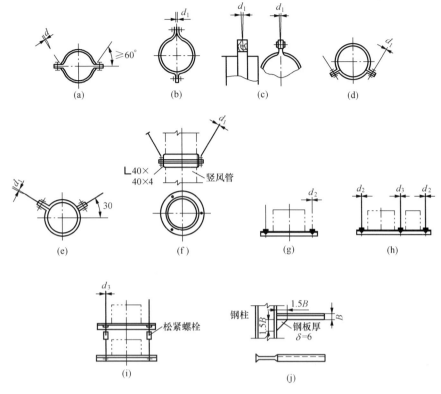

图 7-52 固定卡箍、吊杆

围内应设置支架。

6）矩形风管立面与吊杆的间隙不宜大于 150mm，吊杆距风管末端不应大于 1000mm。

（3）非金属风管支、吊架间距。非金属风管支吊架安装应符合下列规定：

1）直径或矩形风管大边尺寸大于 200mm 的风阀等部件与非金属风管连接时，应单独设置支、吊架。风管支、吊架的安装不能有碍于连接件的安装。

2）酚醛铝箔复合板风管与聚氨酯铝箔复合板风管垂直安装的支架间距不应大于 2400mm，每根立管的支架不应少于 2 个。

3）玻璃纤维复合板风管垂直安装时的支架间距不应大于 1200mm。

4）无机玻璃钢风管垂直安装支架间距应小于或等于 3000mm，每根垂直风管不应少于 2 个支架。

5）硬聚氯乙烯风管垂直安装支架间距应小于或等于 3000mm，每根垂直风管不应少于 2 个支架。

6）直径或矩形风管大边尺寸大于 2000mm 的超宽、超高等特殊无机玻璃钢风管的支、吊架，其规格及间距应进行荷载计算。

7）无机玻璃钢消声弯管边长或直径大于 1250mm 的弯管、三通等应单独设置支吊、架。

8）无机玻璃钢圆形风管的托座和抱箍所采用的扁钢不应小于－30×4，托座和抱箍的圆弧应均匀且与风管的外径一致，托架的弧长应大于风管外周长的 1/3。

9）边长或直径大于 1250mm 的风管吊装时不得超过 2 节，边长或直径大于 1250mm 的风管组合吊装时，不得超过 3 节。

非金属风管支、吊架最大允许间距见表 7-34。

表 7-34　　　　　　　　非金属风管支、吊架最大允许间距　　　　　　　mm

风管类型	风管边长							垂直间距
	≤400	≤450	≤800	≤1000	≤1500	≤1600	≤2000	
	支、吊架最大间距							
聚氨酯铝箔复合板风管	≤4000	≤3000						2400
酚醛铝箔复合板风管		≤2000				≤1500	≤1000	2400
玻璃纤维复合板风管		≤2400		≤2200		≤1800		1200
无机玻璃钢风管	≤4000		≤3000		≤2500		≤2000	3000
硬聚氯乙烯风管	≤4000	≤3000						3000

3. 支、吊架制作与安装

（1）支、吊架制作。

1）风管支、吊架的固定件、吊杆、横担和所有配件材料，应符合其荷载额定值和应用参数的要求。

2）风管支、吊架制作应符合下列规定：

①支、吊架的形式和规格应按国家标准图集与规范选用，直径大于 2000mm 或边长大于 2500mm 的超宽、超重等特殊风管的支、吊架，应按设计确定。

②支、吊架的下料宜采用机械加工，采用气割切口应进行打磨处理。不得采用电气焊开孔或扩孔。

③吊杆应平直，螺纹应完整、光洁。吊杆加长可采用以下方法拼接：采用搭接双侧连续焊，搭接长度不应小于吊杆直径的 6 倍；采用螺纹连接时，拧入连接螺母的螺栓长度应大于吊杆直径，并应有防松动措施。

3）矩形金属风管在最大允许安装距离下，吊架的最小规格应符合表 7-35 的规定，圆形金属风管在最大允许安装距离下，吊杆的最小规格应符合表 7-36 的规定。其他规格应按荷载分布图 7-53 及式（7-1）进行挠度校验计算，挠度不应大于 9mm。

表 7-35　　　　金属矩形风管水平安装时吊架（最大允许安装距离）的最小规格　　　　mm

风管边长 b	吊杆直径 φ	横担规格	
		角钢	槽钢
b≤400	φ8	∠25×3	[40×20×1.5
400<b≤1250	φ8	∠30×3	[40×40×2.0
1250<b≤2000	φ10	∠40×4	[40×40×2.5 [60×40×2.0
2000<b≤2500	φ10	∠50×5	—
b>2500		按设计规定	

表 7-36　　**金属圆形风管水平安装时吊架（最大允许安装距离）的最小规格**　　　mm

风管直径 D	吊杆直径 ϕ	抱箍规格		角钢横担
		钢丝	扁钢	
D≤250	$\phi8$	$\phi2.8$		—
250<D≤450	$\phi8$	$\phi2.8^{②}$ 或 $\phi5$	—25×0.75	—
450<D≤630	$\phi8$	$\phi3.6^{②}$		—
630<D≤900	$\phi8$	$\phi3.6^{②}$	—25×1.0	—
900<D≤1250	$\phi10$	—		—
1250<D≤1600	$\phi10$	—	—25×1.5^{③}	∟40×4
1600<D≤2000	$\phi10^{①}$	—	—25×2.0^{③}	
D>2000		按设计确定		

① 表示两根圆钢。

② 表示两根钢丝合用。

③ 表示上、下两个半圆弧。

吊架挠度校验计算公式为

$$y = \frac{(m - m_1)a(3L^2 - 4a^2) + (m_1 + m_z)L^3}{48EI} \tag{7-1}$$

式中　y——吊架挠度，mm；

　　　m——风管、保温及附件总质量，kg；

　　　m_1——保温材料及附件质量，kg；

　　　a——吊架与风管壁间距，mm；

　　　L——吊架有效长度，mm；

　　　E——刚度系数，kPa；

　　　I——转动惯量，mm^4；

　　　m_z——吊架自重，kg。

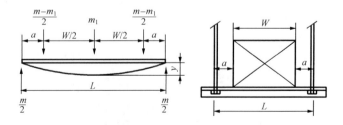

图 7-53　吊架荷载分布图

4）非金属风管水平安装横担允许吊装风管的规格见表 7-37。

5）非金属风管吊架的吊杆直径不应小于表 7-38 的规定。

表 7 - 37　　　　非金属风管水平安装横担允许吊装的风管规格　　　　mm

风管类别	角钢或槽钢规格				
	∟25×3 〔40×20×1.5	∟30×3 〔40×20×1.5	∟40×4 〔40×20×1.5	∟50×5 〔60×40×2	∟63×5 〔80×60×2
聚氨酯铝箔复合板管	$b \leqslant 630$	$630 < b \leqslant 1250$	$b > 1250$	—	—
酚醛铝箔复合板管	$b \leqslant 630$	$630 < b \leqslant 1250$	$b > 1250$	—	—
玻璃纤维复合板管	$b \leqslant 450$	$450 < b \leqslant 1000$	$1000 < b \leqslant 2000$	—	—
无机玻璃钢风管	$b \leqslant 630$	—	$b \leqslant 1000$	$b \leqslant 1500$	$b \leqslant 2000$
硬聚氯乙烯风管	$b \leqslant 630$	—	$b \leqslant 1000$	$b \leqslant 2000$	$b > 2000$

注　b 为风管边长。

表 7 - 38　　　　　　非金属风管吊架的吊杆直径　　　　　　mm

风管类别	吊杆直径			
	$\phi 6$	$\phi 8$	$\phi 10$	$\phi 12$
聚氨酯铝箔复合板管	$b \leqslant 1250$	$1250 < b \leqslant 2000$	—	—
酚醛铝箔复合板管	$b \leqslant 800$	$800 < b \leqslant 2000$	—	—
玻璃纤维复合板管	$b \leqslant 600$	$600 < b \leqslant 2000$	—	—
无机玻璃钢风管	—	$b \leqslant 1250$	$1250 < b \leqslant 2500$	$b > 2500$
硬聚氯乙烯风管	—	$b \leqslant 1250$	$1250 < b \leqslant 2000$	$b > 2500$

注　b 为风管边长。

　　(2) 支架在墙上安装。支架在墙上安装如图 7 - 54 所示。安装时，应先按风管的轴线和标高检查预留孔洞的位置是否正确，方法是在支架下约 2mm 处画一条安装基准线，如图 7 - 55 所示，使支架顶面与安装基准线保持相等的距离，以控制支架顶面的标高。在修正预留孔洞的位置和深度后，可安装支架。支架安装前，应先把洞内清理干净，并用水把墙洞浇湿，然后在洞内充填部分砂浆，再放入支架，利用安装基准线控制支架的标高，用水平尺调整支架的水平度，在标高、水平度深入调整好后，即可用水泥砂浆将支架填实稳固。充填的水泥砂浆应饱满、密实，但不得突出墙面。

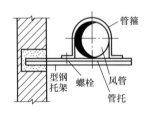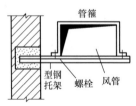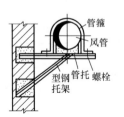

图 7 - 54　支架在墙上安装

　　(3) 支架在柱上安装。支架在柱上安装有抱箍法和预埋件法，如图 7 - 56 所示。
　　1) 抱箍法支架安装。根据柱子断面的几何尺寸，确定出抱箍材料（角钢、圆钢）尺寸，将圆钢两端加工出满足安装支架所需的螺纹长度，再在抱箍角钢上钻出螺栓孔。最后在确定的支架高度上安装抱箍支架。

2）预埋件法支架安装。土建施工时，安装人员应与土建配合将型钢预埋（焊接或紧固）在混凝土柱内，安装支架时，只需将预埋件表面清理干净，再将型材与预埋件焊接即可。

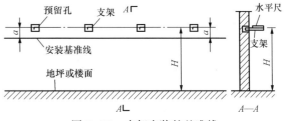

图 7-55 支架安装的基准线

（4）吊架安装。当风管敷设在楼板、桁架下面并离墙较远时，一般要用吊架固定风管，矩形风管吊架如图 7-57 所示，圆形风管吊架如图 7-58 所示。

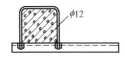

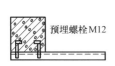
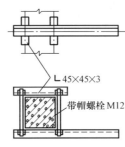
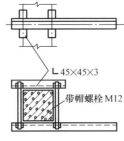

图 7-56 支架在柱上安装

吊架由吊杆和抱箍组成，当吊杆长度较大时，为保持风管稳定，应每隔两个单吊杆配一副双吊杆。为便于调节风管标高，吊杆可分节，并在端部加工出 50～60mm 长的丝杆，吊杆应生根在楼板、钢筋混凝土梁和钢梁上，如图 7-59 所示。

三、金属风管连接

1. 矩形风管连接

金属矩形风管连接形式有角钢法兰连接、薄钢板法兰连接、插条连接等。金属矩形风管连接形式及适用风管边长见表 7-39。

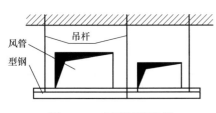

图 7-57 矩形风管吊架

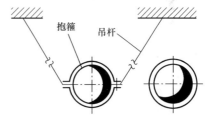

图 7-58 圆形风管吊架

表 7-39　金属矩形风管连接形式及适用风管边长

连接形式		附件规格（mm）		适用风管边长（mm）		
				低压风管	中压风管	高压风管
角钢法兰		M6 螺栓	∟ 25×3	≤1250	≤1000	≤630
		M8 螺栓	∟ 30×3	≤2000	≤2000	≤1250
		M8 螺栓	∟ 40×4	≤2500	≤2500	≤1600
		M8 螺栓	∟ 50×5	≤4000	≤3000	≤2500

续表

连接形式			附件规格（mm）		适用风管边长（mm）		
					低压风管	中压风管	高压风管
薄钢板法兰	弹簧夹式		弹簧夹板厚度大于或等于1.0mm、顶丝卡厚度大于或等于3mm、顶丝螺栓M8	$h=25$, $\delta_1=0.6$	≤630	≤630	—
	插接式			$h=25$, $\delta_1=0.75$	≤1000	≤1000	—
	顶丝卡式			$h=30$, $\delta_1=1.0$	≤2000	≤2000	—
				$h=40$, $\delta_1=1.2$	≤2000	≤2000	—
	组合式		顶丝卡厚度大于或等于3mm	$h=25$, $\delta_2=0.75$	≤2000	≤2000	—
				$h=30$, $\delta_2=1.2$	≤2500	≤2000	—
S形插条	平插条		大于风管壁厚且大于或等于0.75mm		≤630	—	—
	立插条		大于风管壁厚且大于、等于0.75mm $h≥25mm$		≤1000	—	—
C形插条	平插条		等于风管壁厚且大于、等于0.75mm		≤630	≤450	—
	立插条		等于风管壁厚且大于、等于0.75mm $h≥25mm$		≤1000	≤630	—
	直角插条		等于风管壁厚且大于、等于0.75mm		630	—	—
立联合角形插条			等于风管壁厚且大于、等于0.75mm $h≥25mm$		≤1250	—	—
立咬口			咬口包边厚度等于风管壁厚度		≤1000	≤630	—

注　h 为法兰高度，δ_1 为风管壁厚，δ_2 为组合法兰板厚。

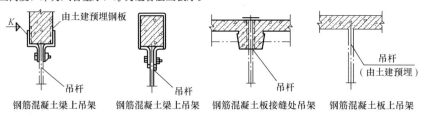

钢筋混凝土梁上吊架　　钢筋混凝土梁上吊架　　钢筋混凝土板接缝处吊架　　钢筋混凝土板上吊架

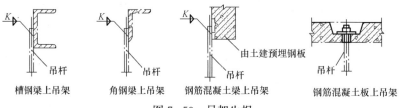

槽钢梁上吊架　　角钢梁上吊架　　钢筋混凝土梁上吊架　　钢筋混凝土板上吊架

图 7-59　吊架生根

2. 圆形风管连接

金属圆形风管的连接形式有角钢法兰连接、承插连接、芯管连接、立筋抱箍连接、抱箍连接等。金属圆形风管连接形式及适用范围见表 7-40。

表 7-40　　　　　　　　　　　金属圆形风管连接形式及适用范围

连接形式		附件规格（mm）	连接要求	适用范围
角钢法兰连接		∟25×3 ∟30×3 ∟40×4	法兰与风管连接采用铆接或焊接	低、中、高压风管
承插连接	普通	—	插入深度大于或等于30mm，且应有密封措施	直径小于700mm的低压风管
	角钢加固	∟25×3 ∟30×4	插入深度大于或等于20mm，且应有密封措施	低、中压风管
	压加强筋	—	插入深度大于或等于20mm，且应有密封措施	低、中压风管
芯管连接		芯管板厚大于或等于风管壁厚度	插入深度大于或等于20mm，且应有密封措施	低、中压风管
立筋抱箍连接		抱箍板厚度大于或等于风管壁厚度	风管翻边与抱箍应匹配，结合紧固严密	低、中压风管
抱箍连接		抱箍板厚度大于或等于风管壁厚度	管端应对正抱箍应居中，抱箍宽度大于或等于100mm	低、中压风管

3. 法兰连接用垫料

（1）法兰连接用的密封材料应满足的要求。法兰连接用的密封材料应满足系统功能技术条件、对风管的材质无不良影响，并具有良好的气密性。风管法兰垫料的燃烧性能和耐热性能应符合表 7-41 的规定。

表 7-41　　　　　　　　　　　风管法兰垫料的燃烧性能和耐热性能

种　类	燃烧性能	主要基材耐热性能
玻璃纤维类	不燃 A 级	300℃
氯丁橡胶类	难燃 B_1 级	100℃
异丁基橡胶类	难燃 B_1 级	80℃
丁腈橡胶类	难燃 B_1 级	120℃
聚氯乙烯	难燃 B_1 级	100℃

（2）当设计无规定时，法兰垫料可按下列规定使用：

1）法兰垫料厚度宜为 3～5mm。

2）输送温度低于70℃的空气，可用橡胶板、闭孔海绵橡胶板、密封胶带或其他闭孔弹性材料。

3）防、排烟系统或输送温度高于70℃的空气或烟气，应采用耐热橡胶板或不燃的耐温、防火材料。

4）输送含有腐蚀性介质的气体，应采用耐酸橡胶板或软聚氯乙烯板。

5）净化空调系统风管的法兰垫料应为不产尘、不易老化、具有一定强度和弹性的材料。

（3）密封填料应减少拼接，接头连接应采用梯形或榫形形式，密封填料不应凸入风管内。矩形风管管段连接时的密封如图7-60所示，圆形风管管段连接时的密封如图7-61所示。

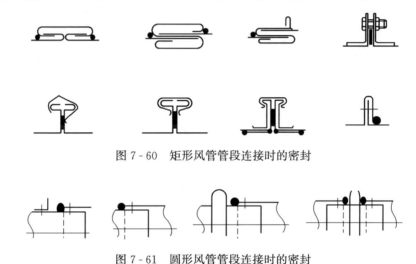

图7-60　矩形风管管段连接时的密封

图7-61　圆形风管管段连接时的密封

（4）非金属风管采用PVC或铝合金插条法兰连接，应对四角或漏风缝隙处进行密封处理。

4. 角钢法兰连接的技术要求

（1）角钢法兰连接的螺栓应均匀拧紧，螺母应在同一侧。

（2）不锈钢风管法兰的连接，宜采用同材质的不锈钢螺栓。若采用普通碳素钢螺栓，则应按设计要求喷涂涂料。

（3）铝板风管法兰的连接，应采用镀锌螺栓，并在法兰两侧加垫镀锌垫圈。

（4）安装在室外或潮湿环境的风管角钢法兰连接处，应采用镀锌螺栓和镀锌垫圈。

5. 薄钢板法兰连接的技术要求

（1）风管四角处的角件与法兰四角接口的固定应紧贴，端面应平整，相连处不应有大于2mm的连续穿透缝。

（2）法兰端面粘贴密封胶条并紧固法兰四角螺栓后，方可安装插条或弹簧夹、顶丝卡。弹簧夹、顶丝卡不应松动。

（3）薄钢板法兰的弹性插条、弹簧夹的紧固螺栓（铆钉）应分布均匀，间距不应大于150mm，最外端的连接件距风管边缘不应大于100mm。

（4）组合型薄钢板法兰与风管管壁的组合，应调整法兰口平面度后，再将法兰条与风管铆接（或本体铆接）。

6. C形、S形插条连接的技术要求

（1）C形、S形插条连接风管的折边四角处、纵向接缝部位及所有相交处均应进行密封。

（2）C形平插条连接，应先插入风管水平插条，再插入垂直插条，最后将垂直插条两端延长部分，分别折90°封压水平插条。

（3）C形立插条、S形立插条的法兰四角立面处，应采取包角及密封措施。

（4）S形平插条或S形立插条单独使用时，在连接处应有固定措施。

四、金属风管吊装及风管安装的技术要求

1. 风管吊装

（1）风管的安装多采用现场地面组装，再分段吊装的施工方法，地面组装按加工安装草图及加工件的出厂编号及已确定的组合连接方式进行。

地面组装管段的长度一般为10～12m。组装后应进行测量检验，方法是以组合管段两端法兰作基准线检测组合的平直度，要求在10m长度内，测量与法兰的量测差距不大于7mm，两法兰之间的差距不大于4mm。拉线检测应沿圆管周圈或矩形风管的不同边至少量测两处。取最大的测线不紧贴法兰的差距计算安装的不平直度。如检测结果超过要求的允许不平数值，则应拆掉各组合接点重新组合，经调整法兰翻边或铆接点等措施，使最后的组合结果达到质量要求。

（2）风管吊装前应再次检查各支架安装位置、标高是否正确、牢固。吊装可用滑轮、麻绳拉吊，滑轮一般挂在梁、柱的节点上，或挂在屋架上。起吊管段绑扎牢固后即刻起吊，当吊离至地面200～300mm时，应停止起吊，再次检查滑轮、绳索等的受力情况，确认安全后再继续吊升至托架或吊架上。水平管段吊装就位后，用托架的衬垫、吊装的吊杆螺栓找平找正，并进行固定。水平主管安装经位置、标高的检测符合要求并固定牢固后，方可进行分支管或立管的安装。

（3）在距地面3m以上进行连接操作时，应检查梯子、高凳、脚手架、起落平台等的牢固性，并应系安全带，做好安全防护。组合连接时，对有拼接缝的风管应使接缝置于背面，以保持美观，每组装一定长度的管段，均应及时用拉（吊）线检测组装的平直度，使整体安装横平竖直。

2. 风管的安装要求

（1）风管的纵向闭合缝要求交错布置，且不得置于风管底部。有凝结水产生的风管底部横缝宜用锡焊焊平。

（2）风管与配件的可拆卸接口不得置于墙、楼板和屋面内。风管穿楼板时，要用石棉绳或厚纸包扎，以免风管受到腐蚀。风管穿越屋面时，屋面板应预留孔洞，风管安装后屋面孔洞应做防雨罩，如图7-62所示，防雨罩与屋面接合处应严密不漏水。

（3）风管穿过需要封闭的防火、防爆的墙体或楼板时，应设置预埋管或防护套管，其钢板厚度不应小于1.6mm，风管与防护套管之间，应用不燃且对人体无害的柔性材料封堵。风管穿越防火墙的技术措施如图7-63

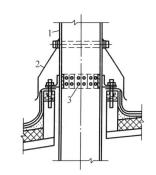

图7-62　风管穿过屋面
的防雨罩

1—金属风管；2—防雨罩；3—铆钉

所示。

（4）地下风管穿越建筑物的基础，若无钢套管，则在基础边缘附近的接口应用钢板或角钢加固。

（5）输送潮湿空气的风管，当空气的相对湿度大于60%时，风管安装应有0.01～0.15的坡度，坡向排水装置。

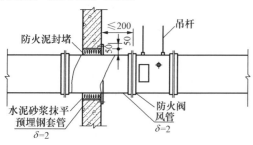

图7-63　风管穿越防火墙的技术措施

（6）安装输送易燃易爆气体的风管时，整个风管应有良好的接地装置，并应保证风管各组成部分不会因摩擦而产生火花。

（7）地上风管和地下风管连接时，地下风管露出地面的接口长度不得小于200mm，以利于安装操作。

（8）风管连接应平直、不扭曲。明装风管水平安装，允许偏差为每米0.003mm，总偏差不大于20mm；明装风管垂直安装，允许偏差为每米0.002mm，总偏差不大于20mm。

五、非金属风管安装

1. 非金属风管安装的技术要求

（1）风管穿过需密封的楼板或侧墙时，除无机玻璃钢外，均应采用金属短管或外包金属套管。套管板厚应符合金属风管板材厚度的规定。与电加热器、防火阀连接的风管材料必须采用不燃材料。

（2）风管管板与法兰（或其他连接件）采用插接连接时，管板厚度与法兰（或其他连接件）槽宽度应有0.1～0.5mm的过盈量，插接面应涂满胶黏剂。法兰四角接头处应平整，不平度应小于或等于1.5mm，接头处的内边应填密封胶。

2. 酚醛铝箔复合板风管与聚氨酯铝箔复合板风管安装

酚醛铝箔复合板风管与聚氨酯铝箔复合板风管安装应符合下列规定：

（1）插条法兰条的长度宜小于风管内边1～2mm，插条法兰的不平整度宜小于或等于2mm。

（2）中、高压风管的插接法兰之间应加密封垫或采取其他密封措施。

（3）插接法兰四角的插条端头应涂抹密封胶后再插护角。

（4）矩形风管边长小于500mm的支管与主风管连接时，可按图7-64（a）采用在主风管接口切内45°坡口，支管管端接口处开外45°坡口直接粘接方法。

（5）主风管上直接开口连接支风管可按图7-64（b）采用90°连接件或采用其他专用连接件连接。连接件四角处应涂抹密封胶。

3. 玻璃纤维复合板风管安装

玻璃纤维复合板风管安装应符合下列规定：

（1）板材搬运中，应避免损坏铝箔复合板面或树脂涂层。

（2）采用榫连接的风管连接应在榫口处涂胶黏剂，连接后在外接缝处应采用扒钉加固，扒钉间距不宜大于50mm，并宜采用宽度大于50mm的热敏胶带粘贴密封。

（3）风管预接的长度不宜超过2800mm。

（4）采用槽形插接的方式连接构件时，风管端切口应采用铝箔胶带或刷密封胶封堵。

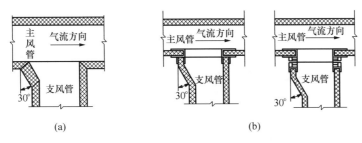

图 7-64 主风管上直接开口连接支风管方式
(a) 接口切内 45°粘接；(b) 90°连接件连接

（5）采用钢制槽形法兰或插条式构件连接的风管垂直固定处，应在风管外壁用角钢或槽钢抱箍、风管内壁衬镀锌金属内套，并用镀锌螺栓穿过管壁把抱箍与内套固定。螺栓孔间距不应大于 120mm，螺母应位于风管外侧。螺栓穿过的管壁处应进行密封处理。

（6）玻璃纤维复合板风管在竖井内垂直的固定，可采用角钢法兰加工成井字形套，将突出部分作为固定风管的吊耳。

4. 无机玻璃钢风管安装

无机玻璃钢风管安装应符合下列规定：

（1）无机玻璃钢风管吊装时，边长或直径大于 1250mm 的风管一次不超过 2 节，边长或直径小于或等于 1250mm 的风管组合吊装时不宜超过 3 节。

（2）风管的连接法兰端面应平行，以保证连接的严密性。法兰螺栓两侧应加镀锌垫圈，无机玻璃钢风管安装不得有扭曲、树脂破裂、脱落及界皮分层等现象，破损处应及时修复。

（3）支架的设置应符合下列要求：

1）水平安装的风管，边长小于或等于 400mm 时，支、吊架间距应小于或等于 4m；风管边长为 450～1000mm 时，支、吊架间距应小于或等于 3m；风管边长为 1250～1500mm 时，支、吊架间距应小于或等于 2.5m；风管边长为 1600～2000mm 时，支、吊架间距应小于或等于 2m。

2）风管垂直安装，支、吊架间距不应大于 3m，且每根垂直风管不应少于 2 个支架。

3）边长或直径大于 2000mm 的超宽、超高等特殊无机玻璃钢风管支吊架，其规格及间距应进行荷载计算。

4）边长或直径大于 200mm 的风阀等部件与风管连接时，应单独设置支、吊架，风管支、吊架的安装不能有碍连接件的安装和使用。

5）风管边长或直径大于 1250mm 的消声弯管、三通等应单独设置支、吊架。

5. 硬聚氯乙烯风管安装

硬聚氯乙烯风管安装应符合下列规定：

（1）硬聚氯乙烯圆形风管采用套管连接或承插连接的形式。直径小于或等于 200mm 的圆形风管采用承插连接时，插口深度宜为 40～80mm，粘接处应严密和牢固。采用套管连接时，套管长度宜为 150～250mm，其厚度不应小于风管壁厚。

（2）法兰垫片宜采用 3～5mm 的软聚氯乙烯板或耐酸橡胶板，连接法兰的螺栓应加钢制垫圈。

（3）风管穿越墙体或楼板处应设金属防护套管。

（4）支管的重量不得由干管承受。

（5）风管所用的金属附件和部件应做防腐处理。

6．柔性风管安装

（1）非金属柔性风管安装位置应远离热源设备。

（2）柔性风管安装好后，应能充分伸展，伸展长度宜大于或等于60％，风管转弯处其截面不得缩小。

（3）金属圆形柔性风管宜采用抱箍将风管与法兰紧固。当直接采用螺纹紧固时，紧固螺纹距离风管端部应大于12mm，螺纹间距应小于或等于150mm。

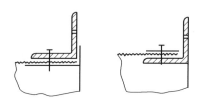

图7‑65　柔性风管与角钢法兰的连接

（4）用于支管安装的铝箔聚酯膜复合柔性风管长度应小于5m。风管与角钢法兰连接，应采用厚度大于或等于0.5mm的镀锌板将风管与法兰紧固，见图7‑65。圆形风管连接宜采用卡箍紧固，插接长度应大于50mm。当连接套管直径大于300mm时，应在套管端面10～15mm处压制环形凸槽，安装时卡箍应放置在套管的环形凸槽后面。

六、部件安装

1．风阀安装

（1）风阀安装的要求。

1）运到施工现场的风阀，安装单位应报监理验收。根据装箱清单开箱查验合格证、检测报告和使用说明文件等，逐个查验产品的型号、规格、材质、标识及控制方式是否符合设计文件的规定，并应做好记录和各方签字确认。

2）风阀在就位安装之前，应逐个检查其结构是否牢固、严密，并进行开关操作性试验，检查风阀是否启闭灵活，有无卡涩；对于电动风阀要逐个通电试验检测，对余压阀还要逐个试验其平衡度，并做好试验记录。

3）风阀就位前必须检查其适用范围、安装位置、气流方向和操作面是否正确。

4）风阀的启闭方向、开启角度应在其可视面有醒目的标识。

5）安装在高处的风阀，其手动操纵装置距操作面的高度为1.5～1.8m。

6）风阀的操作面距墙、顶和其他设备、管道的距离不得小于200mm。

7）检查连接风管预留的法兰尺寸、配钻孔径与孔距、法兰面的平整度和平行度、垫片材质和厚度、非金属风管的连接方式等是否符合要求。

8）检查支、吊架位置及做法是否符合规范或设计文件的要求，单件质量超过50kg的风阀，应设置单独的支吊架；电动风阀和定风量阀一般宜设置单独的支、吊架；软质非金属风管系统的风阀一般也应设置单独的支、吊架。

9）输送介质温度超过80℃的风阀，除按设计要求做好保温隔热外，还应仔细核对伸缩补偿措施和防护措施。

10）连接风阀与风管法兰、薄钢板法兰或无法兰连接的紧固件均应采用镀锌件。不锈钢、铝合金材料风阀的连接件应与风阀材质相同，其支、吊架如为钢质，还应采用厚度不小于60mm的防腐木块或厚度为5mm的橡胶板垫，使之与阀体绝缘。

11）法兰垫片的厚度不宜小于3mm，不宜大于8mm。垫片不应凸入阀内，不宜凸出法兰外。

12）风阀安装的水平误差不大于 3‰，垂直误差不大于 2‰。

13）风阀安装后一般与风管系统一同进行严密性检测与试验，但为了减少风阀的调整试验次数，应对电动风阀和洁净系统、试验室风系统的风阀单独进行安装完毕后的严密性检测（一般做漏光试验和单阀试运转）。系统调整完毕之后的各风阀的开启角度应用色漆标识清楚，并做好记录。

（2）多叶调节阀安装。

1）检查阀片开启角度与指示位置是否吻合。

2）旋转手柄或启动风阀，检查阀片是否碰擦阀体。

3）密封件是否牢靠、紧密。

（3）蝶阀安装。

1）检查阀门全关或全开时的位置与开启角度、指示位置是否相适应。

2）阀板半轴根部不得有圆角，手柄上方轴孔不能过大。

3）阀板尺寸与阀体应相适应。

4）拉链阀底面和操作高度应适应。

（4）定风量阀安装。

1）阀门安装必须保持水平，不水平度不大于 2‰。

2）阀前要求有不小于 1.5 倍阀宽的直管段，阀后要求有 0.5 倍阀宽的直管段。

3）阀的高度大于 400mm 时为两个箱体的安装，必须与所接风管的法兰预先装配好尺寸。

（5）止回阀安装。

1）风机启动时能灵活开启，风机停止时能及时关闭，且关闭严密。

2）阀板在最大压差作用下不变形。

3）阀板的转轴和铰链应转动灵活。

4）水平安装时阀板要有平衡调节机构。

5）阀板工作时不应随气流而产生噪声。

（6）矩形三通调节阀安装。

1）阀板调节方便，拉杆或手柄可任意位置固定。

2）阀板在气流运行时不会碰擦风管发出噪声。

手柄式矩形风管三通调节阀安装如图 7-66 所示。

（7）密闭式斜插板阀安装。

1）斜插板阀的安装，阀板必须为向上拉起，水平安装时，阀板应为顺气流方向插入，垂直安装时，插板应逆气流方向安装，如图 7-67 所示。

2）为防止插板在滑轨内生锈而启闭不灵活，可在插板与滑轨间定期涂润滑油。

3）应调整插板与滑轨之间的间隙，大小平直适宜，确保启闭灵活、严密，且两端连接风管应水平（或垂直），不同心度应小于或等于 2‰。

4）除尘系统的斜插板阀如装在吸入管段，宜设置在垂直管段上。

（8）余压阀安装。

1）安装重锤式余压阀时，阀体、阀板的转轴应水平，允许偏差为 2‰。

2）余压阀的安装周边应密封，其密封材质与风管法兰垫片要求相同。

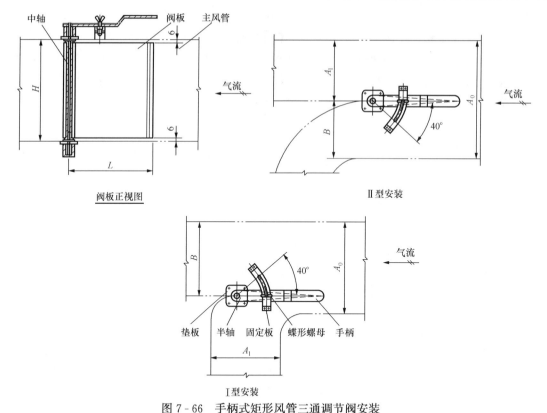

图 7-66　手柄式矩形风管三通调节阀安装

注：图中尺寸 A_1 和 A_0 均由工程设计确定；风管保温厚度大于 30mm 时，中轴应适当加长。

3）余压阀的安装位置应为室内气流的下风侧，并不应在工作面高度范围内。

4）余压阀平衡块的调整设定应现场测试并标定。

2. 防火阀、排烟阀（口）的安装

（1）防火阀安装。防火阀的安装位置应按照建筑防火设计规范的要求设置，一般在进出空调机房、风管穿越防火分区（防火墙、楼板、屋面及伸缩缝）、水平风管与竖直风道连接等处，均应设置防火阀。防火阀的开启和关闭应有指示信号，并与通风空调系统风机联动。防火分区隔墙两侧的防火阀距墙表面不应大于 200mm，防火阀的易熔片应在阀安装后再安装。风管穿越建筑物的伸缩缝两侧需加设防火阀，如图 7-68 所示。

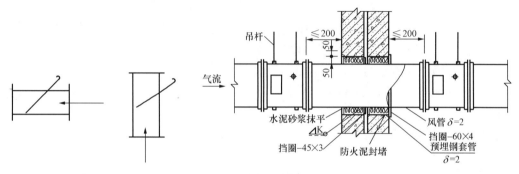

图 7-67　斜插板阀的安装　　　　　图 7-68　风管穿越建筑物的伸缩缝防火阀安装

防火阀安装时应根据位置选择安装方式，如水平安装、垂直安装等。易熔片应安装在阀板的迎风侧。防火阀为常开模式，遇火时关闭，当火灾发生时，空气温度达到易熔片熔断温度时，易熔片熔化断开，阀板靠自重或配重自行关闭，将系统气流切断。易熔片处于气源一侧，安装时不得改变。防火阀直径或长边尺寸大于或等于 630mm 时，需单独加设支、吊架支承。

（2）排烟阀安装。排烟阀（口）广泛使用在高层建筑或其他建筑的排烟以及排风排烟系统中。排烟阀（口）在单独的排烟系统中多为常闭模式，出现火情时，自动开启或由人工控制开启进行排烟，至 280℃ 关闭，排烟阀应有就地开启或远程开启两种模式。

排烟阀（口）及控制装置（包括预埋套管）的位置应符合设计要求，预埋套管不得有死弯及瘪陷。排烟阀（口）通常布置在房间上部。当采用排风排烟共用系统时，应通过管路中防火阀的合理设置，及时关闭不作为排烟使用的风口，保证消防排烟的基本要求。排烟阀（口）及远控装置的安装如图 7 - 69 所示。

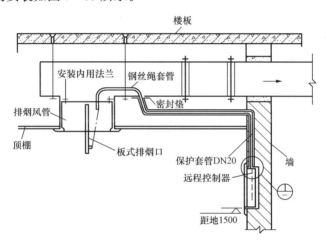

图 7 - 69　排烟阀（口）及远控装置的安装

3. 风口安装

（1）安装前的检查。风口安装前，应查验产品合格证，并对成品风口进行外观检查。风口装饰面应无明显变形、划伤和压痕，拼缝应均匀，颜色一致，焊口应光滑、牢固。

风口的活动零件应动作自如、阻尼均匀，无卡死和松动现象；导流片可调或可拆的风口，要调节拆卸方便、可靠，定位后无松动；带温度控制元件的风口，要求动作灵敏可靠。

风口尺寸允许偏差应符合表 7 - 42 的要求。

（2）风口安装。

1）安装时，风口与风管连接应严密、牢固。风口与装饰面应紧贴；条缝风口的安装，接缝处应衔接自然，无明显的缝隙。同一房间的相同风口安装高度应一致，排列应整齐。

2）无顶棚的明装风口，安装位置和标高偏差不应大于 10mm。风口水平安装，水平度偏差不大于 3‰；风口垂直安装，其垂直度偏差不应大于 2‰。

3）安装散流器的吊顶上部应有足够的空间，以便安装风管和调节阀；散流器与风管支管的连接宜采用柔性风管，以便于安装。

表 7 - 42	风口尺寸允许偏差			mm
圆 形 风 口				
直径 D	D≤250		D>250	
允许偏差	−2～0		−3～0	
矩 形 风 口				
边长	≤300	300～800	>800	
允许偏差	−1～0	−2～0	−3～0	
对角线长度	≤300	300～500	>500	
对角线长度之差	≤1	≤2	≤3	

4）旋流风口连接分为带静压箱连接和不带静压箱连接，静压箱与风管的连接有侧接和顶接两种，接口为圆形。当风口配有电动控制时，在静压箱上应留有检修孔。

5）带接管的阶梯旋流风口安装时，在阶梯上每隔120°钻3个孔，将接管插入阶梯板的开口内，在周边通过自攻螺栓将风口固定。

6）带支架的阶梯旋流风口将中心螺栓、套管支架等附件装配到风口的后部，装配好后再安装到阶梯板的风口上。

7）球形喷口的常用安装方式为：矩形风管上安装；圆形风管上安装；对接圆形风管或软风管安装；侧墙静压箱安装。

（3）顶棚上风口安装。不影响顶棚龙骨或只切断顶棚小龙骨条件下的风口安装如图7-70（a）所示，需切断顶棚大小龙骨的风口安装如图7-70（b）所示。

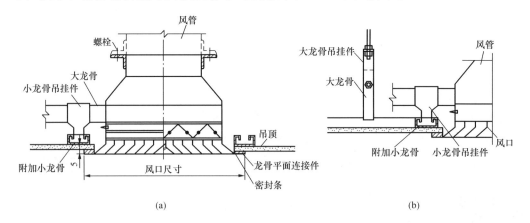

(a)　　　　　　　　　　　　　　　(b)

图 7 - 70　顶棚上风口安装

（a）不影响顶棚龙骨或只切断顶棚小龙骨的安装方式；（b）需切断顶棚大小龙骨的安装方式

（4）百叶风口安装。不同形式的百叶风口安装如图7-71～图7-73所示。

（5）方形、圆形散流器安装。

方形、圆形散流器安装如图7-74～图7-76所示。

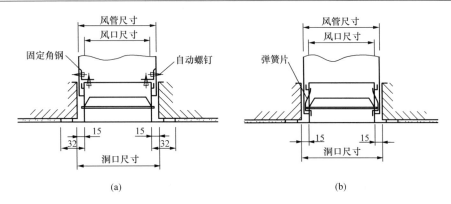

图 7 - 71　单双层百叶风口顶棚安装

（a）单双层百叶风口与风管插入安装；（b）单双层百叶风口弹簧片安装

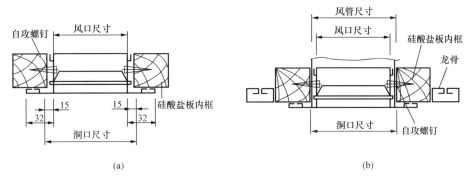

图 7 - 72　单双层百叶风口硅酸盐板内框安装

（a）安装形式之一；（b）安装形式之二

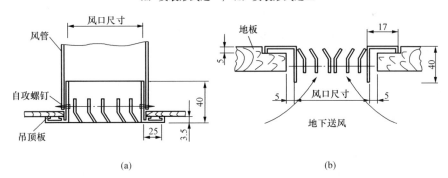

图 7 - 73　固定斜百叶风口安装

（a）顶棚固定斜百叶风口；（b）地面固定斜百叶风口

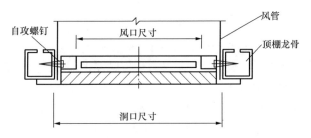

图 7 - 74　方形散流器与边框固定式安装

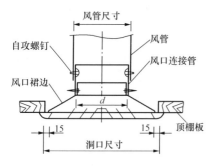

图 7-75　圆形散流器与风道固定式安装

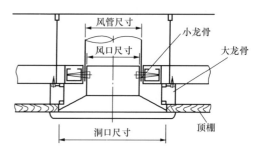

图 7-76　散流器在龙骨上安装

第五节　通风与空调系统的设备安装

一、风机安装

1. 一般规定

（1）当风机基础施工完毕，交付安装单位时，应对基础进行检查验收，检查内容有基础的位置、几何尺寸、预留的地脚螺栓孔和预埋件的位置，混凝土强度试块记录，风机的消声与防振装置等是否与基础相符，是否与风机实物相符，以便及时发现问题并及时处理。

（2）开箱检查。风机的开箱检查应符合下列规定：

1）按设备装箱单清点风机的零件、部件和配件，要求零件、部件及配件齐全且质地良好。

2）核对叶轮、机壳和主要安装尺寸，尺寸应符合设计要求，并满足安装要求。

3）风机进口和出口的方向应符合设计要求，叶轮的旋转方向和定子导流叶片的导流方向应符合设备技术文件的规定。

4）风机外露部分的机械加工面应无锈蚀，转子的叶轮和轴颈、齿轮的齿面和齿轮轴的轴颈等主要零件、部件应无碰伤和明显变形。

5）整体出厂的风机，进气口和排气口的遮盖板应完好，如有破损应检查机壳内有无杂物。

（3）搬运和吊装。风机搬运和吊装应符合下列要求：

1）搬运和吊装整装风机时，绳索不得捆绑在风机转子和机壳上盖或轴承上盖的吊耳上。

2）转子和齿轮不应直接放在地上滚动和拖动。

3）吊装解体出厂的风机时，绳索的捆绑不得损伤机件表面，转子和齿轮的轴颈、测振部位均不应作为捆绑部位；转子和机壳的吊装应保持水平。

4）当输送特殊介质的风机转子和机壳内涂有防腐保护层时，应注意保护层不得有损伤。

（4）解体出厂风机的组装要求。

1）解体出厂的风机，其加工面上均涂有防锈油漆，当运输不当或存放超过防锈保证期时，防锈漆会发生质变，变成污物，故在组装前必须将防锈漆清洗干净，再进行组装。如加工面已产生锈蚀，则应将锈迹除去后再进行组装。在清洗过程中，应注意各零部件在运输和存放过程中有无变形和损坏。

2）解体风机的组装程序应按厂方提供的设备技术文件要求进行，并由有实践经验的高级技工负责。组装前，应对设备外露加工面、组装配合面、滑动面、油箱进行清洗。机组的润滑、密封、液压和冷却系统的管道也进行清洗，并应按设备技术文件的规定进行严密性试验，不得有渗漏。

（5）风机的进风管和排风管安装。

1）风机进风、排风系统的管路与风机连接时，法兰面应对中并平行，只能以风机法兰接口为准调整风管法兰，且不得强力对口连接。

2）风机进风、排风系统的管路上的大型阀件、调节装置、冷却装置和润滑油系统均应有单独的支承，不得由风机承担其重量。

3）当风管系统中设有补偿器时，应按设备技术文件的规定安装；与风机进风口和排风口法兰相连接的直管段上，不得有阻碍热胀冷缩的固定支承。

4）风机与风管连接时，机体不应承受外力；连接后，应复测机组的安装水平度和主要间隙，并应符合要求。

（6）防护罩（网）安装。为确保风机的安全运转，风机传动装置的外露部分、直接通大气的进风口，应安装防护罩（网），防护罩（网）应在试运转前安装完毕。

2. 离心风机安装

（1）清洗与检修。

1）将机壳和轴承箱拆开并清洗转子、轴承箱体和轴承。

2）轴承箱的冷却水管路应畅通，并应对安装后的整个冷却水管路进行试压。试验压力应符合设备技术文件的规定。当设备技术文件无规定时，试验压力不应低于0.4MPa。

3）调节机构应清洗干净，转动应灵活。

（2）轴承箱的找正、找平。

1）轴承座与底座应接合紧密，其中间不宜加垫片，整体安装的轴承箱的纵、横向水平偏差不应大于0.1/1000，并应在轴承箱中分面上进行测量，其纵向安装水平也可在主轴上进行测量。

2）左、右分开式轴承箱的找正、找平难度大，要求高，其纵向和横向安装水平偏差，轴承孔对轴线在水平面的对称度（图7-77）应符合下列要求：

①在每个轴承箱中分面上，纵向安装水平偏差不应大于0.04/1000。

②在每个轴承箱中分面上，横向安装水平偏差不应大于0.08/1000。

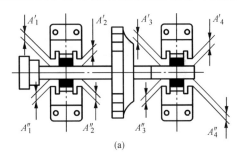

(a)

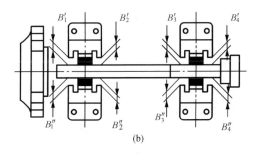

(b)

图7-77 轴承孔对主轴轴线在水平面内的对称度
$A_1'-A_1''$、$A_2'-A_2''$…$B_1'-B_1''B_2'-B_2''$……轴承箱两侧
密封径向间隙之差；$A_1'-A_4'$、$B_1'-B_4'$、$A_1''-A_4''$
$B_1''-B_4''$—轴承箱两侧密封径向间隙值

③在主轴承颈处的安装水平偏差不应大于 0.04/1000。

④轴承孔对主轴轴线在水平面内的对称度偏差不应大于 0.06mm，如图 7 - 77 所示，可测量轴承箱两侧密封径向间隙之差不应大于 0.06mm。

（3）滑动轴承的调整、修刮。具有滑动轴承的通风机，其滑动轴承虽然已在制造厂装配及试运转时做了调整、修刮，达到了质量要求，但会因解体出厂而发生改变，故在现场组装时，应对其轴瓦与轴颈的接触弧度、轴向接触长度、轴承间隙和压盖过盈量进行检测，数值应符合设备技术文件的规定，如不符合，应调整、修刮。

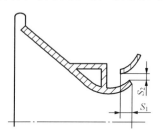

图 7 - 78　机壳进风口或密封圈
与叶轮进口圈之间的安装尺寸
S_1—机壳进风口或密封圈与叶
轮进口圈的轴向重叠长度；
S_2—机壳进风口或密
封圈与叶轮之间的径向间隙

（4）机壳组装。解体出厂的风机组装机壳时，应以转子轴线为基准找正机壳的位置。机壳进风口或密封圈与叶轮进口圈的轴向重叠长度和径向间隙的大小，涉及风机的效率和安全运转，故安装时应调整到设备技术文件规定的范围，如图 7 - 78 所示，同时应使机壳后侧板与轴孔与主轴同轴，不得碰刮。

当设备技术文件未对风机进风口或密封圈与叶轮进口圈的轴向间隙作出规定时，可按轴向重叠长度为叶轮外径的 8‰～12‰，径向间隙沿圆周应均匀，其单侧间隙应为叶轮外径的 1.5‰～4‰。若为高温风机，尚应留有一定的热膨胀量。

离心通风机机壳中心孔与轴应保持同轴。压力小于 3kPa 的通风机，孔径和轴径的差值不应大于表 7 - 43 的规定，且不应小于 2.5mm。压力大于 3kPa 的通风机，在机壳中心孔的外侧应设置密封装置。

表 7 - 43　　　　　　　　　　机壳中心孔径与轴径的差值

机　　号	2～6.3	＞6.3～12.5	＞12.5
差值（mm）	4	8	12

（5）风机与电动机的连接。

1）用三角皮带轮传动的通风机。在安装电动机时，要对电动机上的皮带轮进行找正，以保证电动机和通风机的轴线相互平行，并使两个皮带轮的中心线相重合，三角皮带被拉紧。其找正方法可按以下顺序进行。

①把电动机用螺栓固定在电动机的两根滑轨上，注意不要把滑轨的方向装反。将两根滑轨相互平行并水平地放在基础上。

②移动滑轨，调整三角皮带的松紧程度。

③两人用细线拉直，使线的一端接触图 7 - 79中通风机皮带轮轮缘的 A、B 两点。调整电动机滑轨，使细线的另一端也接触电动机皮带轮轮缘 C、D 两点。这样 A、B、C、D 在同一条直线上，通风机的主轴中心线和电动机轴的中心线平行。两个皮带轮的中心线也重合。

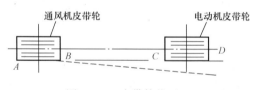

图 7 - 79　皮带轮找正

④电动机可在滑轨上进行调整，使三角皮带松紧程度适宜。一般用手敲打已装好皮带的中部，应稍有弹跳，或用手指压在两个皮带上，能压下 2cm 左右较为合适。

皮带轮找正后的允许偏差应符合表 7-44 的规定。三角皮带传动的通风机和电动机轴的中心线间距和皮带规格应符合设计要求。

表 7-44　　　　　　　　　　　风 机 安 装 允 许 偏 差

中心线的 平面位移	标高	皮带轮轮宽 中心平面位移	传动轴水平度		联轴器同心度	
			纵向	横向	径向位移	轴向倾斜
10mm	±10mm	1mm	0.2/1000	0.3/1000	0.05mm	0.2/1000

2）风机与电动机通过联轴器连接。风机与电动机通过联轴器连接时，主要控制以下两个方面：

①两半联轴器之间的间隙应符合设备技术文件的规定。但当电动机的转子和定子为分离式且为滑动轴承者，如磁力中心位置没有对正，运行时的轴向窜动量将影响风机叶轮有关间隙的改变。因此，对具有滑动轴承的电动机，应在测定电动机转子的磁力中心位置后再确定联轴器间的间隙。如果电动机为滚动轴承或虽为滑动轴承但制造厂已经将磁力中心固定好的，不会产生轴向窜动者则无此项要求。

②联轴器的轴向倾斜度不应大于 0.2/1000，径向位移的允许偏差，各机型要求不完全相同，一般要求不大于 0.025mm，如图 7-80 所示。

（6）风机试运转。

1）风机试运转应具备的条件。

①轴承箱和油箱应经清洗干净，检查合格后，加注润滑油；加注润滑油的规格、数量应符合随机技术文件的规定。

②盘动风机转子，不得有摩擦和碰刮。

③电动机的转向应与风机的转向一致。

④应保证冷却水系统能正常供水。

⑤风机传动装置的外露部分、直接通大气的进口，其防护罩（网）已安装完毕。

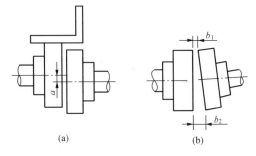

图 7-80　联轴器的径向位移允许偏差
（a）径向偏差；（b）轴向倾斜偏差

⑥风机的安全和连锁报警与停机控制系统应经模拟试验，并符合下列要求：

a. 冷却系统压力不应低于规定的最低值。

b. 润滑油的油位和压力不应低于规定的最低值。

c. 轴承的温度和温升不应高于规定的最高值。

d. 轴承的振动速度有效值或峰—峰值不应超过规定值。

e. 喘振报警和气体释放装置应灵敏、正确、可靠。

f. 风机运转速度不应超过规定的最高速度。

⑦主机的进气管和与其连接的有关设备应清扫洁净。

2）风机试运转的要求。

①启动前应将进气调节阀关闭。

②正式启动前，先点动电动机，如无异常和摩擦声响，方可正式启动。

③待风机达到正常转速后，应先在进气调节阀开度为 0°～5°时，进风量较少的小负荷状态下运转，待风机轴承温升稳定后，再连续运转不少于 20min。

④小负荷运转正常后，应逐渐开大调节阀，增大负荷，直至规定的负荷为止，连续运转时间不少于 2h，在增大负荷过程中应注意电动机电流不得超过额定值。

⑤对于大型风机的滑动轴承，负荷试运转 2h 后应停机进行检查，轴承应无异常，如轴承合金表面有局部研伤，则应进行修正，再连续运转不应少于 6h。

⑥对于高温离心通风机，当进行高温试运转时，其热风升温速率不应大于 50℃/h；当进行冷态试运转时，其电动机也不得超过负荷试运转。

⑦试运转中，滚动轴承升温不得超过环境温度 40℃，轴承振动速度有效值不得超过 6.3mm/s；矿井用离心通风机的振动速度不得超过 4.6mm/s。

3. 轴流通风机安装

（1）清洗和检查。

1）轴流通风机的清洗与前所述离心风机的清洗方法、步骤一致。

2）检查整流罩、集流器、转子叶片等应无损伤，连接应牢固、无松动；叶片的角度方向和调节范围，应符合随机技术文件的规定。

3）轴承箱、变速器和冷却水腔应无泄漏。

（2）整体出厂的机组安装。整体出厂的轴流通风机安装应符合下列要求：

1）机组的安装水平度和铅垂度应在底座和机壳上进行检测，其安装水平度偏差和铅垂度偏差均不应大于 1/1000。

2）通风机的安装面应平整，与基础或平台应接触良好。

3）直连型风机的电动机轴心与机壳中心应保持一致；电动机支座下的调整垫片不应超过两层。

（3）解体出厂的机组安装。解体出厂的轴流通风机组装和安装时，应符合下列要求：

1）通风机安装应水平，应在基础或支座上风机的底座和轴承座上纵、横向进行检测，其偏差均不应大于 1/1000。

2）转子轴线与机壳轴线的同轴度不应大于 2mm。

3）应按随机技术文件规定的顺序和出厂标记进行组装。

4）导流叶片、转子叶片安装角度与名义值的允许偏差为 ±2°；叶轮与机壳的径向间隙应均匀，叶轮与机壳的径向间隙应为叶轮直径的 1.5‰～3.5‰；叶片的手动和自动调节范围应符合随机技术文件的规定；可调叶片在关闭状态下与机壳间的径向间隙应符合随机技术文件的规定；无规定时，其间隙值宜为转子直径的 1‰～2‰；在静态下应检查可调叶片及调节装置的调节功能、调节角度范围、安全限位，叶片角度指示刻度与叶片实际角度的允许偏差为 ±1°。

5）机壳的连接应对中并贴合紧密，接合面上应涂抹一层密封胶；叶片的固定螺栓和机壳法兰连接的螺栓，应按随机技术文件规定的力矩紧固和锁紧。

6）进气室、扩压器与机壳之间，进气室、扩压器与前后风筒之间的连接应对中和贴平。各部分的连接，不得使机壳变形，影响叶顶间隙的改变。

（4）轴流通风机的试运转。

1）试运转应具备的条件。

①电动机转向应正确，油位、叶片数量、叶片安装角、叶顶间隙、叶片调节装置功能、调节范围应符合随机技术文件的规定。

②叶片角度可调的风机，应将可调叶片调节到随机技术文件规定的启动角度。

③盘车应无卡阻，并应关闭所有人孔阀门。

④应启动供油装置并运转 2h，其油温和油压应符合随机技术文件的规定。

2）风机试运转的要求。

①启动时各部位应无异常现象。

②启动在小负荷运转正常后，应逐渐增加风机的负荷在规定的转速和最大出口压力下，直至轴承达到稳定温度后，连续试运转不应少于 20min。

③轴流通风机启动后调节叶片时，电流不得大于电动机的额定电流值；轴流通风机运行时，严禁停留于喘振工况内。

④试运转中风机的安全和连锁报警与停机控制系统，其动作应灵敏、正确、可靠，并应记录实测数值备查。

⑤试运转中，一般用途的轴流通风机在轴承表面测得的温度不得高于环境 40℃；电站式轴流通风机和矿井式轴流通风机，滚动轴承正常工作温度不应超过 70℃，瞬时最高温度不应超过 90℃，温升不应超过 60℃；滑动轴承的正常工作温度不应超过 75℃。

⑥轴流通风机的振动速度有效值应符合表 7 - 45 的要求。

表 7 - 45　　　　　　　　　　　轴流通风机的振动速度有效值

风机类型	振动速度有效值（mm/s）
电站、矿井式轴流通风机	刚性≤4.6，挠性≤7.1
暖通空调用轴流通风机	≤5.6
一般用途、其他类型轴流通风机	≤6.3

二、空调机组安装

空调机组多为整体组合式设备，只需按照要求进行组装即可。空调机组可分为立式和卧式。安装分为落地式及吊顶式安装。组合式空调机组的垂直与水平运输可采用起重机、叉车等机械进行，也可采用人工运输。

空调机组的安装程序为：基础检查、验收→测量放线→机组检查、检验→底座安装→组合安装→配管连接→试验、调整。

1. 基础的检查、验收

空调机组的基础应满足以下要求：

（1）基础高出地面的高度应考虑凝结水水封的高度。

（2）基础表面无蜂窝、裂纹、麻面、露筋；其水平度、标高和平面位置及主要尺寸等应符合设计要求，当设计无要求时，基础高度不得小于 150mm，且应满足产品技术标准要求。基础旁留有至少与机组宽度同长的空间，以备检修时拆卸盘管和抽取过滤器。

2. 机组的检查

机组安装前应检查下列内容：

（1）风机段、表面冷却段、过滤段等功能段尺寸、规格、参数等应符合设计要求，外表无粉尘、内部无杂物，各机段应按设计排列的顺序编号。

（2）打开设备活动面板，以手盘动风机叶轮，检查叶轮是否与机壳发生碰撞，风机减振部分是否符合要求。检查电动机接线是否正确；手盘叶轮，叶片转动是否灵活、方向是否正确，机械部分有无松脱；电动机运转声音是否正常，电气部分有无漏电；机组凝结水盘应贴有保温材料等。

3. 机组的安装

组合式空调机组的机段一般与金属基础底座配套供货到现场，利用底座上的吊装孔垂直吊运，以叉车或卷扬机等水平卸落在基础上，就位后检查机组框架、连接管道、挡水板、过滤器框架等有无损伤。

现场组装的机组，机段接合缝的严密性是机组安装的重点，是直接利用漏风量试验的关键，因此，接合面贴密封胶、对口连接是非常重要的工序，必须工序到位、检查仔细。

机组冷热进出水均用柔性接头与机组连接，单独设置支、吊架，盘管的水流方向和气流方向为逆流式。机组基础离墙不小于200mm，基础顶面距离地面不小于100mm，且能满足排放坡度的需求；空调箱顶部有风管时，上部空间不小于1600mm，无风管时，上部空间不小于500mm。

组合式空调机组如图7-81所示。

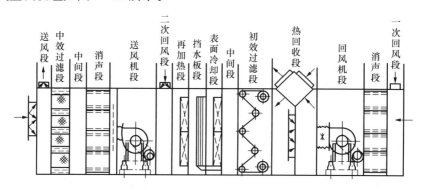

图7-81　组合式空调机组

三、诱导器和风机盘管安装

1. 诱导器安装

诱导式空调系统是将空气集中处理和局部处理结合起来的混合式空调系统中的一种形式。诱导器是利用来自一次风处理空调机的一次风做诱导动力，在空调房间就地吸入室内回风（即二次风）并加以局部处理的设备。

诱导器按外形和安装方式可分为卧式和立式；按回风的不同，可分为单面回风和双面回风，如图7-82所示。

（1）安装前的检查。诱导器安装前必须进行以下检查：

1）诱导器的各连接部分有无松动、变形和破裂。

2）诱导器喷嘴是否堵塞或脱落。

3）静压箱封头的缝隙密封是否完好，密封材料有无裂痕和脱落。

4）一次风风量调节阀是否灵活可靠。

（2）诱导器的安装。诱导器的安装要求如下：

1）诱导器与一次风管连接处要严密，必要时应在连接处涂以密封胶或包扎密封带，以防漏风。

2）诱导器水管接头方向和回风面朝向应符合设计要求。立式双面回风诱导器，应将靠墙一面留 50mm 以上的空间，以利回风；卧式双面回风诱导器，要保证靠楼板一面留有足够的空间。

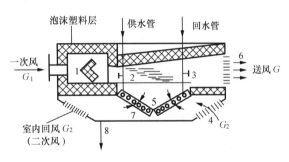

图 7-82　卧式诱导器结构示意图

1—静压箱；2—喷嘴；3—混合室；4—回风口；5—换热器；
6—送风口；7—滴水盘；8—排水管

3）诱导器的出风口或回风口的百叶格栅有效通风面积不能小于 80%；凝结水盘要有排水坡度，以保证排水畅通。

2. 风机盘管安装

风机盘管主要由风机和盘管换热器组成。风机盘管机组有立式和卧式两种，按安装方式可分为明装和暗装两种。

风机盘管安装前应进行单机试运转和水压检漏试验，试验压力为系统工作压力的 1.5 倍，试验时间为 2min，以不渗不漏为合格。风机盘管应设置独立的支、吊架，支架应稳固、牢靠；安装的位置、高度及管道设置的坡度应正确。机组与风管、回风箱或风口的连接应严密、可靠。

立式风机盘管明装设在室内地面上，立式风机盘管暗装设在窗台下，送风口方向在上方或前方，如图 7-83 所示。

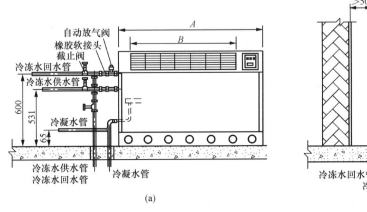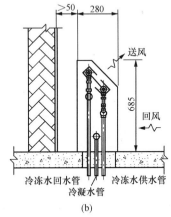

(a)　　　　　　　　　　　　(b)

图 7-83　立式风机盘管安装

(a) 立面安装图；(b) 侧面安装图

卧式风机盘管可分为明装和暗装，卧式明装是将盘管吊装在天花板下或门窗上方；卧式暗装是将盘管吊装在顶棚内，回风方向可在后方或下方，如图 7-84 所示。盘管机组安装时必须清洁进、出口水管，凝水管不得有压扁、折弯等现象，以使排水通畅；立式安装机组不得倾斜。

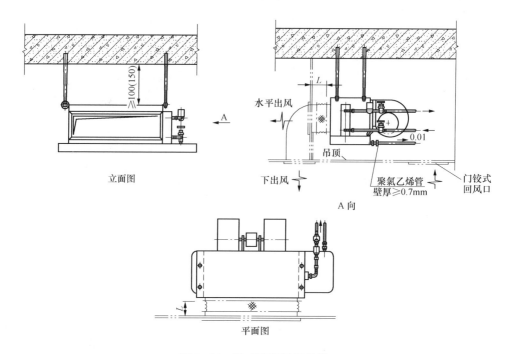

图 7 - 84　卧式暗装风机盘管

四、换热器安装

1. 热交换器的布置

（1）热交换器的排列方式应有利于空气均匀通过，并留有检修空间，包括其前后的检修门。

（2）预热器一般装在室外空气进口与过滤器之间，这是空气处理的合理要求，也可预防过滤器冬季结霜。预热器前的风道应做保温层和防潮处理。

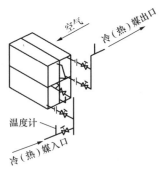

图 7 - 85　空气冷却器的组合

（3）为使空气均匀分布，二次加热器通常设在送风机的吸入端。

（4）通常热交换器可以水平安装，也可以垂直安装，应以设计和产品说明书为准，但应使冷却器表面的凝结水能顺肋片下流，以免肋片积水。空气加热器水平安装时，也应具有不小于1‰的斜度，以利于排放凝水。

2. 热交换器的组合

（1）空气冷却器组合。当通过空气量较多时，表面式冷却器宜采用并联，供水管也应并联，如图 7 - 85 所示。当要求空气温降较大时，则应串联，供水管也应串联。

（2）空气加热器组合。当加热热媒为热水时，加热器可采用如图 7 - 86、图 7 - 87 所示的串联或并联的连接方式。若加热热媒为蒸汽时，管道与加热器之间应采用图 7 - 88 所示的并联连接方式。

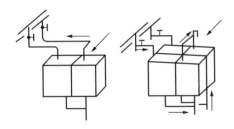

图 7-86 热水管与加热器串联连接

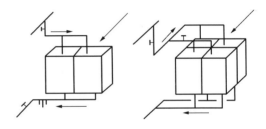

图 7-87 热水管与加热器并联连接

3. 热交换器的安装要求

(1) 热交换器的散热面应保持清洁、完整。

(2) 热交换器安装前应做水压试验，试验压力应为工作压力的 1.5 倍，且不小于 0.4MPa，水压试验的时间为 2～3min，以不渗不漏且压力表不下降为合格。

(3) 空气冷却器的底部应安装滴水盘和泄水管；当冷却器叠放时，在两个冷却器之间应装设中间滴水盘和泄水管，泄水管应设水封，以防吸入空气，如图 7-89 所示。

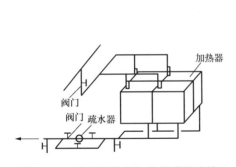

图 7-88 蒸汽管路与加热器并联连接

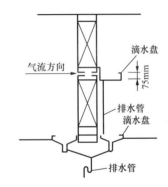

图 7-89 空气冷却器滴水盘的安装

(4) 蒸汽加热器入口的管路上，应安装压力表和调节阀，在凝结水管路上应安装疏水阀。热水加热器的供回水管路上应安装调节阀和温度计，加热器上还应安设放气阀。

五、过滤器安装

1. 粗、中效过滤器安装

(1) 空气过滤器框架安装。空气过滤器框架安装前，应将空调器内外清扫干净，清除过滤器表面黏附物。过滤器与框架之间，框架与空气处理室围护结构之间，可垫 3mm 厚的橡胶板，连接必须严密，不得有缝隙，以便在安装过滤器后，气流全部经过过滤器，防止气流从安装框架与过滤器框架流入。粗、中效空气过滤器的安装，应便于拆卸和更换滤料。

对于已污染过的过滤器可在 5％（质量比）浓度的碱溶液中浸泡 20～30min 后，用水冲洗，再放入肥皂水溶液中清洗，最后用水冲洗，晾干后方可使用。

(2) 自动浸油过滤器安装。自动浸油过滤器安装前滤网应清扫干净，传动机构应灵活，两台以上并列安装，过滤器之间的接缝处应垫以 10mm 厚的耐油橡胶板。过滤网的传动方向必须自下而上迎着进风的方向。

(3) 金属网格浸油过滤器安装。金属网格浸油过滤器安装前应用热碱水将表面粘附物清洗干净，晾干后再浸以 12 号或 20 号机油。安装前应将空调器内外清扫干净，波浪形金属网格排列应整齐，接缝应严密；大孔径网格应朝向迎风面，不得装反。

（4）自动卷绕式过滤器。自动卷绕式过滤器用化纤卷材为过滤料，以过滤器前后的压力差为传感信号进行自动控制更换滤料，可用于空调和洁净系统。安装时应注意框架平衡，滤料应松紧适当，上下箱应平行，传动机构应灵活，保证滤料的可靠运行。

2. 高效过滤器安装

高效过滤器应在洁净室和净化空调系统进行全面清扫和系统连续试车 12h 后，在现场拆开包装，进行外观检查和仪器检漏。目测不得有变形、脱落、断裂等破损现象，仪器抽检检漏合格，方可进行安装，安装后的高效过滤器四周和接口应严密不漏，在调试前应进行扫描检漏。

高效过滤器与洁净室围护结构相连的接缝必须密封；高效过滤器采用机械密封时，应采用厚度为 5～6mm 的密封垫料，定位贴在过滤器边框上。安装后，垫料的压缩应均匀，压缩率为 25%～50%；采用液槽密封时，槽架应水平，不得有渗漏现象，槽内应无污物和水分，槽内密封液高度为 2/3 槽深，密封液的熔点应高于 50℃。

高效过滤器的安装方法有密封垫法、涂密封胶法、液封法和负压密封法等，如图 7-90 所示。

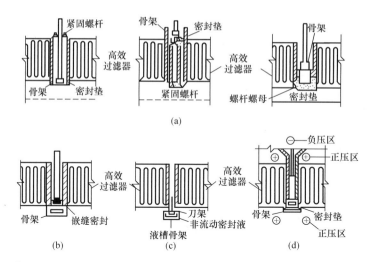

图 7-90　高效过滤器的安装方法

（a）密封垫法；（b）涂密封胶法；（c）液封法；（d）负压密封法

（1）密封垫法。密封垫法是在过滤器与安装框架之间的缝隙部位加垫密封材料，利用机械紧固装置将其压紧，实现密封。密封垫材料可采用闭孔海绵橡胶或氯丁橡胶。这种密封方法简便实用，在水平面或垂直面上安装高效过滤器时均可使用。

（2）涂抹密封胶法。涂抹密封胶法是将密封胶涂在高效过滤器与安装框架之间的缝隙中，以达到密封的目的。

（3）液封法。液封法又称液槽密封法，将过滤器框出风侧的端面和安装框架的一端做成刀架，另一端做成凹槽，槽内注入常温常压下不流动的胶黏状液体，当高效过滤器靠自重就位后，刀架与凹槽相互承插，在液槽内形成密封。

（4）负压密封法。负压密封法是由相邻洁净室的空间造成负压，用以防止污染空气通过缝隙进入洁净室，这种方法是从正压控制的角度来实现密封的。当安装缝隙出现泄漏时，泄漏只能朝向洁净室以外的负压空间，而不能进入洁净室内。

高效过滤器常安装在技术夹层或夹道内的风管上，如有渗漏，则只能渗漏到夹层或夹道内，不会影响到洁净室的洁净度。高效过滤器在风管上的安装如图7-91所示，用于散流器顶送或百叶口侧送等送风方式。高效过滤器在湍流洁净室顶棚送风口的安装可分为上装式和下装式，如图7-92所示。

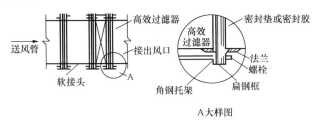

图7-91 高效过滤器在风管上的安装

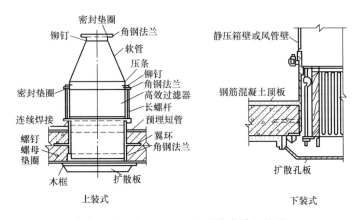

图7-92 在顶棚送风口安装高效过滤器

六、消声器安装

消声器安装应满足以下要求：

（1）运输消声设备时，应避免外界冲击和过大的振动。

（2）消声器支、吊架的生根必须牢固可靠，如需生根于非承重结构上，则应征得设计方的同意。消声弯管应单独设置支承。

吊架横托板穿吊杆的螺孔距离，应比消声器宽50mm，为了便于调节标高，可在吊杆的下端部套50～80mm长的螺纹，以便找平、找正，并加以双螺母锁定。

（3）安装阻抗复合式消声器时，一定要注意把抗性消声器放在前面（即气流的入口端），把阻性消声器放在后面，一般情况下产品外部有气流方向的标识。

（4）消声器在搬运、装卸、吊装过程中，应避免振动，特别对于填充消声多孔材料的阻、抗式消声器，应防止由于振动改变填充材料的均布而降低消声效果。

（5）消声器安装就位后，可用拉线或吊线尺量的方法进行检查，对位置不正、扭曲、接口不端正等不符合要求的部位应进行调整，以达到设计和使用的要求。

（6）当通风、空调系统有恒温、恒湿要求时，消声设备外壳与风管同样做绝热处理。

（7）消声器在系统中应尽量安装在靠近使用房间的部位，如必须安装在机房内，则应对消声器外壳及消声器之后位于机房内的风管采取隔声处理。

第六节　空调水系统安装

一、水管的布置与安装

空调水系统一般包括冷水系统、冷却水系统和冷凝水排放系统。冷水系统是把蒸发器的冷量输送到房间的循环水系统，冷却水系统是指由冷凝器的冷却水、冷却塔、冷却水泵、水量调节阀等组成的循环水系统。冷凝水排放系统是用来排放表面式冷却器因结露而形成的冷凝水。

1. 管材

空调水系统的管材，当工作压力≤0.6MPa 时，应采用低压流体输送用焊接钢管，当工作压力＞0.6MPa 时，应采用无缝钢管；高层建筑宜采用无缝钢管，凝结水系统可采用 PVC-U 塑料管，也可采用镀锌钢管。

2. 管道连接

空调水管的连接方式有螺纹连接、法兰连接、焊接、沟槽（卡箍）连接。

（1）螺纹连接。空调水系统若采用低压流体输送用焊接钢管，当公称直径≤DN80 时，应采用螺纹连接，螺纹连接用填料应采用铅油—麻丝，也可采用聚四氟乙烯生料带。螺纹连接的螺纹应清洁、光滑、规整，不得有乱丝、毛刺等现象，断丝和缺丝长度不得大于螺纹全长的 10%。连接完毕的管道，管子接口处根部应留有 2～3 扣的螺纹。

（2）沟槽（卡箍）连接。焊接钢管公称直径＞DN80，应采用沟槽连接。沟槽连接应符合以下要求：

1）沟槽式管接头应符合 CJ/T 156—2001《沟槽式管接头》的要求，其材质应为球墨铸铁。

2）沟槽连接时，管材上连接的沟槽和开孔应用专用的滚槽机和开孔机加工，连接前应检查沟槽、孔洞尺寸和加工质量是否符合技术要求。加工的沟槽、孔洞处不得有毛刺、破损、裂纹和污物。

3）沟槽连接的橡胶密封圈应无损坏和变形，涂润滑剂后卡装在钢管两端。

4）沟槽式管件的凸边应卡进沟槽后再紧螺栓，两边应同时紧固，紧固时发现橡胶圈起皱应对橡胶圈进行更换。

5）机械三通连接时，应检查机械三通与孔洞的间隙，各部位应均匀，然后再紧固到位。

6）配水立管分支接出水平管时，应采用沟槽式管接头异径三通。

（3）法兰连接。空调水系统的管道与设备、装置、容器、法兰阀门及必须采用法兰连接方可安装处，应采用法兰连接。法兰连接应符合下列要求：

1）法兰连接的两端面应平行，偏差不大于 1.5‰，且不得大于 2mm。

2）法兰与管子组装时，法兰端面与管子轴心线垂直，偏差应小于管子外径的 1%。

3）法兰连接的管道，应保持同心，并应保证螺栓自由穿入。法兰连接用螺栓应使用同一规格的，安装方向应一致，紧固后的螺栓宜与螺母平齐。

4）为了便于装拆法兰、紧固螺栓，法兰端面距支架和墙面的距离不得小于 200mm。

5）螺栓拧紧时，应对称交叉进行。

（4）焊接。空调水系统中，若管材为焊接钢管、无缝钢管，宜采用焊接。当公称直径≤DN25 或壁厚 δ≤2.5mm，宜采用气焊，当公称直径＞DN25 或壁厚 δ≥3mm，宜采用电焊。

3. 水管安装应注意的事项

（1）管道安装应严格按照设计图纸和有关规范要求进行，管道布置应力求整齐、有序。

（2）管道安装前，应清除管内、外壁的污物。

（3）管道敷设时应有坡度，坡度为 0.003，不得小于 0.002，坡向应有利于排气、泄水。

（4）管道穿越墙壁、楼板、屋面时，均应加设钢套管，套管内径比被套管外径大 8～12mm，套管与被套管之间充填柔性防水材料，再灌以防水油膏。

（5）冷水机组、水泵的吸水口和出水口均应加设可屈挠柔性接头。

（6）冷热水系统的最高点应安装排气阀，最低点应安装泄水阀。

（7）冷（热）水管道应避免与金属支架直接接触，以免产生冷（热）桥。

（8）在水泵的吸入口、热交换器的进水管上、减压阀阀前、疏水器前均应加设过滤器。

二、支架安装

1. 支架选用

支架选用应遵循以下原则：

（1）管道支吊架的设置和选型，应能正确的支吊管道，并满足管道的强度、刚度，输送介质的温度、压力、位移条件等各方面的要求。

（2）支架还应能承受一定量的管道在安装状态、工作状态中一些偶然的外来荷载的作用。

（3）管线上的固定支架，设计者根据工程实际和使用要求做了综合考虑，一般都在施工图上做了标注，安装时，按设计要求施工即可。

（4）固定支架是固定管道不得有任何位移的结构，因此固定支架要生根在牢固的建筑结构或专设的建（构）筑物上。

（5）在管道上无垂直位移或垂直位移很小的地方，可设活动支架或刚性吊架，以承受管道重量，增强管道的稳定性，活动支架的形式应根据管道对支架的摩擦作用力的不同来选取。

1）对由于摩擦而产生的作用力无严格限制时，可采用滑动支架。

2）当要求减少管道轴向摩擦作用力时，可采用滚柱支架。

3）当要求减少管道水平位移的摩擦作用时，可采用滚珠支架。滚柱和滚珠支架结构较为复杂，一般只用于介质温度较高和管径较大的管路上。

（6）在水平管道上只允许管道单向水平位移的地方、铸铁阀门两侧、方形补偿器两侧从弯头起弯点算起的第二个支架应设导向支架。

（7）塑料管的强度、刚度比钢管差，因此，凡公称直径≥DN50 的塑料管道上安装的阀门、水过滤器等必须设独立的支架（座）。

（8）轴向型波纹管补偿器的两侧均需设导向支架，导向支架间距应根据波纹管补偿器的规格、要求确定。轴向型波纹管补偿器和填料式补偿器应设双向限位导向支架，防止轴向和径向位移超过补偿器的允许值。

（9）凡连接公称直径≥DN65 的法兰闸阀的管路上，法兰闸阀处均需设置独立的支承。

（10）对于架空敷设的大规格管道的独立支架，应设计成柔性和半铰接的支架，也可采用可靠的滚动支架，尽量避免采用刚性支架或滑动支架。

（11）填料式补偿器轴向推力大，易渗漏；当管道稍有角向位移和径向位移时，易造成套筒卡住，故使用单向填料式补偿器，应安装在固定支架附近；双向填料式补偿器应安装在两固定支架中部，并应在补偿器两侧设置导向支架。

2. 支架安装

管道支架安装应满足以下要求：

支架安装前，应对所要安装的支架进行外观检查，支架的形式、材质、加工尺寸、制作精度等应符合设计要求，满足使用要求。支架底板及支吊架弹簧盒的工作面应平整。管道支吊架焊缝应进行外观检查，不得有漏焊、欠焊、裂纹、咬肉、气孔、砂眼等缺陷，焊接变形应予以矫正；制作合格的成品支架应进行防腐处理。

管道支、吊架安装应满足以下要求：

（1）支、吊架标高要正确，有坡度的管道，支、吊架的标高应满足管道坡度的需求。

（2）支、吊架安装位置要正确，间距要合理。钢管道水平安装的支、吊架间距应符合表7-46 的规定，沟槽（卡箍）连接的管道，支、吊架的间距应符合表7-47 的规定。

表 7-46　　　　　　　　　　钢管道支、吊架的最大间距

公称直径	DN15	DN20	DN25	DN32	DN40	DN50	DN65	DN80	DN100	DN125	DN150	DN200	DN250	DN300
保温管道 L_1(m)	1.5	2.0	2.5	2.5	3.0	3.5	4.0	5.0	5.0	5.5	6.5	7.5	8.5	9.5
不保温管道 L_2(m)	2.5	3.0	3.5	4.0	4.5	5.0	6.0	6.5	6.5	7.5	7.5	9.0	9.5	10.5

对公称直径＞DN300 的管道，可参考 DN300 的管道

注　适用于工作压力不大于 2.0MPa，不保温或保温材料密度不大于 200kg/m³ 的管道系统。

表 7-47　　　　　　　　　　沟槽连接的沟槽深度及支、吊架间距

公称直径	沟槽深度（mm）	允许偏差（mm）	支、吊架的间距（m）	端面垂直度允许偏差（mm）
DN65～DN100	2.20	0～+0.3	3.5	1.0
DN125～DN150	2.20	0～+0.3	4.2	
DN200	2.50	0～+0.3	4.2	
DN225～DN250	2.50	0～+0.3	5.0	1.5
DN300	3.0	0～+0.5	5.0	

（3）支架安装要平整、牢固，与管子的接触要紧密，栽埋式安装的支架，充填的砂浆应

饱满、密实，但不得凸出墙面。

（4）无热位移的管道，吊架的吊杆要垂直安装，有热位移的管道，吊杆应在位移的相反方向安装，偏移量应根据当地施工时的环境温度计算确定。

（5）管道支架应严格按设计要求进行安装，并在补偿器预拉伸前固定。在有位移的直管段上，不得安装任何形式的固定支架。

（6）导向支架和滑动支架的滑动面应整洁，不得有歪斜和卡涩现象；滑动支架的滑托与滑槽两侧应有 3～5mm 的间隙，安装位置应从支承面中心向位移反方向偏移，偏移量应根据施工时当地的环境温度计算确定；有热位移的管道，在系统运行时应及时对支、吊架进行检查与调整。

（7）弹簧支、吊架的高度应按设计要求调整，并作出记录安装弹簧的临时支承件，待系统安装、试压、绝热完毕后方可拆除。

（8）空调冷热水管道支架应采用防冷（热）桥的绝热支吊架，如图 7-93～图 7-95 所示。

（9）安装过程中尽量不使用临时支、吊架，如必须使用应有明显的标记，并不得与正式的支、吊架位置冲突，待管道系统安装完毕后，应立即拆除。

（10）管道支吊架上不允许有管道焊缝、管件及可拆卸件。

（11）管架紧固在槽钢或工字钢的翼板斜面上时，应加设与螺栓相配套的斜垫片。

（12）在墙上或柱上安装支架时，采用哪种类型的支架（栽埋式、焊接式、抱箍式）要进行综合比较；安装前，应对预留孔洞或预埋件进行检查，检查位置、标高、孔洞的深浅是否符合设计要求，是否满足安装要求。

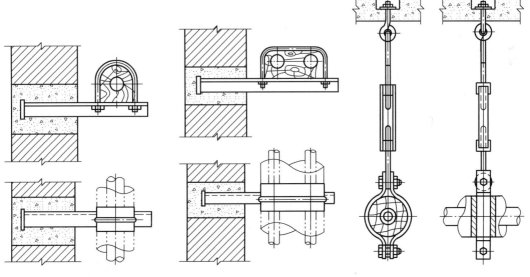

图 7-93 单管绝热管道支架　　图 7-94 双管绝热管道支架　　图 7-95 单管绝热管道吊架

三、阀门、除污器（水过滤器）的安装

1. 阀门安装

阀门安装应符合下列规定：

（1）阀门安装的位置应便于操作，不妨碍人的工作、通行。

（2）阀门安装应让阀杆朝上安装，各类阀门的手柄、阀杆不得朝下安装。

（3）阀门安装前，必须对阀门进行外观检查，检查阀体有无损伤、砂眼、裂纹、凹陷；启闭阀门是否灵活，有无卡涩；阀门的铭牌应符合 GB/T 12220—1989《通用阀门 标志》的规定。

（4）阀门安装前，应做强度和严密性试验。试验应在每批（同型号、同规格、同牌号）数量中抽查 10%，且不少于一个。对于安装在主干管上起切断作用的阀门，应逐个做强度和严密性试验。阀门的强度和严密性试验应符合以下规定：阀门的强度试验压力为公称压力的 1.5 倍，严密性试验压力为公称压力的 1.1 倍；试验压力在试验持续时间内应保持不变，且壳体填料及阀瓣密封面无渗漏。阀门试压的持续时间应符合表 7 - 48 的规定。

表 7 - 48　　　　　　　　　　　　阀门试压的持续时间

公称直径	最短试验持续时间（s）		
	严密性试验		强度试验
	金属密封	非金属密封	
≤DN50	15	15	15
DN65～DN200	30	15	60
DN250～DN450	60	30	180

（5）截止阀、蝶阀、止回阀等阀门，安装时必须注意其方向性，不得反向安装。

（6）较大规格的阀门吊装时，绳索应绑扎在阀体上，严禁绑在手柄、阀杆上。

（7）截止阀、闸阀、蝶阀等应在关闭的状态下进行安装，球阀、旋塞阀等阀门应在开启的状态下进行安装。

（8）阀门连接应牢固、紧密；成排阀门的排列应整齐、美观，在同一平面上的允许偏差为 3mm。

2. 除污器（水过滤器）的安装

冷冻水和冷却水的除污器（水过滤器）应安装在进机组前的管道上，方向正确且便于清污；与管道的连接应严密、牢固；其安装位置应便于滤网的拆装和清洗。

四、冷却塔、水泵及附属设备安装

1. 冷却塔安装

冷却塔安装应符合下列规定：

（1）基础标高应符合设计规定，允许偏差为 ±20mm。冷却塔地脚螺栓与预埋件的连接或固定应牢靠，各连接件应采用热镀锌或不锈钢螺栓，其紧固力应一致、均匀。

（2）冷却塔安装应水平，单台冷却塔安装水平度和垂直度允许偏差为 2/1000，同一冷却水系统的多台冷却塔安装时，各台冷却塔的水平面应一致，高差不应大于 30mm。

（3）冷却塔的出水口及喷嘴的方向和位置应正确，积水盘应严密无渗漏，分水器补水应均匀。带转动布水器的冷却塔，其转动部分应灵活，喷水出口按设计或产品要求，方向应一致。

（4）冷却塔风机叶片端部与塔体四周的径向间隙应均匀，对于可调整角度的叶片，角度应一致。

2. 水泵安装

水泵及附属设备的安装应符合下列规定：

（1）水泵的平面位置和标高的允许偏差为 ±10mm，安装的地脚螺栓应垂直、拧紧，且与底座接触紧密。

（2）垫铁组放置位置要正确、平稳，接触要紧密，每组不超过 3 块。

（3）整体安装的泵，纵向水平偏差不应大于 0.1/1000，横向水平偏差不应大于 0.2/1000；解体安装的泵纵、横向安装水平偏差均不应大于 0.05/1000。

水泵与电动机采用联轴器连接时，联轴器两轴心的允许偏差，轴向倾斜不应大于 0.2/1000，径向位移不应大于 0.05mm。

（4）小型整体安装的管道水泵不应有明显偏斜。

（5）减振器与水泵及水泵基础连接应牢靠、平稳、紧密。

3. 分水器、集水器安装

分水器、集水器等装置的支架（底座）安装应平稳、牢固，尺寸符合设计要求，分水器、集水器与支架的接触要紧密，平面位置允许偏差为 15mm，标高允许偏差为 ±5mm，垂直度允许偏差为 1/1000。

第七节　通风空调系统的检测及调试

一、通风空调系统的检测

通风空调系统施工过程中，成品风管出厂、风管的严密性试验、现场组装的组合式空调机组、现场组装的除尘器壳体均需做严密性检测且满足一定的要求。

1. 风管强度和严密要求

风管必须通过工艺性的检测或验证，其强度和严密性要求，应符合设计或下列规定：

（1）风管的强度应能满足在 1.5 倍的工作压力下接缝处无开裂。

（2）矩形风管的允许漏风量应符合以下规定

低压系统风管　　　　　　　　　　$Q_L \leqslant 0.1056P^{0.65}$ 　　　　　　　　　（7 - 2）

中压系统风管　　　　　　　　　　$Q_M \leqslant 0.0352P^{0.65}$ 　　　　　　　　　（7 - 3）

高压系统风管　　　　　　　　　　$Q_H \leqslant 0.0117P^{0.65}$ 　　　　　　　　　（7 - 4）

式中　Q_L、Q_M、Q_H——系统风管在相应工作压力下、单位面积风管、单位时间内的允许漏风量，$m^3/(h \cdot m^2)$；

　　　　P——风管系统的工作压力，Pa。

（3）低压、中压圆形金属风管、复合材料风管以及采用非法兰连接形式的非金属风管的允许漏风量，应为矩形风管规定值的 50%。

（4）砖、混凝土风道的允许漏风量不应大于矩形低压系统风管规定的 1.5 倍。

（5）排烟、除尘、低温送风系统按中压系统风管的规定，1～5 级净化空调系统按高压系统风管的规定。

2. 漏光法检测

漏光法检测是利用光线对小孔的强穿透力、对系统风管严密程度进行检测的方法。

（1）准备工作。风管漏光检验准备工作应周密、细致。风管分段连接完成或系统主干管安装已完毕。测试风管周围环境整洁，无障碍物。试验光源应为可移动带保护罩的不低于 100W 的低压照明灯，电线长度或拉绳长度不低于检测管段的长度。

（2）风管漏光检验。系统风管漏光检测时，光源可置于风管内侧或外侧，但其相对侧应为暗环境,检测光源应沿着被检测接口部位与接缝做缓慢移动,在另一侧进行观察,当发现有光线射出时,则说明查到明显的漏风处,并应做好记录。漏光法检测风管如图 7-96 所示。

图 7-96　漏光法检测风管

系统风管的检测,宜采用分段检测、汇总分析的方法。在严格安装质量管理的基础上,系统风管的检测以总管和干管为主。当采用漏光法检测系统的严密性时,低压系统风管以每 10m 接缝,漏光点不大于 2 处,且 100m 接缝平均不大于 16 处为合格;中压系统风管以每 10m 接缝,漏光点不大于 1 处,且 100m 接缝平均不大于 8 处为合格。

风管漏光检测中对发现的条形缝漏光,应作密封处理。

二、漏风量测试

1. 测试装置

(1) 漏风量测试应采用经检验合格的专用测量仪器,或采用符合现行国家标准规定的计量元件搭设的测量装置。

(2) 漏风量测试装置可采用风管式或风室式。风管式测试装置采用孔板作计量元件;风室式测试装置采用喷嘴作计量元件。

(3) 漏风量测试装置的风机,其风压和风量应选择分别大于被测定系统或设备的规定试验压力及最大允许漏风量的 1.2 倍。

(4) 漏风量测试装置的压差测定应采用微压计,其最小读数分格不应大于 2.0Pa。

(5) 风管式漏风量测试装置。风管式漏风量测试装置由风机、连接风管、测压仪器、整流栅、节流器和标准孔板等组成,如图 7-97 所示。

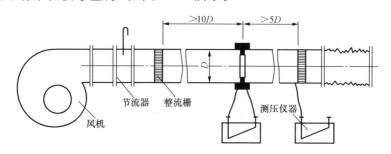

图 7-97　正压风管式漏风量测试装置

正压风管式漏风量测试装置采用角接取压的标准孔板,孔板 β 值范围为 0.22~0.7($\beta=d/D$),孔板至前、后整流栅及整流栅外直管段距离,应分别符合大于 10 倍和 5 倍圆管直径的规定。装置连接风管均为光滑圆管。孔板至上游 2D 范围内其圆度允许偏差为 0.3%,下游为 2%。

孔板与风管连接,其前端与管道轴线垂直度允许偏差为 1°;孔板与风管同心度允许偏差为 0.015D。在第一整流栅后，所有连接部分应严密不漏。

漏风量按式（7-5）计算，即

$$Q = 3600\varepsilon\alpha A_{\mathrm{n}}\sqrt{\frac{2\Delta P}{\rho}}\qquad(7-5)$$

式中　Q——漏风量，$\mathrm{m^3/h}$；

　　　ε——孔板的空气流束膨胀系数；

　　　α——孔板的流量系数；

　　　A_{n}——孔板开口面积，$\mathrm{m^2}$；

　　　ρ——空气密度，$\mathrm{kg/m^3}$；

　　　ΔP——孔板压差，Pa。

孔板的流量系数 α 与 β 值的关系根据图7-98确定，其适用范围应满足下列条件（在此范围内，不计算管道粗糙度对流量系数的影响）：

$$10^5 \leqslant Re \leqslant 2.0 \times 10^6$$
$$0.05 \leqslant \beta^2 \leqslant 0.49$$
$$500 < D \leqslant 1000\mathrm{mm}$$

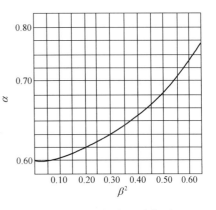

图7-98　孔板流量系数图

当雷诺数小于 10^5（$Re < 10^5$）时，则应按现行国家标准求得流量系数 α。

孔板的空气流束膨胀系数 ε 值可根据表7-49查得。

表7-49　　　　　　采用角接取压标准孔板流束膨胀系数 ε 值（$k=1.4$）

β^4 ＼ P_2/P_1	1.0	0.98	0.96	0.94	0.92	0.90	0.85	0.80	0.75
0.08	1.0000	0.9930	0.9866	0.9803	0.9742	0.9681	0.9531	0.9381	0.9232
0.1	1.0000	0.9924	0.9854	0.9787	0.9720	0.9654	0.9491	0.9328	0.9166
0.2	1.0000	0.9918	0.9843	0.9770	0.9698	0.9627	0.9450	0.9275	0.9100
0.3	1.0000	0.9912	0.9831	0.9753	0.9676	0.9599	0.9410	0.9222	0.9034

注　1. 本表允许内插，不允许外延。

　　2. P_2/P_1 为孔板后与孔板前的全压值之比。

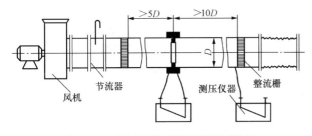

图7-99　负压风管式漏风量测试装置

当测试系统或设备负压条件下的漏风量时，装置连接应符合图7-99的规定。

（6）正压风室式漏风量测试装置由风机、连接风管、测压仪器、均流板、节流器、风室、隔板和喷嘴等组成，如图7-100所示。

测试装置采用标准长颈喷嘴（见图7-101），喷嘴必须按图7-100的要求安装在隔板上，数量可为单个或多个。两个喷嘴之间的中心距离不得小于较大喷嘴喉部直径的3倍；任一喷嘴中心到风室最近侧壁的距离不得小于其喷嘴喉部直径的1.5倍。

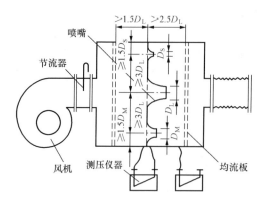

图 7 - 100　正压风室式漏风量测试装置

D_S—小号喷嘴直径；D_M—中号喷嘴直径；

D_L—大号喷嘴直径

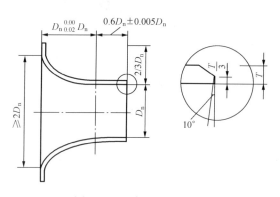

图 7 - 101　标准长颈喷嘴

　　风室的断面面积不应小于被测定风量按断面平均速度小于 0.75m/s 时的断面面积，风室内均流板（多孔板）安装位置应符合图 7 - 100 的规定。

　　风室中喷嘴两端的静压取压接口，应为多个且均布于四壁。静压取压接口至喷嘴隔板的距离不得大于最小喷嘴喉部直径的 1.5 倍，然后，并联成静压环，再与测压仪器相接。

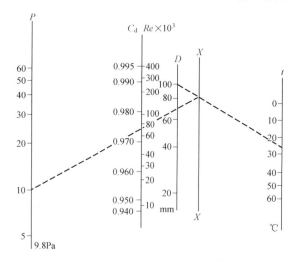

图 7 - 102　喷嘴流量系数推算图

注：先用直径与温度标尺在指数标尺（X）上求点，再将指数与压力标尺点相连，可求取流量系数值。

　　采用正压风室式漏风量测试装置测定漏风量时，通过喷嘴喉部的流速应控制在 15～35m/s 范围内，且要求风室中喷嘴隔板后的所有连接部分应严密不漏。

　　单个喷嘴风量按式（7 - 6）计算，即

$$Q_n = 3600 C_d A_d \sqrt{\frac{2\Delta P}{\rho}} \quad (7 - 6)$$

　　多个喷嘴风量　$Q = \sum Q_n$　　（7 - 7）

式中　Q_n——单个喷嘴漏风量，m^3/h；

　　　　C_d——喷嘴的流量系数（直径在 127mm 以上取 0.99，小于 127mm 可按表 7 - 50 或图 7 - 102 查得）；

　　　　A_d——喷嘴的喉部面积，m^2；

　　　　ΔP——喷嘴前后的静压差，Pa。

表 7 - 50　　　　　　　　　　　　　　　　喷 嘴 流 量 系 数

Re	流量系数 C_d	Re	流量系数 C_d	Re	流量系数 C_d	Re	流量系数 C_d
12 000	0.950	40 000	0.973	80 000	0.983	200000	0.991
16 000	0.956	50 000	0.977	90 000	0.984	250000	0.993
20 000	0.961	60 000	0.979	100 000	0.985	300000	0.994
30 000	0.969	70 000	0.981	150 000	0.989	350000	0.994

注　不计温度系数。

当测试系统或设备负压条件下的漏风量时，装置连接应符合图7-103的规定。

2. 漏风量测试

（1）正压或负压系统风管与设备的漏风量测试，分正压试验和负压试验两类，一般可采用正压条件下的测试来检验。

（2）系统漏风量测试可以整体或分段进行。测试时，被测系统的所有开口均应封闭，不应漏风。

（3）被测系统的漏风量超过设计和规范规定时，应查出漏风部位（可用听、摸、观察、水或烟检漏），做好标记；修补完工后，重新测试，直至合格。

（4）漏风量测定值一般应为规定测试压力下的实测数值，特殊条件下，也可用相近或大于规定压力下测试代替，其漏风量可按式（7-8）计算，即

$$Q_0 = Q\left(\frac{P_0}{P}\right)^{0.65} \tag{7-8}$$

式中　P_0——规定试验压力，500Pa；

　　　Q_0——规定试验压力下的漏风量，$m^3/(h \cdot m^2)$；

　　　P——风管工作压力，Pa；

　　　Q——工作压力下的漏风量，$m^3/(h \cdot m^2)$。

三、系统调试

1. 一般规定

（1）系统调试所使用的测试仪器和仪表，性能应稳定可靠。其精度等级及最小分度值应能满足测定的要求，并应符合国家有关计量法规及检定规程的规定。

（2）通风与空调工程的系统测试，应由施工单位负责、监理单位监督，设计单位与建设单位参与配合。系统调试的实施可以是施工企业本身或委托给具有调试能力的其他单位。

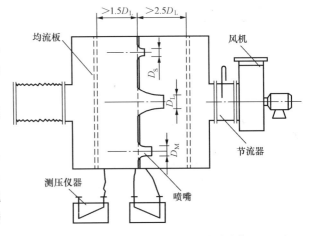

图7-103　负压风室式漏风量测试装置

（3）系统调试前，承包单位应编制调试方案，报送专业监理工程师审核批准；测试结束后，必须提供完整的调试资料和报告。

（4）通风与空调工程系统无生产负荷的联合试运转及调试，应在制冷设备和通风与空调设备单机试运转合格后进行，空调系统带冷（热）源的正常联合试运转不应少于8h，当竣工季节与设计条件相差较大时，仅做不带冷（热）源试运转。通风、除尘系统的连续试运转不应少于2h。

（5）净化空调系统试运行前应在回风、新风的吸入口处和粗、中效过滤器前设置临时用过滤器（如无纺布等），实行对系统的保护。净化空调系统的检测和调整，应在系统进行全面清扫，且已运行24h后，在系统稳定的条件下进行。

（6）洁净室洁净度的检测，应在空态或静态下进行，室内洁净度检测时，人员不宜多于

3 人，均必须穿与洁净室洁净度等级相适应的工作服。

2. 设备单机试运转及调试

设备单机试运转及调试应符合下列规定：

（1）通风机、空调机组中的风机，叶轮旋转方向要正确，运转要平稳，无异常声响，其电动机运行功率应符合设备技术文件的规定，在额定转速下连续运转 2h 后，滑动轴承外壳最高温度不得超过 70℃，滚动轴承不得超过 80℃。

（2）风机、空调机组、风冷热泵等设备运行时，产生的噪声不宜超过产品性能说明书的规定值。

（3）风机盘管机组的三速、温度控制开关的动作应正确，并与机组的运行状态一一对应。

（4）水泵叶轮旋转方向要正确，无异常振动和声响，紧固连接部位无松动，其电动机运行功率值应符合技术文件的规定。水泵连续运转 2h 后，滑动轴承外壳最高温度不得超过 70℃，滚动轴承不得超过 75℃。

（5）水泵运行时不应有异常振动和声响，壳体密封处不得有渗漏，紧固连接部位不应松动，轴承的温升应正常；在无特殊要求的情况下，普通填料泄漏量不应大于 60mL/h，机械密封的泄漏量不应大于 5mL/h。

（6）冷却塔本体应稳固、无异常振动，其噪声应符合设备技术文件的规定。冷却塔风机与冷却水系统循环运行不少于 2h，运行应无异常。

（7）制冷机组、单元式空调机组的试运转，应符合设备技术文件和规范的规定，正常运转不应少于 8h。

（8）电控防火、防排烟风阀（口）的手动、电动操作应灵活、可靠，信号输出要正确。

3. 系统无生产负荷的联合试运转及调试

系统无生产负荷的联合试运转及调试应符合下列规定：

（1）系统总风量调试结果与设计风量的偏差不应大于 10％。

（2）空调冷热水、冷却水总流量测试结果与设计流量的偏差不应大于 10％。

（3）舒适空调的温度、相对湿度应符合设计要求。恒温恒湿度及波动范围应符合设计规定。

4. 通风与空调工程系统无生产负荷联动试运转及调试

通风与空调工程系统无生产负荷联动试运转及调试应符合下列规定：

（1）系统联动试运转中，设备及主要部件的联动必须符合设计要求，动作协调、正确，无异常现象。

（2）系统经过平衡调整，各风口或吸风罩的风量与设计风量的允许偏差不应大于 15％。

（3）湿式除尘器的供水与排水系统运行应正常。

（4）空调工程水系统应冲洗干净，不含杂物，并排除管道系统中的空气；系统连续运行应达到正常、平稳；水泵的压力和水泵电动机的电流不应出现大幅波动。系统平衡调整后，各空调机组的水流量应符合设计要求，允许偏差为 20％。

（5）各种自动计量检测元件和执行机构的工作应正常，满足建筑设备自动化（BA、FA 等）系统对被测定参数进行检测和控制的要求。

（6）多台冷却塔并联运行时，各冷却塔的进、出水量应达到均衡一致。

（7）空调室内的噪声应符合设计要求。

（8）有压差要求的房间、厅堂与其他相邻房间之间的压差，舒适性空调正压为0～25Pa；工艺性的空调应符合设计的规定。

（9）有环境噪声要求的场所，制冷、空调机组应按现行国家标准GB/T 9068—1988《采暖通风与空气调节设备噪声声功率级的测定 工程法》的规定进行测定。洁净室内的噪声应符合设计规定。

第八章　制　冷　系　统　安　装

第一节　压缩式制冷系统安装

一、制冷系统用管材、附件及仪表

1. 管材的选用

制冷系统管道的设计压力应根据采用的制冷剂及工作状况按表8-1确定。

冷库制冷系统管道的设计温度，可根据表8-2分别按高、低压侧设计温度选取。

表8-1　冷库制冷系统管道设计压力选择

MPa

管道部位 制冷剂	高压侧	低压侧
R717	2.0	1.5
R404A	2.5	1.8
R507	2.5	1.8

表8-2　冷库制冷系统管道的设计温度选择

℃

制冷剂	高压侧设计温度	低压侧设计温度
R717	150	43
R404A	150	46
R507	150	46

冷库制冷系统低压管道的最低工作温度，可依据冷库不同冷间冷加工工艺的不同，按表8-3确定其管道最低工作温度。

表8-3　　冷库不同冷间制冷系统（低压侧）管道的最低工作温度

冷库中不同冷间承担不同冷加工任务的制冷系统的管道	最低工作温度 （℃）	相应的工作压力（绝对压力）（MPa）		
		R717	R404A	R507
产品冷却加工、冷却物冷藏、低温穿堂、包装间、暂存间、盐水制冰及冰库	-15	0.236	-15.82℃ 0.36	0.38
用于冷库一般冻结，冻结物冷藏及快速制冰及冰库	-35	0.093	-36.42 0.16℃	0.175
用于速冻加工、出口企业加工	-48	0.046	-46.75℃ 0.1	0.097

当冷库制冷系统管道按上述技术条件设计时，对无缝管道材料的选用应符合表8-4的规定。

表8-4　　冷库制冷系统高压侧及低压侧无缝管道材料选用

制冷剂	管材牌号	标准号	标准名称
R717	10、20	GB/T 8163	流体输送用无缝钢管
R404A	10、20	GB/T 8163	流体输送用无缝钢管
	T_2、TU_1、TU_2	GB/T 17791	空调与制冷设备用无缝铜管
	0Cr18Ni9	GB/T 14976	流体输送用不锈钢无缝钢管
	1Cr18Ni9		

制冷剂	管材牌号	标准号	标准名称
R507	10、20	GB/T 8163	流体输送用无缝钢管
	T_2、TU_1、TU_2	GB/T 17791	空调与制冷设备用无缝铜管
	0Cr18Ni9	GB/T 14976	流体输送用不锈钢无缝钢管
	1Cr18Ni9		

2. 阀门、过滤器、自控元件、仪表及管配件

（1）制冷系统中的阀门、过滤器、仪表及测控元件等必须是与制冷剂相适应的专用产品，严禁用其他产品代换。

（2）安装前，应对阀门、过滤器、仪表及测控元件等的型号、规格及其他参数进行检查、检验，看其是否符合设计文件的要求，是否具有出厂合格证及使用说明书等技术文件。

（3）制冷管道所用弯头、三通、管帽、异径管等管件应采用工厂定型产品，其设计条件应与其相连的管道设计条件相同。热弯加工的弯头，其最小弯曲半径应为管子外径的 3.5 倍，冷弯加工的弯头，其最小弯曲半径应为管外径的 4 倍。

二、氨制冷系统管道安装

1. 氨制冷管道的布置敷设

（1）氨制冷吸气管道。为防止管道中的液体制冷剂进入压缩机中造成液击现象，由蒸发器至制冷压缩机的吸气管道应有 0.003 的坡度，坡向蒸发器。

为防止吸气管道的干管内液体制冷剂进入制冷压缩机，吸气支管应从干管的顶部接出。

（2）排气管道。制冷压缩机的排气管道应有大于或等于 0.01 的坡度，坡向油分离器或冷凝器，防止排气管道的润滑油返流回制冷压缩机造成液击。

排气支管应从排气干管的顶部或侧部接出，防止管道内的润滑油进入停开的制冷压缩机中。

（3）冷凝器至储液器的液体管道。

1）卧式冷凝器至储液器的液体管道，液体的流速不大于 0.5m/s，由冷凝器的出口至储液器进口处的角形阀的垂直管段，应有 300mm 以上的高差，如图 8-1 所示。

2）当卧式冷凝器至储液器的液体管道内的液体流速大于 0.5m/s 时，冷凝器与储液器间应安装均压管，如图 8-2 所示。

3）立式冷凝器至储液器之间的管道，冷凝器出液管与储液器进液阀间的最小高差为 300mm，液体管道应有大于或等于 0.02 的坡度，且须坡向储液器，如图 8-3 所示。

（4）冷凝器或储液器至洗涤式氨油分离器的液体管道。洗涤式氨油分离器的进液管，应从冷凝器至储液器的氨液管的管底接出，为使氨液较畅通地进入氨油分离器，规定液面应比氨液进液管的连接处低 150～250mm，连接方式如图 8-4 所示。

（5）浮球调节阀的管道连接，如图 8-5 所示。

2. 氨制冷管道加工、焊接与安装

（1）管材、管件的除锈、去污。管道在安装前必须进行管壁的除锈、清洗和干燥工作。

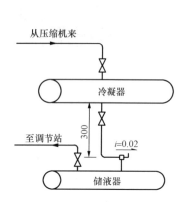

图 8-1　卧式冷凝器至储液器的连接方式之一

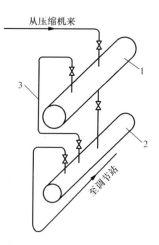

图 8-2　卧式冷凝器至储液器的连接方式之二

1—卧式冷凝器；2—储液器；3—均压管

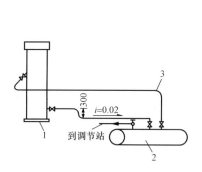

图 8-3　立式冷凝器至储液器间的管道连接

1—立式冷凝器；2—储液器；3—平衡管

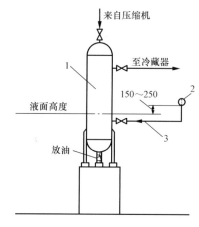

图 8-4　洗涤式氨油分离器的连接方式

1—洗条式氨油分离器；2—自冷凝器至储液器的氨液管；

3—油分离器进液管

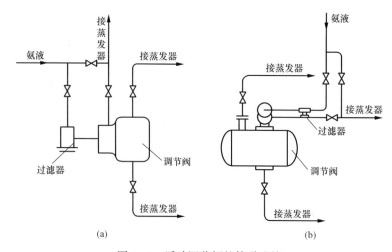

(a)   (b)

图 8-5　浮球调节阀的管道连接

氨具有较强的渗透性和流动性，很容易渗漏，因此对制冷系统的所有设备、零件、部件、管件的连接要求十分严格。另外，管道内壁还必须保持干燥，不得有水分和湿气。因为氨溶于水，氨系统中有水存在，会降低氨液纯度，影响系统的良好运行。

1）钢管除锈。钢管除锈可采用人工或机械的方法。如采用人工除锈，则应使用与管子内径相同的圆形钢丝刷在管子内部往复拖动数十次，直至将管内污物、铁锈等杂质彻底清除。机械除锈方法是用钢丝刷在管内旋转，以清除管内壁铁锈等物。钢管内壁在铁锈彻底清除后，再用干净的抹布蘸上煤油反复擦洗，然后用干燥过的压缩空气吹扫，直到管嘴喷出的空气在白纸上无污物时为合格。最后须采取妥善的防潮措施，将管道封存好，待安装时启用。

2）钢管去污。对于小直径的管道、弯头或弯管，可用干净的抹布浸蘸煤油将管道内壁擦净。对于大直径的管道，可灌注金属去污剂，浸泡 15～20min 后，将去污剂倒出（还可再用），再用干燥过的无油压缩空气或氮气吹扫干净，然后封存备用。

3）当管道内壁残留的氧化物等用人工或机械的方法不能除净时，可用 20％的硫酸溶液，在温度为 40～50℃的情况下进行酸洗，酸洗工作一直进行到所有的氧化皮完全除净为止，酸洗时间一般控制在 10～15min。

酸洗后，应对管道进行光泽处理。光泽处理的溶液成分为铬酐 100g、硫酸 50g、水 150g。溶液温度不应低于 15℃，处理时间为 0.1～1min。光泽处理后的管道必须以水冲洗，再用 3％～5％的碳酸钠溶液中和，然后用冷水冲洗干净。最后还需要对管道进行加热、吹干和封存。

（2）管道加工与管件制作。

1）管子切口端面应平整，无裂纹、重皮、毛刺、缩口，不得有熔渣、氧化皮、铁屑等杂物。

2）管子切口平面倾斜偏差应小于管子外径的 1％，且不得超过 3mm。

3）制作的弯管不得有裂纹、过烧、分层等缺陷，弯管不圆度不得大于 8％。

4）焊制的三通尽量做成斜三通或顺流三通，不应做成正交三通。

（3）管道连接。氨制冷管道的连接方式有焊接、法兰连接和螺纹连接。

1）焊接。氨制冷管道系统，管道焊接宜采用氩弧焊打底、电弧焊盖面的焊接工艺；每条焊缝应一次完成。焊缝的补焊次数不得超过两次，否则应割去重焊或更换管子重焊。

2）法兰连接。管道与设备、法兰阀门采用法兰连接，法兰密封面宜采用凹凸式密封面。管路上的法兰宜采用 PN25 凹凸面对焊法兰。法兰垫片应采用金属石墨垫、聚四氟乙烯垫或青铅垫片；当采用石棉橡胶垫片时，应涂以机油调制的石墨粉。

3）螺纹连接。当公称直径≤DN25 时，可以采用螺纹连接，填料采用纯甘油与氧化铅的调制物、氯丁橡胶密封液或搪锡，也可使用聚四氟乙烯生料带作密封填料，不得使用铅油和麻丝作为密封填料。

（4）管道的焊接要求。

1）工程投资方的质检人员与工程监理人员应对参加管道焊接施工的焊工进行资格预审和登记，并将其执业资格证上的证件号、执业资格等级、使用期限及颁证单位记录在案。

2）管子坡口。管道焊接前应加工坡口，坡口加工宜采用机械方法，也可采用氧—乙炔焰加工，但加工后必须除净坡口处管子表面 10mm 范围内的氧化皮等污物，并将影响焊接质量的凹凸不平处磨削平整。

　　3）管子、管件的坡口形式和尺寸的选用，应考虑容易保证焊接接头的质量，填充的金属要少，便于操作及减少焊件变形等因素。坡口形式若设计文件无规定时，宜采用 I 形坡口和 V 形坡口，当管壁厚度 $\delta \leqslant 3mm$ 时，宜采用 I 形坡口，当管壁厚度 $\delta > 3mm$ 时，宜采用 V 形坡口。

　　4）不同管径的管子对接焊接时，应按设计文件的规定选用异径接头，焊接时应做到内壁平齐，内壁错边量不应超过壁厚的 10％，且不大于 2mm。异径管应尽量采用成型机制异径管，现场制作的异径管应采用钢板卷制，不得采用摔制法、抽条法制作的异径管。

　　5）焊缝位置。管道连接的焊缝位置应符合下列要求：

　　①管道对接焊缝距弯管起弯点不应小于管子外径，且不小于 100mm。

　　②直管段两对接焊焊缝的距离，当管子规格≥DN150 时，不得小于 150mm；当管子规格<DN150 时，不得小于管外径，且不得小于 100mm。

　　③管道环焊缝与管道支、吊架的净距不得小于 100mm，需要热处理的焊缝与管道支、吊架边缘的距离不得小于焊缝宽度的 5 倍，且不得小于 100mm。管道焊缝与穿墙套管、穿楼板套管的净距不得小于 100mm。

　　④不得在弯头、焊缝及其边缘上开孔焊接，管道开孔时，焊缝与孔边缘的净距不得小于 100mm。

　　6）制冷管道及其他含有制冷剂的管道，应采用氩弧焊打底、手工电弧焊盖面的焊接方法。每条焊缝施焊时，应一次完成。管道焊缝的补焊次数不得超过 2 次，否则应割去或更换管子重焊。焊接用氩气纯度应达到 99.96％，含水量小于 20mg/L。

　　7）任何时候、任何情况下都不得在管道内保有压力的情况下进行焊接作业。

　　8）焊接操作应在环境温度 5℃ 以上的条件下进行，如果气温低于 5℃，则焊接前应注意清除管道上的水汽、冰霜，并要对焊接接头进行预热，使焊缝两侧 100mm 范围内的管段预热到 15℃ 以上。

　　9）焊接时，焊接作业区域风速不应超过下列规定，当超过时，应采取有效的防风措施。

　　①手工电弧焊、氧—乙炔焊：8m/s。

　　②氩弧焊、二氧化碳气体保护焊：2m/s。

　　（5）制冷管道安装。

　　1）当管道组成件需要螺纹连接时，管道螺纹部分的管壁有效厚度应符合设计文件规定的壁厚，螺纹连接处密封材料宜选用聚四氟乙烯生料带或密封膏，拧紧螺纹时，不得将密封材料挤入管道内。

　　2）管道上的仪表连接点开孔宜在管道安装前进行。

　　3）埋地管道必须在按设计文件规定进行压力试验合格后，经涂敷石油沥青涂料防腐处理，并经管道标高和坐标的复测，在有关单位进行隐蔽工程验收会签后，方可进行回填。

　　4）制冷管道敷设。制冷管道有架空敷设和地沟敷设两种敷设方式，敷设时应满足以下要求：

　　①液体管道不应有局部的凸起，以免形成气囊；气体管道不应有局部的凹陷，以免产生液囊，如图 8-6 所示。气囊、液囊都将影响系统的正常运转。

　　②管道沿墙、梁、柱布置时，对于有人通过的地方不应低于 2.5m，管外壁与墙的净距

不小于 100mm，以便于安装、检修。

③制冷压缩机的吸气管道和排气管道敷设在同一支架上时应将吸气管放在下面，排气管放在上面；数根平行敷设的管道，管道之间应留有一定的间距，一般情况下管道间的净距不小于 200mm。

④从液体干管上接出支、立管时，应从干管的底部接出，如图 8 - 7 所示；从气体的干管上接出支、立管时，一般应从干管的上部或侧部接出，如图8 - 8所示。

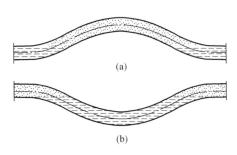

图 8 - 6　管道上的气囊和液囊

(a) 气囊；(b) 液囊

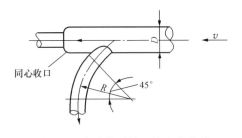

图 8 - 7　在液体干管上接出分支管

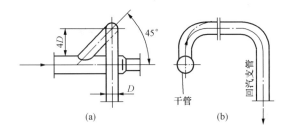

图 8 - 8　在气体干管上接出分支管

5）管道穿墙、穿楼板应加设套管；穿墙套管两端与墙面相平，穿楼板套管应高出饰面 50mm，套管内径比被套管外径大 10mm 以上。套管与被套管间应用柔性的不燃材料填塞。管道穿过屋面应加设防水雨帽，穿越屋面处应做防水处理。管道的各类节点、接口不得设置在套管内。

6）氨制冷管道的坡度及坡向。氨制冷管道敷设时应有坡度，坡向应有利于系统的运转。当设计文件无规定时，坡向及坡度应符合表 8 - 5 的规定。

表 8 - 5　　　　　　　　　　　氨制冷管道坡向及坡度

管道名称	坡向	坡度	管道名称	坡向	坡度
压缩机进气水平管（氨）	蒸发器	≥0.003	油分离器至冷凝器的水平管	油分离器	0.003～0.005
压缩机排气水平管	油分离器	≥0.01	机器间至调节站的供液管	调节站	0.001～0.003
冷凝器至储液器上的水平供液管	储液器	0.001～0.003	调节站至机器间的加气管	调节站	0.001～0.003

三、氢氯氟烃、氢氟烃类制冷系统管道安装

1. 管材、管件的除锈、去污

氢氯氟烃、氢氟烃类制冷剂具有较强的渗透性和流动性，很容易渗漏，因此对制冷系统的所有设备、零件、部件、管件的连接的严密性要求十分严格。另外，管道内壁还必须保持干燥，不得有水分和湿气。氢氯氟烃、氢氟烃类制冷剂不溶于水，若制冷系统中有水分，则会使节流阀孔口处产生冰塞而堵塞管道。因此，制冷管道必须进行除锈、清洗和干燥。

（1）钢管除锈。钢管除锈可采用人工或机械的方法。如采用人工除锈，则应使用与管子内径相同的圆形钢丝刷在管子内部往复拖动数十次，直至将管内污物、铁锈等杂质彻底清除。机械除锈方法是用钢丝刷在管内旋转，以清除管内壁铁锈等物。钢管内壁在铁锈彻底清

除后，再用干净的抹布蘸上煤油反复擦洗，然后再用干燥过的压缩空气吹扫，直到管嘴喷出的空气在白纸上无污物时为合格。最后必须采取妥善的防潮措施，将管道封存好或充氮保护，待安装时启用。

（2）钢管去污。对于小直径的管道、弯头或弯管，可用干净的抹布浸蘸煤油将管道内壁擦净。对于大直径的管道，可灌注金属去污剂，浸泡 15～20min 后，将去污剂倒出（还可再用），再用干燥过的无油压缩空气或氮气吹扫干净，然后封存备用。

（3）铜管除污。紫铜管加工时，常对其进行加热退火，退火后的管内壁产生的氧化皮要予以处理，处理措施有两种：一是酸洗；二是用纱布拉洗。

1）酸洗。酸洗是将紫铜管放在浓度为 98% 的硝酸（占 30%）和水（占 70%）的混合液中浸泡数分钟，取出后再用碱中和，并用清水冲洗、烘干。

2）用纱布拉洗。方法是把纱布绑在铁丝上，浸上汽油，从管子的一端穿入再由另一端拉出，这样反复进行多次，每拉一次，都应将纱布在汽油中清洗一次，直到洗净为止，最后再用干纱布拉干净。

2. 管道加工

（1）管子切口端面应平整，无裂纹、重皮、毛刺、缩口，不得有熔渣、氧化皮、铁屑等杂物。管子切割应采用切管器，切割过程中不得使用润滑油。

（2）管子切口平面倾斜偏差应小于管子外径的 1%。

（3）管口翻边后应保持同心，不得有开裂及皱褶，并应有良好光滑的密封面。

（4）配管完成后可用表压为 0.5～0.6MPa 的氮气进行吹扫，不得用未经干燥处理的压缩空气吹扫，不得用钢丝刷刷铜管。管内不应残留灰土、水分等污物。

（5）吹扫过的管子必须两端密封后整齐存放，存放处的温度不低于环境温度。

（6）制冷系统管道上所有开孔及管口，在施工前和施工停顿期间必须加以密封。

3. 管道焊接

（1）不同管径管子对接焊时，在垂直管路上应采用异径同心接头，焊接时其内壁应做到平齐，内壁错边量不应超过壁厚的 10%，且不大于 1mm；在水平管路上则应采用异径偏心接头，当管内输送介质为气相时，应选用顶平上偏心异径接头，当管路内输送的介质为液相时，则应选用底平下偏心异径接头。

（2）管道的焊缝位置。管道的焊缝位置应符合下列要求：

1）管道焊缝距弯管起弯点不应小于管子外径，且不小于 100mm（不包括压制弯头）。

2）直管段两对接焊焊缝的距离，当管子规格≥DN150 时，不得小于 150mm；当管子规格<DN150 时，不得小于管外径。

3）管道焊缝与管道支、吊架边缘的距离不得小于 100mm。管道焊缝与穿墙套管、穿楼板套管的净距不得小于 100mm。

4）不得在弯头、焊缝及其边缘上开孔焊接，管道开孔时，焊缝与孔边缘的净距不得小于 100mm。

（3）制冷管道及其他含有制冷剂的管道若采用钢管时，焊接前应按规定加工坡口，焊接应采用氩弧焊打底、手工电弧焊盖面的焊接方法。每条焊缝施焊时应一次完成。管道焊缝的补焊次数不得超过 2 次，否则应割去或更换管子重焊。焊接用氩气纯度应达到 99.96%，含水量小于 20mg/L。

（4）严禁在管道内有压力的情况下进行焊接作业。

（5）焊接操作应在环境温度 5℃ 以上的条件下进行，如果气温低于 5℃，则焊接前应注意清除管道上的水汽、冰霜，并要对焊接接头进行预热，将焊缝两侧 100mm 范围内的管段预热到 15℃ 以上。当使用氩弧焊机焊接时，如风速大于 2m/s，则应停止焊接作业。

（6）铜管钎焊温度应控制在高于该钎料熔化温度 30～50℃。

（7）铜管钎焊接头应采用插接接头的形式，其承插长度按设计文件要求确定。铜管钎焊不应采用对接接头。钎焊接头表面应采用化学法或机械法除去油污、氧化膜。钎焊接头的装配间隙要均匀，两母材接头间隙对大直径焊件钎焊间隙为 0.2～0.5mm，对小直径焊件钎焊间隙宜为 0.1～0.3mm。

（8）制冷铜管钎焊用钎料按以下几类选用：

1）吊顶式冷风机、换热器部位等铜管钎焊时，应采用超银焊料（FWL-2C）或用银基钎料（料 301、料 302）。

2）铜—钢接头钎焊时，应采用银基钎料（料 301、料 302）。

3）对于直径较大的铜集管（公称直径≥DN50）类零部件，其上的铜接管钎焊时，应使用超银钎料（FWL-2C 或料 303）。

4）对受振动、冲击等荷载作用下工作的高压排气铜管管接头钎焊时，应使用超银钎料（FWL-2C 或料 303）。

5）铜质吸气管和液体管路上应使用合适的银焊料。

（9）为确保钎焊接头的质量，加热火焰必须通入助焊剂。

（10）焊膏或焊剂用量要尽量限制，焊剂只能加在接头的凸部，不能加在其凹部，钎焊后需用湿布拭去多余的焊剂，焊件冷却后应除去氧化物。

（11）管子与球阀焊接时，焊前应将球阀打开至完全开启状态；管路与带密封材料的阀件焊接时，应先在阀体上包覆湿布再行焊接，并应尽量缩短加热时间。

4. 管道安装

（1）制冷系统的管道敷设时应有坡度，压缩机的排气管应有 0.01 的坡度，坡向冷凝器；吸气管应有不小于 0.01 的坡度，坡向压缩机。

（2）当制冷管道与设备、阀门的连接采用可拆卸连接时，可用法兰、丝扣喇叭口接头等方式，法兰垫片宜采用厚度为 1～2mm 的耐油氟垫片；管径小于 22mm 的紫铜管可直接将管口做成喇叭口，用接头及接管螺母压紧连接，接口应清洗干净，不加填料。

（3）热力膨胀阀的感温包不得安装在吸气管底部，不得暴露在极冷或极热位置，同时将感温包与其贴附的管道一同进行保冷加工。

（4）压缩机的排气管道需固定牢靠，并采取相应的防振措施。

四、阀门、过滤器、自控元件及仪表安装

1. 阀门、过滤器安装

（1）制冷系统中的各种阀门均为专用产品，制冷系统用阀门应符合设计文件的规定，并应满足使用工况（工作压力、工作温度等）的要求。

（2）对于阀体进、出口密封良好，并在其保用期内的各类阀门，安装前可不做解体检查、清洗，只清洗阀门的密封部位；对于不符合该条件的阀门，均应做解体检查、清洗，并按阀门的技术条件更换填料及垫片。

（3）制冷设备及管路上的阀门，均应经单独强度压力试验和严密性试验合格后，再正式安装至其规定的位置；试验用介质为干燥过滤后的压缩空气或氮气。强度试验压力应为20℃时阀门的最大允许工作压力的1.5倍，保压时间为5min，在试验时间内，阀体无变形、破裂、无渗漏，压力表不下降为合格。严密性试验压力应为20℃时阀门的最大允许工作压力的1.1倍；在试验压力下，开启、关闭3次以上，在关闭、开启状态下分别停留1min，其填料各处应无泄漏现象，为合格。

（4）阀门安装时应注意各种阀门的进出口和介质流向，且勿装错，如阀门有流向标记，则应按标记方向进行安装，若无标记方向的，应按低进高出的原则进行安装。

（5）阀门安装应注意平直，不得倾斜，禁止阀门手轮朝下安装，阀门应安装在便于维护、操作处。

（6）制冷系统中的电磁阀、热力膨胀阀、升降式止回阀均应竖直安装。

（7）安全阀安装前，应认真检查阀门的铅封情况和出厂合格证明，不得随意拆启，并按有关规程进行压力试验和压力整定，作出记录，然后再进行铅封。

（8）过滤器应检查其金属滤网是否符合设备技术文件的要求，不符合要求的应予以更换。

2. 自控元件及仪表安装

（1）所有测量仪表、自控元件均为专用产品。压力测量仪表均应按标准压力表进行校正，校正时应做好记录。

（2）电磁阀、止回阀、恒压阀、浮球液位控制器等，在安装前均应用干燥的气体逐个进行严密性试验，合格者方可进行安装。

（3）安全阀、旁通阀、压力表等在安装前，需经当地政府安检部门认可的指定机构进行校验并铅封。

（4）浮球液位控制器必须垂直安装，不得倾斜，安装前应在试验台上进行浮球动作灵敏性检验。

（5）压力（压差）控制器应垂直安装在振动小的地方，并应在试验台上检验其预设控制压力值。压差控制器两端的高、低压连接管，应连接正确，不可接反。

（6）氨压力表的安装除应符合设计文件的规定外，尚应满足以下要求：

1）当氨压力表最大刻度压力小于或等于1.6MPa时，其精度等级不应低于2.5级；当表盘最大刻度压力大于1.6MPa时，其精度等级不应低于1.5级。

2）压力表应垂直安装，安装在压力波动较大的设备或管道上的压力表，其导压管应采取减振或隔离措施。

（7）温度控制器的安装除应符合设计文件和设备技术文件的规定外，尚应满足下列要求：

1）温度控制器应垂直安装。

2）冷库冷间内用的温度控制器感温元件，应安装在能代表该冷间空气温度的地方，且使感温元件周围空气有良好的流动性。

3）安装于管道或设备、容器内的感温元件，应按设计文件的要求放置在充有冷冻液的套管中。

（8）所有仪表均应安装在照明良好、便于观察、易于操作、方便维护管理处。装在室外的仪表应有保护措施，以防风吹雪打，日晒雨淋。

五、支架安装

1. 支、吊架的安装要求

（1）管道支、吊架的形式、材质、加工尺寸应符合设计文件的规定。

（2）支、吊架安装位置要正确、安装要牢靠，并保证其水平度和垂直度。

（3）管道支、吊架的焊缝应进行外观检查，不得有漏焊、欠焊、裂纹等缺陷；管道支、吊架应进行防腐、防锈处理。

2. 绝热支、吊架

为了减少冷损失，通常是在管道与支架或吊架之间设置用油浸过的木块。图 8-9、图 8-10 所示为单、双管绝热管道支架，图 8-11 所示为绝热管道吊架。

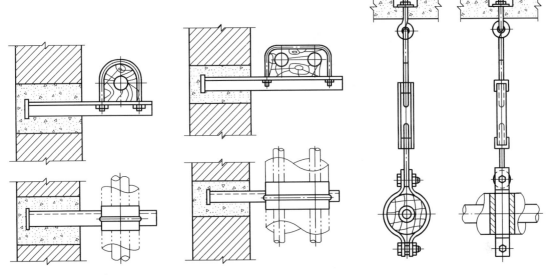

图 8-9　单管绝热管道支架　　　图 8-10　双管绝热管道支架　　　图 8-11　绝热管道吊架

3. 制冷管道的支、吊架

制冷管道的支、吊架做法如图 8-12 所示。

六、制冷设备安装

1. 活塞式制冷机组安装

（1）活塞式制冷机主要设备安装。

制冷机应安装在混凝土基础上，为防止振动和噪声通过基础和建筑结构传入室内，影响周围环境，应设置减振基础或在机器的地脚加设隔振垫，如图 8-13 所示。

活塞式制冷压缩机的安装步骤如下：

1）将基础表面清理干净，按平面的坐标位置，以车间轴线为基准在基础上放出纵、横中心线，地脚螺栓孔中心线及设备底座边缘线等，见图 8-14。

2）安装前的工作。安装前，应对压缩机进行全面检查，清除污物，核对型号，确认设备处于备用状态，并准备好必要的配件、工具和技术资料；还应对基础进一步清理和检查，清除基础混凝土上的污物，并且应在基础上"铲麻面"，即在基础的表面铲出一些小坑，以便于二次灌浆时浇灌的混凝土或水泥砂浆能与基础紧密的接合在一起。铲麻面的标准是，在

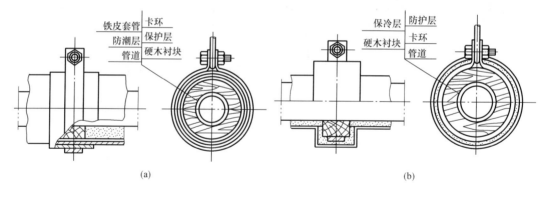

(a)　　　　　　　　　　　　　　　　(b)

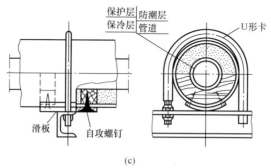

(c)

图 8-12　制冷管道的支、吊架做法

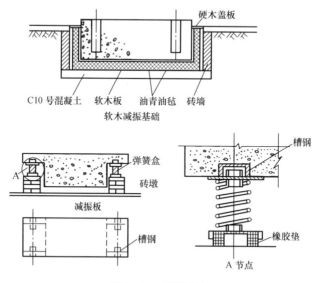

图 8-13　减振基础

100cm² 内应有 5～6 个直径为 10～20mm 的小坑，安装应在基础混凝土浇灌 7 天以后，强度达到 70％以上。

3）压缩机的就位方法在设备基础检验合格后，制冷压缩机就可上台就位。压缩机就位方法有多种：

①可利用机房内的桥式起重机，将压缩机吊装就位；

②可利用铲车将压缩机就位；

③可利用人字架将压缩机就位；

④可利用滚杠使压缩机连续滑动到基础之上就位。

4）压缩机的找正、粗平。压缩机就位后，找正的操作过程如下：

①根据图纸放线，找出安装基础的纵、横中心线。

②将地脚螺栓清理干净，并放入预留孔洞中。

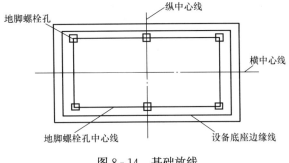

图 8-14 基础放线

③在基础上的地脚螺栓孔两侧摆好互成 90°放置的一定数量的垫铁，铁垫上的支承面应在同一水平面上且与标高一致。安装用的垫铁，其摆放位置如图 8-15 所示，垫铁可以是平垫铁也可以是斜垫铁。垫铁的长度一般为 100～150mm，宽度为 60～90mm，斜垫铁的斜度一般为 1/20～1/10。应尽量减少垫铁的数目，每一组垫铁不宜超过 3 块，并尽量少用薄垫铁。垫铁放置时最厚的放置在最下面，最薄的置于中间。垫铁放置应整齐平稳，接触良好。

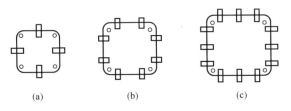

图 8-15 垫铁组摆放位置

(a) 4 组垫铁；(b) 8 组垫铁；(c) 12 组垫铁

④按照吊装的技术安全规程，利用起重机具将压缩机吊起，穿上地脚螺栓，对准基准中心线，搁置于垫铁上。

⑤压缩机就位后必须将压缩机曲轴轴线调整到与基础中心线重合，可采用一般量具和线锤进行测量。

⑥将地脚螺栓的螺母拧上（不要拧紧），再用水平仪矫正，使机器保持水平，即为通常说的粗平。粗平即是在制冷机的精加工水平面上，用框式水平仪来测量其水平度。水平度稍差时，应通过改变垫铁的厚度来调整。水平度超差较大时，可将压缩机较低一侧的垫铁更换为较厚一些的垫铁；若超差不大则可在底侧渐渐打入斜垫铁，使其水平，设备的纵向和横向水平度应控制在 0.2/1000 范围内。

⑦压缩机达到水平位后，应进行二次灌浆，应用与基础混凝土强度等级相同或强度等级略高的豆石混凝土浇灌地脚螺栓孔、振动并捣实，每一个地脚螺栓孔的浇灌必须一次完成，浇灌后，要洒水保养，一般不少于 7 天，到二次浇灌的混凝土强度达到 70％以上，再拧紧地脚螺栓。

5）压缩机就位后的精平。在压缩机就位、找正、粗平并拧紧螺栓后，应再进行设备的精平。制冷压缩机的精平是以压缩机的主要部件的某些基准面为基准进行测量，使压缩机的各个主要部件的水平度也达到规定值，这样，可保证制冷压缩机在工作中的稳定性及动力平衡，防止设备或部件变形，以减小振动，减小各部件间的磨损，延长设备的使用寿命。

精平时，根据气缸的布置形式的不同，测量的基准也不同。对于立式和 W 型压缩机可以气缸面或压缩机进排气口为基准进行测量。仪器采用框式水平仪，测量时，擦净测量平面上的油污及其他杂物，手不能接触水准器的玻璃管，视线应垂直对准水准器；一般测量两次，第二次测量时应将水平仪旋转180°，然后用两次的结果加以计算修正。对于V型与S型压缩机，既可以气缸端面为基准，用角度水平仪来测量，也可以进排气口或安全阀法兰端面作为基准面，用框式水平仪进行测量。测量方法同上。

对制冷机组进行精平检查和调整校正后，应再次拧紧地脚螺栓并将每组垫片焊接为一整体，这样，制冷压缩机的安装基本完成。

6）电动机及传动装置的安装。

①电动机与压缩机用联轴器直接连接，且两者在同一底座上，则在安装压缩机时，应将两者一起组装在公共底盘上，同时安装，安装好制冷压缩机后，应重新校正联轴器的中心以保证电动机与压缩机的同轴度，减少磨损。校正方法一般用一点法进行。测量时，让两个半联轴器向同一方向分别旋转0°、90°、180°、270°四个不同的位置，然后测量各个位置的径向间隙，同时，测量该位置的轴向间隙，再看对称点上的同心偏差是否超出产品说明书上给出的允许值，若未超出，则合格；否则，需要调整，调整可通过调节电动机的垫片使压缩机与电动机保持水平。

若电动机与制冷压缩机不在同一底座上，在安装时应先把电动机和电动机导轨安装好，用拉线的方法使电动机和压缩机带轮在一个平面上。然后调整电动机与压缩机的同轴度，要求两者的径向偏差不应大于0.3mm。调整的方法是：先固定压缩机，然后用千分表支架固定在电动机轴上或电动机的半联轴器上，表的测头抵在压缩机飞轮轮缘或内侧倒角上，如图8-16所示。飞轮旋转一转，根据千分表的读数来调节电动机的左右偏差，最终，使电动机和压缩机达到规定的同轴度。

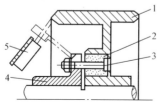

图8-16　调整同轴度示意图
1—压缩机飞轮；2—弹性套；
3—联轴器柱销；4—电动机半联轴器；
5—千分表

②电动机与压缩机若采用V带传动，安装时，应先将压缩机安装就位，再将已装好导轨的电动机进行安装，电动机基础的地脚螺栓应插入导轨的螺孔内，装配时，应拉设与带轮外平面相平行的钢丝线，调整电动机的位置，使电动机和压缩机的带轮处在同一直线上。

（2）活塞式制冷机辅助设备安装。制冷系统的辅助设备包括冷凝器、蒸发器、储液器、辅助储液器、中间冷却器、油分离器、空气分离器、氨液分离器、集油器、低压循环储液器、循环泵等。

1）安装前的检查。辅助设备安装前，检查其基础及地脚螺栓孔的位置应符合设计文件中设备管接口的方位；对于氨液分离器等悬挂式设备，吊装前应检查其支、吊架的位置是否符合设计文件的要求。

2）吹污。制冷辅助设备安装前，应进行单体吹污，吹污可用表压为0.8MPa的干燥压缩空气进行，吹扫次数不少于3次，直至无污物排出为止。

3）气密性试验。制冷辅助设备安装前，还应进行单体气密性试验，其试验压力应按设计文件或设备技术文件的规定进行，无规定时，应符合表8-6的规定。气密性可同设备单体吹污结合进行。

表 8-6   **气密性试验压力**

制冷剂	试验压力（MPa）
R22、R404A、R407C、R502、R507、R717	≥1.8
R134a	≥1.2

4) 安装偏差。无特殊要求的卧式制冷辅助设备的安装，其水平偏差和立式制冷辅助设备安装的铅垂度偏差均不宜大于 1/10000。

5) 坡度。带有油包或放油口的卧式制冷辅助设备如储液器、卧式蒸发器等的设备安装，应以 2/1000 的坡度坡向油包或放油口一方。四重管式空气分离器应水平安装，其氨液进口端应高于其另一端，坡度应控制在 2/100。

6) 防冷桥措施。安装在常温环境下的低温制冷辅助设备，在设备与支座之间应采取防冷桥措施。通常是在支座下设置硬质垫木，垫木应预先进行防腐处理，垫木的厚度应按设计文件的要求确定。

2. 螺杆式压缩机组安装

(1) 螺杆式制冷压缩机组的基础制作。螺杆式制冷压缩机的基础制作和安装要求与活塞式制冷压缩机相同，但螺杆式制冷压缩机以机组形式安装时，其基础支座方法可简单些，在基础上按图样要求的尺寸放置好支板，支板浇注在基础上，在支板上安装好底板、橡胶垫、盖板，再用螺栓将它们拧紧，压上支板即可，如图 8-17 所示。

(2) 螺杆式制冷压缩机组找平。机组找平时，一般在机体顶部法兰口的平面上，采用框式水平仪测量，可通过调整拧在底板上的螺栓来调整机组的纵向和横向水平度。

(3) 基础二次灌浆。基础二次灌浆的操作步骤如下：

1) 螺杆式压缩机组就位后，应在 48h 内进行灌浆。

2) 灌浆前，应先清除表面的污物及杂质，在基础周围钉好挡板。

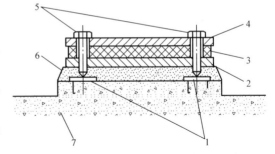

图 8-17 螺杆式制冷压缩机机组的基础制作
1—支板；2—底板；3—橡胶垫；4—盖板；
5—螺栓；6—灌浆；7—基础

3) 浇灌过程中应当振动、捣实，浇灌必须一次完成，不可间断。

4) 浇注完成约 24h 后，拆除模板，并将表面压实抹光。

5) 灌浆之后应进行养护，养护时间不少于 7 天，灌浆及养护的环境温度不低于 5℃。

第二节 溴化锂吸收式制冷系统的安装

一、机房布置

溴化锂吸收式制冷机组的振动、噪声较小，对安装地点的要求不高，可安装在底层、楼层，也可安装在地下室。但安装地点要考虑到吊装、维修的需要，通常安装在底层的机房内。

1. 机房位置的选定与总体布置

（1）机房应设在冷媒水使用点的附近，同时尽可能靠近冷却水源与加热热源。

（2）机房内要求采光通风良好，灰尘少。环境温度以不低于 0℃ 为宜。安装在室外时，还应考虑电气部分的绝缘保护。

（3）一般情况下冷媒水泵、冷却水泵及相应的水池和主机房应靠在一起。

（4）使用循环冷却水时，冷却塔应设在厂区污染空气的上风向，以免受灰尘、纤维质和其他污物的污染。

（5）冷却水与冷媒水系统的管路尽可能短，并尽量考虑自动回水。

（6）机房内机组与墙面之间的距离不小于 1.2m；机组与机组之间的净距不小于 1.0m。

2. 机房内部布置

（1）机组两端与墙壁的间距应考虑更换、清洗传热管簇的需要，一端留出不小于管长的空间。如机房空间不许可，则一般在正对管簇方向的墙上开有门窗，以利用机房外的空间。此时两端只需考虑拆装封头箱的操作空间。装有两台以上机组时，机组间的净距应考虑操作维修方便。

（2）储液筒可放在机房地面上，也可放在机房上空，以充分利用空间，但与机组的距离应尽量短。高位安装时，为使机组中的溶液顺利排至储液筒中，储液筒中最高液位与机组放液口的垂直距离不大于 5m。

（3）机房内应考虑留有检修设备及处理溶液所需的空间。

（4）机房内应设有供空气压缩机等用的电源插座和低压行灯插座。同时，设有水龙头及水斗。地坪上应有排水坡度和排水沟。

（5）电气控制设备与机组分开安装时，应装在距机组较近、易于观察操作、通风良好、灰尘少的地方。

二、机房内管路安装

1. 敷设方式

机房内的冷热水、冷却水、蒸汽、燃气、燃油等主要管道，一般应沿墙或沿柱子架空敷设，高度以不妨碍通行和吊车运行以及便于检修为原则，并尽量不挡窗户；对于蒸汽凝水管，如有凝水箱或凝水池，则尽量使其自行流入；室内冷水管一般明装，排水管道则为直埋敷设；部分进入泵的吸入管可以采用在管沟内敷设，以便通行和检修。

（1）架空敷设。架空敷设有以下几种形式：管道成排地集中敷设在管廊、管架上；管道分组和成组地沿着生根于建筑物和构筑物的墙、柱、梁、基础、楼板、平台以及设备的支、吊架上敷设；利用低支架或混凝土支座沿地面敷设。

（2）地下敷设。地下敷设有直接埋地敷设和地沟敷设。

1）直接埋地敷设。输送无腐蚀性或弱腐蚀性介质的常温低压管道可采用直埋敷设。直埋敷设的管道外采用聚氨酯绝热、外裹聚乙烯护套管。

2）将管道敷设在用砖砌筑（或用钢筋混凝土浇筑）的管沟内。

2. 安装要求

（1）管道连接。管道连接应优先采用焊接，与设备、法兰阀门连接时，则应采用法兰连接。若采用低压流体输送用镀锌焊接钢管，则应采用螺纹连接。

（2）管道坡度。热水管道敷设时应有坡度，坡度为 0.003，不得小于 0.002，坡向有利于空气排除。蒸汽管道敷设时应有坡度，汽水同向，坡度为 0.003，不得小于 0.002，汽水逆向时，坡度不得小于 0.005。

（3）管道布置应具有柔性。管道布置时应使其具有足够的柔性，以吸收管道的热变形量。

（4）严防泄漏。制冷系统的泄漏含义有两种：其一，是制冷系统内介质的泄漏，制冷系统的介质，易挥发，渗透性强，一旦泄漏，后果严重，因此，制冷系统施工安装时的严密性要求较高。其二，是冷量和热量的泄漏，冷量和热量的泄漏即冷损失和热损失。为减少冷损失和热损失，制冷系统的管道均应采取绝热措施。管路上的法兰、阀门、装置、构件等均应绝热。支承、架设管路的各类支、吊架均应采取绝热支、吊架。

（5）套管。管道穿越墙壁、楼板、屋面时，均应加设套管，套管内径比被套管外径大 8～12mm，套管内不得充填任何填充物，套管内不得有任何接头和连接点。

（6）管道穿越用以隔离爆炸或易燃性区域的墙壁或楼板时，管路与穿孔间的缝隙应用水泥砂浆和防火材料予以封堵。

（7）输送易燃、可燃、易爆介质的管道，必须架空敷设，不得在地沟内敷设。不得穿越易燃、易爆品仓库，不得穿越烟道、风道、地沟和配电室等地方，不得敷设在生活间、楼梯间和走廊处。

（8）易燃、易爆及有毒介质的放空管，应引至室外并高出邻近建筑物。

（9）为防止静电感应和雷电感应引发火灾和爆炸，输送易燃、易爆介质的管道应有可靠的接地装置，架空敷设的管道，室外管道每 100m 接地一次，室内管道每 25m 接地一次，接地电阻不应大于 10Ω，所有法兰及螺纹连接处应做跨接导线。埋地敷设的管道在入地之前及出地面之后各做一次接地。

三、机房内主要设备的配管

1. 溴化锂吸收式制冷机组配管

机组的配管主要有冷（热）水进、出管，冷却水进、出管、蒸汽管、凝结水管（蒸汽型机组），高温热水供回水管（热水型机组），燃气、燃油管路以及烟气管路（直燃式机组）。机组与储液罐之间还有溴化锂溶液管线和抽真空管线。配管时应满足以下要求：

（1）所有管路进入机组之前，均应加设切断阀。

（2）接至机组的主要管路和机组接口相连的阀门处，应设置必要的支、吊架，勿使机组接口受力。

（3）进出机组的冷水管或冷却水管勿垂直或水平配置在机组两端的吸收器、冷凝器等水室的封头板前，可在此部分管道上配有定长度的法兰连接段（见图 8-18），以便卸下后无阻挡地打开封头板来清洗内部管束。

（4）蒸汽型机组用的蒸汽调节阀组应尽量靠近主机安装，可以安装在主机

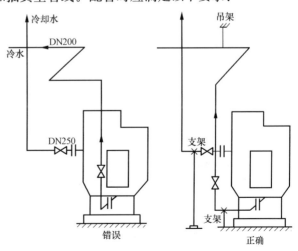

图 8-18 机组配管

附近的墙面上或进主机的蒸汽管线上，也可安装在进高压发生器前与主机平行的地面上。蒸汽调节阀安装如图 8-19 所示，前后应有截止阀和压力表，蒸汽调节阀应设旁通管。蒸汽调节阀前应设置过滤器，调节阀后应设置泄水阀。

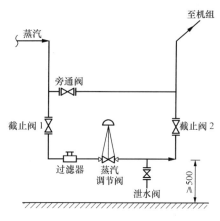

图 8-19　蒸汽调节阀安装

（5）蒸汽型机组的疏水器，生产厂家已安装在机组内部管路上。必须在接入凝水池或凝水箱的管路上设置止回阀，止回阀之前加设泄水阀，以防停机时凝水倒流。凝水管一般应直接接入凝水池或凝水箱，减少较远距离的输送，不应过多地提升、抬头。

（6）在进出机组的冷水管、冷却水管之间，可设置跨越机组的旁通管路和阀门，供冷水与冷却水系统在试泵和试运行及清洗时用，以防杂质进入主机。

（7）与机组连接的所有水、气管路，最高点加排气阀，最低点加泄水阀。系统排水应接至排水管或附近的排水沟中。

2. 水泵配管

（1）泵的吸入管。泵的吸入管管路配置应满足以下要求：

1）泵的吸入管管路应尽可能的短，而且要方便操作，便于检修。

2）吸入管的直径不应小于泵的吸入口直径，一般情况下，泵的吸入总管比压出总管大一号。泵的吸入口应采用偏心大小头。当管道从下向上水平进泵时，应采用顶平偏心大小头 [见图 8-20（a）]，以防吸入管存气；当管道从上向下水平进泵时，大小头应采用底平偏心大小头 [见图 8-20（b）]，以防吸入管积液；当吸入管为垂直方向时，应配置同心大小头 [见图 8-20（c）]。此外，单吸泵吸入口处应配置一段直管段，直管段长度应大于或等于 3 倍的吸入管直径，双吸泵吸入口配置的直管段长度应大于或等于 7 倍的吸入管直径。

3）在泵的吸入管管路上应加设过滤器，过滤器前（按介质流向）应加设切断阀。

4）吸入管管路应有不小于 0.005 的坡度，坡向有利于空气排除。

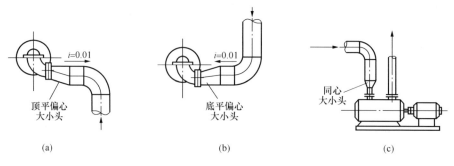

图 8-20　泵吸入口大小头的配置及安装

5）当有多台型号相同的泵并联运行时，其吸入总管与吸入水平干管和各泵的吸入支管最好对称布置，如图 8-21 所示，以使各泵的吸入管段的长度和阻力基本相等。

6）泵的吸入口加设的阀门，一般应采用闸阀或其他阻力较小的阀门，泵入口处阀门的功用是切断水流，因此切断阀应尽可能靠近泵的入口。

7）为防振隔噪，水泵吸入管与水泵连接处应加设挠性接头。

8）因泵体不宜承受进出口管路和阀门的重量，因此，水泵的吸入管路和压出管路必须合理的设置支架。

（2）泵的压出管。泵的压出管管路配管时应满足以下要求：

1）为防止水泵停运时介质倒流，泵的压出管应设置止回阀，止回阀以外设置切断阀。

2）泵的压出管与泵连接处，应加设柔性接头，以减少振动。

3）多台同型号的泵并联运行时，泵的压出管与总管连接如图 8-22 所示，不得采用 T 形连接。

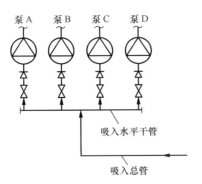

图 8-21　泵的吸入管路

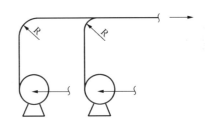

图 8-22　泵的压出管与总管的连接

3. 冷却塔配管

冷却塔配管时，应注意以下事项：

（1）多台冷却塔并联或组合使用时，应使进水管对称均匀布置，阻力大致相等，以保证每台冷却塔进水均匀，有效发挥作用。

（2）冷却塔的出水管应简短通畅，一般出水管应比进水管大一号。在冷却塔至冷却水管路上，应设置永久性过滤装置，水泵吸入口处加设过滤器。

（3）进出冷却塔管路上的阀门、仪表应设置在方便操作、便于安装、维修处。

（4）冷却塔的补水应设置自动补水和机械补水两套装置。安装时应注意集水器中溢流管口的高度在合适的位置，防止无液面和倒空，影响泵的运行。在系统的最高点应加设放空阀，最低点加设泄水阀。

4. 换热器配管

换热器配管应注意以下事项：

（1）管壳式和套管式换热器在配管时，应注意冷热物流的流向。一般被加热介质由下而上，被冷凝或被冷却介质由上而下。

（2）管道布置应考虑换热器检修时，加热盘管被抽出，不应妨碍换热器的法兰和法兰阀门的拆卸、安装。

（3）两台或两台以上型号相同的换热器并联时，换热器上的进出管应对称均匀布置，如图 8-23 所示。换热器主管与分支管连接如图 8-24 所示。

（4）进出换热器的管路上，均应设置切断阀、压力表、温度计。

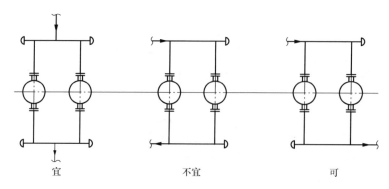

图 8-23 并联换热器进出口管道布置

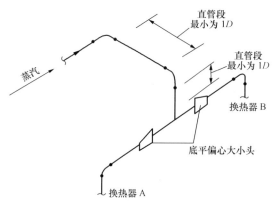

图 8-24 换热器主管与分支管连接

（5）在一次热介质入口总管上，应设置当循环水泵停止运行时，能自动或手动切断的阀门，并装设自动温度调节阀，用来调节热介质流量。在汽水换热器的凝水管上应设置疏水器，但在水平浮动盘管式汽水换热器中，蒸汽—凝水侧的内部管路已设有冷凝液过冷设施，其外部凝水管上仅需设置止回阀而不必再设疏水器。

（6）管程和壳程的下部管嘴与管道阀门连接如图 8-25 所示，当阀门装在换热器管嘴下的垂直管上时，则在设备管嘴和阀门之间的管上还应设置排液阀，排液阀的规格为 DN20～DN25。

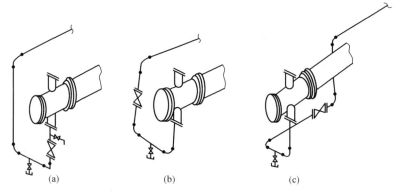

图 8-25 管程和壳程的下部管嘴与管道阀门连接
（a）阀后排液；（b）管嘴与阀门间排液Ⅰ；（c）管嘴与阀门间排液Ⅱ

（7）进出换热器的一、二次热介质管路上，应设置必要的支架和考虑管道的热伸长及补偿，尽量把管路布置成自然柔性状态，以使其能自然补偿，尽量不使换热器管嘴处在受力状态。

第三节 制冷系统的吹洗、试验、检漏及试运行

一、制冷系统吹扫

制冷系统安装完毕后，必须对系统进行吹扫，目的在于清除系统中的焊渣、钢屑、铁锈、氧化物以及系统中的污物。这些杂质若不除去，系统运行时可能进入压缩机，会使气缸或活塞表面产生划痕、拉毛，甚至造成事故，有时可能堵塞毛细管、膨胀阀，使系统无法正常工作。

1. 氨制冷系统吹扫、排污

（1）氨制冷系统管道吹扫、排污时，应设置安全警戒标识，非操作人员不得进入操作区域。

（2）氨制冷系统安装完毕以后，应用 0.8MPa（表压）的干燥空气或氮气对制冷管道进行分段吹扫、排污，吹扫的顺序应按主管、支管依次进行，吹扫出的脏物不得进入已吹扫合格的管道。

（3）吹扫排污前，不允许吹扫的设备、管道应与吹扫系统隔离。

（4）系统管道吹扫前，不应安装孔板、法兰连接的调节阀、节流阀、安全阀、止回阀、仪表等，对于采用焊接的上述阀门、电磁阀和仪表，应采取流经旁路或卸掉阀头、阀芯及阀座加保护套等措施。

（5）管道吹扫前应检查管道支、吊架的牢靠程度，必要时予以加固。

（6）空气吹扫过程中，当目测排气无烟尘时，应在距排污口 300～500mm 处设置涂白漆的木质靶板检查，5min 内靶板上无铁锈、尘土、水分及其他杂物，方为合格。

（7）制冷管道系统排污洁净后，应拆卸可能积存污物的阀体，并将其清洗干净后重新组装。

2. 氢氯氟烃、氢氟烃类制冷系统吹扫与清洁

（1）氢氯氟烃、氢氟烃类制冷系统吹扫与清洁应分两次进行，管道吹扫在管道施工完成后与制冷机组和蒸发器连接前，对各管段分别进行吹扫、排污处理。系统管道清洁是在制冷系统气密性试验完成后，利用惰性气体的余压对制冷系统进行最后的排污。

（2）管道安装完毕后应用氮气进行吹扫，不得用未经过滤、干燥的压缩空气进行吹扫。

（3）氮气吹扫的压力应不小于 0.8MPa。

（4）系统管道吹扫前，不应安装孔板、法兰连接的调节阀、节流阀、浮球阀、过滤器、安全阀、止回阀、仪表等，对于采用焊接的上述阀门、电磁阀和仪表，应采取流经旁路或卸掉阀头、阀芯及滤网加保护套等措施。

（5）吹扫过程中，应在距排污口 300mm 处设置涂白漆的木质靶板检查，5min 内靶板上无铁锈、尘土、水分及其他杂物，方为合格。

（6）制冷系统的吹扫洁净后应拆卸可能积存污物的阀门，将其清洗干净后重新组装。

二、制冷系统试验

1. 氨制冷系统试验

制冷系统吹扫完毕后，应对系统进行气体压力强度试验和气密性试验，目的在于检验系统的机械强度和严密性能。

（1）氨制冷系统强度试验及气密性试验。

1）试验环境。氨制冷系统管道进行气体压力强度试验的环境温度应在5℃以上。

2）试验用介质。管道系统气体压力试验的试验介质应采用清洁、干燥的空气或氮气。

3）划出试验禁区。管道系统气体压力试验时，应划出作业禁区，无关人员严禁进入试压作业区。

4）试验压力。氨制冷系统管道进行气体压力强度试验时，应将制冷管道系统高压侧、低压侧分开进行，应先试验低压侧，后试验高压侧。强度试验压力应符合设计文件的规定，当设计文件无规定时，低压侧压力应为1.7MPa，高压侧压力应为2.3MPa。

5）管道系统气体压力强度试验。管道系统压力强度试验应逐级升压，升压过程要缓慢，压力应逐渐升高。方法步骤如下：

①试压时升压速度不应大于50kPa/min。

②升压至试验压力的50%时，停止升压，并保持压力10min，对系统进行一次全面检查，若有异常，应泄压修复，严禁带压作业。

③若无异常，继续升压，升压以试验压力的10%逐级升压，每升一级，应停压保持3min，达到设计压力后，停止升压并保持10min，再对系统进行一次全面检查。

④若仍无异常，继续按试验压力的10%逐级升压，每升一级，应停压保持3min，直至试验压力，并保持10min，对系统进行一次全面检查；若无异常，且压力表不下降，则将压力降至设计压力，用涂刷中性发泡剂的方法仔细巡回检查，重点查看系统的法兰连接处，各类焊缝处有无泄漏。

⑤对于氨制冷压缩机、氨泵、浮球液位控制器、安全阀及其他制冷控制元件，在制冷管道系统试压时，可暂时予以隔离。制冷系统开始试压时，必须将玻璃板液位计两端的阀门关闭。

6）气密性试验。制冷管道系统压力强度试验经检查无异常后，应将系统压力降至各自对应的设计压力，进行气密性试验，保持这个试验压力，6h后开始记录压力表数据，经24h后查验压力表读数，其压力降不大于0.02MPa［系统的压力降应按式（8-1）计算］，系统的气密性试验合格。当压力降不符合上述规定时，应查明原因，消除泄漏源，并重新进行气密性试验，直至合格。

$$\Delta P = P_1 - P_2 \frac{273 + t_1}{273 + t_2} \tag{8-1}$$

式中　ΔP——压力降，MPa；

P_1——试验开始时系统中的气体压力（绝对压力），MPa；

P_2——试验结束时系统中的气体压力（绝对压力），MPa；

t_1——试验开始时系统中的气体温度，℃；

t_2——试验结束时系统中的气体温度，℃。

7）制冷系统的强度试验和严密性试验的结果应经工程投资方代表和工程监理方代表签字确认。

8）制冷管道在试验过程中，严禁以任何方式敲打管道及组成件，严禁管道在带压的情况下紧固螺栓。

（2）氨制冷系统抽真空试验。制冷系统吹扫和试压合格后，应进行抽真空试验。抽真空的目的是为了清除系统中的残余气体和水分以及检验系统在真空状态下的严密性。

1）对较大的制冷系统，可用制冷压缩机和真空泵交替运行的办法抽真空。对于使用全封闭和半封闭的制冷压缩机的制冷系统，应该使用真空泵抽真空。用真空泵抽真空可以从高低压两侧进行操作，抽真空前应将系统的所有阀门全部打开，以使管路畅通，关闭所有的通向外界的阀门。

2）抽真空时，将真空泵的吸气管接于制冷压缩机吸气阀或排气阀的多用孔道上，启动真空泵。真空试验每半小时记录一次。氨制冷系统真空试验的剩余压力应小于 5.333kPa（40mmHg），保持 24h，系统内压力无变化为合格。系统如发现泄漏，则补焊后重新进行气密性试验和抽真空试验，直至合格。

3）制冷系统抽真空试验的结果应经工程投资方代表和工程监理方代表签字确认。

（3）充氨检漏。氨制冷系统在气密性试验、真空试验合格后，在正式灌注制冷剂之前，需要进行充氨检漏试验，以进一步检查系统的密封性能。

1）在做好操作人员人身防护的前提下，利用制冷系统的真空度逐步向制冷系统中缓慢充入氨液，当系统内压力达到 0.2MPa 时，应停止充氨。

2）用酚酞试纸逐个检查各焊缝、法兰连接点及阀门等处，若发现酚酞试纸呈粉红色，即可确定该处泄漏。应将泄漏部位的氨排泄干净，并与大气相通后方可进行修复。

3）严禁在管路内含氨或带压的情况下，对管路进行补焊修复作业。

2. 氢氯氟烃、氢氟烃类制冷系统试验

（1）严密性试验。

1）制冷系统在试压试漏前，应检查系统各控制阀门的开启状况，拆除或隔离系统中易被高压损坏的部件。

2）管道系统气体压力试验的试验介质应采用清洁、干燥的氮气。

3）制冷系统试验压力应符合表 8-7 的规定。

表 8-7　　　　　　　　　制冷系统气密性试验压力（绝对压力）　　　　　　　　MPa

制冷剂 制冷系统	R134a	R22	R401A、R402A、R404A、R407A、 R407B、R407C、R507	R410A
低、中压系统	1.2	1.2	1.2	1.6
高压系统	2.0	2.5	3.0	4.0

4）管道系统气体压力强度试验。管道系统压力强度试验应逐级升压，升压过程要缓慢，压力应逐渐升高。方法步骤如下：

①升压至试验压力的 50% 时，停止升压，稳压 10min，对系统进行一次全面检查，若有异常，应泄压修复，严禁带压作业。

②若无异常，继续升压，升压以试验压力的 10% 逐级升压，每升一级，稳压 3min，达到试验压力后，停止升压，稳压 10min，再对系统进行一次全面检查。

③制冷管道系统试验经检查无异常后，保持这个试验压力，6h 后开始记录压力表数据，经 24h 后查验压力表读数，其压力降不大于 0.02MPa 为合格。当压力降不符合上述规定时，应查明原因，消除泄漏源，并重新进行气密性试验，直至合格。由于环境温度变化引起的压力降应按式（8-1）进行验算。

（2）真空试验。

1）制冷系统抽真空试验应在系统排污、吹扫和气密性试验合格后进行。

2）抽真空时，除关闭制冷系统与外界有关的阀门外，应将制冷系统中的所有阀门全部打开。抽真空操作应分数次进行，使制冷系统的压力均匀下降，逐步降低。

3）严禁用制冷压缩机进行制冷系统抽真空作业。

4）抽真空时，将真空泵的吸气管接于制冷压缩机吸气阀或排气阀的多用孔道上，启动真空泵。真空试验每半小时记录一次。制冷系统真空试验的剩余绝对压力不超过 5.3kPa。

5）抽真空初期，除干燥过滤器前后两个阀门紧闭外，其余阀门应全部开启，2h 后再缓慢开启干燥过滤器前后的阀门。

6）当制冷系统抽空至绝对压力 5.3kPa 时，应继续抽真空 4h 以上，直至水分指示器颜色达到标定的深绿色，保持 24h，以系统内回升压力不大于 0.5kPa 为合格。

三、制冷系统试运转

1. 活塞式制冷压缩机和压缩机组

（1）压缩机和压缩机组试运转前，应符合下列要求：

1）气缸盖、吸排气阀及曲轴箱盖等应拆下检查，其内部的清洁及固定情况应良好；气缸内壁应加少量的冷冻机油；盘动压缩机，压缩机运动部件应转动灵活，无过紧和卡阻现象。

2）加入曲轴箱冷冻机油的规格及油面高度，应符合随机技术文件的规定。

3）冷却水系统供水应畅通。

4）安全阀应经校验、整定，其动作应灵敏、可靠。

5）压力、温度、压差等继电器的整定值应符合随机技术文件的规定。

6）控制系统、报警及停机连锁机构应经调试，其动作应灵敏、正确、可靠。

7）点动电动机进行检查，其转向应正确。

8）润滑系统的油压和曲轴箱中压力的差值不应低于 0.1MPa。

（2）空负荷试运转。压缩机和压缩机组的空负荷试运转，应符合下列要求：

1）应拆去气缸盖和吸、排气阀组，并应固定气缸套。

2）应启动压缩机并运转 10min，停车后检查各部件的润滑和温升，无异常后应继续运转 1h。

3）运转应平稳，无异常声响和剧烈振动。

4）主轴承外侧面和轴封外侧面的温度应正常。

5）油泵供油应正常。

6）氨压缩机的油封和油管的接头处，不应有油滴现象。

7）停车后，应检查气缸内壁面，应无异常磨损。

（3）空气负荷试运转。开启式压缩机的空气负荷试运转应符合下列要求：

1）吸、排气阀组安装固定后，应调整活塞的止点间隙，并应符合随机技术文件的规定。

2）压缩机的吸气口应加装空气滤清器。

3）在高压级和低压级排气压力均为 0.3MPa 时，试验时间不应少于 1h。

4）油压调节阀的操作应灵活，调节的油压宜高于吸气压力的 0.15～0.3MPa。

5）能量调节装置的操作应灵活正确。

6）当环境温度为 43℃，冷却水温度为 33℃时，压缩机曲轴箱中的润滑油的温度不应高于70℃。

7）气缸套的冷却水进口水温不应高于35℃，出口水温不应高于45℃。

8）运转时，应平稳，无异常声响和振动。

9）吸、排气阀的阀片跳动声响应正常。

10）各连接部位、轴封、填料、气缸盖和阀件应无漏气、漏油、漏水现象。

11）空气负荷试运转后，应拆洗空气滤清器和油过滤器，并应更换润滑油。

12）空气负荷试运转合格后，应用0.5～0.6MPa的干燥压缩空气或氮气，对压缩机和压缩机组按顺序反复吹扫，直至排污口处的靶上无污物。

（4）抽真空试验。压缩机和压缩机组的抽真空试验应符合下列要求：

1）应关闭吸、排气截止阀，并应开启放气通孔，开动压缩机进行抽真空。

2）压缩机的低压级应将曲轴箱抽真空至15kPa，压缩机的高压侧应将高压吸气腔压力抽真空至15kPa。

（5）密封性试验。压缩机和压缩机组的密封性试验应满足下列要求：

1）压缩机和压缩机组的严密性试验应将1.0MPa的氮气或干燥空气充入压缩机中，在24h内其压力降不应大于试验压力的1%，使用氮气和氟利昂混合气体检查密封性时，氟利昂在混合物中的分压力不应少于0.3MPa。

2）采用制冷剂对系统进行检漏时，应利用系统的真空度向系统充灌少量的制冷剂，应将系统内压力升至0.1～0.2MPa后进行检查，系统应无泄漏现象。

（6）充灌制冷剂。充灌制冷剂应符合下列要求：

1）制冷剂的规格、品种和性能应符合设计的要求。

2）制冷系统抽真空试验合格，真空度应达到随机技术文件的规定。应将制冷剂钢瓶内的制冷剂经干燥过滤器干燥过滤后，由系统注液阀充灌系统，在充灌过程中，应按规定向冷凝器供冷水或向蒸发器供载冷剂。

3）在系统压力升至0.1～0.2MPa时，应全面检查无异常后，再继续充灌制冷剂。

4）当系统压力与钢瓶压力相同时，开动压缩机。

5）充灌制冷剂的总量，应符合设计或随机文件的规定。

（7）负荷试运转。压缩机和压缩机组的负荷试运转应在系统充灌制冷剂后进行。负荷试运转除应满足空气负荷试运转的要求外，尚应符合下列要求：

1）启动压缩机前，应按随机技术文件的规定将曲轴箱中的润滑油加热。

2）运转中开启式机组润滑油的温度不应高于70℃；半封闭式机组不应高于80℃。

3）最高排气温度不应高于表8-8的规定。

表8-8 **压缩机的最高排气温度**

制冷剂	最高排气温度（℃）		制冷剂	最高排气温度（℃）	
R717	低压级	120	R22	低压级	115
	高压级	150		高压级	145

注 机组安装场地的最高温度为38℃。

4）开启式压缩机轴封处的渗油量，不应大于0.5mL/h。

2．螺杆式制冷压缩机组

（1）螺杆式制冷压缩机组试运转前，应符合下列要求：

1) 脱开联轴器，单独检查电动机的转向应符合压缩机要求。连接联轴器，其找正允许偏差应符合随机技术文件的规定。

2) 盘动压缩机应无阻滞、卡阻等现象。

3) 应向油分离器、储油器或油冷却器中加注冷冻机油，油的规格及油面高度应符合随机技术文件的规定。

4) 油泵的转向应正确，油压宜调节至 0.15～0.3MPa，应调节四通阀至增减负荷位置；润滑的位移应正确、灵敏，并应将阀调至最小负荷位置。

5) 各保护继电器、安全装置的整定值应符合随机技术文件的规定，其动作应灵活、可靠。

6) 机组能量调节装置应灵活、可靠。

（2）开启式机组在组装完毕经空气负荷试运转后，其吹扫、抽真空试验、密封性试验、系统检漏和充灌制冷剂等，要求同活塞式制冷压缩机组。

（3）螺杆式制冷压缩机组的负荷试运转，应符合下列要求：

1) 应按要求供给冷却介质。

2) 机器启动时，油温不应低于 25℃。

3) 启动运转的程序应符合随机技术文件规定。

4) 调节油压宜大于排气压力 0.15～0.30MPa；精滤油器前后压差不应高于 0.1MPa。

5) 冷却水温度不应高于 32℃，采用 R22、R717 制冷剂的压缩机的排气温度不应高于 105℃，冷却后的油温宜为 30～65℃。

6) 吸气压力不宜低于 0.05MPa，排气压力不应高于 1.6MPa。

7) 运转中应无异常声响和振动，压缩机轴承体处的温升应正常。

8) 机组密封应良好，不得渗漏制冷剂；氨制冷压缩机组运行时，在轴封处的渗油量不应大于 3mL/h。

第九章　燃气管道安装

第一节　城镇燃气管网的分类与敷设

一、燃气管道的分类

燃气管道通常的分类方法有三种：按用途分类、按敷设方式分类和按输气压力分类。

1. 按用途分类

（1）长输管道。由输气首站输送城镇商品燃气至城镇燃气门站、储配站或大型工业企业的长距离输气管线。

（2）城镇燃气管道。

1）输气管道。由气源厂或门站、储配站至各级调压站输送燃气的主干管线。

2）分配管道。在供气地区将燃气分配给工业企业用户、商业用户和居民用户。分配管道包括街区的和庭院的分配管道。

3）用户引入管。室外配气支管与用户室内燃气进口管总阀门（当无总阀门时，指距室内地面1m高处）之间的管道。

4）室内燃气管道。通过用户管道引入口总阀门将燃气引向室内，并分配到每个燃气用具。

（3）工业企业燃气管道。

1）工厂引入管和厂区燃气管道。由各级调压站将燃气引入工厂，分送到各用气车间。

2）车间燃气管道。从车间的管道引入口将燃气送到车间内各个用气设备（如窑炉）。车间燃气管道包括干管和支管。

3）炉前燃气管道。从支管将燃气分送给炉前各个燃烧设备。

2. 按敷设方式分类

燃气管道按敷设方式可分为地下燃气管道敷设和架空燃气管道敷设。

3. 按输气压力分类

城镇燃气管道按燃气设计压力 P 分为4类（高压燃气管道、次高压燃气管道、中压燃气管道和低压燃气管道）7级，见表9-1。

表9-1　　　　　　　城镇燃气设计压力（表压）分级

名　称		压力（MPa）
高压燃气管道	A	$2.5 < P \leqslant 4.0$
	B	$1.6 < P \leqslant 2.5$
次高压燃气管道	A	$0.8 < P \leqslant 1.6$
	B	$0.4 < P \leqslant 0.8$
中压燃气管道	A	$0.2 < P \leqslant 0.4$
	B	$0.01 \leqslant P \leqslant 0.20$
低压燃气管道		$P < 0.01$

二、燃气管道的敷设

1. 地下燃气管道敷设

地下燃气管道敷设应满足以下要求：

（1）次高压、中压管道不宜沿车辆来往频繁的城镇主要交通干线敷设，否则对管道施工和检修造成困难，来往车辆也将使管道承受较大的荷载。低压管道，在不可避免的情况下，征得有关方面同意后，可沿交通干线敷设。

（2）燃气管道不得在堆积易燃物、易爆材料和具有腐蚀性液体的场地下面通过。燃气管道不宜与给水管、热力管、雨水管、污水管、电力电缆、电信电缆等同沟敷设。

（3）在空旷地带敷设燃气管道时，应考虑到城镇发展规划和未来的建筑物布置的情况。

（4）燃气管道布线时，应与街道轴线或建筑物的前沿相平行，管道宜敷设在人行道或绿化地带内，并尽可能避免在高等级路面下敷设。

（5）地下燃气管道不得从建筑物和大型构筑物的下面穿越（不包括架空的建筑物和大型构筑物）。地下燃气管道与建筑物、构筑物或相邻管道之间的水平和垂直净距不应小于表 9-2 和表 9-3 的规定。

表 9-2　　　　地下燃气管道与建筑物、构筑物或相邻管道之间的水平净距　　m

项　　目		地下燃气管道压力（MPa）				
		低压	中压		次高压	
		（＜0.01）	B（≤0.2）	A（≤0.4）	B（0.8）	A（1.6）
建筑物	基础	0.7	1.0	1.5	—	—
	外墙面（出地面处）	—	—	—	5.0	13.5
给水管		0.5	0.5	0.5	1.0	1.5
污水、雨水排水管		1.0	1.2	1.2	1.5	2.0
电力电缆（含电车电缆）	直埋	0.5	0.5	0.5	1.0	1.5
	在导管内	1.0	1.0	1.0	1.0	1.5
通信电缆	直埋	0.5	0.5	0.5	1.0	1.5
	在导管内	1.0	1.0	1.0	1.0	1.5
其他燃气管道	公称直径≤DN300	0.4	0.4	0.4	0.4	0.4
	公称直径＞DN300	0.5	0.5	0.5	0.5	0.5
热力管	直埋	1.0	1.0	1.0	1.5	2.0
	在管沟内（至外壁）	1.0	1.5	1.5	2.0	4.0
电杆（塔）的基础	≤35kV	1.0	1.0	1.0	1.0	1.0
	＞35kV	2.0	2.0	2.0	5.0	5.0
通讯照明电杆（至电杆中心）		1.0	1.0	1.0	1.0	1.0
铁路路堤坡脚		5.0	5.0	5.0	5.0	5.0
有轨电车钢轨		2.0	2.0	2.0	2.0	2.0
街树（至树中心）		0.75	0.75	0.75	1.20	1.20

| 表 9 - 3 | 地下燃气管道与构筑物或相邻管道之间的垂直净距 | m |

项　　目		地下燃气管道（当有套管时，以套管计）
给水管、排水管或其他燃气管道		0.15
热力管道的管沟底（或顶）		0.15
电缆	直埋	0.50
	在导管内	0.15
铁路（轨底）		1.20
有轨电车（轨底）		1.00

注　1. 当次高压燃气管道压力与表中数不相同时，可采用直线方程内插法确定水平净距。

　　2. 如果受地形限制不能满足表 9-2 和表 9-3 时，经与有关部门协商，采取有效的安全措施后，表 9-2、表 9-3 规定的净距均可适当缩小，但低压管道不应影响建（构）筑物和相邻管道基础的稳固性，中压管道距建筑物基础不应小于 0.5m，且距建筑物外墙面不应小于 1m，次高压燃气管道距建筑物外墙不应小于 3.0m。其中当对次高压 A 燃气管道采取有效的安全措施或当管道壁厚小于 9.5mm 时，管道距建筑物外墙面不应小于 6.5m；当管壁厚度小于 11.9mm 时，管道距建筑物外墙面不应小于 3.0m。

　　3. 表 9-2 和表 9-3 规定除地下燃气管道与热力管道的净距不适于聚乙烯燃气管道和钢骨架聚乙烯塑料复合管道外，其他规定均适用于聚乙烯燃气管道和钢骨架聚乙烯塑料复合管道。聚乙烯燃气管道与热力管道的净距应按 CJJ 63—2008《聚乙烯燃气管道工程技术规程》执行。

（6）地下燃气管道埋设的最小覆土厚度（路面至管顶）应符合下列要求：

1）埋设在车行道下时，不得小于 0.9m。

2）埋设在非车行道（含人行道）下时，不得小于 0.6m。

3）埋设在绿化地带及载货汽车不能进入的庭园内时，不得小于 0.3m。

4）埋设在水田下时，不得小于 0.8m。

（7）输送湿燃气的燃气管道，应埋设在土壤冰冻线以下，且应有 0.003 的坡度，坡向凝水缸。

（8）地下燃气管道的地基宜为原土层。凡可能引起管道不均匀沉降的地段，其地基应进行处理。

（9）地下燃气管道穿过排水沟、热力管沟、联合地沟、隧道及其他各种用途的沟槽时，应将燃气管道敷设于套管内。套管应采用无缝钢管制作，且采取有效的防腐措施。套管伸出构筑物的外壁不应小于表 9-2 中燃气管道与该构筑物的水平净距。套管两端应采用柔性的防腐、防水材料密封。地下燃气管道穿过管沟的做法如图 9-1 所示。

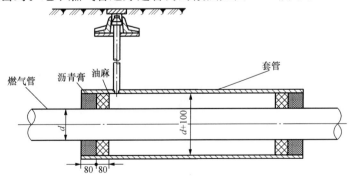

图 9 - 1　地下燃气管道穿过管沟的做法

（10）燃气管道穿越铁路、高速公路、电车轨道和城镇主要干道时应符合下列要求：

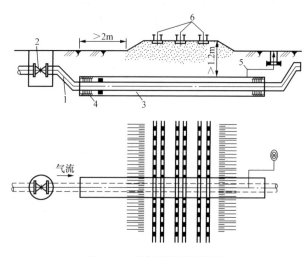

图9-2　燃气管道穿越铁路
1—燃气管道；2—阀门；3—套管；4—密封层；
5—检漏管；6—铁道

1）穿越铁路和高速公路的燃气管道应加套管。

2）穿越铁路的燃气管道（见图9-2）的套管，且应符合下列要求：

①套管埋设的深度：铁路轨底至套管顶不应小于1.20m，并应符合铁路管理部门的要求。

②套管宜采用钢管或钢筋混凝土管。

③套管内径宜比燃气管道外径大100mm以上。

④套管两端应采用柔性的防腐、防水材料密封，其一端应装设检漏管。

⑤套管端部距路堤坡脚外距离不应小于2.0m。

3）燃气管道穿越电车轨道或城镇主要干道时宜敷设在套管或管沟内；穿越高速公路的燃气管道的套管、穿越电车轨道或城镇主要干道的燃气管道的套管或管沟，应符合下列要求：

①套管内径应比燃气管道外径大100mm，套管或地沟两端应密封，在重要地段的套管或地沟应安装检漏管。

②套管端部距电车轨道不应小于2.0m，距道路边缘不应小于1.0m。

③穿越道路套管的做法如图9-3所示。

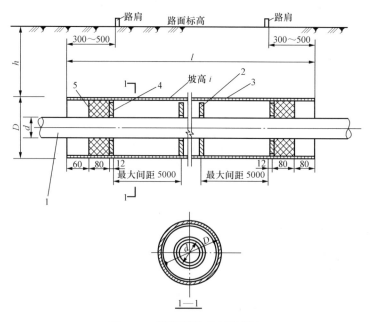

图9-3　穿越道路套管的做法
1—燃气管；2—支承；3—套管；4—油麻；5—沥青膏

4）燃气管道宜垂直穿越铁路、高速公路、电车轨道和城镇主要干道。

（11）燃气管道穿过河流时，可采用穿越河底或采用管桥跨越的形式，当条件允许时，也可利用道路桥梁跨越河流，并应符合下列要求：

1）利用道路桥梁跨越河流的燃气管道，其管道的输送压力不应大于0.4MPa。

2）当燃气管道随桥梁敷设或采用管桥跨越河流时，必须采取安全防护措施，具体安全防护措施如下：

①敷设于桥梁上的燃气管道应采用优质无缝钢管（也可采用加厚的焊接钢管）并应尽量减少焊缝，对焊缝应进行100％的无损探伤。

②跨越通航河流的燃气管道管底标高，应符合通航净空的要求，管架外侧应设置护桩。

③在确定管道位置时，应与随桥敷设的其他可燃气体的管道保持一定的间距。

④燃气管道应设置必要的热补偿和减振措施。

⑤过河架空的燃气管道向下弯曲时，向下弯曲部分与水平管道夹角宜为45°。

⑥燃气管道应做较高等级的防腐保护，对于采用阴极保护的埋地钢管与随桥管道之间应设置绝缘装置。

（12）燃气管道穿越河底。燃气管道穿越河底如图9-4所示，且应符合下列要求：

1）燃气管道宜采用钢管。

2）燃气管道至河床的覆土厚度，应根据水流冲刷条件及规划河床确定。对不通航的河流不应小于0.5m，对通航的河流不应小于1.0m，还应考虑疏浚和投锚深度。

3）采取何种类型的稳管措施应根据计算确定。

4）在埋设燃气管道位置的河流两岸上、下游应设立标识。

5）燃气管道对接安装引起误差不得大于3°，否则应设置弯管。

6）穿越或跨越重要河流的燃气管道，在河流两岸应设置阀门。

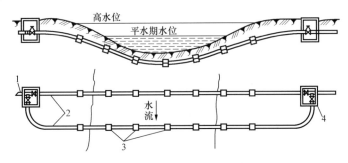

图9-4 燃气管道穿越河底
1—燃气管道；2—过河管；3—稳管重块；4—闸井

（13）高压、次高压、中压燃气干管上，应设置分段阀门。在燃气支管的起点处也应设置阀门。低压燃气管道上，可根据需要设置阀门。

（14）埋地钢管，应根据土壤性质，采取相应的防腐措施。

（15）地下燃气管道上的检测管、凝水缸的排水管、水封阀和阀门，均应设置护罩或护井。

2. 架空燃气管道的敷设

在工厂厂区为了管理维护的需要；燃气管道常采用架空敷设的方式。架空敷设的燃气管道，可沿建筑物外墙或支柱敷设，并应符合下列要求：

（1）中压和低压燃气管道，可沿建筑耐火等级不低于二级的住宅或公共建筑的外墙敷设；次高压B、中压和低压燃气管道，可沿建筑耐火等级不低于二级的丁、戊类生产厂房的外墙敷设。

（2）沿建筑物外墙的燃气管道距住宅或公共建筑物门、窗洞口的净距：中压管道不应小于0.5m，低压管道不应小于0.3m，燃气管道距生产厂房建筑物门、窗洞口的净距不限。

（3）架空燃气管道与铁路、道路及其他管线交叉时的垂直净距不应小于表9-4的规定。

表9-4　　　　　架空燃气管道与铁路、道路及其他管线交叉时的垂直净距　　　　　　　　　m

建筑物和管线名称		最小垂直净距	
		燃气管道下	燃气管道上
铁路轨顶		6.00	—
城市道路路面		5.50	—
厂区道路路面		5.00	—
人行道路路面		2.2	—
架空电力线 （电压U）	U≤3kV	—	1.50
	3kV<U≤10kV	—	3.00
	35kV<U≤66kV	—	4.00
其他管道	DN≤300	同管道直径，但不小于0.10	同管道直径，但不小于0.10
	DN>300	0.3	0.3

注　1. 厂区内部的燃气管道，在保证安全的情况下，管底至道路路面的垂直净距可取4.5m；管底至铁路轨顶的垂直净距可取5.5m。在车辆和人行道以外的地区，可在从地面到管底高度不小于0.35m的低支柱上敷设燃气管道。
　　2. 电气机车铁路除外。
　　3. 架空电力线与燃气管道的交叉垂直净距尚应考虑导线的最大垂度。

（4）工业企业内燃气管道沿支柱敷设时，尚应符合GB 6222—2005《工业企业煤气安全规程》的规定。

（5）聚乙烯管道（聚乙烯、钢骨架聚乙烯塑料复合管）不得采用架空的敷设方式。

第二节　室外燃气管道安装

一、燃气用管材及要求

1. 中压和低压燃气管道用管材

中压和低压燃气管道宜采用聚乙烯管、机械接口球墨铸铁管、钢管或钢骨架聚乙烯塑料复合管，并应符合下列要求：

（1）聚乙烯燃气管应符合GB 15558.1—2003《燃气用埋地聚乙烯（PE）管道系统　第1部分：管材》GB 15558.1和GB 15558.2—2005《燃气用埋地聚乙烯（PE）管道系统　第2部分：管件》的规定。

（2）机械接口球墨铸铁管应符合GB/T 13295—2008《水及燃气管道用球墨铸铁管、管件和附件》的规定。

（3）钢管采用焊接钢管、镀锌钢管应符合GB/T 3091—2008《低压流体输送用焊接钢管》的规定；若采用无缝钢管，应符合 GB/T 8163—2008《输送流体用无缝钢管》的规定。

（4）钢骨架聚乙烯塑料复合管应符合 CJ/T 125—2000《燃气用钢骨架聚乙烯塑料复合管》和 CJ/T 126—2000《燃气用钢骨架聚乙烯塑料复合管件》的规定。

2. 次高压、高压燃气管道用管材

（1）次高压燃气管道应采用无缝钢管，管材应符合 GB/T 8163—2008 的规定。地下次高压 B 燃气管道也可采用钢号为 Q235B 的焊接钢管，并应符合 GB/T 3091—2008 的规定。

（2）次高压钢质燃气管壁厚应按式（9-1）计算，最小公称壁厚不应小于表 9-5 的规定。

$$\delta = \frac{PD}{2\sigma_s \varphi F} \tag{9-1}$$

式中　δ——钢管计算壁厚，mm；

　　　P——设计压力，MPa；

　　　D——钢管外径，mm；

　　　σ_s——钢管的最低屈服强度，MPa；

　　　F——强度设计系数，按表 9-6、表 9-7 选取；

　　　φ——焊缝系数，采用无缝钢管时，$\varphi=1.0$。

表 9-5　　　　　　　　　　　钢质燃气管道最小公称壁厚　　　　　　　　　　　mm

公称直径	DN100~DN150	DN200~DN300	DN350~DN450	DN500~DN550	DN600~DN700	DN750~DN900	DN950~DN1000	DN1050
公称壁厚	4.0	4.8	5.2	6.4	7.1	7.9	8.7	9.5

表 9-6　　　　　　　　　　　城镇燃气管道的强度设计系数

地区等级	一	二	三	四
强度设计系数 F	0.72	0.60	0.40	0.30

表 9-7　　　　穿越铁路、公路和人员聚集场所的管道以及门站、储配站、
调压站内管道强度设计系数

管道及管段	地区等级			
	一	二	三	四
有套管穿越Ⅲ、Ⅳ级公路的管道	0.72	0.6		
无套管穿越Ⅲ、Ⅳ级公路的管道	0.6	0.5		
有套管穿越Ⅰ、Ⅱ级公路、高速公路、铁路的管道	0.6	0.6	0.4	0.3
门站、储备站、调压站内管道及其上、下游各 200m 管道，截断阀室管道及其上、下游50m 管道（其距离从站和阀室边界线起算）	0.5	0.5		
人员聚集场所的管道	0.4	0.4		

（3）高压燃气应采用无缝钢管和管件。管材和管件应符合下列规定：

1）燃气管道所用钢管、管道附件材料的选择，应根据管道的使用条件（设计压力、温度、介质特性、使用地区等）、材料性能、经济条件等因素，经过比较、平衡等综合确定。

2）燃气管道选用的钢管，应符合 GB/T 9711—2011《石油天然气工业管线输送系统用

钢管》的规定，或符合不低于上述标准相应技术要求的其他钢管标准。二级和四级地区高压燃气管道所用钢管不应低于 L245 级。

3）燃气管道所采用的钢管和管道附件应根据选用的材料、管径、壁厚、介质特性、使用温度及施工环境温度等因素，对材料提出冲击试验和（或）落锤撕裂试验要求。

4）当管道附件与管道采用焊接连接时，两者材质应相同或相近。

5）管道附件中所用的锻件，应符合 NB/T 47008～NB/T 47010—2010《承压设备用碳素钢和合金钢锻件》的有关规定。

6）管道附件不得采用螺旋焊缝钢管制作，严禁采用铸铁制件。

7）燃气管道强度设计应根据管段所处地区等级和运行条件，按可能同时出现的永久荷载和可变荷载的组合进行设计。当管道位于地震设防烈度Ⅶ度及Ⅶ度以上地区时，应考虑管道所承受的地震荷载。

8）高压燃气管道的计算壁厚应按式（9-1）计算，计算所得到的厚度应按钢管标准规格选取钢管的公称壁厚。钢管的最小公称壁厚不应小于表 9-5 的规定。

二、地下燃气管道安装

1. 土方施工

（1）土方施工应满足的规定。

1）土方施工前，建设单位应组织有关单位向施工单位进行现场交桩。临时水准点、管道轴线控制桩、高程桩，应经过复核后方可使用，并应定期校核。

2）施工单位应会同有关单位，核对管道及相关地下管道以及构筑物的资料，必要时局部开挖核实。

3）施工前，建设单位应对施工区域内已有地上、地下障碍物与有关单位协商处理完毕。

4）在施工中，燃气管道穿越其他市政设施时，应对市政设施采取保护措施，必要时应征得产权单位的同意。

5）在地下水位较高的地区或雨期施工时，应采取降低水位或排水措施，及时清除沟内积水。

（2）施工现场安全防护。

1）在沿车行道、人行道施工时，应在管沟沿线设置安全护栏，并应设置醒目的警示标识。在施工路段沿线，应设置夜间警示灯。

2）在繁华路段和城市主要道路施工时，宜采用封闭式施工方式。

3）在交通不可中断的道路上施工，应有保证车辆、行人安全通行的措施，并应设有负责安全的人员。

（3）沟槽开挖。

1）混凝土路面和沥青路面的开挖应使用切割机切割。

2）管道沟槽应按设计规定的平面位置和标高开挖。当采用人工开挖且无地下水时，槽底宜预留 0.05～0.10m；当采用机械开挖或有地下水时，槽底预留值不应小于 0.15m；管道安装前应人工清底至设计标高。

3）管沟沟底宽度和工作坑尺寸，应根据现场实际情况和管道敷设方法确定，也可按下列要求确定。

①单管沟底组装。单根燃气管在沟底组装，沟底宽度按表 9-8 确定。

表 9 - 8　　　　　　　　　　　　**沟 底 宽 度**

管道公称直径	DN50～DN80	DN100～DN200	DN250～DN350	DN400～DN450	DN500～DN600	DN700～DN800	DN900～DN1000	DN1100～DN1200	DN1300～DN1400
沟底宽度（m）	0.6	0.7	0.8	1.0	1.3	1.6	1.8	2.0	2.2

②单管沟边组装和双管同沟敷设可按式（9-2）计算，即

$$a = D_1 + D_2 + s + c \qquad (9 - 2)$$

式中　a——沟槽底宽度，m；

　　　D_1——第一条管道外径，m；

　　　D_2——第二条管道外径，m；

　　　s——两条管道之间的设计净距，m；

　　　c——工作宽度，在沟底组装时，$c=0.6$m，在沟边组装时，$c=0.3$m。

4）管沟为梯形槽的尺寸确定。梯形槽管沟如图9-5所示，管沟上口宽度可按式（9-3）计算，即

$$b = a + 2nh \qquad (9 - 3)$$

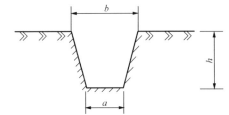

式中　b——沟槽上口宽度，m；

　　　a——沟槽底宽度，m；

　　　n——沟槽边坡率；

　　　h——沟槽深度，m。

5）在无地下水的土壤中开挖沟槽时，如沟槽深度不超过表9-9的规定，则沟壁可不设边坡。

图9-5　梯形槽管沟

表 9 - 9　　　　　　　　　　**不设边坡的沟槽深度**

土壤名称	填实的砂土或砾石土	亚砂土或亚黏土	黏土	坚土
沟槽深度（m）	≤1.00	≤1.25	≤1.50	≤2.00

6）当土壤具有天然湿度、构造均匀、无地下水、水文地质条件良好，且挖深小于5m，不加支撑时，沟槽的最大边坡可按表9-10确定。

表 9 - 10　　　**深度在5m以内的沟槽最大边坡坡度（边坡的垂直投影与水平投影的比值 $i=1/n$）**

土壤名称	沟槽最大边坡坡度		
	人工开挖并将土抛于沟边上	机械开挖	
		在沟底挖土	在沟边上挖土
砂土	1：1.00	1：0.75	1：1.00
亚砂土	1：0.67	1：0.50	1：0.75
亚黏土	1：0.50	1：0.33	1：0.75
黏土	1：0.33	1：0.25	1：0.67
含砾土卵石土	1：0.67	1：0.50	1：0.75
泥炭岩垩土	1：0.33	1：0.25	1：0.67
干黄土	1：0.25	1：0.10	1：0.33

注　1. 如人工挖土抛于沟槽上即时运走，则可采用机械在沟底挖土的坡度值。

　　　2. 临时堆土高度不宜超过1.5m，靠墙堆土时，其高度不得超过墙高的1/3。

7) 沟槽挖土无法满足要求时，应采用支撑加固沟壁，对不坚实的土壤应及时连续支撑，支撑物应有足够的强度。

8) 沟槽一侧或两侧临时堆土位置和高度不得影响边坡的稳定性和管道安装。堆土前应对消火栓、雨水口等设施进行保护。

9) 局部超挖部分应回填压实。当沟底无地下水时，超挖在 0.15m 以内，可采用原土回填；超挖在 0.15m 以上，可采用石灰土处理。当沟底有地下水或含水量较大时，应采用级配砂石或天然砂回填至设计标高。超挖部分回填后应压实，其密实度应接近原地级天然土的密实度。

10) 在湿陷性黄土地区，不宜在雨期施工，或在施工时及时排出沟内积水，开挖时应在槽底预留 0.03～0.06m 厚的土层进行压实处理。

11) 沟底遇有废弃构筑物、硬石、木头、垃圾等杂物时必须清除，并应铺一层厚度不小于 0.15m 的砂土或素土，整平压实至设计标高。

12) 对软土基及特殊性腐蚀土壤，应按设计要求处理。

13) 当开挖难度较大时，应编制安全施工的技术措施，并向现场施工人员进行安全技术交底。

2. 埋地燃气钢管施工

地下次高压和高压燃气管道应采用钢管。为了防止钢管被腐蚀，常用环氧煤沥青防腐绝缘层、煤焦油磁漆外覆盖层与石油沥青防腐绝缘层防腐。防腐绝缘层一般是集中预制，检验合格后，再运至施工现场进行安装。在管道运输、堆放、安装、回填土过程中，必须妥善保护防腐绝缘层，以延长管道的使用寿命和确保管道的安全运行。

(1) 管道运输、存放。在预制厂运输管道前，应检查防腐绝缘层的质量证明书以及外观质量，必要时，可进行厚度、粘结力与绝缘性检查，合格后方可运输。

1) 煤焦油磁漆外覆盖层防腐的钢管运输。煤焦油磁漆低温时易脆裂，根据煤焦油的不同型号，规定了不同的可搬运最低环境温度（见表 9-11），当环境温度小于或等于可搬运最低环境温度时，不能进行搬运装卸。由于煤焦油磁漆覆盖层较厚易碰伤，因此应使用较宽的尼龙带吊具。卡车运输时，管子放在支承表面为弧形的木支架上，紧固管子的钢丝绳等应衬垫好；运输过程中，管子不能互相碰撞。采用铁路运输时，所有管子应小心地装在垫好的管托或垫木上，所有的承载表面及装运栏栅应垫好，管节间要隔开，使它们不得相互碰撞。当管子沿管沟旁堆放时，应当支承起来，离开地面，以防止覆盖层损伤。当沟底为岩石时，会损伤覆盖层，应在沟底垫一层过筛的砂子。

表 9-11　　　　　　　　　　　煤焦油磁漆的使用温度　　　　　　　　　　　　　℃

型号	A	B	C
可搬运最低环境温度	−13	−8	−3
输送介质最高温度	35	60	80

2) 用环氧煤沥青、石油沥青与聚乙烯胶黏带防腐的钢管运输。吊具应使用较宽的尼龙带，不得使用钢丝绳或铁链。移动钢管用的撬棍，应套上橡胶管。卡车运输时，钢管间应垫草袋，避免碰撞。当沿沟边布管时，应将管子垫起，以防损伤防腐层。

3) 管材、设备搬运、装卸时，严禁抛摔、拖拽和剧烈撞击。

4）管材、设备运输、存放时的堆放高度、环境条件（湿度、温度、光照等）必须符合产品的要求，应避免暴晒和雨淋。

5）管道运输时应逐层堆放，捆扎、固定牢靠，避免相互碰撞。

6）运输、堆放处不应有可能损伤材料、设备的尖凸物，并应避免接触可能损伤管道、设备的油、酸、碱、盐等类物质。

（2）埋地钢管施工的一般规定。

1）管道应在沟底标高和管基质量检查合格后，方可安装。

2）设计文件要求进行低温冲击韧性试验的材料，供货方应提供低温冲击韧性试验结果的文件，否则应按 GB/T 229—2007《金属材料夏比摆锤冲击试验法》的要求进行试验，其指标不得低于规定值的下限。

3）燃气钢管的弯头、三通、异径接头，宜采用机制管件，其质量应符合 GB/T 12459—2005《钢制对焊无缝管件》的规定。

4）穿越铁路、公路、河流及城市道路时，应减少管道环向焊缝的数量。

（3）钢管敷设。

1）管道下沟前必须对防腐层进行 100％的外观检查，回填前应进行 100％的电火花检漏，回填后必须对防腐层完整性进行全线检查，不合格者必须返工处理直至合格。

2）管道敷设在保证与设计坡度一致且能满足设计安全距离和埋深要求的前提下，管线高程和中心线允许偏差应控制在当地规划部门允许的范围内。

3）管道在套管内敷设时，套管内的燃气管道不宜有环向焊缝。

4）管道下沟前，应清除沟内所有杂物，管沟内积水应抽干净。

5）管道下沟宜使用吊装机具，严禁采用抛、滚、撬等破坏防腐层的做法。吊装时应保护管口不受损伤。

6）管道吊装时，吊装点间距不应大于 8m，吊装管道的最大长度不宜大于 36m。

7）管道在敷设时应在自由状态下对口、连接、安装，严禁生拉硬拽强力对口。

8）管道环向焊缝间距不应小于管道的公称直径，且不得小于 150mm。

9）管道对口前应将管子、管件内部清理干净，不得存有杂物，每次收工时，敞口管端应临时封堵。

10）当管道的纵断、水平位置折角大于 22.5°时，必须采用弯头连接。

（4）钢管焊接连接。焊接是钢质燃气管道最主要的连接方式，焊接连接具有速度快、强度高、密封性能好等优点。燃气管道的焊接应符合下列规定：

1）管子的切割及坡口宜采用机械方法进行，当采用气割等热加工的方法时，必须除去坡口表面的氧化皮，并进行打磨。

2）氩弧焊时，焊口组对间隙宜为 2～4mm。其他坡口尺寸应符合 GB 50236—2011《现场设备、工业管道焊接工程施工规范》的规定。

3）不应在管道焊缝上开孔。管道开孔边缘与管道焊缝的间距不应小于 100mm。当无法避开时，应对以开孔中心为圆心、1.5 倍开孔直径为半径的圆中所包容的全部焊缝进行 100％射线照相检测。

4）管道焊接完成后，在进行强度试验及严密性试验之前，必须对所有焊缝进行外观检查和焊缝内部质量检验，外观检查应在内部质量检验前进行。

5）设计文件规定焊缝系数为 1 的焊缝或设计要求进行 100％内部质量检验的焊缝，其外观质量不得低于 GB 50236—2011 的质量要求；对内部质量进行抽检的焊缝，其外观质量不得低于 GB 50236—2011 要求的Ⅲ级质量要求。

6）焊缝内部质量应符合下列要求：

①设计文件规定焊缝系数为 1 的焊缝或设计要求进行 100％内部质量检验的焊缝，焊缝内部质量射线照相检验不得低于 GB/T 12605—2008《无损检测金属管道熔化焊环向对接接头射线照相检测方法》中的Ⅱ级质量要求；超声波检验不得低于 GB/T 11345—1989《钢焊缝手工超声波探伤方法和探伤结果分级》中的Ⅰ级质量要求。当采用 100％射线照相或超声波检测方法时，还应按设计要求进行超声波或射线照相复查。

②对内部质量进行抽检的焊缝，焊缝内部质量射线照相检验不得低于 GB/T 12605—2008 中的Ⅱ级质量要求；超声波检验不得低于 GB/T 11345—1989 中的Ⅱ级质量要求。

7）焊缝内部质量的抽样检验应符合下列要求：

①管道内部质量的无损探伤数量应按设计规定执行。当设计无规定时，抽检数量不应少于焊缝总数的 15％，且每个焊工不应少于 1 个焊缝。抽查时，应侧重抽查固定焊口。

②对穿越或跨越铁路、公路、河流、桥梁、有轨电车及敷设在套管内的管道环向焊缝，必须进行 100％的射线照相检验。

③当抽样检验的焊缝全部合格时，则此次抽样所代表的该批焊缝应为全部合格；当抽样检验出现不合格的焊缝时，应进行返修，返修后按下列规定扩大检验：

a. 每出现一道不合格焊缝，应再抽检两道该焊工所焊的同一批焊缝，按原探伤方法进行检验。

b. 如第二次抽检仍出现不合格焊缝时，则应对该焊工所焊全部同批的焊缝按原探伤方法进行检验。对出现不合格的焊缝必须进行返修，并应对返修的焊缝按原探伤方法进行检验。

c. 同一焊缝的返修次数不应超过两次。

（5）钢管法兰连接。钢质燃气管道凡与法兰阀门、设备、装置、容器以及需采用法兰方能连接、拆卸、检修维护的场所，应采用法兰连接。法兰连接应满足以下要求。

1）法兰在安装前应进行外观检查，并符合下列要求：

①法兰的公称压力应符合设计要求。

②法兰密封面应平整、光洁，不得有毛刺及径向沟槽。法兰螺纹部分应完整，无损伤；凹凸面法兰应能自然嵌合，凸面的高度不得低于凹槽的深度。

③螺栓及螺母的螺纹应完整，不得有伤痕、毛刺等缺陷；螺栓与螺母配合良好，不得有松动和卡涩现象。

2）设计压力大于或等于 1.6MPa 的管道应使用高强度的螺栓、螺母，高强度螺栓、螺母应按以下要求进行检查：

①螺栓、螺母应每批各取 2 个进行硬度检查，若有不合格，需加倍检查，如仍有不合格则应逐个检查，不合格者不得使用。

②硬度不合格的螺栓应取该批中硬度最高、最低的螺栓各 1 只，校验其机械性能，若不合格，再取其硬度接近的螺栓加倍校验，如仍不合格，则该批螺栓不得使用。

3）法兰垫片应符合以下要求：

①石棉橡胶垫、橡胶垫及软塑料等非金属垫片应质地柔软，不得有老化变质或分层现

象，表面不应有折损、皱纹等缺陷。

②金属垫片的加工尺寸、精度、光洁程度及硬度应符合要求，表面不得有裂纹、毛刺、凹槽、径向划痕及锈斑等缺陷。

③包金属及缠绕式垫片不应有径向划痕、松散、翘曲等缺陷。

4）法兰与管道组对应符合下列要求：

①法兰端面应与管道中心线垂直，其偏差可用角尺和钢尺检查，当管道公称直径≤DN300时，允许偏差为1mm，当管道公称直径＞DN300时，允许偏差为2mm。

②法兰应在自由状态下组对，不得生拉硬拽、不得强力组对，不得依靠把紧螺栓的方式来消除组对偏差。

③两法兰端面应保持平行，偏差不得大于法兰外径的1.5‰，且不得大于2mm。

④管子与法兰端面垂直，法兰连接的管子应保持同一轴线，其螺栓孔中心偏差不宜超过孔径的5％，并应保证螺栓自由穿入。

⑤法兰垫片不得凸入法兰孔内，不得使用斜垫片，不得加设双层垫片。采用软垫片时，周边应整齐，垫片尺寸应与法兰密封面相符。

⑥螺栓与螺栓孔的直径应配套，并使用同一规格的螺栓，安装方向一致，紧固螺栓应对称，用力应均匀、适度，紧固后螺栓外露长度宜与螺母平齐，但不得低于螺母。

⑦法兰与支架的净距不宜小于200mm。

⑧法兰不宜直接埋在地下，如需要直埋，必须对法兰和紧固件按管道相同的防腐等级进行防腐。

3. 燃气球墨铸铁管施工

（1）燃气球墨铸铁管施工应满足的规定。

1）球墨铸铁管的安装应配备合适的工具、器械和设备。

2）应使用起重机或其他合适的工具和设备将管道放入沟渠中，不得损坏管材和保护性涂层。当起吊或放下管道时，应使用钢丝绳或尼龙吊具。当使用钢丝绳的时候，必须使用衬垫或橡胶垫。

3）球墨铸铁管安装前，应对管材及管件进行检查，并应符合下列要求：

①管材及管件表面不得有裂纹及影响使用的凹凸不平等缺陷。

②使用橡胶密封垫时，其性能必须符合燃气输送介质的使用要求。橡胶圈应光滑、轮廓清晰，不得有影响接口密封性缺陷。

③管材及管件的尺寸公差应符合GB/T 13295—2008的规定。

（2）球墨铸铁管敷设。

1）管道安装就位前，应采用测量工具检查管段的坡度，并应符合设计要求。

2）管道或管件安装就位时，生产厂的标记宜朝上。

3）管道施工中断时，管口应予以封堵。

4）管道敷设时最大允许借转角及距离应符合表9-12的规定。

表9-12　　　　　　管道敷设时最大允许借转角及距离

管道公称直径	DN80～DN100	DN150～DN200	DN250～DN300	DN350～DN600
平面借转角（°）	3	2.5	2	1.5

续表

管道公称直径	DN80～DN100	DN150～DN200	DN250～DN300	DN350～DN600
竖直借转角（°）	1.5	1.25	1	0.75
平面借转距离（mm）	310	260	210	160
竖直借转距离（mm）	150	130	100	80

注 表中数值适用于 6m 长的球墨铸铁管，采用其他规格的球墨铸铁管时，可按产品说明书的要求执行。

5）采用两根相同角度的弯管相接时，借转距离应符合表 9-13 的规定。

表 9-13 弯 管 借 转 距 离

管道公称直径	借转距离（mm）				
	90°	45°	22°30′	11°15′	一根乙字管
DN80	592	405	195	124	200
DN100	592	405	195	124	200
DN150	742	465	226	124	250
DN200	943	524	258	162	250
DN250	995	525	259	162	300
DN300	1297	585	311	162	300
DN400	1400	704	343	202	400
DN500	1604	822	418	242	400
DN600	1855	941	478	242	—
DN700	2057	1060	539	243	—

6）管道敷设时，弯头、三通和固定盲板处均应砌筑永久性支墩。

7）临时盲板应采用足够的支承物支承，除设置端墙外，应采用两倍于盲板承压的千斤顶支承。

（3）球墨铸铁管连接。

1）管材连接前，应将管材中的异物清理干净。

2）应清除管道承口和插口端工作面的污物、铸瘤和多余的涂料，并应修正光滑，擦拭干净。

3）在承口密封面、插口端和密封圈上应涂一层润滑剂（不得涂油类的润滑剂），将压兰套在管道的插口端，使其延长部分唇缘面向插口端方向，然后将密封圈套在管道的插口端，使胶圈的密封面斜面也面向管道的插口方向。

4）将管道的插口端插入到承口内，并紧密、均匀地将密封胶圈按进密封槽内，橡胶圈安装就位后不得扭曲。连接过程中，承插接口环形间隙应均匀，承插接口的环形间隙及其允许偏差应符合表 9-14 的规定。

表 9-14 承插接口环形间隙及其允许偏差

管道公称直径	DN80～DN200	DN250～DN450	DN500～DN900	DN1000～DN1200
环形间隙（mm）	10	11	12	13
允许偏差（mm）	+3 −2	+4 −2	+4 −2	+4 −2

5）将压兰推向承口端，压兰的唇缘应靠在密封胶圈上，然后插入螺栓。

6）使用扭力扳手拧紧螺栓。螺栓拧紧应对称，螺栓的拧紧顺序：底部的螺栓→顶部的螺栓→两边的螺栓→其他对角线的螺栓。螺栓拧紧应重复上述步骤分几次逐渐拧紧至规定的扭矩。

7）螺栓材质宜采用可锻铸铁，当采用钢质螺栓时，必须采用防腐措施。

8）应使用扭力扳手来检查螺栓和螺母的紧固力矩。螺栓和螺母的紧固力矩应符合表9-15的规定。

表 9 - 15 螺栓和螺母的紧固力矩

管道公称直径	DN80	DN100～DN600
螺栓规格	M16	M20
扭矩（kgf·m）	6	10

4. 燃气聚乙烯管和钢骨架聚乙烯塑料复合管的施工

（1）燃气聚乙烯管和钢骨架聚乙烯复合管施工应满足的规定。

1）聚乙烯管道施工前应制定施工方案，确定连接方法、连接条件、焊接设备及工具、操作规范、焊接参数、操作者的技术水平要求和质量控制方法。

2）管道连接前，应对连接设备按说明书进行检查，在使用过程中应定期校核。

3）管道连接前，应核对欲连接管材、管件规格、压力等级，检查管材、管件表面有无机械损伤，要求管材、管件表面应该整洁、光滑，不宜有磕、碰、划伤，伤痕深度不应超过管材壁厚的10%。

4）燃气管道施工宜在环境温度为-5～45℃的范围内进行，当环境温度低于-5℃或在风力大于5级的天气条件下施工时，应采取防风、保温措施，并调整连接工艺。管道连接过程中，应避免强烈阳光直射而影响焊接温度。

5）当管材、管件存放处与施工现场温差较大时，连接前应将管材、管件在施工现场搁置一定时间，使其温度和施工现场温度接近。

6）连接完成后的接头应自然冷却。冷却过程中不得移动接头、拆卸夹紧工具或对接头施加外力。

7）管道连接完成后，应进行序号标记，并做好记录。

8）管道应在沟底标高和管基质量检查合格后，方可下沟。

9）管道安装时，管沟内积水应抽干净，每次收工时，敞口管端应临时封堵。

10）不得使用金属绳索捆绑、吊装管道，管道下沟时应防止划伤、扭曲和强力拉伸。

11）对穿越铁路、公路、河流、城市主要道路的管道，应减少接口，且穿越前应对连接好的管段进行强度试验和严密性试验。

12）管材、管件从生产到使用的存放时间，黄色管道不宜超过1年，黑色管道不宜超过2年。超过上述期限时必须重新抽检，合格后方可使用。

（2）燃气用聚乙烯管材。燃气用埋地聚乙烯（PE）管材是以聚乙烯混配料为主要原料，经挤出成型的，用作燃气输送用管材。在输送人工煤气和液化石油气时，应考虑燃气中存在的其他组分（如芳香烃、冷凝液）在一定浓度下对管材的影响。

燃气用埋地聚乙烯（PE）管材应为黑色或黄色。黑色管上应挤出至少三条黄色条，色条应沿管材圆周方向均匀分布。目测时管材的内外表面应清洁、平滑，不允许有气泡、明显的划伤、凹陷、杂质、颜色不均等缺陷，管材两端应切割平整，并与管材轴线垂直。

管材的平均外径 d_{em}、不圆度及其公差应符合表 9-16 的规定。对于标准管材采用等级 A，精公差采用等级 B。采用等级 A 或等级 B 由供需双方商定。无明确要求时，应视为采用等级 A。这些公差等级应符合 ISO 11922-1：1997。

燃气用埋地聚乙烯（PE）管材长度一般为 6、9、12m，也可由供需双方商定。

燃气用埋地聚乙烯（PE）管材常用管材系列 SDR17.6 和 SDR11 的最小壁厚应符合表 9-17 的规定。直径<40mm、SDR17.6 和直径<32mm、SDR11 的管材以壁厚表征。直径≥40mm、SDR17.6 和直径≥32mm、SDR11 的管材以 SDR 表征。

燃气用埋地聚乙烯（PE）管材的力学性能应符合表 9-18 的要求。

表 9-16　　　　　　　　　管材的平均外径、不圆度及其公差　　　　　　　　　mm

公称外径 d_n	最小平均外径 $d_{em,min}$	最大平均外径 $d_{em,max}$		最大不圆度[1]		公称外径 d_n	最小平均外径 $d_{em,min}$	最大平均外径 $d_{em,max}$		最大不圆度[1]	
		等级 A	等级 B	等级 K[2]	等级 N			等级 A	等级 B	等级 K[2]	等级 N
16	16.0	—	16.3	1.2	1.2	180	180.0	—	181.1	—	3.6
20	20.0	—	20.3	1.2	1.2	200	200.0	—	201.2	—	4.0
25	25.0	—	25.3	1.5	1.2	225	225.0	—	226.4	—	4.5
32	32.0	—	32.3	2.0	1.3	250	250.0	—	251.5	—	5.0
40	40.0	—	40.4	2.4	1.4	280	280.0	282.6	281.7	—	9.8
50	50.0	—	50.4	3.0	1.4	315	315.0	317.9	316.9	—	11.1
63	63.0	—	63.4	3.8	1.5	355	355.0	358.2	357.2	—	12.5
75	75.0	—	75.5	—	1.6	400	400.0	403.6	402.4	—	14.0
90	90.0	—	90.6	—	1.8	450	450.0	454.1	452.7	—	15.6
110	110.0	—	110.7	—	2.2	500	500.0	504.5	503.0	—	17.5
125	125.0	—	125.8	—	2.5	560	560.0	565.0	563.4	—	19.6
140	140.0	—	140.9	—	2.8	630	630.0	635.7	633.8	—	22.1
160	160.0	—	161.0	—	3.2						

① 应按 GB/T 8806—2008《塑料管道系统　塑料部件尺寸的测定》在生产地点测量不圆度。

② 对于盘卷管，d_n≤63 时，适用等级 K，d_n≥75 时，最大不圆度应由供需双方确定。

表 9-17　　　　　　　　常用管材系列 SDR17.6 和 SDR11 的最小壁厚

公称外径 d_n	最小壁厚 $e_{y,min}$（mm）		公称外径 d_n	最小壁厚 $e_{y,min}$（mm）	
	SDR17.6	SDR11		SDR17.6	SDR11
16	2.3	3.0	63	3.6	5.8
20	2.3	3.0	75	4.3	6.8
25	2.3	3.0	90	5.2	8.2
32	2.3	3.0	110	6.3	10.0
40	2.3	3.7	125	7.1	11.4
50	2.9	4.6	140	8.0	12.7

续表

公称外径	最小壁厚 $e_{y,min}$（mm）		公称外径	最小壁厚 $e_{y,min}$（mm）	
d_n	SDR17.6	SDR11	d_n	SDR17.6	SDR11
160	9.1	14.6	355	20.2	32.3
180	10.3	16.4	400	22.8	36.4
200	11.4	18.2	450	25.6	40.9
225	12.8	20.5	500	28.4	45.5
250	14.2	22.7	560	31.9	50.9
280	15.9	25.4	630	35.8	57.3
315	17.9	28.6			

表 9 - 18　　　　　　　　　　　　管 材 的 力 学 性 能

序号	性能	单位	要求	试验参数		试验方法
1	静液压强度（HS）	h	破坏时间≥100	20℃（环应力）		GB/T 6111—2003
				PE80	PE100	
				9.0MPa	12.4MPa	
			破坏时间≥165	80℃（环应力）		
				PE80	PE100	
				4.5MPa[①]	5.4MPa[①]	
			破坏时间≥1000	80℃（环应力）		
				PE80	PE100	
				4.0MPa	5.0MPa	
2	断裂伸长率	%	≥350			GB/T 8804.3—2003
3	耐候性（仅适用于非黑色管材）		气候老化后，以下性能应满足要求：热稳定性[②] HS（165h/80℃）断裂伸长率	$E≥3.5GJ/m^2$		GB 15558.1—2003 附录E GB/T 17391—1998 GB/T 6111—2003 GB/T 8804.3—2003
4	全尺寸（FS）试验 $d_n≥250$mm 或 S4 试验：适用于所有直径	MPa MPa	耐快速裂纹扩展（RCP）[③]			
			全尺寸试验的临界压力 $P_{C,FS}≥1.5×MOP$	0℃		ISO 13478：1997
			S4试验的临界压力 $P_{C,S4}≥$ $MOP/2.4～0.072$[④]	0℃		GB/T 19280—2003

序号	性能	单位	要求	试验参数	试验方法
5	耐慢速裂纹增长 $e_n>5mm$	h	165	80℃，0.8MPa（试验压力）[5] 80℃，0.92MPa（试验压力）[6]	GB/T 18476—2001

① 仅考虑脆性破坏。如果在 165h 前发生韧性破坏，则应按 GB/T 15558.1—2003 选择较低的应力和相应的最小破坏时重新试验。

② 热稳定性试验，试验前应除去表面 0.2mm 厚的材料。

③ RCP 试验适合于在以下条件下使用的 PE 管材：

——最大工作压力 MOP>0.01MPa，$d_n \geqslant 250mm$ 的输配系统；

——最大工作压力 MOP>0.4MPa，$d_n \geqslant 90mm$ 的输配系统。

对于恶劣的工作条件（如温度在 0℃ 以下）也建议做 RCP 试验。

④ 如果 S4 试验结果不符合要求，可以按照全尺寸试验重新进行测试，以全尺寸试验的结果作为最终依据。

⑤ PE80，SDR11 试验参数。

⑥ PE100，SDR11 试验参数。

（3）燃气聚乙烯管和钢骨架聚乙烯复合管敷设。

1）管道应在沟底标高和管基质量检验合格后，方可敷设。

2）管道下管时，不得采用金属绳索直接捆扎和吊运管道，并应防止管道划伤、扭曲或承受过大的拉伸或弯曲。

3）聚乙烯管道宜蜿蜒状敷设，并可随地形弯曲敷设；钢骨架聚乙烯复合管道宜自然直线敷设，管道弯曲半径应符合表 9-19、表 9-20 的规定，不得使用机械或加热方法弯曲管道。

表 9-19　　　　　　　　　　　　聚乙烯管道允许弯曲半径　　　　　　　　　　　　mm

管道公称外径 d_n	$d_n \leqslant 50$	$50<d_n \leqslant 160$	$160<d_n \leqslant 250$	$250<d_n \leqslant 630$
允许弯曲半径 R	25 d_n	50 d_n	75 d_n	100 d_n

表 9-20　　　　　　　　　　钢骨架聚乙烯复合管道允许弯曲半径　　　　　　　　　　mm

管道公称直径	$50 \leqslant DN \leqslant 150$	$150<DN \leqslant 300$	$300<DN \leqslant 500$
允许弯曲半径 R	80DN	100DN	110DN

4）聚乙烯燃气管道和钢骨架聚乙烯复合管道与热力管道平行敷设时须满足以下要求：

①直埋敷设。应按保证聚乙烯管（钢骨架聚乙烯复合管）表面温度不超过 40℃ 的条件下计算确定。中、低压燃气管道与热力管道的净距不得小于 1.0m，次高压燃气管道与热力管道的净距不得小于 1.5m。

②在管沟内敷设。应按保证聚乙烯管（钢骨架聚乙烯复合管）表面温度不超过 40℃ 的条件下计算确定。低压燃气管道与热力管道的净距不得小于 1.0m，中压燃气管道与热力管道的净距不得小于 1.5m，次高压燃气管道与热力管道的净距不得小于 2.0m。

5）聚乙烯燃气管道和钢骨架聚乙烯塑料复合管道与热力管道垂直敷设时须满足的要求为：聚乙烯管（钢骨架聚乙烯复合管）应加设套管，套管长度为 3 d_n，套管与热力管的净距不得小于 0.5m，并保证聚乙烯管（钢骨架聚乙烯复合管）表面温度不得超过 40℃。

6）聚乙烯管（钢骨架聚乙烯复合管）与其他管道、建筑物、构筑物或相邻管道之间的水平和垂直净距应符合表 9-2、表 9-3 的规定。

7）聚乙烯盘管或因施工条件限制的直管采用拖管法敷设时，沟底不应有管道在拖拉过程中损伤管道的石块和尖凸物，拖拉长度不宜超过300m，允许拖拉力不应大于按式（9-4）计算的值，即

$$F = 15\frac{DN^2}{SDR} \tag{9-4}$$

式中　F——最大拖拉力，N；

　　　 SDR——标准尺寸比。

8）聚乙烯盘管采用喂管法埋地敷设时，警示带应随管道同时喂入管沟，管道弯曲半径应符合表9-19、表9-20的规定。

（4）燃气聚乙烯管道和钢骨架聚乙烯复合管道的连接。聚乙烯燃气管道的连接方式有热熔连接、电熔连接和法兰连接。钢骨架聚乙烯复合管道连接方式为电熔承插连接或法兰连接。

1）热熔连接。热熔连接按连接方式的不同可分为热熔对接、热熔承插连接和热熔鞍形连接。

①热熔对接。热熔对接如图9-6所示，适用于公称外径 $d_n > 63mm$ 的管道连接。

②热熔承插连接。热熔承插连接如图9-7所示，适用于公称外径 $d_n \leqslant 63mm$ 的管子与管件的连接，承插热熔连接的管件是由与管材材质相同的 PE 注塑成型。

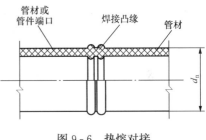

图9-6　热熔对接

③热熔鞍形连接。热熔鞍形连接如图9-8所示，适用于管子分支、分流等处。

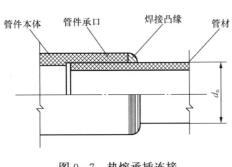

图9-7　热熔承插连接

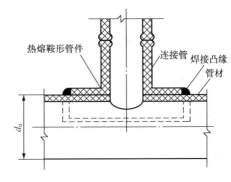

图9-8　热熔鞍形连接

2）电熔连接。电熔连接按连接方式的不同可分为电熔承插连接和电熔鞍形连接。电熔承插连接如图9-9所示，电熔鞍形连接如图9-10所示。

3）法兰连接。法兰连接如图9-11所示。聚乙烯管与金属管或与金属附件连接时，应采用法兰连接，并应设置检查井。

活套 PE 法兰是连接聚乙烯（PE）管一端的法兰组件，如图9-12所示的 A 端，由活套金属法兰盘和 PE 法兰组成；另一端即 B 端系金属法兰盘，它与金属管连接。活套法兰盘应符合 GB/T 9119—2010《板式平焊钢制管法兰》的要求，并需进行防腐处理。密封垫必须采用丁腈橡胶（NBR），因为丁腈橡胶分子中带有极性腈基而具有优越的耐油、耐溶剂性能；也可采用膨体聚四氟乙烯（PTFE）垫。法兰连接的螺栓应采用热镀锌的防腐螺栓，螺

栓应当采用扭力扳手，对称把紧螺栓。螺栓紧固后，螺栓伸出螺母的长度为 1~2 扣丝。

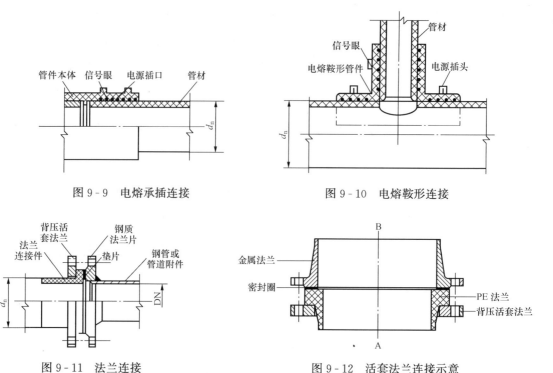

图 9-9　电熔承插连接　　　　　　　　图 9-10　电熔鞍形连接

图 9-11　法兰连接　　　　　　　　图 9-12　活套法兰连接示意

（5）埋地燃气聚乙烯管和钢骨架聚乙烯复合管连接应满足的技术要求。

1）管道连接前应对管材、管件、管道附件及附属设备按设计要求进行核对，并应在施工现场进行外观检查，管材表面伤痕深度不应超过壁厚的 10%。

2）燃气聚乙烯管道连接应满足以下规定：

①聚乙烯管材、管件的连接应采用热熔对接或电熔连接，聚乙烯管道与金属管道或金属管道附件连接，应采用法兰连接或钢塑过渡接头连接。

②聚乙烯管道系统采用热熔对接或电熔连接时，宜采用同种牌号的聚乙烯管材、管件和管道附件。

③不同级别、不同熔体流动速率的聚乙烯原料制造的管材、管件和管道附件，不同标准尺寸比（SDR）的聚乙烯燃气管材连接时，必须采用电熔连接，施工前应进行试验，判定试验连接质量合格后，方可进行电熔连接。

④聚乙烯管材、管件的连接，不得采用螺纹连接和粘接。

⑤不同连接形式应采用对应的专用连接工具，连接时，严禁使用明火加热。

⑥公称外径 $d_n \leqslant 63\text{mm}$ 的聚乙烯管道，宜采用电熔连接。

3）钢骨架聚乙烯复合管道系统的连接应符合下列规定：

①钢骨架聚乙烯复合管材、管件连接，应采用电熔承插连接或法兰连接，钢骨架聚乙烯复合管与金属管道或金属管道附件连接，应采用法兰连接，并应设置检查井。

②钢骨架聚乙烯复合管材、管件、管路附件的连接，不得采用螺纹连接和粘接。

③管道不同的连接形式应采用对应的专用连接工具，连接时，严禁使用明火加热。

4）管道连接宜在环境温度为—5～45℃的范围内进行，在寒冷气候（—5℃以下）和大风（大于5级）环境条件下进行热熔和电熔连接操作时，应采取防风、保温等措施，并调整连接工艺，在炎热夏天进行热熔和电熔连接操作时，应采取遮挡措施，避免强烈阳光直射。

5）管材、管件存放处与施工现场温差较大时，连接前应将管材、管件在施工现场放置一段时间，使其温度接近施工现场温度。

6）管道连接时，聚乙烯管材断料，应采用专用割刀或切割工具，断料后，端面应平整、光滑、无毛刺，管子端面应垂直于管轴线。钢骨架聚乙烯复合管断料，应采用专用切管工具，断料后，端面应平整、垂直于管轴线，并采用聚乙烯材料封焊端面，防止钢骨架外露。

7）管道连接时，每次收工前，管口应临时封堵。

5. 管沟回填

（1）管道主体安装检验合格后，沟槽应及时回填，但须留出未检验的安装接口。回填前，必须将槽底施工遗留的杂物清理干净。

特殊地段，应经监理（建设）单位认可，并采取有效的技术措施，方可在管道焊接、防腐检验合格后全部回填。

（2）不得采用冻土、垃圾、木材及软性物回填。管道两侧及管顶以上0.5m内的回填土，不得含有碎石、砖块等杂物，且不得采用灰土回填。距管顶0.5m以上的回填土中的石块不得超过10%，且石块的直径不得大于100mm。

（3）沟槽的支撑应在管道两侧及管顶0.5m回填完毕并压实后，在保证安全的情况下进行拆除，并应采用细沙填实缝隙。

（4）沟槽回填时，应先填管底局部悬空部位，再回填管道两侧。

（5）回填土应分层夯实，每层虚铺厚度宜为0.2～0.3m，管道两侧及管顶以上0.5m以内的回填土必须用人工压实，管顶0.5m以上的回填土可采用小型机械压实，每层的虚铺厚度宜为0.25～0.4m。

（6）回填土压实后，应分层检查密实度，并做好回填记录。沟槽各部位如图9-13所示，且应符合下列要求：

1）Ⅰ、Ⅱ区部位密实度不应小于90%。

2）Ⅲ区部位密实度应符合相应地面对密实度的要求。

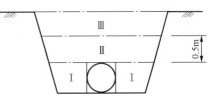

图9-13 管沟回填土断面

6. 警示带敷设和管道路面标志设置

（1）警示带敷设。

1）埋设燃气管道的沿线应连续敷设警示带。警示带敷设前应将敷设面压实，并平整地敷设在管道的正上方，距管顶的距离宜为0.3～0.5m，但不得敷设于路基和路面里。

2）警示带平面布置可按表9-21的规定执行。

表9-21 警示带平面布置

管道公称直径	≤DN400	>DN400
警示带数量（条）	1	2
警示带间距（mm）	—	150

3）警示带宜采用黄色聚乙烯等不易分解的材料，并印有醒目、牢固的警示语，警示语的字体不宜小于 100mm×100mm。

（2）管道路面标志设置

1）当燃气管道设计压力大于或等于 0.8MPa 时，管线宜设置路面标志。对混凝土和沥青路面，宜使用铸铁标志；对人行道和土路，宜使用混凝土方砖标志；对绿化带、荒地和耕地，宜使用钢筋混凝土桩标志。

2）路面标志应设置在燃气管道的正上方，并能正确、明显地指示管道的走向和地下设施。管道路面标志位置应为管道转弯处、三通、四通、管道末端等，直线管段路面标志的设置间隔不宜大于 200m。

3）路面上已有能标明燃气管线位置的阀门井、凝水缸等附件时，可将该附件视为路面标志。

4）路面标志上应标注"燃气"字样，可选择"管道标志"、"三通"及其他说明燃气设施的字样或符号和"不得移动覆盖"等警示语。

5）铸铁标志和混凝土方砖标志的强度和结构应考虑汽车的荷载，使用后不松动或脱落；钢筋混凝土桩标志的强度和结构应满足不被人力折断或拔出。标志上的字体应端正、清晰，并凹进表面。

6）铸铁标志和混凝土方砖埋入后应与路面平齐；钢筋混凝土桩标志埋入的深度，应使回填后不遮挡字体。混凝土方砖标志和钢筋混凝土桩标志埋入后，应采用红漆将字体描红。

三、室外架空燃气管道施工

1. 室外架空燃气管道用管材及连接

（1）低压管道宜采用低压流体输送用镀锌焊接钢管，规格较大时，宜采用螺旋缝焊接钢管；中、高压燃气管道应采用无缝钢管。

（2）室外架空敷设的管道不得采用聚乙烯管道（聚乙烯、钢骨架聚乙烯复合管）。

（3）架空敷设的燃气管道应采用焊接连接，在与法兰阀门、设备、装置等连接时，采用法兰连接。

（4）采用法兰连接时，法兰垫片应符合设计要求，设计未明确规定时，宜采用聚四氟乙烯垫片、丁腈橡胶垫片或耐油石棉橡胶垫片。

2. 室外架空燃气管道安装应满足的要求

（1）燃气管道架空敷设时宜单独设置支架，若与其他管道共架敷设时，应放在输送酸、碱等腐蚀性介质管道的上部，与相邻管道间的水平净距必须满足安装、检修和维护的要求且不得小于 100mm。

（2）燃气管道架空敷设时应妥善解决管道的热伸长及补偿。燃气管道敷设应尽量采用自然补偿，当自然补偿不能满足时，应采用补偿器补偿。燃气管道使用的补偿器有波形补偿器、鼓形补偿器和波纹管补偿器。补偿器安装前，应根据施工现场的实际情况对补偿器进行冷紧（预拉或预压）。

（3）在可能冻结的地方，架空敷设的燃气管道排凝结水管应采取绝热措施。

（4）输送湿燃气的管道应采取排水措施。燃气管道敷设时应有不小于 0.003 的坡度，坡向凝水缸。

（5）架空敷设的燃气管道应有可靠的接地装置。燃气管道每隔 100m 接地一次，车间入口处也要接地，车间内架空敷设的管道每隔 30m 应进行接地处理。接地装置由接地极和引下导线组成，接地极用 DN25 镀锌钢管（或用 50mm×50mm×5mm 的镀锌角钢）制成，打入地下 3.0m，接地极与管道之间用直径为 8mm 的圆钢（或用 25mm×4mm 的镀锌扁钢）连接起来，每个接地极由两根 DN25 镀锌钢管组成，两根钢管间距一般为 3.0m，用 40mm×4mm 的镀锌扁钢连接起来，接地极的电阻不得大于 10Ω。在法兰连接及螺纹连接的两边应用铜板和镀锌扁钢进行跨接，燃气管道的接地装置如图 9-14 所示，法兰跨接如图 9-15 所示。

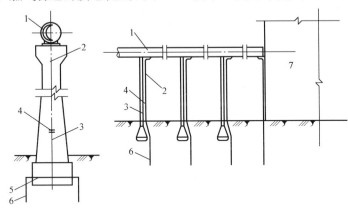

图 9-14　燃气管道的接地装置

1—燃气管；2、3—引下导体；4—连接板；5—接地连接导体；6—接地极；7—用户

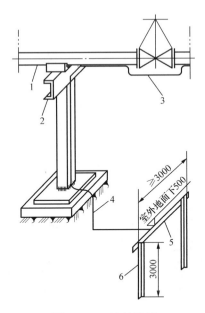

图 9-15　法兰跨接

1—燃气管道；2—支架；3—跨越接线（6mm² 多股铜芯聚氯乙烯绝缘电线）；4—接地导线（30mm×4mm 镀锌扁钢）；

5—30mm×4mm 镀锌扁钢；6—镀锌角钢 L50×50×5

（6）沿屋面或建筑物的外墙明敷设的燃气管道，不得布置在屋面上的檐角、屋檐、屋脊等易受雷击部位。当安装在建筑物的避雷保护范围内时，应每隔 25m 采用直径不小于 8mm 的镀锌圆钢进行连接，焊接部位应采取防腐措施，管道任何部位的接地电阻值不得大于 10Ω。当屋面燃气管道采用法兰连接时，在连接部位的两端应采用截面面积不小于 6mm² 的铜绞线进行跨接。

第三节　燃气管道附属设备安装

为保证燃气管网安全正常运行及检修接管的需求，必须在管道的适当地点设置必要的阀门、补偿器、排水器、放散管、检漏管等，燃气管道上的各类阀门、补偿器、排水器、放散管、检漏管等称为燃气管道的附属设备。

一、阀门的设置及安装

1. 阀门设置

阀门的设置应符合下列要求：

（1）在高压燃气管线上，应按下列要求设置分段阀门：

1）以四级地区为主的燃气干管上管段不应大于 8km。

2）以三级地区为主的燃气干管上管段不应大于 13km。

3）以二级地区为主的燃气干管上管段不应大于 24km。

4）以一级地区为主的燃气干管上管段不应大于 32km。

（2）燃气管网的下列部位应设置阀门：

1）在高压燃气支管的起点处，应设置阀门。

2）在管网连通管处应设置阀门 1 个。

3）穿越河流、铁路、公路的干线的两侧均应设置阀门。

4）工厂厂区燃气管道上通向各车间的支管上均应设置阀门。

2. 阀门安装

阀门安装应符合下列要求：

（1）阀门的位置应选择在交通方便、地形开阔、地势较高、便于检修、维护、安装且不易损坏处。

（2）燃气管道上的切断阀严禁采用铸铁制阀门。

（3）在防火区内关键部位使用的阀门，应具有良好的耐火性能。需要通过清管器或电子检管器的阀门，应采用全通径阀门。

（4）燃气管线上的切断阀安装前必须进行认真的检查、检验，检查、检验合格后，进行压力试验，以检验阀门的机械强度和严密性能。强度试验压力不得小于 20℃时最大允许工作压力的 1.5 倍，试验时间不得少于 5min，阀门无破裂、阀体不变形、阀门不渗不漏，压力不下降，强度试验合格；再以 20℃时最大允许工作压力的 1.1 倍，进行严密性试验，以阀瓣密封面不渗不漏，且压力不下降为合格。

（5）螺纹连接、法兰连接的截止阀、闸板阀、蝶阀等应在关闭的状态下安装；焊接连接的阀门应在开启的状态下安装。任何场所设置的阀门，阀杆不得朝下安装。

（6）截止阀、蝶阀、止回阀等阀门安装时有方向要求，通常阀体上有箭头表示，箭头方向代表介质的流动方向，不得装反。

（7）阀门吊装时，绳索应绑扎在阀体上，不得绑扎在阀杆和手轮上。

（8）地下安装的阀门不得埋地安装，而应设置在阀门井内。在阀门井内安装阀门和补偿器时，阀门与补偿器应预先组装好。燃气单管阀门安装如图 9-16 所示。

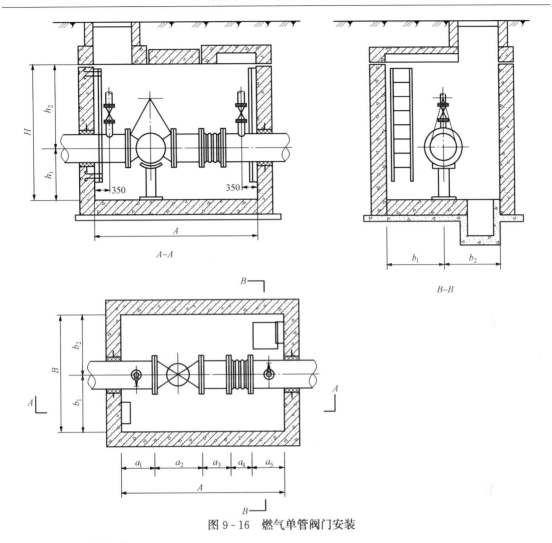

图 9-16 燃气单管阀门安装

二、补偿器安装

补偿器是吸收管道热变形的装置,常用于架空管道和需要进行蒸汽吹扫的管道上。此外,补偿器常安装在阀门的下侧(按气流方向),利用其伸缩性能便于阀门的拆卸和检修。在埋地燃气管道上,多用钢制波形补偿器,如图 9-17 所示;也可采用波纹管伸缩节替代波形补偿器。安装波形补偿器时应注意,补偿器的安装长度,应是螺杆不受力时的补偿器的实际长度,否则不但不能发挥其补偿作用,反而使管道或管件受到不应有的应力。

三、凝水器安装

燃气管道敷设时,在燃气管道的低点应设凝水器,以排除湿燃气管道中的冷凝水和天然气管道中的轻质油。凝水器的间距,视水量和油量多少而定,通常情况下,凝水器的间距为 500m 左右。

钢制凝水缸在安装前,应按设计要求对外表面进行防腐。凝水缸安装完毕后,凝水缸的抽液管应按同管道的防腐等级进行防腐。

凝水缸必须按现场实际情况,安装在所在管段的最低处。

凝水缸盖应安装在凝水缸井的中央位置,出水口阀门的安装位置应合理,并应有足够的操作和检修空间。

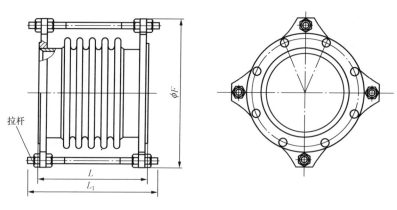

图 9-17　波形补偿器

钢制中压凝水器安装如图 9-18 所示，铸铁中压凝水器安装如图 9-19 所示。

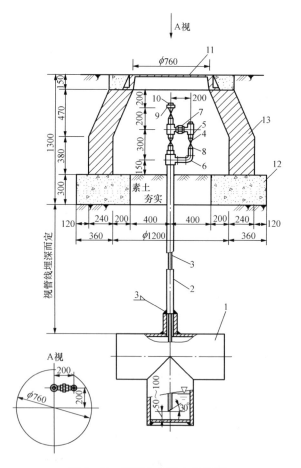

图 9-18　钢制中压凝水器安装

1—钢质中压凝水器；2—套管；3—抽水管；

4—阀门；5—三通；6—弯头；7—活接头；

8—内接头；9—外接头；10—管堵；

11—井盖；12—混凝土；13—砌体

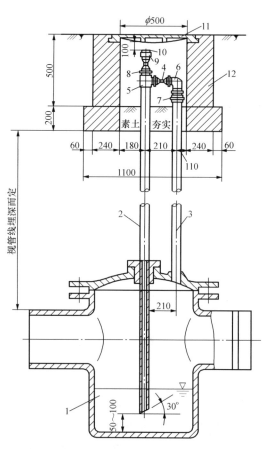

图 9-19　铸铁中压凝水器安装

1—铸铁凝水器；2—抽水管；3—回水管；

4—阀门；5—三通；6—弯头；7—活接头；

8—内接头；9—外接头；10—管堵；

11—井盖；12—砌体

四、检漏管安装

燃气管道在较严峻的地段敷设，如穿越铁路、公路等，为确保安全，需经常检查燃气管道是否漏气，应安装燃气检漏管。

检漏管由管罩、检查管和防护罩组成。管罩可以利用废旧管道，在管罩和燃气管道之间填以碎石或中砂，以便燃气管道泄漏时，燃气容易流出。检漏管要伸入安设在地面的防护罩内，并在管端装有管接头和外方堵头，如图 9 - 20 所示。

在检漏时，打开防护罩，拧开外方堵头，然后把燃气指示计的橡皮管插入检查管内即可，也可采用其他的检漏方法来检漏。

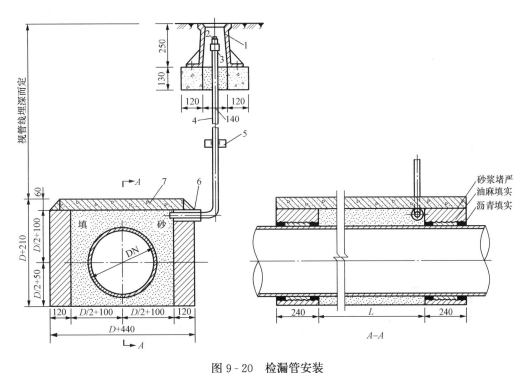

图 9 - 20 检漏管安装

1—φ100 铸铁防护罩；2—管堵；3—外接头；4—无缝钢管；5—钢板；6—套管；7—砌体

五、放散管安装

放散管是一种专门用来排放管道中的空气或燃气的装置。在管道投入运行时利用放散管排空管内的空气，以防止管道内形成爆炸性混合气体，在管道或设备检修时，可利用放散管排空管道内的燃气。放散管一般设在阀门井中，在管网中安装在阀门的前后，在单向供气的管道上则应安装在阀门之前。

第四节 室内燃气管道及设备安装

一、室内燃气管道系统

室内燃气管道系统如图 9 - 21 所示，它由用户引入管、立干管、水平干管、立管、用户支管、燃气表和燃气用具等部分组成。

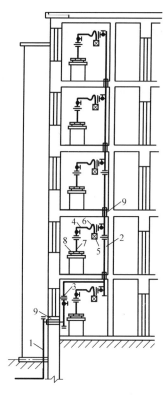

图 9-21 室内燃气管道系统
1—用户引入管；2—立管；3—干管；
4—支管；5—燃气计量表；6—软管；
7—用具连接管；8—燃气用具；9—套管

二、室内燃气管道安装

1. 管材

室内燃气管道使用的管材、管件及管道附件应符合设计文件的要求，设计无要求时，应符合下列规定：

（1）管子的公称尺寸小于或等于 DN50，且管道设计压力为低压时，宜采用镀锌钢管和镀锌管件，也可采用铜管，镀锌钢管应符合 GB/T 3091—2008 的规定。

（2）当管子的公称尺寸大于 DN50 或使用压力超过 10kPa 时，宜采用无缝钢管，也可采用镀锌钢管。无缝钢管应符合 GB/T 8163—2008 的规定。

（3）铜管宜采用牌号为 TP2 的铜管及铜管件，铜管应符合 GB/T 18033—2007《无缝铜水管和铜气管》的规定。

（4）当采用薄壁不锈钢管时其厚度不得小于 0.6mm。

2. 管子切割

镀锌钢管、无缝钢管宜采用钢锯或砂轮切割机切割；不锈钢管应采用车床、专用砂轮机和等离子切割；铜管宜采用管刀切割，也可采用锯割。不管采用何种管材，不论何种切割方式，切口表面应平整，无裂纹、重皮、毛刺、凸凹、缩口、熔渣、氧化物、铁屑等；切口端面的倾斜偏差不应大于管外径的 1%，且不得超过 1mm。

3. 管子连接

镀锌钢管应采用螺纹连接，无缝钢管应采用焊接连接，与法兰阀门、设备连接时应采用法兰连接。不锈钢管采用焊接和氩弧焊接。铜管采用钎焊焊接。

4. 管道的连接要求

（1）螺纹连接的规定。

1）镀锌钢管应采用螺纹连接，采用聚四氟乙烯生料带作填料，也可采用铅油和聚四氟乙烯生料带作密封填料，不得采用铅油、麻丝作填料。螺纹拧紧时不得将密封填料挤入管内。

2）管道与设备、阀门螺纹连接应同心，不得用管接头强力对口。

3）钢管螺纹应端正、光滑，无斜丝、断丝、乱丝，断丝、缺丝长度不得超过螺纹长度的 10%。铜管与球阀、燃气计量表及螺纹附件连接时，应采用承插式螺纹管件连接；弯头、三通可采用承插式铜配件或承插式螺纹连接件。

（2）钢管焊接的规定。

1）管道焊接时，管子、管件应加工坡口，坡口形式和尺寸应符合设计文件的规定，设计无规定时，应符合 GB 50236—2011《现场设备、工业管道焊接工程施工规范》的规定。

2）钢质管道宜采用手工电弧焊或手工钨极氩弧焊焊接，当公称尺寸小于或等于 DN40 时，也可采用氧—乙炔焊接。

3）燃气管道焊接时，严禁使用药皮脱落或不均匀，有气孔、裂纹、生锈或受潮的焊条。

4）燃气管道焊接不得出现熔合性飞溅、未焊透、咬肉、夹渣、结瘤、裂纹等缺陷。

5）在主管上开孔焊接支管时，开孔边缘距管道对接焊缝不应小于 100mm，管道对接焊缝与支吊架边缘之间的距离不得小于 50mm。

（3）管道、设备法兰连接的规定。

1）管道与设备、法兰阀门连接前，应认真检查法兰密封面及密封垫片，不得有影响密封性能的划痕、凹陷、斑点等缺陷。

2）截止阀、蝶阀等阀门应在关闭状态下安装，球阀、旋塞阀应在开启的状态下安装。

3）法兰连接应与管道同心，法兰螺孔应对正，法兰端面应平行，误差不得超过法兰外径的 1.5‰，且不大于 2mm，法兰接头的歪斜不得用强紧螺栓的方法消除。

4）法兰垫片尺寸应与法兰密封面相匹配，垫片必须安装在中心位置，法兰垫片应符合设计文件的规定，设计无要求时，应采用耐油石棉橡胶垫、丁腈橡胶垫片和聚四氟乙烯垫片，若使用耐油石棉橡胶垫片应用机油浸透。

5）连接法兰用的螺栓应使用同一规格，安装方向应一致，螺栓应对称把紧，紧固后的螺栓与螺母平齐，并涂以机油或黄油，以防锈蚀。

（4）铜管钎焊的规定。

1）铜管钎焊应采用硬钎焊，不得采用对接焊和软钎焊。

2）钎焊材料宜选用含磷脱氧元素的铜基无银或低银钎料，铜管之间钎焊时可不添加钎焊剂，但与铜合金管件钎焊时，应添加钎焊剂。

3）钎焊前应用细砂纸除去钎焊处铜管外壁与管件内壁表面的污物及氧化层。

4）焊前应调整铜管插入端与管件承口处的装配间隙，使之尽可能均匀。

5）钎焊时应均匀加热被焊铜管及接头，与黄铜管件焊接时应添加钎焊剂，当达到加热温度时送入钎料，钎料应均匀渗入承插口的间隙内，加热温度宜控制在 645～790℃之间，钎料填满承插口后应停止加热保持静止，然后将钎焊部位清理干净。

6）铜管钎焊后必须进行外观检查，钎缝应饱满并呈圆滑的焊角，钎缝表面应无气孔及铜管件边缘被熔融等缺陷。

5.引入管安装

（1）引入管敷设。

1）用户引入管不得敷设在卧室、卫生间、易燃或易爆品的仓库、有腐蚀性介质的房间、发电间、配电间、变电室、不使用燃气的空调机房、通风机房、计算机房、电缆沟、暖气沟、烟道和风道、垃圾道等地方。

2）住宅燃气引入管应设在厨房、外走廊、与厨房相连的阳台内（寒冷地区输送湿燃气时阳台应封闭）等便于检修的非居住房间。当确有困难，可从楼梯间引入（高层建筑除外），但应采用金属管道且引入管阀门应设在室外。从阳台上引入燃气管道的做法如图 9 - 22 所示。

3）商业和工业企业的燃气引入管宜设在使用燃气的房间或燃气表间。

4）燃气引入管宜沿外墙地面引入。室外明露管段的上端弯曲处应加不小于 DN15 清扫用三通和丝堵，并作防腐处理，如图 9 - 23 所示；寒冷地区输送湿燃气时应保温。

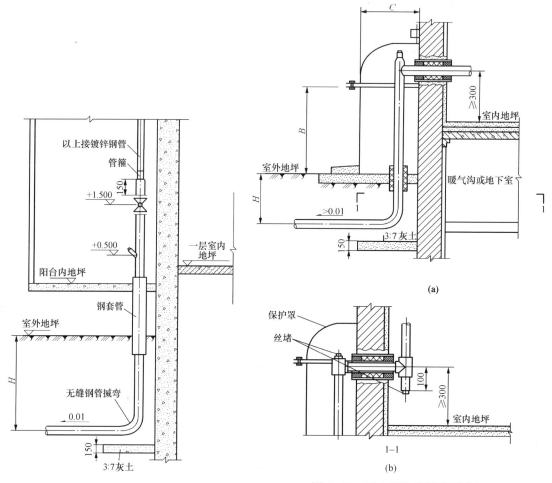

图 9-22　从阳台上引入燃气管道的做法

图 9-23　引入管沿外墙地面引入
(a) 无缝钢管揻弯；(b) 镀锌钢管管件连接

　　引入管可埋地穿过建筑物外墙或基础引入室内，当引入管穿过墙或基础进入建筑物后应在短距离内引出室内地面，不得在室内地面下水平敷设，如图 9-24 所示。

　　(2) 引入管的安装。

　　1) 管材。引入管管材应符合设计文件的规定，当设计无规定时，应采用无缝钢管。在地下室、半地下室、设备层和地上密闭房间以及地下车库安装燃气引入管时，管材应符合设计文件的规定，当设计文件无明确要求时，应符合下列规定：

　　①引入管应使用钢号为 10、20 的无缝钢管或具有同等及同等以上性能的其他金属管材。

　　②管道的敷设位置应置于便于检修，不影响车辆正常通行处。

　　③管道连接必须采用焊接，焊缝外观及质量应符合 GB 50236—2011 的规定，焊缝内部质量检查应按现行国家标准《无损检测金属管道熔化焊环向对接头射线照相检测》GB/T 12605—2008 进行评定，Ⅲ级为合格。

　　2) 输送湿燃气的引入管，埋设深度应在土壤冰冻线以下，并有不小于 0.01 的坡度坡向凝水缸或燃气分配管道。

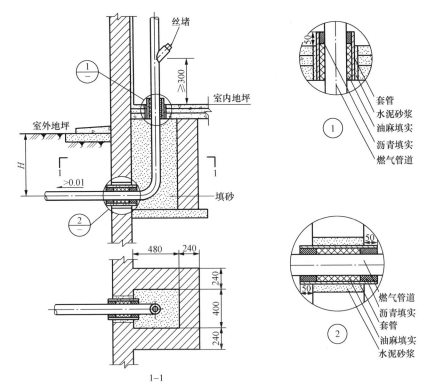

图 9-24 引入管穿过建筑物外墙（基础）引入室内

3）引入管穿越建筑物的基础或管沟时，应加设钢套管，敷设在套管中的燃气管道应与套管同轴，套管和引入管之间应采用密封性能良好的柔性防水、防腐材料填实。套管内的引入管不得有焊口及连接头。燃气引入管穿基础如图 9-25 所示。

4）引入管与建筑物外墙之间的净距宜为 100～150mm。

5）引入管绝热应符合设计规定，绝热层表面应平整，凸凹偏差不宜超过±2mm。

6）引入管室内竖管部分宜靠实体墙固定。

7）燃气引入管穿过建筑物基础、墙或管沟时，均应设置套管，并应考虑沉降的影响，当建筑物设计沉降量大于 50mm 时，可对燃气引入管采取以下补偿措施：

①加大引入管穿墙处的预留孔洞尺寸。

②引入管穿墙前水平或垂直弯曲 2 次以上。

③引入管穿墙前设置金属柔性管或波纹管补偿器。

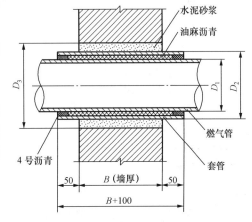

图 9-25 燃气引入管穿基础

套管与基础、墙或管沟之间的间隙应填实，其厚度应为被穿过结构的整个厚度。套管与引入管之间的间隙应采用柔性防腐、防水材料密封。

8）当引入管埋地部分与室外埋地 PE 管相连时，其连接位置距建筑物基础不宜小于

0.5m，且应采用钢塑焊接转换接头。当采用法兰转换接头时，应对法兰及其紧固件的周围死角和空隙部分采用防腐胶泥填充进行过渡。

6. 室内燃气管道敷设

（1）燃气水平干管和立管不得穿过易燃易爆品仓库、配电间、变电室、电缆沟、烟道、风道和电梯井。

（2）燃气水平干管宜明敷设，当建筑设计有特殊美观要求时，可敷设在能安全操作、通风良好和检修方便的吊顶内。当吊顶内设有可能产生明火的电气设备或空调回风管时，燃气干管宜设在与吊顶底平的独立密封∩形的管槽内，管槽宜采用可拆卸式活动百叶。

（3）燃气水平干管不得穿过建筑物的沉降缝、伸缩缝。

（4）燃气立管不得敷设在卧室或卫生间内。立管穿过通风不良的吊顶时应设在套管内。

（5）燃气立管宜明设，当设在便于安装和检修的管道竖井内时，应符合下列要求：

1）燃气立管可与空气、惰性气体、上下水、热力管道等设在一个公用竖井内，但不得与电线、电气设备或氧气管、排烟管、垃圾道等共用一个竖井。

2）竖井内燃气管道的最高压力不得大于 0.2MPa，燃气管道应涂黄色防腐识别漆。

3）竖井应每隔 2～3 层做相当于楼板耐火极限的不燃烧体进行防火分隔，且应设法保证平时竖井内自然通风和火灾时防止产生"烟囱"作用的措施。

4）每隔 4～5 层设一燃气浓度检测报警器，上、下两个报警器的高度差不应大于 20m。

5）管道竖井的墙体应为耐火极限不低于 1.0h 的不燃烧体，井壁上的检查门应采用丙级防火门。

6）敷设在竖井内的燃气管道的连接接头应设置在距该层地面 1.0～1.2m 处。竖井内燃气管道与相邻管道之间的净距应满足安装和检修的需要。

（6）高层建筑的燃气立管应有承受自重和热伸缩推力的固定支架或活动支架。

（7）燃气水平干管和高层建筑内的立管应考虑工作环境温度下的极限变形，尽量采用自然补偿，自然补偿不能满足时，应设置补偿器，补偿器应采用方形补偿器或波纹管补偿器，不得采用填料式补偿器。

（8）燃气支管宜明设。燃气支管不宜穿过起居室（厅）。敷设在起居室（厅）、走道内的燃气管道不宜有接头。

当穿过卫生间、阁楼或壁柜时，燃气管道应设置在钢套管内，且须采用焊接连接。

（9）住宅内暗埋的燃气支管，应符合下列要求：

1）埋设管道的管槽不得伤及建筑物的钢筋，管槽宽度宜为管外径加 40～60mm，管槽深度宜为管外径加 20mm。未经设计单位同意，严禁在承重的墙、柱、梁、板中敷设管道。

2）暗埋管道不得与建筑物中的其他任何结构相接触，当无法避让时，应采取绝缘措施。

3）暗埋部分不宜有接头，且不应有机械接头。暗埋部分宜有涂层或覆塑等防腐措施。

4）暗埋的管道必须在气密性试验合格后覆盖。

5）暗埋管道宜在直埋管道的全长上加设有效地防止外力冲击的金属防护装置，金属防护装置的厚度宜大于 1.2mm。当与其他埋墙设施交叉时，应采取有效的保护措施。

6）在覆盖暗埋管道的砂浆中不应添加快速固化剂，砂浆内应添加带色颜料作永久色标，当设计无规定时，颜色宜为黄色，安装施工后还应将直埋管道位置标注在竣工图纸上，移交建设单位签收。

7）暗埋部位应可拆卸，检修方便，并应通风良好。

（10）民用建筑室内燃气水平干管，不得暗埋在地下土层或地面混凝土层内。

工业和试验室的室内燃气管道可暗埋在混凝土地面中，其燃气管道的引入和引出处应设钢套管。套管应伸出地面 50～100mm。钢套管两端应采用柔性的防水材料密封；管道应有防腐绝缘层。

（11）燃气管道不应敷设在潮湿或有腐蚀性介质的房间内，当确需敷设时，必须采取防腐措施。

（12）输送湿燃气的燃气管道敷设在气温低于 0℃的房间或输送气相液化石油气管道处的环境温度低于其露点温度时，管道应采取绝热措施。

（13）工业企业用气车间、锅炉房及大中型用气设备的燃气管道上应设放散管，放散管管口应高出屋脊（或平屋顶）1m 以上或设置在地面安全处，并应采取防止雨雪进入管道和放散物进入房间的措施。

（14）当建筑物位于防雷区之外时，放散管的引线应接地，接地电阻应小于 10Ω。

（15）室内燃气管道的下列部位应设置阀门：

1）燃气引入管。

2）调压器前和燃气表前。

3）燃气用具前。

4）测压计前。

5）放散管起点。

室内燃气管道应采用球阀。

（16）室内燃气管道和电气设备、相邻管道之间的净距不应小于表 9-22 的规定。

表 9-22　　　　　　室内燃气管道和电气设备、相邻管道之间的净距

管道和设备		与燃气管道的净距（mm）	
		平行敷设	交叉敷设
电气设备	明装的绝缘电线或电缆	250	100（注）
	明装的或放在管子中的绝缘电线	50（从所作的槽或管子的边缘算起）	10
	电源插座、电源开关	150	不允许
	电压小于 1000V 的裸露电线的导电部分	1000	1000
	配电盘或配电箱	300	不允许
相邻管道		应保证燃气管道和相邻管道的安装、安全维护和修理	20
燃具		主立管与燃具水平净距不应小于 300mm。灶前管与燃具水平净距不得小于 200mm，当燃气管道在燃具上方通过时，应位于抽油烟机上方，且与燃具的垂直净距应大于 1000mm	

注　当明装电线与燃气管道交叉净距小于 100mm 时，电线应加绝缘套管。绝缘套管的两端应伸出燃气管道 100mm，套管与燃气管道的交叉净距可降为 10mm。

7. 室内燃气管道安装

（1）套管。燃气管道穿过建筑物的基础、外墙、承重墙、管沟、楼板时，均应加设钢套

管，套管规格不应小于表 9-23 的规定。套管和被套管之间应采用密封性能良好的柔性防水、防腐材料填实、密封。穿墙套管两端应与墙面相平，穿楼板套管下端与楼板底面相平，上部应高出饰面 50mm。穿隔墙套管如图 9-26 所示，穿楼板套管如图 9-27 所示。

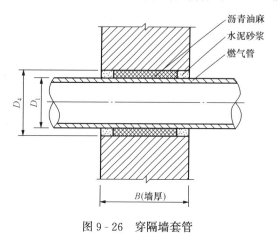

图 9-26   穿隔墙套管

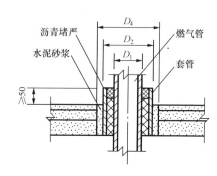

图 9-27   穿楼板套管

表 9-23   燃气管道的套管规格

燃气管	DN10	DN15	DN20	DN25	DN32	DN40	DN50	DN65	DN80	DN100	DN150
套管	DN25	DN 32	DN40	DN 50	DN65	DN65	DN80	DN100	DN125	DN150	DN200

(2) 室内明敷设的燃气管道与墙面的净距。室内明敷设的燃气管道与墙面应有一定的净距，当管径小于 DN25 时，不宜小于 30mm；管径在 DN25～DN40 之间时，不宜小于 50mm；管径等于 DN50 时，不宜小于 70mm；管径大于 DN50 时，不宜小于 90mm。

(3) 管道支架的安装应符合下列要求。

1) 支、吊、托架、管卡选型要合理，位置要正确，安装要牢靠，支架与管道的接触要紧密。

2) 燃气管道的支承不得设在管件、焊口、螺纹连接口处。

3) 立管应采用管卡固定，层高不超过 4m 的房间，每层加设立管卡 1 个，加设高度在 1.5～1.8m 处。

4) 水平管道设有阀门时，应在阀门的来气侧 1m 范围内设置支承，并尽量靠近阀门。

5) 水平管道拐弯、变向处应在以下范围内设置支承：

①钢质管道不应大于 1.0m。

②不锈钢波纹软管、铜管道、薄壁不锈钢管道每侧不应大于 0.5m；铝塑复合管管道不应大于 0.3m。

6) 支承间距。钢管支承的最大间距应符合表 9-24 的规定；铜管支承的最大间距应符合表 9-25 的规定。薄壁不锈钢管支承的最大间距应符合表 9-26 的规定。

表 9-24   燃气钢管支吊架的最大间距   m

公称直径	DN15	DN20	DN25	DN32	DN40	DN50	DN65	DN80	DN100	DN125	DN150	DN200	DN250	DN300
支吊架的最大间距	2.5	3.0	3.5	4.0	4.5	5.0	6.0	6.5	7.0	8.0	10.0	12.0	14.5	16.5

表 9 - 25 铜 管 支 承 最 大 间 距 m

公称外径（mm）	15	18	22	28	35	42	54	67	85	108	133	159	219
立管	1.8	1.8	2.4	2.4	3.0	3.0	3.0	3.5	3.5	3.5	4.0	4.0	4.0
水平管	1.2	1.2	1.8	1.8	2.4	2.4	2.4	3.0	3.0	3.0	3.5	3.5	3.5

表 9 - 26 薄壁不锈钢管支承的最大间距 m

公称外径（mm）	15	20	25	32	40	50	65	80	100
立管	2.0	2.0	2.5	2.5	3.0	3.0	3.0	3.0	3.5
水平管	1.8	2.0	2.5	2.5	3.0	3.0	3.0	3.0	3.5

7）当支架材质与管道材质不同时，在管道与支架之间应采用绝缘性能良好的材料进行隔离，也可采用与管道材质相同的材料进行隔离。隔离不锈钢的管道所使用的非金属材料，其氯离子含量不应大于 25×10^{-6}。

（4）安装完毕的室内燃气管道系统应横平竖直，其允许偏差和检验方法应符合表 9 - 27 的规定。

表 9 - 27 室内燃气管道安装的允许偏差和检验方法

序号	项　目			允许偏差	检验方法
1	标高			±10	用水准仪和直尺尺量检查
2	水平管道纵横方向弯曲	钢管	管径小于或等于 DN100	2mm/m 且≤13mm	用水平尺、直尺拉线和尺量检查
			管径大于 DN100	3mm/m 且≤25mm	
		铝塑复合管		2mm/m 且≤25mm	
3	立管垂直度	钢管		3mm/m 且≤8mm	用吊线和尺量检查
		铝塑复合管		2mm/m 且≤8mm	
4	进户管阀门	阀门中心距地面		±15mm	尺量检查
5	阀门	阀门中心距地面		±15	
6	管道保温	厚度（δ）		$+0.1\delta$	用钢针刺入保温层检查
				-0.05δ	
		表面不平整度	卷材或板材	±2mm	用 1m 靠尺、楔形塞尺和现场观察检查
			涂抹或其他	±2mm	

三、燃气计量表安装

1. 燃气计量表安装的基本要求

（1）燃气计量表必须是国家规定实行生产许可证的厂家生产的产品，施工单位必须在安装使用前查验相关的文件，不符合要求的产品不得安装使用。

（2）燃气计量表安装前应具备的条件：

1）燃气计量表应有法定计量检定机构出具的检定合格证书。

2）燃气计量表应有出厂合格证、质量保证书，标牌上应有 CMC 标志、出厂日期和表编号。

3）超过有效期的燃气计量表应全部进行复检，合格后方可安装。

4）燃气计量表的性能、规格、适用压力应符合设计文件的要求。

（3）燃气计量表宜安装在非燃结构的室内通风良好处；严禁安装在卧室、浴室、危险品和易燃物品堆放处以及与上述情况类似的地方。燃气计量表的安装位置应满足抄表、检修和安全使用的要求。

（4）公共建筑和工业企业生产用的计量装置，宜设置在单独的房间内；用户室外安装的燃气计量表应安装在防护箱内。

（5）安装隔膜表的工作环境温度，当使用人工煤气和天然气时，应高于 0℃；当使用液化石油气时，应高于露点。

（6）当输送燃气过程中可能产生尘粒时，宜在计量装置前设置过滤器；当使用加氧的富氧燃烧器或使用鼓风机向燃烧器供给空气时，在计量装置后应设置止回阀或泄压装置。

2. 家用燃气计量表安装

（1）燃气计量表的安装位置应符合设计文件的要求。

（2）燃气计量表前的过滤器应按产品说明书或设计文件的要求进行安装。

（3）燃气计量表与燃具、电气设施的最小水平净距应符合表 9-28 的要求。

表 9-28   燃气计量表与燃具、电气设施之间的最小水平净距

名　　称	与燃气计量表的最小水平净距（mm）
相邻管道、燃气管道	便于安装、检查及维修
家用燃气灶具	300（表高位安装时）
热水器	300
电压小于 1000V 的裸露电线	1000
配电盘、配电箱或电表	500
电源插座、电源开关	200
燃气计量表	便于安装、检查及维修

（4）家用燃气计量表的安装应符合下列规定：

1）高位表安装时，表底距地面不宜小于 1.4m。

2）低位表安装时，表底距地面不宜小于 0.1m。

3）高位表安装时，燃气计量表与燃气灶的水平净距不得小于 300mm，表后与墙面净距不得小于 10mm。

4）多块高位表安装在同一墙面上时，表与表之间的净距不宜小于 150mm。

5）燃气计量表应使用专用的表连接件安装。

6）与燃气计量表相连的水平敷设的支管应有不小于 0.003 的坡度，分别坡向立管和燃气具。有水平支管的燃气计量表安装如图 9-28 所示。

3. 商业及工业企业燃气计量表安装

（1）最大流量小于 65m³/h 的膜式燃气计量表，采用高位安装时，表底距室内地面不宜小于 1.4m，表后距墙不宜小于 30mm，并应加表托固定；采用低位安装时，应平整地安装在高度不小于 200mm 的砖砌支墩或钢支架上，表后与墙净距不小于 30mm。

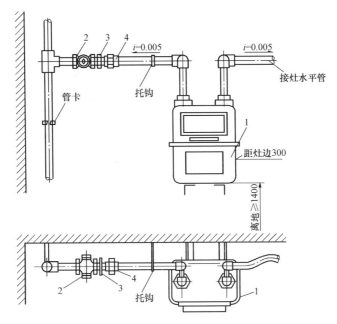

图 9-28　有水平支管的燃气计量表安装

1—燃气计量表；2—旋塞；3—对丝；4—活接头

（2）最大流量大于或等于 65m³/h 的膜式燃气计量表，应平整地安装在高度不小 200mm 的砖砌支墩或钢支架上，表后与墙的净距不应小于 150mm。叶轮式燃气计量表、涡轮式燃气计量表等其安装场所、位置及标高应符合设计文件的规定，并应按产品标识的指向安装。

（3）燃气计量表与各种灶具和设备的水平净距应符合下列规定：

1）与金属烟囱水平净距不应小于 0.8m，与砖砌烟囱水平净距不应小于 0.6m。

2）与炒菜灶、大锅灶、蒸箱、烤炉等燃气灶具的灶边水平净距不应小于 0.8m。

3）与沸水器及热水锅炉的水平净距不应小于 1.5m。

4）当燃气计量表与各种灶具和设备的水平净距无法满足上述要求时，应加隔热板。

四、燃气设备安装

1. 燃气设备安装基本要求

燃气设备安装前应检查用气设备的产品合格证、产品安装使用说明书和质量保证书；产品外观应有产品标牌，并有出厂日期；应核对性能、规格、型号、数量是否符合设计文件的要求。不具备以上检查条件的产品不得安装。

2. 家用燃具安装

（1）家用燃具。家用燃具应采用低压燃气设备，严禁安装在卧室内。居民住宅厨房内宜设排气扇和可燃气体报警器；装有直接排气式热水器时应设排气扇。

（2）燃气灶的设置应符合下列要求：

1）燃气灶应安装在通风良好的厨房内，利用卧室的套间或用户单独使用的走廊作厨房时，应设门并与卧室隔开。

2）安装燃气灶的房间净高不得低于 2.2m。

3）燃气灶与可燃或易燃烧的墙壁之间应采取有效的防火隔热措施。

4）燃气灶的灶面边缘和烤箱的侧壁距木质家具的净距不应小于 200mm，燃气灶与对面墙之间应有不小于 1m 的通道。

5）燃气灶具的灶台高度不宜大于 800mm；燃气灶具与墙的净距不得小于 100mm，与侧面墙的净距不得小于 150mm；与木质门、窗及木质家具的净距不得小于 200mm。

6）嵌入式燃气灶具与灶台连接处应做好防水密封，灶台下面的橱柜应根据气源性质在适当位置开总面积不小于 80cm² 的与大气相通的通气孔。

7）燃具与可燃的墙壁、地板和家具之间应设耐火隔热层，隔热层与可燃的墙壁、地板和家具之间的间距不宜大于 10mm。

3. 燃气热水器和采暖炉的安装应符合下列要求

（1）应按照产品说明书的要求进行安装，并应符合设计文件的要求。

（2）热水器和采暖炉应安装牢稳，无倾斜。

（3）支架的接触应均匀平稳，并便于操作。

（4）与室内燃气管道和冷热水管道连接必须正确，并应连接牢固、不易脱落；燃气管道的阀门、冷热水管道的阀门应便于操作和检修。

（5）排烟装置应与室外相通，烟道应有 0.01 的坡度坡向灶具，并应有防倒风装置。

4. 商业用气设备安装

（1）商业用气设备安装在地下室、半地下室或地上密闭房间内时，应严格按设计文件要求施工。

（2）商业用气设备的安装应符合下列规定：

1）用气设备之间的净距应满足操作和检修的要求，燃具灶台之间的净距不宜小于 0.5m，大锅灶之间净距不宜小于 0.8m，烤炉与其他燃具、灶台之间的净距不宜小于 1.0m。

2）用气设备前宜有宽度不小于 1.5m 的通道。

3）用气设备与可燃的墙壁、地板和家具之间应按设计文件要求做耐火隔热层，其厚度不宜小于 1.50mm。

（3）商业用大锅灶、中餐炒菜灶的烟道和爆破门应按设计文件的要求安装。

（4）砖砌燃气灶的燃烧器应水平地安装在炉膛中央，其中心应对准锅中心；当使用平底锅时，应保证外焰中部接触锅底；当使用圆底锅时，应保证外焰接触锅底有效面积的 3/4；燃烧器支架环孔周围应保持足够的空间。

（5）砖砌燃气灶的高度不宜大于 0.8m，封闭的炉膛与烟道应安装爆破门，爆破门的加工应符合设计文件的要求。

（6）用气设备的烟道断面尺寸应按设计文件的要求施工。民用燃具的水平烟道不宜超过 5m，商业用气设备的水平烟道不宜超过 6m，并应有 1% 的坡度坡向燃气具。

（7）商业用沸水器的安装应符合下列规定：

1）安装沸水器的房间应通风良好。

2）沸水器应安装单独的烟道，并应安装防止倒风的装置。

3）沸水器前宜有不小于 1.5m 的通道，沸水器与墙净距不宜小于 0.5m。

4）楼层的沸水器共用同一总烟囱时，应设防止串烟装置，烟囱应高出屋顶 1m 以上。

第五节　燃气管道试验及验收

燃气管道安装完毕后，应依次进行管道吹扫、强度性试验和严密性试验。强度性试验检验系统的机械强度，严密性试验检验系统的密封性能。

一、城镇燃气输配管道的试验

1. 城镇燃气输配管道试验应满足的规定

（1）管道安装完毕后，应依次进行管道吹扫、强度性试验和严密性试验。

（2）燃气管道穿（跨）越大中型河流、铁路、二级以上公路、高速公路时，应单独进行试压。

（3）管道吹扫、强度试验及中高压管道严密性试验前应编制施工方案，制定安全措施，确保施工人员及附近民众与设施的安全。

（4）试验时应设巡视人员，无关人员不得进入。在试验的连续升压过程中和强度试验的稳压结束前，所有人员不得靠近试验区。人员离试验管道的安全距离符合表 9 - 29 的规定。

表 9 - 29　　　　　　　　人员离试验管道的安全距离

管道设计压力 P_D（MPa）	$P_D \leqslant 0.4$	$0.4 < P_D \leqslant 1.6$	$1.6 < P_D \leqslant 4.0$
安全距离（m）	6	10	20

（5）管道上的所有堵头必须加固牢靠，试验时堵头端严禁人员靠近。

（6）吹扫和待试验管道应与无关系统采取隔离措施，与已运行的燃气系统之间必须加装盲板且有明显标志。

（7）试验前应按设计图检查管道的所有阀门，试验段阀门必须全部开启。

（8）在对聚乙烯管道或钢骨架聚乙烯复合管道吹扫及试验时，进气口应采取油水分离及冷却等措施，确保管道进气口气体干燥，且温度不得高于 40℃。

（9）试验时所发现的缺陷，必须待试验压力降至大气压力后进行处理，处理合格后应重新试验。

2. 管道吹扫

（1）管道吹扫气体和清管球的选择。

1）球墨铸铁管道、聚乙烯管道、钢骨架聚乙烯复合管道和公称直径＜DN100 或长度小于 100m 的钢质管道，可采用压缩空气吹扫。

2）公称直径≥DN100 的钢质管道，宜采用清管球进行吹扫。

（2）管道的吹扫要求。

1）吹扫范围内的管道安装工程除补口、涂漆外，已按设计图纸全部完成。

2）管道安装检验合格后，应由施工单位负责组织吹扫工作，并应在吹扫前编制吹扫方案。

3）应按主管、支管、庭院管的顺序进行吹扫，吹扫出的脏物不得进入已合格的管道。

4）吹扫管段内的调压器、阀门、孔板、过滤器、燃气表等设备不应参与吹扫，吹扫合格后再安装复位。

5）吹扫口应设在开阔地段并加固，吹扫时应设安全区域，吹扫出口前严禁站人。

6) 吹扫气体压力不得大于管道的设计压力，且不应大于 0.3MPa。

7) 吹扫介质宜采用压缩空气，严禁采用氧气和可燃气体。

8) 吹扫合格设备复位后，不得再进行影响管内清洁的其他作业。

9) 气体吹扫应符合下列要求：

①吹扫气体流速不宜小于 20m/s。

②吹扫口与地面的夹角应在 30°～45°之间，吹扫口管段与被吹扫管段必须采取平缓过渡对焊，吹扫口直径应符合表 9-30 的规定。

表 9-30　　　　　　　　　　　　　吹　扫　口　直　径

末端管道公称直径 DN	DN<150	150≤DN≤300	DN≥350
吹扫口公称直径	与管道同径	150	250

③每次吹扫管道的长度不宜超过 500m；当管道长度超过 500m 时，宜分段吹扫。

④当管道长度在 200m 以上，且无其他管段或储气容器可利用时，应在适当部位安装吹扫阀，采取分段储气，轮换吹扫；当管道长度不足 200m 时，可采用管道自身储气放散的方式吹扫，打压点与放散点应分别设在管道的两端。

⑤当目测排气无烟尘时，应在排气口设置白布或涂白漆木靶板检验，5min 内靶上无铁锈、尘土等杂物为合格。

10) 清管球清扫应符合下列要求：

①管道直径必须是同一规格，不同直径的管道应断开分别进行清扫。

②对影响清管球通过的管件、设施，在清扫前应采取必要的措施。

③清管球清扫完成后，应在排气口设置白布或涂白漆木靶板检验，5min 内靶上无铁锈、尘土等杂物为合格。如不合格，可采用气体再清扫，直至合格。

3. 强度试验

(1) 强度试验应具备的条件。

1) 试验用的压力表及温度记录仪应在校验有效期内。

2) 试验方案已获批准，有可靠的通信系统和安全保障措施，且已进行了技术交底。

3) 管道焊接检验、清扫合格。

4) 埋地管道回填土已回填至管顶 0.5m 以上，并留出了焊接接口。

(2) 管道试验分段。管道应分段进行压力试验，试验管段的最大长度见表 9-31。

表 9-31　　　　　　　　　　　　管道试验分段最大长度

管道设计压力 P_D（MPa）	$P_D≤0.4$	$0.4<P_D≤1.6$	$1.6<P_D≤4.0$
试验管段最大长度（m）	1000	5000	10000

(3) 管道试验用仪表。

1) 管道试验用压力表及温度记录仪均不应少于两块，并应分别安装在试验管道的两端。

2) 试验用压力表的量程应为试验压力的 1.5～2 倍，其精度等级不得低于 1.5 级。

(4) 压力试验。

1) 试验压力和试验介质。强度试验的试验压力和试验介质应符合表 9-32 的规定。

表 9 - 32　　　　　　　　　　　　　　强度试验压力和介质

管道类型	设计压力 P_D（MPa）	试验介质	试验压力 P_s（MPa）
钢管	$P_D>0.8$	压缩空气	$1.5P_D$
	$P_D \leqslant 0.8$		$1.5P_D$，且 $\geqslant 0.4$
球墨铸铁管	P_D		$1.5P_D$，且 $\geqslant 0.4$
钢骨架聚乙烯复合管	P_D		$1.5P_D$，且 $\geqslant 0.4$
聚乙烯管	P_D（SDR11）		$1.5P_D$，且 $\geqslant 0.4$
	P_D（SDR17.6）		$1.5P_D$，且 $\geqslant 0.2$

　　2）水压试验时，试验管段任何位置的管道环向应力不得大于管材标准屈服强度的90％。架空管道采用水压试验时，应核算管道及其支承结构强度，必要时应临时加固。试压宜在环境温度 5℃ 以上进行。

　　3）进行强度试验时，升压应缓慢，先升至试验压力的 50％，进行初检，如无泄漏，试验管段无异常，继续升压至试验压力，稳压 1h 后，观察压力表读数，观察时间不少于30min，无压力降，试验管段无泄漏、无异常，则试压合格。

　　4）水压试验合格后，应及时将管道中的水放（抽）净，并按吹扫的要求进行吹扫。

　　5）经分段试压合格的管段相互连接的焊缝，经射线照相检验合格后，可不再进行强度试验。

　　4. 严密性试验

　　严密性试验应在强度试验合格、管线全线回填后进行。

　　严密性试验用的压力表应在校验有效期内，量程应为试验压力的 1.5～2 倍，精度等级、最小分格值及表盘直径应符合表 9 - 33 的要求。

表 9 - 33　　　　　　　　　　　　　　试验用压力表的选择要求

量程（MPa）	精度等级	最小表盘直径（mm）	最小分格值（MPa）
0～0.1	0.4	150	0.0005
0～1.0	0.4	150	0.005
0～1.6	0.4	150	0.01
0～2.5	0.25	200	0.01
0～4.0	0.25	200	0.01
0～6.0	0.16	250	0.01
0～10	0.16	250	0.02

　　严密性试验应满足以下要求：

　　1）试验介质。严密性试验介质宜采用压缩空气。

　　2）试验压力。试验压力应满足下列要求：

　　①设计压力小于 5kPa 时，试验压力应为 20kPa。

　　②设计压力大于或等于 5kPa 时，试验压力应为设计压力的 1.15 倍，且不得小于 0.1MPa。

　　3）升压过程。升压时速度要缓慢，对于设计压力大于 0.8MPa 的燃气管道，压力升至试验压力的 30％时，应停止升压，检查试验管段有无泄漏，有无异常，稳压时间不得小于 30min。经检查无异常后，再继续升压，升至试验压力的 60％，再进行一次全面的稳压检查，稳压时间不得少于 30min。如无异常，继续升压至试验压力，待压力、温度稳定后，开始记录。

4）试验时间及合格标准。严密性试验稳压的持续时间为 24h，每小时记录不应少于 1 次，当修正压力降小于 133Pa 时为合格。修正压力降应按式（9‐5）确定

$$\Delta P' = (H_1 + B_1) - (H_2 + B_2)\frac{273 + t_1}{273 + t_2} \qquad (9‐5)$$

式中 $\Delta P'$——实际压力降，Pa；

　　H_1、H_2——试验开始和结束时压力计的读数，Pa；

　　B_1、B_2——试验开始和结束时气压计的读数，Pa；

　　t_1、t_2——试验开始和结束时管内介质温度，℃。

5）所有未参加严密性试验的设备、仪表、管件，应在严密性试验合格后进行复位，然后按设计压力对系统升压，并采用发泡剂检查设备、仪表、管件及其与管道的连接处，不漏为合格。

二、室内燃气管道试验

室内燃气管道安装完毕后必须进行强度试验和严密性试验。试验介质宜采用空气，也可采用氮气等惰性气体，严禁采用水作试压介质。

1. 一般规定

室内燃气管道的试验应符合下列要求：

（1）自引入管阀门起至燃具之间的管道试验属于室内燃气管道试验的范畴；自引入管阀门起至配气支管之间的管线是室外燃气管线，其试验应符合 CJJ 33—2005《城镇燃气输配工程施工及验收规范》的有关规定。

（2）试验用介质应采用空气或氮气。

（3）严禁用可燃气体和氧气进行试验。

（4）室内燃气管道试验应具备下列条件：

1）已编制完整的试验方案和安全措施。

2）试验范围内的管道安装工程除涂漆、隔热层外，均已按设计图纸全部完成，安装质量符合 CJJ 94—2009《城镇燃气室内工程施工及验收规范》的规定。

（5）已按试验要求对管道进行加固。

（6）待试验的燃气管道已与不参与试验的系统、设备、仪表等做了隔断，泄爆装置、阻火器、过滤器等已拆下或进行了隔断，设备盲板部位及放空管已做了醒目标记并做了记录。

（7）试验用的压力表应备好、备齐，压力表应在检验的有效期内，其量程为被测最大压力的 1.5～2 倍。弹簧压力表的精度等级不应低于 0.4 级。

（8）试验应由施工单位负责实施，并已通知燃气供应单位和建设单位，要求建设单位组织相关部门、燃气供应单位及相关部门参加并进行联合验收。

（9）试验时若发现有缺陷，应把压力降至大气压力后再行修复，严禁带压维修。

（10）暗埋敷设的燃气管道系统的强度试验和严密性试验，应在隐蔽前进行。

（11）试压管线若为不锈钢材质，强度试验和严密性试验所用的发泡剂中氯离子含量不

得大于 25×10^{-6}。

2. 强度试验

（1）试验范围。

1）明敷设时，居民用户应为引入管阀门至燃气计量装置前阀门之间的管道系统；暗埋或暗封敷设时，居民用户应为引入管阀门至燃具接入管阀门（含阀门）之间的管道。

2）商业用户及工业企业用户应为引入管阀门至燃具接入管阀门（含阀门）之间的管道（含暗埋或暗封的燃气管道）。

（2）进行强度试验前，试验的管道系统已吹扫干净，吹扫用介质应采用压缩空气或氮气，不得使用可燃气体。

（3）强度试验压力应为设计压力的 1.5 倍，且不得小于 0.1MPa。

（4）强度试验。强度试验应符合以下规定：

1）低压管道系统，在压力达到试验压力时，稳压时间不少于 0.5h，稳压期间用发泡剂检查所有接头，以不渗不漏，压力表无压力降为合格。

2）中压管道系统，在压力达到试验压力时，稳压时间不少于 0.5h，稳压期间用发泡剂检查所有接头，以不渗不漏，压力表无压力降为合格；或稳压 1h，压力表无压力降为合格。

3）当中压以上燃气管道系统进行强度试验时，在压力达到试验压力的 50%，应停止打压，稳压 15min 以上，用发泡剂检查所有接头，若有渗漏，应卸压至大气压力再行修复，严禁带压作业。若无渗漏，方可继续升压至试验压力，稳压不少于 1h，压力表无压力降为合格。

3. 严密性试验

严密性试验应在强度试验合格之后进行。严密性试验范围为引入管阀门至燃具前阀门之间的管道。

（1）低压管道系统。试验压力应为设计压力且不低于 5kPa，在试验压力下，居民用户稳压不少于 15min；商业用户及工业企业用户稳压不少于 30min，并用发泡剂检查全部连接点，以不渗不漏且压力表无压力降为合格。

当试验系统中有不锈钢波纹管、覆塑铜管、铝塑复合管、耐油胶管时，在试验压力下的稳压时间不少于 1h，除对各密封点检查外，还应对外包覆层端面是否有渗漏进行检查。

（2）中压及以上压力管道系统。试验压力应为设计压力，但不得小于 0.1MPa，在试验压力下，稳压不少于 2h，并用发泡剂检查全部连接点，以不渗不漏且压力表无压力降为合格。

第十章　管道防腐与绝热

第一节　管　道　防　腐

一、管道的腐蚀与防腐

金属与环境间的物理—化学相互作用，其结果使金属的性能发生变化，并可导致金属、环境或由它们作为组成部分的技术体系的功能受到损伤，这种现象是金属腐蚀。金属管道腐蚀是指敷设于大气或土壤中的金属管道受到周围介质的化学作用、电化学作用、生化作用导致金属管道表面发生消损。金属管道的腐蚀可分为化学腐蚀和电化学腐蚀。化学腐蚀是金属在干燥的气体、蒸汽或电解溶液中的腐蚀，是化学反应的结果；电化学腐蚀是由于金属和电解质溶液间的电位差，导致有电子转移的化学反应所造成的腐蚀。

根据管子的材质不同，会产生不同的腐蚀外观，管子整个表面的腐蚀深浅比较一致的，称为均匀腐蚀；管子腐蚀范围比较集中而腐蚀深度又比较深时，称为点腐蚀；管子某些部位的腐蚀称为局部腐蚀；介质对金属材料某一成分首先遭到破坏的腐蚀称为选择性腐蚀；管子沿金属晶粒边界发生的腐蚀称为晶间腐蚀。

腐蚀发生在管道工程中经常而又大量的是碳钢管腐蚀，碳钢管主要是受水和空气的腐蚀。暴露在空气中的碳钢管除受空气中的氧腐蚀外还受到空气中微量的 CO_2、SO_2、H_2S 等气体的腐蚀，由于这些复杂因素的作用，加速了碳钢管的腐蚀速度。

影响腐蚀的因素有材质性能、空气湿度、环境中含有的腐蚀性介质的多少、土壤的腐蚀性和均匀性、杂散电流的强弱。

防腐是保护和延长金属管材使用寿命的重要措施之一。为了防止金属管材的腐蚀，常采取的措施有：合理选用管材；涂覆保护层、衬里、电镀和电化学保护等。

二、管道防腐用涂料

涂料是一种含有成膜物质的材料，它可以借助某种特定的施工方法涂覆在物体表面，经干燥固化后能形成连续性的涂膜，对被涂物体具有装饰、保护或其他功能。

1. 涂料的组成

涂料主要由液体材料、固体材料和辅助材料三部分组成。

（1）液体材料。液体材料有成膜物质、稀释剂。

1）成膜物质。成膜物质也称黏结剂、固着剂或漆料，它是经过加工的油料或树脂在溶剂中的溶液，它能将颜料和填料黏结在一起，形成牢固地附着物体表面的漆膜。漆膜的性质主要取决于成膜物质的性能。所以成膜物质是涂料的基础。常用的成膜物质有天然树脂、酚醛树脂、过氯乙烯树脂、环氧树脂、沥青、干性植物油和动物油等。

2）稀释剂。稀释剂也称为溶剂，它是挥发性液体，能溶解和稀释涂料，在涂料中占一定的比例，当涂料固化成膜后，它全部挥发到大气中去，不留在漆膜内，所以称为挥发分。稀释剂主要用来调节涂料的黏度，便于施工。另外，稀释剂还可增加涂料储存的稳定性。被涂物体表面湿润性，使涂层有较好的附着力，常用的稀释剂有汽油、松节油、甲苯、丙酮、乙醇等。

（2）固体材料。固体材料由颜料和填料组成。

1）颜料。颜料是一种微细粉末状的物质，它不溶于水或油等液体介质，而能均匀的分散在液体介质中，当涂于物体表面时呈现一定的色层。颜料具有一定的遮盖力、着色力，可增强涂料漆膜的强度、耐磨性、耐候性和耐久性能。根据用途的不同，颜料有防止金属生锈的耐腐蚀颜料（如红丹、铁红、钛白、锌黄等）、耐高温颜料（如铝粉、铝酸钙思黄等）、示温颜料（可逆性变色颜料）、发光和荧光颜料等。

2）填料。填料不具备遮盖力和着色力，只增加漆膜的厚度和漆膜的体积，它还能增加漆膜的耐磨性、耐水性、耐热性、耐腐蚀性和耐久性。

（3）辅助材料。涂料中填加辅助材料，目的是提高涂料的性能，满足其在一定条件下的使用。辅助材料有固化剂、增韧剂、催干剂、稳定剂、防潮剂、脱漆剂等。

2. 涂料的分类、命名及选用

（1）涂料分类。涂料可以从不同的角度进行分类，根据我国化工有关部门规定，涂料产品的分类是以主要成膜物质为基础，若成膜物质为混合树脂，则以其在涂膜中起决定作用的那种树脂为基础。我国将涂料按成膜物质分为 18 类，见表 10 - 1。其中辅助材料按用途不同分为 5 类，见表 10 - 2。

表 10 - 1　　　　　　　　涂 料 分 类

序号	代号	发音	名称	序号	代号	发音	名称
1	Y	衣	油脂	10	X	希	乙烯树脂
2	T	特	天然树脂	11	B	玻	丙烯酸树脂
3	F	佛	酚醛树脂	12	Z	资	聚酯树脂
4	L	勒	沥青	13	H	喝	环氧树脂
5	C	雌	醇酸树脂	14	S	思	聚氨基甲酸酯
6	A	阿	氨基树脂	15	W	乌	元素有机聚合物
7	Q	欺	硝基树脂	16	J	基	橡胶
8	M	摸	纤维素及醚类	17	E	鹅	其他
9	G	哥	过氯乙烯树脂				

表 10 - 2　　　　　　　　辅 助 材 料

序号	代号	辅助材料名称	序号	代 号	辅助材料名称
1	X	稀释剂	4	T	脱漆剂
2	F	防潮剂	5	H	固化剂
3	G	催干剂			

（2）涂料的命名和型号。

1）命名原则。涂料的全名为颜料或颜色名称加上成膜物质名称与基本名称，涂料的颜色位于名称的最前面。若颜料对漆膜性能起显著作用，则可用颜料的名称代替颜色的名称，如硼钡酚醛防锈漆。对于某些有专业用途及特性的涂料，必要时在成膜物质后面加以阐明，如红过氯乙烯耐氨漆。

2）涂料型号。涂料型号由三部分组成，第一部分指成膜物质，用汉语拼音表示，见表

10-1；第二部分是基本名称，用阿拉伯数字表示，见表10-3；第三部分是序号，用阿拉伯数字表示。

表 10-3　　　　　　　　　　　　　　**涂料的基本名称代号**

代号	基本名称	代号	基本名称	代号	基本名称
00	清油	32	（绝缘）磁漆	65	卷材涂料
01	清漆	33	（黏合）绝缘漆	66	感光涂料
02	厚漆	34	漆包线漆	67	隔热涂料
03	调和漆	35	硅钢片漆	70	机床漆
04	磁漆	36	电容器漆	71	工程机械用漆
05	粉末涂料	37	电阻漆、电位器漆	72	农机用漆
06	底漆	38	半导体漆	73	发电、输配电设备用漆
07	腻子	39	电缆漆、其他电工漆	77	内墙涂料
09	大漆	40	防污漆、防蛆漆	78	外墙涂料
11	电泳漆	41	水线漆	79	屋面防水涂料
12	乳胶漆	42	甲板漆、甲板防滑漆	80	地板漆
13	水溶（性）漆	43	船壳漆	81	渔网漆
14	透明漆	44	船底漆	82	锅炉漆
15	斑纹漆	45	饮水舱漆	83	烟囱漆
16	锤纹漆	46	油舱漆	84	黑板漆
17	皱纹漆	47	车间（预涂）底漆	85	调色漆
18	裂纹漆	50	耐酸漆	86	标志漆、马路画线漆
19	晶纹漆	51	耐碱漆	87	汽车漆（车身）
20	铅笔漆	52	防腐漆	88	汽车漆（底盘）
22	木器漆	53	防锈漆	89	其他汽车漆
23	罐头漆	54	耐油漆	90	汽车修补漆
24	家电用漆	55	耐水漆	93	集装箱漆
26	自行车漆	60	防火漆	94	铁路车辆用漆
27	玩具漆	61	耐热漆	95	桥梁漆、钢结构漆
28	塑料用漆	62	示温漆	96	航空、航天用漆
30	（浸渍）绝缘漆	63	涂布漆	98	胶液
31	（覆盖）绝缘漆	64	可剥漆	99	其他

涂料的基本名称代号，用00～13代表涂料的基本品种，14～19代表美术漆，20～29代表轻工用漆；30～39代表绝缘漆，40～49代表船舶漆，50～59代表防腐漆，60～79代表特种漆，80～99为备用。

【例 10-1】　G52-1

　　　　　G—成膜物质（过氯乙烯树脂）；

　　　　　52—基本名称（防腐漆）；

　　　　　　　1—序号。

G52-1 的全称为过氯乙烯防腐漆。

【例 10 - 2】 C04-2

　　　　　　　C—成膜物质（醇酸树脂）；

　　　　　　　04—基本名称（磁漆）；

　　　　　　　2—序号。

C04-2 的全称为醇酸磁漆。

型号名称举例见表 10 - 4。

表 10 - 4　　　　　　　　　　　**型 号 名 称 举 例**

型号	名称	型号	名称
Q01-17	硝基清漆	H52-98	铁红环氧酚醛烘干防腐底漆
C04-2	醇酸磁漆	H36-51	绿环氧电容器烘漆
Y53-31	红丹油性防锈漆	G64-1	过氯乙烯可剥漆
A04-81	黑氨基无光烘干磁漆	X-5	丙烯酸漆稀释剂
004-36	白硝基球台磁漆	H-1	环氧漆固化剂

　　（3）涂料的作用。

　　1）防腐保护作用。涂料涂覆在管道上，防止或减缓金属管材的腐蚀，延长管道系统的使用寿命。

　　2）警告及提示作用。由于色彩不同，因此给人产生的视觉也不同，如红色标志用以表示危险或提示请注意这里的装置等。

　　3）区别介质的种类。不同介质涂以不同的颜色，以示区别。

　　4）美观装饰作用。漆膜光亮、鲜明艳丽，可根据需要选择色彩类型，改变环境色调。

　　（4）涂料的选用。涂料品种繁多，其性能特点也各不相同，只有正确地选用涂料品种，才能保证和延长管外防腐涂层的寿命。选择涂料品种时，应全面考虑下列因素：

　　1）考虑被涂物的使用条件与选用的涂料适用范围的一致性。如腐蚀性介质的种类、浓度和温度，使用中是否受摩擦、冲击或振动等。各种涂料都有一定的适用范围，应根据具体使用条件选用适当的品种，如酸性介质可选用酚醛清漆，碱性介质可选用环氧树脂漆。

　　2）考虑被涂物品的材料性质。应根据不同的材料选用不同的涂料品种，有些涂料在某些表面上是不适宜的，如铅表面不适于红丹，而必须采用锌黄防锈漆。如果在钢材等表面涂刷酸性固化剂涂料，则应先涂一层耐酸底漆作隔离层。

　　3）施工条件的可能性。如缺乏高温热处理条件，就不宜采用烘干型涂料（如热固化环氧树脂漆），因为这种涂料若不经高温烘干就不能发挥其防腐蚀特性，此时应采用冷固型的。

　　4）经济效果。在选择涂料品种时，应追求最佳经济效果。计算费用时，应将表面处理和施工费用以及合理的使用年限综合考虑在内。

　　5）涂料品种的正确配套。涂料产品的正确配套可充分发挥某种涂料的优点，做到优势互补。如过氯乙烯对金属表面的附着力较差，则可通过与金属表面附着力好的磷化底漆或铁红醇酸底漆配套使用，就能改善其使用功能，在配套使用时应注意底漆和面漆之间有一定的附着力且无不良作用，如咬起、起泡等现象。在选择涂料品种时，还应熟悉涂料的性能，在大面积施工或采用对其性能不熟悉的涂料品种时，应做小型样板试验，以免使用不当造成损失。

三、地上设备和管道防腐

1. 地上设备和管道防腐涂料

（1）地上设备和管道防腐涂料按表10-5选用。

表 10-5　　　　　　　　　　防腐蚀涂料性能和用途

涂料性能和用途 ＼ 涂料种类		酚醛树脂涂料	沥青涂料	醇酸树脂涂料	过氯乙烯涂料	烯树脂涂料	环氧树脂涂料	聚氨酯涂料	元素有机硅涂料	橡胶涂料	无机富锌涂料
一般防腐		V	V	V	△	△	△	△	△	△	△
耐化工大气		O	V	O	V	V	V	V	O	V	V
耐无机酸	酸性气体	O	O	O	V	V	V	O	O	V	O
	酸雾	×	O	×	V	V	O	O	×	V	O
耐有机酸酸雾及飞沫		×	V	×	V	O	O	O	×	O	O
耐碱		×	O	×	V	V	V	O	V	V	×
耐盐类		V	O	V	V	V	V	V	V	V	V
耐油	汽油、煤油等	V	×	O	V	V	V	V	×	O	V
	机油	V	×	O	V	×	V	V	×	×	V
耐溶剂	烃类溶剂	V	×	O	V	×	V	×	×	×	O
	脂、酮类溶剂	×	×	×	×	×	O	×	×	×	O
	氯化溶剂	×	×	×	×	×	O	×	×	×	×
耐潮湿		V	V	O	V	V	V	V	V	V	V
耐水		V	V	×	V	V	V	V	V	V	V
耐温（℃）	常温	V	V	V	V	V	V	V	△	V	V
	≤100	V	×	V	×	V	V	V	△	×	V
	101～200	×	×	×	×	×	V	V	△	×	V
	201～350	×	×	×	×	×	V	×	V	×	V
	351～500	×	×	×	×	×	×	×	V	×	O
耐候性		O	×	V	V	V	V	×	V	O	V
附着力		V	O	V	×	O	V	V	O	V	V

注　表中"V"表示性能良好，推荐选用；"O"表示性能一般，可选用；"×"表示性能差，不宜选用；"△"表示由于价格、施工等原因，不宜选用。

（2）除下列的情况外，隔热的设备和管道应涂1～2道酚醛或醇酸防锈漆。

1）沿海、湿热地区保温的重要设备和管道，应按使用条件涂耐高温底漆。

2）保冷的设备和管道可选用冷底子油、石油沥青或沥青底漆，且宜涂1～2遍。

（3）地上设备和管道防腐蚀涂层总厚度应符合表10-6的规定。

表 10-6		地上设备和管道防腐蚀涂层干膜总厚度	
腐蚀程度	涂层干膜总厚度（μm）		重要部位或维修困难部位
	室内	室外	
强腐蚀	≥200	≥250	增加涂装道数 1~2 道
中等腐蚀	≥150	≥200	
弱腐蚀	≥100	≥120	

2. 金属材料表面处理

(1) 钢材表面的锈蚀等级分为下列 4 级：

1）A 级。全面覆盖氧化皮而几乎没有铁锈的钢材表面。

2）B 级。已发生锈蚀，且部分氧化皮已经剥落的钢材表面。

3）C 级。氧化皮已因锈蚀而剥落或可以刮除，且有少量点蚀的钢材表面。

4）D 级。氧化皮因锈蚀而全面剥离，且已普遍发生点蚀的钢材表面。

(2) 钢材表面的除锈等级分为下列 4 级：

1）St2。彻底的手工和动力工具除锈。钢材表面无可见的油脂和污垢，且没有附着不牢的氧化皮、铁锈和油漆涂层等附着物。

2）St3。非常彻底的手工和动力工具除锈。钢材表面无可见的油脂和污垢，且没有附着不牢的氧化皮、铁锈和油漆涂层等附着物，除锈应比 St2 更为彻底，底材显露部分的表面应具有金属光泽。

3）Sa2。彻底的喷射或抛射除锈。钢材表面无可见的油脂或污物，且氧化皮、铁锈和油漆等附着物已基本清除，其残留物应是牢固附着的。

4）Sa2.5。非常彻底的喷射或抛射除锈。钢材表面无可见的油脂、污垢、氧化皮、铁锈和油漆涂层等附着物，任何残留的痕迹应仅是点状或条纹状的轻微色斑。

3. 底层涂料对钢材表面除锈等级的要求

底层涂料对钢材表面除锈等级的要求，应符合表 10-7 的规定。

表 10-7				底层涂料对钢材表面除锈等级的要求			
底层涂料种类	除锈等级			底层涂料种类	除锈等级		
	强腐蚀	中等腐蚀	弱腐蚀		强腐蚀	中等腐蚀	弱腐蚀
酚醛树脂底漆	Sa2.5	St3	St3	环氧树脂底漆	Sa2.5	Sa2.5	—
沥青底漆	Sa2 或 St3	St3	St3	聚氨酯防腐底漆	Sa2.5	Sa2.5	—
醇酸树脂底漆	Sa2.5	St3	St3	有机硅耐热底漆	—	Sa2.5	Sa2.5
过氯乙烯底漆	Sa2.5	Sa2.5	—	氯磺化聚乙烯底漆	Sa2.5	Sa2.5	—
乙烯磷化底漆	Sa2.5	Sa2.5	—	氯化橡胶底漆	Sa2.5	Sa2.5	—
环氧沥青底漆	Sa2.5	St3	St3	无机富锌底漆	Sa2.5	Sa2.5	—

四、埋地设备和管道防腐

1. 埋地设备和管道表面处理及防腐等级

(1) 埋地设备和管道表面处理的防锈等级应为 St3 级。

(2) 埋地设备和管道防腐蚀等级，应根据土壤的腐蚀性等级按表 10-8 确定。

表 10 - 8   **土壤腐蚀性等级及防腐蚀等级**

土壤腐蚀性等级	土壤腐蚀性质					防腐蚀等级
	电阻率（Ω·m）	含盐量（质量比）（%）	含水量（质量比）（%）	电流密度（mA/cm³）	pH 值	
强	≤50	>0.75	>12	>0.3	<3.5	特加强级
中	50～100	0.75～0.05	5～12	0.3～0.025	3.5～4.5	加强级
弱	>100	<0.05	<5	<0.025	4.5～5.5	普通级

（3）埋地管道穿越铁路、道路、沟渠，以及改变埋设深度时的弯管处，防腐蚀等级应为特加强级。

2. 防腐蚀涂层

（1）防腐蚀涂层可选用石油沥青或环氧煤沥青防腐漆，防腐蚀涂层结构应符合表 10 - 9 和表 10 - 10 的规定。

表 10 - 9   **石油沥青防腐蚀涂层结构**   mm

防腐蚀等级	防腐蚀涂层结构	每层沥青厚度	涂层总厚度
特加强级	沥青底漆—沥青—玻璃布—沥青—玻璃布—沥青—玻璃布—沥青—玻璃布—沥青—聚氯乙烯工业膜	≈1.5	7.0
加强级	沥青底漆—沥青—玻璃布—沥青—玻璃布—沥青—玻璃布—沥青—聚氯乙烯工业膜	≈1.5	5.5
普通级	沥青底漆—沥青—玻璃布—沥青—玻璃布—沥青—聚氯乙烯工业膜	≈1.5	4.0

表 10 - 10   **环氧煤沥青防腐蚀涂层结构**   mm

防腐蚀等级	防腐蚀涂层结构	涂层总厚度
特加强级	底漆—面漆—玻璃布—面漆—玻璃布—面漆—玻璃布—两层面漆	≥0.8
加强级	底漆—面漆—玻璃布—面漆—玻璃布—两层面漆	≥0.6
普通级	底漆—面漆—玻璃布—两层面漆	≥0.4

（2）石油沥青防腐蚀涂层对沥青性能的要求应符合表 10 - 11 的规定，石油沥青性能应符合表 10 - 12 的规定。

表 10 - 11   **石油沥青防腐蚀涂层对沥青性能的要求**

介质温度（℃）	性能要求			说　明
	软化点（环球法）（℃）	针入度（25℃）（1/10mm）	延度（25℃）（cm）	
常温	≥75	15～30	>2	可用 30 号沥青或 30 号与 10 号沥青调配
25～50	≥95	5～20	>1	可用 10 号沥青或 10 号沥青与 2 号、3 号专用沥青调配

续表

介质温度(℃)	性能要求			说　　明
	软化点（环球法）（℃）	针入度（25℃）(1/10mm)	延度（25℃）(cm)	
51～70	≥120	5～15	>1	可用专用2号或专用3号沥青
71～75	≥115	<25	>2	专用改性沥青

表 10 - 12　　　　　　　　　石 油 沥 青 性 能

牌号	软化点（环球法）（℃）	针入度（25℃）(1/10mm)	延度（25℃）(cm)
专用2号	135±5	17	1.0
专用3号	125～140	7～10	1.0
10号	≥95	10～25	1.5
30号	≥70	25～40	3.0
专用改性	≥115	<25	>2

　　防腐涂层的沥青软化点应比设备或管道内介质的正常操作温度高45℃以上，沥青的针入度宜小于20（1/10mm）。

　　玻璃布宜采用含碱量不大于12%的中碱布，经纬密度为10×10根/cm²，厚度为0.10～0.12mm，无捻、平纹、两边封边、带芯轴的玻璃布卷。玻璃布的宽度与管子规格有关，当公称尺寸≤DN200时，玻璃布宽度为100～250mm，当200＜DN≤500时，玻璃布宽度为400mm，当公称尺寸＞DN500时，玻璃布宽度应大于500mm。

　　聚氯乙烯工业膜应采用防腐蚀专用的聚氯乙烯薄膜，耐热温度为70℃，耐寒温度为−30℃，拉伸强度（纵、横）不小于14.7MPa，断裂伸长率（纵、横）不小于200%，薄膜宽度为400～800mm，厚为（0.2±0.03）mm。

五、管道防腐施工

1. 防腐施工的基本要求

（1）应掌握好涂装现场温湿度等环境因素，在室内涂装的适宜温度为20～25℃，相对湿度以65%以下为宜。在室外施工时应无风沙、雨雪，气温不宜低于5℃，不宜高于40℃，相对湿度不宜大于85%，涂装现场应有防风、防火、防冻、防雨等措施。

（2）对管道要进行严格的表面处理，如清除铁锈、灰尘、油脂、焊渣等表面处理。按照设计要求的除锈等级采取相应的除锈措施。涂装表面的温度至少比露点高3℃，但不应高于50℃。

（3）为了使处理合格的管道表面不再生锈或污染油污等，必须在3h内涂第一层漆。

（4）控制各涂料的涂装间隔时间，掌握涂层之间重涂的适应性。必须达到要求的漆膜厚度，一般以150～200μm为宜。

（5）操作区域应通风良好，必要时可安装排风设备，以防止中毒事故发生。

（6）根据涂料的性能，按安全技术操作规程进行施工，并应定期检查及时维护。

2. 管道的除锈与脱漆

（1）管道的除锈。管道表面除锈是管道防腐施工中极其重要的环节，除锈就是将管道表面的油脂、锈层、尘土等污物除去的措施。除锈质量的好坏，直接影响漆膜的寿命，因此，必须重视。除锈方式有手工除锈、机械除锈、喷砂除锈和化学除锈。

1) 手工除锈。用刮刀、手锤、钢丝刷以及砂布、砂纸等手工工具磨刷管道表面的铁锈、污垢等操作方法为手工除锈。当管道表面的锈层较厚时，可用锤子轻轻敲掉锈层，对于不厚的浮锈可直接用钢丝刷等工具拭掉，直到露出金属的本色，再用棉纱擦拭，管内壁浮锈可用圆钢丝刷来回拖动磨刷，这些方法所需的工具简单，操作方便，尽管劳动强度大、效率低，但仍被广法采用。

2) 机械除锈。机械除锈是利用机械动力的冲击摩擦作用将管道锈蚀除去，是一种较为先进的除锈方法，常用的有风动钢丝刷除锈、电动刷及管子除锈机除锈等。

3) 喷砂除锈。管道工程使用的喷砂除锈常为干式喷砂法。喷砂除锈如图 10 - 1 所示。加压式干法喷砂工艺指标见表 10 - 13。喷砂时金属表面不得受潮，当金属表面温度低于露点 3℃以下时，应停止喷砂作业。喷砂作业用压缩空气的压力不应低于 0.4MPa。

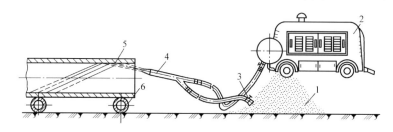

图 10 - 1　喷砂除锈

1—石英砂；2—空气压缩机；3—吸砂头；4—射流喷砂枪；5—钢管；6—垫搁小口径管

表 10 - 13　　　　　　　　　　　　加压式干法喷砂工艺指标

序号	喷砂材料	砂子粒径 （标准筛孔）（mm）	喷嘴入口处 最小空气压 力（MPa）	喷嘴最小 直径（mm）	喷射角 （°）	喷距（mm）
1	石英砂	全部通过 3.2 筛孔，不通过 0.63 筛孔，0.8 筛孔筛余量不小于 40%	0.5	6～8	30～75	80～200
2	硅质河沙或海沙	全部通过 3.2 筛孔，不通过 0.63 筛孔，0.8 筛孔筛余量不小于 40%	0.5	6～8	30～75	80～200
3	金刚砂	全部通过 2.0 筛孔，不通过 0.63 筛孔，0.8 筛孔筛余量不小于 40%	0.35	5	30～75	80～200
4	激冷铁砂、铸钢碎砂	全部通过 1.0 筛孔，0.63 筛孔余量不大于 40%	0.5	5	30～75	80～200
5	钢线粒	全部通过直径 1.0，线粒长度等于直径，其偏差不大于直径的 40%	0.5	5	30～75	80～200
6	铁丸或钢丸	全部通过 1.6 筛孔，不通过 0.63 筛孔，0.8 筛孔筛余量不小于 40%	0.5	5	30～75	80～200

4) 化学除锈。利用酸溶液和铁的氧化物发生化学反应将管子表面锈层溶解、剥离以达到除锈的目的，所以又称酸洗除锈。酸洗的方法较多，常用的有槽式浸泡法和管洗法。管洗

法就是将管内灌入酸洗液，并将管子两端密封，然后转动管子，掌握好酸洗的时间。槽式浸泡法就是将管子放入酸洗槽中浸泡，掌握好浸泡时间，用目测检查，以内外壁呈现出金属光泽为合格。酸洗合格的管子应立即放入氨水或碳酸钠溶液中浸泡（若是采用管洗法，应立即将中和液灌入管内），使管壁内外完全中和，然后，再将管子放入热水槽中冲洗。清洗之后的管子应加以干燥。

进行酸洗的操作人员必须有安全可靠的防护措施。操作人员应戴防护眼镜，戴口罩，穿好工作服，戴好橡皮手套等。旁边还应有清洁的水、药棉、纱布等备用物品。

（2）管道的脱漆。管道表面的漆膜在使用过程中逐渐老化，引起粉化、龟裂、起壳和脱落等现象，使漆膜丧失保护作用，这就需要清除旧漆膜，重新涂漆。清除旧漆膜有前述的手工、机械、喷砂等方法，此外，还有喷灯烧烤除漆和已被广泛采用的有机溶剂脱漆剂清除管道旧漆膜的方法。使用脱漆剂脱漆时，首先将管道表面的尘土和污物去掉，然后将管子放入装有脱漆剂的槽中，浸泡 1~2h 取出，用木、竹刮刀刮除或用长毛刷（或用排笔）蘸上脱漆剂涂刷在管道旧漆膜上，静置 10min，冬季可延长 30min 左右，待漆膜软化溶解后，即可用刮刀轻轻铲除，直至使漆膜全部脱去为止。使用脱漆剂具有脱漆效率高、施工方便、对金属腐蚀性小等优点，但也有易挥发，有一定毒性、污染环境、成本较高等缺点。

3. 防腐涂料的一般施工方法

防腐涂料中常用的施工方法有刷、喷、浸、浇等。施工中一般采用刷和喷两种方法。

涂料使用前，应先搅拌均匀，对于表面已起皮的涂料，应加以过滤，除去小块漆皮，然后根据喷涂方法的需要，选择相应的稀释剂进行稀释至适宜稠度，调成的涂料应及时使用。

（1）手工涂刷。手工涂刷是用刷子将涂料往返地涂刷在管子表面上，这是一种古老而又普遍的施工方法。此法工艺简单，易操作，不受场地、物体形状和尺寸大小的限制，由于刷子具有一定的弹性，对管材的适用能力强，从而提高了涂层防腐效果；缺点是手工劳动生产效率低，施工质量很大程度上取决于施工操作人员的操作技术和工作态度。

手工涂刷的操作程序一般为自上而下，从左至右纵横涂刷，使漆膜形成薄而均匀、光亮平滑的涂层。手工涂刷不得漏涂，对于管道安装后不易涂刷的部位应预先刷涂好。

涂料施工宜在 5~40℃ 的环境温度下进行，并应有防火、防冻、防雨措施。现场刷涂料一般情况下是任其自然干燥，涂层未经充分干燥，不得进行下一道工序施工。

（2）喷涂。喷涂是以压缩空气为动力，用喷枪将涂料喷成雾状，均匀的喷涂在钢管的表面上，用喷涂法得到的涂料层表面均匀光亮，质量好，耗料少，效率高，适用于大面积的涂料施工。

涂料喷枪如图 10-2 所示。使用空气压力一般为 0.2~0.4MPa，喷嘴距被涂物的距离，当表面是平面时为 250~350mm，当表面是弧面时，一般为 400mm 左右，喷嘴移动速度一般为 10~15m/min。

喷涂时，操作环境应保持洁净，无风沙、灰尘，温度宜在15~30℃、涂层厚度在0.3~0.4mm 为宜，喷涂后不得有流挂和漏喷现象，涂层干燥后，需用砂布打磨后再喷涂下一层。这样做

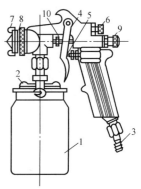

图 10-2　涂料喷枪

1—漆罐；2—轧篮螺栓；

3—空气接头；4—扳机；

5—空气阀杆；6—控制阀；

7—喷嘴；8—螺母；

9—螺栓；10—针塞

是为了除掉涂层上的粒状物，使涂料层平整，并可增加下层涂料间的附着力。为了防止遗漏喷涂，前后两次涂料的颜色配比时可略有区别。

涂层质量应使涂膜附着牢固均匀，颜色一致，无剥落、皱纹、气泡、真孔等缺陷。涂层应完整，无损坏、漏涂等现象。

涂料层的等级，按精度要求分为四个等级：

1）一级。漆膜颜色一致，亮光好，无漆液流挂，不允许有划痕和肉眼能看见的疵病。

2）二级。漆膜颜色一致，平整光滑，无流挂、气泡、杂纹，用肉眼看不到显著的机械杂质和污浊，光泽好，有装饰性。

3）三级。面漆颜色一致，无漏涂、流挂、气泡、触目颗粒、皱纹。

4）四级。底漆涂后不漏金属，面漆涂后不漏底漆。

（3）过氯乙烯漆的配制与涂装。过氯乙烯漆的配制与涂装应符合下列要求：

1）过氯乙烯必须配套使用，按底漆—磁漆—清漆（面漆）的顺序施工，并应在底漆和磁漆及磁漆和清漆之间涂覆过渡漆，过渡漆中底漆和磁漆的质量比为1：1。

2）过氯乙烯漆的施工，除底漆（包括其他配套底漆外），应连续施工，如前一层漆膜已干固，在涂覆下层漆时，宜先用X-3过氯乙烯稀释剂喷润一遍。

3）过氯乙烯以喷涂为宜，当采用刷涂时，不宜往复进行。漆膜厚度：底漆为 $20\sim25\mu m$，磁漆为 $20\sim30\mu m$，清漆厚度为 $15\sim20\mu m$。

4）过氯乙烯漆的涂装黏度可用稀释剂 X-3 过氯乙烯稀释剂，严禁使用醇类或汽油。

5）如施工环境湿度较大，漆膜发白，可减少稀释剂用量，或加入适量（约为树脂量的 30%）的 F-2 过氯乙烯防潮剂或醋酸丁酯。

6）当施工环境温度高于30℃时，可在漆中加入部分高沸点溶剂，如环己酮。

（4）酚醛树脂漆的配制与涂装。酚醛树脂漆的配制与涂装应符合下列要求：酚醛树脂漆可采用刷涂或喷涂施工；采用 200 号溶剂油或松香水为稀释剂；酚醛树脂漆的涂装黏度为 $40\sim50s$。使用涂料时，应充分搅拌；每层的涂装间隔为 24h。

（5）环氧树脂漆的配制与涂装。

环氧树脂漆的配制与涂装应符合下列要求：

1）环氧树脂漆包括环氧树脂底漆、胺固化环氧漆和胺固化环氧沥青漆。环氧树脂漆为单组分包装；胺固化环氧漆、胺固化环氧沥青漆均为双组分包装。使用时应按其组分的要求，以质量比准确称量，混合搅拌均匀，放置 2h 方可使用，并在 $4\sim6h$ 内用完。

2）环氧树脂漆涂装黏度：刷涂时为 $30\sim40s$，喷涂时为 $18\sim25s$。

3）调整黏度用稀释剂配比如下：环氧树脂漆、胺固化环氧漆用稀释剂，甲苯和丁醇的质量比为 7：3；胺固化环氧沥青漆用稀释剂，甲苯、丁醇、环己酮、氯化苯的质量比为 7：1：1：1。为延长环氧树脂漆的使用时间，可加入 1%～2% 的环己酮。

（6）氯磺化聚乙烯防腐漆的配制与涂装。氯磺化聚乙烯防腐漆的配制与涂装应符合下列要求：

1）氯磺化聚乙烯防腐漆为双组包装，其配比应符合产品说明书规定。配制后的漆应在 12h 内用完。

2）氯磺化聚乙烯防腐漆的施工可采用刷涂、喷涂、浸涂，每层的涂覆间隔为 $30\sim40min$。全部涂覆完毕，应在常温下熟化 $5\sim7$ 天后方可使用。

3）如漆液黏度过高，可按产品说明书的规定用 X-1 氯磺化聚乙烯涂料稀释剂或二甲苯稀释，严禁使用其他类型稀释剂。

4）涂装黏度不小于 60s。

（7）沥青漆的配制与涂装。沥青漆的配制与涂装应符合下列要求：

1）先用铁红醇酸底漆打底，底漆实干后，再涂刷沥青耐酸漆或沥青漆。

2）当进行刷涂施工时，应在前道漆实干后涂刷下道漆，施工的间隔为 24h。

3）刷涂时的施工黏度为 25～30s，当黏度过大时，可用 200 号溶剂油稀释，当施工的环境温度较低、干燥较慢时，可加入不超过涂料量 5% 的催干剂。

4）沥青漆可刷涂或喷涂，当采用 Q-2 型喷枪时，喷涂空气压力为 0.4～0.5MPa，喷距为 250mm。

（8）聚氨酯漆的配制与涂装。聚氨酯漆的配制与涂装应符合下列要求：

1）聚氨酯漆宜配套使用，聚氨酯漆、面漆应按产品规定的配套组分配制而成。

2）每道漆的间隔时间不宜超过 48h，应在第一道漆未干透时即涂刷第二道漆，对固化已久的涂层应用砂纸打磨后再涂刷下一道漆。

3）聚氨酯漆涂装黏度为 30～50s，喷涂黏度为 20～35s。调整黏度可用 X-11 稀释剂，也可用环己酮和二甲苯调配，其质量比为 1∶1，严禁使用醇类溶剂作稀释剂。

（9）冷底子油的配制与涂装。冷底子油的配制与涂装应符合下列要求：

1）冷底子油应由 30、10 号石油沥青或软化点为 50～70℃ 的焦油沥青加入溶剂（煤油、轻柴油、汽油或苯）配制而成，其配比如下：

①石油沥青和煤油（或轻柴油）的质量比为 40∶60。

②石油沥青和汽油的质量比为 30∶70。

③焦油沥青和苯的质量比为 45∶55。

2）配制时，应将沥青放入锅内熔化，使其脱水至不再起沫为止。

3）将熬好的沥青倒入料桶中，再加入溶剂。当加入慢挥发性溶剂时，沥青的温度不得超过 140℃，当加入快挥发性溶剂时，沥青的温度不得超过 110℃。溶剂应分多次加入，开始时每次 2～3L，以后每次 5L；也可将熔化的沥青成细流状加入溶剂中，并不停地搅拌至沥青全部熔化为止。

4）冷底子油应采用刷涂或喷涂。

5）冷底子油涂装完毕，应停留一段时间再进行下一道工序的施工，对慢挥发性溶剂的冷底子油，宜为 12～48h；对快挥发性溶剂的冷底子油宜为 5～10h。

（10）石油沥青涂料的配制与涂装。石油沥青涂料的配制与涂装应符合下列要求：

1）底漆的配制。沥青和无铅汽油的质量比为 1∶2.25～2.5，沥青牌号应与防腐蚀涂层所采用的牌号一致。

在严寒季节施工时，宜用橡胶溶剂汽油或航空汽油溶化 30 号石油沥青，沥青和汽油的质量比为 1∶2。

2）填料可采用高岭土、7 级石棉或滑石粉等材料。在装设阴极保护的管段上严禁使用高岭土；含有可溶性盐类的材料严禁作为填料。

3）熬制沥青涂料的温度不宜高于 220℃，且不宜在 200℃ 持续 1h 以上。沥青熔化后应彻底脱水，不含杂质；配制沥青涂料应有系统的取样检验，性能符合表 10-11 的规定。

4）底漆应涂在洁净和干燥的表面上，应涂抹均匀，不得有空白、凝块和流坠等缺陷。

5）底漆干燥后方可涂沥青及玻璃丝布。在常温下涂沥青应在涂底漆 48h 内进行。

6）沥青应在已干燥和未受玷污的底层上浇涂。浇涂时，沥青涂料的温度应保持在150～160℃，浇涂沥青后，应立即缠玻璃丝布。

7）已涂沥青涂料的管道，在炎热天气应避免阳光直接照射。

（11）环氧煤沥青的配制与涂装。环氧煤沥青的配制与涂装应符合下列要求：

1）环氧煤沥青使用时应按比例配制，加入固化剂后必须充分搅拌均匀，熟化 10～30min 后方可涂刷。

2）当施工环境温度低或漆料黏度过大时，可适量加入稀释剂，以能正常涂刷且又不会影响漆膜厚度为宜，面漆稀释剂用量不得超过 5％。

3）当储存的涂料出现沉淀时，使用前应搅匀；涂料应在配制 8h 内用完。

4）底漆表面干燥后即可涂下一道漆，且应在不流淌的前提下将漆层涂厚，并立即缠绕玻璃丝布。玻璃布绕完后应立即涂下一道漆。最后一道面漆应在前一道面漆实干后涂装。

（12）缠玻璃丝布及包扎聚氯乙烯工业膜。

1）缠玻璃丝布。缠绕用玻璃布必须干燥、清洁。缠绕时应紧密无皱褶，压边应均匀，压边宽度宜为 30～40mm，玻璃布的搭接长度宜为 100～150mm。玻璃布的沥青浸透率应达95％以上，严禁出现大于 50mm×50mm 的空白。管子两端应按管径大小留出一段不涂沥青，当公称直径＜DN200 时，预留长度为150mm，当 250≤DN≤350 时，预留长度为150～200mm，当公称直径＞DN350 时，预留长度为 200～250mm。钢管两端各层防腐蚀涂层，应做成阶梯形接茬，接茬宽度宜为 50mm。

2）聚氯乙烯工业膜包扎应待沥青涂层冷却到 100℃以下进行，外包聚氯乙烯工业膜应紧密适宜，无皱褶、脱壳等现象。压边应均匀，压边宽度宜为 30～40mm，搭接长度宜为100～150mm。

（13）管道涂层补口和补伤。

1）管道涂层补口和补伤的防腐蚀涂层结构及所用材料，应与原管道防腐蚀涂层相同。

2）当损伤面长度大于 100mm 时，应按该防腐蚀涂层结构进行补伤，小于 100mm 时可用涂料修补。

3）补口、补伤前，应将伤口处的泥土、油污、铁锈等污物清理干净，补口时每层玻璃布及最后一层聚氯乙烯工业膜应在原管涂层接茬处搭接 50mm 以上。

第二节　管　道　绝　热

一、管道绝热的目的

绝热是保温与保冷的统称。为减少设备、管道及其附件向周围散热，在其外表面采取的包覆措施称为保温；为减少周围环境中的热量传入低温设备和管道内部，防止低温设备和管道外表面结露，在其外表面采取的包覆措施称为保冷。绝热的目的是：减少无效能量（冷量、热量）损失；提高管道的输送能力和设备的生产效率；改善劳动卫生条件和操作环境，保证操作人员的安全；预防输送液体介质冻结或凝固以及气体介质冷凝；

输送低温介质防止管道外表面结露；防止工艺介质在输送过程中温降速度过大；防止或减少火灾发生机率。

二、管道绝热结构材料的选用

1. 管道绝热材料的选用原则

（1）热导率要小。运行中，用于保温层的绝热材料及其制品，其平均温度低于 623K（350℃）时，其热导率不得大于 0.10W/（m·K）；当用于保冷层的绝热材料及其制品，其平均温度小于 300K（27℃）时，其热导率不得大于 0.064W/（m·K）。

（2）密度要小。硬质绝热制品密度不得大于 220kg/m³；半硬质绝热制品密度不得大于200kg/m³，软质绝热制品密度不得大于 150kg/m³；用于保冷的绝热材料及其制品，其密度不得大于 180kg/m³。

（3）绝热材料及制品应具有一定的机械强度。用于保温的硬质绝热制品，无机成型的抗压强度不得小于 0.3MPa，有机成型的抗压强度不得小于 0.2MPa。用于保冷的绝热制品，无机成型的抗压强度不得小于 0.3MPa，有机成型的抗压强度不得小于 0.15MPa。

（4）绝热材料的物理、化学性能要稳定。绝热材料不得因温度升高而升华，也不得因温度降低、空气潮湿而出现霉变或产生有害杂质等。

（5）保温材料及制品的含水率不得大于 7.5%（质量比）；保冷材料及制品的含水率不得大于 1%。

（6）绝热材料及其制品的化学性能要稳定，对金属材料不得有腐蚀作用。不含有腐蚀性物质（对不锈钢管应不含有氯离子）。

（7）用于填充结构的散装绝热材料，不得混有杂物及尘土，不宜采用直径小于 0.3mm的多孔性颗粒类绝热材料。纤维类绝热材料的渣球含量应符合国家现行产品标准及设计文件的规定。

（8）耐候性好，抗微生物侵蚀，不怕虫害和鼠灾。

（9）易于成型，便于施工，成本低，材料来源广，使用寿命长。

2. 防潮层材料

防潮层材料的质量，应符合下列规定：

（1）应具有良好的抗蒸汽渗透性、密封性、黏结性、防水性、防潮性，并应对人体无害。

（2）应耐大气腐蚀及生物侵蚀，不得发生虫蛀、霉变等现象。

（3）应具有良好的化学稳定性，不得对其他材料产生腐蚀和溶剂作用。

（4）在高温情况下不应软化、流淌或起泡，在低温时不应脆裂或脱落，在气温变化与振动情况下应保持完好的稳定性。

（5）干燥时间应短，在常温下可施工，并应保证操作方便。

3. 保护层材料

保护层材料应符合下列规定：

（1）应采用不燃或难燃材料。

（2）保护层应耐大气腐蚀、抗老化，使用寿命长；强度高，在环境使用温度及振动变化情况下不应软化、脆裂或开裂。

（3）储存或输送易燃、易爆物料的设备及管道以及与此类管道架设在同一支架上或相交叉处的其他管道，其保护层必须采用不燃性材料。

（4）外表应美观、无毒，并应便于施工。

（5）金属保护层的表面涂料应具有防火性能。

三、常用的绝热材料

常用绝热材料及其制品的性能见表 10-14。

表 10-14　　　　　　　　　常用绝热材料及其制品的性能

序号	材料名称	使用密度 (kg/m³)		材料标准最高使用温度（℃）	推荐使用温度（℃）	常温热导率 λ_0(70℃)	热导率参考方程	抗压强度(MPa)	要求		
						W/(m·℃)					
1	硅酸钙制品	170		t_a～650	550	0.055	$\lambda=\lambda_0+0.00011(t_m-70)$	0.4	—		
		220				0.062		0.5			
		240				0.064		0.5			
2	泡沫石棉	35		普通型 t_a～500	—	0.046	$\lambda=\lambda_0+0.00014(t_m-70)$	—	压缩回弹率（%）		室外只能用憎水型产品，回弹率95%
		40				0.053					
		50		防水型 -50～500		0.059			80 50 30		
3	岩棉及矿渣棉制品	原棉≤150		650	600	≤0.044	$\lambda=\lambda_0+0.00018(t_m-70)$	—	—		
		毡	60～80	400	400	≤0.049					
			100～120	600	400	≤0.049					
		板	80	400	350	≤0.044					
			100～120	600	350	≤0.046					
			150～160	600	350	≤0.048					
		管	≤200	600	350	≤0.044					
4	玻璃棉制品	纤维平均直径 ≤5μm	原棉 40	400		0.041	$\lambda=\lambda_0+0.00023(t_m-70)$	—	—		
		纤维平均直径 ≤8μm	原棉 40	400	300	0.042	$\lambda=\lambda_0+0.00017(t_m-70)$				
			毯 ≥24	350		≤0.048					
			≥40	400		≤0.043					
			毡 ≥24	300		≤0.049					
			板毡 24	300	300	≤0.049					
			32			≤0.047					
			40	350		≤0.044					
			48			≤0.043					
			64～120	400		≤0.042					
			管 ≥45	350		≤0.043					

序号	材料名称	使用密度（kg/m³）		材料标准最高使用温度（℃）	推荐使用温度（℃）	常温热导率 λ_0(70℃)	热导率参考方程	抗压强度（MPa）	要求	
						W/(m·℃)				
5	硅酸铝棉及其制品	原棉　1号		～800	800	0.056	$t_m \leqslant 400$℃时 $\lambda_L = \lambda_0 + 0.0002(t_m - 70)$ $t_m > 400$℃时 $\lambda_h = \lambda_L + 0.000\,36(t_m - 400)$ （下式中 λ_L 取上式 $t_m =$ 400℃时计算结果。）	—	$t_m = 500$℃时 $\lambda \leqslant 0.153$	
		2号		～1000	1000					
		3号		～1100	1100					
		4号		～1200	1200					
		毯、板 64		—	—				$\lambda_{500℃} \leqslant 0.176$	
		毡	96						$\lambda_{500℃} \leqslant 0.161$	
			128						$\lambda_{500℃} \leqslant 0.156$	
			192						$\lambda_{500℃} \leqslant 0.153$	
6	膨胀珍珠岩散料	70		−200～800	—	0.047～0.051	—			
		100～150				0.052～0.062				
		150～250				0.064～0.074				
7	硬质聚氨酯泡沫塑料	30～60		−180～100	−65～80	25℃时 0.0275	保温时： $\lambda = \lambda_0 + 0.000\,14(t_m - 25)$ 保冷时： $\lambda = \lambda_0 + 0.000\,09t_m$	—	①材料的燃烧性能应符合 GB 8624—2006《建筑材料燃烧性能分级方法》B_1 级难燃材料规定 ②适用于−65℃以下的特级聚氨酯性能应与产品商协商	
8	聚苯乙烯泡沫塑料	≥30		−65～70	—	20℃时 0.041	$\lambda = \lambda_0 + 0.000\,093(t_m - 20)$		材料的燃烧性能应符合《建筑材料燃烧性能分级方法》B_1 级难燃材料规定	
9	泡沫玻璃	150		−200～400		24℃时 0.060	$t_m > 24$℃时 $\lambda = \lambda_0 + 0.000\,22(t_m - 24)$ $t_m \leqslant 24$℃时 $\lambda = \lambda_0 + 0.000\,11(t_m - 24)$	0.5	温度（℃）	热导率 λ [W/(m·℃)]
									−101	0.046
									−46	0.052
									10	0.058
									24	0.060
									93	0.073
									204	0.099
		180				24℃时 0.064		0.7	−101	0.050
									−46	0.056
									10	0.062
									24	0.064
									93	0.077
									204	0.103

四、管道绝热结构的形式及施工

1. 绝热结构的组成

管道绝热结构由绝热层、防潮层、保护层三部分组成。

绝热层是绝热结构的主体部分，可根据工艺介质的需要、介质温度、材料供用、经济性和施工条件来选择绝热材料。

对于输送冷介质的保冷管道，地沟内、埋地和架空敷设的管道均需做防潮层。常用的防潮层有沥青胶或防水冷胶料玻璃布防潮层、聚氯乙烯膜防潮层、石油沥青毡防潮层等。

保护层应具有保护绝热层、防潮层和防水的功能，且要求其质量轻、耐压强度高、化学稳定性好、不易燃烧、外形美观。

2. 管道绝热层的施工方法

管道绝热层的施工方法有涂抹法、捆扎法、拼砌法、嵌装层铺设法、缠绕法、填充法、粘贴法、浇注法、喷涂法、可拆卸法等。

（1）涂抹法施工。采用不定型的绝热材料，如膨胀珍珠岩、石棉纤维等，加入黏结剂如水泥、水玻璃等，按一定的配料比例加水拌和成塑性泥团，用手或工具涂抹在管道、设备上即可。涂抹绝热结构如图 10-3 所示。

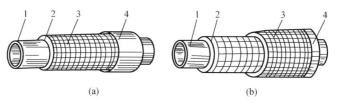

图 10-3　涂抹绝热结构
（a）单层绝热结构；（b）双层绝热结构
1—管道；2—胶泥绝热层；3—镀锌铁丝网；4—保护层

采用涂抹式绝热结构施工时，每层涂料厚度为 10～20mm，直至达到设计要求的厚度为止。但必须在前一层完全干燥后才能涂抹下一层。达到设计厚度后，再在上面敷设铁丝网，并抹面压光，然后敷设保护层。

涂抹式绝热结构在干燥后，即变成整体硬结材料。因此，每隔一定距离应留有热胀伸缩缝，当管内介质温度不超过 300℃ 时，伸缩缝间距为 7m 左右，伸缩缝隙宽为 25mm；当管内介质温度超过 300℃ 时，伸缩缝间距为 5m，伸缩缝间隙为 30mm，其缝隙内填塞石棉绳。

涂抹法的优点是：施工简单，维护、检修方便，整体性强，使用寿命长，可适用于任何形状的管子、管件和设备；缺点是：劳动强度大，效率低，施工周期长，结构强度不高。现在已应用较少，一些临时性绝热工程或在室外安装的罐、箱等还采用涂抹式绝热结构。

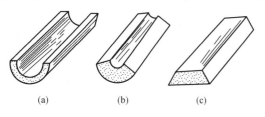

图 10-4　预制绝热品
（a）半圆形管壳；（b）弧形瓦；（c）梯形瓦

（2）捆扎法施工。绝热材料由专门的绝热制品工厂或在施工现场预制成梯形、弧形或半圆形瓦块，如图 10-4 所示，预制长度一般在 300～600mm，根据所用材料不同和管径大小，每一圈为 2、3、4 块或更多的块数，安装时用镀锌铁丝将其捆扎在管子外面。捆扎时，应使预制块纵横接缝错开，并用石棉胶泥或同质绝热材料胶泥粘合，使纵横接缝没有孔隙。

通常情况下，当公称直径≤DN80 时，采用半圆形瓦块；当 100≤DN≤200 时，采用弧形瓦块；当公称直径＞DN200 时，采用梯形瓦块。当绝热层外径大于 200mm 时，应在绝热层外用网孔为 30mm×30mm～50mm×50mm 的镀锌铁丝网捆扎。捆扎式绝热结构如图 10-5 所示。

1）捆扎法施工的绝热层采用镀锌钢丝、不锈钢丝、金属带、黏胶带捆扎时，应符合下列规定：

①应根据绝热层的材料和绝热后设备、管径的大小选用 $\phi 0.8 \sim \phi 2.5$mm 的镀锌铁丝或不锈钢丝，保温施工若采用黏胶带捆扎，其宽度不应小于 40mm；保冷应采用 12～25mm 的不锈钢带和宽度不小于 25mm 的黏胶带或感压丝带进行捆扎。对泡沫玻璃、聚氨酯、酚醛泡沫塑料等脆性材料不宜采用镀锌铁丝、不锈钢丝带捆扎，宜采用感压丝带捆扎；分层施工的内层可采用黏胶带捆扎。

②捆扎间距。对硬质绝热制品不应大于 400mm；对半硬质绝热制品不应大于 300mm；对软质绝热制品宜为 200mm。

③每块绝热制品上的捆扎件不得少于两道，对有振动的部位应加强捆扎。

④不得采用螺旋式缠绕捆扎。

2）软质绝热制品的保温层厚度和密度应均匀，外形应规整，经压实捆扎后的保温层厚度应符合设计文件的规定。

3）双层或多层绝热层的绝热制品，应逐层捆扎，并应对各层表面进行找平和严缝处理。

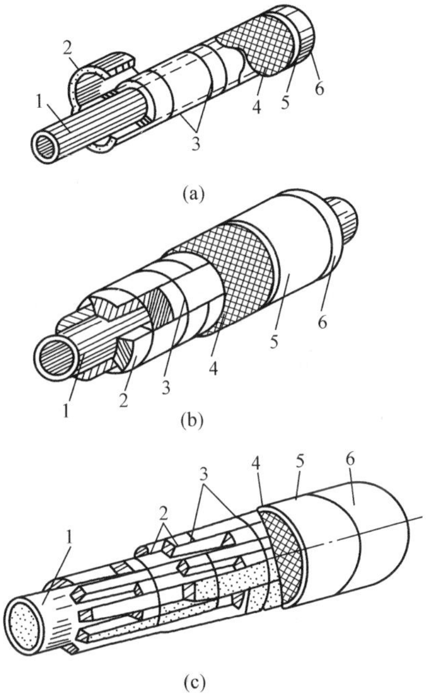

图 10-5　捆扎式绝热结构
(a) 半圆形管壳；(b) 弧形瓦；(c) 梯形瓦
1—管道；2—绝热层；3—镀锌铁丝；
4—镀锌铁丝网；5—保护层；6—涂料

4）不允许穿孔的硬质绝热制品，钩钉位置应布置在制品的拼缝处；钻孔穿挂的硬质绝热制品，其孔缝应采用矿物棉填塞。

5）立式设备或垂直管道的绝热层采用硬质、半硬质绝热制品施工时，应从支承件开始，自下而上拼装。保温应采用镀锌铁丝或包装钢带进行环向捆扎；保冷应采用不锈钢丝或不锈钢带进行环向捆扎。

6）当卧式设备有托架时，绝热层应从托架开始拼装，保温宜采用镀锌铁丝网状捆扎，保冷宜采用不锈钢带环向捆扎。

7）当公称直径小于或等于 DN100 时，且未装设固定件的保温垂直管道，应采用 $\phi 4.0$mm 的镀锌铁丝，并应在管壁上拧成扭辫箍环，同时应利用扭辫索挂镀锌铁丝固定保温层。

8）敷设异径管的绝热层时，应将绝热制品加工成扇状，并采用环向或网状捆扎，其捆扎铁丝应与大直径管段的捆扎铁丝纵向拉连。

（3）拼砌法施工。把绝热灰浆均匀的涂刷在需绝热的金属设备、管道表面，再将预制成型的绝热板或瓦拼砌或垒筑在设备、管道上面的一种施工方法是拼砌法施工。拼砌法施工应满足以下技术要求：

1）绝热灰浆应在绝热制品的对接或敷设面上涂抹均匀，绝热层各表面均应做严缝处理。干拼缝应采用性能相近的矿物棉填塞严密，填缝前，应清除缝内杂物。湿砌灰浆胶泥应采用与砌体材质相同的材料拼砌，灰缝应饱满、密实。

2）当用绝热灰浆拼砌硬质保温制品时，拼缝不严及砌块的破损处应用绝热灰浆填补。拼砌时，可采用橡胶带或铁丝临时固定。

3）绝热灰浆的耐热温度不应低于被绝热对象的介质温度，且应具有良好的可塑性和粘结性能，对金属材料不产生腐蚀。

（4）嵌装层铺设施工。嵌装层铺设施工是将软质或半硬质绝热制品采用嵌装的方式铺设在装有销钉的设备、管道表面的施工方法。嵌装层铺设施工应满足以下要求：

1）当大平面或平壁设备绝热层采用嵌装层铺设施工时，绝热材料应采用软质或半硬质制品。

2）绝热层的敷设宜嵌装穿挂于保温销钉上，外层可敷设一层铁丝网形成一个整体。销钉自锁紧板将绝热层和铁丝网紧固，并应将绝热层压下 4～5mm。自锁紧板应紧锁于销钉上，销钉露出部分应折弯成 90°埋头。

3）当绝热层采用活络铁丝网时，活络铁丝网应张紧并紧贴绝热层，接口处应连接牢固并压平，活络铁丝网下料尺寸应小于安装尺寸 15～20mm。

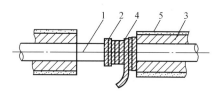

图 10 - 6　缠绕式绝热结构
1—管道；2—法兰；3—管道绝热层；
4—石棉绳；5—石棉水泥保护壳

（5）缠绕法施工。采用线状或布条状绝热材料在需要绝热的管道及其附件上进行缠绕，缠绕法用于小直径管道或热工仪表管道，缠绕式绝热结构如图 10 - 6 所示。缠绕法常采用的绝热材料有石棉绳、岩棉毡、玻璃棉毡、硅酸铝毯、硅酸铝毡、高硅氧绳和铝箔等。缠绕时每圈要彼此靠紧，以防松动。缠绕的起止端要用镀锌铁丝扎牢，外层一般以玻璃丝布包缠刷漆。缠绕法的优点是施工方法简单，维护检修方便，使用材料种类少，适用于有振动的场所；缺点是当采用有机材料缠绕时，使用年限短，而石棉类制品是非环保材料且造价较高。

（6）填充法施工。填充式绝热结构是用钢筋或用扁钢作一个支承环套在管道上，在支承环外面包镀锌铁丝网或包镀锌钢板，中间填充散状绝热材料。施工时，预先做好支承环，套在管子上，支承环之间的间距为 300～500mm，然后再包铁丝网，在上部留有开口，以便填充绝热材料，最后用镀锌铁丝网缝合，在外面再做保护层。填充式绝热结构如图 10 - 7 所示。填充法的优点是结构强度高、绝热性能好；缺点是施工速度慢，效率低，造价高。

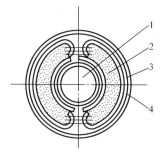

图 10 - 7　填充式绝热结构
1—管子；2—绝热材料；
3—支承环；4—保护壳

填充法施工应满足以下要求：

1）绝热层的填料应按设计要求进行预处理，对于不通行地沟中的管道采用粒状绝热材料施工时，宜将粒状绝热材料用沥青拌和或憎水剂浸渍并经烘干，趁微温时填充。

2）当局部施工部位困难，无成型的绝热制品时，可采用矿物散棉填充。

3）填料的填充密度应密实、均匀，不得出现空洞。同一设备和管道的填充物料的填充密度应均匀。

4）绝热层的填充结构应设置固形层，固形层可直接采用金属或非金属保护层。填充施工中应采取防止漏料和固形层变形的措施。

5）在立式设备上进行填充法施工时，应分层填充，层间应均匀、对称，每层的高度宜为 400～600mm。

（7）粘贴法施工。将黏结剂涂刷在管壁上，将绝热材料粘贴上去，再用黏结剂代替对缝灰浆勾缝粘接，然后再加设保护层，保护层可采用金属保护壳或缠玻璃丝布。粘贴式绝热结构如图 10-8 所示。

粘贴法施工应满足以下要求：

1）黏结剂。黏结剂应符合使用温度的要求，并应和绝热层材料相匹配，不得对金属壁产生腐蚀。黏结剂固化时间要短，黏结力要强，在使用前，应进行实地试粘贴。黏结剂的储存应符合产品使用说明书的要求，施工中黏结剂取用后，应及时密封。

2）粘贴操作。粘贴操作应符合下列规定：

①连续粘贴的层高，应根据黏结剂固化时间确定。绝热制品可随粘随用卡具或橡胶带临时固定，应待黏结剂干固化后拆除。

②黏结剂的涂抹厚度，宜为 2.5～3mm，并应涂满、挤紧和粘牢。

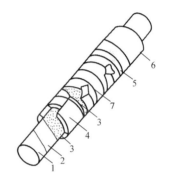

图 10-8 粘贴式绝热结构
1—风管（水管）；2—防锈漆；
3—黏结剂；4—绝热材料；
5—玻璃丝布；6—防腐漆；
7—聚乙烯薄膜

3）粘贴在管道上的绝热制品的内径，应略大于管道外径。保冷制品的缺棱部分，应事先修补完整后再粘贴。保温制品可在粘贴时填补。

4）球形容器的保冷层宜采用预制成型的弧形板，粘接前黏结剂应点状涂抹在预制板上，并应与壁面贴紧。当球形容器的保冷层采用预制弧形板材料时，应先粘贴一圈赤道带作为定位，然后再向上、向下顺序粘贴。如容器直径较大，则可在南、北温带加二圈定位带，也可在南半球加粘一个纵向定位带。粘贴后，应在南、北极处的活动环及赤道上的拉紧环之间，用不锈钢带拉紧，间距不应大于 300mm。

5）当采用泡沫玻璃制品进行粘贴施工时，应符合下列规定：

①应先在制品靠金属面侧涂抹耐磨剂，或将耐磨剂直接涂在金属面上，待耐磨剂固化后再进行安装。耐磨剂应符合使用温度的要求，并应和保冷层材料相匹配，不得对金属壁产生腐蚀。

②在制品端、侧、接合面涂黏结剂互相粘合。

6）大型异型设备和管道的绝热层，采用半硬质、软质绝热制品粘贴时，应符合下列规定：

①应采用层铺法施工，各层绝热制品应逐层错缝、压缝粘贴。每层厚度宜为

10～30mm。

②仰面施工的绝热层，保温时应采用固定螺栓、固定销钉和自锁紧板、铁丝网等方法进行加固，保冷时应采用销钉进行加固。当绝热层厚度大于80mm时，可在绝热层厚度层间和外层加设铁丝网固定。

③异型和弯曲的表面，不得采用半硬质绝热制品。

（8）浇注法施工。

1）浇注法施工模具。浇注法施工应符合下列规定：

①当采用加工模具（木模或钢模）浇注绝热层时，模具结构和形状应根据绝热层用材料、施工程序、设备和管道的形状等进行设计。

②模具在安装过程中，应设置临时固定设施。模板应平整、拼缝应严密、尺寸正确、支点稳定，并应在模具内涂刷脱模剂。浇注发泡型材料时，可在模具内铺衬一层聚乙烯薄膜。

③浇注直管道的绝热层，应采用钢制滑模，模具长为1.2～1.5m。

④当以绝热层的外护壳代替浇注模具时，其外护壳应根据施工要求分段分片装设，必要时，应采取加固措施。

2）聚氨酯、酚醛等泡沫塑料的浇注，应符合下列规定：

①正式浇注前应进行试浇，并应观察发泡速度、孔径大小、颜色变化，浇注的试块应无裂纹、变形，有关技术参数应符合产品说明书的要求。

②浇注料温度、环境温度必须符合产品使用规定。

③配料应准确，混合料应均匀。搅拌料应顺一个方向转动。每次的配料应在规定的时间内用完。

④浇注时应轻轻敲打金属模具两侧并随时观察发泡情况，浇注时应均匀，并应用聚乙烯薄膜封口。浇注的施工表面，应保持干燥。

⑤大面积浇注应设对称多点浇口，分段分片进行。浇注应均匀，并迅速封口。

⑥浇注不得有发泡不良、脱落、发酥发脆、发软、开裂、孔径过大等缺陷，当出现以上缺陷时必须查明原因，重新浇注。

3）预制成型管中管绝热结构及其在现场的安装补口，应符合下列规定：

①当工厂连续化预制成型绝热管采用聚氨酯、酚醛等发泡成型工艺时，应确保内管与外护管的同轴度，并应在两者形成的环形空间内整体浇注成型。管中管浇注发泡后的高分子材料绝热层的密度和厚度应均匀一致。

②凡外护层采用非金属结构的预制绝热管道的运输、吊装、布管和焊接应采取相应的防护措施。

③预留裸管段的绝热层和外护层在补口前应涂刷一道防锈层。

④补口处应采用与预制管段相同的绝热材料和绝热厚度。

⑤在补口处按设计文件的要求安装外护结构的注塑模具，宜采用专用的注塑机从模具留孔定量的往里注入混拌充分的料液，也可采用手工充分搅拌后往里浇注。

⑥施工完毕后，补口处绝热层必须整体严密。

4）轻质粒料保温混凝土及浇注料的浇注，应符合下列规定：

①当采用成品轻质粒料保温浇注料时，可直接将浇注料浇注于需进行绝热的区域，并应拍实。

②保温混凝土应按设计规定的比例配制，并应先将不同粒度的骨料进行干拌，再与胶结料拌和均匀。当胶结料为水泥时，水泥与骨料应先一起干拌后，再加水拌和。

③当保温混凝土需用水配制时，应采用洁净水，其用水量应按规定的水料比或胶结料稀释后的密度确定。

④以水泥胶结的保温混凝土，每次配料量应在规定的时间内用完，夏季的规定时间为 1h，冬季的规定时间为 1~2h。施工的环境温度宜为 5~30℃。干固硬结的混凝土，不得使用。

⑤浇注时应按产品说明书的要求注意掌握材料的压缩比，并应一次浇注成型。当间断浇注时，施工缝宜留在伸缩缝的位置上。

5）以水玻璃胶结的轻质粒料保温混凝土在未固结前应采取防水措施。以水泥胶结的轻质粒料保温混凝土应进行养护，夏季应用潮湿的草袋、编织袋、塑料彩条布带等遮盖，并应经常保持湿润；冬季可自然干燥，但不得受冻。

（9）喷涂法施工。

1）喷涂前的工作。绝热层喷涂前应将喷涂机械安装调试合格并进行试喷，确认无误后，方可开始工作。施工时，应在一旁另立一块试板，与工程喷涂层一起喷涂。试块可从试板上切取，当更换配比时，应另做试块。

2）喷涂施工时，应根据设备、材料性能及环境条件调节喷射压力和喷射距离。喷涂时，应均匀连续喷射，喷涂面上不应出现干料或流淌。喷涂方向应垂直于受喷面，喷枪应不断螺旋式移动。喷涂物料混合后的雾化程度及喷涂层成分的均匀性应符合工艺要求。

3）当喷涂聚氨酯、酚醛等泡沫塑料时，其试喷、配料和拌制的要求，应符合以下规定：

①正式喷涂前应进行试喷，并应观测发泡速度、孔径大小、颜色变化，试喷的试块的有关技术指标应符合产品说明书的要求。

②喷涂料温度、环境温度必须符合产品使用规定。

③配料应准确，混合料应均匀。搅拌剂料应顺一个方向转动。每次配料应在规定的时间内用完。

4）喷涂施工应符合下列规定：

①可在伸缩缝嵌条上划出标志或用硬质绝热制品拼砌边框等方法控制喷涂层厚度。

②喷涂时应由上而下分层进行。大面积喷涂时，应分段分片进行，接茬处必须衔接良好，喷涂层应均匀。

③喷涂矿物纤维材料及聚氨酯、酚醛等泡沫塑料时，应分层喷涂，依次完成。第一次喷涂厚度不应大于 40mm，待第一层固化后再喷涂第二层，直至达到要求的厚度。

④喷涂轻质粒料保温混凝土时，施工应连续进行，并一次达到设计厚度。当保温层较厚需分层喷涂时，应在上层喷涂料凝结前喷涂次层，直至达到设计厚度。

⑤在风力大于三级、酷暑、雾天或雨天环境下，不宜进行室外喷涂施工。

5）当喷涂的聚氨酯、酚醛等泡沫塑料有缺陷时应进行修复。

6）喷涂轻质粒料保温混凝土时，对散落的物料不得回收再用，停喷时，应先停物料，后停喷机。

7）水泥粘结的粒料喷涂层施工完毕后，应进行养护。

（10）可拆卸式绝热层的施工。

1）设备或管道上的观察孔、检测点、维修处的绝热，应采用可拆卸式结构。

2）设备或管道上的法兰、阀门、人孔、手孔和管件等经常拆卸和检修部位的保冷，当介质温度较低或采用硬质、半硬质材料时，宜为内保冷层固定，外保护层宜为可拆卸式的保冷结构，如图 10-9、图 10-10 所示。

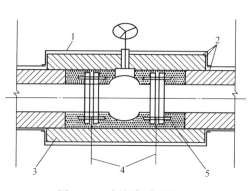

图 10-9　阀门保冷金属盒
1—保护层；2—防潮层；3—保冷层；
4—导凝管；5—软质材料

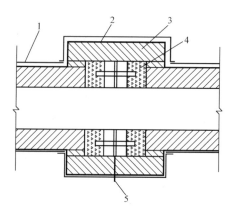

图 10-10　法兰保冷金属盒
1—保护层；2—防潮层；3—保冷层；
4—软质材料；5—导凝管

3）与人孔等盖式可拆卸式结构相邻位置上的绝热结构，当绝热层厚度影响部件的拆卸时，绝热结构应做成 45°的斜坡，并应留出部件拆卸时的螺栓间距。

4）设备或管道在法兰绝热断开处的绝热结构，应留出螺栓的拆卸距离。设备法兰的两侧均应留出 3 倍螺母厚度的距离；管道法兰螺母的一侧应留出 3 倍螺母的距离，另一侧应留出螺栓长度加 25mm 的距离。

5）可拆卸式绝热结构保冷层的厚度应与设备或管道保冷层的厚度相同。

6）金属保护盒下料尺寸的确定应保证其最低保冷层厚度不小于管道或设备主体的保冷层厚度。

7）可拆卸式绝热结构，宜为两部分的金属绝热盒组合形式，其尺寸应与实物相适应，两部分宜采用搭扣进行连接。

8）管道法兰金属绝热盒宜制成两个半圆形；管道阀门金属盒宜为两个上方、下半圆形式，并应上至阀杆密封处，下至阀体最低点。当安装保冷层金属盒时，金属盒应两端搭接在保冷层上。

9）金属或非金属盒内的绝热层，采用软质绝热制品衬装时，下料尺寸应略大于壳体尺寸，衬装应平整、挤实，制品应紧贴在护壳上。当进行保温层安装时，宜加设一层铁丝网，应将软质制品保温层压实后，将尖钉倒扣铁丝网或采用销钉和自锁紧板固定保温层；当进行保冷层安装时，宜采用不锈钢丝网固定保冷层，也可采用塑料销钉和自锁紧板固定保冷层。

10）保冷的设备或管道，其可拆卸式结构与固定结构之间必须密封。

3. 绝热层施工的技术要求

（1）一般规定。

1）当采用一种绝热制品，保温层厚度大于或等于 100mm，或保冷层厚度大于或等于 80mm 时，应分成两层或多层逐层施工，各层的厚度宜接近。

2）当采用两种或多种绝热材料复合结构的绝热层时，每种材料的厚度应符合设计文件的规定。

　　3）当采用软质或半硬质可压缩性的绝热制品时，安装厚度应符合设计文件的规定。

　　4）硬质或半硬质绝热制品的拼缝宽度，当作为保温层时，不应大于5mm；当作为保冷层时，不应大于2mm。

　　5）绝热层施工时，同层应错缝，上下层应压缝，其搭接的长度不宜小于100mm。

　　6）水平管道的纵向接缝位置，不得布置在管道的垂直中心线45°范围，如图10-11所示。当采用大管径的多块硬质成型绝热制品时，绝热层的纵向接缝位置可不受此限制，但应偏离管道垂直中心线位置。

　　7）方形设备、方形管道四角的绝热层采用绝热制品敷设时，其四角角缝应采用封盖式搭缝，不得采用垂直通缝。

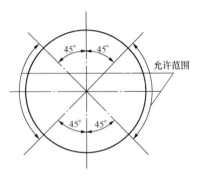

图10-11　纵向接缝位置

　　8）绝热层各层表面均应做严缝处理。干拼缝应采用性能相近的矿物棉填塞严密，填缝前，应清除缝内杂物。湿砌灰浆胶泥应采用与砌体材质相同的材料拼砌，灰浆应饱满。

　　9）保冷设备及管道上的裙座、支座、吊耳、仪表管座、支吊架等附件，必须进行保冷。其保冷长度不得小于保冷层厚度的4倍或敷设至垫块处，保冷层厚度应为邻近保冷层厚度的1/2，但不得小于40mm。设备裙座里外均应进行保冷。

　　10）管道端部或有盲板的部位，应敷设绝热层，并应密封。

　　11）施工后的保温层不得覆盖设备铭牌。当保温层厚度高于设备铭牌时，可将铭牌周围的保温层切割成喇叭口，开口处应规整，并应设置密封的防雨水盖。施工后的保冷层应将设备铭牌处覆盖，设备铭牌应粘贴在保冷系统的外表面，粘贴铭牌时不得刺穿防潮层。

　　（2）伸缩缝及膨胀间隙的留设。

　　1）设备或管道采用硬质绝热制品时，应留设伸缩缝。

　　2）两固定管架间水平管道绝热层的伸缩缝，至少应留设一道。

　　3）立式设备及垂直管道，应在支承件、法兰下面留设伸缩缝。

　　4）弯头两端的直管段上，可各留一道伸缩缝；当两弯头之间的间距较小时，其直管段上的伸缩缝可根据介质温度确定仅留一道或不留设。

　　5）当方形设备壳体上有加强筋板时，其绝热层可不留设伸缩缝。

　　6）球形容器的伸缩缝，必须按设计规定留设。当设计对伸缩缝的做法无规定时，浇注或喷涂的绝热层可采用嵌条留设。

　　7）伸缩缝的宽度，设备宜为25mm，管道宜为20mm。

　　8）填充前应将伸缩缝或膨胀间隙内的杂质清除干净。

　　9）保温层的伸缩缝，应采用矿物纤维毡条、绳等填塞严密，并应捆扎固定。高温设备及管道保温层的伸缩缝外，应再进行保温。

　　10）保冷层的伸缩缝，应采用软质绝热制品填塞严密或挤入发泡型黏结剂，外面应用50mm宽的不干性胶带粘贴密封。保冷层的伸缩缝外应再进行保冷。

　　11）多层绝热层伸缩缝的留设，应符合下列规定：保冷层及高温保温层的各层伸缩缝，必须错开，错开距离应大于100mm。中、底温保温层的各层伸缩缝可不错开。

12）膨胀间隙的施工，有下列之一时，必须在膨胀移动方向的另一侧留有膨胀间隙：

①填料式补偿器和波形补偿器。

②当滑动支座高度小于绝热层厚度时。

③相邻管道的绝热结构之间。

④绝热结构与墙、梁、栏杆、平台、支承等固定构件和管道所通过的孔洞之间。

4. 防潮层施工

（1）一般规定。

1）设备或管道的保冷层和敷设在地沟内管道的保温层，其外表面均应设置防潮层。防潮层应采用粘贴、包缠、涂抹或喷涂等结构。

2）设置防潮层的绝热层外表面，应清理干净、保持干燥，并应平整、均匀，不得有突角、凹坑或起砂现象。

3）防潮层应紧密贴在绝热层上，并应封闭良好，不得有虚粘、气泡、褶皱或裂缝等缺陷。

4）室外施工不宜在雨雪天或阳光暴晒中进行。施工时的环境温度应符合设计文件和产品说明书的规定。

5）防潮层胶泥涂抹结构所采用的玻璃纤维布宜选用经纬密度不小于 8×8 根/cm^2、厚度应为 0.1～0.2mm 的中碱粗格平纹布，也可采用塑料网格布。

6）防潮层胶泥涂抹的厚度每层宜为 2～3mm，也可根据设计文件的要求确定。沥青玛瑞脂、沥青胶的配合比，应符合设计文件和产品标准的规定。

（2）防潮层施工。

1）当防潮层采用玻璃纤维布复合胶泥涂抹施工时，应符合下列规定：

①胶泥应涂抹至规定厚度，其表面应均匀平整。

②立式设备和垂直管道的环向接缝应为上下搭接，卧式设备和水平管道的纵向接缝，应在两侧搭接，并应将缝口朝下。

③玻璃纤维布应随第一层胶泥层边涂边贴，其环向、纵向缝的搭接宽度不应小于50mm，搭接处应粘贴密实，不得出现气泡或空鼓。

④粘贴的方式，可采用螺旋形缠绕法或平铺法。公称直径小于 DN800 的设备或管道，玻璃布粘贴宜采用螺旋缠绕法，玻璃布的宽度宜为 120～350mm；公称直径大于或等于DN800 的设备或管道，玻璃布粘贴可采用平铺法，玻璃布的宽度宜为 500～1000mm。

⑤待第一层胶泥干燥后，应在玻璃纤维布表面再涂抹第二层胶泥。

2）当防潮层采用聚氨酯或聚氯乙烯卷材施工时，应符合下列规定：

①卷材和黏结剂的质量技术指标应符合设计文件的规定。

②卷材的环向、纵向接缝搭接宽度不应小于50mm，或应符合产品使用说明书的要求。搭接处黏结剂应饱满密实。对卷材产品要求涂满粘贴的，应按产品使用说明书的要求进行施工。

③立式设备和垂直管道的环向接缝应为上下搭接。

④粘贴可根据卷材的幅宽、粘贴件的大小和现场施工的具体状况，采用螺旋形缠绕法或平铺法。

3）当防潮层采用复合铝箔、涂抹弹性体及其他复合材料施工时，接缝处应严密，厚度或层数应符合设计文件的要求。

4）管道阀门、支吊架或设备支座处防潮层的施工，应符合设计文件的规定。

5）防潮层外不得设置铁丝、钢带等硬质捆绑扎件。

6）设备筒体、管道上的防潮层应连续施工，不得有断开或断层等现象。防潮层封口处应封闭。

5. 保护层施工

(1) 金属保护层施工。

1）金属保护层材料宜采用薄铝合金板、彩钢板、镀锌钢板、不锈钢板等。

2）直管段金属护外壳外圆周长的下料，应比绝热层外圆周长加长 30～50mm。护壳环向及纵向搭接一边应压出凸筋，环向搭接尺寸不得少于 50mm，纵向搭接尺寸不得少于 30mm。

3）管道弯头部位金属护壳环向与纵向接缝及三通部位金属护壳接缝的下料余量，应根据接缝形式计算确定，并应符合下列规定：

①绝热层外径小于 200mm 的弯头，金属保护层可做成直角弯头。

②绝热层外径大于或等于 200mm 的弯头，金属保护层应做成分节弯头。

③弯头保护层安装，其纵向接口应采用钉口形式，环向接口可采用咬接形式。纵向接口固定时，每节分片上固定螺钉不宜少于 2 个，并应顺水搭接，搭接宽度宜为 30～50mm。

4）弯头与直管段上金属护壳的搭接尺寸，高温管道应为 75～150mm，中、低温管道应为 50～70mm；保冷管道应为 30～50mm。搭接部位不得固定。

5）水平管道金属保护层的环向接缝应沿管道坡向，搭向低处，其纵向接缝宜布置在水平中心线下方的 15°～45°处，且缝口应朝下。

当侧面或底部有障碍物时，纵向接缝可移至管道水平中心线上方 60°以内。

6）管道金属保护层的纵向接缝，当为保冷结构时，应采用金属包装带抱箍固定，间距宜为 250～300mm；当为保温结构时，可采用自攻螺钉或抽芯铆钉固定，间距宜为 150～200mm，间距应均匀一致。

7）管道绝热在法兰断开处金属保护层端部的封堵，应符合下列规定：

①水平管道保温在法兰断开处的金属保护层应环向压凸筋，并应用合适的金属圆环片卡在凸筋内封堵，圆环片不得与奥氏体不锈钢管材或高温管道相接触。

②垂直管道保温在法兰断开处法兰上部的金属保护层应环向压凸筋，并应用合适的金属圆环片卡在凸筋内封堵，法兰下部的端面应用防水胶泥抹成 10°～20°的圆锥形状抹面保护层。

③管道保冷在法兰断开处的端面应用防潮层做成封闭的防潮防水结构或用防水胶泥抹成 10°～20°的圆锥形状抹面保护层。

8）管道三通部位金属保护层的安装如图 10 - 12 所示，支管与主管相交部位宜翻边固定，顺水搭接。垂直管与水平直管在水平管下部相交，应先包垂直管，后包水平管；垂直管与水平直管在上部相交，应先包水平管，后包垂直管。

9）垂直管道或设备金属保护层的敷设，应由上而下进行施工，接缝应上下搭接。

10）设备及大型储罐金属保护层的接缝和凸筋，应呈棋盘形错列布置。金属护壳的下

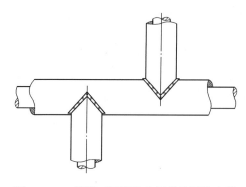

图 10-12　管道三通部位金属保护层的安装

料，应按设备外形先行排版画线，并应留出 20～50mm 的余量。

11）方形设备金属护壳下料的长度，不宜超过 1m。当超过 1m 时，应在金属薄板上压出对角筋线。

12）圆形设备的封头金属保护层可采用平盖式或橘瓣式，并应符合下列规定：

①绝热层外径小于 600mm 时，封头可做成平盖式，绝热层外径大于或等于 600mm 时，封头应做成橘瓣式。

②橘瓣式封头的分片连接可采用搭接或插接。搭接时，每片一边应压出凸筋，另一边可为直边搭接，并应用自攻螺钉或抽芯铆钉固定。

13）金属保护层的接缝可选用搭接、咬接、插接及嵌接的形式。保护层安装应紧贴保温层或防潮层。金属保护层纵向接缝可采用搭接或咬接，环向接缝可采用插接或搭接。室内的外保护层结构，宜采用搭接形式。

14）当固定保冷结构的金属保护层时，严禁损坏防潮层。

15）立式设备、垂直管道或斜度大于 45°的斜立管道上的金属保护层，应分段将其固定在支承件上。

16）当有下列情况之一时，金属保护层必须按照规定嵌填密封剂或在接缝处包缠密封带。

①露天、潮湿环境中的保温设备、管道和室内外的保冷设备、管道与其附件的金属保护层。

②保冷管道的直管段与其附件的金属保护层接缝部位，以及管道支吊架穿出金属护壳的部位。

17）当金属保护层采用支承环固定时，支承环的布置间距应和金属保护层的环向搭接位置一致，钻孔应对准支承环。

18）当大截面平壁的金属保护层采用压型板结构时，应先根据设备的形状和压型板的尺寸布设支承骨架，每张压型板的固定不应少于两道支承骨架。

压型板结构的上下角部可采用包角板进行封闭，室外宜采用阴角的包角形式，室内宜采用阳角的包角形式。

19）压型板的下料，应按设备外形和压型板的尺寸进行排版拼样，并应采用机械切割，不得用火焰切割。

20）压型板应由下而上进行安装。压型板可采用螺栓与胶垫、自攻螺钉或抽芯铆钉固定。

21）静置设备和转动机械的绝热层，其金属保护层应自下而上进行敷设。环向接缝宜采用搭接或插接，纵向接缝可咬接或搭接，搭接或插接尺寸应为 30～50mm。

22）管道金属保护层膨胀部位的环向接缝，静置设备及转动机械金属保护层的膨胀部位均应采用活动接缝，接缝应满足热膨胀的要求，不得固定。其间距应符合下列规定：

①硬质绝热制品的活动接缝，应与保温层伸缩缝的位置相一致。

②半硬质和软质绝热制品的活动接缝间距：中低温管道应为 4000～6000mm，高温管道应为 3000～4000mm。

23）绝热层留有膨胀间隙的部位，金属护壳也应留设。

（2）非金属保护层施工。

1）当采用箔、毡、布类包缠型保护层时，应符合下列规定：

①保护层包缠施工前，应对所采用的黏结剂按使用说明书做试样检查。

②当在绝热层上直接包缠时，应清除绝热层表面的灰尘、泥污，并应修饰平整。当在抹面上包缠时，应在抹面层干燥后进行。

③包缠施工应层层压缝，压缝宽宜为 30～50mm，且必须在其起点和终端有捆紧等固定措施。

2）当采用玻璃钢保护层时，应符合下列规定：

①玻璃钢可分为预制型和现场制作，可采用粘贴、铆接、组装的方法进行连接。

②玻璃钢的配制应严格按设计文件及产品说明书的要求进行。

③当现场制作玻璃钢时，铺衬的基布应紧密贴合，并应顺次排净气泡。胶料涂刷应饱满，并应达到设计要求的层数和厚度。

④对已安装的玻璃钢保护层，不应被利器碰撞，严禁踩踏和堆放物品。对于不可避免的踩踏部位，应采取临时防护措施。

3）当采用抹面类涂抹型保护层时，应符合下列规定：

①抹面材料的密度不得大于 800kg/m³，抗压强度不得小于 0.8MPa；烧失量（包括有机物和可燃物）不得大于 12％；干燥后（冷状态下）不得产生裂纹、脱壳等现象；不得对金属产生腐蚀。

②露天的绝热结构，不宜采用抹面保护层。如需采用时，应在抹面层上包缠粘毡、箔、布类保护层，并应在包缠层表面涂敷防水、耐候性的涂料。

③保温抹面保护层施工前，除局部接茬外，不应将保温层淋湿，应采用两遍操作，一次成型的施工工艺。接茬应良好，并应消除外观缺陷。

④在抹面保护层未硬化前，应采取措施防止雨淋水冲。当昼夜室外平均温度低于 5℃且最低温度低于 -3℃时，应按冬季施工方案采取防寒措施。

⑤高温管道的抹面保护层和铁丝网的断缝，应与保温层的伸缩缝留在同一部位，缝内应填充软质矿物棉材料。室外的高温管道，应在伸缩缝部位加设金属护壳。

参 考 文 献

[1] 张金和. 管道安装工程手册. 北京：机械工业出版社，2006.

[2] 张金和. 图解管道安装操作技术. 北京：中国电力出版社，2005.

[3] 张金和. 图解给排水管道安装. 北京：中国电力出版社，2006.

[4] 张金和. 图解供热系统安装. 北京：中国电力出版社，2007.

[5] 张金和. 图解常见的工业管道安装. 北京：中国电力出版社，2008.

[6] 张金和，王鹏，黄文刚. 塑料管道施工技术. 北京：化学工业出版社，2010.

[7] 张金和，王鹏，等. 水暖管道施工. 上海：上海科技出版社，2012.

[8] 黄崇国. 通风空调工程施工与验收手册. 北京：中国建筑工业出版社，2006.

[9] 胡笳，张志贤. 通风与空调设备施工技术手册. 北京：中国建筑工业出版社，2012.

[10] 张学助. 空调洁净工程安装调试手册. 北京：机械工业出版社，2004.